国际城市（县）ICMA管理协会

国际城市（县）管理协会建立于1914年，是具有主要指定管理人员及助理管理人员的专业性和教育性协会，服务于遍布世界各地的城市、县、地方政府及区域性实体。国际城市（县）管理协会致力于通过专业管理来提高地方政府的质量，为此，该协会面向服务对象，开发和提供技术与管理方面的援助、培训、在线服务及出版物。

地方政府的管理者们——承担着宽泛的名头——服务城市、城镇、县、政府议会以及地方政府的州（省）协会，他们听命于当选的议会和主管委员会。国际城市（县）管理协会通过很多提高管理者专业能力和加强所有地方政府质量的计划，为这些管理者和地方政府服务。

国际城市（县）管理协会于1924年采用了自己的城市管理道德规范条例，于1934年建立了自己的市政管理培训学院。这个学院将所提供的市政管理系列的基础内容，汇编成"国际城市（县）管理协会绿皮书"。

国际城市（县）管理协会的兴趣和行动包括公共管理教育、成员的道德规范标准、《市政年报》和其他资料服务、城市研究、时事通讯、月刊杂志《公共管理》，以及其他出版物。国际城市/县管理协会努力改进地方政府的管理——和这本书所表达的一样——其服务是提供给所有地方政府和教育学院的。

撰稿人

乔纳森·巴涅特（Jonathan Barnett）
豪厄尔·鲍姆（Howell S. Baum）
蒂姆塞·比特利（Timothy Beatley）
菲利普·贝克（Philip R. Berke）
理查德·宾汉（Richard D. Bingham）
艾伦·布莱克（Alan Black）
约翰·布莱尔（John P. Blair）
爱德华·布莱克利（Edward J. Blakely）
雷蒙德·博拜（Raymond J. Burby）
琳达·道尔顿（Linda C. Dalton）
彼得·费希尔（Peter S. Fisher）
玛戈特·加西亚（Margot W. Garcia）
大卫·高斯恰克（David R. Godschalk）
尤金·格瑞斯伯第三（J. Eugene Grigsby Ⅲ）
加里·海克（Gary Hack）
查尔斯·霍克（Charles J. Hock）
爱德华·约翰·恺撒（Edward John Kaiser）

威廉·克莱（William R. Klein）
理查德·科洛斯曼（Richard E. Klosterman）
约翰·兰迪斯（John D. Landis）
理查德·里格特（Richard LeGates）
威廉·露西（William H. Lucy）
斯图亚特·美克（Stuart Meck）
李·梅尼菲（Lee Menifee）
道维尔·迈耶斯（Dowell Myers）
阿瑟·奈尔森（Arthur C. Nelson）
罗伯特·沃尔沙奇（Robert B. Olshansky）
桑德拉·罗森卢姆（Sandra Rosenbloom）
弗兰克·索（Frank S. So）
布鲁斯·斯蒂特尔（Bruce Stiftel）
韦伊·曼宁·托马斯（June Manning Thomas）
保罗·瓦克（Paul Wack）
密切里·兹梅特（Michelle J. Zimet）

地方政府规划实践

（原著第三版）

The Practice of
Local Government Planning

[美] 国际城市（县）管理协会　著
　　　美国规划协会

张永刚　施源　陈贞　译

与美国规划协会合作出版，用于国际城市（县）管理协会大学
编辑：伊利诺伊大学查尔斯·霍克、加利福尼亚州立工艺大学琳达·道尔顿、美国规划协会弗兰克·索。国际城市（县）管理协会

ICMA大学

中国建筑工业出版社

著作权合同图字：01-2002-5909号

图书在版编目(CIP)数据

地方政府规划实践（原著第三版）/（美）国际城市（县）管理协会，美国规划协会著；张永刚，施源，陈贞译.—北京：中国建筑工业出版社，2006
 ISBN 7-112-07973-X

Ⅰ.地... Ⅱ.①国... ②美... ③张... ④施... ⑤陈... Ⅲ.城市规划—研究—美国
Ⅳ.TU984.712

中国版本图书馆 CIP 数据核字(2005)第 157462 号

Copyright © 2000 by the International City/County Management Association
Chinese Translation Copyright © 2006 by China Architecture & Building Press
All rights reserved

本书由美国国际城市（县）管理协会授权翻译、出版
The Practice of Local Government Planning/International City/County Management
Association/American Planning Association

责任编辑：戚琳琳
责任设计：郑秋菊
责任校对：孙　爽　王雪竹

地方政府规划实践（原著第三版）
[美] 国际城市（县）管理协会　著
　　 美国规划协会
张永刚　施　源　陈　贞　译

中国建筑工业出版社出版、发行（北京西郊百万庄）
新华书店经销
制版：北京嘉泰利德制版公司
印刷：北京建筑工业印刷厂印刷
＊
开本：850×1168毫米　1/16　印张：30¼　字数：830千字
2006年3月第一版　　2006年3月第一次印刷
印数：1—3,000册　定价：95.00元
ISBN 7-112-07973-X
　　 (13926)

版权所有　翻印必究
如有印装质量问题，可寄本社退换
(邮政编码 100037)
本社网址:http://www.cabp.com.cn
网上书店:http://www.china-building.com.cn

前 言

当国际城市(县)管理协会的第一卷规划专集《地方规划管理》由顾问拉蒂斯拉·塞吉尔及其助手在1941年编写完成的时候，规划领域仍然处在幼年时期，当时美国只有5所大学授予规划学位，规划本身也还没有完全并入地方政府的机构当中。而今天，将近70所学院授予规划专业的大学学位，规划职能也已成为地方政府进行管理的一个基本方面。

事实上，地方政府对规划越来越多的依赖，已经引领规划从业者进入新的和经常是未知的领域。两代人以前，规划师在很大程度上被看作中立的技术人员，因而地方政府面临的挑战，是将客观的分析综合进他们的管理和行政体系。现在，随着规划师越来越多地伸展到市民及市民组群中去努力扩展公众参与，他们更像是推动者、交流者，甚至是仲裁者。

规划师们没有放弃土地利用这个传统的职业重点，但他们的工作现在已远远超出了管理的关注。和规划领域的发展一样，国际城市/县管理协会绿皮书也随之有了发展。

本书第三版反映了建立传统的承诺和承认巨大改变两个方面。和前两版一样，书籍从管理的观点来检验关键的规划功能和行动。在其中，读者会发现所有的规划实质，即土地利用、交通、住房、发展规划、经济发展与城市设计，同时，书籍也反映了规划不断增长的广度和复杂性，并且以一个全新的部分阐述了3个至关重要领域的规划分析：人口、经济和环境。新的章节是规划过程、建设协定以及政治与道德规范，强调了规划的政治和社会内容；其他新章节涵盖了信息时代的规划、环境政策、增长管理以及社区发展。每一项的增加和变化都是为了辅助今天——以及明天的规划师们——持续适应他们不断变化着的角色的需求。

和它的前两个版本一样，本书是国际城市(县)管理协会和美国规划协会(APA)合作编写的，已经被国际城市(县)管理协会大学使用。该大学的建立是为地方政府的管理者提供发展机会，为从事规划、指导，以及与他人合作工作的地方官员提供在职培训，该大学的前身是国际城市(县)管理协会培训学院，最早可以追溯到1934年。

国际城市(县)管理协会衷心感谢各位编辑，他们是芝加哥伊利诺伊大学城市规划与公共事务学院的规划教授查尔斯·霍克、加利福尼亚州立工艺大学的制度规划副教务长琳达·道尔顿、圣·路易斯·欧比泊，以及美国规划协会的执行董事弗兰克·索。感谢他们在这一版编写过程中的辛勤工作和建议，也感谢他们在修订过程中做出的贡献、耐心以及所承担的义务。我们还要感谢美国规划协会的杰弗里·索尔和詹姆士·西斯莫奇，他们对我们从美国规划协会的文件中获取幻灯和照片的工作上提供了很大帮助。最后，还要特别感谢国际城市（县）管理协会的前任编辑桑德拉·琪英斯凯，作为顾问编辑，她也为拟订和编辑本书作出了重要贡献。

此外，还有许多国际城市（县）管理协会会员对这个项目作出了贡献：巴巴拉·莫尔，出版和资料服务部主任；凡瑞蒂·云斯顿-楚拜，国际城市（县）管理协会大学的编辑部主任；简·科特诺尔，成果编辑；达文·李兰德，成果指导；内德拉·詹姆士，管理助理；以及朱莉·巴特勒，出版发行助理。

威廉·汉塞尔
国际城市（县）管理协会执行董事
华盛顿特区

译者序

几乎所有的规划专业人员都知道美国的城市规划和我们的城市规划有所不同,但究竟如何不同,却很少有人可以说清楚。这本书清晰地阐明了美国城市规划体系的方方面面,内容非常全面,堪称美国城市规划体系的完全手册。

近年来,随着城市市场经济的不断发展和市民对规划参与意识的不断增强,国内城市规划界无论是在思想观念上、技术方法上,还是在管理体系及制度等方面,都不同程度地遭遇了前所未有的新问题。例如,应该以什么样的理念和方法来编制规划?纯技术性的规划与作为管理依据的规划区别何在?公众真正参与规划的意义是什么?以及,如何应对市民出于维护其合法利益的各种投诉?仲裁规划问题的依据又是什么?等等。解决这些问题的根本出路之一,应该是对城市规划的理性分析。作为一门学科,城市规划应客观研判其目前所处的背景和必然的发展趋向;作为一项政府职能,城市规划应清晰界定政府在其中管制与疏导的范畴;作为一门技术,城市规划应积极推行理性的方法和技术。从根本上说,城市规划对于一个特定空间的根本目的,是遵循综合效益最大化的原则,为生活在其中的人合理配置资源,包括物质性的实体资源和非物质性的制度资源,而不是为着一个实际上根本无法准确预测的理想化目标,甚或是一个官本位主义急功近利的念头,去臆造一份实际上是浪费资源的蓝图。

在这些方面,市场经济较为发达及民众意愿表达较为充分的美国有一些可供借鉴的经验。本书由国际城市(县)管理协会和美国规划协会合作出版,全书分为五个部分:"规划内容"、"规划分析"、"功能性的规划要素"、"执行规划"及"规划、人和政治"。规划内容部分阐述了城市规划的目的、规划编制的过程以及日新月异的信息时代规划背景;规划分析部分着重强调了人口、环境和经济三个重要方面的分析方法,并详实地阐述了这些分析和城市规划之间的逻辑关系;功能性的规划要素部分主要包括发展规划、环境政策、交通规划、住房规划与政策、社区规划、经济发展和城市设计等内容,其中的住房规划与政策部分,关系到政府的相关法律体系及政策问题,其做法对我们具有一定的启发,而社区规划更是我们未来的一个重要发展方向;执行规划部分中对区划和土地细分规定的详尽介绍,有助于改进近年来我国"控制性详细规划"及"法定图则"等的内容、编制技术及制度,对于理解规划何以成为管理的依据具有重要的参考价值;而最后的规划、人和政治部分,对于完善城市规划中的公众参与、投诉仲裁及规划师职业道德等方面的制度建设，更是具有积极的意义。此外，本书对于复杂问题的条理化剖析，对于关联问题的全面考虑以及对生动案例的客观介绍等理性思维方式，本身就值得我们学习。

然而，我们不可忘记美国和中国在人口密度和政治经济制度等方面的巨大差别，因此，我们的学习和借鉴也应该是有所选择的。本书的一些内容是我们现在就可以借鉴的，因为同样的问题已经在我们的城市中出现，例如大城市的交通规划的问题；有些内容是我们将来肯定会需要的，因为它们即将在我们的城市中出现，例如以建设协定的方式来实现真正意义上的公众参与；而有些内容可能是我们不需要的，因为这类问题可能不会在我们的城市中出现，例如城市居住区的种族歧视问题。

简言之，通过本书可以全面了解美国城市规划体系的方方面面，非常适合城市规划专业人员、管理人员、城市规划学习者及所有对城市规划有兴趣的读者阅读。

张永刚翻译了本书的第1、2、3、7、8、9、10、11、13、17、18章，施源、陈贞翻译了第4、5、6、12、14、15、16章，由于水平有限，错误在所难免，敬请各位指正。

张永刚
2004年5月27日于深圳

目 录

第一部分 规划内容 1

第1章 导言:为人和地方而规划/琳达·道尔顿、查尔斯·霍克、弗兰克·索 3
为连续性和变化性而规划 3
规划师和他们的工作 4
地方政府规划的框架 8
在不同的地方规划 9
为一些地方中的地点而规划 9
为不同的人规划 11
儿童和老年人的交通需求 12
社会有意识规划的浮现 13
一种全盘的社区规划方法 14

第2章 编制规划/查尔斯·霍克 19
城市规划中的问题 20
规划的权威 21
理性模型的适用 23
规划编制过程 29
执行规划 34
结论:评价规划 37

第3章 信息时代的规划/理查德·科洛斯曼 41
数据、信息、知识和智能 41
计算机的演进 43
规划中的信息技术 46
现行的技术和规划实践 49
规划数据的类型和来源 53
将数据转化成信息、知识和智能 53
展现信息的技术 54
规划和信息技术的未来 55

第二部分 规划分析 59

第4章 人口分析/道维尔·迈耶斯、李·梅尼非 61
人口分析中的两次变革 62
人口多样性的探索 64
将人口特征与规划功能需求相连 71
人口变化的社会和政治含义 74
案例:加利福尼亚州圣塔安娜的人口分析 75
人口预测 82
四个层面的人口分析 84

第5章　环境分析 / 玛戈特·加西亚、罗伯特·沃尔沙奇和雷蒙德·博拜　87
　　可避免的环境灾难：两个实例　87
　　影响分析　89
　　通过场地分析改善项目设计　93
　　通过环境规划改善累加的环境影响　105
　　生态系统保护：区域层面的规划和管理　112
　　生态风险评估　112
　　结论　116

第6章　经济分析 / 约翰·布莱尔、理查德·宾汉　119
　　经济学和现代大都市　119
　　经济增长　123
　　经济结构和经济增长的分析工具　125
　　经济活动影响评定：成本收益分析　131
　　市场失败和市场失灵　132
　　公平和经济变化　134
　　结论　136

第三部分　功能性的规划要素　139

第7章　发展规划 / 爱德华·约翰·恺撒、大卫·高斯恰克　141
　　20世纪的发展规划　141
　　发展规划竞赛　152
　　好的发展规划实践　155
　　发展规划将走向哪里？　167

第8章　环境政策 / 菲利普·贝克、蒂姆塞·比特利、布鲁斯·斯蒂特尔　171
　　美国环境政策简史　171
　　联邦、州、区域及地方的环境政策　173
　　现行环境政策框架的效果如何？　178
　　新兴的环境政策替选框架　179
　　总体可持续发展战略的要素　185
　　环境政策的政治内容　195

第9章　交通规划 / 桑德拉·罗森卢姆、艾伦·布莱克　201
　　交通规划师做些什么？　202
　　传统的交通规划过程　203
　　传统过程：缺陷和修正　204
　　交通规划中地方的作用　209
　　交通规划师所忙碌的问题　210
　　结论　225

第10章　住房规划及政策 / 约翰·兰迪斯、理查德·里格特　227
　　美国住房体系　228
　　国家住房趋势　232

　　　　　　　　公共及非赢利住房的规划与政策　240
　　　　　　　　地方住房规划　248
　　　　　　　　持久的问题和新的挑战　255

　　　　　第11章　**社区发展**／韦伊·曼宁·托马斯、尤金·格瑞斯伯三世　265
　　　　　　　　社区发展的模型　266
　　　　　　　　好的社区　269
　　　　　　　　社区发展的原理和过程　273
　　　　　　　　结论　280

　　　　　第12章　**经济发展**／爱德华·布莱克利　283
　　　　　　　　地方经济发展：一个政策与实践的新舞台　286
　　　　　　　　地方经济发展的概念　287
　　　　　　　　地方经济发展策略的组成　290
　　　　　　　　整合经济发展策略　304
　　　　　　　　结论　304

　　　　　第13章　**城市设计**／乔纳森·巴涅特、加里·海克　307
　　　　　　　　城市设计概念及理论　309
　　　　　　　　设计城市　315
　　　　　　　　政府行动与城市设计　334
　　　　　　　　结论　340

第四部分　第14章　**区划和土地细分规定**／斯图亚特·美克、保罗·瓦克、密切里·兹梅特　343
执行规划　　　　美国土地用途控制的源起　343
341　　　　　　土地利用控制的规划和管理　346
　　　　　　　　区划条例　348
　　　　　　　　对区划的批判　355
　　　　　　　　创新或专门的区划技术　357
　　　　　　　　区划条例的修订　362
　　　　　　　　土地细分规定　362
　　　　　　　　宪法关于区划和土地细分的条款　369
　　　　　　　　目前的观点和未来的方向　372
　　　　　　　　结论　373

　　　　　第15章　**增长管理**／阿瑟·奈尔森　375
　　　　　　　　美国城市增长简史　375
　　　　　　　　增长管理的崛起　376
　　　　　　　　增长管理的目标　378
　　　　　　　　未来的挑战　398

　　　　　第16章　**预算与财政**／威廉·露西、彼得·费希尔　401
　　　　　　　　地方管制与服务的责任　402

地方政府财政的走向 404
地方政府税收 404
预算与财政决策准则 415
业务预算 417
基础设施改进计划 417
结论 419

第五部分　规划、人和政治　421

第17章　建设协定 /威廉·克莱　423
传统的市民参与：公众听证的问题 425
建设协定的界定 426
建设协定是如何工作的？ 427
十项原则协定建设 430
结论 438

第18章　社区、组织、政治和道德规范 /豪厄尔·鲍姆　439
规划实践 440
社区 441
组织 445
政治 447
道德规范 451
政治上复杂的规划实践 456
结论 462

撰稿人名单　465

表		
	1-1	萨克拉门托年轻人喜欢的目的地和交通模式 13
	4-1	美国家庭户的特征 69
	4-2	1990年芝加哥都市区住房、就业和交通行为比例 73
	4-3	加利福尼亚州圣塔安娜总人口构成和选民构成 82
	5-1	国家空气环境质量标准 104
	5-2	环境噪声水平（分贝） 105
	6-1	产生乘数效应的过程。本表说明了250美元出口额所带来的净增值，其中100美元计入了地方社区内 124
	6-2	克里夫兰都市基本统计区制造业（耐用和非耐用消费品）的地方份额 127
	6-3	关于直接系数表的一个示例。反映上方所列各行业每美元产出需要从左侧行业购买商品的数额 130
	10-1	1950～1990年美国住房质量及需求的一些指标 237
	15-1	对两个县关于有无增长管理措施结果的比较 379
	15-2	与开发模式及到市中心距离相关的各种密度形式的开发费用 392
	16-1	1952年与1997年美国的地方政府单位比较 403
	16-2	1960～1996年地方政府的财政变化（百万美元，1996年不变价） 405
	16-3	1992年不同人口规模市县的人均收入和支出 406
	16-4	1957～1992年财产税收入占全部税收收入的比例 406

图		
	1-1	规划师所受的教育 5
	1-2	女规划师、女规划主管及少数族裔规划师 5
	1-3	规划师的经验年限 6
	1-4	规划师的雇主 7
	1-5	规划师的行为 7
	1-6	查塔努加的总体复兴规划，包括对废弃邻里及商业区的关注 10
	1-7	康涅狄格州普纳姆一个以前的线厂，现在为一些种类的商务活动提供了灵活的空间 11
	1-8	一度是波特兰心脏地带的一个兵工厂，缅因州的历史保护区OLD PORT已经转变为一个雅致的、服务周全的旅馆，并且在合理的步行范围内还有专业的商店、画廊和餐馆 11
	1-9	科罗拉多州拉夫兰德为老年市民提供的城市交通 14
	2-1	加利福尼亚州的地方总体规划过程 25
	2-2	西雅图中心城区的规划过程，1983年 26
	2-3	战略的发展和执行 28
	2-4	1992年洛杉矶中心城区战略规划，建议、无家可归者问题及社会服务部分的摘要 29
	3-1	信息层次 42
	3-2	哈佛·马克I，建于1944年，是第一座完全自动化的大规模计算机 44
	3-3	变化中的规划观点及其与信息技术的关系 47
	4-1	妇女、儿童、少数族裔和老人是社会规划师特别关注的组别 65
	4-2	美国的人口金字塔（预测2000年数据） 66
	4-3	预测美国1995～2015年的人口结构变化（单位：百万人） 66
	4-4	维萨里的当地西班牙舞者在法尔大街上表演，1990年 67
	4-5	加利福尼亚州的康普顿不同年龄组别的种族和民族构成 67
	4-6	加利福尼亚州奥克兰的小学生，反映了美国人口多样性的增加 68

4-7 1990年亚特兰大都市区25~34岁居民的教育程度 69
4-8 1990年亚特兰大都市区家庭收入中值线 70
4-9 妇女已成为就业的核心力量,并通常担任管理岗位 71
4-10 就业妇女数量的增加使儿童看护设施的能力和可支付性成为规划师关注的重要问题 72
4-11 芝加哥都市统计区本国出生的妇女1980年、1990年及预计2000年使用公共交通的比例 74
4-12 加利福尼亚州圣塔安娜各年龄组别人口增长比例 77
4-13 加利福尼亚州圣塔安娜1980~1990年人口群组规模 78
4-14 加利福尼亚州圣塔安娜1980~1990年人口群组通过量指标 80
4-15 1980年的居民到1990年仍居留在圣塔安娜的百分比 81
4-16 人口分析的各个层次 85
5-1 亚利桑那图森的TCE烟流 89
5-2 国家环境影响评述(EIS)程序 91
5-3 加拿大安大略省一个环境分析初始研究的环境因素对照表 94
5-4 伯克利滨水地区1986年的现状情况 96
5-5 伯克利滨水地区规划 96
5-6 伯克利滨水地区的水文条件 99
5-7 蓄水层。在通风层,水直接附着在单个土壤颗粒上。在毛管边缘,水在土壤颗粒之间的细微空间内。在饱和层,水充满了土壤颗粒、沙土和砂砾之间的所有空间 100
5-8 用于滨水地区规划视线分析的伯克利滨水地区视线分布 103
5-9 清洁空气法规定的影响人类健康的环境空气污染物 104
5-10 伯克利滨水地区规划所做的用地限制条件分析。根据环境分析可以综合出图中如下的限制条件。对这些数据分析的综合可以有助于形成一个有效的、环保的开发规划 106
5-11 随着城市化进程,水循环系统的改变 107
5-12 不同土地利用的不透水区域的平均比例 107
5-13 土壤侵蚀的种类 108
5-14 "雨水花园"的蓄水区 109
5-15 河岸缓冲区 110
5-16 贝尔科尼峡谷保护规划建议的保护用地 111
5-17 生态风险评估框图 113
5-18 说明资源、刺激因素、受体和结点因素变化之间关系的概念模型 114
5-19 洛杉矶一个雾天里一氧化氮、二氧化氮和臭氧含量的变化 114
5-20 臭氧含量不同对花生产量的变化。比较是基于季均每日7小时臭氧含量为每百万0.025个单位(ppm) 115
5-21 不透水地表增量和雨水中氮、磷增量之间的关系 115
7-1 发展规划的"族谱",描述了规划的起源和演变 143
7-2 肯特总体规划组成要素概要 145
7-3 新泽西州的春湖社区,将一个传统的商业中心和临近的居住区域混合起来 146
7-4 传统总体规划的一个直系后代,马里兰州霍华德县的总体规划,在2010年土地利用规划中增加了新类型的目标、政策及规划技术 147
7-5 北卡罗来纳州佛塞县的总体规划,当代接近土地分类规划的样板 148
7-6 1983年马里兰州卡尔文特县文字政策规划摘录 149
7-7 佛罗里达州的滨海,新城市主义的一个示范项目,一个小城镇生活的理想代表 152
7-8 北卡罗来纳州卡佩黑尔的南部小范围规划,1992年 157

7-9 新城市规划信条的范例，卡佩黑尔的南部村庄自称为"一个新的老邻里"。市场及咖啡馆在村庄中心，在大多数社区居民的步行范围内，这是一个自然的聚集地点 158

7-10 不规则线条及433吨沙石的使用，让怀俄明州杰克森霍尔的自然野生动植物博物馆融入了参差不齐的风景 161

7-11 圣迭戈总体MSCP规划中的生态核心区域及走廊，标明了要保护的栖息地和开敞空间 164

7-12 俄勒冈州大都市地区规划中用于长期管理的政策框架的多层复合、政府间的规划结构 165

8-1 联邦、州、区域及地方层面的环境政策 174

8-2 传统及新兴环境政策的特点 180

8-3 俄克拉何马州塔尔萨的驼鹿溪排水盆地度假—开敞空间概念规划 187

8-4 形成栖息地形式的方针 189

8-5 怀俄明州特顿县的野生动植物迁徙的林木覆盖区域 189

8-6 用规划方针来解决地表水流失问题 190

8-7 圣莫尼卡的可持续指标及目标。可持续性指标用以衡量一个社区实现其可持续性目标的经济、环境及社会进步 191

8-8 圣莫尼卡在实现可持续方面的进步，可以通过比较1995年和1990年的选择数据得以体现 192

8-9 丹麦卡伦博格的工业生态系统 193

9-1 尽管一些公交历史爱好者被电车复制品（公共汽车造得像老式电车）所激怒，但这些复制品好像还是受到搭乘者的欢迎。图9-1显示，密苏里州堪萨斯城皇冠中心的这一辆正在装载乘客 202

9-2 标准的四步出行需求模型 204

9-3 俄勒冈波特兰大都市委员会出行预测模型的结构，1998年3月 207

9-4 丹佛中心区的第十六街购物中心可以通过公共汽车或步行进入，但不允许普通汽车进入。购物中心大约长两英里；每一端都有一个公共汽车站用于换乘及接接很多其他的公共汽车路线，且购物中心内部的公共汽车的乘坐是免费的 210

9-5 芝加哥国会高速公路中央隔离带上正在运行的火车，同时这时的交通也正处在高峰时间。这是美国第一个在高速公路中央隔离带上和高速公路同时修建重型铁轨线的地方，两者都于1958年开通 211

9-6 堪萨斯城的文化商务区，和美国很多城市一样，相当比例的土地用于停车，浪费了土地且使得这个地区没有吸引力又不方便步行 213

9-7 在多伦多，高层建筑是围绕洋基街上重型轨道线站点附近而建造的。区划规定专门设计以鼓励这种围绕站点的聚集。但这种用地和交通规划的一致方式在美国城市中很少 214

9-8 佛罗里达州滨海地区可步行的、公交导向的邻里，其中心位于中心绿地；从中心放射出来的，是由小规模地块围合而成的狭窄街道网络 216

9-9 圣迭戈中心区的一辆轻轨列车停下载客。在这里，轻轨和其他交通共享街道；而在别处的这种系统中，轻轨有单独的路权 216

9-10 沿着新泽西州的收费公路，工厂和机动车辆一起产生浓密的烟雾。这张照片是中午拍的，但大多数司机已经开了车灯。空气污染是我们交通系统所引起的最普遍的环境问题 218

9-11 华盛顿特区地铁，一个坐轮椅的乘客正等待电梯将他带到地铁站台。作为1973年国会特殊拨款的一个结果，地铁是美国第一个对轮椅无障碍的轨道系统。美国残疾

人法案（1990年）现在要求所有新的轨道站点都对轮椅无障碍 224

10-1 美国住房系统中的重要机构及关系 228

10-2 不同的住房类型，包括高层建筑、拼接及独立的独户住宅（比较旧的和比较新的）、多户住宅、混合用途的住宅，以及城市、郊区和乡村的移动住宅 234

11-1 很多地方，例如费城的沃伦，为地方经济从制造业转向其他行业的结构性变化而斗争 266

11-2 马里兰州绿色地带的鸟瞰及街道透视，以霍华德的"明日花园城市"为模型建设的社区 268

11-3 纽约下东区的居民对开发压力的反抗 272

11-4 空置的地块及历史建筑物，可以作为减轻远距离农场地区发展压力的替选用地，但吸引投资已被证明是一项复杂的任务 277

11-5 位于邻里核心地带的达德利镇公共中心，是居民共同规划开发的一个公共景观，它突出了社区的实力和文化 278

12-1 1939年密苏里州圣路易斯一个滨水地区的改造项目。这个项目的建设，不仅创造了就业机会，还推动了诸如市政厅和学校等工程的建设 284

12-2 经济发展的两种模式 288

12-3 经济发展四个因子与经济发展四种基本途径的矩阵 291

12-4 配合社区景观的公共设施改造，将一个一般的商业带（上）变为一个有吸引力的商业区（下） 292

12-5 圣莫尼卡第三街道向步行街的转变
1927年加利福尼亚圣莫尼卡林荫道上的第三街道，（上图）
1965年从威尔郡林荫道向南看第三街道（下图）
1999年从圣莫尼卡林荫道向南看第三步行道（对面页） 294

12-6 通过公私的共同努力将圣迭戈中心区霍顿广场著名的第十五街区（上图）变成了相当成功的零售和娱乐综合体（下图） 296

12-7 老帕萨迪纳改造前后的对比。（左图）在20世纪80年代，将北美橡树大街空置废弃的建筑变成了表现建筑风貌的地区；（右图）将史密斯巷恢复为步行道 298

13-1 俄勒冈州波特兰的轻轨系统已帮助复兴了老的城市地区，并且为现状及规划的郊区发展提供了结构 308

13-2 马里兰州甘塞斯博格的肯特伦兹，为郊区发展创造了一种新的模式：住房靠近街道且相互临近，车库门面向单独的小巷。规划师是安德瑞斯·杜安尼和爱比尼兹·派拉特—兹博克 308

13-3 丹尼尔·伯汉姆和爱德华·班尼特1909年为芝加哥做的规划，运用了纪念碑式城市设计的原理，建议了一个新的区域性林荫大道网络，大道两边是统一高度及建筑式样的建筑 311

13-4 照片表现了波士顿西端的重建，更新项目代替了海波特·甘斯在《城市村民》中所研究的邻里。这些现代主义城市设计原理经常表现出过分单纯化 313

13-5 伊恩·麦克哈格的图，说明了在泛滥平原及陡峭山坡排除之后，那里是最可建设的用地选址 316

13-6 纽约洛克菲勒中心沿着第五大街四座相对低矮的建筑物，为较高的建筑创造了一个框架 317

13-7 加拿大范库弗峰错溪的重建，替代了一个退化的工业环境 318

13-8 区域规划协会的一张图，表现了新泽西州纽瓦克帕斯塞克河沿岸废弃的工业用地，如果恢复沿河的自然系统，就可以重建。如果老的城市地区要和大都市边缘绿化区

域基地成功竞争的话,这种类型的主要干涉将会是需要的 319

13-9 难忘的场所有时候是通过强调地形创造出来的,而不是去改造它,正如著名的旧金山急剧上升的街道所表现出来的一样 320

13-10 荷兰的温奈尔福,一条街道经过重新设计,以便步行者及玩耍的儿童获得交通优先 321

13-11 "交通平息"技术有助于步行与汽车共存 322

13-12 雷斯顿镇中心是一个郊区办公园区,但设计得像一个传统的城市,有城市的街区和建筑物 324

13-13 波士顿邮局广场的诺曼莱文托公园,设计得一年里的大部分时间都舒适且合用,建在一个原来是地面停车场的七层停车库的顶上 325

13-14 圣安东尼奥中心城区的滨河路,始于20世纪30年代期间的建设,被扩大及延长了好几次,是最成功的城市公园之一 326

13-15 一个新的公园系统将在曼哈顿西边滨水地区排成一行,这有助于附近的社区接受一条重建在西边的高速公路,这条路是作为城市林荫道来重建的,而不是一条分割等级的高速公路。图上展现了一个向东看得见岸线及高速公路的度假码头 327

13-16 皮特·卡尔托帕的图表说明了如何设计一个公交站点附近的邻里,以及如何进行这种遍布一个区域的公交导向开发(TODs) 328

13-17 波士顿一个声名狼藉的失败的住宅项目,已经被重建为一个混合收入阶层的城市邻里,古迪、克兰斯是城市设计师 330

13-18 查尔斯顿中心城区的国王街是这座城市最初的购物街。当很多商店迁移到郊区购物中心的时候,商店空间被古董商店、餐馆及专业商店接管。今天,一座旅馆及会议中心的建设,30000平方英尺的新商店加上路对面的一座新的百货商店,已经让国王街恢复为区域中首要的购物地点 331

13-19 多伦多的CIBC中心是一个带有巨大公共空间的现代城市中心的一个范例 332

13-20 沿着波特兰新的轻轨公交走廊的地块,可以以典型城市模式允许的高密度进行重建,如皮特·卡尔托帕的图表所展现的一样 333

13-21 佛罗里达州博卡来顿的米兹纳公园,街边商店上面有公寓和办公楼,图解了公交站点的开发应该是什么样子 334

13-22 克里夫兰历史性仓储地区的设计指导原则,要求新建筑保持街道线。街墙的高度是现状建筑主要高度的一项功能。塔楼必须后退至少50英尺 337

13-23 设计研讨的指导原则预先设定设计原则,以便所有涉及者都将知道要求是什么 338

13-24 剑桥画廊是整个新城市地区的一部分,这个地区改造自查尔斯河沿岸废弃的工业用地。一个新的运河公园是地区设计的一部分 339

14-1 1916年纽约区划图,表示南曼哈顿中央公园地区的功能分区。黑色街道的地区为居住和商业区;白色街道的地区为限制居住用途区;街道打点的地区为无限制区 345

14-2 1916年纽约区划对曼哈顿中心地区的限高控制。每个地区内标注的限高控制指标为建筑限高和街道宽度的比值 345

14-3 区划的基本构成 349

14-4 加利福尼亚州姆瑞塔的居住区的允许用途和开发要求 351

14-5 混合型和单一型社区 352

14-6 尺度是城市建设的一个重要元素。左图反映马萨诸塞州菲特奇堡的两幢建筑在尺度上的不协调。右图反映华盛顿州西雅图两栋商业和住宅之间由于密度和形式的统一,形成了良好的过渡 354

14-7 在满足红线后退和限高要求后的建筑轮廓 355

14-8 容积率和体积相等的三栋建筑:一栋的建筑覆盖率为100%;一栋的建筑覆盖率为

50%；一栋的建筑覆盖率为25%　356
14-9 景观指引可以使像新墨西哥州盖洛普这样的地方更吸引行人　356
14-10 加利福尼亚州戴维斯的一个乡村居住区的总图，由独户住宅、公寓、绿地、社区中心、商业和办公组成的规划单元开发方案　358
14-11 马里兰州的贝尔埃采用组团式的建筑布局保护湿地　359
14-12 咖啡店，一个"工作加居住"单位，楼上的主体为住宅，但在一楼可以进行一些有限的商业活动。这种方式是对单一性质邻里的一种不错的处理手法　360
14-13 加利福尼亚圣塔莫尼卡第三大道步行区的改造，公路和第三大道交角东北侧的詹斯法院成为了一幢混合使用的建筑　361
14-14 上图：初步规划方案
　　　右图：同一地段的地籍图，以便将成果图纳入政府的记录　365
15-1 卡通画　377
15-2 佛罗里达西北部大片细分用地的航拍。这个州提供的土地数量比市场需求多出数百万幅，而这些土地通常是从农田、森林和湿地等重要资源转化过来的　378
15-3 这条路是波特兰市的一部分，俄勒冈的城市增长界线将城市住宅的开发限制在了路的左侧，而右侧是基本农田保护区　379
15-4 城市边缘土地利用补贴和负外部性的影响。如果没有对城市发展的补贴或其他外部因素，城市建设用地和农业用地的平衡点在Q_1。如果对城市发展给予补贴，如贷款贴息、公共设施和高速公路价格补贴等，那么城市建设用地的价值就要比农业用地的高，表现在U_2和U_1之间的差别。R_2和R_1之间的差别体现了城市发展外部性导致的农业用地价值的降低。以上均为低效城市化的后果，也称为都市蔓延　381
15-5 蒙哥马利县农业保护规划方案　383
15-6 内布拉斯加州兰开斯特县和林克因城的阶段发展规划　385
15-7 建在停车库上的一个附加住宅单位，二者在尺度和风格上都非常协调　386
15-8 左侧的规划是传统型的，迂回的道路系统将出行压缩到繁忙的城市道路上。右侧的规划则是以交通为本的规划，为步行者、骑自行车的人和驾车者提供了多样的出行路线选择　387
15-9 坐落在佛罗里达农场的独户、低密度的居住开发项目，没有任何配套，所有的设施都在几英里以外　388
15-10 关于郊区发展蚕食农田状况的真实写照　395
15-11 关于一项区划调整申请的过程情况。是关于皮德蒙特投资公司要求将佐治亚州罗斯维尔的一块独户住宅周边用地调整为多户住宅和日托中心的长达7年的申请历程，反映在法院就该土地用途纠纷进行裁决的过程中，征求各方意见所消耗的时间和费用　398
17-1 在公众听证会上尝试获得对一项规划草图的公众支持　426
17-2 受规划过程中影响的孩子，将会形成新一代的有市民意识成年人　428
17-3 那些将会受到规划决策影响的人，需要先被包含进来　431
17-4 确定共同利益的范围，需要很多个小时的沟通　433
17-5 模拟能够有助于规划师理解他们正在服务的客户的需求和渴望　434
17-6 达拉斯规划建立了一个未来大致景象的协定，使用了很多技术，包括广告　437

Part one:
Planning context

第一部分 规划内容

第1章 导言：为人和地方而规划

琳达·道尔顿、查尔斯·霍克、弗兰克·索

作为对一些城市问题的回应，现代城市和区域规划出现在一个多世纪以前。规划实践、政策及制度的完善与发展，虽然对处理很多城市问题有所帮助，但有一些问题依然存在。早期工程师对规划力量的普遍信仰，现在已经转化为一种更为现实和注重实效的理念。

城市向追求有目的变化的规划师们提出了许多挑战：第一，城市的复杂性和易变性不符合已知的交叉尺度，例如，城市街道系统的鸟瞰图，对在路口步行的行人来说几乎没有什么帮助；第二，保持现状城市风貌而引发的惯性，城市抵制变化，新的要从旧的中来，在规划时必须使新的适合旧的；第三，城市是大多数差异的集中点，这些差异存在于不同人群、机构和景观中，并随着时间的流失而交叉、重叠和变化。因此，城市的复杂易变性、风貌保持性和多样性都在阻碍着规划的执行。

为连续性和变化性而规划

人类聚居点的地理变异导致了独特的景观。小城镇和大都市在尺度和文化两个方面都不同。巨大的技术和物质力量，使得高速公路驾驶和"特权饲养"几乎是均质制服经验一样遍布北美大陆，但仍须承认——甚至是尊重——地形学的限制、自然灾害的威胁以及地方的历史性差异。电信和全球网络的力量始终存在——但不能取代——我们对地方地标和区域性风格的情感。因而，在地方官员们努力学习其他地方优秀实践的同时，他们也在致力于保护自己的独特性。

虽然技术已经以通信取代运输，使得远程交换这种现代现象正在成为一种可能，但是人们依旧生活和工作在真实的（虚拟的对立面）空间中，并自发地寻求一种预想不到的交互作用。我们可以通过文脉和场所的选择来确定我们对家、邻里、当地公园，以及大量为我们日常生活创造了景观的自然和人工景物所建立的情感。就像美国的很多家庭，即使迁移了，但他们挑选的依旧是布局相似的邻里一样。在尊重我们对相似向往的同时，规划通过运用理智和熟思的力量，并包含相应的变化，创造出实际的城市建筑物，亦将新的和相似的、大的和小的，以及激励城市生活而又相互交叠的所有因素的大部分都融合起来。

规划师无法预知未来，但他们确实是运用理性的分析和经验的判断来预见和预想未来。规划师评估人口趋势、模拟城市发展模式、比较相互竞争的发展目标、为人和环境相互影响而发生的各种问题创造不同的补偿。但规划所包含的还不仅仅是分析，一个成功的规划还包含了愿意和有能力使规划变为行动的人和组织。规划师通过在财产所有者、开发商、公众代表、技术专家以及当选并被任命的官员之间进行建议、谈判和沟通，以便将规划承诺转化为现实。[1]

规划师还精明地帮助各个市政当局、县以及一些特别地区实施他们繁重的管理权威：如分析财政资源、调整物业开发、提出和评估长远的增长选择、评估环境风险、帮助教育公众等等。当规划师从交叠或者邻近的权限中分享信息并连带为当前政策创建替选方案的时候，潜在的冲突可以转化为合作的机会，并且可以使每个人都能受益：规划程序依赖分水岭、空气流域、劳动市场及通勤模式的逻辑来评估各种城市问题——胜过那些单方面的、浮面的评价——可以解决无谓的竞争和浪费。尽管区域范围内规划理性的分析结果，可能不会让以打败周边地区，获得竞争优势的地方官员们高兴，但规划所倡导的，是准确反映出整个大都市区域范围内的生态平衡和经济相互依存的现实，并对环境保护、经济发展及人口承载能力做出贡献。

然而，和眼前的发展利益相比，未来的风险可能会在当时不被人们所重视，一些社团很难接受包含未来导向的规划观点，直到他们面临自然灾害、环境污染或者经济衰退的创痛。当然，也有其他一些社团，将规划建立在地方管理和政策发展的程序中，以实现他们更高生活质量的渴望。具有讽刺意味的是，很多成功的规划即使没有赞誉也照样可行，因为它们的结果——清洁的空气、不堵塞的交通流、宏大的公共街景、可靠的暴雨排水系统、大量的住宅供应以及城市江河口丰富的野生动物——表现得很自然或者就像是未经过规划的样子。本书就是意在揭示出这些成就后面的工作。

规划师和他们的工作

根据美国的就业统计分析，规划行业在1960年和1980年间快速增长，这期间，超过13000个男女将自己的身份看作是规划师。[2]20世纪80年代后，规划行业的增长速度慢了下来，尽管如此，在美国规划师协会（APA）的成员数目在1995年也超过了20000人。[3]

大多数城市规划师是在接受了规划的专业教育之后入行的，但规划工作——不像其他的行业——通常是向没有受过规划教育的人开放的。规划机构不仅雇佣规划师也雇佣其他的专家，例如景观建筑师、经济学家、水文学者以及人口统计学家。相似地，规划的专门技术在规划之外的职业中也很有价值，例如，很多受训为规划师的人并没有从事规划工作，却在其他领域内使自己受到的训练发挥了价值。

大多数规划师（65%）具有硕士学位，但21%的人的学位不是规划专业（图1-1）。受过训练的规划师一般都加入了APA，这个机构同样也向学生、公众以及对规划有兴趣的官员们开放。[4]那些未经过正式规划教育而从事规划的人，加入APA的人数比那些受过一些规划教育的人少一些，估计占规划师总数的20%

左右。[5]APA的职业成员要通过考试进入美国资格规划师学会（AICP），这个学会是APA的一个资格认定部门。[6]

APA的典型职业成员是一些具有10年或更长工作时间经验的白人（图1-2和图1-3）。同图1-2所表达的一样，女规划师的比例在1981和1995年间稳定增长，根据1995年的统计，超过25%的规划师是女性，女性规划主管的比例也达到了1/6。然而，同样是在那14年间，少数族裔规划师的比例却稳定地保持在7%左右。通过对规划师成份的研究，虽然在背景特征（还有政治导向）导致是否从事规划工作方面存在着不同观点，[7]但在规划行业不同人种及不同少数族裔间的统计中，少数族裔参与和主管规划的人数一直没有增长这一问题，已经引起了社会的关注。

APA超过70%的职业成员是为政府机构工作的。1995年，大约1/3的人为各个市政当局工作，另外1/6为各个县工作（图1-4）。另外，规划师们也为区域规划机构、特别地区以及特定目的的主管机构工作。特定目的的主管机构集中了特定的功能活动，例如住宅、再发展（redevelopment）、学校、公园及度假村、水系或者交通运输。公共规划机构在规模和特征方面明显地不同：一个小城镇

图1-1 规划师所受的教育

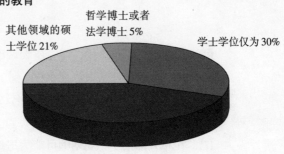

图1-2 女规划师、女规划主管及少数族裔规划师

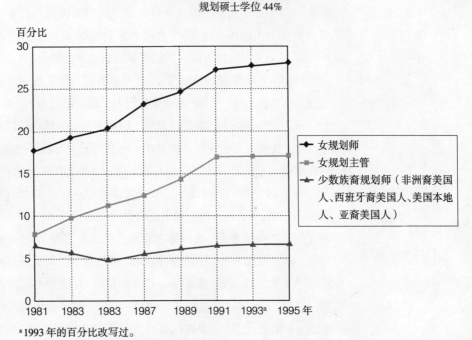

[a] 1993年的百分比改写过。

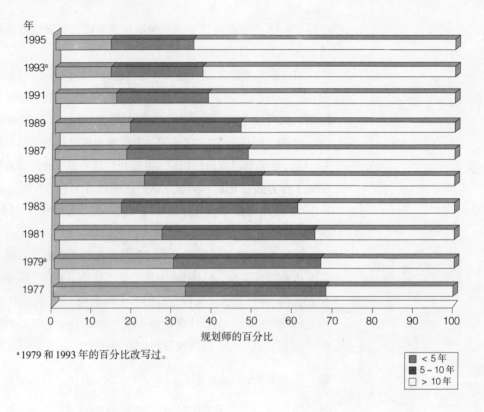

图1-3 规划师的经验年限

a 1979和1993年的百分比改写过。

可能只有一个顾问机构，而一座大城市的规划机构可能会有数百个雇员。根据1991年的统计，社区人数在50000到250000之间的规划机构，一般雇佣1到34名规划师，平均每个社区雇佣7.7名，模式为4名。[8]

在1985到1995年间，被APA雇为规划顾问的职业成员比例从1/4降低到1/5。在私人部门中，规划师可能为房地产开发公司或市政公司工作、也可以为私人咨询事务所工作，包括环境方面或财政方面的分析专家。只有极少数APA成员在大学（刚刚超过3%）或者非营利组织（不到3%）里面工作。

因为APA是和地方政府的物质规划实践紧密结合的，因而一直很难吸引在非营利部门中从事规划的规划师，或者是具有其他形式规划专业技术（例如，居住及经济发展）的人士。一项1989年的研究发现，超过1/3的规划专业毕业生就业于非传统的规划领域，例如经济发展、财政分析、保健规划以及计算机运用。[9]女性在环境、保健、交通规划方面及在非营利部门中有较好的表现，反之更多比例的男性则受雇于政府实体或者私人事务所，从事传统的土地利用规划工作。

一项1992年的调查显示，APA大多数职业成员的大部分时间用于编制政府规章和规划，[10]这是一种在增长的社团中特别流行的一种模式（图1-5）。1992年调查的详细分析表明，规划师在如下各种任务方面是自信的，如分析问题、发展目标、识别替选方案、评估项目影响、准备报告及对公众陈述等。这些任务要求规划师文章思路清晰，能够综合各方面信息，并能和不同的人相互有效地进行影响。[11]此外，很多研究也反映了谈判、调解、财政分析以及计算机运用能力。和通信、形象化技术，以及说话技巧等技能是相互联系的，其中，说话技巧是指对

图 1-4 规划师的雇主

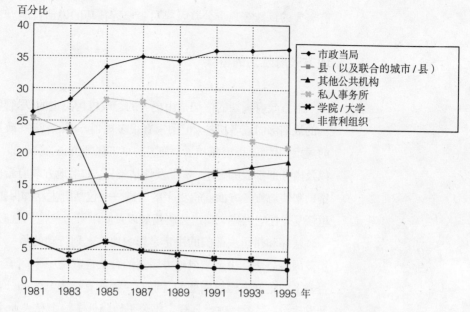

a 1993年的百分比改写过。

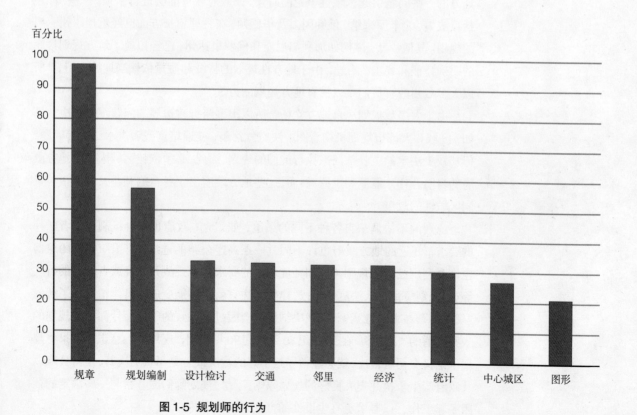

图 1-5 规划师的行为

有需要的特殊客户、公众及官员带修辞技巧的说话技能。[12]

地方政府规划的框架

地方政府规划的框架是由更大的行政机构决定的。尽管联邦政府没有一个统一的规划部门或者机构，但国家有很多规划方面的程序、政策以及包含规划要求的规章。例如，环境保护署、美国陆军工程师公司、农业部、住房和城市发展部，以及内务部都能够要求、资助及评估规划。如果地方政府希望借助联邦的力量和资助来使地方各方面获得更多的改进——包括野生动物保护、历史风貌保护、邻里恢复、住宅供应、高速公路拓展以及防洪等——他们就必须适应联邦的方针。

联邦和州司法部门的决定是影响地方规划行动的另一个重要因素，如1926年美国最高法院决定赞成地方区划的合法性就是一个例子。[13]法院是从程序和是否公平的角度来检讨问题的，例如，是否所有被影响的部分都有机会去评论一项开发建设，是否一项规划规定不公平地降低了一个私人业主的判断力等。此外，法院也可能帮助解决不同投资者之间为追求不同目标而产生的争论。

州政府批准地方政府的机构编制，同样，通常也为规划提供认可。尽管大多数地方规划是各个市政当局和县做的，但州的规划机构一般会涉及大型项目的选址，例如交通主干道、快速运输系统、体育馆以及区域性公园。此外，由于在大多数州里大部分为城市人口，所以州的官员们更倾向于关注城市的各种需要。当地方的一些问题引起区域性争论的时候，州政府就可能会进行干预。一些州，包括夏威夷、北卡罗来纳、俄勒冈以及华盛顿，在管理增长方面已经承担了州一级的规划。其他一些州，例如加利福尼亚和佛罗里达州，已经拟就了地方规划程序的明确特征和要求。不过，由于地方性规划的特征和质量依赖当地的支持，[14]所以大多数州的官员们难以具有地方规划的力量。

由于大多数规划源自地方立场，所以很多跨行政边界的问题很难解决。例如，区域和大都市规划机构意图解决空气污染、交通堵塞或者洪水泛滥等问题，但却缺少法定的主管部门来执行他们的规划，因此，必须依赖区域内各个地方政府的自愿合作才能顺利进行。然而，这些地方政府出于各自的利益又可能很难赞同区域性的政策。

规划的不协调来自各种不同的渠道，如，地方政府也许会抵制州或者联邦的要求；邻近的地方政府也许不同意一条高速公路的选线；有组织的社团组群也许会利用已有的规则（例如环境研讨的要求）来挑战开发商或者政府的行动等。当规划争论进入法庭的时候，律师和法官就有可能变成对具体情况不了解的"规划师"。在大多数案例中，裁决结果都会因过于细致的干涉而片面抓住规划的一些所谓的"问题"。在20世纪80年代到90年代间，规划师们意识到如果将规划争论移交司法裁决，就会经常导致不好的裁决或者是昂贵的决算，使得公众以及政府产生争执并丧失良好的规划原则，于是，规划师们便开始与一些法定的社团一起工作，以寻求更有建设性的方法来解决争论。[15]

在不同的地方规划

尽管相同质量的州际高速公路以及国家铁路网络在很大程度上影响了美国的景观,但明显的差别——在各个社区、大都市地区以及区域间——仍然存在。这些差别影响了规划行为的特性和范围。

例如在一些老的中心城市,一般都具有老化的市政基础设施、空置的住宅、衰退的中心商务区以及废弃的工厂等一系列相似的问题。面对广泛的贫困和财政紧缩,规划师的目光一般都集中在经济的复兴方面,这样,规划中就可能包含从住宅复兴、小额信贷到就业计划等很多内容。

尽管大型的阳光带城市群一直吸引着中心城区和区域性公司总部,但这些城市却很容易产生房地产业的兴衰循环、高速公路拥堵以及公共交通的短缺等问题。而且,这些城市所拥有的繁荣很可能不会惠及它们的居民。例如在北部的一些工业城市中,一些民族和少数族裔因缺少学校,缺乏社会服务和廉价的住宅而生活艰难。这些社区中的规划师可能会在一年中面对疯狂的人口增长而又在下一年面对疯狂的人口衰退现象。

郊区是规划的另外一个主要领域。在许多大都市地区,成熟郊区的人口组成已经变得更加多样,除中产阶级外,郊区也是低收入、蓝领及少数族裔居住的家园。在土地利用方面,郊区也有了更多的用途,在第二次世界大战刚刚过去的几年中,大多数郊区的主要用途是居住,但今天的郊区则是区域性购物中心、多层办公楼以及蔓延的工业园区的所在地。一些这种较大的、在大都市地区边缘快速发展起来的郊区,由于它们区位和土地利用的多样性,现在已经被称作"边缘城市"。[16]此外,由于零售业及其他经济活动不断从老的郊区迁出进入更加外层的郊区,因此很多老的郊区的经济活动正在不断衰退,而这种情况以前只发生在内城地区。

小的乡村社区也给规划师提出了特别的挑战。当快速的城市化现象吞噬它们的时候,那些靠近大都市地区的乡村社区也许会出人意料地郊区化,而那些孤立的乡村社区也许会遭遇到经济停滞以及年轻成年人外迁等问题。两种类型的乡村社区未来的功能变化都很大,在规划时需要向规划咨询事务所求助。

度假社区——靠近海滨、滑雪场或者其他适宜度假地区的社区——因为人口的季节性起伏,也给规划师提出了特别的问题。这些社区的典型问题主要包括相对于全年就业制的季节性问题、季节性的交通问题,以及高于中等及低收入全年制居住水平的住宅价格等问题。

为一些地方中的地点而规划

规划师和规划机构不仅为不同类型的社区编制规划,同时也为社区的不同部分编制规划,例如社区某片和邻里单位。但为一个社区某个部分准备详细规划的时候,例如规划一个中心商务区,或者当某个开发计划明显地影响到了既有开发时候,大小规模的规划问题就会纠缠在一起。

图1-6 查塔努加的总体复兴规划，包括对废弃邻里及商业区的关注

在很多大都市地区，因数十年的郊区化而衰退的城市中心——一度是零售、商务、行政和娱乐的中心——正在力争保持一个经济基础。很多中心商务区的规划努力集中在吸引或者保持专门的零售和办公功能、提升旅游业、寻求传统商务，或者是鼓励开发运动场馆等一些新的娱乐中心上。此外，一些中心城区的复兴规划中也包括了主动提高住宅量，在中心城区的居住开发中增添夜晚和周末的活动，提升中心城区的安全性和宜人性等内容，但这需要规划区内的零售业和周边社区服务的支持。

在历史上，环绕中心商务区的地带是用作批发行业和轻工业的。随着这些行业迁移到外面，留下了许多空置的房屋。一些社区正在开发这些空置房屋的其他用途，包括办公空间、居住以及艺术家的画廊、阁楼式住宅等。

一些单位和住户从老城市的中心迁移出去后，老式居住邻里会展现出不同的变化状态。例如，在一些城市中，公寓式及其他历史性的构筑物，已经成功地转化为共同管理的住宅或者是非营利性组织使用的办公空间；而在其他一些城市中，老式住宅的恶化已经使更多的人口迁走。现阶段，正在衰落的中产及工薪阶层邻里，已成为社区努力开发的焦点，这是为了提高居住质量及兴旺地方商务。如果这些努力不是致力于为现状居民保存住宅，那么，住宅业的房地产市场就会以价格的方式，将低收入居民驱逐出去，形成一种被称作"贵族化"的现象。

图1-7 康涅狄格州普纳姆一个以前的线厂,现在为一些种类的商务活动提供了灵活的空间

图1-8 一度是波特兰心脏地带的一个兵工厂,缅因州的历史保护区 OLD PORT 已经转变为一个雅致的、服务周全的旅馆,并且在合理的步行范围内还有专业的商店、画廊和餐馆

为不同的人规划

一个社区物质环境的方方面面——它的尺度、气候、区位以及地理因素——决定了它的很多规划问题。此外,一些很少立刻能够体现出来的因素——例如社区的历史、社会以及人口结构——同样影响了规划的独特性。规划师为之工作的人口从任何角度看都是不同的:年龄、种族、民族、宗教以及政治信仰,因此,规划编制有必要考虑不同背景、价值、期望和需求的人。

不过,规划实践经常未能考虑这些不同。例如,构成了规划控制要素的土地利用、区划、居住、交通等很多方面的原则,已经加重了对妇女的社会压力。[17]比如,现在大多数母亲已经在家庭之外工作,迫切需要日间儿童照顾服务,但很多社区却限制在商业分区中设置儿童照顾设施,因此,这样的规定阻碍了需要日间儿童照顾的家庭进入这个社区居住,而这样的方式本应是更为可行并更适合低收入父母的。[18]当土地利用控制及建筑规定确定的时候,诸如重要的日间照顾这样的设施,面对人口统计的变化未经检验就放弃了,实际上也许是第一次制定规定的时候,就忽略了一些人的需要。

研究表明,因年龄和背景的不同,我们对物质环境的体验是不一样的。例如,一项关于洛杉矶公共公园的研究发现,西班牙裔家庭对公园的使用一般集中于大型的社会集会;非洲裔美国人更喜欢和同性别的同伴一起造访公共公园;[19]非西班牙裔的白人习惯到公园日光浴以及带他们的孩子一起外出到公园;而老年中国人则几乎没有兴趣使用"美国的"公园,因为他们理想的公园是一个审美用的花园而不是一个休闲的设施。

该研究还发现女性使用公园的频率比男性低。其他研究也发现,受女性的安全性和社会化问题的影响,男性和女性处于中心城区的频率也不同。[20]

社会和人口统计变化影响规划的每个方面,因而规划师的任务之一,就是明白和解决人口中有多少不同的成分可能会受到规划的影响。[21]在历史上,弱势群体,无论是数量弱小还是影响不大的群体,其需求都很难得到满足,[22]因此,规划师应该预见弱者的需求并寻求机会增强他们的力量。此外,规划师必须学会为现在不同、将来会随着时间推移继续变化的人口规划,如,一个或者另外一个年龄组别的居民比例可能会变化;过去的居民迁走也许会被具有新价值的新迁入者取代。规划师必须密切注意他们所服务的人口的特征和需求,并且要发现不公平和确实解决这些不公平。

儿童和老年人的交通需求

儿童和老年人的交通需求,生动地说明了在规划实践中,人们的需求与场所特征是怎样交互作用的。利用年龄优势的一个例子是它的直接性:所有的规划师在经历他们自身生活和就业的各个阶段中,都在个人和职业两个方面面临和年龄相关的问题。

忽略儿童和老年人的不同(例如,儿童需要能够到达学校而老年人要求到达健康服务中心),我们将注意到他们的一种共同需求——到达。儿童(那些16岁以下的)和老年人(尤其是年长者)构成了人口中一个相当大的组群,这个组群依赖别人或者是公交系统到达他们需要到达的地方。[23]

女性将随着她们的年龄,从她们孩子交通的主要提供者演变为依赖别人来达成自己的交通。一项在得克萨斯州奥斯汀的研究发现,6岁以下的儿童2/3的出行是靠母亲接送的,并且和他们母亲的婚姻与否无关。同一研究发现母亲们比父亲们更喜欢单独接送孩子,并且和她们上下班的出行结合在一起。[24]随着年龄的增长,儿童们会增加自行车及校车的出行模式,但大多数出行依旧依赖家庭帮助完成。这种模式与孩子们独立性的增长是相背的,正如萨克拉门托的年轻人被问及他们更喜欢的目的地以及到达方式时,他们的回答所表述的那样(表1-1)。

表 1-1 萨克拉门托年轻人喜欢的目的地和交通模式

目的地	合计	喜欢的交通模式（%）			
		步行	自行车	公共汽车	轻轨
购物中心购物	31.2	3.3	4.1	14.9	8.8
看电影	24.3	1.8	2.4	12.3	7.9
到中心城区	17.9	0.2	1.2	10.5	6.0
别处购物	14.4	3.1	6.0	3.3	2.0
老萨克拉门托	12.2	0.2	1.9	6.3	3.8

注：因为舍取整数，百分比与合计也许不同。

美国的出行模式数据表明，在同一年龄组别中，老年女性日常出行的次数和里程比老年男性要少。此外，在同一年龄段中，退休独居的老年妇女所有目的的出行量，大约是已婚妇女的 2/3。[25]

因为典型的郊区及乡村地区缺少集中的人口来支持固定的大运量的交通线路，所以那些依靠公共交通的人就必须依赖灵活的"电话传呼出租汽车"系统。由于只有人口密集的城市地区才提供更多的交通服务，因而，面对不能依靠私人汽车来达成自己交通需求的人口，是规划师面临的一项严峻挑战。

社会有意识规划的浮现

规划不仅必须解决不同背景、价值、期望及需要之间的矛盾，还要解决不同利益集团之间的冲突。在20世纪60年代，社会激进份子们在很多方法上提高了规划师的意识，在这些方法中的公共计划——即使是声称用来提高居住和生活条件的时候——经常也忽略了社会经济阶层中较低层以及有色人种和少数族裔的利益。[26]在同样的时期内，作为执行居住、重建以及社会福利（反贫穷）计划的要求，联邦政府增加了"公众参与"。更大的社区参与，尤其是在邻里规划当中成为普遍。尽管现在的规划师意识到公众听证只为公众参与提供了有限的机会，但在当时，听证却是规划走向更加公开的一个重要步骤。

在规划领域内，其后有几项发展：保罗·达维多夫，他相信"拓宽选择"是规划的一项基本任务，创造了术语"倡导规划"来描述人口中的贫穷部分。[27]达维多夫的方法源自20世纪50年代到60年代的市民权利运动，并且具体化了社会公平的义务。一些大都市地区的规划师——最为显著的是，克里夫兰的诺曼·克鲁姆霍尔茨——随后就开始在他们的工作中明确地运用达维多夫的理论。[28]在实践中，这种社会有意识规划被称作公平规划。

女权主义对规划实践的分析，开始检验制度对女性、非传统家庭及其他社会群体的偏见。源自女权主义分析的规划和公平规划都在行业中支持更大的差异，二者的转换使得规划实践能够更为精确地反映出规划师所服务人口的富裕程度和差异性，相似地，两种方法也都倾向于关注弱势公众的需求。在一个日益破碎的政治体系中，公平规划和女权主义规划已经拓宽了人口中一些成员的政治参与程度，若非如此，这些人的声音则可能会被忽略。

图1-9 科罗拉多州拉夫兰德为老年市民提供的城市交通

作为规划走向成熟的下一个领域,是找到裁决及平衡各种相互竞争利益的方法,建立一种更为协调的社区。在这里,女权主义领导阶层的式样,已经有助于加强领域内对改进沟通及建设协定的强调。[29]

在一个建设协定的过程中,所有相关群体都从一开始就受到该项目的决策或者规划的潜在影响。参与者在获得帮助的情况下,形成对规划操作共同的目标和理解。建设协定联系了资产持有者不同的需求,因而有助于避免昂贵的司法争论,规划师通过提供所需要的资源、专业知识、有时候是商量或者调解服务来酝酿协定。因此,建设协定为相互竞争的各种利益或者资产持有者之间会发生的对立规划立场提供了另外一种选择。

一种全盘的社区规划方法

本书意在向新人介绍规划实践,同时也为正在从业的人提供一个参考。内容涵盖了用于指导及评估规划实践的各种重要理论,还列举了大量规划行为的范例。章节中描述的艺术级的规划,其"优秀实践"的范例是从各种不同情况中来,而不是从什么奇特的情形中精选出来的。

因为规划利用了很多领域的知识,并且汇集了广泛的重点和思维方式,因而本书所选择的组成部分及主题反映了规划领域的多样性和丰富性。本书不是循序渐进的规划手册,并且限于篇幅,一些重要但复杂的要点及技术不得不予以删减,不过,各章节所谈的实践主题和提供的范例及参考,有助于读者学会提出什么样的问题并知道如何寻找有用的答案。此外,对特定问题喜欢更多信息的读者,也可以在每个章节的注释及书末列出的参考书中找到答案。

本书包括五个基本部分:"规划内容"、"规划分析"、"功能性的规划要素"、"执行规划"及"规划、人和政治"。然而,我们强调,章节的顺序并不能看作指导地方规划编制的线索。事实上,也许应该建议读者尽早阅读第五部分,以便明白政治和伦理的问题如何遍布于实践当中。此外,对执行(第四部分)的理解是形成一个社区(第三部分)特定要素规划的关键。相似地,对社区作一个整体的展望——它的总体问题和各种优先问题——可以进行适当的分析或者重点研究(第二部分)。因此,我们强烈建议全面地阅读本书,然后再返回特定章节深入研究。

第一部分"规划内容",展示了专业规划的各种目的和过程。在第1章,我们向读者介绍了规划的重要性,希望以这种方法进行社区的专业工作,改进人类聚居点的生活质量。规划的成功取决于规划师理解各种不同需求的能力,根据社区的不断变化,在各种政府和组织的设定条件下进行设想和执行规划,在承认其过去的延续性的同时预见未来的期望。第2章"编制规划",致力于讨论规划师如何在一个民主的社会中形成规划的权威,以及规划如何指导公共决策。规划师运用很多方法来引导规划过程及编制规划,但依旧分享一些常见的方法,包括分析、想像、执行和公众参与等。第3章"信息时代的规划",拓展了信息对规划师的重要作用。专业规划吸取了日益复杂的计算机运用和技术工具,并将信息转化为可以理解和运用的知识。

第二部分"规划分析",主要进行社区规划基础的三种研究。人口分析(第4章)不仅解决一个社区基本的人口统计特征,同时还解决这些特征随着时间推移的动态分析。因此,当规划师试图面对社区的各种需求时,他们就必须预测人口构成的变化、习惯的变化和人的不同组群的变化。环境分析(第5章)集中在各个区域的地形学研究上——它们是如何影响人类聚居点的模式以及如何被人类活动所改变。一种生态学的规划方法提供了更强的能力来保护自然资源和减少环境风险。第6章"经济分析",致力于研究一个大都市的功能,研究作为一个区域内人和组织之间进行交易的市场。规划师分析各个社区的经济结构及其与更大及更小区域之间相互依赖的关系,以便发现其增长和发展的潜力。

第三部分的"功能性的规划要素"包含社区规划的七种评价尺度。限于篇幅没有囊括太多内容,也限制了每个章节的深度,这个部分描述了一种评价的但不是惟一的社区规划主题的子集,希望读者参考末尾的注释及参考书目来拓宽自己的知识和运用。第7章"发展规划",提供了一种关于过去一个世纪土地利用规划的历史观点,并分析了物质系统规划是如何运作的,强调了艺术级别上的实践。第8章"环境政策",阐述了规划师如何运用生态学的分析来解决公共问题。第9章描绘了如何进行交通规划,这是规划一个高度技术化的分支,已经日益成为地方关注和公平实施规划的焦点,并且还需持续地解决和堵塞有关的问题,解决土地利用政策和流通之间的相互影响问题。在第10章"住房规划及政策"中,作者解释了美国的居住系统,包括联邦、州及地方的作用,集中讨论了地方政府正面临的克服邻里衰减、增加经济适用住宅、以及整合居住社区内社会服务等问题。第11章将社区作为一个整体的发展来讨论，特别注重讨论社区的内涵、对人们改进社区生活质量的承诺。第12章"经济发展"，从一个人和一个社区两种尺度上运用了经济分析，工作指向包括区位、商务及人力资源等在内的社区发展策略。最后一个细分章节"城市设计"（第13章），检验了城市形式各种成分，为规划师同时改进城市的形式和功能提供了有用的行动建议。

第四部分"执行规划"，向规划师和社区描述了完成他们所采用的政策和规划内容的有用方法。正如一个个私人业主和组织控制了人类聚居点的大部分土地一样，各个城市和县采用区划和土地细分规定（第14章）来建立对自然清晰的期望、土地使用强度和结构等。第15章"增长管理"认为有效的规划需要社区去引导自然、管理以及新开发的比例，以保护环境敏感地区，也确保服务的供应量适合人口的增长。第16章表述了地方政府如何使用多种税收资源以及预算实践，提供公共服务设施及内容来支持社区规划。

第五部分"规划、人和政治"，为本书画上了圆满的句号，联系和展开阐述了第一部分介绍的一些概念，并贯穿在分析性的细分章节里面。第17章"建设协定"，评估了规划中公众参与的传统方法，然后在规划中发展了一种超越排外及对立的、好意的建设协定观点。最后，第18章"社区、组织、政治和道德规范"，返回到规划实践领域，检讨规划师如何在组织中工作，如何与社区合作以及在政治体系中如何能做得像符合道德规范的专业人士。

注释：

1 Seymour J. Mandelbaum Luigi Mazza. and Robert W. Burchell, *Explorations in Planning Theory* (New Brunswick. N.J.: Rutgers Center for Urban Policy Research, 1996).

2 Robert A. Beauregard, "Occupational Transformations in Urban and Regional Planning. 1960 to 1980," *Journal of Planning Education and Research* 5 (fall 1985): 10-6.

3 Marya Morris, *Planners' Salaries and Employment Trends. 1995*, Planning Advisory Service Report No.464 (Chicago: American Planning Association, July 1996).

4 规划师的调查试图以3种方法来确定他们的身份：①通过主流组织的成员名单——美国规划师协会（APA）和美国资格规划师学会（AICP）——以及相关的群体，例如规划师网络和美国咨询规划师界；②通过两组学生的名单：一组是从规划资格委员会认可的规划专业毕业的，并且所毕业的学校是属于规划院校协会的，另外一组是从相关专业毕业的，通常是地理系；③通过从事规划的机构或者事务所员工名单，不管术语"规划"是组织名称或者是独立工作名目的一部分。因为最后一个组群的难以把握性，以及追踪那些从规划专业毕业但不和学校保持联系的学生的困难性，大多数研究基本上是依赖规划组织的成员名单，而无法确定名单是否具有代表性。因此，读者在阅读这一部分内容时应该记住这些限制条件。要深入分析这些问题的话，参见琳达·道尔顿的"规划实践知识的浮现"，《规划教育和研究杂志9》（1989年秋季刊）：29-44。

5 Philip G. Kuehl. *1992 Job Analysis Survey: American Institute of Certified Planners* (Rockville. Md.: Westat, Inc., 1992). This survey conducted for the AICP covered planners at all levels, whether AICP or not. See also *Planners' Salaries and Employment Trends*, Planning Advisory Service Reports (Chicago: American Planning Association, various years), which publish biennial salary surveys of APA members.

6 在美国，只有两个州（密歇根州和新泽西州）的规划师持有执照并且规划师是专门的术语。在加拿大，只有加拿大规划师学会（或者省级的会员）成员可以使用"规划师"头衔。不过，在美国和加拿大，公共规划机构和咨询事务所都雇用没有执照的个人从事规划工作。

7 Elizabeth Howe and Jerome Kaufman, "The Values of Contemporary American Planners," *Journal of the American Planning Association* 47 (summer 1981):266-78.

8 Carolyn M. R. Kennedy, *Personnel Practices in Planning Offices*, Planning Advisory Service Report No. 434 (Chicago: American Planning Association, August 1991).

9 Amy Glasmeier and Terry Kahn, "Planners in the '80s: Who We Are, Where We Work." *Journal of Planning Education and Research* 9 (fall 1989): 5-17.

10 Kuehl, *1992 Job Analysis Survey*.

11 Judith E. Innes, "Information in Communicative Planning," *Journal of the American Planning Association* 64 (winter 1998): 52-63.

12 Charles J. Hoch, *What Planners Do: Power, Politics, and Persuasion* (Chicago: APA Planners Press,1994).

13 *Village of Euclid v. Ambler Realty Co.*, 272 U.S. 365 (1926).

14 Raymond J. Burby and Peter J. May, *Making Governments Plan: State Experiments in Managing Land Use* (Baltimore: Johns Hopkins University Press, 1997).

15 Larry Susskind and Jeffrey Cruikshank, *Breaking the Impasse: Consensual Approaches to Resolving Public Disputes* (New York: Basic Books, 1987).

16 Joel Garreau, *Edge City: Life on the New Frontier* (New York: Doubleday, 1991).

17 See, for example, Irwin Altman and Arza Churchman, eds., *Women and the Environment* (New York: Plenum, 1994); Dolores Hayden, *Redesigning the American Dream: The Future of Housing, Work, and Family Life* (New York: Norton, 1986); Leslie Kanes Weisman, *Discrimination by Design: A Feminist Critique of the Man-Made Environment* (Urbana: University of Illinois Press, 1992); and Gerda Wekerle, Rebecca Peterson. and David Morley, eds., *New Spaces for Women* (Boulder, Colo.: Westview, 1980).

18 Marsha Ritzdorf, "Land Use, Local Control, and Social Responsibility: The Child Care Example." *Journal of Urban Affairs* 15 (1993): 79-91.

19 Anastasia Loukaitou-Sideris, "Urban Form and Social Context: Cultural Differentiation in the Uses of Urban Parks," *Journal of Planning Education and Research* 14 (winter 1995): 89-102.

20 Louise Mozingo, "Women and Downtown Open Space," *Places* 6 (1989): 38-47; and Sy Adler and Johanna Brenner,"Gender and Space: Lesbians and Gay Men in the City," *International Journal of Urban and Regional Research* 16, no. 1 (1992): 24-34.

21 June M. Thomas,"Planning History and the Black Urban Experience: Linkages and Contemporary Implications," *Journal of Planning Education and Research* 14 (fall 1994): 1-11.

22 Helen Liggett, "Where They Don't Have to Take You In: The Representation of Homelessness in Pub lic Policy," *Journal of Planning Education and Research* 10 (summer 1991): 201-8.

23 Of course, we acknowledge other transit-dependent groups, especially those who cannot afford private automobiles and those with disabilities that prevent them from driving. See, for example, Sandra Rosenbloom, "The U.S. Approach to the Needs of the Elderly and Disabled," in *Mobility and Transport for Elderly and Disabled Persons*, eds. Claes-Eric Norrbom and Agneta Stahl (Philadelphia: Gordon and Breach,1991), 49-60.

24 Sandra Rosenbloom, "Women's Travel Patterns at Various Stages of Their Lives," in *Full Circles: Geographies of Women over the Life Course*, ed. Cindi Katz and Janice Monk (London: Routledge, 1993), 208-42.

25 Ibid.

26 Herbert J. Gans, "Planning for People, Not Buildings," *Environment and Planning* 1, no. 1 (1969): 33-46.

27 Paul Davidoff and Thomas A. Reiner, "A Choice Theory of Planning," *Journal of the American Institute of Planners* 28, no. 2 (1962): 103-15; Paul Davidoff, "Advocacy and Pluralism in Planning," *Journal of the American Institute of Planners* 31, no. 4 (1965): 331-7. See also American Institute of Certified Planners (AICP) and American Planning Association (APA), *AICP/APA Ethical Principles in Planning* (Washington, D.C.: AICP and APA. 1992); and American Institute of Certified Planners, *AICP Code of Ethics and Professional Conduct* (Washington, D.C.: AICP, 1991).

28 Norman Krumholz and John Forester, *Making Equity Planning Work: Leadership in the Public Sector* (Philadelphia: Temple University Press, 1990). See also Barry Checkoway, ed., "Paul Davidoff and Advocacy Planning in Retrospect," *Journal of the American Planning Association* 60 (spring 1994): 139-61.

29 "Planning Theories, Feminist Theories: A Symposium," *Planning Theory* 7/8 (1992): 9-64.

第2章 编制规划

查尔斯·霍克

"三思而后行"这句话肯定了最好先规划、后行动的常识性观点。但尝试对社区进行规划的现实却常常违背这句格言。一个原因是规划一个单独的问题,确实比规划一个具有不同价值和利益的社区更加容易。

无论我们布置一个花园或者是为一个职业做准备,我们都在编制规划。我们的规划与规划师编制的规划有什么不同呢?考虑一次到超市的出行:当我们计划如何从A点到达B点时,我们选择一条单一的路线,同时考虑诸如一天内的时间段、拥挤的十字路口以及建筑的阻隔等因素。但规划师不能只关注一条路线而排除其他路线:他们的规划必须包含所有的路线并容纳所有的出行。我们都在"空间"中规划,但规划师是在"集体的空间"中规划。规划师从鸟瞰的角度看问题,布局街道模式以引导来自市场、学校及工作的所有路线;其结果是街道网络构成一个复杂的系统,在其中每个通行者都认为可行。

我们还认为交通系统的变化是可行的——路线变更、增长的容量、更宽的自行车道——当我们需要的时候就会在那里。我们都是及时规划,但规划师是在长时间段内规划,使用很多模型来模拟人口、路线及目的地等的变化是如何影响交通流的。因此,一名规划师的工作不仅是描述目前的行为,同时也是预测行为的变化及其结果。

当我们驾车时,我们都很留意其他驾驶者的行为,判断他们的信号、车道变化、减速以及其他行动。对比之下,规划师则不同,他们必须留意路上所有人的集体意识,适应现在和将来很多出行者的很多种观点,这当中谁也不能独享道路权利。在实践中,留意集体意识经常就意味着是在相互冲突的价值内容当中工作:例如,通勤者希望快速穿过一个居住区,但这个居住区内的居民却要求设置停车标志及低速限制以降低交通速度。各个社区希望规划师在一项地方交通规划中将这些矛盾加以协调。就像一个人获得驾驶执照时弄懂了道路的作用一样,规划师必须使他们自己熟悉一个社区内关于出行和交通的各种相互抵触的习俗、期望以及信念。

大多数日常问题和困难不需要规划。人们依靠常识和实验过的各种习俗、程序、习惯、规则及分类构成的惯例来解决问题。但当问题超出了日常程序的控制,或者是当新的期望使得当前程序失效时,就需要编制规划。规划编制提供了一种智能检索陌生问题的框架。这个章节回答四个问题。第一,规划试图解决什么样的问题?第二,规划师以什么样的权威证明他们编制的规划是对的?第三,规划师如何采用决策制定的理性模型?最后,规划师如何编制、执行及评估规划?

城市规划中的问题

是什么使得城市问题如此难以解决？城市不遵从一套简单的原则，而是由各种复杂、变化以及经常是不可预知的物质环境和社会关系所构成的。人们参与商会、社区及政府都遵循他们自己的规划，同意他人的行动直到出了什么差错。现代城市的物质及制度基础设施，代表了一种对城市的复杂性加以组织，从而减少城市不确定性的努力。

生活中很多不确定性似乎是随机和偶然的——车祸、火灾、洪水泛滥及破坏性的暴风雨等等。然而规划师已经懂得了减轻明显不可预测的结果——如果不是控制灾祸本身，就是减少"自然的"灾祸所引发的毁坏。

然而，比事故、火灾、洪水泛滥及暴风雨更为普遍的，是几个单独目的碰撞之后的外向连锁反应所产生的破坏。单独目的的追求，会沿着一条路线或在单独的领域内累积出无法预见的后果，挫败每一个单独的期望。一条拥挤的人行道是一个生动的例子：当人行道上的人数超过特定数量的时候，移动就会变慢或者停止，任何一个人都无需负责，但一个个平行或反向目的的叠加联合就导致了系统的瘫痪。"连锁反应"波及儿童、同事、朋友或者其他任何正在等人的身处人行交通阻塞当中的人。如果步行的人闯入街道，试图躲避拥挤，他们就会阻断交通，引发冲突——或者甚至是事故——在车行线路上。这样的问题就需要设计的介入，因为尽管个体只走其中一条路，但参与者都是以同样的方法分享同样的空间。然而，很多城市规划问题的出现，是因为不同的人和组织所追求的、相互抵触的种种目的、目标以及城市发展方向相互交叠的结果。

例如，当我们考虑血缘关系；职业作用与责任；以及宗教、社会和文化联系影响个体选择的时候，就产生了目的交叠或相互牵连的机会。我们将我们的生活看作一个整体，但我们在不同的时间和空间中所起的作用是不同的：我们加入通勤者行列往返上班，在工作场所是同事，在购物中心是购物者，在起居室加入我们的家庭。当我们在特定的空间发挥我们的作用时，例如，在高速公路上驾驶或者给草坪浇水，是沿着单一的路径汇合作用及设置通道。我们想的是快捷的通行或者绿色的草坪，我们没有意识到我们对高速公路以及供水系统的依赖。农夫在城市边缘将土地卖给投机者，或者是内城老化的废弃工业区，提供了选择未考虑更大后果的例子。

规划师试图理解，在众多相互交叉的人类倾向和活动中，这些时间、空间以及目的的"片段"，是怎样在一起产生或者不产生和谐。他们运用理论和实践的知识，来描述也许是人们按照各种目标行动而可能，或者是似是而非的结果。规划问题出现在规划师理解未来结果或者是追随集体目标遭遇困难的时候。例如，环境污染、郊区土地投机以及内城住宅的废弃成为规划问题，因为规划师识别了相互冲突的目的，确定了这些目的如何左右城市发展，并且建议的替选行动方案获得了公众的注意、争论和赞许。

规划的权威

我们经常单一地想像权威是一种合法的强迫接受——一次家长命令、一个停车标志或者一条宗教的训诫,这当中的每一个都约束了我们的自由和个人爱好。但我们关于权威的经验,也包括那些当我们获得一个新的信念以及意识到一个长期不顾的承诺的时候。当接受一次慷慨父母的养育权威,一个富有同情心的警官权威,或者是一个富有灵感的宗教领袖的权威时,我们就将那种个人的智慧或者理解结合进了我们的生活,我们修正自己的信念并且可能重新考虑目的和意义。有力的规划也许会依赖一个警觉的行政部门的高压威胁,但同样也有可能利用信念的权威。当规划是基于共同的信念时,更有可能得到成功的执行——尤其是当信念是通过建设协定的努力而获得的时候。

地方规划师编制规划时,他们利用法律的和道德的权威。有时这些权威资源是相互补充和增强的,但另外一些时候它们也许是简单平行亦或甚至是彼此相反的。例如,专业技术的权威被州的执照许可加强,但当专业技术是运用于政治保护下的服务时,它的权威就被破坏了。

规划师很少带着权威达成他们的任务,而其他方面的专家是自动地获得权威——例如大脑外科医生,以其知识和技艺为基础而获得权利和社会地位。尽管一些规划师依赖一种权威——专业知识——在所有其他之上,[1]但其他的人还是希望通过润色其规划以达到目的,进而得到综合的权威。通过委任方法获得任命的规划师,比有能力将协调和凝聚带入各种声音混杂里面的规划师,成功的机会要少。

法定权威

规划的法律认可提供了一种重要的合法来源。在美国,和一个地方政府官员的功能一样,规划所具有的重要作用是向官员、管理者以及各种各样的市民(例如,开发商、激进主义分子、说客、居民等等)就某一个地段内或者附近的未来总体发展提出建议。因为大多数规划师为政府工作,他们必须执行司法及行政的法律。例如,一些州要求各市政当局和县编制各种类型的规划;尽管适用的州法令可能只是简单地勾画出一般的程序,但其他的却提出了很高的规划要求。[2]

尽管规划师(尤其是那些为政府工作的规划师)经常渴望有力的法律授权来强制执行他们的规划,但强制执行如果推翻了有用的惯例、扭曲了专业的判断或者是替代了民主的参与,就会被证明是昂贵的。不仅如此,法律授权——无论是源自更高层次的政府或者是积极市民的希望——都不是必须的、最有效的确保政策执行的方法。[3]例如,当环境保护署(EPA)推行严格的空气质量标准时,地方行政辖区可能会抵制执行;有些甚至可能抱怨EPA违犯或干涉了地方政府的权利。源自"底层"的法律授权,也不是更为成功的必要条件,例如,在加利福尼亚州,在组建了一个市民为主的州际岸线委员会来研究、规划及规定岸线土地利用之后,区域委员会被授权在决策方面可以比地方政府具有优先权。当区域委员会在岸线保护以及特定土地利用决策方面使用州际法律授权的时候,他们的行动激发了来自地方政府、业主及开发商的诉讼及抵制。法律提供了至关重要和有力的权威来源,但其自身并不具有使得规划受到欢迎及具有说服力的力量。

规划价值和标准

规划源自20世纪早期的社会改革运动。尽管改革传统的影响依旧强劲(批评家依旧例行公事地将规划师归类为"大政府"的仆人),但规划师并不一律坚持特定的意识形态。事实上,他们有几件事情是共同的:第一,规划师倾向向前展望而不是向后看。对于一些规划师,对未来的关注意味着努力保护自然环境,或者是从蚕食性开发中保护具有历史意义的地标;对另外一些规划师而言,则意味着用规划来为那些失业的居民增加就业机会,或者是增加廉价住宅的供应。第二,很多规划师是出于为公共利益服务的渴望而从事这项职业的。

在一个人权利、私人物业以及自由市场价值强劲的社会中,承认并追求一种更为宽广的公共利益是一项艰巨的任务。例如,当肆意地追求经济利益时就会引发环境和社会危害,规划师在调解个别欲望、集体结果及公共目的的过程中具有重要作用。当公共利益难以定义或者是因为政治诡计而模糊的时候,规划干涉就能具有特别的价值。

在整个20世纪,规划师们都力争使得规划在尊重美国人许可的个人权利的同时,成功地解决大量的问题——从无效率到丑陋、不公平,以及污染——个人目的和集体福利相遇之处的发展。规划提倡确实使地方规划获得法律权威,但将各种规理念作为重要的文化价值加以扩散以激起普遍的支持被证明是更不可靠的。从而,对规划的接受在很多社区里面已经成为一种艰难的斗争。

规划职业有多样的标准,包括默认的和清楚的两个方面,执业者因和同事、导师或者管理者相互作用而尊重这些标准。例如,规划师学会识别和承认不同目的的人们,并将他们带入一个特定的规划问题当中,并以专家建议提供判断,而不是以个人的、道德的或者是政治的定论。在实践中,尽管一个人会期待那样,但成员或者与其他"社区"的联系会影响规划师怎样规划,规划标准掌握着源自职业细分的标准:从这个角度看,规划这件事的本质就是运用规律的知识(例如,经济分析)于一个功能性的规划领域(例如交通)或者地理领域(例如一个流域)。这个公平规划判断的概念暗示了良好规划建议的权威源自单一分工的训练。例如,一名规划师曾经为一个环境群体引导过一次环境改善,这个人就会在其当前的工作当中运用这个经验来引导环境评价。但规划师也许会发现这个意念和顾主的期望以及专业标准相矛盾,其中顾主的期望包括土地开发商的经验和价值以及专业标准,都要求延迟环境价值的附加。

规划师努力寻找不放弃他们自己道德准则而改进职业判断的方法。下面部分描述了规划师是如何依照传统的规划专业准则、理性模型来进行修正的。这些进化的适应,反映了一种从狭隘和单一到宽泛和多样的变化。

职业的专门技术

职业规划师确实为关于城市发展的公共商议提供了分析的知识。[4]大多数人使用一种理性的决策制定模型，采用一种科学调查的方法作为决策制定的指引。模型遵从四个步骤：①确定目标；②识别阻止实现这些目标的各种问题；③识别解决问题实现目标的替选方案；④比较替选解决方案的相关优点。

尽管很多不同版本的模型不断出现，但都在每一步中具有共同的关于功效的基本假设。分析通过将一个复杂的关系分解成几个部分来理解，以识别各部分合在一起的背后原因。我们剖析机器然后再组合起来看它如何工作，我们剖析分子然后再组合起来看一个化学结构如何运作。明白机制的因果关系为我们预测机器或者化学反应的结果提供了知识，这些知识还使得我们能够修改机器或者化学结构以产出更多有用的产品。

成功的分析对方法的可靠要求超过了对意图和动机的要求。也许我希望分析化学结构然后进行修正达到治疗癌症的目的，但是否能达到目的则要求用实验来检验分析，并不取决于我的诚挚与渴望。这种方法的可靠我们称之为客观性。当规划师采用理性模型时，他们通常输入这种标准作为他们行为的一部分。规划分析就意味着将个人对于各种问题的价值和希望置于研究之下。良好分析的标准就成为一种良好职业实践的标准。

当规划师分析研究一个城市系统的各部分时，他们一般用经济价值来衡量——尤其是那些喜欢数量化分析的人，数量化分析主要运用于物理、机械及医药科学。努力获取精确度和可预知性是这些领域共同的要求，而在城市发展的组织当中，似乎最关键的是经济效率的衡量（例如，投入-产出比）。因此，规划分析致力于以经济投入模型来作为决策制定的准则，以提升效率作为规划分析的核心标准。[5]

这种最为普遍的理性模型非常利于解决具有因果关系的问题（例如，一些交通或者供水问题）。然而，这种问题规划师不常遇见，很多导致城市问题的关系并不简单遵从经济模型的因果关系。开始是一个涉及住宅开发项目的土地利用问题，在进一步的分析中，有可能会成为一个人种置换的问题。

理性模型依赖不同的政治目标、社会信仰及理论见解挑战客观性和效率的标准。事实上，当选官员们很少利用理性模型来制定公共决策。[6]第一，当选官员经常代表不赞同特定规划目标的群体。第二，对于一个当选官员而言，合理性只代表合法性的一个来源：在理性分析期间，在这些明显因素之外，很多因素都可能影响一个规划项目的决策。

理性模型的适用

理性模型很普遍，因为它的出现为专业技术提供了基本原理。然而，逐渐地，规划理论家已经引进了多种用途，为如何引导公共决策提供更为包容的理解。[7]这些包括总体规划、政策规划、战略规划以及建设协定。

总体规划

编制一个总体规划是一个典型的多年过程,在其中规划师与居民及其他专业人员紧密合作,以识别和描述社区的各种特征、关联的目标,以及为将来探索备选的规划方案。[8] 在大量的讨论、草拟报告以及规划委托之前的公众听证之后,法定主体采纳规划作为未来地方政府的政策指引。规划项目组拟备预算和条例来负担公共项目(例如街道、公园及学校),并依据规划政策管理私人开发。

总体规划的内容和过程随着时间而发生变化。例如,加利福尼亚州的总体规划过程在20世纪50年代是依照理性的决策制定模型开始的(图2-1)。规划师假定依照单一目标为单一的听众编制规划,大多数规划内容仅仅专注于一座城市中的土地利用和物质因素,对未来影响条件的分析也仅仅局限于理论和经验的框架当中。后来,在20世纪60年代,地方对城市重建成功的抵制,以及高速公路结构对狭隘理性规划的抗议,同时,联邦新项目在乡村及内城发展规划中建立并合法化了地方参与,两件发生在政府里的事情戏剧化地修正了总体规划。环境组织的努力成为立法时同样产生至关重要的影响,例如1969年的国家环境保护政策法案,授权环境评价要求重要的市民参与。和依赖总体分析单一目标的原因和条件不一样,1970年以后的城市规划,提供了一种关于各种不同目标和利益更为全面的评价。

政策规划

意识到多种相互竞争目标的向心性,帮助一些规划远离一些地点的问题,转变为一些过程的问题。和研究土地利用和城市设计不一样,政策规划师将他们的注意力转到各个目标、政策制定以及社会结果之间的关系上。一项特别有影响力的政策规划是为克里夫兰编制的。更多地致力于公平而不是效率,1975年克里夫兰政策规划报告的作者采用了下列目标:"在有限的资源范围内,公平要求优先应该关注那些改进选择和机会的任务,那些几乎没有任何选择的个体和群体。"[9]

一般地,政策规划鼓励广泛地包括各种各样的地方居民、激进主义分子、行政管理者,以及那些一旦缺席将有可能破坏政策合法性的群体。[10] 规划项目组通常从一开始就和不同的群体一起工作,拟就详尽的问题背景报告,这些问题来自群体或者也许是一些群体的各种利益和目标。备选方案的拟订不仅来自规划项目组单一的分析结论,也来自包括众多项目组报告及与不同组群参与者召开公共会议的一个过程。不同组群的政治价值进入到备选方案的准备当中。推荐方案反映的不仅是规划师单一分析结论的合法性,也包括了联合规划过程中统一起来的各种经常是不协调甚至是矛盾的政策建议。

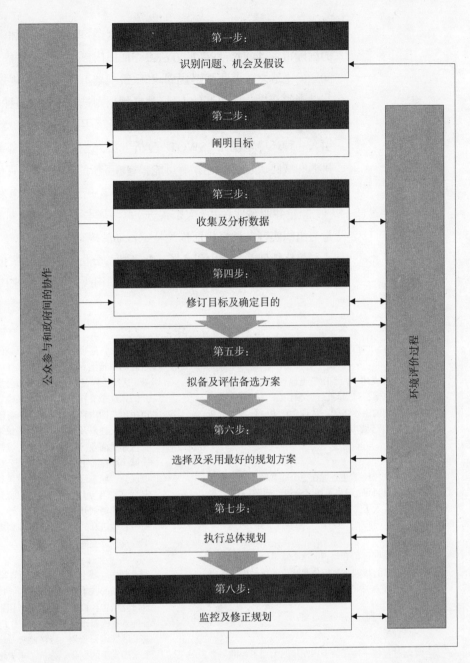

图 2-1 加利福尼亚州的地方总体规划过程

图2-2描述了20世纪80年代期间西雅图的政策规划过程。这个规划过程系统地包括了市民和规划师组群之间的相互交换。市民们积极评价最初的背景报告，还参与了供中心城区规划目标会议讨论的备选方案的准备。结果，这个规划成功地结合了众多观点和利益。

战略性的社区规划

在20世纪的最后25年里，私人事务所一直使用理性规划来提高他们组织的管理及出品的效率。但20世纪70和80年代来自外国的事务所分享美国市场的成功竞争,挑战了这种专注于内在的规划。管理者不得不加入更为复杂和不确定的国际市场,同时寻找新的方法去夺回国内市场更大的份额。他们用来对抗这个问题的工具之一就是战略规划。和政策规划不一样,政策规划试图将很多目标和行动者综合进一套协调的方针,战略规划则进一步探索各种不同的政策和战略,这些政策和战略也许会被一个单独的事务所用来改进它的竞争优势。战略规划师引入一种环境审视和"SWOT"分析方法,这种方法研究外部的各种因素(各种机遇和威胁),这些因素最有可能影响事务所的未来,以及评估事务所的能力(能力和缺点)并加以解决(图2-3)。他们集中于对事务所未来有兴趣的人和组织(股东),并明显地吞并(大宗买进)那些基本可以编制规划的事务所。战略规划是为组织实现各种目标而描绘特定行动的规划。

战略规划在过程中引入了一些新颖的分析方法和术语,但它基本上表达了一种理性决策的新型方式,这种方式专注于用改进的方法,来应付妨碍一个公司目

介绍

这个文件表述了西雅图新土地利用区的土地利用和交通项目草案,以及城区的交通政策。这是完成一个新城区规划的主要步骤,从理念产生、研究、分析以及大量对自己城市未来感兴趣的人的参与到完成,历时近3年。

规划草案描绘了建立现在这个非常健康和富有活力城区的景象,同时解决了城区衰退的问题。这个"景象"后来被转入了公共政策的陈述和实施行动的建议内容当中。

依照公众的评价和修正,这个草案会成为拟备一项新分区法案的基础、执行公共政策的行动内容,以及未来20年支配中心城区形态的最根本依据。

中心城区规划过程

规划过程是一项开始于1978年的大型工程的一个组成部分,这项大型工程是以新的土地利用政策替代过时的西雅图总体规划,构建新的区划法案和图则基础。这些工作是在西雅图2000公众会议委托基础上展开的,这个委托为城市的未来建立了长远的目标。城市用地范围内将近70%用地的新政策和区划于1982年完成,在独户及多住户居住区域采用了专门条例。市长为邻里商业区域(所有中心城区之外的商务和商业区域)推荐的土地利用政策,于1983年4月传送到城市议会,城市议会采纳这些政策和区划条例的日程排定为1983年9月。中心城区以背景研究报告中的人口为基础的规划开始于1981年,计划于1984年完成。紧随中心城区和邻里商业区域规划完成之后的,是制造/工业及开放空间部分的规划。

新中心城土地利用和交通政策准备的第一个步骤,包括数据的收集和问题的识别。1981年3月公布的背景研究报告,提供了需要用来识别和量化问题及发展替选方案的基础信息。报告描述了中心城的现状功能,基于区域增长预测、经济趋势及现状区划,概述了未来希望发生的变化。分析了未来增长的关联,还识别

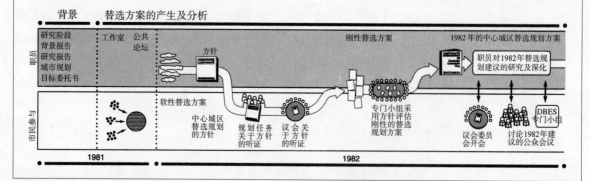

图2-2 西雅图中心城区的规划过程,1983年

标的环境不确定性。[11]当它被采用作为城市或者社区规划的一种模式的时候，它致力于外部的竞争者，不仅为引导一种SWOT分析，同时也为明确的愿意参与规划的相关团体提供途径。尽管总体及规划政策是以朋友之间的目标开始的，但战略规划还要评估潜在竞争对手的威胁，以便确定伙伴们愿意并有能力采取有效行动来应对威胁。图2-4说明了洛杉矶规划师采用战略规划方法来帮助解决当地的无家可归者问题。

建设协定

总体规划试图将公共利益作为一个整体来描述,政策规划难以包括弱点和强项，战略规划提供了组织和政治的知识，也许可以缩减强劲对手的优势。但所有这些编制总体、政策及战略规划的努力，都更加民主地依赖于一种唯理性的机制

了应在中心城未来规划中解决的各种问题。

举办了一系列的工作室和一个公开论坛，市民们被邀请来识别问题、表达他们对中心城未来的关心和希望。一项公众观点调查被用作那些工作室的补充，调查及工作室的结果，发表在一份时事通讯上。然后邀请一些个人代表和组织参与替选方案的准备，首先要求他们识别"软性替选方案"，也就是他们一般概念水平上的各种方案。基于"软性替选方案"，市长和议会于1981年8月采纳了《中心城替选方案》的一些导则，作为发展更为精确、详细的替选方案的基础。

之后，组织和个人代表以及城市职员拟备了15项"硬性选择方案"，由市长任命的一个任务组运用那些导则评价了这些替选方案，并以意见的方式建议土地利用及交通工程（LUTP）应该包括在替选方案的工作草图当中。

1982年版的《中心城替选规划方案》于1982年5月公布，在一个单独的文件中，阐明了土地利用及交通政策进一步详细规划的方向和基础。在这个文件中，对公众会议、利益组织的大纲，以及重大的检讨和修改书面意见也有所反映。

因其独特性质，对先锋广场和国际地区进行了额外的分析。《先锋广场附件》和《国际地区附件》用来解决社区的各种关注，并在总体规划当中综合了"保存"及"特别检讨地区规则"等章节。

在1982年版的《中心城替选规划方案》中可以看到，LUTP项目组已经和一个技术咨询委员会就密度和建筑强度方面紧密合作，以评估所建议的容积率数值、高度限制、容积率奖励以及街墙的后退标准等的经济可行性。

也进行了公共开支和税收、交通、城市设计、居住以及环境影响等其他经济可行性的深入研究。

这份文件的提炼成为包含于1982年版《中心城替选规划方案》中的各项建议。

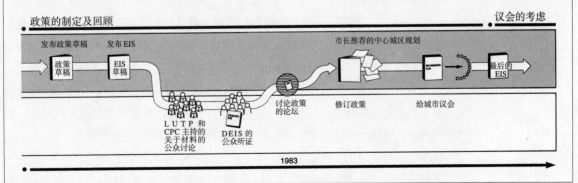

图 2-2 （续）

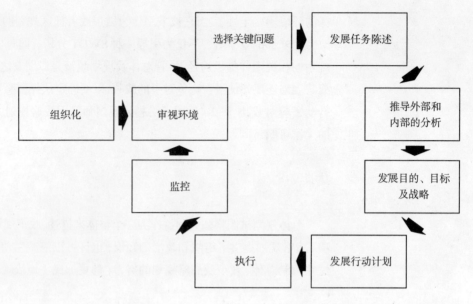

图 2-3 战略的发展和执行

概念，这种唯理性在一个对立的政治体系中过高地估计了理性分析的力量。20世纪80年代规划实践的评价分析，发现这些较早的模型总是在评估力量关系形态的时候出故障，不仅是在人们评估和影响规划过程的时候，同时也包括过程中与他人交流的时候。

相反，协定模式将注意力从对原因、利益或者战略的理性分析，转移到通过共同的商议达成各种不同目标的综合。这种模式将规划提升到专家和与地方政府紧密联系的组织权限之上。商议不再需要局限于政府议院内部或者一次公众听政，而是可以扩大到每一个公共领域，在这些领域中人们可以就一些社区设施、开发项目、或者城市改进计划自由谈论合理的期望。邻里街坊组群、非营利开发组织、环境核心小组、合作董事会议室、规划项目组会议，以及无数的其他组织，为规划商议的推导提供了一种潜在的框架。

朱迪思·英尼斯总结出了指导建设协定方法的一些标准。首先，建设协定不是从摩擦开始的，而是包含了已经埋藏在早先规划模式中的一些标准：所有利益都必须得到表达，所有的参与者都必须被告知并被同等授权。第二，建设协定致力于民主的商议。第三，这种方法期望和依赖于默认的标准，这种标准都用来在我们彼此之间真诚、诚实、彼此尊重及信任地交流。最后，给出良好的理由，要求细心注意知识是怎样被用于持有不同目的和意向的人们之间来发现有用的普遍观点。[12]

富有经验的、能够胜任的规划师们，已经为那些尊重规划师专业知识以及寻求他们咨询的政府官员们，提供了一种无价的资源。这些规划师的专业判断——对各种公共问题产生独特理解的能力——将学校里所获得的分析性规划知识，与通过直接经验所获得的实践知识结合在一起。但在一个不断发展的多元社会中，规划专业知识的传统标准集中于权威，过分局限于克服不同阶级、性别、种族划分、种族特征、宗教从属关系以及民族对城市发展的影响。职业规划师必须积极地寻求和支

图2-4 1992年洛杉矶中心城区战略规划,建议、无家可归者问题及社会服务部分的摘要

以下八项战略规划选项,提供了一种在洛杉矶解决无家可归者问题的适当的区域性框架和内容,不仅运用于贫民窟,也在洛杉矶整个城市中运用于中心城地区。

1. 建立一种无家可归者问题的预防程序 对无家可归过程的干预前置,阻止搭建的边缘化转变。

2. 创建服务中心 在遍布区域的邻里社区中,为包括无家可归者在内的居民创建居住和社会服务体系。

3. 贯彻全市性的社会服务政策 建立一种城市和区域范围内目标明确的社会服务方法。

4. 应对住房需求 恢复掌握现有的经济适用房存量,并开发新的经济适用房供应。

5. 提供开放空间 矫正中心城区和中心城区附近邻里中开放空间蔓延性的缺陷。

6. 在中心城区的东部及贫民窟创建社区 为中心城区东部及贫民窟,以及中心城的其他居住区,建立一套物质设施以提供各种人性化服务,以及就业、居住和休闲的机会。

7. 优先公共健康和安全 承认中心城区所有的使用者——访客、顾主,以及居民(有家的和无家的一样)更喜欢洁净和没有犯罪的环境。

8. 将街道露宿者带入室内 鼓励并使得所有的街道露宿者有能力进入体面的庇护场所,并提供适当的服务。

持规划的合法成立,但当他们在顾主、市民以及同事之间为有才智的建设协定建立声誉的时候,他们能够培育精神权威,以在规划中保护公众的信任和利益。[13]

规划编制过程

人们经常想像,规划师们编制一项城市规划就像旅行者收拾一个行囊。旅行者为留意行程中所需要的衣物,将它们摆放开来,折起,估计体积、重量和形状。然后,旅行者为将适合的东西放进行囊而设想一个可能的空间排布,如果所有的物件都合适,旅行者就出发了,如果不合适,旅行者通常就会作一些小的调整。但太多不称职的旅行者往往需要另一次排布,也许还会有人被迫留下一些衣物不带走。

行囊的故事,描述了一个用于城市物质系统开发的总体规划是如何工作的:一个适合所有事物的空间,以及所有事物处于合适的空间。但这个故事也暗示了从事这个排序工作的一些问题。鲜有公务员、地方政府职员、开发商、土地拥有者或者其他涉及城市开发的人,按所理解到的去运用一项规划。总体规划的理想化错误地假定一项规划像一个旅行者收拾行囊一样影响秩序,其实规划包含很多目标,其中一些是相互矛盾的。而且,编制和执行城市规划,通常在不同的时间里会涉及不同的机构和不同的人。然而如果城市规划不提供空间秩序的蓝图,它们又做什么用呢?

城市规划帮助人们为区域、城市、镇、邻里以及个别的项目共同的未来作出预期和准备。这一部分概略地描述为一个综合的城市聚居点编制规划的挑战。首先,我们考虑地理的、时间的以及问题范围的因素是如何不同地作用于规划。其次,我们描述规划编制的主要组成部分:目标和景象,分析当前的问题,以及制定替选方案。

观众 规划编制者最大的挑战,来自需要同时应对多样性的观众。首先,他们要写给雇用他们的人看。第二,他们要写给那些(除了雇主)其利益和参与会高度影响规划的人看。第三,他们还要写给那些受规划触及的人看。

第三种观众经常会提出最困难的问题,因为他们是最多样化的。例如,当规划师分析和预测人口及经济增长时,他们会考虑未来新增的商务及居民数量。而当市民阅读规划文本时,他们会认为这种效果将会体现在他们自己的利益关系上。发展商、投资者以及新来的居民想要看到一个描述他们自己未来的当地规划:例如,富有而受教育良好的家庭拥有者,中心城区新来的高消费阶层预想着一种收入阶层混合的社区,但是一个持续增长的富有吸引力的居住和商业房地产市场——换句话说,是贵族化的。相反,长久的租户和地主们,希望一个描述社区发展目标的规划:一种收入阶层混合的社区,具有适当的房地产升值,为现有低收入及工薪阶层而改善的居住条件,为穷困的工薪人员提供租金补贴,以及培育家庭拥有者的计划等。

因为更多的新来的富有阶层和少数原来的富有者,都在同一时间段内抱怨同样的地区,所以要以一个单一的规划同时取悦双方是两难的。在一个理想的世界中,规划会公平地考虑两个方面的观点。但在资源有限及不可求全的世界中,规划师需要倾向那些其利益不容忽视的群体,良好的职业规划师知道为规划中的主要利益以及不插手开发的主体说话。

当规划师试图对每一个人说话时,他们也许实际上没有对任何人说话。公众很少作为统一的主体出现在任何规划面前,而经常是作为不均衡的临时军团、分层的社会组群以及特定的利益团体出现在规划面前。当规划师试图以理性的专业技术创造一种人工的"统一声音",来对如此多样的客户说话时,他们实际上在冒除了自己根本没有听众的险。较好的做法,是以一个一致的规划表述来囊括各种各样的目标、利益和价值。当利益和目标之间的差别不大时,统一的声音会起作用,当利益多样化且不一致的意见较多时,规划就应该与很多声音和观点进行整合。[1]

---

[1] 阿里森·泰特和珍妮·沃尔弗,《演讲分析及城市规划》,规划教育与研究杂志1991年第10期:195-200

规划的范围

规划因其所覆盖的地理范围不同而不同,时间决定了规划的表述和内容范畴。当为整个城市提供总体目标的时候,提供改进措施的规划目标听上去是清晰而引人注目的,但具体到某人家庭的一种新出路的时候,就变得混淆和有争议了。

在一种极端情况下,总体规划让读者觉得海阔天空,一眼瞥见的,是大都市的巨大扩张，而人的活动踪迹，作为细节被抽象而概要的城市结构符号所取代。例如，我们大多数人都熟悉那种强调机动交通路线和目的地的道路地图，但这种地图通常不包括通行路线或者是地形。这些视觉符号不是城市生活的镜像反映，而是一种概念性的标记，反映的是经过挑选的代表城市关系的数据，代表规划编制者所设想的城市结构和变化的理念。就像我们在道路地图上画箭头来标识出一个新的目的地一样，规划师使用箭头、点、图标以及其他图形符号，来指明包含了更多人口统计学变化、交通增长等等因素在内的特定区域效果。

然而，对城市发展动力、趋势、约束以及条件的分析和抽象表达，都要受到真实世界细节化的各方面的影响，而这些方面是会激发公共利益并包含在规划中的。在规划组织研究中，规划师也许会运用最好的技术数据和最新的理论，但他们会更加注意对官员、利益集团以及其他股东的调查，以便选择数据、组织分析，以及构建用于制定最后总体规划的替选方案。

地理规模的另外一个极端情况是总平面设计，其焦点是就一个特定的地段描述和评估替选的建设项目等大量的细节问题。总平面设计试图将总体规划的理念转化为现实。然而，总平面设计并不依照总体规划，而建造者却依据蓝图。不同的是，和一个通勤者会听从交通报道来计划自己的上班路线一样，一宗土地的规划会承接周边更大城市范围内的影响和作用。特定地段内的土地、建筑、基础设施及居民特征，以及周边环境等，为开发和设计同时提供了限制条件和机遇。总平面设计通过嫁接城市范围和地段之间的各种利益，为建设项目的详细设计构建出设计替选方案。

日常工作大量的是总平面设计，而总体规划并不多见。很多城市和镇从不编制总体规划，即使编制也极少修订。总平面设计提供详细而清楚的建议，而总体规划则更加抽象和概括。因此大多数的地方管辖是以总平面设计来指导开发项目。但总平面设计不能为总体规划制定的范围更宽的设施系统（例如排水系统、空气质量、住房市场等）提供参考，这些系统维系的是很多地段共同的利益，一旦不协调，一个地段就可能给临近的地段带来额外的负担。同样，没有总平面设计的总体规划，也可能会因为没有为地方致力于补救区域性问题提供直接指导而出现闪失。

目标和景象

目标较早地出现在规划中，它告诉读者规划为什么被采纳以及如何引领发展。例如，一个社区也许会引用如下目标："保护我们的城镇特色"。这个目标告诉读者，规划编制者担心地方社区特色的失去，在将来保护这些特色值得努力和支持的。因此，规划目标旨在既指引公众关注未来，又使得规划具有权威性。

规划会在众多目的中偏向某些目的。规划目标和目的也许会容纳社区增长、强调环境增长控制、建议一种平衡的处理等等。因为规划源自众多意图的汇合——一种在城镇或者社区会议上被证明很少自然形成一致的汇合——所以目标就有助于读者从自身的利益去理解规划的意义。清楚的目标勾画出赞同的基础,供规划诉求者来挑选。但这并不意味着规划必须站在对立和争论的某一边,而是足以识别相互冲突的目标,因而为矛盾方之间的缓解提供余地。

公众要随着规划对他们所关注的事物有了回应之后,才会逐渐接受规划。规划总是配以图纸、渲染图、地图以及照片等,所有这些都为市民把握规划的本质和重点提供了有力的帮助。公众在看到一张包括他们邻居在内的土地利用图的第一反应,往往是通过寻找对于他们来说有意义的地标——他们的家、学校或者是工作场所等来找到自己场所的定位,然后才会去标识出规划图纸及文件中所包含的他们的期待和希望。

规划也还有为物质结构系统和社区管辖系统创造乌托邦式景象的悠久传统。和目标不一样,景象描绘出未来的特定概念。这些景象通常也是包括图像和地图——空间的表述,使得观者可以从视觉方面去理解未来事物的变化。图像可能是主要街道上沿街立面改造的渲染图,或者是大都市地区人口增长的详细地图。

规划可能会在本质上依赖视觉图像而在外表上就目标有少许的讨论,或者是会有精细的目标判定而就未来的改进只有少许的景象表达,规划编制的艺术是将二者结合起来。在过去的整个世纪中,规划师们一直在景象式的总体规划和策略性的政策规划之间争论。但争论得更多的是精英式的建筑设计中的意识形态的不同,而不是图像和目标在规划编制中的相对优点。近年来,规划师和社区之间已经采用互动的景象交流程序,以确保方案发展过程中能够包容众多的社区成员、各种利益、价值和渴望。[14]

当前问题的分析

城市增长和发展过程中固有的复杂性超过对任何一个单独问题的把握:考虑城市的各种需求是一种系统的脑力劳动。而规划师,和那些忙于任何集体事业的人一样,已然习惯很明了他们的研究和分析并不断与他人沟通。本书的第二和第三部分描述了一些主要的分析方法和功能领域,规划语言是建立在这些方法和领域基础上的。

大多数的城市研究者是以其训练有素的专业知识和技能来做这项工作的。例如对居住的研究,经济学家研究住房市场和价格,同时社会学家分析邻里迁移和社会阶层。城市设计者则使用完全不同的方法,他们同时支配功能的和形式的关系来设计物质环境,这个环境有可能吸引或排斥新的居民。这些不同的专业方法之间并不容易契合,源自不同背景的从业者之间可能会缺少共同语言。

为了这些对待城市发展及变化不同的方法能够捆绑在一起,总体规划倾向在时间和空间方面采取"公分母"的做法:规划的一部分通常会包括地域对功能活动的评价;尽管每个领域通常是分开来描述,但相同的时间段(例如,1995~2000年、2000~2005年)会将这些描述统筹起来。类似地,所有功能领域的空间信息（例如，公共设施或就业中心的选址、居住区密度的分配）被包含在不同的"层"，但都被设计以适合同样的地理边界。

训练得来的知识和经验主义的研究，为区域、县域、城市甚至是邻里范围内的规划分析提供了基本手段。职业规划师使用统计模型、地理信息系统（GIS）、系统的调查以及各种各样的分析手段，来理解城市的发展变化，并能够为应对这些变化而提出现实的建议。本书的第3、4和5章更为详尽地描述了这些分析是如何起作用的。

例如，大都市地区内伴随劳动力增加的住房购买增长，可能会被看作就业机会改善的效果。但如果没有额外的分析，我们几乎就无法知道就业和住房购买之间的准确关系。并且即使我们进行了研究，譬如，知道获得优厚报酬工作的人比那些没有工作的人多5倍的可能购买新的住房，我们还是无法从分析得知每个邻里内那些有住房的失业者中，谁会在找到工作后也购买新的住房。而且，这样一种研究仅仅是专注于工作—住房关系的一边；进一步的理解还需要知道在一个大都市区域范围内，劳动力市场和住房市场之间如何相互影响的信息。努力做到更为精确地识别导致城市变化的原因——因而提高对变化预测的可信度——大大提高了对更为详尽的测量以及改良模型的要求。

但当规划是在比较小的地域范围、比较短的时间段内时——尤其当规划内容是特定的建设项目时，诸如居住区土地细分、车行道改进或者是就业培训设施——区域内的伙伴及倾向等信息就不是很有用了。知道增加20%的车行道会在整个大都市地区导致增加20%居住用地的开发，并不等于告诉我们在一个特定的地点开辟一条道路就会对临近的空地产生同样的效果。小范围内的开发规划需要知道建议的备选方案的影响力，以便有权选择的人明白自己及其他的人将承担什么。因此，规划师可能会准备财政影响研究、基地环境评价、成本效益估算，或者是诸多专门的分析评估。

当所建议的目的和将承担这些建议后果的目的相吻合的时候，规划分析的进展就会顺畅。当项目建议者的利益和受项目影响者的利益相矛盾时，分析就可能不太顺畅。（事实上，一些反对者甚至可能试图使得整个分析过程出轨，将分析当作一种对抗武器，而不是将之作为达成一致意见到手段。）例如，尽管几乎没有人会就将垃圾填埋场、地区恢复中心、无家可归者救助站，以及其他必要的类似设施的选址，作为地区或区域规划一个部分的重要性而争论，但当上述设施准备选址于一个特定的居住邻里附近的空地上时，这个邻里的居民们通常就会坚决反对。规划通常是通过提出备选方案来解决这样的分歧。尽管分析可能是一些推荐备选方案的基础，但在政治因素面前，分析可能也会黯然失色。

备选方案的编制

编制备选方案需要比理性分析更多的东西。组成一个备选的景观设计、土地利用规则、投资策略或者是住房制度等，需要设想将各式各样的目标，合并到更为明确的、人们会采纳的行动模式中去。规划备选方案并不是板上钉钉般的简单终结。更确切地说，虽然也预测一种目标，但备选方案也展现随着特定内容而有所改变的目标意义。当规划师预测未来10年的人口时，并不是说未来的人口规模就一定这样的，而是说未来的发展如果和过去相似的话，人口规模就会和预测的相吻合。备选方案的条件质量会引导读者按照每个建议的活动去判断原来的目标及问题的意义。当我们了解到新的基础设施需要增加投资，或者是会增加一个主要路口的交通堵塞时，我们就不会支持扩展当地的商业企业的目标。在具有共同目标和问题很少的社区中，编制备选方案会省时省力。而在目标不一致和问题较多的情况下，编制和完善备选方案就遭遇更多的挑战。

规划可以延伸到对立面，并将对立的观点培育成一个可行的备选方案。这种导致规划职业产生建议提供作用的努力，需要一系列理性分析之上的知识。取代将复杂关系分解为不同部分，然后再合并各个部分以便理解这种常规机制的做法是操作，处于"意见提供模式"的规划师在相互分歧的各种利益和目标间寻求相似和交叉，并通过关注可能被忽略的重要结果和价值来寻求综合。这种具有说服力的综合通常采取干涉的智能方式，例如提供备选设计方案。规划师运用绘图、物理模型及图片来制作备选方案，通过建立一个项目可以分享阐述的新框架，将对手从其立场中拉过来。居民因为畏惧交通噪声而反对一条新的道路，规划师就设计一种缓冲噪声的备选方案，如果成功，就会有助于平息各方之间因交通噪声问题而起的激烈争论。

但争论可能并不仅仅集中于一个项目的物质系统方面，还有可能集中在制度的冲突方面。一项跨越两个市政当局的开发项目，可能会遭遇各方官员及规划委员会成员都单方面强调其规则重要性的矛盾。滨海土地的拥有者都希望以一定的密度开发其土地，而这种密度在地方环保激进主义者看来是对环境产生威胁和破坏的。在这样的案例中，双方通过法庭的判决去寻求胜利就有可能形成法律的斗争，但漫长的诉讼也会导致开支的增加，没有一方能确保自己会胜诉，而败诉的一方不仅要承担失败还要承担打官司的开支。规划师可以在大家都认可的半决策基础上，运用分歧解决策略来商讨出一致的意见。例如，作为可以被接受的中间者，一个规划师会就各方打官司的开支与协商解决可能的收获进行比较，转换冲突各方的注意力和观点，而这样做，需要的不仅是分析得出的建议，还需要信任的关系和共同的目的。

执行规划

在美国，大部分的规划通过政府的采纳成为政策，但执行这些政策通常需要政府使用权力和影响力。因为大部分的城市土地属于各种组织和私人拥有者，政府必须说服有时候甚至是强制这些土地拥有者去遵守政府采用的规划政策，地方政府依据规划政策使用警察力量来管制私有的土地利用。本书第14章描述了最宽泛的规定内容，包括土地细分和区划条例，用来指导土地私有者如何开发其土地。地方政府也使用公共投资来执行规划，例如，市政当局可能会组织并投资一个大规模的开发项目，通常是与私人投资合伙，以便实现一个重要的经济发展目标。基础设施的慎重选址和定位，可以引导城市的扩张，并激励依据规划而进行的开发。尽管不是直接关联到私有活动，但规划职能部门的管理可以将规划的编制和执行活动关联起来。最后，规划师与市民共同工作会形成对规划执行的支持。

规定

当政府规划师运用规定来组织和指导一块土地的布置，决定地界、后退红线、项目开发强度，评估环境影响，以及权衡基地及其环境之间的一些细节条件时，他们都行使着政府的管理权力。区划和土地细分规定是规划执行最老和最基础的手段，但富有想像和创意的从业者也有很多其他手段。职业规划师在将设计、管理及评估规划执行与调整程序及财政预算结合起来方面，具有重要的作用。第15章描述了很多这种新的管理方面的手段。

土地拥有者和开发商在地方政府规划师、规划委员会及议会有规划之前提出他们的诉求。很多是在区划桌面上第一次遭遇地方城市规划，为了追逐局部个别目的，规划及其规定很快成为需要克服的障碍。除了非常有经验的开发公司以外，很少有人会认为他们自己行动是必须的基础。但当他们的诉求因与官方规划矛盾而被拒绝时，他们对规划政策的忠实可能会被破坏。当他们不理解地方规划为何影响他们自己的计划和开发时，大多数人都会抵制强制管理。要避免这种抵制需要长期不懈的公众教育。

一项历经数年涉及千百项决策的社区规划的执行是一项艰巨的挑战。一项单一的规划，无论其规则和建议如何英明，都有可能在政治制度及官员的变更、预算优先、开发实施、建设周期等等过程中丧失其权威性。规划政策的力量所面临的被侵蚀危险，是日常所发生的抵制、协商、诉求和抗议等，会磨灭私人业主决策对公共影响方面的深入考虑。为了保证规划的有用和相关特性，规划师必须在每一步中保持其想像力和具有实践意义的判断力。良好的规划师将导则与政策、偶然性以及现场一起融入到一种正在进行的惯例当中，越多的合作者、监督者、管理者、政府官员、开发商、激进主义者、业主及居民遇到并掌握这个惯例，规划就越是会在公共事务中赢得更多的立足之地。要保持这个惯例的活力，需要从业者在深思熟虑和创意方面投入得更多。

公共投资

城市基础设施对城市的发展方向和规模具有最重要的影响。轨道系统、高速路网以及大量的专门设施指导着发展，引导着大都市土地市场、资本预算的每一个局部的发展,而大都市土地市场及资本预算则依赖从国家证券市场、财政机构及其他公共设施那里借来的钱,例如博物馆、广场、公园、图书馆、学校、消防站、警察局、公用仓储设施、污水处理厂及垃圾填埋场等。这些设施为城市居民提供至关重要的服务,和基础设施一样,帮助形成了房地产投资的模式。

公共和私人的规划都对指导大型的开发项目——围绕高尔夫球场的大型居住用地细分、大型购物中心的建立、快速路换乘点及轨道站点附近的综合开发、主题公园、赌场综合建筑、历史地段等等具有重要的作用。这些项目的开发通常都包括公共和私人两个方面的主动参与,他们其中任何一个方面都不具备单独完成项目的能力和资源。尽管地方政府早已是通过提供公共投资来吸引或限制私人投资,但在这种部署中运用规划却是相对新近的发明。公共规划会评估基础设施改进的备选方案、评价减税的计划并鼓励投资、许诺借贷津贴、设计调整协定或者是降低投资者的风险。私人规划则检验不同设计的市场弹性、吸引力及收益率。

管理

和地方政府的其他部门和机构一样,规划部门提供服务和产品,这些服务和产品符合最高行政长官、当选官员、其他部门职员、政府其他级别的官员、地方纳税者、专业人士以及各种类型市民的需要和期望。管理产品内容包括描述地方权限的信息(例如,土地细分和区划检讨)、规划服务(例如长远规划、项目规划和特定地区规划)。通常,对信息和检讨服务的要求会超过对规划服务的要求。人们对一个邻里最近的人口统计变化或者是如何准备区划听证的询问,会左右规划部门的工作时间表,关注未来居民的需求需要时间和努力。在小型的规划部门中,规划师很难有集体时间来做规划,而在大一些的部门中,规划集体则可以分门别类地做规划。

当规划师编制规划的时候,他们是在对社会、经济以及物质环境等方面尚未存在的人们的需要说话。这一重要活动与其他日常的城市服务形成对比,警察抓人、消防队灭火以及工人修好供水干管,这些工作的结果都及时而明显。而规划师,则是研究居住密度之间的关系、步行交通、街道犯罪率以及警察巡逻路线,提出改进邻里安全的推荐方案。但规划推荐方案的效果,要间接地通过其他接受并执行它的人们的行动才会体现出来,最高行政长官和警察局长必须觉得推荐方案是可以接受的,加之,警官必须理解、接受并在他们现行的执法过程中采用推荐方案,最后,当地居民必须掌握这些改变并用以指导自己的行为。规划分析和建议最终可能会改进警察局的工作,提高警察局在市民中的声望。但是,规划理念在这么多组织阶层和这么多人中间的成功扩散——规划的成功执行——会掩盖了规划师的作用。

规划,尤其是总体规划,应对诸多问题,设置很多目标和优先权,并建议关乎到所有地方政府部门的很多政策——一种与政府部门职能分工界限矛盾的功能。当规划集体提供信息或操作检讨时，就在无意中威胁到其他政府部门。正常的部门间会议可以消除例如街道宽度及容积率奖励等方面的阶段性分歧，更为麻烦的是地方长期性的发展政策。当当选官员或者最高行政长官授权部门规划集体编制权限范围内的规划，以确定未来新的公共设施（如新的消防站、公园或其他公共设施）的时候，规划师就必须考虑预算和其他部门所要求的发展优先权，或者准备面临其他部门头头对规划推荐方案的抵制。规划功能的组织决定了规划师如何制定和组织规划推荐方案。

有一些规划服务是直接提供的。例如，当规划师充当管理者（例如，执行建筑法规、分区条例及设计检讨要求）的时候，他们不是简单地运用规则，而是向开发商和市民直接提出建议。规划师还参加房地产协商、市民讨论会，参与公众听证，为焦点群体呼吁回馈，协调分歧解决进程，在司法聆讯中作证，主持利益群体间的讨论，以及在其他无数的民众与规划师相遇的情况中发挥作用。当规划师过分专注于专业技术的时候，就忽略了很多这种交流地方规划理念的机会。规划师能够以其工作通过拓宽规划的法律权威、加强规划的精神权威及争取更多的市民遵从规划而加强规划的权威性。

市民参与

一些大胆而有活力的规划源自大众要求与立法行动的结合。20世纪50年代和60年代所采用的联邦城市更新和公共住房计划，经常是不公平地让民众利益让路于大型项目，地方市民、激进主义者及其他人——包括有改革意识的规划师——成功地抵制和疏通并阻止了不公平，在联邦发起的项目中为市民的投入赢得了利益。

1972年一项公民投票产生的州法律创建了加利福尼亚海岸委员会。法律授权并建立新的政府委员会来研究、规划及规定沿海土地的用途。著名的环绕俄勒冈州、波特兰市的增长边界，来自限制郊区扩展的不懈努力，与此同时，在全美国所有的州，增长管理的规划计划被用来平衡不断增加的环境质量要求和城市社区之间的矛盾。在这样的案例中，规划面对很多致力于使用诉讼或者管理来解决城市发展问题的不同权力阶层的人们，被证明是失败的。

结论：评价规划

当我们提出规划文件时，我们希望人们阅读并使用它来指导和影响他们自己对公共资源配置、财产使用等等的判断。这种诚挚通常也是急迫的努力的含义是一种信仰，相信规划能够改进判断的质量，并且这些改进能够使资源、财产或不论任何东西的使用更加有效。如果我们不希望规划产生一种更为有用的作用，我们为什么要编制规划呢？

好的规划是有原理和标准的；但并非所有规划都名副其实。例如，依据未被规划的事实而编制的很多文件和地图，被用来作为决策、政策、项目或者是开发的基础。一项规划在它所提倡的行动见效之前就已准备好、印刷好、被阅读了，在这个规则下也有合情合理的例外，但人们依旧相信它的中肯。公共官员或者是邻里居民会花费相当多的时间商讨地方发展问题和可能的规划，在商讨过程中，他们会同意采用某种行动或政策，急于采用能够保证有用和所期望结果的行动，他们会在规划发布之前而采取马上的行动，让规划成为事实之后的文件。

怎样将深思熟虑的问题识别、见多识广的分析、富有见解的备选方案设计，以及对选择的公正评价和选择——良好规划的支柱——从肤浅的、缺乏想像的和偏颇的考虑中区别出来？或者，像规划分析家威廉·贝尔所说的："当你看到一个规划时你怎么知道是一个好规划？"贝尔指出了四个不同的评判观点。第一，规划对选择的比较是否好？第二，规划的行动和目标之间有多接近？第三，规划目标及结果是否良好满足公共利益的期望？第四，规划是否被利用和对专业规划有所贡献？对上述问题的回答将我们引到权威的问题上：[16]

1. 规划的作用在于改进备选方案的被接受程度。两个备选方案公正的比较，说服规划委员会在一个新的邻里中选择降低密度的行动，胜过选择增长的密度。接受停留在规划的理性说明上。

2. 规划的作用在于激励人们追随其目标。在新邻里中，开发商更愿意建独立住宅而不是两户并列的住宅，售卖有利可图的住房给新来的居民，低密度住宅区的居民表现出更多的满意。开发商和住房拥有者的满意来自规划备选方案的成功执行，地方政府的法定和管理部门支持这种执行。

3. 规划的作用在于更多公共利益的融合。新的独立住宅的土地细分将新的居民引入正在衰落的地方，这些居民的孩子填充了地方学校空缺的名额，财产税增长。识别及跟踪这种次生效应可以衡量规划的成功。这里的权威源自社区责任和团结的标准，这些责任和团结不仅被辖区内的居民所分享，也被更大的大都市地区所分享。

4. 最后，规划的作用在于符合规划同僚的期望。专业的规划编制者展现了同僚用于判断他们工作的技巧和知识，美国规划师协会的发起人以这些技巧和知识来选择、判断并奖励职业规划师。这些判断的权威来自职业规划师培育和保护的职业传统。

当我们判别一个规划的时候，我们以不同的方式使用不同概念的评价来对待复杂的含糊和不确定性。我们的评价可能会像我们比较备选方案、执行目标、面对公共需求或认可专业范本时一样不一致。一项规划服务于一个公共主体很像一个诺言服务于一个个体，当我们许下一个诺言，别人就会希望我们以行动履行这个诺言。当我们评价规划时，我们就是在证明一个承诺被履行或被打破的情况，提供一种规划承诺变为现实的公共记录。

注释：

1. Linda C. Dalton, "Why the Rational Paradigm Persists: The Resistance of Professional Education and Practice to Alternative Forms of Planning," *Journal of Planning Education and Research* 5 (winter 1986): 147-53; Howell S. Banrm, "Why the Rational Paradigm Persists: Tales from the Field," *Journal of Planning Education and Research* 15 (winter 1996): 127-35.
2. Scott A. Bollens, "Restructuring Land Use Governance," *Journal of Planning Literature* 7 (1993): 211-26.
3. Raymond J. Burby and Peter J. May, *Making Governments Plan: State Experiments in Managing Land Use* (Baltimore: Johns Hopkins University Press, 1997).
4. Edward C. Banfield, "Note on a Conceptual Scheme," in *Politics, Planning, and the Public Interest*, ed. Martin Meyerson and Edward C. Banfield (New York: Free Press, 1955).
5. Dalton, "Why the Rational Paradigm Persists."
6. Charles E. Lindblom, "The Science of 'Muddling Through,'" *Public Administration Review* 19 (1959): 78-88; and Charles E. Lindblom, "Still Muddling, not Yet Through," *Public Administration Review* 39 (1979): 517-26.
7. John Forester, "Bounded Rationality and the Politics of Muddling Through," *Public Administration Review* 44 (1984): 23-31; Richard S. Bolan and Ronald L. Nuttall, *Urban Planning and Politics* (Lexington, Mass.: D.C. Heath, 1975).
8. Edward J. Kaiser, David R. Godschalk, and F. Stuart Chapin Jr., *Urban Land Use Planning*, 4th ed. (Urbana: University of Illinois Press, 1995).
9. Cleveland City Planning Commission, *Cleveland Policy Planning Report* (Cleveland, Ohio, 1975), 17.
10. Herbert J. Gans, "From Urbanism to Policy Planning," *Journal of the American Institute of Planners* 36 (1970): 223-5; Richard P. Fishman, ed., "Appendix 5-1: State of the Art in Local Planning," in *Housing for All Under Law: New Directions in Housing, Land Use, and Planning Law*, a report of the American Bar Association, Advisory Committee on Housing and Urban Growth (Cambridge, Mass.: Ballinger, 1978), 5-1 to 5-31; Norman Krumholz and John Forester, *Making Equity Planning Work: Leadership in the Public Sector* (Philadelphia: Temple University Press, 1990).
11. Frank So, "Strategic Planning: Reinventing the Wheel?" *Planning* 50, no. 2 (1984): 16-21; Donna Sorkin et al., *Strategies for Cities and Counties: A Strategic Planning Guide* (Washington, D.C.: Public Technology, Inc., 1984); John M. Bryson, *Strategic Planning for Public and Nonprofit Organizations: A Guide to Strengthening and Sustaining Organizational Achievement* (San Francisco: Jossey-Bass, 1988); Jerome L. Kaufman and Harvey M. Jacobs, "A Public Planning Perspective on Strategic Planning," *Journal of the American Planning Association* 53 (winter 1987): 23-33.
12. Judith Innes, "Information in Communicative Planning," *Journal of the American Planning Association* 64 (winter 1998): 52-63.
13. Allan B. Jacobs, *Making City Planning Work* (Chicago: APA Planners Press, 1980).
14. Robert Shipley and Ross Newkirk, "Visioning: Did Anybody See Where It Came From?" *Journal of Planning Literature* 12 (1998): 407-16.
15. Linda C. Dalton, "Politics and Planning Agency Performance: Lessons from Seattle," *Journal of the American Planning Association* 51 (spring 1985): 189-99.
16. William C. Baer, "General Plan Evaluation Criteria: An Approach to Making Better Plans," *Journal of the American Planning Association* 63 (summer 1997): 329-44.

第3章 信息时代的规划

理查德·科洛斯曼

通过信息的收集、解释和发布来改进公共及私人的决策制定,这在规划中是由来已久的共识。[1]在计算机发明以前,信息的准确获得和处理是件很困难的事情,人口数据只能依赖过时的国家人口普查报告,而土地所有权、土地利用性质及用地控制意图等地方信息,也不得不从纸质地图、不完善的、相互矛盾且过时的卷宗中获得。此外,规划分析和信息表达还需要进行艰辛的(以及必然有误差)估算,采用手工方式抄写信息,人工打印文字和表格并绘制地图和图表。

今天,规划师工作在一个"信息时代",计算机随处可见,从地方、国家到国际层面的情况和景象以及文件可以从各种各样的渠道获得。计算机和与其一起发展起来的信息技术使得规划师几乎能够立刻获得和分析数据,并能轻松而快捷地编制出富有魅力的文件、图表和制图。事实上,如果脱离了计算机和发达的信息技术去构思规划,在现在已几乎是不可能的了。

轻松地接近精确和最新的数据,已经改变了规划师关注信息的焦点:他们所面临的最严重的问题,不再是如何获得他们所需要的数据,而是决定这些数据怎样最好地运用于公共政策的形成和推进集体决策的制定。[2]但现在,规划师逐渐被持续泛滥的情况和景象所淹没,他们占有的数据与日俱增而获得的信息量却不大,因此,他们逐渐开始对信息(包括以计算机为基础的和不依赖计算机的)在规划以及社会决策制定中的作用产生了置疑。

本章探讨先进的信息技术在规划实践中的作用。第一部分讨论"信息层次"——数据、信息、知识和智能——并阐述每一个层面如何流入下一层面。其后两个部分回顾了信息技术的发展以及这些技术在规划实践中不断演进的作用。第四部分关注规划中最重要的信息技术:电子数据制表、地理信息系统和国际互联网络。接下去的三个部分研究规划数据的类型和来源;数据向信息、知识和智能的转化以及信息的表达。最后一部分预测了规划信息技术未来的发展。[3]

数据、信息、知识和智能

当我们随便提及"规划信息"时,我们通常是指规划师的统计数表、表格、地图以及图表等,规划师用这些来引导分析、准备报告,并与其他专业人士、官员和公众进行交流。但在本章的内容里,却让这些概念更为清晰,规划师会认识到一个"信息类型"的层次:数据、信息、知识和智能。尽管规划师处理了全部四种类型,但每一个层面却是与计算机辅助规划的演变阶段相对应的,并且计算机在规划实践中也具有不同概念的作用。[4]

数据

如图 3-1 所示,数据是信息的最低层次,它是对真实世界(例如人、空间以及自然面貌等)的直接观察,是对真实世界的测量、计数以及标注(编码),可以存储于纸上或者可以用计算机进行处理。例如,一个社区的人口数据,包括整套的分类统计数据,会保存在一份印好的文件中或者是在计算机的数据库中。

数据收集和电子化的数据处理(EDP)——将纸上数据转化为可被计算机处理的形式以及手工程序的自动控制——是20世纪60年代计算机技术启蒙阶段的核心内容。在公共部门中,获得及处理电子化数据的首要目标,是促进日常的工作,例如会计、薪水簿以及数据记录的维护等。

信息

信息是数据经过组织、分析及筛选等加工之后具有意义的形式。例如原始的人口普查数据,可以通过合计、筛选,或者是转化为表格、图表以及地图等,来表达社区人口中生活在有毒废弃场地上的低收入者的比率。20世纪70年代,寓服务于管理而致力于数字化的数据处理,导致了管理信息系统(MIS)的发展。这种技术试图以其组织的功能整合电子化的数据处理(EDP),处理信息中的疑问,并得出基于全面数据库的摘要报告。与此同时,MIS 中一个尤其重要的部

图 3-1 信息层次

层次	定义	计算中的作用
数据	对人、空间、自然面貌或者其他实体的观察、记录和存储。	20世纪60年代——电子化的数据处理(EDP):将纸上数据转化为可被计算机处理的形式以促进日常的操作任务。
信息	数据经过组织、分析和筛选之后成为一种有意义的形式。	20世纪70年代——管理信息系统(MIS)和地理信息系统(GIS):数字化的数据被组织和构建起来服务于管理目的。
知识	在信息、经验和研究基础上的理解。	20世纪80年代——决策支撑系统(DSS):数字化信息、模型的运用、输出结果来解决复杂的问题以及对行政决策制定的支撑。
智能	应对异常情况、运用从经验中获得的知识,以及运用推理指导行为的能力。	20世纪90年代——规划支撑系统(PSS)——综合了计算机技术为基础的信息、模型及手段来支撑协作规划和社区决策的制定。

分,地理信息系统(GIS)也开始发展,对提高管理能力,例如许可处理、条例执行及交通运作等提供了综合的空间信息。在20世纪90年代的大部分时间里,信息处理一直是计算机在规划中运用的核心。

知识

1980年代,计算机运用的重点开始从信息转向知识——说得更精确些,理解的基础是信息、经验和研究。这一变化反映在决策支持系统(DSS)的领域,这个系统与较早的信息系统在基础方面有两个区别:第一,DSS将组织过的数据、分析、统计模型工具和图解界面结合在一个信息系统里,为决策者提供了易于理解的信息模式;第二,更为重要的是,DSS是设计用来解决复杂问题的,这些问题性质多样且不使用价值判断就难以界定——其特性是极其难以用一个数学或计算机模型来表达的。现在,DSS技术的发展已广泛被用于公共及私人方面。例如,在规划中,一个空间的DSS可以用来将一个GIS中的人口空间属性与一套分析模型和一个以GIS为基础的制图系统结合起来,以解决复杂的问题,如为新的公共设施找到最佳的选址[5]等。

智能

在最高层面,规划知识可以转化为智能——解决异常情形及问题的能力,从经验中学会运用知识,并运用推理作为行为准则。在这个层面上,DSS技术的模型和显示能力与计算机以及非计算机的手段和程序结合起来,在如何最好地管理集体和社会关系方面,为社区对话及辩论提供了支持。这种作为社区协作解决公共问题的新的规划概念,现已发展成为规划支持系统(PSS),本章的后面部分将对这个系统进行更充分的讨论。

计算机的演进

计算机可以被宽泛地定义为:对输入的数据使用规定的操作以解决问题的机械或电子仪器。在这个宽泛的定义下,第一台计算机就是算盘,大约五千年前出现于小亚细亚,至今日本和中东的一些地方仍在使用。算盘的滑动可以让使用者快速地进行简单运算——通常是滑动平行杆或线上的珠子。

1642年,布莱斯·帕斯卡,一个法国收税员18岁的儿子,发明了一台"数字轮计算器"以帮助他父亲记账。帕斯卡的仪器运用一系列用齿轮相连的活动转盘来进行数字的加减运算,最高可以运算8位数。52年以后,一位名叫哥特富莱德·威海姆·雷布尼兹的德国数学家,用一个机械装置改进了帕斯卡的仪器,使之增加了进行乘、除和开平方根的功能。

19世纪30年代,英国数学家卡勒斯·巴布拜格构想出了第一台使用动力的机械计算机,他将之称为"分析的引擎"。在他的构想中,计算机将算法程序与在自行计算基础上作出决策的能力结合在一起,以蒸汽为动力运行。构想的计算机的体积与火车头一般大小,并包含了现代计算机大部分的基本要素:输入与输出装置、存储数字的内存以及可编程的数字化控制等。但是,由于金属部分的精密加工工艺尚不成熟,巴布拜格的构想没有变成现实。然而,巴布拜格的助手,奥古斯塔·阿达·金——英国诗人罗德·拜仁的女儿,研制了可以输入机器的指令程序,这使她成为了第一个电脑程序师。为了纪念她,20世纪80年代,美国国防部以她的名字阿达(ADA)命名了一种程序语言。

19世纪早期,一位名叫约瑟夫·马瑞·杰卡德的法国人研制了一个系统,这个系统使用机器打孔的纸片控制织布机的操作。1889年,一位美国发明家及哥伦比亚大学教授赫曼·霍勒瑞斯采用杰卡德的理念,大大提高了美国十年一度的人口普查表格的制作速度:1880年时,人口普查表格还使用手工制作,可怕的是,伴随着移民人口的快速扩张,要完成1890年的人口普查表格需要长达10年的时间,而霍勒瑞斯的机器使用打孔的纸片存储数字和字母,一张80列打孔纸片上每一列上的一个孔代表一个数字,两个孔代表一个字母或者是控制符,机器从纸片上读取信息并汇编出结果,结果,霍勒瑞斯的机器只用6个星期就完成了人工劳动需要10年的工作量。为使其机器市场化,霍勒瑞斯建立了表格机器公司,也就是后来的国际商用机器公司(IBM)。

第一座完全自动化的大规模计算机是哈佛·马克Ⅰ(图3-2),于1944年建成,它的任务是承担一项高度复杂的运算:计算远程大炮在不同气候条件下的射击角度。这台机器长50英尺,高8英尺,内部的电缆大约长500英里,通过电磁信号来驱动机械部分工作。哈佛·马克Ⅰ完成一次运算虽然需要3到5秒,但能解非常复杂的方程式。

第一台通用的全电子计算机是宾夕法尼亚大学1946年建成的电子数字综合

图3-2 哈佛·马克Ⅰ,建于1944年,是第一座完全自动化的大规模计算机

计算机（ENIAC），由18000个真空电子管、70000个电阻和5百万个焊接点组成，机器功率达到160千瓦——开启的时候的光亮相当于费城整个城区的照明亮度。

术语"计算机病毒"是格芮斯·霍帕在大型电子机械计算机时代造就的。霍帕为美国海军服务一直到她80岁，期间她的成就还包括自然编程语言的发明和首个编译器（一种将数学编码符号转化为计算机可识读信号的装置）的发明。1945年，当她们的计算机在没有任何明显原因的情况下死机的时候，霍帕的团队发现是一只卡在机械继电器上的小虫导致了死机（小虫被小心地用镊子取出来现存放在史密森学会）。从那时起，无论什么时候团队被问为什么没有在工作时，他们总是回答他们在"给计算机除虫"。

1948年，晶体管的发明使得脱离大、笨重且不可靠的真空电子管来制造计算机成为可能，而且，用晶体管制造的计算机运行速度更快、更小、更便宜、更可靠并且更加节能。新出产的商用计算机包含我们所熟悉的现代计算机的所有要素：显示屏、打印机、存储磁盘、内存、操作系统、内置程序以及编程语言。第一台大型商用计算机是IBM1401，具有16千字节（KB）的内存，[6]每秒执行大约1000条指令，重8000磅，造价60万（相当于今天200多万）美元；1964年制造的IBM360/65，具有512KB的内存，每秒执行指令40万次，重10000磅，花费超过300万美元；到了1970年，计算机已广泛运用于商业公司、政府和大学中。

晶体管在大大改进真空电子管的同时，也产生大量的热量，在20世纪60年代所有操作都要集中在"主机"内，且环境要受到严格的控制。60年代研制的集成电路，使得数百个计算机要素可以结合在一小片硅片上，这使得70年代"微型计算机"的开发成为可能。这些小得可以放在桌面上的机器，比10年前的主机具有更好的性能及更高的速度。例如，80年代早期的VAX780微机具有2到4兆的内存，每秒执行100万个指令，造价25万美元。

到了20世纪70年代，能够集成数千个，后来是数百万个的计算机要素被放在一个单片上，这个开发引出了后来的微处理器，集成电路包含了一台计算机中央处理单元（CPU）的所有要素（CPU包含了用来解释和执行指令的算法、逻辑及控制线路）。计算机组件商业化的出现——CPU、内存（RAM）、永久内存或"硬盘"、监视器、键盘以及打印机——使得计算机生产商能够生产出卖给普通民众的低成本的"微型计算机"。

第一个微处理器——是1971年的英特尔4004——包含2300个晶体管，每秒能运算60000次，具有640字节的内存。1972年，一位名叫比尔·盖茨的17岁的哈佛学生和他的朋友保罗·艾伦创办了TOD公司，售卖一种记录高速公路交通流量的计算机硬/软件系统。1976年，盖茨从哈佛辍学，和他的朋友艾伦将公司重新命名为微软公司。也是在1976年，史蒂夫·沃兹尼亚克和史蒂夫·乔伯斯在愚人节创办了苹果电脑公司，售卖他们最值钱的商品——加伯斯的大众面包车和华兹耐克的可编程的计算机——并开始在加伯斯父母的车库开始生产微型计算机的工具包,他们的苹果Ⅱ型电脑"大众计算机"在头三年的销售额为一亿三千九百万美元。

1981年,IBM发布了个人计算机(PC),有64千字节内存、一个5.25英寸存储容量160千字节的软盘驱动器;IBM个人电脑售价3000美元,彩色图像完整版售价6000美元。到了20世纪90年代早期,微机售价开始低于5000美元,不仅内存更多,速度更快,而且还比60年代的主机和80年代的微机更容易操作。90年代后期,台式计算机每秒能执行数百万个指令,存储数10亿字节的信息,能以比电视机更高的解像度显示动作影片,有更好的音质,还能回应口头命令。更为重要的是,随着计算机的广泛运用,计算机被连接在一起——开始是通过直接连线形成地域网络(LANs),后来是通过电话线、电缆以及光纤网络,并通过卫星传送构成全球计算机网,也就是我们知道的因特网。这种技术变革的速度及其连续性对规划的含义将在本章的后面部分加以讨论。

规划中的信息技术

自1960年代以来,计算机及其他先进的信息技术在规划实践和教育中发挥了越来越重要的作用,这一过程可分为四个阶段,它们不仅在规划中产生越来越重要的作用,而且还和规划本身主要观点的基础性变化紧密地联系在一起。

1960年代:早期的狂热

计算机在规划中的运用始于20世纪60年代的主机时代。当时,计算机为一些新生的理论领域的研究工作提供了一种有力手段,例如运筹学、城市经济学以及区域科学等,而这些学科的出现,也刺激了计算机模型在规划中的运用。[7]那个时代最著名的规划运用是①极端雄心的、非常明显的致力于建立大规模的大都市土地利用和交通模型,以指导城市发展进程;②综合改进地方市政信息系统,规划师藉此来描述地方市场倾向并评估公共政策的效果。[8]这些早期的努力大多没有成功,因为几乎没有哪个系统能够成功地达到其不切实际的目标。

这些早期的努力,出现在"规划作为设计"开始向"规划作为运用科学"转变的时候(图3-3)。规划师认为自己有两个基本作用:第一,向当选官员和公众传递没有偏见的专业建议,第二,收集和散布更多更好的信息以告知和改进政策制定的过程。计算机在这些活动中发挥了重要作用,不仅收集和存储了数据,而且还能以不带任何感情色彩、主观意识的方式,完全尊重事实规律去描述现在、计划未来并从可见替选方案中挑选出最佳的规划模型。

1970年代:粗糙的仿真

1970年代,规划师对计算机技术的信心遭到了严格的考验:研制大规模城

图 3-3 变化中的规划观点及其与信息技术的关系

1960 年代	规划作为运用科学：信息技术向规划提供理性的、完全不带任何主观意识和完全尊重事实规律的信息。
1970 年代	规划作为政治：像规划本身一样，信息技术本身也政治化，补充现有的影响结构、模糊根本的政治选择，并左右政策制定过程。
1980 年代	规划作为沟通：信息技术和规划师的技术分析内容通常不如规划师将信息传递给别人重要。
1990 年代	规划作为共同的推理：信息技术有助于促进沟通、社区决策制定和协作规划。

市模型和市政信息系统的早期尝试完全失败，很大程度上是由于制定过高的目标、可用计算机设备的限制、所需数据的缺乏以及对城市发展进程理解不当等原因造成的。[9] 复杂的分析手段（例如，数学编程）曾被指望为这种新的"规划科学"提供基础，结果却是对规划一点都不合适，典型的难以界定和解决的问题，不仅结果难以预测，而且还包含相当数量的判断。[10] 虽然交通规划师继续广泛地运用计算机来发展区域交通模型，也有很多规划机构继续使用计算机来编制综合的土地利用清单，但是，截止到 70 年代末期，仍有大多数的地方规划机构没有接触过——或者是没有感觉到需要——那个时代昂贵、脆弱且难以使用的主机计算机。

早期规划模型实践的失败，反应了被假设为所有计算机运用于规划的基础——"理性规划模型"的不确定性。规划师开始意识到他们工作所固有的政治性以及不是——也不能是——价值的自由。首先，规划是政治的，规划师必须主动地就其方案和目的在政府内外两个方面都赢得政治的支持。第二，更为重要的是，规划的政治性还在于，规划师的行动不可避免地要使一些个体和组群受益多于其他的个体和组群，规划师不断面临道德方面的选择，他们必须权衡一个组群（比方说，依靠公共交通的单亲家庭）的需要和期望，而舍弃其他组群（双份收入的郊区通勤者）的需要和期望。这些内容将在第 18 章 "社区、组织、政治和道德规范"中详细讨论。

随着对规划政治特性的不断认识，使我们了解到，伴随着规划而使用的计算机模型、技术和信息也是固有而不可避免地具有政治性。这是由两个原因造成的，第一，控制信息导致信息拥有者权力的增长——管理者、技术专家、以及技术方面的复杂团体——除了依靠他们，谁也不能有效地运用信息。由于信息是计算机产生的，所以政策制订者和公众认为这种信息更加准确、可靠和客观。事实上，计算机的模型、分析和预测不是以普遍接受的理论和没有异议的事实为基础的，而是以实验性的假设、初步的设想和不完善的数据为基础的，因此，计算机的模型和分析需要包含众多的关于数据、程序运用、结果的表达和分配等方面的选择，而这些选择最终将在政治决策上影响谁在什么时候和怎样得到什么东西。[11]

第二，信息是政治化的，因为其注重的是公众所关心的可以量化表达的方面(例如,替选行动方案的经济效果),而不注重同样也是很重要但不便量化表达的方面(例如,替选行动方案的美学和分布效果)。尽管计算机信息和技术可能有助于决策者和公众评价替选方案,但将之作为规划知识的惟一资源也可能会阻碍规划调查。[12]

1980年代:信息技术的民主化

规划师对计算机技术的兴趣在80年代得以复兴,那个时候微型计算机提供了先进的信息技术和手段,例如文字处理器和电子表格已经可以被全世界的职业及学院规划师所使用。计算机的运用虽然被迅速推广但也相当肤浅:尽管很多规划师使用微型计算机,但他们一般都只是用来快速生成专业报告并改进报告的外表,以及提高办公效率。在这个十年的晚期,计算机对核心规划功能的潜在的改进,例如分析和预测,在很大程度上依旧没有实现。

在80年代期间,规划师们意识到他们的工作不仅仅是为政策制定过程收集和提供信息。虽然规划师应该使用定量化的信息和先进的信息技术来推导分析和制定规划,然而,他们也要谈判、提供建议、讲故事、使用比喻和其他修辞手段来与别人交流。因此,统计信息和量化分析在公共政策领域中显然是很重要的,同时,其他形式的"信息",诸如轶事、看法以及个人经验也是很重要的。

"规划作为交流"这一概念承认规划师所传递的信息通常比规划师所说的事情要重要得多。[13]例如,在人口规划中,规划师将人口表达为表格繁多、内容庞大的报告,而且报告本身还是复杂的电脑模型的"客观"产物,电脑模型中又包含高技术概念,如"固定人口寿命表格"等一般社区居民难以理解的概念;而作为选择,他们也可以用现成的和易于理解的假定条件(例如,地区的出生和死亡率将继续和国家保持一致)来描述规划的直接结果,并将其结果表达为容易理解的图表、图纸或其他图片形式。这两种分析方式得到的结果是相同的,它们最主要的区别在于规划师和公众的交流过程。在第一种情况中,交流的过程趋向迷惑听众,使他们信赖规划,并剔除规划过程中的非专业人士;在第二种情况中,规划师鼓励公众参与规划过程——例如,公开规划分析中基础性的假定并邀请市民来检验规划师做出的结果。正如本章稍后部分将要讨论的一样,先进的可视和发布技术使得规划师可以以更容易理解的方式将信息传达给公众。

1990年代:新的手段和新的挑战

到了1990年代中期,计算机已广泛地被运用于规划。数据实用性、计算机技术及城市理论的迅猛发展,使得规划研究者和大的区域性规划机构开始开发和运用大规模的城市土地利用和交通模型,这种状况第一次鼓舞了规划师对计算机的兴趣。[14]近来，所有的规划机构都在办公中使用计算机，例如制作文件、监控预算及保存记录等。越来越多的规划机构使用GIS技术来管理任务，例如处理许可、收集和保存土地相关信息以及绘制地图等。地方市政GIS的快速发展和因特网的突飞猛进，使得规划师能够使用——及分发——大量的空间信息，实现了早期规划师的梦想。

同样重要的是，90年代的十年见证了"规划作为共同推理"这个概念。从这个角度看，公共政策的信息不单是以规划师及其他职业中的技术专家为基础，同样还以开放、互动、以及正在进行的整个社区的学习、争论及妥协的过程为基础。[15]这种协作式的规划努力运用分歧解决和建立一致的技术提供结构性的程序，用以分享理念、观点和利益，这种方法有些近似于传统规划的综合分析理念，对追求一种全面的公共利益十分有效。[16]这种"模型、规划师、当选官员以及公众一起工作来收集信息及界定问题"方式的出现，使得正式的决策制定过程在开始之前就有解决问题的可能。

现行的技术和规划实践

下面我们谈谈今天规划师所使用的最重要的技术：电子表格、GIS及因特网（包括环球网www）。[17]

电子表格

在会计领域，表格是用单独的纸张表示工程项目的收入和支出，目的是为了便于查询。在电子表格（传统纸质表格的电子版本）中，用数字表示的数据存储在二维的表格中，表示针对数据的计算结果。

电子表格是丹·布瑞克林发明的，他既是麻省理工学院（MIT）的毕业生同时也是哈佛商学院的学生。1978年，因深受用手工完成商学院无数会计案例研究之苦，布瑞克林和一个MIT的朋友鲍勃·弗兰克斯顿，发明了第一个电子表格程序，他们将之命名为VisiCalc（可视计算的意思）。1981年，米奇·卡泊尔开发了Lotus1-2-3，增加了图像和一种基本的数据库管理器，并发明了一种常见的以列和行标识单元的系统（例如A列、1行或者是A1）。现在，市场上已有大量的电子表格程序，并且在规划师中被广泛使用。

表格——有时候被说成"上帝给规划师的礼物"——为规划师提供了三个便利。[18]第一，既容易理解又非常有用。表格简单易学且包容错误，它提供了一种直观的逻辑结构以测试任何可以表达为二维表格的量化问题。第二，表格是可以修改的，并允许用户在不同位置间拷贝数据和计算公式；发展"宏"（计算机自动重复任务的原始程序）；发展表格模板或提供"客户设计"的版面、计算路径及可以和别人分享的命令等。第三，最重要的是，表格用于检验"如果是什么"的规划分析的基本问题非常理想。使用一个表格，规划师能快捷地测定不同假设和替选政策的效果。

表格已经让规划师为定量分析、记录维护、项目监控及小型数据库的管理发展了"客户定制"的运用。多年以来，用户化的表格程序为规划运用提供了最广泛的软件工具。[19]

地理信息系统

GIS 是一个捕捉、存储、分析和显示空间数据的计算机运用系统。它有以下几种功能：①复杂的绘图能力，可以快捷地绘制富含魅力和情报的图纸；②先进的数据库管理工具，用来存储、修改和操作图纸上景物的"属性"数据；③拓扑数据，可以明确描述图纸上景物之间的空间关系（例如描述哪个景物和其他的距离近或距离远）；④将任何东西的扩展数据显示在图纸上，如，建筑物、自然景物、人口和经济统计、现状和规划的土地利用、建设控制等等。

第一次尝试使用计算机制图始于1950年代，而第一个GIS——加拿大地理信息系统则开发于1960年代，它提供了大陆范围内农业、森林、休闲度假容量、人口普查区域及土地利用等方面数据的地理分析。然而，60年代早期，由于地理信息系统使用起来不方便且代价高昂，因此，其运用仅限于军事、科研和联邦（州）政府等领域。此外，60年代还出现了将纸质地图转化为数字形式的硬件，将图纸不同层所包含的信息结合在一起的计算机技术，以及其他现在已大量使用的空间分析功能[20]方面的技术。

从1970年代到1980年代，GIS 技术开始从军事和大学领域向地方和区域规划机构转移。但在1980年中期，一种典型的GIS运用——包括一台微型计算机、一项软件许可及数据包——可以以几百万美元的低价获得，这使其在规划中的广泛运用不再受到限制。到了90年代中期，10000美元即可购买一套完整的GIS，并且，只要象征性地付费即可从人口普查局获得全美国的街道图和人口统计资料，这使得GIS 成为全世界范围内规划的一种基本工具。

一套GIS中最重要和最昂贵的组成部分不是计算机硬件和软件，而是系统所包含的信息；另一方面，随着先前无法得到的国家、区域和地方的大量的空间数据的获得，也使GIS 的传播成为可能。低端的GIS 数据阅读器和一些数据——例如国家人口普查的数据——同样可以从花费很少甚至没有花费的因特网站上获得；然而，其他专门的有用数据——例如，个别单幅土地的数据——价格仍然昂贵并需要花费相当的时间去收集和掌握。结果，GIS 的发展唤起了基本的制度和政治问题，包括数据分享、访问和文件，这些问题比单纯购买和使用GIS硬软件的技术问题更难以解决。

GIS 技术已经证明是在诸多规划中极其有用的。一套 GIS 可以为显示空间信息提供非常有力的形象化数据，例如人口密度或者是人口普查地域内的种族构成、道路的交通峰值、以及现状和建议的土地利用模式等。此外，它还为维护土地存量记录、整理不同组织或行政辖区所掌握的空间数据提供了一个卓越的平台。GIS 的将存储在图纸不同层面的信息（例如斜坡、土壤及与主要高速公路接近程度的数据）结合起来的能力，非常有利于选址和进行土地适宜性及环境影响分析。另一方面，GIS 也同样非常有利于空间分析任务，例如识别相对于一个图上景物特定距离内的所有点（例如通知临近物业拥有者的土地利用变更建议），识别地形特征（例如源自斜坡和分水岭地图），分析交通问题并找出街道网络中两点之间最适宜的路线，以及监控建设许可和土地利用变更等。

当规划师的工作涉及业主某个地块的数据、土地利用、建设控制及其他与土地相关的信息时，GIS被证明是非常有价值的。因为这个系统可以用来整理不同政府机构所掌握和收集的信息，通过图解显示来加速以物业为基础的调查，促进物业记录的维护及物业图纸的准备等。现在，在土地规划和管理方面，GIS 已经被广泛运用，例如跟踪许可调查研究土地利用——土地拥有权、许可用途、税金评估等方面的相关数据。[21]

GIS在规划内部及外部都得到了普及，很大程度上是因为这个系统为大范围的公共和私人部门提供了极其有用的基本功能。[22]然而，这种广泛的适用性意味着GIS 并不是总能满足规划中某些特定领域的需要。例如，规划不仅需要 GIS 存储的空间关联信息，同时还需要将这些信息与进行专门分析的有效的"类空间"信息（例如，分析一个地点及其组成部分的区域人口和就业机会的梯级和趋势）和随着时间流逝的信息（例如人口、就业机会、过去现在及未来的土地利用数据）等结合起来，此外，计算模型与特定数据体系拟合的能力，互动的解决方案（也就是通过重复的检验），以及应对目标、目的、投入及收益的能力也是必不可少的。即使在90年代，GIS 还无法提供上述功能的任何一项。

为了提高GIS在规划中的适用性，规划师们于90年代后期开始发展规划支持系统（PSS），这个系统将 GIS 与其他计算机手段，例如表格、客户撰写程序及因特网结合起来，[23]目的是为了创造完全综合的、灵活的、对用户友好的系统。该系统结合了"基于GIS 的空间的、文本的、图表的、可视的信息"，"广泛的，用于挑选替选假设和政策选择的计算机模型和方法"，以及"以图表、图纸及互动的影像和声音等形式来展示模型结果的各种视觉手段"三个部分。这三个部分的结合，使 PSS 可以达到互动和实时的完美标准，可以运用当地或通过因特网获得的模型和信息，并可以推导出用来促进社区参与、集体决策制定及团体相互作用的定性及定量化决策手段。

因特网

因特网是一个"所有网络的网络"，它可以将世界范围内数以百万的计算机用户连接到一个电子化交流和信息发布的无线网络当中。[24]因特网发展于20

世纪60年代，原本是为了在核战争情况下给国防部的计算机通讯提供一种方式。当时，国防部开发了一套通讯标准系统或者叫"协议"，一旦核战使常规通讯枢纽被完全摧毁，利用这一系统就能使广泛分布的使用不同操作系统的计算机可以通过不需要中心控制的自治网络的宽松系统进行交流。1969年，四台分布在美国不同地方的计算机成功地交换了数据，就是著名的ARPA网（先进的研究项目机构）。ARPA网是一系列最终导致因特网研发契机中的第一个契机。到了80年代中期，有超过1000台的计算机连接到因特网上，到了90年代中期，这个数字超过了100万，而到了90年代后期，有近千万台计算机连接到了因特网。

各种各样的服务通过因特网出现。电子邮件使用户可以通过网络收发消息并附上文件；交换协议允许用户之间在网上交换文件；"远程登录"协议允许用户登录远程计算机并直接操作该机器；世界性的新闻组网络系统使人们阅读并参与正在进行的千奇百怪的话题讨论；列表服务器使得用户可以通过电子邮件发一个消息到中心地址，然后自动地发给列表中所有的电子邮件订阅客户；因特网的"聊天"软件使对话内容通过因特网实时进行交换并同时显示在聊天者的电脑屏幕上。

最常见和使用最广泛的因特网资源是"环球网"（World Wide Web）或者是简称"网络"，它是一种通过因特网获取信息的方法，是瑞士的CERN原子能研究中心于1989年开发的。网络的基本组成部分，是一种特定格式文本文件组成的页面，用户用一种叫做浏览器的软件可以在计算机屏幕上看到页面的内容。网络文件不仅可以包含文本文件，也包含动画图像、音频和视频剪辑、甚至是气味文件。最重要的是，网络文件能够进行"超链接"，使得用户可以点击网页的一个部分，就自动跳到另外一个存储于世界上任何地方的网文件上。除了显示文件，网络浏览器还具有用来收发电子邮件、参与新闻团体的讨论、购买商品和服务、以及操作大多数的因特网功能。此外，网络的"搜索引擎"还可以允许用户在网络中搜寻包含特定主题信息的所有文件，就连适用范畴内的计算机程序也可以通过网络进行发布。

由于一天24小时都能提供信息和服务，因此网络使得人们可以在任何时候任何地方通过计算机获得政府信息，例如文件、声频和视频记录以及大型数据库（例如，国家人口普查的全部内容和GIS的扩展数据）等。网络的"白板"协作工具（手写稿件的电子观看）、运用分享、以及互动的音频和视频，使得人们可以一起工作而不受时间和地点的限制。网络技术为不同观点和目的的人提供了共同参与集体决策制定过程的机会。在规划中，协作手段使得规划草案和建议——包括彩色的、三维的图纸，支持文件以及分析模型——可以在网络上供公众查阅和评价。

当然，网络也造成了不利的一面。由于因特网和与其关联的信息以及交流技术，减少了面对面交流和物理接触的需要，使得各种公司将其日常业务和总部从大城市逐渐迁往郊区边缘和具有良好交通条件与高质量生活的中等城市地区。结果，这种状况使得规划师们面临一些严峻的问题：城市外围对公共服务和基础设施的要求快速增长，而中心城区和旧的近郊区则日渐衰落甚至废弃。

规划数据的类型和来源

当代城市规划实践所包含的差异性，意味着规划师们要处理前所未有的数据类型和来源。[25] 规划数据包括人、职业和住房方面的人口统计数据；就业机会、劳动能力、收入以及销售等方面的经济数据；交通流量、公交乘客数量及道路条件等方面的交通数据；以及空气、水、噪音污染、特定区域内的濒危物种、风景景观及其他危急自然资源等方面的环境数据。

规划师通过直接观察、访问和遥感图像等手段，来收集诸如土地利用模式和平均交通流量等数据。例如，利用一个具有代表性的人口样本，规划师会通过调查以测定现状服务设施的效力、估计附属服务的需求或者是测定公众的主张和态度。

规划师也使用别人收集起来的数据——例如，使用州和地区机构或者是国家人口普查数据。过去，这些数据一般是从图书馆中或规划师桌上的书籍和印刷的报告中获得，而今天，这些数据则通常是通过因特网，甚至是直接从提供者那里获得，并可用计算机处理的数据。

规划中运用最多的转手数据是美国和大多数其他国家每十年做一次的国家人口和住房普查数据。正如第四章所讨论的"人口分析"一样，计算机方便的显示手段和分析技术能用来将数据转化为信息，并提供一种综合而详细的描绘，这有助于规划师更好地理解一个社区、地方、或是区域随着时间如何变得与别的地方相同或是不同。

将数据转化成信息、知识和智能

规划师运用一系列技术将数据转化为信息的更高形式。[26] 描述性的统计技术为数据的总体特性提供概要的度量描述。最普遍的描述性统计是普通、中间值和模式（分别度量平均、中等和最普遍的值），范围（最小和最大之间的值），差异和标准背离（度量普通值附近的差异）。关联的统计度量，例如关联系数，用于度量两者或更多者之间联系的广度。推论性统计用于其他事物中间的测定，从一个代表全部人口的样本中获得的结果，其测定的的广度即为结果（所有这些技术都包含在标准统计文字中）。

规划师不仅需要理解现在和过去，他们还必须准备估计、规划和预测未来（这些可以在第4章中看到）。他们预测未来的全部条件就是模型，即可以由手或计算机支配的代表世界的简化模型。过去，规划师一般是以物理模型和手绘的图纸来表达未来的城市设计计划、土地利用模式等等；而今天，他们几乎只用计算机生成的模型。我们可以从本书第四和第六章中了解到规划师如何描述人口和经济模型,并更好地理解现在和过去的条件以及规划将来。

在这种类型的模型中,规划师使用的是仿真模型,这种模型试图通过人工系统的操作复制自然。例如,规划师使用它来模拟空气和水体污染,模拟交通行为和一个范围内自然进程的效果。最著名的仿真模型是大都市交通和土地利用模型,它出现于1960年代,1970年代受到冲击,1980年代又在很大程度被忽视,直到1990年代才重新引起人们的注意。总之,由于数据获得和计算机技术的不断发展,使得仿真模型比过去更加适合规划从业者的使用。

除了标准的统计方法、规划技术和仿真模型,规划师越来越依赖"快速分析"技术,这种技术在时间、信息、资源有限,无法进行正式分析的情况下,为政策制定者提供了有用而理论化的建议。尽管这些技术以牺牲精确度换取速度,但却满足了及时的相关分析的要求。快速分析方法包括界定问题,测定问题范围,识别问题的基本组成部分,制定替选政策,预测这些替选政策是否以有效而公平的方法符合客观需求,以及监控和评估已颁布的政策等方面。[27]

展现信息的技术

除了分析数据和信息,规划师还要向别人展现分析的结果——有时候是写出来,有时候是向小型非正式团体或在公众听证会上进行介绍。报告和介绍将规划师的结论和推荐介绍给其他人,更重要的是,这是一种将公众、官员及利益群体代表包含进集体决策制定的方法。过去,规划师依靠印制的报告,里面最多也就含有表格、图表、制图及图纸,但有了计算机的帮助后,规划师不仅能够轻松快捷地用这些传统的格式展现信息,而且还能够以互动视频、动画及三维图像等方式来描述未来。

经常使用的图表包括饼图、条形图、柱状图及点位图,所有这些都能用来展示信息,例如人口不同年龄段的百分比或者是收入分类等。例如,时间序列的图表显示了诸如人口或家庭收入随着时间变化的情况;分散图表表达了两个变化间的关系,例如收入和租金之间的关系;[28] 文本图表以易懂的概要格式展示理念,例如大纲和内容列表;组织图表则显示了一个组织内部个体或单元之间的关系;流程图则强调出一个项目中的重要组成部分,并显示项目任务之间以及项目中每个人的责任之间的关系。[29]

图纸是以易于理解的形式表达空间信息的最有力手段。例如,以一些基本线条表达道路、建筑、河流、行政界线以及其他易于识别的景物;使用颜色、图案、阴影及符号表达特定主题的信息,例如中央商务区的土地利用、人口普查范围内的人口密度、一个邻里的建筑规模或用途、主要街道的高峰交通容量等。此外,还可以用地块图的方式显示物业界线和边界,反应土地的法定利益,如所有权、附属建筑物及通行权等内容。

为了提供对一个地区更为综合的理解和针对其将来的替选方案,规划师还使用计算机的超媒体和多媒体系统,这种系统将传统类型的信息,例如印制的报告、图表和图纸、鸟瞰图和正常视线的照片、音频和视频剪辑等结合在一起。[30、31](超媒体是指将不同类型媒体表达的不同信息形式组织在一个结构里,例如将写好的文件、图像以及声音加以综合和协作的方式。多媒体是指运用不同类型的媒体但不将信息组织进一个结构。)例如,一个社区的超媒体数据库能够包括:①以传统表格、图表和图纸格式表达的,有关现状、过去的条件和未来替选设定的信息;②照片、鸟瞰图,以及音频和视频剪辑,描述社区内的不同区位;③文本信息,例如规划研究、报纸文章以及建设规定等。需要说明的是,鸟瞰照片可以和正常视角的视频结合在一起,创造出现状条件和未来替选设想的计算机生成的模型,社区居民可以从公告栏或者网站获得数据和浏览不同的信息,并可以根据地区过去和现在的情况为将来提出建议或口头的评论。

综合的、互动的多媒体环境的创造,有助于为合作设计和决策制定提供设备基础。例如,在一个中心地段进行替选方案评估的设计过程中,地段内所有类型的信息——统计的、文本的、图纸的、照片的以及计算机生成的——既可以在面对面的真实会议上讨论和分析,也可以在网站举行的"虚拟"会议上讨论和分析。互动的多媒体环境可以用来考虑现状条件,检讨社区出现的问题,探寻替选方案的可能性,例如,如果社区成员关注不同建议所可能带来的影响,仿真模型就能通过表格、图标和互动的文件来演示这种潜在的影响。

通过大量不同但又相互关联的方式来展现信息,超媒体系统使得同样的信息可以从不同的角度来看。在新的可能性出现,在问题及解决的特性和含义变得清晰的情况下,这种系统还可以通过分析、精确化及变换多种替选方案来支持对决策制定的探讨和互动。计算机辅助的视觉化,不仅将信息变得更加易懂、可信,而且还使各个层面的公众,尤其是那些对传统信息形式没有经验的公众均可很快了解基本情况,促进了公众的参与。因此,计算机的超媒体和其他视觉化技术,例如图纸和图标,为复杂的城市条件提供了一种更好的了解方式,使得规划师与其他专业人员和当选官员,特别是与公众之间的交流更加富有成效。

规划和信息技术的未来

像前面讲的一样,自30年前规划师第一次使用计算机以来,信息技术和规划已经发生了戏剧性的变化。技术在这几十年里的戏剧性变化,使得预测未来变得极为困难。但是,一些趋势还是相对清楚的。一是计算机及其相关的先进信息技术将会更快、更强大、更便宜和更加易于使用;二是GIS的广泛发展,将为规划师提供很多关于土地利用、基础设施、自然景物等方面的以前只能梦想的详细信息;三是全球化、高速度的因特网将使规划师——以及公众——重新获得大量的空间信息，例如，从他们自己的计算机上、从地方政府或部门的数据库、或者是从世界任何一个不需要知道的地方——甚至是在开车的时候——从存储信息的地方获得信息；四是规划师处理和分析数字的、文本的、图像的、音频及视频的，以及用来将信息转化为更易理解的形式的各种软件工具，将会变得越来越强大、有用和易于使用。

虽然这些先进技术对规划实践的含义还不是很清楚，不过，信息技术却能够辅助规划师摒弃多余的、琐碎的"客观"条件，精确地进行预测未来的尝试，而是受益于现实的协作规划努力，在其中公众有助于发展、评估和在可能的替选设想当中加以选择。信息技术实用性的加强，提高了数据发布和视觉化技术，使得会议的召开不受地点和时间的限制，大大加强了公众使用——及理解——政府信息的程度。总之，日益发达的信息技术完全可能为规划的新模式提供基础，这种模式更为直接地将公众包含在基础性的政策选择当中，同时也更有助于公众塑造他们的社区和生活。我们将拭目以待它们的实现。

注释：

1 Richard E. Klosterman, "Arguments for and against Planning," *Town Planning Review* 56 (1985): 5-20.

2 Stanley M. Altman, "The Dilemma of Data Rich and Information Poor Service Organizations," *Journal of Urban Analysis* 3 (April 1976): 61-73.

3 The increased availability of advanced information technologies is not only having a profound effect on planning practice but also helping to shape the communities and regions within which planners work. See, for example, U.S. Congress, Office of Technology Assessment, *The Technological Reshaping of Metropolitan America*, OTA-ETI-643 (Washington, D.C.: Government Printing Office, 1995); and William J. Mitchell, *City of Bits: Space, Place, and the Infobaum* (Cambridge: MIT Press, 1995).

4 The discussion that follows is based on Richard E. Klosterman, "Planning Support Systems: A New Perspective on Computer-Aided Planning," *Journal of Planning Education and Research* 17, no. 1 (1997): 46-51; and Anthony James Catanese, "Information for Planning," in *The Practice of Local Government Planning*, ed. Frank S. So et al. (Washington, D.C.: International City Management Association, 1979), 90-114.

5 Paul J. Densham, "Spatial Decision Support Systems," in *Geographical Information Systems: Principles and Applications*, ed. D. J. Maguire, M. F. Goodchild, and D. W. Rhind (London: Longmans, 1991), 403-12.

6 1字节等于8比特（或二进位阿拉伯数字），每一个比特可以用1个0或1个1来代表。1字节可以用来存储一块数据（例如，一个单独的阿拉伯数字或字符）。1千字节（KB）大约是1000字节的数据。1兆字节（MB）大约是100万字节，或1000千字节。十亿字节（GB）大约是十亿千字节，或1000兆字节。1000千兆字节大约是1万亿字节，或1000十亿字节。

7 The following discussion is based on Richard E. Klosterman, "Evolving Views of Computer-Aided Planning," *Journal of Planning Literature* 6, no. 3 (1992): 249-60; and Klosterman, "Planning Support Systems."

8 Britton Harris, "Urban Simulation Models in Regional Science," *Journal of Regional Science* 25 (1985): 545-68; Melvin M. Webber, "The Roles of Intelligent Systems in Urban-Systems Planning," *Journal of the American Institute of Planners* 31 (1965): 289-96.

9 Douglas B. Lee Jr., "Requiem for Large-Scale Models," *Journal of the American Institute of Planners* 39, no. 3 (1973): 163-87; James N. Danziger, "Computers, Local Government, and the Litany to EDP," *Public Administration Review* 37 (1977): 28-37.

10 Horst Rittel and Melvin Webber, "Dilemmas in a General Theory of Planning," *Policy Sciences* 4, no. 2 (1973): 155-69.

11 Martin Wachs, "Ethical Dilemmas in Forecasting for Public Policy," *Public Administration Review* 42 (1982): 562-7.

12 Judith E. Innes, "Information in Communicative Planning," *Journal of the American Plan-

ning Association* 64 (winter 1998): 52-63.
13. John Forester, "Critical Theory and Planning Practice," *Journal of the American Planning Association* 46 (summer 1980): 275-86.
14. Michael Wegener, "Operational Urban Models: State of the Art," *Journal of the American Planning Association* 60 (winter 1994): 17-29.
15. Patsy Healey, "Planning through Debate: The Communicative Turn in Planning Theory," *Town Planning Review* 63 (1992): 143-62.
16. Judith E. Innes, "Planning through Consensus Building: A New View of the Comprehensive Planning Ideal," *Journal of the American Planning Association* 62 (autumn 1996): 460-72.
17. 因为空间限制，本章没有涵盖规划师广泛使用的其他计算机的手段，例如计算机辅助及设计（CADD）包、专家系统及视像手段。CADD 系统用于创建、修改、处理及显示绘图，但它们缺少 GIS 的数据库处理及空间分析能力；专家系统使用从专家处获得的信息去解决问题，以同样的方式专家也会处在同样的决策情形当中；视像软件使用先进的图形技术，以易于理解的方式来显示信息。关于这些相关软件和手段的进一步介绍，见 1985 到 1998 年间出版在美国规划协会杂志上的《计算机报告》系列，理查德·科洛斯曼《计算机报告的辞别》，美国规划协会杂志 64 期（1998 年秋季）：470-4。
18. The discussion that follows is based on Richard E. Klosterman and John Landis, "Microcomputers in U.S. Planning: Past, Present, and Future," *Environment and Planning B: Planning and Design* 15 (1988): 357-8.
19. Neal G. Sipe and Robert W. Hopkins, *Microcomputers and Economic Analysis: Spreadsheet Templates for Local Government* (Gainesville, Fla.: Bureau of Economic and Business Research, University of Florida, 1984); Richard E. Klosterman, Richard K. Brail, and Earl G. Bossard, eds., *Spreadsheet Models for Urban and Regional Analysis* (New Brunswick, N.J.: Rutgers Center for Urban Policy Research, 1993); Timothy J. Cartwright, *Modeling the World in a Spreadsheet: Environmental Simulation on a Microcomputer* (Baltimore: Johns Hopkins University Press, 1993).
20. Roger F. Tomlinson, "Geographic Information Systems-A New Frontier," in *Introductory Readings in Geographic Information Systems*, ed. Donna J. Peauquet and Duane F. Marble (London: Taylor and Francis, 1990), 18-29.
21. William E. Huxhold, *An Introduction to Geographic Information Systems* (New York: Oxford University Press, 1991).
22. The following discussion is based on Klosterman, "Planning Support Systems," and Britton Harris and Michael Batty, "Locational Models, Geographical Information, and Planning Support Systems," *Journal of Planning Education and Research* 12 (1993): 184-98.
23. See, for example, Michael J. Shiffer, "Interactive Multimedia Planning Support: Moving from Stand-Alone Systems to the World Wide Web," *Environment and Planning B: Planning and Design* 22 (1995): 649-64; and Eric J. Heikkila, "GIS Is Dead; Long Live GIS!" *Journal of the American Planning Association* 64 (summer 1998): 350-60.
24. The following discussion is based on Frank D. Zinn and René Hinojosa, "A Planner's Guide to the Internet," *Journal of the American Planning Association* 60 (summer 1994): 389-400.
25. For a further discussion of this material, see Catanese, "Information for Planning," and Carl V. Patton, "Information for Planning," in *The Practice of Local Government Planning*, 2nd ed., ed. Frank S. So and Judith Getzels (Washington, D.C.: International City Management Association, 1988), 472-99.
26. Ibid.
27. Carl V. Patton and David S. Sawicki discuss these techniques in detail in *Basic Methods of Policy Analysis and Planning*, 2nd ed. (Englewood Cliffs, N.J.: Prentice Hall, 1993).
28. Stanley M. Altman, "Teaching Data Analysis to In dividuals Entering Public Service," *Journal of the Urban and Regional Information Systems Association* 3 (October 1976): 211-37.
29. For more complete discussion of these traditional information presentation tools, see Patton, "Information for Planning," 488-93; and Edward R. Tufte, *The Visual Display of Quantitative Information* (Cheshire, Conn.: Graphics Press, 1983).
30. The following discussion is based on Richard Langendorf, "The 1990s: Information, Systems and Computer Visualization for Urban Design, Planning and Management," *Environment and Planning B: Planning and Design* 19 (1992): 723-38; and Michael J. Shiffer, "Towards a Collaborative Planning System," *Environment and Planning B: Planning and Design* 19 (1992): 709-22.
31. Shiffer, "Towards a Collaborative Planning System," 712.

Part two:
Planning analysis

第二部分 规划分析

第4章 人口分析

道维尔·迈耶斯、李·梅尼非

人是规划的基础,他们创造了对规划功能的需求,并体验着规划的成效。但是,除非规划师了解谁是"规划对象",以及其特点如何与各种规划功能之间相互影响,否则规划师就不可能满足规划区人口的需要。因此,人口分析虽然不象土地利用或交通那样是规划的核心问题,但其在规划中也占据着很重要的位置。

人口研究从各种日常生活的片断中总结人口的共性,包括:出生、结婚、生活、教育、职业、收入、种族、民族、年龄、死亡等,规划师利用这些信息描述规划对象的概况。社区的土地利用图反映的是规划的框架,它对于目前和未来所进行的人口分析是一个十分重要的基础条件。规划关注正在发生着的各种变化,包括构筑未来城市发展的人口增长和统计的变化。规划师的成效取决于其将规划与人口未来需求匹配的能力。

本章是为了让规划师了解人口分析的具体运作,以及人口分析与其他规划行为之间的联系。实现这一目标有三个假设性前提:第一,人口分析应当关注社区人口的多样化结构而不是人口的总体规模;第二,人口变化作为人口老化、迁居和种族变化的结果,它与功能区的需求变化是紧密相联的;第三,人口变化的预测对于制订有效满足未来需求的规划至关重要。

本章第一部分介绍了人口分析的"两次主要变革"——"对人口多样性认识的日益增加"和"显著发展的计算机能力及数据的可得性,并指出这两次变革促使规划师开展比过去更为详尽的人口分析。第二部分探讨了人口多样性的要素,包括年龄、种族、民族、家庭种类、教育程度及收入等,以及如何通过图表来表现以上要素。第三部分阐述了将人口特性与规划功能需求联系在一起的一般策略并以加利福尼亚州的桑塔安娜为例,探讨了人口变化的社会和政治影响,明确了今天的居民是否能够真正代表未来居民的这一问题。紧接着,在第四部分,文章回顾了人口预测与规划交互式方法的建立,并探讨了人口预测在规划中的作用。最后,鉴于人口分析可从简单的累计到采用各种相对复杂的做法,文章又在最后一部分对四个层面的人口分析方法进行了简要论述。总之,本章旨在帮助规划师了解多种人口分析方法,以有效应对高水平人口分析的需求。

人口分析中的两次变革

由于对人口分析多样性认识的日益增加,以及机算机能力和数据可得性的飞速发展,促使人口分析出现了转变。以下两部分说明了这些变化的简要情况。

对人口分析的多样性认识的日益增加

20世纪60年代中期兴起的对社会公正问题的日益关注,以及逐步增长起来的关于规划必须考虑各种群体(包括妇女、家庭户、儿童、老人、种族、少数民族)的认识,要求人口统计分析应当更注重人口的特性特点而不是总量。

通常,人口分析只是规划成果的一个附件,而与其他的规划功能分区等内容无关。但是,作为应对未来发展需求的规划,无论如何都必须建立在对人口构成变化的理解之上,因此,规划师的第一项任务就是要承认人口的多样性。表现规划地区居民生活的图片是一种简单但有效的方式,这有助于居民了解规划的内涵——即在总体规划和重大规划项目的安排中,规划已经考虑并重视了各人口组别的要求;当然,这种努力也同样有助于居民去了解其他的居民。此外,规划师还必须帮助居民和决策者了解当地人口组成的变化,当大多数居民意识到人口组成发生变化时,如果当地的规划专家能够阐明和解释这种变化的趋势,那么,即使这一公共教育计划不能消除伴随人口变化而产生的摩擦和争执,也能在很大程度上减少误解和忧虑的扩散,并有助于人们的生活走向融合。

计算机性能和数据可得性的进展

新的尖端计算机技术为探寻不同人口组别的特征提供了技术支持。现在规划师桌上的微型计算机就能提供以往仅限于大型计算机的计算能力,这种能力使分析更快捷,并能通过图像化的或地理信息系统(GIS)显示的空间模型将结果清晰地传达给决策者和公众。

尽管如此,由于自20世纪60年代以来每十年一度的人口普查所采取的数据格式和结构一直未变,因此微型计算机的革命在实质上对人口分析的影响甚微。但在1990年,人口普查也做了一个调整,就是首次以电子数据的形式(CD-ROM、计算机磁带、因特网等)进行数据登记。时至今日,巨大的变化即将发生,现在,为2000年人口调查做准备工作的人口普查局,正在完善一种新的数据分析和传输系统,通过因特网将调查数据送达任何地区,让使用者自己定制适合他们的表单,这一系统不仅将人口普查局以前分散的数据集中起来,包括公布表、特表和详表,而且还重新为每一个个别案例再造了原始记录。

在整个20世纪,规划师推动了每十年一次的人口调查数据的发布工作,但随即又不得不年复一年地依赖这些已过时的数据。现在,人口普查局正在计划一个名为"美国社会调查"的连续监测计划,将提供每年一次的类似人口普查的数

数据有效性的空间层次 人口统计分析所需数据的有效性在各空间层面上并不一致。州、大城市或县是详细人口普查报告的主体,而小辖区的详尽数据则日加欠缺。从人口普查的小册子、书、光碟或互联网中可以得到从十年一次的人口普查中摘出的为大多数人所认同的数据,尽管不够详尽,但范围还是比较广泛。

最详尽的数据既不在出版物里也不在电子表格内,而是电子的"微数据"。该数据就是众所周知的公用微数据样本(PUMS)文件,它含有住房单位、家庭户和人口数的百分之五的样本的个人记录(包括名字和地址)。虽然这一样本文件涵盖了全国的所有地区,但只有人口超过10万的地区是独立进行统计的,对于人口少于10万的地区,则将它集结到相邻地区中,划做一个统计单位,以满足10万人的限制要求。通过PUMS数据,可以开展详尽的人口特征与住房交通和经济行为等相结合的个性化分析。[1]

在普查过后,规划师获得最新数据的可能性将大幅减小。在国家层面,定期开展的联邦调查会对人口、住房和经济状况的数据进行经常更新,这些定期调查中得到的数据会向50个州、大都市区和大的县发布。然而在大部分情况下,因样本数量过小会导致数据的可靠性不足,所以需要用户将连续三年的数据进行平均测算,或者采取其他一些谨慎的方法,即使这样,定期调查也为评估普查期后的发展趋势提供了重要的有用信息。

相关的调查还包括现状人口调查、美国住房调查、消费者支出调查、以及标准经济人口普查(在1992、1997和2002年进行)。此外,县级商业模式调查也可以提供一些有用的数据。有关这些调查的情况以及基础数据表格可在下列网址查到:http://www.census.gov 和 http://www.fedstats.gov。

因为没有其他选择,规划师通常使用个人提供的现状估计数据和5年预测数据,这些数据比人口普查数据要简略,质量也较低。由于这些数据是个人根据州和国家层面现状指标所归纳出的变化趋势,然后套用到那些小地区中,并做出5年的预测,所以即使是借助相同的数据来源,不同的人预测的数据也通常不一致。现在,这种个人依据国家和州的指标预测未来数据的情况在全国各地都存在,即使是在那些有更准确和更详尽数据资源可供利用的地区也是如此。因此如果当地的规划机构自己开展数据预测,它们所采用的更专门的方法将可以得到更为准确统一的结果。毫无疑问,非普查的估计和预测要比普查得到的数据的精确度差,因此,拟议中的美国社会调查将确保大力提高非普查年份的数据质量。

---

[1] For further explanation of the microdata files and other census data, see Dowell Myers, *Analysis with Local Census Data: Portraits of Change* (New York: Academic Press, 1992), chap.4.

据,这个在数据收集频率方面的急剧变化将引发规划人口分析的重大改革:首先,这种连续和可靠的数据使规划机构能够开展常规人口研究,而不是每十年一次的过时研究;其次,规划机构可以不必每十年才更新一次技术,技术发展速度将显著提高,可以对最新的人口趋势,特别是对于人口基础变化(例如种族和民族变化,社会经济的综合变化等)形成更敏锐的洞察和了解;第三,各级政府能够获得最新的信息资料。

人口多样性的探索

以往的人口分析和由此得出的政策及服务决策都集中于总量人口。虽然政府尊重个人权利,但政策和服务的决策实际上不可能专门满足个人的需要。今天,规划工作的责任就要找到折衷之道,努力在可行的范围内确保人口分析反映不同人口组别的需求。

人口的多样性有多个方面,包括年龄、性别、家庭地位、种族、民族、移民状况、残疾程度和性取向等。一个社区的行为和需求随人口特性的不同而存在差异,而这种差异的复杂性带来一个巨大的挑战,那就是如何将这种差别有效地反应出来。

人口分析的核心内容是年龄、性别、种族和民族,此外还包括男女差异(传统认识指男性寿命较短、女性生育孩子等),以前还包括兵役、就业、收入、公交利用等方面的差别。虽然这些差别随着时间推移已逐渐缩小,但对土地利用、住房供给和就业等政策仍存在影响,近年来,这些政策对种族、民族的差异尤其敏感,特别是随着亚裔、西班牙裔移民的增加,这些新的人口群组引发了与本土白人和黑人的不同需求。

人口分析的内容之间可能相互存在交叉,但并不是在一次规划中可以涵盖所有的内容。例如,虽然规划中我们用上了年龄预测方面的内容,但其他方面的内容就不一定用得上。因此,从这一点看来,人口分析主要着重于那些规划师认为对这些特定社区最为重要的方面。

年龄

对规划师来说,年龄是人口特征中最重要的内容,它与社区服务需求紧密相关,例如,儿童、中年人和老人之间的需求差别是不言自明的。图4-2是传统的"人口金字塔",在年龄最高的部分,人口数量缩减成一个点,而在底部儿童部分,通常人口数量较多而使底部变宽。但在西方发达国家,由于人口出生率下降而导致图形底部相对较窄,使得整个人口结构形状更象一个圆柱而不是一个金字塔。在地方层面,人口金字塔的形状多种多样:例如住满了父母和孩子的郊区,人口金字塔的形状就象一个沙漏;而在以大学生和单身居民为主的地区,形状则象一个陀螺。[2]

人口金字塔同时反映了男性和女性的人口模式,两者的模式结构通常差距不

图 4-1 妇女、儿童、少数族裔和老人是社会规划师特别关注的组别

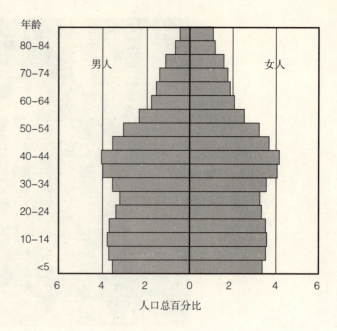

图 4-2 美国的人口金字塔（预测 2000 年数据）

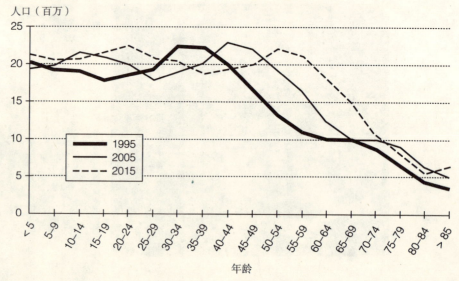

图 4-3 预测美国 1995～2015 年的人口结构变化（单位：百万人）

大。图 4-3 显示的是另一种表现人口结构的模式，它反映了在某一时点哪个年龄组别的人口最多，有助于规划师们预测每个时期有代表性的新增服务需求。例如，人口年龄结构的变化反映了某一时间"生育高峰时期的婴儿"在未来某一时间的老化情况：[3] 1995 年是 30～39 岁阶段的人处于人口高峰阶段，到 2015 年则调至到 50 到 59 岁的阶段；与此同时，在 2015 年还形成 20～24 岁年龄段的高峰。此外，2005 年 25～29 岁的人口阶段和 2015 年 35～39 岁的人口阶段还出现了两个"年龄低谷"，这些清楚地表明了 2015 年的服务需求将不同于 1995 年。

种族和民族结构

现在，越来越多的辖区逐渐变得多民族化，了解这一现象对于那些致力于消除种族、民族或经济隔离的规划师们至关重要。[4]此外，还有一些与多民族化同等重要的因素，如种族和民族结构，以及年龄、性别、教育等其他方面，但它们往往被忽视。

例如，加利福尼亚州的康普顿，一个紧邻市中心的洛杉矶市郊区，以"gangsta rap"之都而闻名，就经历了一系列的人口种族变化，在20世纪70年代是从白人转为黑人，自1985年来，则是从黑人转为西班牙人。从1960年和1990年该地区种族和民族构成的简单柱状图上可以看出，白人人口规模逐渐缩小，非洲裔的居民逐渐占主导地位，西班牙裔居民则日渐上升（图4-5）。需要指出的是，人口民族结构的变化与年龄结构的变化不一致，从以上图表可以看出，在几

图4-4 维萨里的当地西班牙舞者在法尔大街上表演，1990年

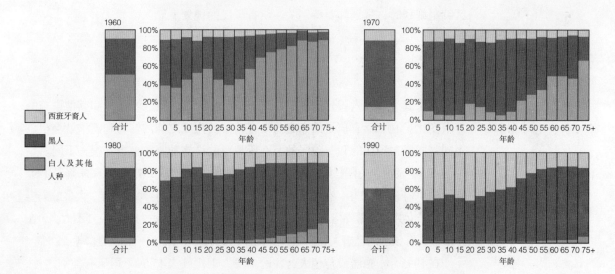

图4-5 加利福尼亚州的康普顿不同年龄组别的种族和民族构成

图 4-6 加利福尼亚州奥克兰的小学生，反映了美国人口多样性的增加

十年前占主导地位的种族中，老年人占主要地位，但在后来飞速增长的民族中，儿童和年轻人所占的比例较大。

种族和民族组别年龄的差异会导致政治力量的不均衡。例如，20 世纪 70 年代，即使非洲裔在人口数量上占多数，但由于年长的白人仍大量地参加地方选举，这使得白人在政治力量上依然保持优势。同样，这一现象也出现在 20 世纪 90 年代，年长的非洲裔人所形成的政治力量要比数量正在增加但是人口年龄比较年轻的西班牙裔人强（因为不是所有的西班牙裔人都有投票权）。这种情况使得地方政府面临一个进退两难的困境，因为选举反映的是过去的占主流地位的人群的需求，而不是正在成为主流的人群的需求。因此，为这种存在人口变化的社区编制规划时，规划师要特别关注所有居民的规划意愿。

家庭类别

在家庭类别的人口分析方面，可以使规划师把握住住房、学校和其他设施的需求变化。[5] 例如，有孩子的家庭与没有孩子的家庭之间的行为和需求就会很大不同；同样，独居的和非独居的家庭所需要的设施和服务也会有很大不同。

表 4-1 显示，美国已婚家庭占所有家庭数量的比例从 1975 年的 66% 降至 1995 年的 54.4%。在 1975 年，有更多的已婚夫妻与子女共住，但到 1995 年，大多数夫妻已不和子女共住。需要指出的是，那种"传统"的家庭所占的比例一直不太高，在 1975 年，有孩子的已婚夫妻家庭只有 35.4%，到 1995 年，这一比例则降至 25.5%。[6]

在 1995 年，独居或与他人合住的单身人士比例为 45.6%，居所有类别之首，而 1975 年该类别比例只有 35.4%。其中，从 1975 年以来，单身女性的数量一直

表 4-1 美国家庭户的特征

	1975年（%）	1985年（%）	1995年（%）
独居	19.6	23.7	24.9
男性	6.9	9.1	10.2
女性	12.7	14.6	14.7
已婚夫妇	66	58	54.4
无孩	30.6	30.1	28.9
有孩	35.4	27.9	25.5
二人或二人以上，未婚	14.4	18.2	20.7
女性户主，无孩	4.9	6.2	6.6
女性户主，有孩	60	6.9	7.7
男性户主，无孩	2.8	4.1	4.9
男性户主，有孩	0.7	1.0	1.5
合计	100.0	100.0	100.0
家庭总数（千）	71121	86788	97990

是男性的3倍多，这一比例20年来基本保持不变。另外，据统计，全美家庭户中有1/4是独居人士，而且在许多城市这一比例甚至更高。

教育程度

教育程度对经济发展尤其重要。教育程度在很大程度上决定了就业情况，更进一步说，也基本上决定了收入的情况。在知识经济的环境下，四年大学学业的完成为通往专业或管理的岗位铺平了道路。对许多服务性岗位来说，高中毕业是最低的要求，未上高中就只能降级干点粗活或非技术性岗位。

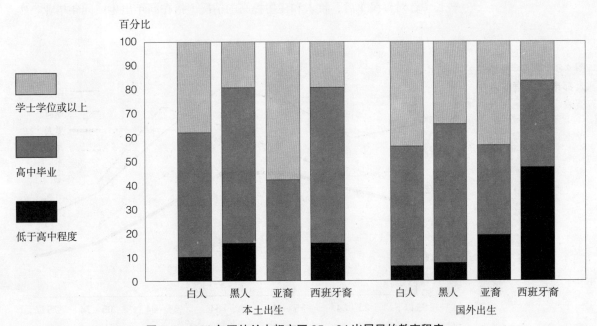

图 4-7　1990年亚特兰大都市区25～34岁居民的教育程度

总体来说，虽然年轻人的受教育程度要比老年人高，男女之间的教育差别也不大，但在不同种族、民族、外国移民和本土居民之间，受教育程度的差别就大得多。图4-7反映了亚特兰大各类居民受教育程度的差别：在亚特兰大美国本土出生的居民中，相当一部分黑人和西班牙裔未完成高中学业，而大部分白人和亚裔则念完了大学；其他在美国以外出生的亚特兰大居民，除西班牙裔人46%未上完高中外（在加利福尼亚州和美国其他地方，这一比例升到近2/3），其余都具有相当高的受教育水平。这种受教育程度的差别反映并强化了该市和全美其他地方种族间就业情况的两极分化。

家庭收入

虽然总体上收入分配与教育水平相关，但家庭收入也随年龄而变动（图4-8），45～54岁期间挣钱最多，退休后收入则非常低。收入最高的家庭通常是夫妇俩人，因为有两个人挣钱，其中，有大学学位的夫妇收入特别高。而在受教育程度较低的人口中，家庭人口往往在三个或三个以上，住房条件恶劣，工资低廉。了解工资和家庭情况的关系将有助于规划师决定房屋需求的情况，并对需求的变化进行评估。

上升的机动性

仅凭单一时刻的人口状态确定人口的特性很有可能会误入歧途，例如，像受教育程度不足或种族歧视这些因素不会永远地制约着这些居民。最近在加利福尼亚州南部开展了一项研究，着重探讨了人群随年龄增长或在美国居留时间较长（针对移民）后，收入和住房提高的情况（指在同年出生或同年毕业，然

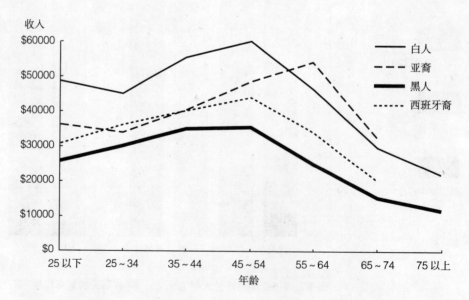

图4-8 1990年亚特兰大都市区家庭收入中值线

后一起长大的同一类群体)。[7]对于大多数群体来说,年轻时收入和住房增长都很快,55岁后则一般处于平稳状态;而且白人和亚裔居民的经济水平(如住房和收入)往往超过黑人和西班牙裔居民。但值得指出的是,对移民来说,经常会存在一个特别陡的收入上升通道,而且这种收入的上升又往往造成了从城市到郊区的空间迁移。空间的迁移和时间的流动会导致空间人口的变化,一段时间后,某地的经济指标会降低,但并不是因为长期住在该地的居民变穷,而是因为更穷的人迁来该地。如果规划师想对这种现象进行有效的干预,就必须要分清收入下降的原因和后果。

将人口特征与规划功能需求相连

在许多地区,规划标准是按照"平均"人口数量来制定的,但家庭构成、住房、就业和交通等情况往往会随着人口的性别、年龄、种族及其他因素而改变。特别是当规划师在对那些多样化并急剧变化的人口进行需求决策时,平均值的使用极易将人导入歧途,在这种情况下,规划师非常有必要对人口结构进行分解,并对每个组别套用特定的比值。

阐明各组别区别的数据很多,这有助于规划师更好地适应人口的改变。本部分简要地介绍了一种将人口组成和行为方式相联系的简单方法,其基本原理就是采用角色组合的方式。

角色组合

在为人口需求制定规划时,应当认识到所有的人会在同一时刻担任多种不同的角色。例如,一位35岁的妇女,可以是一个计算机程序员、一个公寓承租人、两个孩子的母亲和一个独自驾车上班的驾驶员,这些角色中的每一个都代表了她

图4-9 妇女已成为就业的核心力量,并通常担任管理岗位

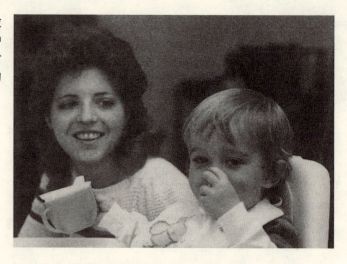

图 4-10 就业妇女数量的增加使儿童看护设施的能力和可支付性成为规划师关注的重要问题

在社会中的一个位置。当然，并不是所有35岁的妇女都承担程序员这一工作，有些还承担其他的工作。但如果35岁的妇女人数增加20%，那么可以预测的是，相关角色将会按比例相应增长。换言之，我们需要增加20%的程序设计岗位、出租公寓、道路和停车点、以及为在外工作的母亲提供的相应服务。如果程序设计岗位、出租公寓和其他服务设施没有相应增长，那么这一组别的一些妇女就会被迫失去这些位置，或从其他组别中夺取相应的工作、房子、设施和服务，而使其他组别的人失去这些位置；又或者是，有些人可能会无法维持他们的所有需求，甚至会失业或无家可归。简而言之，任何一个组别人口的激增都会使整个地区该组别的需求增加；同样，人口的减少将导致该地区需求的降低。

对于规划师来说，生育高峰造成的冲击，导致了20世纪50年代和60年代学位的大量需求，紧接着是公寓的大量需求，然后是单亲家庭的增长。公寓租客的急剧增加又促进了旧城地区的改造与更新，使之发展成为吸引年轻单身人士的地区。生育高峰的一代，不仅在人口规模上超过以前的任何一代，而且人口的行为模式也较以前有了很大突破，最重要的变化就是妇女参与就业的增加，她们承担的工作岗位要比人口分析家仅根据人口增长而预期的要多。

"结构×比率"结构

人口变化所产生的整个影响可以用一个双因子结构轻易地计算出来。一个因子是人口结构：即各组别的比例（例如：根据年龄、性别和种族划分）；另一个因子是与各组别相对应的行为比率（如75%的35岁妇女就业）。将结构比例与行为比率相乘就能得到每个组别的"角色"或"位置承担者"的数量。各组别的相应人数总和就是某个角色每种行为对应人的总数量。

根据1990年的人口普查数据，表4-2反映了大芝加哥地区在住房、就业、交通方面的行为比例。在本案例中，人口结构按年龄、性别、本土、外裔进行分类。在家庭形成和住房产权方面，由于男女经常共享住房，因此将男女的数量总

表 4-2　1990年芝加哥都市区住房、就业和交通行为比例

年龄	男女合计				女性			
	成家率[a]		房产率[b]		就业率[c]		公交搭乘率[d]	
	本土出生	国外出生	本土出生	国外出生	本土出生	国外出生	本土出生	国外出生
15~24	19.0	17.4	2.7	2.1	73.6	64.7	18.8	25.9
25~34	45.4	39.7	20.9	13.7	89.2	77.6	18.2	20.8
35~44	54.5	50.7	37.0	29.4	85.5	80.1	13.7	16.4
45~54	57.4	53.0	43.5	37.5	82.1	77.9	12.4	17.9
55~64	60.5	53.6	47.0	39.7	66.3	61.6	14.0	23.3
65~74	65.0	58.3	48.8	42.7	33.6	32.4	14.9	29.5
75~84	67.5	62.3	45.4	41.1	11.6	8.2	14.7	30.4
85以上	53.5	51.4	31.5	31.1	5.2	5.8	5.1	58.7

注：本表分析的地区基本接近芝加哥都市行政区，有可能部分超出到邻近的威斯康辛州和印第安那州。虽然由于公用微数据样本（PUMS）空间定位的局限性，需要对标准分区进行微调，但即使涵盖的地区不是完全的芝加哥都市统计区，这些行为比率的数据仍是比较适宜的。

a：成家率指某年龄段已成家人数除以该年龄段所有人数的比值。
b：房产率指某年龄段拥有房产的家庭数量除以该年龄段所有家庭总量的比值。
c：就业率指某年龄段当前有工作的人数除以该年龄段所有人数的比值。
d：公交搭乘率指某年龄段使用公交上下班的人数除以该年龄段劳动者总数的比值。

和起来。但是，由于就业和交通方式是个人行为，因此分别男女进行表示（本表为节省空间，仅列举女性的分类情况）。

图表显示了每种行为在各年龄段上的明显差别。在35~44岁期间，家庭形成增长迅速，随后开始稳定；住房拥有情况大体类似，但模式更平和。女性在25~34岁或35~44岁时就业率最高，然后稳定，再后急剧下降。公共运输系统的使用从年轻时段到中年平稳下降，到老年时期又再度上升起来。

芝加哥市区本国出生的人与国外出生的人在每一年龄段的差别都很显著。总的来说，外国出生的较少成家或拥有住房，同时，在每一年龄段，国外出生的妇女比本国出生的妇女就业少。但是，国外出生的妇女乘坐公交上班的数量要多。在加利福尼亚州南部开展的详细调查也显示，新移民使用公共交通的比例很高，以致于在公交使用者中，42%的居民在该地区的居住年限少于10年，而从居民整体上看，上班者使用公交的比例只有12%。[8]

"结构×比率"模式是一种预测每类人群数量的简单方法。古典的群组模式和更为普遍的"结构×比率"结构不同，规划师通过调整结构（按年龄和性别划分的人口数量）、比率（生育率、死亡率和迁居）或共同调整二者来预测人口变化。

规划师不应该认为人口的行为比率不变，这种想法毫无意义。为了得到更可靠的预测，规划师要对人口普查的连续数据进行对比，从发展趋势预测未来的变化。这种预测不仅需要分析技巧，而且还需要对当地环境和历史的了解。

例如，图4-11所示的是芝加哥都市区公共交通使用率的变化，黑点代表本国出生的妇女1990年的公共交通使用率（表4-2），白点代表1980年的数据（从

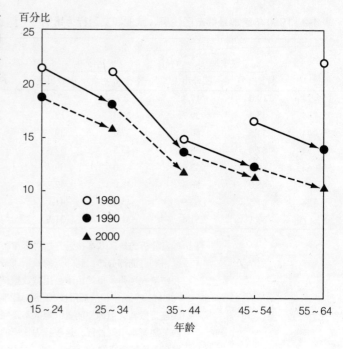

图4-11 芝加哥都市统计区本国出生的妇女1980年、1990年及预计2000年使用公共交通的比例

当年的人口普查所得)。对每一个年龄组而言,1980年后公共交通的使用率都有所下降。为得出各组别的发展轨迹,我们将1980年和1990年每个组别的数据相连(这种连结就是将1980年某个年龄组的白点与1990年大10岁的年龄组黑点简单相连。各连续年龄组的连线反映了发展的轨迹),然后我们根据1980年和1990年间各组别的相应变化来推定2000年的数据。这种三角关系反映了预期的公共交通使用情况。

图4-11反映了芝加哥地区本国出生的妇女对公共交通的依赖逐渐减少,这反映了随着年龄的增长,妇女事业的变化。实际上,就这些数据单独开展的详细分析已显示,在年轻和中年妇女中,用私家车通勤的人数随着年龄增长而增加,[9]虽然不能期望在不远的将来,公共交通的使用有根本性的转变,但在最年轻的一代中,公交使用的下降趋势可能会平缓,或甚至出现相反的趋势。不过,这种转变需要对目标用户定居地的公共运输服务做实质性的提高。

相同的分析方法可以应用于表4-2所列的所有行为模式上。为了满足人们的需要,规划师首先需要简单了解一下规划人口的情况,然后再和每个组别的行为比率相对应。人口统计分析会显示某项不受欢迎的行为过高(例如高中退学率或私家车比率),或某项受欢迎的行为过少,在这种情况下,规划就可以着重调整各项行为的趋势,这要比全面禁止不好行为更适合。在这方面,深入的人口分析有利于交通规划和其他功能规划的开展。

人口变化的社会和政治含义

不仅是人口的规模总量年年在变,人口结构以及我们称之的人口成员也在变。

人口结构的变化反映在如平均年龄或少数民族的百分比等方面的变化；人口成员的变化涉及了人口个人身份的变化，主要体现在居民的迁入和迁出。这两种变化有所不同，例如，即使某人继续在当地居留，但随时间流逝而变老，或已成为房产所有者而不再是租贷人时，人口的特征就会发生变化，但是，如果新迁入的人口与他所取代的人口特征一致，那么人口成员的变化不会对人口结构造成任何影响。

在大学区，人口总是在不断地变化，但每年新进的学生抵销了毕业生离开的影响，而人口在年龄、性别或种族方面的变化微小，因此，大学区尽管人口变动很大，但其结构通常比较稳定，而在其他情况下，居民迅速外迁带来的可能是主要特征不大一致的新来者，在这种情况下，人口成员的飞速变化就引发了人口结构的飞速变化。

人口结构变化和人口成员变化，虽然通常相关，但对规划实践有着非常不同的影响。当人员结构改变时，居民的需求和行为比率通常也会改变；但人口成员的改变所引发的影响则相对细微。当人口成员相对稳定时，即本地人员在一定时期内保持不变，规划师就能比较容易地为居民实现长期的改善。但是，人口成员的大幅变动会削弱规划的效力，因为人员成员的变化破坏了空间和人口政策的本质联系（见76页注解）。例如，由于迁入亚特兰大的其他州的工人得到了新产生的就业岗位，导致了为贫穷的亚特兰大黑人居民创造就业机会的经济发展项目步入失败。[10]相反，原先居民的外迁可能导致社会投资的外溢，而使在教育和就业培训等方面的投入流到其他地方。

通常来讲，一个地方（县、市或街坊）的空间规模越小，人口流动性就越大，因此，针对较小地区的社会项目应当预料到它对该地区成员产生的影响。人口变迁的可能性越大，就更需要从更高层面的政府获得项目资助以满足这些流动人口的需求。只要人们还在该地区内流动，那么有了这些资助，项目覆盖的范围就会更大，遗漏的人就会更少。

人口的快速迁移也削弱了规划过程中公众代表的合法性。例如，现在选出来的官员和市民要对未来进行规划决策，那是以他们决定的政策能反映未来居民的利益为假设前提的，但实际上这前提不一定成立：随着人口成员变化，那些没有参与当时规划决策的新居民则不得不承担这些决策的后果；此外，当这种成员变化导致结构变化时，即人口组别发生变化时，目前居民的倾向与未来居民的需要这二者之间的联系就更是无足谈起了。

案例：加利福尼亚州圣塔安娜的人口分析

圣塔安娜是坐落于加利福尼亚州橙县的一个古老中心城市，针对其人口种族变化所开展的人口分析强调了对人口变化理解的重要性。在20世纪80年代，该市人口总量发生很大变化，从1980年的206420人增长到1990年的291223人，增加了41%。为了预测居民未来需求的发展，规划师根据人口结构和人口成员变化两方面开展了人口增长分析工作。

以人为本：以地为本 虽然规划师通常关注某个特定地区的人口，但强调以人为中心而不是以地为中心的观点正在逐步形成。[1]这种观点有两个基本的前提：第一，地区内的居民不是一成不变的；第二，居民的生活经历趋势可以与地方趋势不同。将规划关注的重点从地方转移到人，导致了规划政策的实质发生变化。

围绕项目设立的地区（如特别区）并不是满足人们需求的最有效途径：按照"以人为本"支持者的说法，"原来无资格受益的居民由于项目区位的原因成为了受益者，而同时，原应成为受益者的人由于同样的原因却又得不到应有的利益"；[2]其次，土地的所有者因为项目区位的原因获得了经济利益，而只留下很少的利润给住在此地的租赁者；此外，新来者将获得因项目区位而带来的利益，而项目预期的原居民则没有获得。

如果时段更长，则"以人为本和以地为本"的差别就会更为重要。按照居民正常的流动比例，十年后仍居留在原地的原居民只有四分之一或更少。有许多迁居的人仍住在同一辖区，不过另一部分人就会从城市搬到郊区或从很远的其他地方搬到城市。即使辖区的人口规模保持不变，但新来者的人口特征也会与迁走的人不同。因此，经过10年的时间，该地区的人口结构和成员也会改变。

向更好地区的流动性会在空间和时间上发生，但有时也会导致与人口和属地相反的趋势。[3]对某一个特定时段居民特征的度量经常包括经济水平较差的新来者，但往往却忽略了经济水平较好的离开者。结果，如果新来者的数量在增加或者离开的人在增加，该地区的平均经济水平就会下降。但由于忽略了那些外迁的原居民，所以该地区的这种下降势头是一个完全错误的指标显示。

以人为本和以地为本这两种相反的模式，使那些希望为本地带来积极改变的地方官员左右为难。为了改善本地状况的地方官员可能会做出与现有居民利益相反的事。"例如，目标导向型的城市政策似乎通常是要用富裕的家庭取代贫穷的家庭，从而提高该地区的社会经济水平"。[4]

在计算机水平和地方数据可得性得到改善之前，规划师通常在不完全了解地方人口变化内在动力的情况下工作。现在，由于他们有了展示人口变化过程的条件，因而可以对居民进行教育，又能帮助获选的官员做出更明智的决定。

1 The terms *place prosperity* and *people prosperity* were coined by Louis Winnick in "Place Prosperity and People Prosperity: Welfare Considerations in the Geographic Distribution of Economic Activity," in *Essays in Urban Land Economics in Honor of the Sixty-fifth Birthday of Leo Grebler* (Los Angeles: University of California at Los Angeles Real Estate Research Program, 1966), 273-83.
2 Matthew Edel, "People versus Place in Urban Impact Analysis," in *The Urban Impacts of Federal Policies*, ed. Norman J. Glickman (Baltimore: Johns Hopkins University Press, 1980), 178.
3 Dowell Myers, "Upward Mobility in Space and Time: Lessons from Immigration," in *America's Demographic Tapestry: Baseline for the New Millennium*, ed. James W. Hughes and Joseph J. Seneca (New Brunswick, N.J.: Rutgers University Press, 1999), 135-57.
4 David S. Sawicki and Patrice Flynn, "Neighborhood Indicators: A Review of the Literature and an Assessment of Conceptual and Methodological Issues," *Journal of the American Planning Association* 62 (spring 1996): 175.

人口结构的变化

在1980和1990年间,圣塔安娜的人口构成发生了显著的变化,西班牙裔占全市人口比例从多一半增加到了2/3;在绝对数量上,西班牙裔人口增量最多的在20岁到29岁之间。而且,在这10年间整个人口的年龄分布相对平稳,比例增长最大的是30～39岁年龄段,从1980年的14%增长到1990年的17%。

这些人口结构的变化可以通过人口增长率的变化来解释,人口增长率在不同年龄组别之间差距很大,30～39岁年龄组增长最快。图4-12说明整个社区各年龄组别的人口增长率,以及社区人口的两大构成西班牙裔和非西班牙裔的人口增长率。西班牙裔的人口增长是总人口增长的三倍,即使其老年组的增长也超过了总人口的增长;相反,非西班牙裔所有年龄组别平均缩减了10%,只在40～49岁年龄组有明显增长,反映了婴儿出生高峰一代人口年龄的老化。

因此,即使圣塔安娜的人口年龄分布在十年间未有改变,但到1990年,每个年龄组别的人将大部分都是西班牙裔。例如,1980年在10～19岁年龄组别中,西班牙裔与非西班牙裔的比例才刚超过1∶1;然而到了1990年,该比例已经接近3∶1,这一变化对学校的配置有着深刻的影响,并意味着劳动力大军的许多新成员也将是西班牙裔人。

群组净变化

虽然人口结构的变化反映了圣塔安娜人口在1980年到1990年间的变化情况,但这些变化情况并不能反映行为趋势的变化。例如,图4-12显示40～49岁的西班牙裔人口的增长幅度接近100%。但是否意味着存在大量的人口流入呢?通过对各具体组别发展趋势的研究分析,说明以上这种假设并不存在。

圣塔安娜的人口变化可以用相距十年的人口普查数据来测算。由于同一群体1980年的要比1990年的大十岁,因此应将其列为下一年龄组进行对比(例

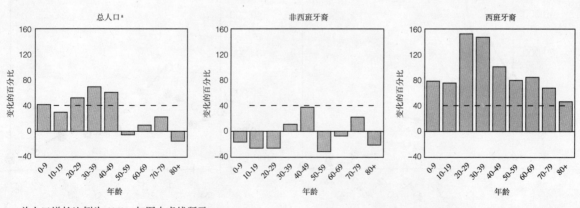

a:总人口增长比例为41%,如图中虚线所示

图4-12 加利福尼亚州圣塔安娜各年龄组别人口增长比例

如，1980年的20-29岁组别在1990年时是30～39岁组）。去除人口迁入、迁出以及低死亡率的影响，我们可以假设1990年的人口群组规模与1980年的群组规模一样大。

图4-13所示的西班牙裔和非西班牙裔的人口群组数据，清晰反映了十年内人口的变化。非西班牙裔仅在一个年龄组别人口有小幅上升（1980年的10～19岁组），而其他年龄组十年间人口则一直在减少，其人口的显著下降主要归因于人口的外迁（老年组的人口死亡也是一个因素）。相反，西班牙裔30岁以下的群组快速增长，年老群组规模则基本维持稳定。如果1990年到达某个年龄组别群组（黑点所示）的数量超过了1980年脱离这个年龄组别群组的数量（白点所示），那么就会出现这一年龄组别的人口增长，而不是群组的增长。这样，图4-12所示的年龄组别的人口增长反映的只是被调查群体的年龄增长。例如，40～49岁西班牙裔的人口增长是因为1980年的30～39岁的人口老了十年。

人口成员的变化

以上关于人口变化的讨论遗漏了一些问题。首先，是多少人口的流动导致了这些人口的变化？其次，圣塔安娜是新来者的"旋转门"（即一拨拨人到来后又离开），还是一个能让新来者安居的地方。这一问题有着重要的政治和规划意义，因为暂住人口比常住人口给地方政府带来的负担要小。此外，如果相当部分的居民是暂住人口，那么他们所需要的服务类型也会大大不同。

根据地方居民的人口普查数据，可以计算出十年内人口的通过量（因移民、出生、死亡等原因居住在圣塔安娜的人口数量）和保有量（1980年的居民10年

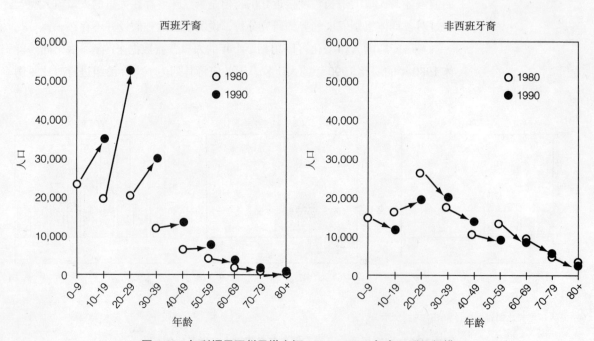

图4-13 加利福尼亚州圣塔安娜1980～1990年人口群组规模

后,即1990年仍居留圣塔安娜原地的数量)。这个分析使得可以利用基本人口的情况来反映描述居民数量的变化:

1990年总人口 – 1980年总人口
=(人口迁入量 – 人口迁出量)+(出生人数 – 死亡人数)　　　　(1)

这个等式的每个部分都可通过变动情况估计出来。1990年和1980年的总人口可以通过人口普查数据得到;十年间的人口出生数量可以从人口年龄小于10岁的人口数量中得到;死亡人数可以通过过去十年平均年龄组别死亡率和性别组别死亡率估计出来。人口迁入数量通过将那些1985年不在圣塔安娜居住、而1990年则成为居民的人数(除去年龄在10岁以下的人数,因为该部分人已纳入出生人口部分)乘以2估算出来。(因为人口普查只有五年前的数字,而不是十年前的,所以迁入人口的估算比较困难)。这种计算方法为估计有多少居民是1980年后迁来的提供了基础。有了以上估计值,就可以得到人口的迁出量。

通过量　通过量反映了一定时段人口成员的总量变化,计算基础是人口迁入量、迁出量、出生人数和死亡人数。该指标并不是居民迁入、迁出该地区的一个确切数字,而是一个大致反映人口变动的相对数据。具体的计算公式是:

$$\frac{i+o+b+d}{P_{85}} \times 100 \qquad (2)$$

其中　i = 人口迁入量
　　　o = 人口迁出量
　　　b = 出生人数
　　　d = 死亡人数
　　　P_{85} = 1980~1990年间估计平均人数,由[(1980年人数+1990年人数)/2]得来

由于该数值反映总量变化,因此是人口增加数(出生人数和人口迁入量)和人口减少数(死亡人数和人口迁出量)的总和。如果指标值为100,说明各方面人口变化情况的总和等于10年间的平均人数;如果指标值高于100,说明人口流动程度高;而如果指标值低于10,则说明人口状态比较稳定。那么圣塔安娜究竟是人们迁往其他地方的一个暂时中转站还是准备定居的目的地呢?

在十年间,圣塔安娜的西班牙裔人口翻了一番还多,而同时非西班牙裔的人数减少了10%。虽然这种变化似乎说明西班牙裔人口是人口流动的主体,实际上西班牙裔人口是比较稳定的团体。图4-14所示的每个年龄群组的通过量指标,显示西班牙裔的通过量指标要比非西班牙裔的低;[11] 该图还显示,西班牙裔过30岁后,通过量指标很低,说明该年龄后西班牙裔迁入和迁出城市的数量相对很少。

从决策者的角度来看,如果通过量指标高,那么就需要为假设"特征与现居

民相近"的未来人口进行设施配套；相反，如果通过量指标低，那么就要根据定居的原居民年龄不断老化的情况进行设施配套。此外，定居下来的移民随着年龄增长会逐渐与原居民同化，这也会对需求造成影响。

保有 还有一种补充方法是关于人口保有的分析，即 1980 年的居民到 1990 年仍居留原地的可能性。我们采用下列步骤估算人口的保有指标值，即 1980 年的居民在 1990 年仍居留在圣塔安娜的百分比：首先，我们根据 1985 年后的人口迁入量来估算 1980 年以来的人口迁入量；然后利用等式（1）得到人口迁出量；最后，我们估计出十年后仍居留在圣塔安娜的居民人数。每一群组 1980 年人口到 1990 年仍居留的百分比，为：

$$\frac{R_{85}}{P_{85}} \times \frac{R^{-1}_{85}}{P^{-1}_{85}} \times P_{80} \tag{3}$$

其中：R_{85} =1985 年和 1990 年都住在圣塔安娜的群组人数

$P_{80,\ 85}$ =1980 和 1985 年的群组人数

R^{-1}_{85} =下一个年轻群组（小 5 岁的群组）1985 年和 1990 年都住在圣塔安娜的人数[12]

P^{-1}_{85} =下一个年轻群组（小 5 岁的群组）1985 年住在圣塔安娜的人数

图 4-15 显示，圣塔安娜 1980 年的西班牙裔居民到 1990 年绝大部分仍居留此地，证实了人口通过量指标所反映的居留稳定性。几乎每一西班牙裔群组都显示了明显的稳定性，每个年龄组别的西班牙裔居民比对应的非西班牙裔更有可能一直居留在圣塔安娜。

人口保有指标值还揭示了非西班牙裔人口的快速变化。在一些群组，只有五分之一强的 1980 年的居民在 1990 年仍居留圣塔安娜。例如，1980 年的 25～29 岁非西班牙裔群组，人口保有率指标是 22%，而对应的西班牙裔群组指标是 78%。西班牙裔和非西班牙裔的人口保有率指标在 60～64 岁最为接近，不过西班牙裔的人口保有率在该年龄群组仍是大一些。

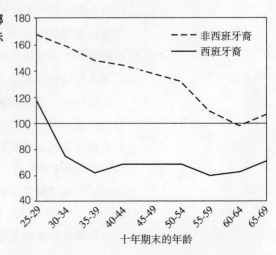

图 4-14 加利福尼亚州圣塔安娜 1980～1990 年人口群组通过量指标

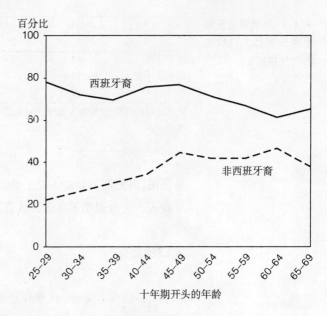

图 4-15 1980 年的居民到 1990 年仍居留在圣塔安娜的百分比

变化的选民，变化的优先度

需要牢记的是，规划应当适应未来的（而不是现在的或过去的）需要，那么谁是新计划和新规划的服务对象呢？在圣塔安娜这个例子中，西班牙裔人口的高增长显示他们将可能成为圣塔安娜最大数量的人口。此外，西班牙裔人口的高保有率和低变动率说明他们比被替代的非西班牙裔人口定居数量要多。

定量分析揭示，圣塔安娜今天的西班牙裔居民会成为未来的选民。因此，在定量分析的基础上，规划师就可以据此制定规划以适应庞大而稳定的西班牙裔居民的需要。但是，由于规划的政治性，因此还要考虑定量分析之外的其他因素。定量分析和定性判断之间的冲突是每个规划决策的核心问题，虽然规划分析显示某个人口组别有增长的服务需求，但当选官员往往只倾向于批准那些服务于与政治相关的现今人群的计划。

基于辖区人口政治性分布的考虑，当地官员会开展"选票在哪里"的定量分析。表4-3显示虽然在圣塔安娜1990年的总量人口中，西班牙裔与非西班牙裔的人口比例接近2∶1，但在成年人当中（18岁或18岁以上），西班牙裔与非西班牙裔的比率大约只有3∶2。此外，由于许多西班牙裔人不是公民因而无权投票，这就进一步削弱了他们的政治重要性。在那些有资格投票的人当中（18岁或18岁以上公民），非西班牙裔与西班牙裔的比例为2∶1，尤其是在1996年11月的大选中，西班牙裔人的比例还不到所有投票人数量的1/3（29%）。

尽管投票时的代表性不足，但是西班牙裔选民在1996年第46届国会选举中还是帮助民主党的洛雷塔·桑切斯打败了共和党的罗伯特·多南，而其中的圣塔安娜选区是关键。作为最璀璨的国会议员，虽然在当选九届之后落选，但是多南在选举结束后的一年里仍然一直在进行争取和抗议，因为他发现有些投票者并不

表 4-3 加利福尼亚州圣塔安娜总人口构成和选民构成

	人口总量（%）	18岁或18岁以上的人口（%）	18岁或18岁以上的公民（%）	1996年11月的选民（%）
西班牙裔	64.4	59.2	32.2	29.1
非西班牙裔	35.6	40.8	67.8	70.9
合计	100.0	100.0	100.0	100.0

注：选民比例是1996年大选时Orange县选民登记处估算的，种族模式是根据洛杉矶时报开展的调查推测的。

是公民。虽然西班牙裔人投了桑切斯的票，但大多数的圣塔安娜选民仍是非西班牙裔人，这也说明了在多种族管辖区，种族联合的政治重要性。

人口预测

人口预测对交通、住房和服务设施等所有规划功能要素至关重要。虽然人口分析常常被作为背景资料或规划附件，但人口预测应在规划文本中占据核心地位。

但在选择和进行人口预测之前，应当澄清估计、预测、预期和规划之间的差别。

估计、预测、预期和规划

在使用标准的人口预测方法时，规划师应当认识到，结果是建立在假设的基础上，同时不能认为预测结果反映的就是最可能的未来（真实情况）或是最想要的未来（理想状况）。

澄清估计、预测、预期、规划之间的差别有一定意义。[13]"估计"是因缺少时间或其他资源，在不能对目前或过去状况进行直接测算情况下所采取的一种措施。例如当得不到一个完整的人口普查数字时，可以从汽车数量、选民登记或其他反映人口规模特征的现状数字中来估计一个地区的现状人口。"预测"是关于未来的有条件陈述（"如果…，就…"），描述如果一系列假设成立后，未来的可能情况。例如，指出如果一个社区按过去的人口增长趋势持续增长，十年后总人口将会增长30%，这就是一个预测。"预期"反映对未来状况的最佳猜测。"预测"描绘的是一系列假定成立后，未来的状况，"预期"则反映分析员所认定的未来最可能发生的情况，因此，"预期"反映并包含了分析家关于各种因素的决定和判断，例如原始数据的质量、各种假定以及未来分析模型的可靠性等。最后，"规划"需要对预期未来进行评估。首先，预期的情况是否理想？其次，预期的情况是否可实现？我们可以通过规划制定来避免我们不希望发生的未来情况，让理想的未来成真或创造一个更理想的未来。然而，以上区别在实践过程中却往往被忽略，规划师、官员和公众经常采纳分析家基于假设对未来的预测，而往往不去理解它附加条件的意义或评估它隐含的假设。

按安德鲁·伊塞曼的观点，规划师常假定规划的目的只是要满足假定的预测的需要：

未来的人口被视为规划和社会必须适应的条件。但是，规划可以通过区划、公共设施供应、空气质量标准等来影响人口水平这一事实却往往被忽略……我们不仅可以适应人口的改变，我们还可以去影响它。[14]

这种乐观的精神蕴含在"景象规划"的过程中，在景象规划中，公民们都能实施理想的方案和策略，搬到理想的区位。人口预期为理想规划的实施提出了现实性的限定，因为它限定了关键因素可以调控的范围。

州和地方的预测

州层面的人口预测通常由人口普查局和参加联邦政府合作项目的州人口统计人员进行更新。这些预测提供了主要种族和民族的详细年龄和性别信息。州人口统计人员还经常为州内的县提供一系列预测。同样，大都市的规划机构或其他区域性机构也为它们下属的县提供详细的预测。由政府机构开展的、细表形式的关于城市和其他地区的预测通常不多。交通规划是各分区开展预测工作的主要来源，但规划只对每个分区人口、住房和就业的总量进行了预测。由于缺乏其他数据，地方规划师经常要从私人处购买现状的估计值和五年的预测值，尽管这些预测并未能充分利用地方可用的信息，尽管建立地方性的预测看上去很困难，但地方规划师拥有的信息仍比别人多，其中最重要的地方信息包括目前的住宅建设许可和档案中关于未来建设的规划等。

如果①预测的时段加长；②预测规模的变更，那么预测的不确定性就会增加。不幸的是，许多规划师需要对很小的地区作长期的预测（10年或20年），这是所有预测中最不确定的个例了。

一种有效的办法是将分区的预测纳入更大的区域中进行。这种自上而下的方法，将对大区域的预测分解到每个分区中，是大家公认的比一个个自下而上分别进行预测更为精确的一种方法。其中的关键是要研究每个分区分配的比例，要追寻过去的发展趋势并分析影响未来分配比例的各种因素。这些因素包括可建设用地、公用设施和道路的可达性、以及就业的几率等。[15]

将人口变化与规划功能相联

规划机构将人口变化作为影响未来功能区需求的一个指数。在将人口预测的结果转换为其他未来的影响因素时，通常采用简单系数法。例如，未来工人的数量可以通过将未来人口乘以工人占人口的比例得到；未来家庭户可以通过未来人口除以每家有多少人得到；未来公共运输的使用量可以通过将未来工人数量乘以公交使用者与全部工人的比例得到。

这种计算方法可以从两个方面进行改善。第一，采用基于更小组别的更详细数据可以得到更精确的系数。如表4-2所示，房产、就业、交通等行为随着年龄、性别和移民阶段而不同。第二,现状的系数不能在将来还维持不变。未来的人口数据必须按未来的系数进行乘除。如图4-11所示,根据过去的系数趋势可以测算和推算出未来的系数;但是,需要明确系数变化的原因,并弄清导致变化的驱动力在未来是否保持不变。

总而言之,结合了技术分析和价值判断的更为交互式的规划过程已然涌现,显然,这些判断应该不仅仅由计算机程序员或规划师单独做出。预测模型的建立需要规划师和公众在对待理想和现实可能性方面的合作;反过来,这种合作需要规划师公开其中的技术性假设,否则公众可能不会接受预测的结果。这种人口预测的现象和规划界正在出现的对沟通和"令人信服地描述未来"的强调是一致的。[16]预测数字和数字后面的推理方法是设想的关键。

四个层面的人口分析

随着人口统计的迅速发展变化,以及对地区人口统计变化的日益关注,人口分析在规划实践中的地位也更为突出。在大多数地区,规划师监管着地方人口及其变化的数据。他们的工作之一就是要就这些变化与官员和居民进行沟通。

本章的目的有三个,一是说明人口多样性分析是如何满足多样性社会需求的;二是说明地区人口和需求如何随时间而改变;三是规划师将人口变化作为促使物质和经济发展规划的基础。

如果缺乏对规划对象的深入了解,我们就不能在任何功能区规划中有效地满足地方的需要。正如本章所示,交通、住房、经济发展需要等方面在不同的统计组别中变化显著;此外,人口也不会一成不变,年龄增长、不断增加的国外移民和快速增加的国内流动只是导致人口重新配置的部分影响因素。同样重要的是,不同组别的行为比率也在飞速变化,例如,妇女占总人口的比例一直维持稳定,但是其在就业参与、交通选择以及其他城市生活行为方面的显著变化则对本地服务需求产生了较大影响。

成功的规划将尽可能使未来的服务和设施同步于未来的需求。朝着这一目标,规划师必须要对本地的人口变化开展更深入的分析。图4-16说明了人口分析几种不断深入和复杂的类型。现在,大部分的规划部门采用的是相对局限的分析模式,主要集中于人口总量方面,并且只能提供关于人口特征的少量描述。

只要稍许再做努力,大部分规划机构还是可以开展更丰富的人口分析,并制定更优秀的规划,造福未来居民的。所需的所有数据都可从人口普查中轻易得到,并借助简单的电子数据表技术就可以开展分析。根据图4-16中的第一个层面和第二个层面所开展的分析,可以使决策者和管理者非常详尽地了解他们所服务的大众,其中的投资可以从更有效利用资源所获得的收益中得到补偿。第三层面的人口分析强调对人口变化的动态分析,找寻移民和其他结构成分的趋势,并强调人均系数与各种规划功能的关系。有了这些投入和努力,规划机构将在地区

	第一层面 （基本分析）	第二层面 （深入说明）	第三层面 （动态分析）	第四层面 （综合发展）
说明	十年的年龄、性别、种族比较	同第一层面，并增加劳动力、家庭户、移民等方面的数据和空间模式	同第二层面，增加关于移民及其他影响人口变化因素的分析	同第三层面
预报	总人口、年龄	同第一层面	同第一层面，并增加劳动力、家庭户、移民等方面的数据	同第三层面，但增加多方案选择
与功能区划的联系	—	—	住宅、交通及其他功能的人均系数	同第三层面
因果模式及评估	—	—	—	经济、人口变化、和功能定位的联系

图 4-16　人口分析的各个层次

人口增长和变化方面具有专家的权威性，同时所做出的预测也能更好地经受公众的审视。从长远来看，这种详细的人口分析将可以树立规划师的可信度，不仅能提高规划的有效性，还能提高地方政府的运作效率。

由于需要广泛的数据和复杂的分析，第四层面的人口分析可能会超过大多数规划机构的能力，只有一些最新式的规划机构可能可以做得到，但实际上，致力于公众参与的增长规划和其他长远计划要求规划机构开展更彻底和公开的人口预测，否则，预测的过程还会空洞，所开展的无意义工作也会与潜在的增长趋势脱节。现在，在一些方面所开展的改革措施将有充分理由成为下世纪的最佳实践标准。

现阶段，规划师将面临其他部门不断开展的人口分析所带来的巨大压力。2000年后，人口普查局计划开展的一年一度的连续人口普查数据将改变规划师作为人口普查数据分析家的传统作用。在过去，规划师根据十年一度的人口数据分析新的人口普查数据。大家对人口特征及其变化的关注只会持续一段短暂的时期，然后这些数据就会成为背景附件或干脆束之高阁。然而到2000年后，一旦人口普查局开始提供连串的年度数据，规划师就要对人口的最新趋势不断进行分析并对人口状况进行更新。这些稳定的数据流会持续吸引公众的关注，并促成人口趋势分析更持久的人员队伍，这反过来也将使更多规划机构有能力开展更高层次的人口分析。

人口分析的新纪元即将到来。在人口多样性认识、数据收集和计算机能力等方面开展的变革，促使规划师开展更详细的人口统计分析。正如越来越多的规划师所意识到的那样，规划的目标是为了整体改善人类的生活，因此人口分析和土地利用规划图一样，都是规划协调的重要工具，这两者是互补的，土地利用图反映的是空间要素，而人口分析反映的是人的要素。

注释：

1. Dowell Myers, *Analysis with Local Census Data: Portraits of Change* (New York and Boston: Academic Press, 1992), chap. 4.
2. Ibid., chap. 8.
3. 第二次世界大战后的婴儿生育高潮从1946年一直持续到1964年，到1960年左右达到出生高峰。这一出生高潮的主要影响力在于其前半段，从1846年到1955年婴儿年出生率逐步攀升，随后则逐步回落。
4. 即使是一些非西班牙裔白人比例降至50%以下的地区，可能也不止一个单一的人口主体。在《多少数民族城市政治授权的人口统计基础》一书中，威廉·卡尔克和彼得·莫瑞森阐述了少数民族人口主体的增长（在城市里，少数民族逐渐聚集成人口主体）给规划制造的复杂局面。
5. 一户是指住在同一住宅单位内的人。家庭户指那些存在婚姻、生育或收养关系的人们。非家庭户指独居或非因其他关系而居住在一块的人们（例如学生室友）。户主指以其名义购买或租赁房屋的人或由住户指定的个人，如丈夫或者妻子。
6. "核心家庭"比例的急剧下降引起许多对传统规划假设的疑问。格伦达·劳斯 Glenda Laws 在《人口统计变化对城市政策和规划的影响》（城市地理学1994年第15卷第1期的第90-100页）中，对这一比例的下降给住房和土地使用规划造成的当前和潜在影响做了一个很好的总结。
7. Dowell Myers, *The Changing Immigrants of Southern California*, Research Report No. LCRI-95-04R (Los Angeles: School of Urban Planning and Development, University of Southern California, 1995); Dowell Myers, Maria Yen, and Lonnie Vidaurri, *Transportation, Housing, and Urban Planning Implications of Immigration to Southern California*, Research Report No. LCRI-96-04R (Los Angeles: School of Urban Planning and Development, University of Southern California, 1996).
8. Dowell Myers, "Changes over Time in Transportation Mode for Journey to Work: Effects of Aging and Immigration," *in Decennial Census Data for Transportation Planning*, vol. 2: *Case Studies* (Washington D.C.: National Academy Press, 1997), 84-99.
9. 尽管本地出生妇女对公共交通使用的减少量，被移民的高使用量所暂时抵消，但是，到美国10年后，移民使用公共交通的数量就会下降。见迈耶斯的《随时间变化》。
10. David S. Sawicki and Mitch Moody, "The Effects of Intermetropolitan Migration on Labor Force Participation of Disadvantaged Black Men in Atlanta," *Economic Development Quarterly* 11 (February 1997): 45-66.
11. 非常年轻和年老的群体在表4-14中没有得以反映，出生和死亡会导致群体指标的放大。另外，在1990年，大于70岁的西班牙裔人的微小数量意义不大。
12. 对在人口普查五年前就居住在此的居民开展的普查是进行迁居分析的基础，而且也可以测算出五年内仍居留该地区的居民人数。居留同一地区十年的居民人数也通过五年的居留率指标简单估算出来。但是，如果在时间上往前再推五年会面临移民生活周期的不同，例如1990年25~29岁的群体，应是1985年20~24岁的群体或1980年15~19岁的群体。如果认为20多岁的人其迁居和居留率同等于10多岁的人，这是错误的。为了纠正这种潜在的偏差，等式（3）借用了1985~1990年期间下一年轻群体的居留率并与一老一组群体的居留率进行综合，这就估算出我们未观察的1980~1990年的居留行为。
13. Andrew Isserman, "Projection, Forecast, and Plan: On the Future of Population Forecasting," *Journal of the American Planning Association* 50 (spring 1984): 208-21.
14. Andrew Isserman, "Dare to Plan: An Essay on the Role of the Future in Planning Practice and Education," *Town Planning Review* 56, no.4 (1985): 485.
15. For useful details, see David S. Sawicki and William Drummond, "Predicting the Populations of Minor Civil Divisions Using Spreadsheet Software," in *Spreadsheet Models for Urban and Regional Analysis*, ed. Richard E. Klosterman, Richard K. Brail, and Earl G. Bossard (New Brunswick, N.J.: Rutgers Center for Urban Policy Research, 1993).
16. James A. Throgmorton, "Planning as Persuasive Storytelling about the Future: Negotiating an Electric Power Rate Settlement in Illinois," *Journal of Planning Education and Research* 12 (fall 1992): 17-31.

第5章 环境分析

玛戈特·加西亚、罗伯特·沃尔沙奇和雷蒙德·博拜

　　随着对动植物及地球进化演变进程之间相互关系了解的日渐深入，我们已经意识到，任何关乎土地利用的项目或行为都将会影响到我们的地球。在过去，决策的做出是基于成本的考虑，到后来，则是基于成本效益。随着环保意识的抬头，那些无法用市场价格衡量的环境影响（如一种鸟类的灭亡），开始成为影响决策的一个因素。目前在关系到土地利用的决策时，除了对成本的考虑，规划师还有道德上的责任去考虑环境影响的问题。本章讨论的内容就是环境影响分析，即研究规划、开发项目或开发政策对地块或区域生态系统的影响。

　　由于人们之前没有意识到土地利用的变化给自然系统带来的影响，导致了一些非蓄意的后果，本章的开头举了两个例子来说明这一点。随后文章探讨了什么是环境分析，以及如何在愈来愈大的范围上加以应用——从加利福尼亚州伯克利一个滨水的生态敏感地区，维吉尼亚州切斯特菲县的一个饮用水源，德克萨斯州沃斯丁一个濒危物种的聚居地，到一个更大范围的佛罗里达的生态管理系统项目，它展示了如何将生态的概念实施到整个州的区域内。最后，本章对环境危害评估方法进行了测试，这是由环境保护协会（EPA）提出的一种新的、量化的环境分析办法。

可避免的环境灾难：两个实例

　　尽管类似萨腾海的生成、图森地表水的污染等这样的环境灾难事件正日益减少，但它们所造成的问题则是环境影响分析和规划所应力求避免的。

　　1853年，旧金山的乌曾拉夫博士发现荒漠土非常肥沃，只要有水，就可以将沙漠变成绿洲。因此在1875年到1876年间，乔治·惠勒上尉就致力于研究从科罗拉多河取水调到南加利福尼亚州皇帝山谷的可能性，目前这些山谷是冬季蔬菜的主要产地。首条运河建于1900年，从1901年6月开始供水，供水后，皇帝山谷也迅速从1900年的无人居住区增至1908年的12000人。

　　但是，到1904年，控制运河流量的总闸门在使用上出现了问题，[1]由于主水道被淤泥所堵塞，农民们取不到足够的水，于是沿着严重堵塞的主水道旁4英里挖了一条支道。后来，日益严重的淤塞又导致了第三条支道的产生，而随后三次冬季大洪水，每一次都把分闸门给堵塞。因此当1905年的春季洪水冲

垮了上游水道的一座新坝后，洪水开始涌入水道，并使水道的宽度从60英尺扩大到150英尺，很快，洪水没过了整条水道，冲向了低矮、干旱的萨腾盆地地区。到1905年的7月，水道宽达2700英尺，萨腾海每天上涨7英寸。六次关闭水闸的努力均告失败，每次洪水都将大坝冲到一边。最后一次的尝试是在河上建两座桥，每座桥上通行一辆火车，然后以最快的速度往两桥的中间倾倒岩石。南太平洋铁路公司雇佣了2400名工人，并出动了西岸所有的平板车和自动倾斜车。在1907年的1月26日，第一座桥完工了，175台自动倾斜车和100台平板车从凌晨5点开始往河中倒石头，两周内，新的河道形成了。这使得在过去的14天里，南太平洋铁路公司没再运输过别的货物，为了将河道回复到原来的位置，他们共消耗了2157车的石头、873车的砂砾和784车的泥土。

没有对包括年均春季洪水量和地区地形等在内的河流水文做充分的环境分析，是导致在建设从科罗拉多河到皇帝山谷之间输水道时出现明显错误的原因。如果进行了深入的分析，就可以发现在过去的地质时期，该条河流一直在墨西哥海湾和萨腾盆地之间来回移动，当一条水道的淤泥堆积过高时，河水会转道另一条。而在建设过程中，绕开开发公司的河滩成为了当时决策的决定性因素，致使在河流改道后的11个月内，萨腾海的水面扩展了445平方英里，长高了85英尺。另外，如果对河流泥沙淤积情况和春季洪水泛滥的时间做深入分析，也可以发现可能存在的河流改道问题。

在图森的休斯飞机制造厂，由于缺乏环境分析再次导致了惨重的后果[2]。这家工厂目前为罗塞欧导弹系统所有，专门处置飞机零件生产过程中产生的化学废料，并将五、六十年代的军用导弹转为民用。处置废料的办法就是将废料倒到一个被几英尺高的护墙所围护的开敞的大坑中。从1952年到1977年，休斯公司往里倾倒了三氯乙烯（TCE）、冷冻剂、润滑剂、溶剂、涂料污泥、稀释剂、电镀用修边水、氢溶剂、金属泥和酒精等化学废料，并将它们和每周数以千计加仑的酸、铬和氰化废料一起倾倒在工厂后面一个干燥的沙漠中。当这些大坑中的废料消失后，大家还以为它们被挥发掉了。

1981年，当地的居民发现在图森南部位于流过休斯飞机厂的地表水的下游，出现了异常的群体癌症和其他自体免疫性疾病。经测量，致癌物质TCE在地表水中的含量远高于联邦的每百万5个单位（ppb）的限值。由于污染，当地关闭了8口取水井，后来又关闭了11口；在一些私人水井中，TCE的含量超过了500ppb；而在休斯工人喝水的井中，TCE的含量则达到了2200ppb。由于肥皂和清洁剂提高了皮肤对TCE的吸收作用，因此污染物对人体的伤害不仅来自于饮用水，同时还来自于我们在清洗餐具、衣物以及进行淋浴时。此外，由于TCE污水的蒸发冷却会形成TCE蒸汽，因此，最终因地表水污染而受影响的区域长度超过4英里，宽度超过1英里（见图5-1）。

1983年，该地区被确定为特别补贴地区，意味着EPA要制定计划来清除该地区的污染物质。清除活动的费用由产生污染的公司支付。清除活动始于1991

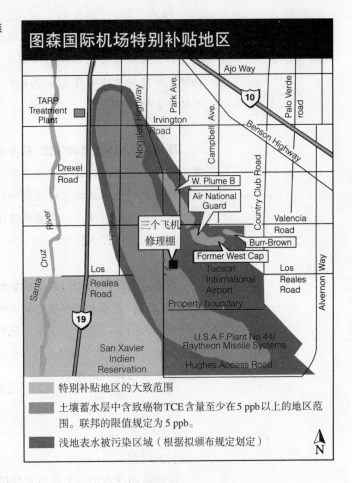

图 5-1 亚利桑那图森的 TCE 烟流

年,也就是在该问题首次被发现后的第 10 年。休斯公司支付了 8500 万美元给当地的 6300 名居民,作为补偿对他们健康的伤害和所导致的物业价值丧失,这一费用是将这些化学废料放置到其他环保、安全地点所需费用的许多倍,而同时,当地的居民还要继续承受肝癌、肠癌、乳腺癌以及其他包括红斑狼疮、多种硬化症和硬皮病等自体免疫系统疾病带来的痛苦。

影响分析

在 20 世纪 60 年代,随着公众对环保问题认识的日渐增加,对环境保护的需求也逐渐上升。1969 年,印第安纳大学的林顿·考德威尔教授,游说国会并就环境的重要性做出声明。他希望环保问题不要只停留在书面上,而要形成一种"强制机制",使得联邦机构在做出决策时要考虑到破坏环境的后果,而不是仅仅基于成本收益。考德威尔的努力促使了 1965 年就制定的国家环境政策法(NEPA)的通过,该法律既包括了政策说明,还将环境影响评估(EIS)作为其核心,紧接着,又有不少的州紧随联邦制定了类似的法律,称为"小NEPA"。虽然制度变得更加完备,但要在决策中充分考虑环境的影响还需要一

环境分析术语：环境分析，环境影响分析，环境审查或环境影响审查：指确定一项待建项目或土地用途对自然环境影响的程序。

环境评估，环境影响评估，初步研究，临界决策：是指按合理要求开展初步环境分析，以决定①环境影响的重要性；②是否需要一个完整的环境影响评述或环境影响报告。

环境影响评价（EIS）或环境影响报告（EIR）：是指包括环境分析或评价结论在内的法定文件。国家环境政策法要求对EIS提出了要求；但有些州也提出了自己的EIR要求。

环境规划：将环境分析的结论贯彻到土地利用规划的过程。

无明显影响（FONSI）：根据环境评估得出的对环境没有明显影响的结论，因此，无需提交关于环境影响评述或环境影响报告。

国家环境政策法（NEPA）：1969年颁布的联邦法，要求对联邦政策、规划、项目（如：利用联邦资金建造联邦或州高速公路）或许可（如：湿地建设）的环境影响进行判断，并就开发项目做环境影响评述。

段较长的时间。

环境影响评价可以为决策者提供地段的详尽信息、拟建项目的潜在环境后果、以及缓解不利影响的建议等。作为联邦大法，NEPA要求影响评价要由多学科的队伍来承担（图5-2），现在，已有27个州颁布了对政府项目进行环境评价的法律，5个州（加利福尼亚、夏威夷、明尼苏达、纽约、华盛顿）要求在地方开发项目的审查程序中包含环境分析的环节，同时也有许多市、县将环境分析作为他们评估土地开发要求的一个步骤。

环境分析可以是综合性的，涉及开发项目对环境、公共设施、财政、经济和社会影响；也可以着眼于局部范畴，例如湿地保护、交通影响，或对学校或水质的影响。如果是一个联邦范围的项目，关于环境影响范围的审查应当由一个联席会议来进行，邀请所有的联邦、州相关部门参加，并根据分析做出决策；在州和地方开展的环境评价中，则应依据法律、规章或政策来指导如何进行综合性分析，以及就什么问题开展研究。无论如何，影响分析是涉及如何收集项目信息并进行分析的系统性工程。在联邦的程序中，研究报告应围绕其他政府机构和公众的意见进行，并在最后的EIS中包涵对各个部门意见的回应；而在州和地方的程序中，研究报告要在项目提交审议时一并随项目建议书呈上。

正式的影响分析主要包括4个步骤。在地方政府层面，第一个步骤是由规划部门做出的初步评价，以决定是否需要做环保方面的进一步审查。有行政许可的

图 5-2 国家环境影响评述（EIS）程序

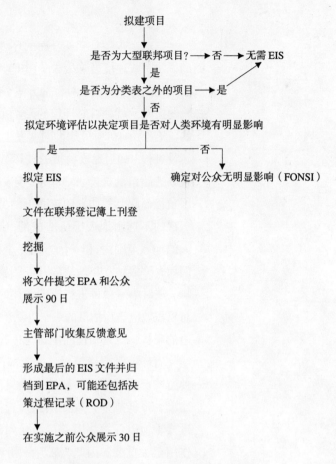

项目，如向与现有规划和区划政策一致的项目颁发建筑许可，就不需要正式的环境分析；有些工作环节，如北卡罗莱纳州俄勒冈县的居住用地的细分就无需进行环境审查，此外，新泽西的劳伦斯镇也允许了不到十宗的住宅用地细分免于环境审查。通常情况下，完整的环境分析仅限于①非常大型的项目（如规划单元开发，商业和工业项目）；②生态敏感地区的项目；③可能会引起公众争议的项目（如卫生填埋场的选址）。

在第二阶段，通常用对照表的形式来评估项目对环境的影响程度，这需要对涉及的每项内容提出标准或区间值。从一个地方政府的角度来审视新的开发项目，其标准的设立应建立在地方的通常做法（如人均停车面积）、州或联邦的法规要求（如每教室的最多学生数量）、专业规范（如最小和最大水压）以及地方的发展目标（如交叉口的设施服务水平）等方面之上。

在联邦层面，环境评估的目的是为了了解项目是否对环境产生危害。如果初步研究表明不存在明显的副作用，或这些副作用可以通过修改项目设计来缓解，从而对环境不造成影响，那么该部门就可以得出无明显影响的结论（FONSI），进而整个环境审查程序就此结束；如果存在明显的影响，那么必须要撰写 EIS 报告。

第三个步骤是开展全面的环境影响研究，从而得出一份 EIS 报告（按照联邦的说法）或环境影响报告（EIR）。这份文件为决策者和公众提供对初始报告影响结论的综合分析，对替选方案（包括取消项目）进行评估，并明确减缓环境影响的措施。就项目对环境的影响来说，可能有直接的、间接的，或是逐渐积累的。直接影响与项目建设同期发生，并位于项目所处的位置内，可能源于项目的建设过程（如对地段植被的破坏），或源于项目的实施（如由于交通量的增加导致临近路口的拥塞）；间接影响发生的范围与项目所处的位置有一定距离，但因项目而起，例如，顺流而下的洪水，可能是由于建设项目导致的无法使降水下渗的不透水地表层所造成的；逐渐积累的影响是指在相当长的时间和相当大的地域范围内，相关因素的一个极小增量综合起来所导致的严重的负面影响，例如，许多独立小地块的开发，累积起来的效应可以对空气污染造成很大的影响。在对单一项目进行影响评述时，其累积的影响是非常难于估量的；要实现对累积效应进行估量的一个办法就是不仅对拟建的项目进行分析，而且也要将周边的现状、规划和预期项目统一起来进行分析。

当环境影响确定后，主管部门就要通过重新选址或设计来避免或缓解这种影响。缓解措施一般涉及项目的调整，也就是说，用更为环保的方式进行建设，降低规模，或提供条件置换用地（例如在同一流域内提供 3 倍面积的置换土地以保护将因项目而受到破坏的湿地）。由于缓解措施在环境评价中的作用至关重要，因此，联邦、州和地方政府逐渐希望要求对项目影响和缓解措施的效果进行监测。一般说来，项目的申请人承担监测的费用，但要由独立的第三方开展监测，以确保使项目得以通过的缓解措施并能够切实和如期地实施。

第三步骤的后期是制定 EIS 或 EIR 的文稿。根据联邦的管理规章，草案（DEIS）要送达其他联邦部门（如渔业和野生动物部门，EPA）、州部门（如钓鱼和游戏部、环境质量部）、地方部门（如城乡规划部、县洪水控制区），以及公众（如山脉俱乐部、牧场主协会、奥特朋社团、以及其他索取副本的个人）进行审议提出意见。最终的文件（FEIS）包括所有部门的审查意见和主管部门对这些意见的回复。

在第四个步骤，规划部门在 EIS 和其他文件的基础上，就是否否决项目，或同意但附加若干缓解措施，或不顾对环境可能产生的副作用而同意建设项目提出建议。

环境影响分析的工具包括对照表（提供连贯性分析的一张通表）、矩阵、流程图和计算机模型。图 5-3 说明了通过对照表，对建造一座制铁车间和一座办公楼的设想所做的一个初始分析。对照表使得规划人员能够确定腐蚀和洪水是该项目的两个主要潜在负作用，所造成的影响需要通过对土壤、水文和排洪的研究来确定缓解的措施。

矩阵是一种更为详尽的分析方法，综合考虑项目期限内的不同时段对环境的影响。矩阵的"行"为可能受项目影响的环境要素（如土壤的腐蚀性、气味、水质和珍稀物种等），"列"为项目自身可能对环境造成影响的要素（如结构、铺装、交通生成等）。分析者将可能发生影响的行列交叉点标注出来，反映出影响的激烈程度（如无影响、中等、严重），随后，项目的申请人还要提出缓解这些影响的策略。

流程图特别有助于明确间接影响。例如，可以通过流程图确定不透水地表面积的增加给雨水径流顶点带来的变化，以及对腐蚀、沉降及洪水发生几率的变化。

目前，可以通过简单的计算机数据模型来辅助进行环境影响分析。此外，更为先进的计算机模型可以预测环境影响的变化，包括预测高速公路的噪声、机场噪声、排水、洪水，以及水和空气质量的变化。这些模型可以从联邦部门（EPA、联邦高速公路管理部、联邦航空管理部）免费获得，如果希望使用更好的模型，还可以从各种经销商处获得。

通过场地分析改善项目设计

对场地的完整环境分析有助于确定开发的合理类型和强度，确定地块的最适合建设区域，以及确定将可能的环境影响降至最低的设计和工序。伯克利的滨水地区规划为环境设计如何辅助规划决策提供了一个很好的范例。[3]该规划由伯克利市于1986年组织编制，覆盖了旧金山海湾西岸一个位于国内最繁忙的80号洲际公路，一个城市公用码头和林地之间的176英亩土地（图5-4）。该用地是一块私人所有的500英亩潮间湿地的一部分（就是涨潮时是湿地和水域，退潮时为旱地）。

伯克利滨水地区的开发将环境问题提到和提供休闲及经济发展同等重要的位置。一方面，开发会取代现有的野生生物生境，破坏旧金山海湾的景观，加大地区的交通量，增加在这些不是很坚固稳定的用地上的公用设施需求，使使用者面临地震和洪水的威胁，加大了城市雨水排往海滩的流量；另一方面，它提高了市民前往海岸线的可达性，提供了新的垂钓、冲浪和划船的场所，兴建旅游和办公等相对清洁的行业提升伯克利的经济，提供清除旧有填埋场的资源，并为与区域高速公路系统具有便捷联系的该地区的开发铺平了道路。

根据土地所有者圣达菲土地开发公司的建议，市里于1983年开始启动该地块的规划。伯克利的居民因为该用地的生态敏感性、濒临海岸的重要区位和重要的交通位置而非常关注该规划。

预计到该地段的重要性，1977年的全市总体规划将该地区列为"重点研究地区"，并制定了专门的要求来确保未来的开发能够提供足够的公共可达性，提高娱乐设施的条件，明确地震和洪水灾害区，保护地块的视线通达。由此，总体规划明确规定城市在评估和审批未来发展规划中要起到积极的作用。

借助大量顾问的帮助，该市启动了一个包括几个社区团体和专业学生在内的文件编号：2621-S 项目内容：
一座制铁车间和办公楼的开发规划

项目主办人：

位置：
橡树大街以东，使命大道北侧约500英尺

总体规划属性： 工业
规划片区号： 9号

本用地	区划用地代码	土地利用情况
	M2	空地
北侧用地	M2	脊椎指压治疗办公楼
南侧用地	M2	混凝土和木桩制造厂
东侧用地	M2	空地
西侧用地	M2	居住

用地规模： 1.43英亩

	环境因子*	区域范围	城市范围	CPA＃9	项目影响	缓解措施
健康	地震灾害	×	×	×	○	第23章 UBC
	土壤条件	○	○	○	—	
	地形	—	—	—	—	
	独特性	○	○	—	—	
	风蚀和风灾	×	×	×	—	
	水侵蚀	—	—	—	○	水文和排洪研究
	地质灾害	×	×	×	—	
空气	空气排放/质量	○	○	—	—	
	气味	○	○	—	—	
	气候	○	—	—	—	
水	表面径流	×	×	—	○	水文和排洪研究
	吸收率	○	—	—	○	水文和排洪研究
	排洪模式	×	○	—	○	水文和排洪研究
	洪水	×	×	○	—	水文和排洪研究
	地表水（湖面）	—	○	—	—	
	地下水流量	×	×	—	—	
	地下水储量	×	×	—	—	
	水质	×	—	—	—	
动植物	物种多样性	○	—	—	—	
	珍稀物种	×	—	—	—	
	新物种	○	—	—	—	
	聚居地	×	—	—	—	
噪音	噪声等级	—	×	○	—	声学分析
	暴露在噪声下的程度	○	×	×	—	声学分析
	日照和眩光	—	○	○	—	

* 影响或受目前的土地用途及可能的土地用途影响的环境因素
× = 影响较大
○ = 影响中等或可能受到影响
— = 影响有限或可忽略不计
S = 影响重大，需要采取改善措施

图 5-3 加拿大安大略省一个环境分析初始研究的环境因素对照表

第5章 环境分析

续表

环境因子*		区域范围	城市范围	CPA#9	项目影响	缓解措施
人类健康		○	○	○	—	
美学		○	○	×	—	
文化	考古	○	—	—	—	
	古生物	—	—	—	—	
	历史	○	○	○	—	
	独特的文化价值	—	—	—	—	

附注：地块开发目前的土地用途及可能的土地用途影响的环境因素
* 影响或受目前总体规划和区划相一致
× = 影响较大
○ = 影响中等或可能受到影响
— = 影响有限或可忽略不计
S = 影响重大，需要采取改善措施

续表

环境因子*		区域范围	城市范围	CPA#9	项目影响	缓解措施
资源	土地利用	×	×	×	—	
	自然资源利用	○	—	—	—	
	资源损耗	○	—	—	—	
灾害	有毒物质/有害物质	○	○	○	—	
	应急规划	○	×	○	—	
住房	人口增长	×	×	○	—	
	现有住房	×	×	×	—	
	住房情况	×	×	×	—	
交通	机动车行驶	×	×	×	—	
	停车	○	○	○	—	
	交通系统	○	○	○	—	
	循环模式	×	×	×	—	
	铁路	○	○	○	—	
	航空	○	○	○	—	
	交通事故	○	○	○	—	
公共设施	防火	×	×	×	—	
	治安	×	×	○	—	
	学校	○	○	○	—	
	停车场及配套设施	○	○	○	—	
	公共设施	○	○	○	—	
	其他政府设施	○	○	—	—	
能源	能源	×	×	—	—	
	能源需求	×	○	○	—	
市政设施	动力	○	○	○	—	
	天然气	○	×	○	—	
	通讯	○	○	○	—	
	给水	×	×	○	—	
	排水	×	×	○	—	
	雨水	×	×	○	—	
	固体废物	×	×	○	—	

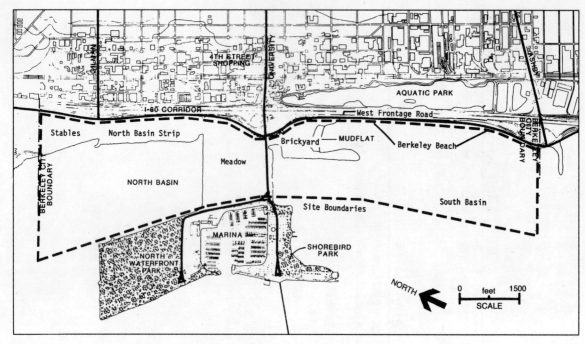

图 5-4 伯克利滨水地区 1986 年的现状情况

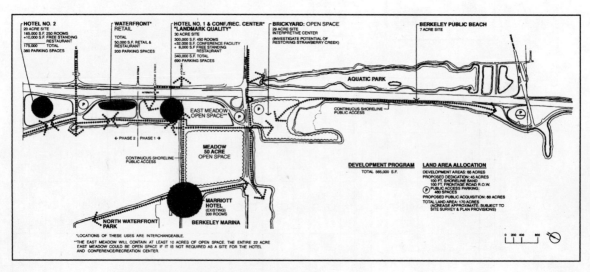

图 5-5 伯克利滨水地区规划

多步骤规划程序。作为该程序的一个成果，1986 年初，该市批准了对总体规划和该用地土地利用详细规划的修订工作。在土地利用详细规划中，设置了两处酒店，一个会议中心，56.5 万平方英尺的零售商业，90 多英亩的绿地，一处新建成的公众海滩，同时也为湿地生境提供了庇护（图 5-5）。加利福尼亚环境质量法（CEQA）是该州的 NEPA 法，伯克利市按照该法开展了详细的规划分析（EIR），评价城市规划和三个备选方案的潜在环境影响。这三个备选方案为：①不开发；

②圣达菲的开发方案（425万平方英尺的私人开发用地和100多英亩的绿地）；③将750万平方英尺的用地完全建成。

EIR分析了这些开发方案对自然环境、交通系统、公共设施以及土地利用的潜在影响。以下十个方面说明了规划师如何确定地块未来发展对环境的影响（直到1999年7月，伯克利的滨水地区仍然未能开发）。

地质和土壤

基本的地质信息是进行土壤、地质灾害和土地适建性分析的基础。在开始的调查中，规划师首先要借助美国地质协会（USGS）或州地质协会出版的地图，以及农业自然资源保护部（早前的土壤保护部）出版的关于土壤信息的地图以了解整体情况。对于象伯克利滨水地区这样的大型项目，对地表资源进行地质分析，查阅关于地方地质情况的出版物，评估用地的地质活动过程，都是非常重要的。因此，项目聘请了数位地质和工程专家对现有的成果（包括过去的地图和报告）进行审核，并开展地下钻探和测试，分析土层的稳定性和地震的可能，以及海浪对岸线的冲刷情况。

地块所处的区域形成于1903年，由潮间湿地和浅海滩组成，其中大部分的用地用来倾倒建筑废料（碎石）、垃圾、以及一些焚烧的废物，另外一些用地则覆盖着从东部山上沉积下来的淤泥。由于基地上的淤泥沉降速度不一，而分解后的垃圾也会沉积并产生沼气，因此，大家比较关注防止地面沉降而破坏道路和市政设施所需要的长期维护费用。其中的一名地质工程专家准备了一张说明每个区域情况的地图，测算其沉降的可能性，并说明补救的措施。EIR报告建议就该用地做专门的工程设计，位于沉降区上建筑物的地基要较深并要加固，对大型建筑还要求将其地基打桩到更稳定的地层。

地震灾害

该用地位于桑安德里亚断裂带以东16英里，距海威断裂带不足3英里，这是加利福尼亚州两个最大的活动地质断裂带。例如，海威断裂带每50年到100年会引发一次7.5级左右的地震，这一地震比1989年海湾地区和1994年的洛杉矶地震还要猛烈。无论是桑安德里亚还是海威断裂带引发的地震，都能导致该用地的强烈震动。由于地震很可能在项目建筑的有效期内发生，因此，需要对建筑和基地做出改善以应对这种可能。同样，填海区比那些附着在坚实岩石或土壤上的地区在地震时受到的伤害更大。因此，EIS报告建议在进行开发建设前对用地做专项研究以应对严重的沉陷和液化（指在地震时土壤的强度下降）威胁。

用地还可能受到海洋中地震引发海啸而导致的洪水威胁。如果夹杂大浪，巨大的海啸会淹没基地内低矮的地区，局部地区的洪水将淹到目前标高的3英尺以上。不过，海啸可以根据美国军事工程公司的计算模式推算出来，但实际的洪水可能会更高一些。EIR报告建议那些建在海啸影响区域内的建筑，要将首层平面抬高，或建设防洪堤。此外，报告还讨论了低标高娱乐区的排洪问题。

地表水情况

充分了解水的情况对环境分析至关重要。水是物质（非生物：水、空气、岩石等）和生物（动植物）联系的纽带，它不仅将湖泊、溪流、地表水相连，同时也将生物系统和污染源相连。土地利用从两个方面影响到地表水，一是通过增加地表径流，加剧了洪水和雨水对下游地区的影响；二是将油污、沉淀和重金属等污染物排入雨水中。

洪水会破坏土地利用，威胁人类安全。洪水的强度通常用数理统计的频率来表示："百年一遇"指相当于或大于每百年最大洪水的平均值。百年一遇洪水淹没的地区，称为百年一遇洪水泛滥区，受联邦和州洪水泛滥区管理计划统一管辖。国家洪水保险计划提供了8万多个社区100年一遇和500年一遇洪水的淹没线。军事工程公司、自然资源保护部和USGS也可以提供这些数据和帮助。

从伯克利地区的洪水保险赔率图纸可以看到，该地区的潜在洪水来源于河流和溪流。由于该图纸没有包括海啸灾害的情况，因此显示滨水地区是一个洪水低风险区，但是，城市总体规划却根据USGS对1973年海啸情况的评估，将其确定为百年一遇泛滥区。军事工程公司对旧金山海湾做了一个更为详尽的海啸情况评估，后来成为了滨水地区规划百年洪水情况的依据。

由于全球气候变暖，海平面上升的危险增加，这会对滨水的低矮地区产生影响，但是，在关于未来全球气候和海平面变化的研究方面，还没有确定的结论。旧金山海湾保护和开发委员会在1988年完成的一份报告中，认为规划提出的下世纪该地区海平面会有四英尺上升的预测是合理的。[4]海平面的上升提高了低矮地区遭遇洪水的可能性，尤其是在这一变化伴随着大潮、海啸和暴雨发生时。例如，尽管该地区的潮高一般约为6英尺，但碰到百年一遇的潮水时会再加高3英尺，这就会对地块的部分用地带来洪水。因此，综合考虑了洪水和海平面上升的情况，EIR报告提出两点建议：一是任何新建筑必须建在百年一遇洪水的水平面上，二是考虑到建筑有效期内海平面的上涨情况，建筑要再额外抬高2到4英尺。

尽管滨水地区自身并没有任何雨水设施，但有四个城市雨水干管的排水口位于地段范围内，将伯克利市的雨水排到旧金山湾。但是，雨水管已经比较老旧，条件不是太好，随着时间太长已有所下陷，并时常受到海浪的拍打。当暴雨夹杂着大浪的时候，雨水管会被推到高速公路以东1/4英里甚至更远。因此，其中一个规划方案建议将现有的雨水管重新埋到I-80公路以西，而将现在的管位做一条自然水道。作为一个潮汐调整平台，当潮位低时作为排水区，当潮位高时作为

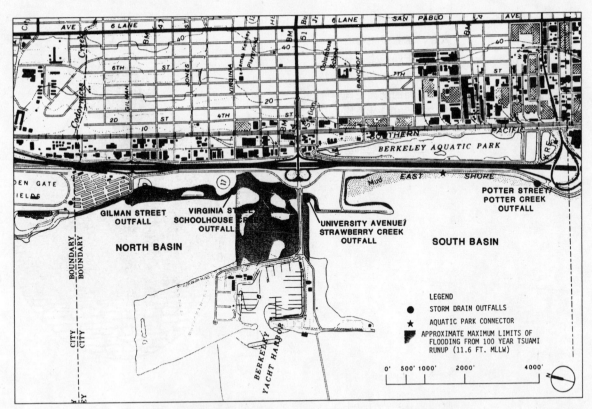

图 5-6 伯克利滨水地区的水文条件

泄洪区,为自然盐沼地植被的再生提供条件。

地下水情况

地下水位于地表下面的沙土、砂砾、饱和石灰石以及沙岩中。它在土壤和岩石之间的细小微粒之间缓缓流动,其流速取决于物质的渗透性。含有地下水的岩层被称为蓄水层——能为水井供水的饱和地质层(图5-7)。地表渗透下来的水汇集到蓄水层中并在地下流动,因此,位于地表下一英尺深的蓄水层中的水可能来自数英里以外。

在美国的不少地区,地下水是重要的饮用水源。因此,保证地下水水源的储量和水质都非常重要。即使在那些地下水不是那么至关重要的地区,如伯克利市,保护地下水源不受污染仍然十分重要,这是因为地下水能够蔓延数英里,能够将污染物带入泉水或湖底的地表水中的缘故。

由于地下水位于地表之下,因此对它的研究比较困难,USGS和州水务部门通常会发布关于大型地下水地区的主要信息。对地块内地表水的详细信息通常需要通过详细的地下地质和水文研究来获得,伯克利这块滨水用地的地下水信息主要是通过对地下地质情况进行研究获得的,研究发现,尽管在用地下方有一个深

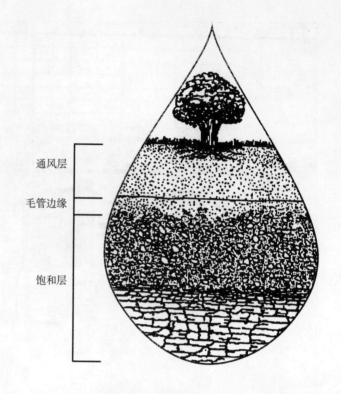

图5-7 蓄水层。在通风层，水直接附着在单个土壤颗粒上。在毛管边缘，水在土壤颗粒之间的细微空间内。在饱和层，水充满了土壤颗粒、沙土和砂砾之间的所有空间

厚的蓄水层，但是由于被一层不透水的淤泥所覆盖，因此地下水并未受污染。但是，研究也发现，地表水随着季节降水和蓄水的变化，深度在1.5到6.5之间波动，同时，由于地下淤泥的存在，地表水未与地下任何深层的蓄水层相连。地表水的变化，使得地基的建设更加困难，但仍具备可行性。

水质

清洁水源法（1972）通过对排放点（称之为点源）推行许可制度来管理河流和湖泊的水质。许可制度设定了排放必须满足的污染标准。但是，从屋顶滑落的雨水，越过庭院，穿过街道，进入雨水系统，然后排入河中或海湾。由于没有人对雨水的排放负责（称为面源），因此它处于无管理状态。雨水的冲刷使雨水中溶入了动物粪便、油污、油脂、重金属、杀虫剂、除草剂、沉淀物、垃圾和碎片等污染物，这些污染物会随着雨水的流动被冲到海湾中，因而，在雨季的第一场雨时，海水中污染物的集中浓度将会更高。像其他许多城市一样，伯克利市开展了包括街道清洁、公众教育和修复渗漏的下水管（那些一到下雨就溢出的水管）在内的多项清洁雨水的计划，但即使这样，用地内排水口排放的水质仍然较为恶劣（这些排水口负责排放I-80公路以东的伯克利城区雨水）。

EIR报告开展的对雨水排水口附近水质的有限取样表明，大肠菌和排泄物肠菌（从动物肠内排出）的数量超过了海湾地区水质管理局设定的标准，采样同时还发现水银含量较高。由于污染物浓度随时间和地点有所变化（地点上排水口附近最高，时间上雨季最高），因此按收集到的有限数据，难以确定是否用地内的

休闲性海滩适合游泳。

由于该地区的路面雨水直接排到海湾，因此 EIR 报告建议结合开发规划采取一些措施以减少污染，例如，在停车区使用多孔砖，将雨水导入绿带，利用土壤对雨水进行过滤，使污染物能够得以生物降解等。

同时在用地内还发现含有沥出液（由于填埋物质渗透而造成的水污染），并发现沥出液从两处向海湾渗透。由于地块的开发和市政管沟的开挖会为沥出液向海湾的渗透提供新的通道，因此 EIR 报告建议水质管理委员会对建设计划进行审查，同时还建议设置护栏隔离沥出液，以及其他要求的控制沥出液的措施。

野生生物和植被

野生生物依赖他们的聚居地来获得食物和保护，以及进行繁殖。如果栖息地改变，野生生物将会改变、迁移或灭亡。规划师所面临的挑战就是要保护这些栖息地，确保它们与河边和溪边的林带等生态走廊相连。

1973 年的濒危物种法要求，如果一个地区拥有位于联邦濒危物种名单上的动植物（名单上包涵 900 多种物种），则其任何规划都必须征求渔业和野生动物部门的意见，以决定开发项目是否危及这些名单上的物种。这一法律，除了适用于政府所有土地，同时还适用于私有土地，要求业主将可能的影响减低到最小。这样，环境分析就必须对州或联邦的物种名单进行对照，以确定这些物种是否为预警物种（在可见的未来将面临灭亡）、濒危物种（处于灭亡的边缘）、或是敏感物种（通常表示州的预警物种）。环境分析还应当包括对现有植被范围和类别的评估，这种评估通常用优势种列表和说明分布位置的图纸方式来进行。此外，在环境分析中，未来建设对植被数量或类别的任何改变，也要加以说明。

海岸地区环境要素丰富，滋养了多种珍贵生境。伯克利滨水地区包涵了水生和陆地两类生境。伯克利的大部分海岸为礁石所覆盖，可以抵御侵蚀的发生，吸引了那些聚居在潮间带岩石地区的鸟类。其他的物种栖息地还包括沙滩、杂草纷乱的地区、泥滩（海水湿地）、冬天雨季后季节湖的淡水湿地，以及周边的景区等。沙滩和泥滩为苍鹭等涉水鸟提供了栖息的场所；海水湿地和潮间带泥滩，则最适合野生动物栖息；开敞的海湾为燕欧等侯鸟提供了栖息之地；而湿地，无论是永久性的还是季节性的，都承担了多项功能。作为水域和陆地的重要联系，湿地为鱼类和野生生物提供了栖息的场所，有助于地表水的补充，吸纳洪水，改善水质，以及避免岸线受到侵蚀等。渔业和野生生物部门，在国家湿地名录中划出了详尽的湿地地图。那些季节性淡水池塘尽管位于填海地，但仍要满足管理部门对湿地提出的限定标准，并根据 404 章和清洁水源法来进行管理。

在制定规划时，渔业和野生生物部门、加利福尼亚钓鱼和游戏部不允许湿地有任何数量的减少,如果由于开发而导致季节性池塘消失,就必须在相同的栖息区,最好在当地,重新开设一个同等大小的季节性池塘。由于伯克利滨水地区开发建成的建筑、人行道和草地有可能会破坏许多重要的栖息地,因此,所有的备选方案都建议要保留用地中部分现有的栖息地,尽管这些方案所建议的保留区位置和范围有所不同。其中一个方案建议将现有的雨水管移至I-80公路以西,而将现在的位置改为一条自然的水道。这一举措将有助于自然海水湿地植被的再生和湿地面积的增加,该方案划定了70英亩的自然绿地,100乘200英尺的公共岸线,以此来保护湿地以及其他的生物栖息地。此外,该区域的人行道也需要进行精心设计以确保对生物的干扰降至最小。

视觉质量

视觉景象通常是反映环境变化的首位表象。视觉分析有几方面重点:景观的自然质量、景观的变化和协调、重要的文化特征标志,以及设定服务的使用者。虽然在对上面视觉分析的几个重点的评价中,或多或少会存在一些主观性,但是,借助一些技术手段,包括模拟从关键结点拍摄的照片,对现状和规划情况的计算机模拟,表示视点和周边地区视线通达情况的视线图以及录像等等,可以使分析的过程更为客观。土地管理部门和森林管理部门都建立了一套标准程序,通过以上技术手段,来评估一个项目的视觉影响。

在伯克利,黄金门景观的重要性无论在加利福尼亚大学伯克利分校所做的前一版规划,还是在整个城市的街道布局中,都得到了体现,而这一景观很可能会因为过度的或是粗陋的开发设计所破坏。现在,拟开发地段的伯克利滨水地区就位于从东侧的伯克利校园钟塔到西侧的黄金门大桥的沿线上,为游客们提供了环视旧金山湾、海风县山脉、阿卡传和天使岛、黄金门大桥以及其他三个主要大桥的壮丽景象;从北侧向东再向南观望,游客们还可以看到东海湾、伯克利山以及奥克兰中心区。此外,从北旧金山湾和伯克利的许多地方,也可以看到这块滨水地区,特别是I-80公路上的数千名游客可以一览无遗地看到整个海湾。但是,这些视觉上的享受可能会被新的开发建设所破坏。

对于伯克利滨水地区来说,EIR报告所开展的视觉分析包括了从伯克利的一些关键视点和地段自身所拍摄的,反映现状情况的一些照片(图5-8),然后再在照片上绘图,说明开发项目可能对景观带来的变化。照片显示开发建设将在两个方面对现有的海岸进行改造。首先,将绿地转为公用,其次,改变地块的视线通廊,使许多地区不再能毫无遮挡地看到海景。要解决这一问题,除了减少现有开发的容量外,最好的办法是对建筑的布局做精心安排。因此,为保护地段的视线通廊,EIR提出以下建议:建筑应当组团式布局;临海的建筑,高度应当降低,视线通廊附近的建筑高度最低;通过景观设计来保障海岸主要入口的视线不受遮挡。

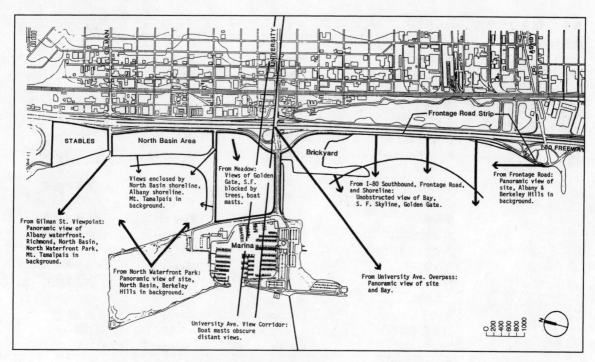

图 5-8 用于滨水地区规划视线分析的伯克利滨水地区视线分布

交通

交通是影响环境的一个重要间接因素。按照城市的滨水地区规划，下午高峰时段的人流将会增加1175人次，这将使得已经十分拥塞的I-80公路和从伯克利到洲际公路之间的斜坡的交通情况进一步恶化。为了应对这一交通量的增长，EIR报告建议了几项关于改善道路和交叉口，减少交通量的措施，同时还提出拓宽I-80公路的建议。

空气质量

1970年的清洁空气法确定了国家的环境空气质量标准，以保护人类的健康（表5-1和图5-9）。所有的"非达标区域"（指那些达不到标准的区域）都要制定实现这些标准的策略。在EIR报告制定的时候，整个海湾地区，包括伯克利所处的阿拉米达县，由于臭氧和一氧化碳的含量超标，因此也是非达标区域。1982年的海湾空气质量规划提出要对造成这些污染的污染源进行控制，因此即使地块周边空气质量监测站获得的数据显示地块周边的用地因为海风的关系，空气质量较好，这些控制措施也仍将适用于滨水地区（空气质量数据是从负责空气质量事务的州环境保护机构获得的，他们通常通过监测站数据和计算机模型来预测一些新的污染源，如新增的汽车、新开的产业等对空气质量的影响）。

由地块员工和游客带来的机动车交通量增长（是空气污染的主要源头）将从以下两个方面对空气质量造成影响：区域性排放量的增加和在交通拥挤地区

表 5-1 国家空气环境质量标准

污染物	标准值		标准类别[a]
一氧化碳			
8 小时平均值	9ppm[b]	(10mg/m³)[c]	首要
1 小时平均值	35ppm	(40mg/m³)	首要
二氧化氮			
年均值	0.053ppm	(100mg/m³)	首要和次要
臭氧			
1 小时平均值[d]	0.12ppm	(235mg/m³)	首要和次要
8 小时平均值	0.08ppm	(157mg/m³)	首要和次要
铅			
季均值		(1.5mg/m³)	首要和次要
小于 10 微米的微粒			
年均值		(50mg/m³)	首要和次要
24 小时平均值		(150mg/m³)	首要和次要
小于 2.5 微米的微粒			
年均值		(15mg/m³)	首要和次要
24 小时平均值		(65mg/m³)	首要和次要
二氧化硫			
年均值	0.03ppm	(80mg/m³)	首要
24 小时平均值	0.14ppm	(365mg/m³)	首要
3 小时平均值	0.50ppm	(1300mg/m³)	次要

[a]: 首要标准是根据对人类健康的影响来确定，次要标准是根据美学标准来确定。
[b]: ppm = 每百万单位
[c]: 与 b 的浓度大致相等
[d]: 臭氧的 1 小时标准只适用于非达标地区，而 8 小时标准是 1997 年 7 月开始实施的。这里提供了一个 8 小时的平均、法定和可操作的换算值。

图 5-9 清洁空气法规定的影响人类健康的环境空气污染物

污染物	影响
臭氧	呼吸道疾病，如呼吸困难，肺功能降低，肺组织的过早老化，哮喘，眼刺激，鼻塞，免疫力下降；危害树木和庄稼
悬浮物	眼和咽喉刺激，支气管炎，肺病，影响视力，癌症
一氧化碳	影响血液供氧能力；危害心血管、神经系统和肺
二氧化硫	呼吸道疾病，包括降低肺活量，伤害肺组织；是"毒气"的重要组成部分，是危害树木、植被和水生生物的酸雨的祸魁。
二氧化氮	危害肺和免疫系统；引发破坏自然生态系统尤其是水生生物生态系统的酸雨。
铅	脑病和痴呆，尤其是对儿童。

周边形成的一氧化碳浓度相对较高的地区。通过计算机对地块周边交通量情况的预测显示，如果开发导致的一氧化碳增量达到一定程度，那么将会对空气质量造成破坏。研究发现，除了非常靠近 I-80 公路的一条窄带，任何一个备选方案中的其他部分，都不会导致一氧化碳的含量超过现有标准而形成地方性的相对高浓度地区，另外，虽然公路周边的一氧化碳含量会增加，但是就整个滨水地区区域而言，一氧化碳含量的增加不会非常显著。

噪声

噪声对人体的生理和心理都会造成伤害。喧闹的程度，可以用对数的方法以

表5-2 环境噪声水平（分贝）

声环境	声强（分贝）[a]
可听到的最低值	0
录音室内	10
安静的住宅室内	20
安静的办公室室内	30
安静的乡村	40
安静的郊区	50
办公室室内	60
10英尺外的说话声	70
10英尺外驶过的小车	80
10英尺外驶过的巴士或卡车	90
10英尺外驶过的地铁	100
有乐队演奏的夜总会	110
可承受的上限	120

[a] dBA=经过加权后的分贝数

分贝的形式表示（缩写为dBA，表示人类耳朵可以听到的范围）（表5-2），也可以用声表来测量或用计算机模型来估算。为了控制噪声，住宅通常要隔声，而隔声墙和隔声护栏能锁住高速公路的噪声。但是，最通常的控制噪声的办法是将住宅区和噪声源在空间上进行分离。

大多数的社区都有控制昼夜噪声强度的规定。伯克利的噪声管理指南要求住宅区的噪声水平在70~75分贝之间，关窗后居室的噪声要在60~70分贝之间，但没有要求任何地区的噪声小于60分贝。

在滨水地区，噪声主要来自I-80公路沿线的汽车和卡车的行驶，工程师们对基地现状噪声水平进行了测定，并绘制了一张噪声等高线图，将其作为EIR报告的一部分。在距高速公路100英尺以内，噪声水平一般低于60分贝或高于75分贝，在距高速公路中心线200~350英尺之间的区域，噪声水平一般也超过了70分贝，这是我们大部分规划用地所处的位置。因此规划的酒店和休闲中心将从该区域后移，而其中的商业设施由于没有噪声控制要求因此可以得以保留。规划的海滩噪声水平将在70~75分贝之间，处于可接受的边缘，但需要在I-80公路沿线建设隔音墙或隔音护栏来缓解这一问题。

通过环境规划改善累加的环境影响

以用地为基础的环境分析很容易忽略用地所属的更大范围的生态系统，同时还可能没有对开发项目所造成的累积的环境影响给予充分重视。而以下两个案例说明了规划师是如何根据合理的区域性环境分析正确开展工作的。第一个案例着眼于水污染，以及如何通过土地利用管理和其他措施对污染情况加以改善；第二个案例重点在对濒危物种的保护，这需要规划师对整个栖息地进行充分的考虑。

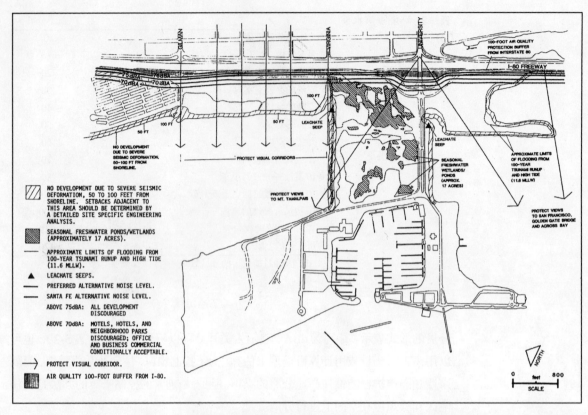

图 5-10 伯克利滨水地区规划所做的用地限制条件分析。根据环境分析可以综合出图中如下的限制条件。对这些数据分析的综合可以有助于形成一个有效的、环保的开发规划

雨燕溪水库：一个保护重要水资源的规划

为了保护饮用水供应、鳟鱼栖息地、牡蛎养殖场等敏感水资源免受污染，需要对水污染源进行环境分析。20 世纪 90 年代早期开展的维吉尼亚州雨燕溪水库规划，就采取了一系列保护和改善策略来保护水的质量。

雨燕溪水库是住在里查蒙德之外的切斯特菲尔德县郊区近 10 万人的饮用水源。[5] 水库上游流域内的大部分土地上种植着经济林，而周边的环境和水景已吸引着城市开发建设在该地区逐步展开。

由于道路、屋顶、车道以及停车场等不透水区域面积的增加，城市化已经对土地的蓄水能力造成很大破坏（图 5-11 和图 5-12）。[6] 在降雨的时候，雨水未能补充到地下水里而是很快地流走了，因此，在干旱的月份里，地下水对溪流的补充作用下降，造成了溪流干涸、水库萎缩；不透水区域的增加同时还导致了雨季雨水流量和速度的增加，加大了对土壤的侵蚀，形成冲沟并堵住溪流的河道，使水溢出形成洪水。

另一个问题是，雨水从街道、屋顶、草坪上将肥料、杀虫剂、除草剂、油污、重金属、病菌及其他污染物冲到了汇入水库的河流。其中的肥料（通常用来

图 5-11 随着城市化进程，水循环系统的改变

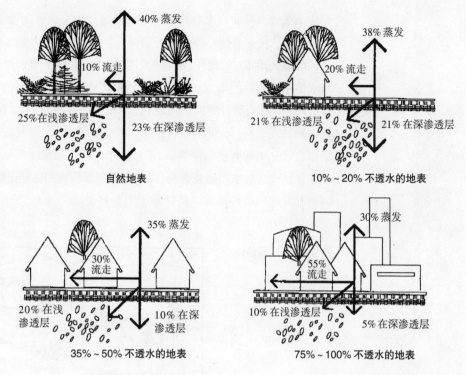

图 5-12 不同土地利用的不透水区域的平均比例

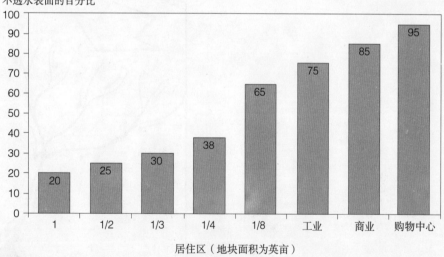

给花园施肥）会破坏水质，如肥料中的磷和氮会导致水库水质的富营养化（使水生植物的过度生长）。由于这些污染物所带来的危害，饮用水安全法对铅、铬等重金属，鞭毛虫、大肠菌等微生物，以及二乙基溴化物（一种杀虫剂）等有机化合物的含量做出了限制。

在流域内进行的开发建设同样对水质造成了破坏，如，挖掉的植被导致水流的增加和对土壤的侵蚀，致使沉积物流到水库内使水库蓄水能力的降低；此外，悬浮物使得水质更为浑浊，增加了饮用水的处理成本和鞭毛虫病、孢菌病等水传播疾病传播的可能。而且，在土壤微粒中的孢子和卵青素等病原，通过氯处理是

无法杀灭的，除非在水净化程序中能够过滤出来，否则就会带到饮用水中。

同样，农业也是一种水的污染源，主要会导致沉积物、营养素、除草剂、杀虫剂等流入雨水中；此外，牧场的过度放牧也加剧了雨水对土壤的侵蚀，进而导致水体中沉积物的增加。但是，对农牧业用地开展的水土保护规划将有助于解决这些问题。在大部分的保护规划（也叫整体农业规划）中，所提出的策略主要包括正确处理肥料，限制杀虫剂和除草剂的使用，建设滤土植被带，或在农田和牧场周边设立不同宽度的隔离带，以在雨水进入水道前将污染物过滤出来。由于林业作业同样会对水质造成破坏，因此为控制沉积物和防止土壤侵蚀通常会要求在河流和湿地周边种植河岸防护带（图 5-13）。

图 5-13　土壤侵蚀的种类

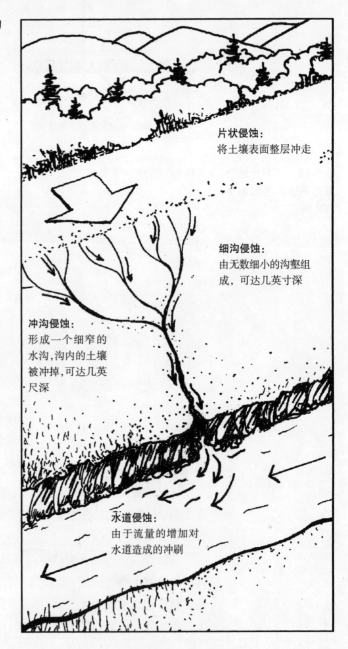

尽管单是一座住宅，或一块农田，或是一条车道不会导致如此严重的环境恶化，但是，雨燕溪水库早已因为城市化、农业和林业的综合累积影响而受到破坏。

切斯特菲尔德县通过对整个流域进行统一分析，以及采用土地利用管理和其他减少污染的土地实践管理等措施来应对日益严重的水污染。为了缓解不透水地表的影响和清理污染物，雨燕溪水库规划要求通过一系列的措施，包括建立和保护湿草地、绿化过滤带、浅滩、湿地、雨水花园（将植物和沙土放在一个窄沟里，以形成林地湿地和减缓污染的一种措施；见图5-14）等。在新开项目中，该县要求开发商保留新建建筑周边原有的植被作为绿化隔离带，同时在水道和湿地周边预留100英尺宽的不开发林带（图5-15）。其他"优秀管理措施"包括该县要求开发商在进行总图设计时，要采用组团的布局以减少每户的道路面积，在车道和停车场使用多孔材料，在用地内建蓄水池，以及经常清洁街道使垃圾和病菌在被冲进水库前就被清理掉。现在，正在开展的水库及其支流水质采样工作将持续对这些措施的成效进行监控。

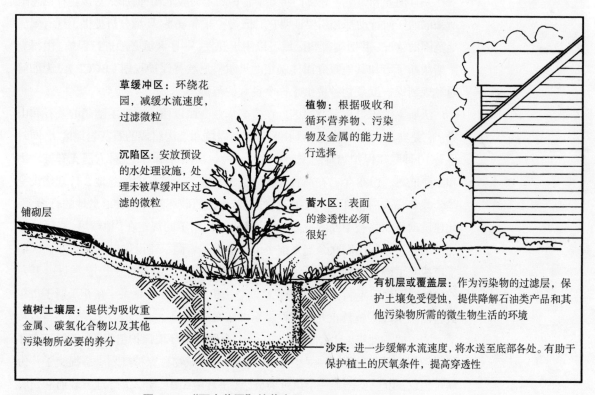

图5-14 "雨水花园"的蓄水区

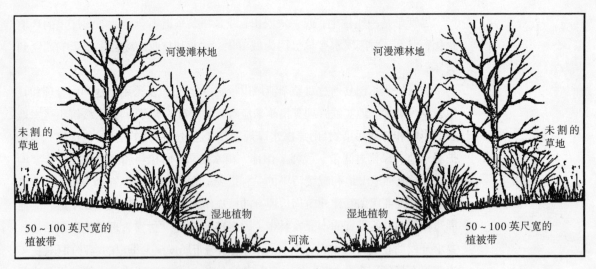

图 5-15 河岸缓冲区

贝尔科尼峡谷：保护濒危物种的规划

一旦渔业和野生生物部门将某个物种划定为濒危物种，那么对该物种栖息地所采取的任何行动都必须要证明它对该物种非常重要。环境分析提供了现有聚居地范围的情况，并明确哪些区域可以用于开发，哪些区域必须进行保护。由得克萨斯沃斯丁市和其他政党团体制定的贝尔科尼峡谷保护规划（BCCP），[7] 为如何通过规划保护濒危物种提供了一个良好的范例。

沃斯丁位于得克萨斯山区，在爱德华兹高原以西，布满了陡峭的峡谷和山脊。它是典型的喀斯特地形（由峭壁、灰岩坑和裂沟组成的石灰岩地区），同时也是 10 种联邦保护物种的家园，这些物种包括两种鸣鸟、5 种穴居无脊椎动物和 3 种植物。1988 年，在两种保护鸟类黑头燕和金颊鸟的栖息地，计划建设一些公共和私人项目，但由于濒危物种法禁止任何破坏濒危物种栖息地的行为，因此建设项目面临被中断的危险。大家意识到沃斯丁的规定在"地球第一"运动时加严了。于是居民们联合起来推平了一些石灰岩洞，建设住宅。1988 年，沃斯丁市成立了濒危物种工作小组，并制定了关于濒危物种的保护规定。但是，开发的社区对该规定不满，并游说得克萨斯立法机关通过了一项关于禁止沃斯丁市在其自治区域外实施禁止开发建设规定的法案。

为了协调此事，自然保护组织（一个全国性的环境保护组织）和沃斯丁市环境保护部（现在为环境和保护部）于 1988 为区域物种保护规划一事提交了一份联合提议，市里委任了一个执行委员会（由环境组织、开发商、地方政府和州有关部门组成）来审查规划的准备情况，并成立了一个 20 人组成的生物顾问小组（由当地院校和公务员中选出的生物学家和其他门类的科学家组成），州政府、地方政府、开发商和得克萨斯大学又提供了 74 万美元用于背景研究和规划。

规划将城市土地分为 8 个流域分区和一个流域地区。对于每一个流域分区，都提出对不透水地表数量的限定以及根据流域面积提出的后退要求。规划还建议在平行于河流的土地上建设两个缓冲区,一个是核心水质保护区,其中不允许进行任何建设;另一个是陆域水质缓冲区,可以进行有限的开发建设。为了在一定程度上缓解环境管理的负担,规划建议设立一个开发转移系统,允许将位于缓冲区的土地开发强度(包括不透水区和住宅的用地)转移到控制区外的土地上。

位于流域地区内的建筑和土地早已按照公园的标准进行了控制,因此,BCCP最初提出了设立一个约75000英亩保护区的设想,在这一范围内,国会动用联邦土地和水保护基金来资助贝尔科尼峡谷地区国家野生生物庇护地的建设(占地41000英亩);其余的35338英亩经过研究后确定可以进行征用,其中建议保护区的最小范围应达到29160英亩。而在这29160英亩的保护区内,超过7500英亩的用地现已归政府所有或为保护用地,又从消除赊账协会以低于市场价的价格购买了9633英亩用地(该协会是由国会成立的一个组织,来救助有呆账的公司),其余的约12000英亩土地计划通过其他的方式来征购(包括公债、开发影响费、地方财产税、市政追加费、用户使用费、津贴和捐款等)(图5-16)。

图5-16 贝尔科尼峡谷保护规划建议的保护用地

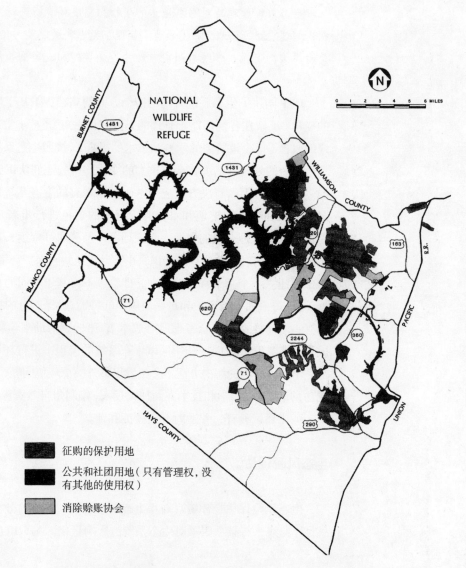

沃斯丁的选民们同意为绿地的征购发行公债，但特拉维斯县周边的选民则不同意，于是市里对规划进行了修订来建设保护区，根据这一规划，一旦要在拟建的绿地内及周边进行建设，政府就要将其逐片收购下来。为此，在1993年，政府还成立了一个统筹委员会来进行各部门协调。

生态系统保护：区域层面的规划和管理

传统的环境管理措施通常着眼于回应环境所受的破坏，并试图以逐个项目的方式予以改善。如果纵观环境管理过程的特点，可以发现所有的个体，包括人类在内，他们以及他们的环境之间是相互作用的，构成了不能分而自治、相互关联的主系统和子系统。

1993年，佛罗里达的环境保护部（DEP）决定围绕生态系统的特点来开展州的环境保护计划。在州的工作说明中，要求：

  生态系统管理是对佛罗里达的生物和物质环境所进行的完整灵活的管理过程，通过规划、征地、环境教育、管理、经济刺激以及污染防护等手段来开展，是为了维持、保护和改善州内自然的、受控的和人类的生态系统。[8]

DEP阐述了生态系统管理的四个方面的基础：①基于用地的管理；②文化的变化（反映在各部门对于管理的态度和做法）；③基于常理的管理；④支撑系统的改善（指决策所需的学科和技术的提高）。按照生态系统管理的要求，州在环境问题的处理办法上将会有重大的变化。首先，他们认识到每块用地有其特有的生态系统，因而解决方法应当基于用地现有的生态系统情况；其次，他们试图对公众和私人在土地和水资源管理中的角色进行重新定位：认识到管理的目标是为了管理有限的资源，实现环境、经济的可持续、健康发展，因此州要鼓励公众参与，寻求公众的共识，并努力建立共同保护环境的社会风尚；第三，DEP要建立一个基于常理的管理，即管理不再基于相同的目标，而要突出每一处环境、每一项申请事项和每一块用地的特性，确保所有的批准项目对生态系统都有一个净效益（综合考虑所有成本）；第四，借助多学科团体和最好的科学成果，佛罗里达的DEP利用区域生态系统的流程来进行环境分析和管理，使得每一个环境问题的解决办法不会引发出另外一个环境问题，为了使这一努力获得成功，州需要在科学和技术方面加大投入，编制州自然资源的图集，加强职工培训，强化环境教育，并适时开展监测和评估。[9]

生态风险评估

生态风险评估是环境规划和生态系统规划一种新的分析方法，通过"增量敏感性"曲线来将某项因素对生态系统的影响量化。图5-17反映了这种评估方法的流程。由于一种作用力的第二级和第三级效应交互复杂,以及整体尤其是局部地块数据的缺乏,使得这种评估方法使用起来会相当复杂。在作用力的生态危害评估中(图5-18),评估主体是规划或项目,刺激因素是影响环境的作用力或事件,受体为受影响的物体或进程。结点要素是根据生物相关性、对已知和潜在要素的敏感度以及管理目标来挑选的,结点要素性质的变化量就能表明环境的影响程度。[10]

亨瑞克县,是维吉尼亚中部一个人口为23万的郊县,预计在2010年之前,人口的平均年增幅为2%。[11]通过生态危害评估分析城市开发建设对西亨瑞克县现状生态系统的影响,显然,作为主要的刺激因素,城市开发(指将森林和农田转化为建成区,并留下残破的景致)将对该县的空气质量、地表水质量和生

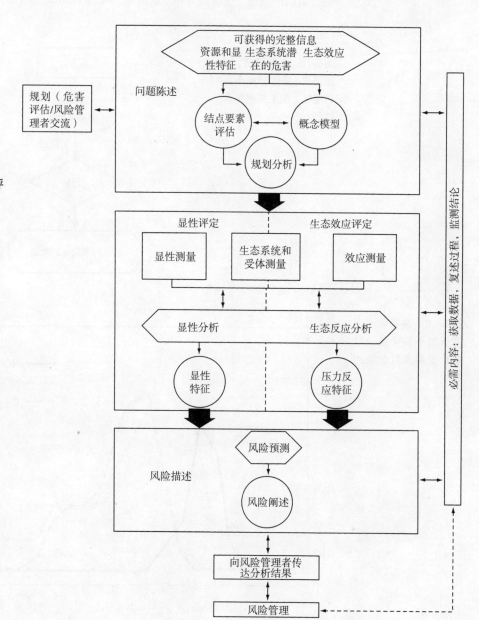

图5-17 生态风险评估框图

物多样性造成影响。此外,城市建设还将成为一个重要的次要刺激因素——引发空气污染,促使机动车和工业废气的排放(图5-19)。空气污染物中的臭氧是空气污染物的重要组成部分,尽管研究表明它对野生动物也有影响,但它的主要受体是植被;另外,空气污染同样会影响水质,一方面是由于空气与水面相贴,因此水会吸收空气中的化学物质,另一方面是由于降雨,水面会接收空气中的污染物,而且雨水会流到溪流(受体)中,最终流入切萨皮克海湾(受体)。在西亨瑞克县,对空气污染影响结点的检测将会得出污染对树叶破坏的情况,而这一数值将作为污染对于其他植被和庄稼(图5-20),以及对动物呼吸系统的破坏值。

如前所述,城市发展同样会对水资源的储量造成破坏。亨瑞克县混合阔叶林生态系统的改变、迁离或分割,以及不透水地表面积的增加,都将影响该地区雨

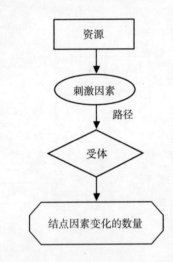

图5-18 说明资源、刺激因素、受体和结点因素变化之间关系的概念模型

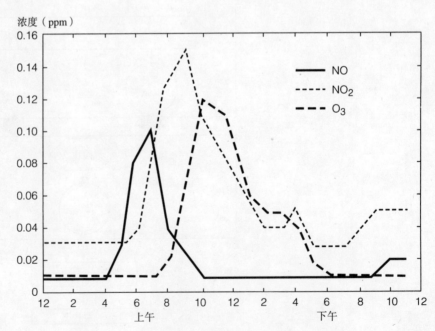

图5-19 洛杉矶一个雾天里一氧化氮、二氧化氮和臭氧含量的变化

图 5-20 臭氧含量不同对花生产量的变化。比较是基于季均每日 7 小时臭氧含量为每百万 0.025 个单位（ppm）

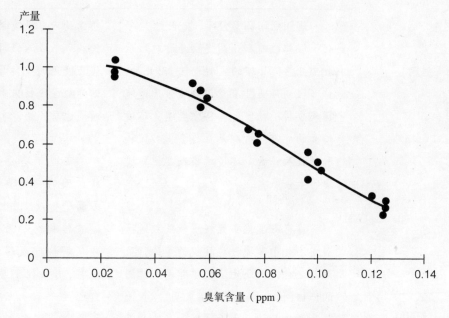

图 5-21 不透水地表增量和雨水中氮、磷增量之间的关系

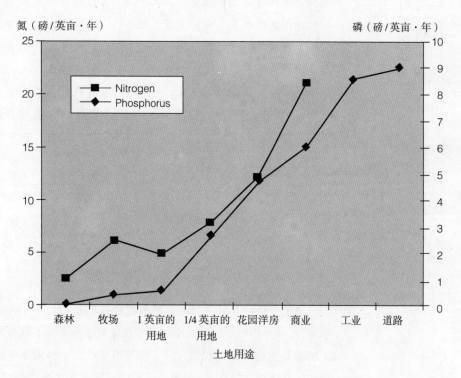

水径流的构成和数量。图 5-21 将水质作为一个可计的影响结点，通过"增量敏感性"曲线反映出不透水地表面积的增加是如何导致雨水中磷和氮数量的增加。这些污染将会加快湿地、奇克哈明河、以及詹姆士河支流图卡霍尼河的富营养化现象，这三部分都是污染的受体。反过来，对这些系统的破坏，将会促使这些污染物传输到切萨皮克海湾中。

生态危害评估作为一种新兴的技术手段，仍然存在一些不确定性。例如，分析使用的模型或许存在漏洞，除了设定的因素外还有其他因素对分析的受体存在

规划师和环境公平 20世纪70年代,联邦政府和州裁定由地方政府承担工业污染管理的主要责任。而此时,许多规划师还没有意识到城市周边地区和乡村小社区也同样需要避免环境造成的危害,特别是在许多少数民族和低收入社区,环境污染及其他环境灾害十分严重。

将有害设施布置在少数民族地区引发了关于环境种族歧视的争论,虽然对这种情况还无法提供非恶意意图的证据,但一些研究确实表明,少数民族和低收入社区由于区划和房地产开发的原因,承担了过量的有害设施。

为了实现环境公平,规划师和政策制定者要对拟实施的政策(如调整区划)和选址进行评估,以确保这些非恶意的内容没有被过分强调。在少数民族和低收入社区,那些早已建设或停止使用的设施导致的环境破坏,规划师应当支持采取措施来缓解或消除对周边居民的危害。

实现环境公平是一项巨大的挑战,因为它需要对社区生活的许多方面进行改变,但是,规划师可以通过宣传和发动着手,以确保居民充分了解拟建或现状设施造成的环境危害,并让他们参与决策,决定他们自己的未来。只有当所有的风险承担人都一同参与,所制定的规划才能反映所有相关当事人的意见。规划师可以和居民一道,就缓解或避免环境危害开展合作,来重建大家对政府的信任,并共同向建设一个可持续发展的社区前进。

影响;但另一方面,通过生态危害评估,决策者可以对环境决策造成的危害或非预期的后果有一个量化的预判。

结论

环境分析涉及整个自然界和人类为未来所关注的内容。借助现有最好的科学成果,环境分析能够使风险承担人和决策者了解土地利用变更是如何影响地球的生物和非生物演化进程的,此外,也可以使我们了解到这些影响是如何影响到周边地区和区域生物数量的。进行分析的目标是要实现可持续发展,也就是促使人类和自然赖以生存的环境以及生态系统在现在和未来协调发展。

本章首先阐述了环境分析是如何从单一项目的场地规划到涉及整个区域的生态系统,为不同尺度的土地利用提供决策基础的。其次说明了环境分析涉及范围的广泛,即使在项目层次,规划师或许也不得不对地质、土壤、自然灾害、水质、空气质量、地表水和地下水水文、交通、噪音、植被和野生动物以及视觉质量进行深入分析评价。此外,除了以上方面,环境分析还会提出一些策略建议,以缓解和消除对环境造成的负面影响。当然,这些策略建议或许还涉及对某个项

> **环境歧视、环境平等和环境公平**
>
> 环境歧视是歧视的一种扩展。指那些制度规章、管理规定，以及政府及团体作出的决策故意针对某些社区，使之土地利用可能性减少，以及在社区内过度建议有毒有害的设施。环境歧视是在有毒有害废物防护方面的不平等待遇。
>
> 环境平等指依据环境法律获得的平等保护。例如，……在国家优先实施计划中，大量位于少数民族社区内的有害废物点比白人地区的要长20年以上。这就是不平等待遇。因此，法律应当强调无视社区种族和经济情况的差异，确保公平地安排设施布局，清除有害废物，并对工业污染进行有效管理。
>
> 环境公平比环境平等的范畴更为广泛。它涉及支持可持续社区的文化伦理和价值、规章、管理规定、行为、政策和决策等，在可持续社区中，人们可以相互确保他们的环境是安全、有营养和多产的。环境公平依靠合理的收费、安全的工作、足够的教育娱乐、适宜的住宅、充足的保健、民主的决策和人权，以及脱离暴力、毒品和贫困的社区来实现。

目设计的调整，或是与土地利用规划和建筑物管理相关的调整。

由于对给定用地的自然情况了解甚少，环境分析通常要就地块的特点作专项分析。但由于这些分析涉及一些不确定因素，因此规划师必须对项目及政策建议的局限性和可能的危害进行充分的专家论证。出现错误的几率会随着项目规模的增加而上升，对复杂环境系统变化的预测也会因为缺少大量的数据，而导致因果关系的不确定性；此外，由于预测还需要对哪些效果最为明显、哪些危害可以接受等作出主观判断，因此，规划师就必须要努力让风险承担人和决策者了解环境分析中所存在的各种假设和不确定性。但有一件事情是确定的，就是如果没有环境分析和其带来的改善措施，在本章开头所举的那些环境灾难的例子就无法得到避免。

注释：

1 The description of the Salton Sea catastrophe was based on H. T. Cory, *The Imperial Valley and the Salton Sea* (San Francisco: John J, Newbegin, 1915), 1204-453.

2 The discussion of environmental damage near the Hughes aircraft plant was based on "Do Thorough TCE Studies," an editorial in the *Arizona Daily Star*, 20 October 1996, 2D, and on the following articles, all by Keith Bagwell and all published in the *Arizona Daily Star*: "City to Drill 9 Wells This Fall in TCE Cleanup," 1 July 1991, lB; "4 New Studies Tie Southside Ills to Tainted Water," 7 July 1991, IA; "Pollution Continues at Many TCE Sites Found 10 Years Ago," 11 August 1991, lB; "Coalition Wants More Wells Closed on City's Southside," 13 September 1991, lB; "New TCE Lawsuit Filed; More Are Being Considered," 15 January 1992, lA; "Pollution Affects Minorities Most, Census Shows," 29 March 1992, lB; "New System Aims to Suck TCE from Soil with Vacuum," 10 July 1994, lB; and "Report Confirms TCE Health Risk to Southsiders," 15 September 1996, lB.

3 The discussion of the Berkeley waterfront plan was based on LSA Associates et al., "Berkeley Waterfront Plan Final Program Environmental Impact Report," vol. l, prepared for the City of Berkeley, California, August 1986; and on the

"Berkeley Waterfront Specific Plan" and the "Berkeley Waterfront Plan, Amendment to the City's Master Plan," both of which were prepared by the City of Berkeley and adopted by the Berkeley City Council on October 7, 1986.

4 Moffat and Nichol Engineers, Wetland Research Associates, and the San Francisco Bay Conservation and Development Commission (BCDC), *Future Sea Level Rise: Predictions and Implications for San Francisco Bay*, a report for the San Francisco BCDC (San Francisco: San Francisco BCDC, 1988).

5 The description of the Swift Creek Reservoir Plan was based on the "Watershed Management Plan for Swift Creek Reservoir Watershed," Department of Planning, Chesterfield County, Virginia, June 10, 1992.

6 Chester L. Arnold Jr. and C. James Gibbons, "Impervious Surface Coverage: The Emergence of a Key Environmental Indicator," *Journal of the American Planning Association* 62 (spring 1996): 243-58.

7 The description of the Balcones Canyon and Conservation Plan was based on Timothy Beatley, *Habitat Conservation Planning: Endangered Species and Urban Growth* (Austin: University of Texas Press, 1994).

8 Florida Department of Environmental Protection, "Implementing Ecosystem Management in Florida" (Tallahassee: Florida DEP, no date), 3.

9 Florida Department of Environmental Protection, "Toward Ecosystem Management in Florida" (Tallahassee: Florida DEP, March 1994).

10 "U.S. EPA Guidelines for Ecological Risk Assessment," *Federal Register* 61, no. 175 (September 19, 1996): 47552-631.

11 The discussion of environmental concerns in western Henrico County was based on Peter deFur et al., "Western Henrico County Development Ecological Risk Assessment" (Richmond: Center for Environmental Studies, Virginia Commonwealth University, November 16, 1996).

第6章 经济分析

约翰·布莱尔、理查德·宾汉

颇具影响力的规划师乔治·斯特莱觉察到经济分析日益的重要性,他说:"总而言之,我们突然之间都成为了经济学家"。[1] 导致重视强调经济分析的因素包括:公共官员对市场结果的日益关注,似乎是永恒的财政危机,以及经济活动日益加剧的全球竞争。由于地方政府的管理者、规划师以及处理经济问题的其他从业者对经济分析越来越有兴趣,使得经济学领域的研究变得越来越实际,该领域的文献也越来越集中于地方经济政策和学术研究之间的内容。此外,学科间项目的开展,以及院校内的政策与规划中心这一非传统学术研究部门的出现,也反映了这一趋势。

本章的第一部分探讨了现代大都市的空间组织是如何引导和反映经济力量的消长;第二部分描述了城市增长的实际进程以及出口与内部资源开发的重要作用;第三部分说明了分析手段是如何被用于刺激地方经济活动并评估这些活动变化对城市增长的影响;第四部分介绍了地方政府如何运用市场力量和它的不足来改进公共政策的情况。最后,本章对经济分析在地方公平问题的评估和形成多种政策以供公众探讨中所起的作用进行了讨论。

经济学和现代大都市

我们经常将城市作为人类活动的载体,它的物质轮廓反映了人类选择和活动的痕迹。但看似永恒不变的基础设施都有一个动态的发展历史,它们不仅是由砖和灰泥建成,而且还反映了经济集聚与扩散的变化,我们记忆中熟悉的天际线、公园道和广场就是一拨拨城市经济潮流持续影响的反映,经济循环的盛衰和升降就象波浪一样,使经济活动不断发生变化。那么,资本在地方、国家和国际层面的流动是如何导致一个地区的富裕而又导致另一个地区的贫穷呢?

经济活动的空间模式在很大程度上是由集聚力与扩散力两者的相互作用而形成的。集聚力使人和经济活动集中,而扩散力则使它们分散。此外,它们还在不同层面按照自身固有的脚步运行,如大都市区域中心大城市的形成,以及城市中心的商务中心区的发展都是两种力量影响的产物。虽然地理、政治、社会关系、地球物理条件和气候等其他影响力,也会对城市及区域的空间组织和物质形态造成影响,但本章主要研究经济力量的影响。

规模经济和运输成本

空间模式是规模经济和运输成本相互作用的产物。

规模经济 规模经济是指因产出增加而导致单位成本的节约,其造成节约的两个主要来源是劳动的专门化分工和平均成本(如专业器械成本)的下降。规模经济可以在大规模产出中实现,也可以在小规模产出中实现,这取决于产业的类别。例如,要达到最佳规模经济,加油站所需要的规模要比炼油厂的小。达到生产有效所需要的产出规模越大,此项经济活动在局部地区集聚的程度也就越高。当规模经济可由一家企业达到时(可有多家分公司遍布全国),在单一区位所获得的要素就是其主要的集聚影响力。

在1800年,大多数的布料是在家手工纺织的。纺织机发明后,极大地促进了布料的产量,使得布料可以由个人来纺织。当使用纺织机的工人按工厂体系进行组织时,生产一张布料的资源就可以用来生产多张布料。随着家庭女裁缝被纺织工人所取代,少量的工人就能生产出更多的产品。到20世纪末,在城市工厂中生产的布料已经占布料全部产量的90%。而且,同样的变化也发生在从鞋到肉,甚至到工具和武器的任何一种产品上。

生产力的提高经常伴随着多样化,如,生产衬衫的工厂很快会采用相同的方法生产领带、裤子和其他服装,这就产生了范围经济——生产类似的产品以实现成本节约。于是,生产规模和范围的增加最终促进了城市的增长。[2]

由于生产效率对区位和组织要素非常敏感,因此它对规模和范围经济也存在一些影响。这其中有三点原因。首先,当生产规模超过某点时,规模经济就不再存在,成本反而将会上升,这是由于过大组织所导致的低效率造成的;其次,当地理市场饱和后,到达远距离销售的交通成本将会增加;第三,对于那些需要稀缺资源进行生产的产品来说,其所处的靠近资源的位置同样也会吸引其他工厂到来进行竞争,从而提升那些地区的投入成本,进而导致生产成本的提高。

如果其他条件一致,那些能吸引到大量投资者的社区将可以实现经济增长。20世纪70年代初,热衷于将工作和财产税收入带进其辖区的地方官员不再努力去争取大型工厂主的支持,虽然某些地区仍旧"烟囱林立",但制造业工厂已不再是经济增长的主要动力。不仅国民经济中制造业的比例在下降,而且寻求低成本劳动力的大型工厂也已在世界其他地区重新布局。同时,电子数据处理和信息传输技术也降低了将生产厂与其他配套设施布局在一起的重要性。制造业对于许多居住社区来讲已不再具有吸引力了,因为这些社区担心制造业会对它们的自然环境或历史地段造成破坏,这些社区寻求的是更精心地选择地方经济投资,来改进生活品质和实现其他发展目标。于是,规划师逐渐认识到,在地方经济复苏中新的就业岗位将来自于现有行业的增长,而不是来自于新行业的吸引。

运输成本 运输成本虽然可以导致经济活动集聚或扩散，但它也取决于环境。例如，零售商业及其消费者倾向于就近布局以减少运输成本。一般而言，商品运输成本越高，就越有可能仅服务一个较小的区域，一旦居住社区向外扩张，就会出现服务不充分的情况。零售商会在靠近增长区中心而远离其竞争者的地点设立新的商店，新商店增加了消费者的便利，又为新的零售商创造了市场生存环境。因此，只要消费者便利比在外围区域提供商品而导致的潜在成本增加更重要，那么这个策略就是有效的。

便利店，如街坊音像店，在这里，规模经济几乎不能发挥作用，这是因为消费者不愿意走太远的路去租影碟，他们更愿意从最近的店里租。这样，决定区位的主要因素就是消费者的便利，而不是运输影碟到零售店的成本。每平方英里的销售额越大，需要支撑一个店的地理市场也就越小，因此，即使是几个街区这么大的地方，只要拥有足够多的消费者，就可以支撑起一个音像店，或其他类别的便利设施。如果就网络式销售对商场布局的影响进行研究，将会得到更有趣的发现，尽管这种新型的销售手段减少了交通的成本，但是小型零售店数量的减少主要还是由于它们被外围的大型配送中心所取代的原因造成的。

制造业公司在空间布局上表现出一种比零售店更为紧凑的模式。例如，计算机生产公司如果要从别的公司购买一个电脑主机的配件，为了将配件的运输费用降至最低，无论是计算机公司还是供应商都会将自己的公司围绕机场或其他运输中心进行布局。

在零售业中，交通成本降低的累积效应和规模经济的增加会对美国的许多乡村城镇带来负面影响。在二次世界大战以前，小城镇（指人口在1万人以下）的零售业通常是赢利的。但是，随着高速公路、道路和汽车的增加，交通成本下降，小城镇的店主们开始面临来自大型城市零售业和区域性购物中心的竞争。而且，随着超级市场、折扣店、以及结合了规模经济（一次购买上万箱的牙膏）和范围经济（提供多种的牙膏）的更新型"大盒子"零售业的出现，小城镇的销售商将面临更为严酷的竞争。现在在许多小城镇，很多一度繁荣的主干道都开始面临衰败的危险。

城市化模式和市场的寻找

进入服务不充分的市场是商业扩散的一个重要驱动力。通过将商店选址远离竞争者、靠近服务不足的消费者，或许可以获得一个生存的市场小环境。如果服务不充分的家庭数量足够，企业家就会意识到建设新市场可能获得的赢利。通过追求利润和寻找服务不充分市场相结合，就可以促成新制造厂或是新销售点的建立，进而形成新的商业聚集区。

尽管零售业的分布一般来说是要避免竞争，但在经营类别相似时也可以集中布置。例如，一个繁忙交叉口的四角上分布的四家便利店就是由于交通的带动而形成的。在区域购物中心周边集聚的鞋店也说明了同一道理。但是,当一个地区的经济活动增强时,各商家就会为了有限的市场空间进行竞争,导致租金的上扬。此外,由于拥挤而带来的交易迟缓也会导致消费者和厂家成本的上升,对于许多中心商业区来说,这一问题尤为突出。因此,集聚力存在自身的局限性,就如同过度的集中会产生扩散的压力一样。

成本溢出与密度的增量指数相关,因为每一个独立的个人都是外溢效应的一个潜在影响因素,也是一个潜在的受害人。例如,随着走在人行道上的行人数量增加,这时每一位新增的行人都是别的行人的障碍,必定会有人的行进过程被别人所干扰,进一步说,在自己的私人物业里放一枪或许对别人不会形成干扰,而同一事件发生在公寓的花园里就可能构成犯罪。

对独立空间的渴望是导致扩散的另一个重要因素。从历史上看,美国的西向移民风潮是由对农田的渴望所激起的。在今天的大都市,郊区化和远郊化的一个很重要的原因是受对大宅院、私人空间以及名头的渴望所推动的。而且,随着人口的扩散,那些试图围绕人口布局的商业也开始扩散。

空间集聚和本地交互作用影响

大的城市地区包括不同种类的、提供大批量服务和产品的公司。来自布局接近的不同公司之间存在的本地交互作用这一经济优势是重要的集聚力。对贸易伙伴来说,空间上的接近不仅能降低运输和通讯成本,而且能通过增进合作机会进一步促进经济的发展。同类产业中的公司之间也能产生这种经济优势。例如,当不同计算机公司的管理者一起去吃午餐或参加活动,他们会互相交流业务,这种非正式的碰面不仅可以产生新的创意、协议和关系,还能随一个公司生产力的进步转移给同一行业其他公司而带来潜在的经济利益。

相关产业公司间的经济效率是集聚力的另一个重要源泉。象同一行业公司之间一样,相关行业间的公司也可以通过互相学习而改进他们的产品,一个公司的创新可以直接地被看到,并很快被转移到同一地区的其他公司,这些公司可能对这一创新进行吸收、修改和提高。例如在电视、电影、出版和时尚行业,管理者和员工之间的社会和职业关系有利于新的创新产品的产生,以形成和实现节目、影片、书籍和时尚的市场快速变化。[3]

地方交互作用会非常微妙。例如,如果许多地方公司需要雇用计算机程序员,社区大学可能会提供专门的课程培训初级程序员,并提高熟练程序员的技能。一旦大量的熟练程序员培训出来,技术工人的可得性将会吸引其他计算机公司来到这一地区。20世纪70和80年代加利福尼亚硅谷的显著扩张就是由于熟练的计算机工作人员独特的空间集聚所引发的。除了分享集中的劳动力资源外,诸多公司还可以共同使用单个公司难以承担的庞大机器和其他设施。例如,大量承运商居住的社区就可以支撑一个拥有专业设备和工人的"大配备"修车场。

识别这种地理上的集聚并将它们推销给新的或是远方的公司是经济发展规划的一个有意义的策略。[4]这样,对地方公司之间交互作用的认识有助于引导适合地区的集群商品和服务的规划。例如,在一个拥有影像技术公司集群的社区内,集群的策略性规划能够确定集群吸引光学和化学工厂的潜力。周边光学和化学工厂的出现不仅能减少影像技术公司的成本,而且还能使这些公司从光学和化学工程师的相互影响中获利。该策略通过着重吸引服务于现有企业集群的行业,提高了有限激励动力的杠杆作用,促使了区域的产业多样化。[5]

经济增长

在经济增长的数量与步伐和对环境质量与公共服务不断增长的期望之间寻求平衡,对规划来说是一个很困难但也是很重要的挑战。社区希望获得足够的增长以维持一个健康的经济,但过分的增长也会加重基础设施和公共服务的压力,破坏环境并导致生活质量下降。因此,获得经济增长需要进行精心的规划,以提高地方发展的质量,并避免诸如交通堵塞、基础设施不足和物业空弃等情况发生。此外,即使增长提高了对公共服务的需求,也需要加强管理,创造足够的税基和税收来资助城市改良的展开。

不论是培育还是管理增长,规划师都必须知道增长是如何发生的。下面三个部分将探讨经济增长理论及其规划含义。

需求导向理论

需求导向理论认为区域增长主要取决于对区域产品的需求程度。在经济基础理论中,实现经济增长的最著名的需求导向方法,是将区域作为贸易伙伴来看待,随着对本地产品的外部需求增加,地方的区域也会增加。经济学家查尔斯·贴鲍特将经济基础理论总结如下:

对于本地经济来说,出口市场是最主要的动力,如果服务于这一市场的就业数量发生变化,那么服务于本地市场的就业数量也会呈现同一趋势的变化。一旦工厂(出口部门)关闭,由于被解雇的工人支出减少,零售商(地方部门)也会受到影响。出口就业承担重要的推动力作用,是"基础性"就业,而服务于本地市场的就业是随"基础性"就业变化的,因此称为"非基础性"就业。[6]

经济基础模式将区域经济的变化以乘数效应的方式体现,主要因素包括出口活动的变化(以就业或收入变化的方式来体现)和地方活动需求(非基础性)的改变,这一模式假定条件是,通过出口获得的利益将转化为对地方或非基础性活动的更多需求,其经济基础模式可用以下公式表示:

$$\Delta T = k \Delta B,$$

其中，ΔT = 地方经济活动总量的变化，

k = 经济基础系数，

ΔB = 基础（出口）经济活动的变化。

为了说明经济基础模型是如何通过系数来计算的，我们可以用以下例子来说明，假设A城一家大型的用具制造商在出口方面新增了250美元。在这250美元中，有100美元留在了本市，其余的150美元费用是本地之外的零部件和劳动力花费。在这100美元中，10美元用于储蓄，20美元花在外地，剩余的是70美元。如表6-1所示，这70美元又产生了40美元的"带动性地方收入"，这一收入是由于出口增加所带动的地方消费增加而产生的。这样，最初的100美元引发了多次的后续经济活动，产生的间接收入增量逐渐减少。最后，收入总计达166美元，意味着增量系数为1.66。

市区的经济增量系数通常在1.5~2.5之间。一个区域的经济总量越大，地方经济内部的重复性消费也将会越多，经济增量系数就会越大。由于不同行业的连锁效应不同，增量系数会随着出口活动类别的变化而改变。本章随后要对投入产出分析做深入阐述，就是要对不同的出口行为的增量系数进行测算。

经济基础理论和影响分析　如果地方政府希望了解一座新的大型制造业工厂布局等某个经济事件产生的影响，规划人员会将经济基础模型作为其分析的一部分。例如，假设新工厂的产品将用于外销，进而导致每月新增100万美元的出口收入，同时出口经济的增量系数为1.5，那么将月出口收入（100万美元）乘以1.5的系数，则新工厂每月带来的经济活动影响将为150万。这样，由于新工厂出口收入的增加将使得地方经济中的本地工人有50万美元的额外收入。这50万美元反过来又将支持零售业等服务于本地人口的经济活动，以及私人、公共设施和地方政府。一旦确定了每月额外收入的数量，就可以进行进一步的分析，包括这一收入水平可以支持的就业岗位、随之而来的住宅和公共设施需求、未来的就学情况、以及税收等等。一个深入的影响分析可以预测经济变化对经济生活诸多方面的影响，并可以通过经济基础模型使预测变得更为简单和准确。

表6-1 产生乘数效应的过程。本表说明了250美元出口额所带来的净增值，其中100美元计入了地方社区内

轮次	收入（美元）	储蓄（美元）	区外支出（美元）	本地消费（美元）	带动本地收入（美元）
1	100.00	10.00	20.00	70.00	40.00
2	40.00	4.00	8.00	28.00	11.20
3	11.20	1.12	2.24	7.84	3.13
4	3.13	.	.	.	.
.					
.					
.					
n	166.40	16.20	33.20	116.20	66.40

从经济基础理论演生的策略 有两类经济发展策略是从出口经济基础理论中演生出来的。第一种强调区域现金流的增加,第二种侧重于限制现金流向境外流溢。增加货币流入的策略包括推进旅游业发展、积极吸引国内和国际市场的公司、拓展本地产品的国际市场、通过游说增加本地在州和联邦支出中的比重等。用于维护区域经济活动的规划策略,被称之为"进口替代活动",包括开展旨在帮助本地商业的"购买本地货"活动,以及鼓励本地出口商购买其他本地公司制造的产品等。成功的进口替代活动可以减少每轮经济交换活动中流出本地收入的比例。

供应主导理论

供应主导理论将资源的获取作为决定经济增长的关键因素。其中,资源包括对生产非常重要的半成品,以及土地、劳动力、资本和资方等生产的基本要素。供应分析将经济基础理论放在首位,在他们看来,是地方服务部门使出口成为了可能,新的公司不可能建立在一块毫无特色的用地上,它需要公司生长和繁荣所需的一定的市政公用设施以及相关的制度和社会条件。这样一来,尽管有魄力的房地产经纪人、老练的政客、研究院所、优良的娱乐设施和良好的地方规划等等所有这些都依赖于出口的赢利,但他们也提高了出口获利的可能性。

供应主导和需求主导理论的结合

理论学家们并不同意需求和供应在影响城市增长中的相关重要性,但规划师在制定经济发展策略时应当尽量将它们纳入统筹考虑。一方面,如果地方产品无法获得外部市场,即使是资源富饶的地区也会面临衰退和人口外迁,农业发达和盛产矿产的大草原地区和阿巴拉契亚煤田就是这样的例子,所以,在一个资源丰厚、但外部需求不足的地区,规划师会倡导以需求为主导的增长策略。另一方面,除非拥有必需的资源,否则一个地区也无法从需求的增长中受益,例如,20世纪90年代后期,拉斯韦加斯已经成为了美国增长最快的都市区之一,但它却面临着严峻的环境限制,如果无法提供水和电力,燥热和无法淋浴的游客们就会很快逃离这座城市,从而使以旅游为基础的经济陷入严峻的困境,因此,确保公共设施适时和充足供应,在保护地方经济方面发挥着重要的作用。

经济结构和经济增长的分析工具

规划师是如何分析一个地区经济的强弱?如何将地方经济与国家经济进行比较?哪种地方产业引领或滞后于地方经济的增长?以上这些问题规划师均借助定量的分析手段来加以回答。在实践中,针对地区的特定环境和可获得的数据,规划师必需对大多数的定量分析手段进行修订或结合其他方法来解决上述问题。因此,这些规划工具应当视为整个"工具箱"的一部分,而不是可以照搬的配方。

区位商

规划通常要确定当地某个产业是否过度发展或发展不充分。产业过度发展可能会造成该地区对该产业就业模式的全国性变化过于敏感,这已成为社区规划中必须考虑的潜在机会或威胁。例如,在一个过于依赖某一产业的社区中,地方政府或许要特别注意确保该产业的需求能够得到满足。而一个地区产业的不充分发展则表明其还有增长的潜力。

区位商(LQs)通过比较地区经济中某产业的份额与全国经济中该产业的份额,来评估该地区在全国经济活动中的位置(就业通常作为经济活动的一个衡量指标)。具体的计算公式如下:

$$LQ = \frac{e_i/e_t}{E_i/E_t}$$

其中,e_i = 地方就业中从事该产业的数量
e_t = 地方就业总量
E_i = 全国就业中从事该产业的数量
E_t = 全国就业总量

如果某个行业的LQ值大于1,则说明其在地方的主导性大于全国整体水平;如果小于1,则说明相对于全国整体水平,该行业在该地区的发展不充分。[7](有时也会用类似城市的就业水平来做为与全国整体水平的比较基础)。

克里夫兰联邦储备银行开展了一项研究,利用LQ值来研究1980~1982年经济衰退后中西部地区的经济重建情况。[8] 在1979年到1986年间,克里夫兰地区丧失了大约8万个制造业岗位,制造业下滑了30%。但同样在这7年间,全国制造业岗位丧失的速度要更快。这样,尽管存在制造业岗位的丧失,但克里夫兰在制造业方面由于LQ值为1.19,因此仍显出有些过度发展的趋势。

如表6-2所示,克里夫兰制造业的发展在很大程度上取决于耐用消费品行业的高就业。例如,从1979~1986年,原金属行业尽管就业岗位减少了近7500个,但LQ值却从2.35增长到3.46。[9](在这些年里,美国钢铁公司结束了其在克里夫兰的经营运作,LTV钢铁公司也大幅裁减就业岗位)。

LQ值使得规划师可以追寻地方经济活动的变化,并与全国的变化水平进行比较。当然,还需要借助其他的分析手段来研究这些经济活动为何和如何出现差异的。

位移和均分分析

为了了解地方经济的变化情况,规划师需要区分哪些是属于全国性的变化,

表 6-2 克里夫兰都市基本统计区制造业（耐用和非耐用消费品）的地方份额

	SIC[a]	年及季度		变化值
		1979 年 1 季度	1986 年 1 季度	
制造业		1.24	1.19	-0.05
耐用消费品		1.52	1.40	-0.11
木制品	24	0.13	0.20	0.07
家具及装备	25	0.53	0.47	-0.06
石材、泥土、玻璃	32	0.77	0.68	-0.09
原金属	33	2.35	3.46	1.11
金属制品	34	2.52	2.48	-0.04
非电子机械	35	1.89	1.62	-0.27
电子和电子机械	36	1.19	1.02	-0.17
交通设备	37	1.47	1.07	-0.40
器械及其他相关行业	38	0.80	1.19	0.39
其他行业	39	0.70	0.90	0.20
非耐用消费品		0.79	0.88	0.10
食品类	20	0.50	0.46	-0.04
纺织品	22	0.10	0.11	0.01
服饰及其他纺织品	23	0.44	0.45	0.01
纸类	26	0.55	0.60	0.04
印刷	27	1.13	1.22	0.08
药品类	28	1.40	1.51	0.11
石油和煤	29	1.99	2.78	0.79
橡胶类	30	1.55	1.64	0.09
皮革产品	31	0.03	0.03	-0.00

a：行业分组归类的标准工业分类代码（SIC）

哪些是因地方发展环境而导致的变化。例如，在克里夫兰的汽车行业中，是因为新技术的使用、进口商品的竞争和高昂的利率等全国性问题导致了克里夫兰地方汽车行业就业增长缓慢，还是因为竞争力的低下导致了地方就业的下滑？[10]为了分清全国性和地方性的影响，规划师应当利用位移和均分分析，首先确定地方经济的各组成要素，然后决定每一要素对地方经济增长的相关贡献。

位移和均分分析将地方经济活动分为三个方面，分别为全国增长影响、要素综合影响和竞争排名影响。全国增长影响指全国就业增长在区域的基准"均分"；要素综合影响指部门的综合性变化；竞争排名影响指地区份额的改变。例如，如果某一地方行业全国年度增长率为 4%，那么我们就以 4% 作为区域增长的基准值，任何超过或不足 4% 的部分都代表了地区性的一种"位移"，这是由于受要素综合影响和竞争排名影响造成的。如果地区某行业快速增长，而同时其在全国的增长也排名适当，则表明该种增长是由要素综合影响导致的；如果该行业的增长快于全国性的增长，则说明增长是由于竞争排名影响所导致的。

关于某行业的位移和均分分析如下：

全国增长影响	要素综合影响	竞争排名影响
（均分）	（位移）	（位移）

$$\Delta e_i = e_i[(US^*/US)-1] + e_i[(US_i^*/US_i)-(US^*/US)] + e_i[(e_i^*/e_i)-(US_i^*/US_i)]$$

其中：$\Delta e_i = i$ 行业的地方就业变化

$e_i = i$ 行业的初始地方就业情况

$e_i^* = i$ 行业的最后地方就业情况

$US =$ 全美初始就业情况

$US^* =$ 全美最后就业情况

$i = i$ 行业的有关参数

克里夫兰门诊部是全国主要的医疗机构之一，有数以万计的员工，覆盖多个城市街区。在20世纪80年代，大多数居民认为医疗保健业是克里夫兰的主导行业，政府部门也希望医疗保健行业能吸纳因制造业衰退所造成的部分失业人员。但医疗保健行业是否是引领地方经济增长的合适选择呢？通过开展位移和均分分析就能得到答案。[11]

从1979年第一季度到1983年第一季度，私人就业的全国增长率即[(US^*/US)-1]为0.3%。在1979年，克里夫兰的医疗保健行业就业人数为54625人（e_i）。在这四年间，全国的私人就业增长为负数（-0.3%），所以克里夫兰均分的医疗保健行业就业增长也为负数：54625人×（-0.003）=-146；这样一来，如果克里夫兰的医疗保健行业增长率等同于全国的水平，那么该地区医疗保健行业将丧失146个就业岗位。

但医疗保健行业是一个增长极快的行业。实际上，在进行研究的四年间，克里夫兰的医疗保健行业就业岗位增长了8848个。在全国就业形势和克里夫兰所享受到的医疗保健行业就业岗位显著增长之间出现的差别，要归结于医疗保健行业的全国性增长（要素综合影响）和克里夫兰的竞争排名影响。以下步骤用来确定地方医疗保健行业就业的增长有多少是受到克里夫兰地区的要素综合影响的。首先，将全国的医疗保健行业的就业增长率减去全国私人就业增长率：[（0.209）-（-0.003）]=0.212；其次，将该值乘以克里夫兰从事医疗保健行业的人数（1979年是54625名）。结果显示有11581个医疗保健行业的岗位要归结于要素综合影响。换而言之，如果克里夫兰的医疗保健行业就业岗位增长等同于全国水平，则创造的就业岗位应该是11581个。

竞争排名是克里夫兰医疗保健行业就业岗位增长与全国水平不同步的另一个影响因素。克里夫兰的医疗保健行业就业岗位全国影响值（减少146个岗位）加上要素综合影响的11581个岗位，总计为11417个。但从1979年到1983年间，克里夫兰的医疗保健行业就业岗位增长值是8848个。8848减去11417就得到就业岗位的损失数量为2569个，这是由于地区医疗保健行业就业的低水平所造成。因此，由于克里夫兰医疗保健行业的竞争排名，导致该地区该行业的增长水平低于全国水平。

如果地方的规划师和政府部门只是考虑全国经济的表现，那么他们或许会认为克里夫兰的医疗保健行业在稳步发展，因为它看起来增加了8848个就业岗位。但是，由于全国的医疗保健行业增长为20.9%，如果克里夫兰达到了平均增长水平,将在医疗保健行业增加11581个就业岗位;但实际上,岗位增加的数量只有8848个,因此,通过分析,显示克里夫兰在医疗保健行业的竞争地位落后于全国的整体水平。这样,尽管在1980年到1982年的经济衰退中,医疗保健行业确实为克里夫兰的就业大幅增长做出了贡献,但这一增长应归功于要素综合影响,而不是竞争排名影响。为了保持该市在医疗保健行业的竞争力,规划师和地方官员还需要确定,为什么医疗保健行业的增长在克里夫兰达不到全国的整体水平。

投入/产出分析

对于经济发展规划来说,认真领会行业之间的联系至关重要。例如,如果地方经济的一个部门正在扩张或下滑,规划师就要知道这些变化将对其他部门造成何种影响。在这一研究过程中,可以利用的一个研究工具就是投入/产出分析(I/O),这是一个万能工具,可以使分析者对行业部门之间的联系进行量化并开展评估。

在20世纪90年代中期的俄亥俄州辛辛那提市,就利用了投入/产出分析法来预测新建体育馆的影响。除非新的体育馆建成,否则辛辛那提孟加拉棉和辛辛那提莱兹都面临迁离这一地区的困境。支持建设体育馆的人委托专业部门开展了一项影响研究,希望得到体育馆建设有利于地方经济发展的证据,同时希望获得公众对体育馆建设津贴的支持。[12]

一张辛辛那提地区的I/O分析表估算了通过职业足球、棒球和其他体育活动,可将外围资金引入辛辛那提地区的数量;同时也对不建设体育馆资金外流的量进行了估算,这是因为资金的外流和资金的流入在经济分析上一样重要的缘故。由于在体育方面的支出有相当一部分来自地区内部,因此并不是所有因体育馆经营而获得的资金都是外部收入。(体育馆的地方性支出对整体经济的影响可以忽略不计,因为本地居民用于某类娱乐项目的支出是从其他地方性支出中扣除来的,最终收益将互相抵消)。I/O分析可以让研究人员分别计算不同类别支出的系数(例如住宿、餐饮、交通、建设等),使研究可以反映在某一类别的商品或服务上的支出对其他行业所产生的连锁效应。

据估算,与体育相关的初始支出大约为1.43亿美元;在考虑连锁效应系数后,总计的支出为2.45亿美元,整体增加系数为1.7。但是,这些支出并不能直接转换为当地居民的收入。假设一个游客花50美元吃了一顿龙虾大餐,则其中有相当部分的费用是要留给那些支付了原料、保险和其他费用的地区,而剩给地方餐馆服务员和供应商的大约只有35美元。根据辛辛那提开展的研究,在对地方性支出和收入进行平衡调整后,得到因体育馆建设而获得的收入数额为0.76亿美元。研究还对体育馆的建设对个别产业的影响进行了预测,如住宿业和娱乐业将会有所增长;此外,I/O分析还预测到在某些未预料到的经济部门,如商业服务业、保险业、房地产业和保健业等同样会有

表 6-3 关于直接系数表的一个示例。反映上方所列各行业每美元产出需要从左侧行业购买商品的数额

		买家			
		A	B	C	D
卖家	A	0.03	0.11	0.02	0.50
	B	0.02	0.19	0.11	0.33
	C	0.06	0.12	0.17	0.07
	D	0.05	0.38	0.02	0.18

注：上方所列的行业与左侧所列的行业一致。

可观的增长。

I/O分析表是一个显示一类行业对其他行业销售情况的矩阵。除了反映整体销售情况，表中的数据经过处理，还可反映每美元产出所需的商品购买额，这种形式的列表称为直接系数表，规划师可用该表来确定地方行业之间的重要经济联系。表6-3就是一个直接系数表的示例，反映上方所列各行业每美元的产出需要从左侧行业购买商品的数额（一个真正的直接系数表会更为详尽）。行B和列C的交叉点数值说明，C产品的每个美元产出，必须要从B行业购买11美分的产品。通常，一个行业的公司也会从同一行业的其他公司购买物品，例如，一个农民会从另一个农民手中购买种子，这种联系可以通过每个行业自身交叉点的数值来表示（例如，B行业从B行业购买的情况）。

通过进一步的处理，I/O分析表还可以反映一些更为间接的经济联系，并揭示其中的乘数效应。尽管其中的数学运算很复杂，但是表中的基本理念还是很直观的：例如，根据表6-3可以推断，C行业的产出每增加1美元，B行业将增加11美分的产值，如果C行业产出增加，则A、B、D行业的产值也会增加；反过来，B行业还要生产更多的产品以满足A、C、D行业产值增长的需要。通过对这些相互影响的连续迭代计算，可以得到另一张表格称为直接和间接系数表，表中的数值可以用来计算每一经济部门的独立乘数系数。

I/O分析表可以由联邦政府做全国层面的发布，也可以由适合的公司做州和区域层面的发布。它可用于各种目的，包括评估地方经济实体之间的贸易潜力，预测被吸引到社区的投入，为地方决策提供咨询，引导产业发展导向，预测和决策经济输入，以及预测每一技术性变革所带来的潜在影响等。

对于规划师来说，产业发展目标是最为常用的I/O分析的一个方面。I/O分析表可以使规划师确定哪些是行业间最为紧密的关联，从而为相关经济活动创造更为紧密的联系。例如，假设6-3为全国直接系数表，规划分析就会得出这样的结论，布局相联将会使B行业和D行业受益，因为他们存在持续的经济交换。为有大批B行业员工的社区进行规划的规划师，应当通过改善行业间的经济联系和提高地区经济的增长前景来培育或吸引D行业的公司。

将I/O分析和区位商（LQs）分析相结合，可以提高规划师对地方经济适合培育何种产业的判断。例如，如果全国性的I/O分析表显示机动车辆制造业每1美元的支出，就需要机动车制造商从零配件制造商处购买30美分的商品。那么机动车辆制造业高就业的地区在机动车辆零配件方面也应当是高就业的。如果某

一地区的LQ分析未能反映这种行业间联系,例如,如果显示机动车辆制造业的LQ值很高,而机动车辆零配件业LQ值很低,那么地方规划师根据这一信息就可以确定,吸引的产业可能并不恰当。

经济活动影响评定:成本收益分析

对于项目投入来说,其收益是否合理?为了回答这一问题,规划师可以通过成本收益分析,来得出与预期成本相比,地方会认为比较满意的一个收益值。如果成本超过了收益,规划分析将得出这样的判断,项目将面临经济亏损而不是经济获利,大家最好是把钱放在自己的口袋里,而不是掏出来支付项目投资的负担。

由于项目的提案通常涉及长远周期和长期的经济收益,因此成本收益分析通过折减或降低未来成本和收益的权重来估算未来的情况。成本和收益考虑的未来越长远,折减的程度就越大。成本收益分析的等式如下:

$$BC = \sum \frac{B_n}{(1+d)^n} \div \sum \frac{C_n}{(1+d)^n}$$

其中:B = 项目收益,

C = 项目成本,

n = 收益或成本的计算年数,

d = 用于调整成本和收益随时间变化的折减系数,

$\sum$ = 多年的总和。

尽管计算模型很简单,但成本收益分析的实际应用却非常困难,这通常是由于人们对它的应用方法和结论解释有不同意见。[13]

目前关于公共项目的成本和收益货币化估算有多种的技术手段,但大多并不严密。首先,并不是所有的成本和收益都可以计算的。由于公共项目会引发无数的第二重、第三重乃至多重后果,而且又无法将这些所有后果都跟踪到并进行价值评判,因此分析家通常会假设那些不可预期或远期的成本和收益相互平衡,进而只考虑主要事件的后果。其次,有些成本和收益的模糊性又导致了第二个问题,例如如何将生态危害的成本、护理项目挽救的生命、或是有吸引力的公共建筑的收益货币化?

第三方面的问题是项目收益货币化度量对象的广泛性:如驾驶者时间的节省是评定拟建道路收益的度量指标;项目参与者犯罪统计数据的降低是评定一个青年计划收益的度量指标;针对通勤者的调查或许是评定一条新建公交线收益的度量指标;州边境荒原地带和公共停车场物业价值的变化或许是评定停车场改善收益的度量指标。在以上案例中,各度量指标的应用都由分析家来决定,而对于某一特定项目,在对最恰当度量指标的选择上,所有的分析家都不会一致。分析中所采取的技术手段越多，成果的可靠性就越差，而且，尽管对这些不同种类的项目进行了货币化评估，似乎确保了其可比性，但实际上可能会破坏所有评定结果的可靠性，如，因犯罪减少所值的1美元和因行驶时间减少所值的1美元之间是否可以等同呢。

除了实施上的问题外，成本收益分析还引发了重要和悬而未决的理论问题。分析家通常使用利率来对未来的成本和收益进行折减，例如，如果折减率为0.05即5%，则未来一年收到的100美元收益只能折减为95.2美元。但折减率也存在一定的主观性，这是由于没有一种方法能够反映出项目未来成本和收益的"正确"折减率而造成的。此外，由于折减率会向当代人的收益方面自动倾斜，因此致力于在当代和未来之间公平分配成本收益的分析家，他们所采用的这些分析手段会自动给当代人赋予更高的重要性。

第二个理论问题是成本收益分析通常不能对不同群体的获利进行区分。例如，如果一个项目导致一个群体1000美元的收益，但却导致另一个群体500美元的损失，合计的成本收益比为2，说明项目对整体有利；但是，对损失者来说的这500美元或许会比对赢利者来说的1000美元意义更加重大。成本收益分析忽略了公平性问题，而这是规划的核心，尽管有些规划是将成本收益分析更多地向低收入阶层而不是高收入阶层进行倾斜，但这些做法缺乏方法论上的支持。

最后，有些规划师反对成本收益分析是因为其转移了公众的注意力，将决策中应放在公共领域进行争辩讨论的评估分析转到技术专家的领域来解决。由于复杂而激烈的政治争辩往往集中于那些通常不可调和的价值观问题，因此，那些有自主价值观、能产生客观结果的方法是大家所渴求的。但困难的是，方法内含的价值观自身通常也是含糊不清的，此外，这些方法的使用或许会阻碍确定价值观的广泛征询活动的开展。

市场失败和市场失灵

对于地方经济决策而言，少量政府干预的市场运作是主要的运行机制，每天，个人要按照政府的管理规定做出大量的决策。关于资本主义的通行看法是，个人可以在保护财产权利和公众福利等若干合理的政府性限制下，自由地追求其自身利益，这种资本主义被称之为自由放任的资本主义。规划师认识到市场机制的这种优越性，通常不愿意做出改变市场运行现状或无正当理由而对市场进行干预的规划。

尽管自由市场对于创造和维护经济发展至关重要，并已证明是一个优良合理的配置资源的机制，而自由放任体系有时是商品提供的一种有效手段，但由于它不能总是与公共的利益相吻合，因而容易导致失败，这被称之为市场失败或市场失灵，它会导致经济规模的缩减。会导致市场失败的商品或环境类别包括公共物品、有益物品、外部性、信息不充分、服务垄断等。纠正市场失败的必要性是许多规划师涉身公共政策领域的一个原因。

公共物品是公众需求但市场供应不充分的商品或设施,其充足的供应通常要求规划师去改变市场的效果,这是因为向使用公共物品的个人收费相当困难的缘故。公共物品的类别包括消防、广播电视以及清新的空气,其收益为大家所广泛共享,而且这些收益也不具排他性。此外,由于这些物品不能按单位出售,因此决定每位居民分摊成本的费用就不具有可操作性,同时物品的供应者也不能利用价格来作为物品供应数量的指导。这样,规划师通常要帮助社区建立一个可接受的标准,以决定这些物品的数量和质量,而地方政府则通过征税来获得物品供应所需要的资源。公共物品可由公共机构供应,也可在政府的契约下由私人供应商提供。

和公共物品不同,住房和教育等有益物品,是可以计价的,而那些不为此付费的人是可以排除在这些获益之外的。但是,大多数社区将这些项目视为广泛受益,例如,由于受过良好教育的人可以为社区的经济和政治福利做出更多贡献,因而他们更愿意支持有益物品的提供,通常是以公共补贴的形式进行资助。有时资助是局部的,如公屋;有时是全部的,如小学和中学教育。简言之,有益物品是如此重要,以至于政府要确保超乎可能地提供这些物品,如果物品的提供和分配是采用单一的自由市场机制的话。

负外部性,或是溢出效应,是市场失败的又一例子。溢出效应主要涉及一部分当事人,而不会直接涉及一个私人交易。现行的一个案例是城市的蔓延,由于乡村地区被用于住宅开发,已长期居住在此的居民要背负交通拥挤、学位紧张和因公共设施和市政设施急剧扩张而导致的高税收负担;另一个案例是工业发展,导致的空气和水污染等间接后果对整个社区造成了影响,尽管这些污染治理的费用对这个社区而言是确实存在的,但对那些工厂来说,这些费用是否确实存在仍值得置疑,这样一来,由于污染影响的个人和家庭中大部分既不是那些公司的员工,也不是那些产品的消费者,因此空气和水污染治理的费用并未能与生产的正常费用一致起来。这样,由于存在对非参与方的可能危害,就必须通过公共政策来抑制这种自由放任市场的行为。就像规划师分析社区的经济基础和计算增长的收益那样,规划师必须关注现今或未来的经济行为可能产生的任何负外部性,并思考消除这一潜在问题的对策。

并不是所有的外部性都是负的,例如,修缮完好和前院齐整的住宅会提高整个街区的形象,进而会使其居民收益;有新市政设施穿越的用地或许会升值等。但是,如果自由市场提供的正外部性物品过少,或其正外部性存在内在的不平等性,就必然导致市场失败。这样一来,尽管规划师会通过采取能创造正外部性的行动来蓄意刺激经济活动,如为位于偏远地区的零售项目改善道路通行状况等,但他们也应当认识到土地业主可能会得到的额外好处。因此,许多规划师都认为土地业主至少应部分支付由于公共投资导致其物业升值的部分收益。

信息不充分是市场失败的又一根源,由于信息不完善的个人在市场上不能有效地完全参与竞争。最后,在信息不充分下做出的决策会象损害个人一样对社区造成损害。这样一来,经济发展部门就要花费大量的时间和努力来为潜在的雇主和开发商提供广泛的信息,包括劳动力、规划的市政设施建设、以及政府的管理规定等。由于借助有些信息,规划师可以使私人公司更有效地参与市场运作,因此确保所有公司都可以平等地获得信息或是公平地分配信息就显得非常重要。

最后,由于某些服务不能以竞争的环境从多个供应商那里获得有效供应,因此是自然的垄断。尝试通过自由市场来提供这些服务有可能引发市场失灵。例如,对特定设施或街坊来说大多数设施是由专门的供应商提供的。如同公共物品和有益物品一样,规划师必须要确保这些服务提供的水平和数量要与其成本相符。

公平和经济变化

如果通过规划导致经济的变化,其结果不会自动达到公平。进而,关于谁受益和谁承受经济变化的成本这一疑问就只能作为一个政策问题,需要规划师密切的关注。实际上,尽管关于不公的定义目前仍在争议中,但这种收益分配的不公实质上应视为一种市场失败,并需要政府的行为进行干预。

在规划过程中,关于效率的置疑通常伴随着关于公平的置疑。例如,空气和水污染等负外部性通常对那些位于下风向或是河流下游地区的街区影响最大,会造成物业价值下跌或公共健康受到危害,或二者兼有。另外一个例子就是,一旦大部分纳税人认为他们要被迫支持某些项目,而这些项目只会使开发商等极少数利益团体收益,那么关于公共项目的决策就可能会导致分裂。为了避免这种直接的矛盾,官员们通常喜欢让社会整体受益的说法。但是,能从那些规划中受益的,只是那些在政治上统一,并能按其喜好影响规划进程的群体。由于规划过程鲜能促成成本和收益的公平分配,因此必须要特别去关注弱势群体的公平性影响,尤其是那些缺乏政治能力和影响而无法保障其期望实施的群体。

规划师应当了解市场失败可能出现的地方,并思考纠正的对策。当然,即使市场无法实现最佳的公众利益,不恰当的政府干预也可能会使事情变得更糟。这样一来,规划师不仅要小心确保不出现引发严重问题的市场失败,还要确保公共政策是改善而不是破坏公共的利益。因此,在市场失败的多数情形下,通过政府干预并不是一个最佳的解决方法。

是谁从经济增长中受益?

区域的增长直接影响物品和服务的需求,进而影响到对地方资源的需求。那么对地方资源的需求增长是否引发了当地居民收入的增长呢?答案取决于新的资源,如劳动力、资本等吸引到该地区的快捷程度。由于不同人口组别和资本类型的流动率不同,经济增长对地方居民的影响也有所不同,规划师应当在其经济分析中考虑到这些不同的影响。

例如,如果经济增长导致非技术劳动力需求的增加,特别是对于社区中最贫困的一族来说,他们可以把这种增长转化为更多相对高薪酬的岗位,但是,这种增长不会持久。由于相对高工资和相对低失业会吸引其他地区的非技术劳动力来到这个地区,这样失业率和工资水平会再度回复到全国的平均水平,最后,非技术劳动力的工资水平会与周边地区的同一工种相同。工人的流动性越大,原先的优势消散得越快。当然,一段时期内(一般延续数年)的暂时性收益还是不错的。一项研究预测,在5年时间内,都市区内新增的就业岗位大多数将会被那些在岗位出现时并不在此居住的工人所有。[14]

经济发展规划提出的岗位培训等其优点之一就是受过良好培训的工人很少被迁入的非技术劳动力所取代。但是,有部分劳动力即使经过培训可能也无法从经济增长中获益,因为即使在劳动力短缺时期他们也通常无法就业。这些人包括缺乏基本行为能力而无法准时上班的人、残疾人士、年幼小孩、缺少交通设施的人,或是那些因被歧视等原因而无法获得正常经济机会的人。

土地业主对于经济增长的付出与非技术劳动力没有不同。但随着其他资源需求的增加,经济活动的增长将会导致土地价值的上升。但是,土地的供应是固定的,我们无法吸引新的土地进入某一地区,这样一来,土地业主将从普遍的经济增长中获得持久的收益。

在资金等高流动资源业主和供应固定的资源业主之间有许多中间情况。如果在经济普遍增长时期,当一个新的竞争者缓慢进入本地市场时,相当数量的企业,如本地媒体、部分有名望的商家,可能还会在这十年间获得超乎一般的回报。也就是说,某些行业所需要的市场规模限制或许对企业在加剧的竞争中还是一种保护。例如,如果一家汽车经销商需要的赢利市场门槛是10万人,如果增长导致市场规模从10万人增至15万人,现有的经销商将会赢得新的消费者;但是,新增的人口并不足以确保参与竞争的第二家企业赢利。

旧城经济发展中的困惑

旧城地区通常是规划关注的焦点。由于缺乏技能和无法获得就业所需的正常经济机会,许多低收入的旧城居民并未能从都市区的经济发展中获益。[15]一项研究发现,在地理分布上,有利于这些居民的许多就业机会所需的技能水平高于多数旧城居民的受教育程度。[16]与此同时,新增的许多低技能岗位则位于偏远的郊区,对低收入旧城居民来说又非常不方便。一项关于印第安纳波利斯经济增长效果的研究发现,尽管在中心区已注入了可观的投入来建设相关的体育设施,而且由于体育发展而创造的这些就业岗位也为低收入地区的居民开放,但是印第安纳波利斯旧城的收入和其他发展指标并未显示出其与其他相同的中西部地区城市的差别。[17]旧城居民未能从为低技能工人创造的中心区岗位中收益这一事实,强调了需要在新的商业企业(其中许多收受公共补助)和那些有资格从这些企业新增

流动人口贫困问题的解决 为了规划一个成功的反贫困项目，规划师必须认识到开放经济的运作模式、人员和资金的自由进出，制约了地方政府治理贫困的努力。例如，如果辖区通过收入转移计划来改善贫困家庭的福利，那么就可能导致两个后果。首先，贫困家庭都会被吸引到这一地区，而如果周边地区低收入居民的流动性越大、信息获得越充分，他们迁入的速度也就越快；其次，因收入转移计划导致的税收增加会促使高收入居民的离开。有些规划师相信，如果收入转移计划完全由地方政府来控制，那么将会演变成一场"底部的竞赛"，所有地区都将削除这些低收入项目以确保其尽可能地对贫困人士没有吸引力，同时还会提供一个吸引中高收入阶层居民的混合税制和服务。

美国人的流动性较大，但国外来的穷人在美国享受福利项目的好处时肯定还有一段相当困难的时期。联邦政府经常在低收入群体的收入分配和援助提供中占主导地位。这种援助有多种形式，包括课税扣除、发放粮票、医疗保健和福利金等。此外，如果将贫困问题提到国家政策层面，对于中高收入家庭来说，要想逃脱为支持流动人口贫困问题计划而增加的税额就更加困难了。无论如何，目前都市区内空间和种族的收入差距是如此普遍，以至于地方政府必须要将收入平等问题纳入其规划和对人口流动所做的限制当中。对项目做出具体限制，要求居留一定时段的居民才能从项目中受益，不仅是一种帮助当地贫困居民的方式，同时也是一种不会吸引大量低收入的福利追寻者的一种方式。

的岗位中获得工作的社区居民之间规划物质性和制度性联系的必要性。例如波士顿，已成功地将扩大共有基金的有利税率与雇佣本地居民的协议相联系。

在非洲裔美国人和白人之间，贫困的主要差别在于低收入的非洲裔家庭居住在分离的高度贫困街区的数量要远大于低收入白人家庭。芝加哥高垂沃克斯的研究，为居住地对就业前景的影响提供了依据。在1976年，联邦法院要求住宅和城市发展部疏散其住宅援助项目的布局，以降低芝加哥住宅项目高度分离的状况。随后的研究对继续居留在芝加哥的家庭和搬到郊外援助住宅的家庭进行了比较。尽管两类家庭在迁离之前社会经济状况相近，但研究表明，如果以就业、收入、儿童教育等方面进行评价，搬到郊区的家庭要比留在城里的家庭成功。[18]高垂沃克斯的发现说明，人们对待高度集中贫困地区的态度和前景，就象居民缺乏技能一样，将成为经济成功的一个制约因素。

结论

经济分析已成为城市规划的一个组成部分。现代都市的形成发展受到集聚和扩散作用的综合影响,包括经济规模、交通成本和服务不充分的市场等。

外部需求和内部资源对区域增加都有影响,而地方资源还对外部需求的产生具有影响。这样一来,规划师和地方政府都必须认真研究地方资源开发和提升外部对区域产品和服务需求的最有效途径。有若干规划手段可以帮助规划师获得对地方经济结构的认识并制定适宜的发展策略。区位商说明了某一地区某个特定行业的集聚性;位移和均分分析则揭示了地方经济部门的竞争性;投入产出分析说明了行业间的联系,并可以推导出其他多种分析模式,如包括经济影响分析等。对于那些面临成本效益规划编制压力的地方政府和规划师来说,成本效益分析对拟议公共投资的效率进行评估,具有很大的吸引力,但是,这一研究还存在不少重要的理论疑点。

对经济增长受益的不均衡分配将导致一个严峻的问题,尤其是对于低收入的旧城街区来说。在区域的背景下解决这一问题,对规划师来说是一个非常困难但又确实重要的目标。

注释:

1 George Sternlieb, "Grasping the Future," in *New Rules for Old Cities*, ed. E. Rose (Brookfield, Vt.: Gower, 1986), 154.

2 Arthur O'Sullivan, *Urban Economics*, 3rd ed. (New York: Irwin, 1996), 23-4.

3 Jane Jacobs, *The Economy of Cities* (New York: Random House, 1969), 57-88.

4 James Held, "Clusters as an Economic Development Tool: Beyond the Pitfalls," *Economic Development Quarterly* 10 (August 1996): 249-61.

5 Peter Doeringer and David G. Terkla, "Business Strategy and Cross-Industry Clusters," *Economics Development Quarterly* 9 (August 1995): 225-37.

6 Charles M. Tiebout, *The Community Economic Base Study* (New York: Committee for Economic Devel opment, 1962), 13.

7 Richard E. Klosterman and Yichun Xie, "ECONBASE: Economic Base Analysis," in *Spreadsheet Models for Urban and Regional Analysis*, ed. Richard E. Klosterman, Richard K. Brail, and Earl G. Bossard (New Brunswick, N.J.: Rutgers Center for Urban Policy Research, 1993), 161-82.

8 Richard D. Bingham and Randall W. Eberts, eds., *Economic Restructuring of the American Midwest* (Boston: Kluwer, 1990).

9 Edward W. Hill, "Cleveland, Ohio: Manufacturing Matters, Services Are Strengthened but Earnings Erode," in *Economic Restructuring of the American Midwest*, ed. Richard D. Bingham and Randall W. Eberts (Boston: Kluwer, 1990), 103-40.

10 竞争力表现指导致某一行业的地方性表现异于全国水平的地方因素。这些因素包括低产的工人、老化的生产设施、恶劣的税收环境和匮乏的公共市政设施等。

11 Hill, "Cleveland, Ohio."

12 University of Cincinnati, Center for Economic Education, *The Effects of the Construction, Operation, and Financing of New Sports Stadia on Cincinnati Economic Growth* (Hamilton County, Ohio: Center for Economic Education, University of Cincinnati, January 2, 1996).

13 John R Blair, *Local Economic Development: Analysis and Practice* (Thousand Oaks, Calif.: Sage, 1995), 295-302.

14 Timothy J. Bartik, *Who Benefits from State and Local Economic Development Policies?* (Kalamazoo, Mich.: W. E. Upjohn Institute for Employment Research, 1991), 57.

15 Larry C. Ledebur and William R. Barns, *Metropolitan Disparities and Economic Growth* (Washington, D.C.: National League of Cities, March 1992).

16 John D. Kassarda, "Jobs and City Residents on a Collision Course," *Economic Development Quarterly* 4 (November 1990): 313-20.

17 Mark Rosentraub et al., "Sports and Downtown Development Strategy," *Journal of Urban Affairs* 16, no. 3 (1995): 221-9.

18 David Rusk, *Cities without Suburbs* (Washington, D.C.: Woodrow Wilson Center Special Studies, 1995), 120-1.

Part three: Functional planning elements

第三部分
功能性的规划要素

第7章 发展规划

爱德华·约翰·恺撒、大卫·高斯恰克

发展规划是一个过程,在这个过程中,市民和地方政府官员为他们的社区确定及寻求达到一个所期望的未来。发展规划具有两个首要的成果:第一个是公众理解——一致认同并去追寻——社区未来增长的景象;第二个是土地利用规划。(土地利用规划一是要将景象转化为一种由邻里、商业设施、工业区、道路及公共设施组成的物质模式,二是还要包括规划执行所必须的政策规定。)尽管发展规划属于最终、最具体的成果,但它还是不能与预想、争论、统一意见以及共同遵守社区目标的过程分开。

发展规划寻求影响未来增长的区位、类型、数量和时间,如解决私有房地产开发、基础设施及公共设施的公共投资、联合公共—私有项目及自然区域保护等问题。我们通过发展规划确保环境和其他长期的公共利益,这有助于预防或减轻放任自由的市场决策所产生的不良后果,它建立的目的、目标、政策及行动计划对实现社区所期望的长远未来起到了很重要的作用。

尽管发展规划已经遍布美国、加拿大等西方国家,但却有不同的名字。有时候它是指土地利用规划,有时又被称为总体规划或者是增长管理(142页的工具条上显示了一个定义样本)。不管它叫什么,我们一般所指的发展规划的组成要素包括,面向未来的定位、对变化有预备的管理、一个宽广的协作过程、各种相互竞争利益的平衡,以及用一个规划来表达和解释各种建议。发展在这里的意思是社区发展,即一种比简单土地细分或者是公共设施提供更被广泛关注的社区目标和潜力的发展与促进。

本章第一部分介绍了20世纪、尤其是20世纪后半叶发展规划在北美的发展过程。第二部分将发展规划作为一系列的社区竞赛来探讨,在这一系列竞赛中,各个参与竞赛的城市建设事业的"选手们"既相互合作又相互竞争。第三部分描述了四个良好的发展规划:北卡罗来纳州的卡佩黑尔;怀俄明州的杰克森城和提顿县;加利福尼亚州的圣迭戈;俄勒冈州的波特兰。结尾部分简要展望了发展规划未来的方向。

20世纪的发展规划

发展规划,起源于世纪交接时的城市美化运动和1928年的模型规划授权法案,现已经进化为一种复杂的过程,这个过程结合了信息搜集、问题解决、冲突

发展规划是……

"决定一个城镇应该以何种方式发展以及应该选择什么样的方式。"[1]

"管理土地利用的变化……通过未来土地利用规划和政策的准备与执行,通过检讨和核准建设项目,通过推荐资本改进方法,以及通过对正在进行的地方政府决策制定和问题解决的参与来完成。"[2]

"一个规划指导下的过程……[3] 基本概要……是[发展规划]影响土地发展过程的结果,因而项目、周边环境、社区和城市得以建成。"[4]

"一种地方政府的规划系统……在发展研讨中合并了确定性和高效性,交叉使用奖励与强制的手段;在过程中涉及了将会受到发展影响的人们;解决物质发展和就业、居住、财政影响、交通、环境及社会质量之间的关系问题,将开发的时间、区位、强度与规划的基础设施联系起来,并包括及时监控规划系统表现的机制。"[5]

"确定增长和保护的优先区域;……小心管理基础设施……加强所期望的增长模式;……采用合适的公共服务设施标准;……(以及)购买土地并加以保存……"[6]

"一个动态的过程,在其中包含政府的期望与寻求,在区域利益与地方土地利用的竞争与合作的方式中包含社区的发展。"[7]

"决定我们希望的社区的样子,以行动去实现这些目标……如果没有规划,城市规划师就难以解释为什么他们的想法和建议对别人来说是最好的。"[8]

1 L. B. Keeble, *Town Planning Made Plain* (London and New York: Construction Press, 1983),1.
2 Edward J. Kaiser, David R. Godschalk, and F. Stuart Chapin Jr., *Urban Land Use Planning*, 4th ed. (Champaign: University of Illinois Press, 1995), 36.
3 Ibid., 6.
4 Ibid., 8.
5 Stuart Meck, ed., *Growing Smart Legislative Guidebook: Model Statutes for Planning and the Management of Change, Phases I and II, Interim Edition* (Chicago American Planning Association, 1998), xxiii-xxv.
6 Eric Damian Kelly, *Managing Community Growth: Policies, Techniques, and Impacts* (Westport, Conn.: Praeger, 1993), 210-2.
7 Douglas R. Porter, *Managing Growth in America's Communities* (Washington, D.C.: Island Press, 1997), 10.
8 Allan B. Jacobs, *Making City Planning Work* (Chicago: American Society of Planning Officials, 1978), 306.

解决、规划制定及规划执行。发展规划的起源和演进可以被描述为一棵树的根、干和分枝。如图7-1表述的那样,树根是想法的源泉;树干描绘了20世纪中叶以来发展规划的发展主流;分枝表示了过去35年以来规划的基本替选类型,包括源自总体规划的和源自传统规划的;树冠则表示今天普遍存在的诸多规划的融合。

了解20世纪所产生的不同类型的规划,是理解发展规划演变的一个渠道。[1]总体规划,在20世纪中叶只是简单地为土地利用区域指派一种设想,它起源于1954年联邦居住法案的701节程序和两个规划教授的设想,这两个规划教授是

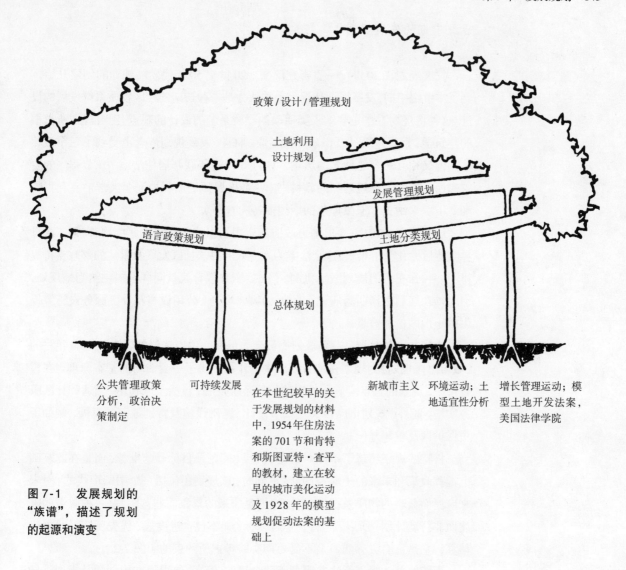

图 7-1 发展规划的"族谱",描述了规划的起源和演变

肯特和斯图亚特·查平。这种规划现已发展为一种更加复杂的方法——土地利用设计。在这种方法中,未来的人口和经济增长被容纳在一个综合使用的活动中心和数个周边部分构成的土地利用当中,而这个中心和数个邻里的生态、农业以及其他开敞空间之间是平衡的。在这种土地利用设计的传统里面,孕育了新的概念——主要是新城市化和可持续发展。

其间,发展规划也萌发了几个新枝:文字政策规划、土地分级规划以及发展管理规划。这些分枝被传统的发展规划所外化的新的智慧根系所支撑,[2]并给予了发展规划菩提树般的复杂形式。文字政策规划,源自公共管理和政策分析领域,也反映了政治决策制定的要求和约束;土地分级规划源自环境运动和土地适宜性分析;发展管理规划源自增长管理运动以及美国法学院的《模型土地发展条例》。上述规划的每一种类型都将在本章的后面部分有更加详尽的描述。

世纪中期的发展规划

发展规划在20世纪一直都在演变。20世纪50年代发展规划的创建开始,[3]到了本世纪中期,发展规划从根本上被认为是一种长期的社区物质系统发展的设计。这种将规划看作是容纳人类活动的物质系统的设计的观点,源自规划所植根的建筑学、景观建筑学及市政工程专业。而且,发展规划概念也受到了三个截然不同但又相互兼容的理念的影响,它们是1954年联邦居住法案701节程序的要求和两个有影响的规划师的教科书(两个规划师是加利福尼亚大学伯克利肯特和北卡罗来纳大学卡佩黑尔的斯图亚特·查平)。

居住法案的701节要求地方政府制定规划以获得联邦教育拨款。在第二次世界大战后的几个十年里,这个法案为地方政府寻求社区发展及重建的财政支持提供了一种强有力的规划激励机制。当然,联邦教育拨款同样也提供给当地规划,但必须在规划中指明为居住、商业、工业、交通、公用设施及社区服务设施等提供的土地区位和数量。

肯特是一位教授,一名规划委员会委员和一位当选议员,他于1964年写的《城市总体规划》为规划在地方政府中的作用提供了一套清晰的基本原理。[4]在肯特看来,规划的焦点应该是长期的物质系统发展,包括土地利用、交通和社区服务实施,此外,规划也应该关注城市设计、基础设施及特别地区的发展,例如历史保护区及重建地区。

肯特的规划超越了单纯对数据、假设、问题及目标等的推荐,而是在此基础上推荐政策和未来的土地利用计划;同时,该规划还包括一个图纸形式的、对未来广泛而概略的物质系统的设计。规划是未来的景象而非蓝图,是一种政策的陈述而非行动计划,所以,尽管它包含目标,却不包含进度表、优先度或者是投资估算,它是富有灵感的,是不受短期实践考虑所约束的(图7-2)。

肯特的总体规划意味着服务于两个目的。第一,使得地方规划师及规划委员会能够将建议传达给当选官员;第二,辅助当选官员决定、沟通及执行政策。肯特的规划对总体公共利益的关注胜过对个别或特定团体利益的关注,它将长远的考虑注入规划的制定中,并为城市发展中公共和私人之间的共同提升,提供了专业和技术的知识。

在《城市土地利用规划》中,斯图亚特·查平解释制定规划的技术方面的内容,被规划学生和执业者广泛运用。[5]和肯特一样,查平将土地利用规划看作是未来土地利用的总体设计,但他集中于解释技术研究方面,这种技术研究包含在决定各种土地使用需要多少面积,以及决定这些土地为城市生活提供最好的物质环境的合理选址过程当中。[6]这成为总体规划的基石,它包括了更加细致的有关交通、公用设施、社区服务设施及城市更新(在土地利用规划方面所作建议的总体概要)等方面的规划。土地利用总体规划的目的,是指导地方官员在服务设施、区划、土地细分控制及城市更新方面进行决策,并指导私有开发者进行决策。

图 7-2 肯特总体规划组成要素概要

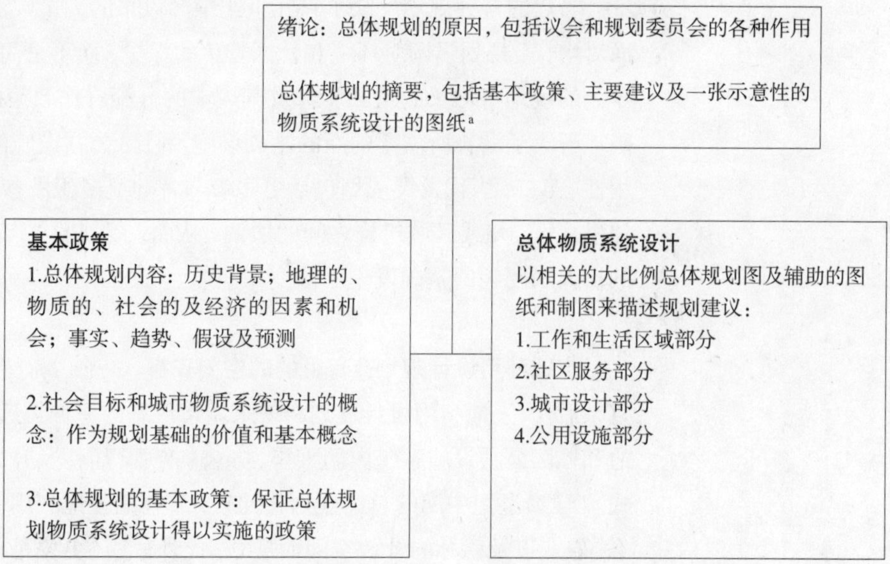

绪论：总体规划的原因，包括议会和规划委员会的各种作用

总体规划的摘要，包括基本政策、主要建议及一张示意性的物质系统设计的图纸[a]

基本政策
1. 总体规划内容：历史背景；地理的、物质的、社会的及经济的因素和机会；事实、趋势、假设及预测

2. 社会目标和城市物质系统设计的概念：作为规划基础的价值和基本概念

3. 总体规划的基本政策：保证总体规划物质系统设计得以实施的政策

总体物质系统设计
以相关的大比例总体规划图及辅助的图纸和制图来描述规划建议：
1. 工作和生活区域部分
2. 社区服务部分
3. 城市设计部分
4. 公用设施部分

a：示意性的图纸比总体规划图少一些细节和精确性；有助于传达设计想法，有时候是一种注释。

总体规划，源自701节以及肯特和查平的工作，曾被清楚地界定并广泛运用于20世纪50年代和60年代的规划实践，并被用来制定和指导公共和私有城市开发及重建的长期政策。其标准格式包括：现状、发展条件及需求的摘要，总体目标的陈述，一张描述长远未来城市形态的图纸，以及一套总体发展政策。规划的作用是执行公共政策，通过立法者和其他公共官员对规划一致的运用，通过教育和说服私有的开发参与者，使之明白规划所建议的未来的土地利用是值得要的和承担了社区义务的。总体土地利用规划的特性，既不像早期城市漂亮地区的城市设计那样富有灵感，也不像20世纪90年代后期发展管理规划那样具有行动导向性。

当代的发展规划

发展规划的概念和实践持续地演变，到了20世纪70年代，许多新的理念，如，土地利用设计规划，土地分类规划、文字政策规划和发展管理规划已经诞生。[7]

土地利用设计规划，是以图纸的方式规划出未来土地利用模式和基础设施的安排，是20世纪50年代总体规划最直接的产物，土地利用设计规划比总体规划更详细，能够解决环境问题并附有表达专门行动的图纸。土地分类规划，是描绘增长政策区域，确定什么地区应该鼓励增长或者是不鼓励增长的规划，并且还附有每个地区的执行政策。文字政策规划，有时候也叫做政策框架规划，是用文字解释的目标和行动定位政策代替图纸来指导未来发展的规划。发展管理规划，是一个用于控制适时私人开发的土地利用的控制程序，同时又是一个改进基础设施和服务的计划。

当代的各种规划反映了自20世纪中叶以来的大量政治和价值的变化。第一，面对增长，规划强调对环境和社区特色的保护，而不是简单地对增长进行容纳，今天的规划将增长的量和步骤及其成本的分配看作政策的选择；因此，规划明确地解决了增长所需要的新的基础设施及社区公共设施的质量、成本、适时及适用性。第二，当代发展规划包括更多参与者的更多积极参与，以及越来越多的与邻里社区、州或区域机构之间的协调，从而，规划的"族谱"已经随着规划内容的扩大和问题的基础发生了演变。[8]

土地利用设计规划：有目的的空间安排　一个"肯特—查平—701模型"的直系后代，土地利用设计规划将未来城市形态的一种长远景象，描述为一种在交通和社区公共设施系统内的零售、办公、产业、居住及开放空间区域的目的性模式。[9]与20世纪中期的总体规划相比较，现在的土地利用设计规划更像是在为生态、农业以及森林的开放空间而规划。此外，它还更象是在促进混合用途的开发模式，包括乡村中心、适宜步行的居住社区以及交通导向的开发等（一种开发类型，就是在易于到达大运量交通走廊的范围内，密集混合居住、就业、购物及休闲活动）。一个土地利用设计规划通常会附有开发战略图，概要表达公共投资的选址、运用规则概念的地方，以及要求以行动解决特定问题的区域（例如，以住宅存量和商务中心来进行资金平衡）。

1990年马里兰州霍华德县的土地利用2010年总体规划，在1991年获美国规划协会总体规划杰出奖，它是现代土地利用设计规划的典范（图7-4）。规划在编制过程中开展了广泛的公众参与，依据六个主题组织了政策(战略)地图，这个主题是：科学的区域行政划分、郊区保护、平衡增长、与自然协调进行工作、加强社区及分阶段增长。这些主题清晰地反映了20世纪中期土地利用设计规划中不曾出现的问题。此外，规划还专门布置了两年执行期的步骤，并确定了衡量成功的尺度——这两个特征也反映了20世纪中期后的变化。

图7-3　新泽西州的春湖社区，将一个传统的商业中心和临近的居住区域混合起来

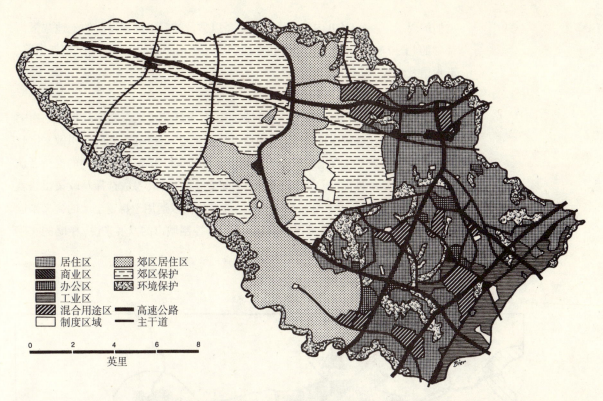

图7-4 传统总体规划的一个直系后代,马里兰州霍华德县的总体规划,在2010年土地利用规划中增加了新类型的目标、政策及规划技术

土地分类规划:从无增长地区区别增长 和土地利用设计规划一样,土地分类规划是空间性的和图纸导向的。但是,土地分类规划较少构建城市空间范围内的人类活动模式,而是指明有环保价值区域内的不开发地区,及区域内适合作为城市扩展的地区。其结果是一种未来理想城市形式的轮廓。

发展得到鼓励的地方通常叫做城市、转换或开发地区。规划通过确定执行政策,包括市政基础设施的扩展、开发动机及克服障碍的政策,来促进允许开发的适宜形式、时间及密度。不鼓励开发的地方通常叫做开敞空间、郊区、保护区或者是至关重要的环保地区,这些地区的执行政策是促进适宜的农业、林业及生态产业,并阻碍城市在这些地区发展。

最早的土地分类规划是被夏威夷采用的,在夏威夷1961年的州增长管理系统之下,将所有的土地分为三种类型:城市地区、保护区及农业地区。[10]20世纪70年代,在双城地区大都市议会制定大都市结构规划的时候,其7个县的行政权限被划分成一个大都市的城市服务地区、独立的增长中心(例如,不连接大都市服务中心或者其他地区的增长中心)和一个郊区服务地区。

一个被用得越来越多的土地分类规划手段是城市增长边界(UGB),它是用来划定容纳10~20年期间内规划人口增长的一种规划。俄勒冈州1973年的州际规划法案要求地方政府采用UGB,[11]华盛顿州1990年的增长管理法案也提出了类似的要求。一个UGB内的面积规模,是以估计的容纳规划发展的土地数量为基础的(图7-5),而且,UGB内的土地利用还包括必须的支撑服务,例如道路、下水道及学校等。

文字政策规划:脱离图纸　有时候叫做政策框架规划,文字政策规划由书面的目标陈述及政策组成。比别的规划更灵活且更容易编制,之所以叫做文字政策规划是因为既不包含土地利用的图纸也不包括执行策略。这种规划的支持者认为没有图纸是一种优点,在他们看来,不断变化的条件、参数选择及政策很快就会使得图纸过时;[12]而使用了图纸可以使读者趋向以运用于特定土地的含义来诠释线条和符号的含义。但批评方则认为,对于控制城市的发展来说,概略的文字陈述所提供的空间效率非常有限。[13]

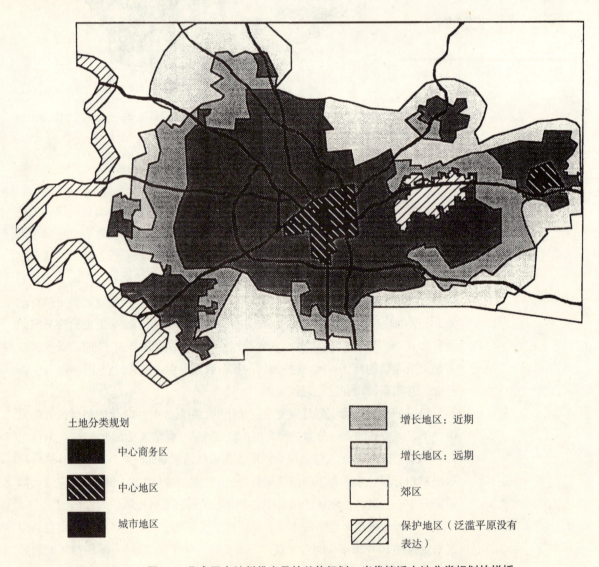

图7-5　北卡罗来纳州佛塞县的总体规划,当代接近土地分类规划的样板

文字政策规划确定当前和正在出现的问题和机会，列出需要达成的目标和结果，并推荐总体的行动法则。一个社区有时候会撰写一个文字政策规划作为一份过渡规划，或者是作为一个导向更为特定的规划类型过程的第一步。因此，很多当代的规划都包含一个文字政策规划要素，而文字政策规划有时候也会用包含图纸或者是行动计划的规划来加以深化完善。

马里兰州卡尔文特县的总体规划，[14] 获美国规划师协会1985年的总体规划杰出奖，它图解了文字政策方法。规划中的政策简练而易于掌握，并且是根据县政府六个方面的执行责任来进行组织的。尽管规划阐明了发展的观点，但却既不包含土地利用设计也不包括土地分类图纸。（图7-6是1983年卡尔文特县规划的一个页面样本。）卡尔文特县现在已经更新了规划，内容包括一个景象的描述、可持续发展的主题、稍微更加直接的行动计划，甚至还有一个简单的土地分类规划。[15] 通过这些更新和修正，规划现在有些像是一种混合模式的规划，但这种模式在世纪末期越来越普遍。

发展管理规划：强调行动　发展管理规划描述一个特定的行动过程，不仅是总体的政策，其为特定地方政府机构提供的行动协同计划是靠分析、目标及政策来支撑的。一个发展管理规划通常覆盖3~10年的时期，包括以下典型内容：[16]

图7-6　1983年马里兰州卡尔文特县文字政策规划摘录

工业区是将县域范围内适合工业用途的地区提供出来。其选址和设计应与周边土地用途相协调，不是因为现状的自然景物就是通过标准的申请。

建议：
1. 为潜在的工业用途确定总体的区位。
2. 在工业区内允许必要的零售业。

独立住宅居住区
建设及促进独立住宅居住区，并使之不受有矛盾的土地用途的影响。

建议：
1. 对新的开发，要求设制居住区和商业区之间对于视线、噪音及活动影响的缓冲区。
2. 鼓励独立住宅的居住开发选址于指定的城镇中。
3. 在一类居住（R-1）用地区域中允许出现两种、三种或四种有条件的土地使用方式，只要其设计与独立住宅居住开发相兼容。
4. 允许不是住在企业房屋中的个体业主全日制地雇佣他人，允许进行家庭职业（专业工作和服务，但不能有零售行业）。

多户住宅居住区
多户住宅居住区包含城镇住宅和多户家庭单元住宅。这个分类中的特定区域，是那些目前有或者是计划有社区或者混合使用供排水系统服务的区域。

建议：
1. 允许在所罗门、弗雷德里克王子及双滩三个城镇中开发多户住宅居住区。
2. 要求多住户住宅项目提供适宜的休闲公共设施——设备、结构及游玩水面。
3. 对允许多户住宅居住区域（R-2）中不断增长的居住单元密度的可行性进行评估。

一个对当前以及正在出现的条件的分析,专门评估发展趋势、当前的发展控制以及地方政府执行新战略的能力。

一个目标及立法意图的陈述,包括属于发展管理计划自身的目标(例如,一致的执行)以及属于未来发展模式的目标。

一个行动计划——规划的核心——包括①一项发展规程;②一项建筑基础设施及社区公共设施等为了扩大服务范围的计划(包括财政计划的资本改进计划);③一项土地获得计划;④其他的执行手段(例如,优惠的税收、邻里复兴、历史地段保护程序)。

法定图纸,表明执法意图,包括未来的土地利用及基础设施图纸(如果需要),发展规程地区和覆盖地区,服务区域边界,以及所建议的资本改进的选址。

借助法律的力量。一项合并了执行方法的管理规划完全可以作为条例来使用。例如,除了更为传统的规划要素例如分析、目标以及景象外,佛罗里达州撒尼贝尔的土地利用总体规划完全展现了一项发展条例的标准和程序。[17]此外,它不仅标明了总体的边界,而且作为一项土地利用设计,撒尼贝尔许可用途的土地利用设计图更像是一张区划图,精确表达了什么地方要遵循开发规则。因此,当撒尼贝尔采纳规划的时候,也就是同时通过了一项有法律效力的条例。

政策/设计/执行规划:综合的分枝 这是一种在当代规划倾向于多元化的情况下,综合几种历史上的规划类型、目的和价值,来编制一个特定社区规划的方法。例如,1980年俄勒冈州格瑞沙姆规划,结合了①一项指定居住、商业、工业区及社区公共设施及公共用地选址的土地利用设计;②土地分类地区(已开发的、正在开发的、郊区及保护区)的覆盖图,以及对应每个地区的开发政策;③开发许可的标准和程序。[18]另一个综合规划类型是美国规划协会为地方规划建议的州的法令模型。法令确保地方规划的发展方向和根据,不仅包含了土地利用、交通、社区公共设施及居住的内容,也包括了采用、执行及修订程序的内容[19](见伴随的边条)。

除了合并新的程序和类型,这种规划还反应了价值基础的变化。和20世纪中期及更早的规划相比较,今天的主流规划更加导向行动,具有更宽泛和深入的社区参与,混合了更多政府间的合作,也解决了更为广泛的发展问题,包括环境保护、社会公平及经济发展等。

可持续发展,是作为发展规划的主要哲学基础而出现的。它不仅综合了长期的环境容量,不可出口的经济发展,及纵贯人口、空间和时间的公平,也生

美国城市规划协会建议的地方规划模式 在美国城市规划协会所建议的地方规划模式中，应包括如下内容：

为规划中其他部分提供方向的背景要素。清晰的投资者价值，确定影响地方政府及其效果的趋势和力量，描述一种或多种景象，并列出一系列组织起来的规划实现后的景象；描述地方政府已经使用或尚未使用的增长和发展的主要机遇，确定地方政府未来近期将面临的主要问题，并简述地方政府所采用的公众参与程序；此外，还要包含一项文字政策规划。

土地利用。以物质形态（例如，一项土地利用设计）阐述景象，是总体规划的关键。土地利用方案将为未来20年的规划清楚地设计土地利用的区位和特性，它包括任何建议的城市增长地区边界，以及任何需要特别关注的地区（例如，河口地区）。规划中将包含土地利用设计和土地分类两个方面，未来的土地利用配置将由土地利用规划来支撑，而土地利用规划则来自对周边区域人口和经济规划的研究。当然，土地利用配置也会反映出发展的限制性因素，如存在自然危害及环境敏感的地区。最后，在土地利用中还要包括一个土地供应的监控系统。

交通方案。
社区公共设施方案。
居住方案。

执行规划的计划。很大程度上来自美国法学会模型化的土地开发法案。规划执行计划最多将覆盖规划期20年，并会包括监控规划执行的其他程序。

用于采用、改善及阶段性研讨和回顾规划的预案。

动地说明了在规划和执行过程中利益共享者所受的约束。最简略地说，可持续发展是"满足现在一代需求的发展，而又不危机到未来一代满足其需求的发展能力。"[20]

在将可持续发展带到地方规划层面的过程中，菲利普·贝克确定了四个指导价值，他将之称为四个E。[21]生态价值、经济价值、公平价值和结合价值。可持续发展在这些核心价值中追求一种平衡。例如，既然我们需要物质和能量的可持续性，那么经济发展就不能以榨取甚至最终摧毁自然资源为基础；不过，对于保障生态的多样性和稳定性，以及支撑社会价值尤其是社会公平，一定水平的经济发展也是需要的。也就是说，可持续发展承认投资各方之间的结合与合作，是确保生态保护、经济健康发展及投资与收益者之间利益公平的基础。

新城市主义（有时被说成是新传统设计），是一种物质形态设计的方法，有时合并在可持续发展规划当中，它反映了社区设计的复兴，并在规划中以交通导向、高密度和混合用途的地段为特点。[22]新城市主义的房子占据的地块

图7-7 佛罗里达州的滨海，新城市主义的一个示范项目，一个小城镇生活的理想代表

较小，土地细分通常包括新传统的适宜步行的街道网格，此外，新城市主义也特别关注房屋式样的建筑学设计，通常会有门廊、坡屋顶及栅栏围合的院子（图7-7）。

发展规划竞赛

随着发展规划分枝的出现，就产生了不同类型的发展规划之间的竞争。当代规划过程已经变得更加复杂和更具有竞争性，而规划结果已在城市政治和决策制定中具有一种更为重要的地位。

发展规划可以被想成一种严肃的社区竞赛，包含在其中的诸多利益和选手都是危险的，所有的选手都要试图使得未来的土地利用模式最适合他们自己的需求。政府规划师的工作是促进一种有效而公平的发展过程，并在一个被期待的未来土地利用模式里面平衡所有参与者的利益。为了有效地做到这一点，规划师必须抓住发展规划的基本前提，即所有的选手，包括规划师，他们之间是相互依赖的。既然单独的选手或者集团很少有足够的能力去单独影响重要的发展决策，那么他们就必须赢得别的选手的同意并缔造联合来达成他们的目标。因此，各个选手既是竞争对手又是搭档，而影响发展规划的将会是所有参与者之间合作达成的协定。

选手和规则

发展竞赛中的主要参与者是市场选手、政府官员、社区倡导者和涉及利益的私人。市场选手包括土地拥有者、开发者、建造者、金融家及其他从发展寻求利益的人,他们主要是进行售卖及购买土地或者是融资、建造及销售住宅和商务设施。政府官员包括联邦、州、区域的当选官员、地方层面的法律构建者、公共基金投资者、行政管理者和作出规划决策及项目的同时寻求保持其权力基础和使命的人。社区倡导者和涉及利益的私人包括邻里代表、环保组织、经济发展组织、农民团体、纳税人组织,以及促进各种社会及政治目标(包括种族平等)的协会,所有这些人,都从为其自身特定的价值及目标寻求政府决策支持的角度来看待发展。

当规划师处于不断的竞赛中时,矛盾是以规则来缓和的,规则包括支配规划、开支、税权及政府决策制定程序的宪法预案,以及各种法律和规章等。规划师的角色是发展竞赛管理者、建议者、起草者及发展竞赛规则的执行者。然而,由于当选官员和法院是这些规则的最终仲裁者,因此,规划师必须懂得法律、财政及法律程序方面的知识,并制定出竞赛规则和策略。在作为竞争管理者的能力当中,规划师还要具备促进合作以达成双赢结果的能力。为了有效地做到这一点,他们必须仔细留意并回应各种利益、行动以及其他选手的联盟。在每一个步骤中任何不理解竞赛的规则都有失去信任和权威的危险,而信任和权威是保护广泛的公众利益能力中至关重要的。

尽管发展规划竞赛是由官方规则来支配的,但它并不是一个以技术知识和公共利益系统平衡为基础的理性的、线性的过程,而是一个服从于影响、感情、以及经常是短暂的各种利益的政治过程。其过程和结果在根本上要受到地方民主政府系统的支配,例如,在公共听证会上一个愤怒的演讲者及选举人的电话,对于当选官员的影响来说,会比统计分析、影响评估、预测、以及职业规划师或者是规划委员会的建议更有分量。对于初学者来说,当政治关注超越专业的推荐意见时,发展规划就可能是一个混乱而挫折的过程。

在发展规划中政治是一个活生生的事实,但那并不意味着社区就无法规划,它意味着规划必须承认政治内容,并且要将社区参与、公众教育及达成一致意见综合进规划过程。规划过程中规划师的作用是帮助选手掌握未来的景象、目标、方法以及选择和遵循一个规划。我们将各参与者包括进规划的拟订和执行过程,使竞赛的性质从竞争改变为合作;通过识别、开发及记录利益集团之间所共享的财富,使规划成为解决社区争端的机制;通过提供一个技术分析发布和讨论的论坛,使规划拥有社区教育的作用;通过表述规划后的景象,为公众提供灵感。

发展规划原则

为确保社区理解,形成规划过程并使得规划产生结果,开发指导性原则是每一个新规划制定过程中第一个步骤。这个部分所描述的发展规划原则,已得到广泛运用。这些原则并不仅仅是单纯的运用,而且还鼓舞了规划及社区为它们更好的规划去发展他们自己的原则和标准。[23]

社会倾向的概念也许最好地捕捉了这些发展规划原则的本质。社会倾向就是承认未来二十年社会及技术快速变化的困难,并通过不断地收集知识以调整其目标和回应新的信息与条件。以社会倾向为基础的规划,既有助于社区考虑想要什么,也有助于依据所有的条件理解到什么地方获得什么。它就社区问题及机遇告知并教育决策制定者及市民,以便促进意见达成一致并推进明智的行动。一个成功的发展规划将引导社区深入规划的制定过程、规划内容及规划竞赛的管理。

规划制定　规划制定是一个建立在开放及包容的社区讨论基础上的达成一致意见的过程,它吸收了整个社区的经验和专门技术,并创造了一个机会,这个机会将专业分析师的技术信息、知识、理解与参与者对规划的理解同一般公众的要求融合在一起。以下方针将有助于使规划的制定过程走上正轨:

创造一个规划过程超出对规划单纯的参与。在为解决分歧和创造共享的成果而构建一个建设性的、寻求一致意见的社区盟约的过程时,这一过程应贯穿整个规划的制定周期——从评价现状条件,选择替选规划,到规划执行,要确保过程具有公平的渠道来听取、记录、讨论及合并所有投资者的关注、价值和建议。

对来自市民自身经验的信息和专业分析师所提供的技术信息,我们都要充分吸收,而且还要确保居民能够便利地使用数据库进行分析。

要平衡包括周边地区、开发者、环保激进者、商务社区、当选官员以及社区在内的所有与规划相关的人的需求。例如,邻里经常是反对变化的;环保激进者希望保护自然资源;开发者和商业利益者想要获得利益;而当选官员则需要一个规划过程使得他们可以回应他们的选民。

在考虑发展替选规划的过程中,要意识到两个重要性:①地方的环境、经济、政治及政府间的因素;②法规及宪法的约束。

规划内容　规划应该是社区努力实现一个令人满意的,未来公共及私人决策制定的总体指南。下列方针有助于确保规划内容是可被理解和操作的,同时它们也反映了目前最好的实践:

书写规划就象讲述了一个人们愿意阅读并愿意追随的清晰故事,它将事实、价值、推荐及执行等合并在一个吸引人而可读的格式中。通过描述假设、信息来源及推理的方法,以加强规划的可信度,并通过确定优先以论证目标和政策的承诺。此外,它还使用表格和图纸来表达目标和影响之间的联系。

详细阐述的执行策略以便参与者明白其目标将在实践中得以实现,并通过政策的采用来实现分解过的可度量的目标。

根据政策的执行和结果两个方面建立监控和评价的程序，为政策执行分配责任，并为一段时间之后的监控和调整执行提供基准。

在规划中合并可持续发展原则和"最佳实践"发展方法。可持续发展为一个满意而平衡的未来提供了基本原理，为市民和公共官员提供了可分享的过程；"最佳实践"方法则确保社区在新问题的解决方法上保持一致。

管理发展规划竞赛　规划师的作用不仅仅是一个技术专家，还要管理发展竞赛，要帮助设计一个引导社区投资者走向双赢结果的过程。下列推荐将有助于规划师完成这个任务：

承担责任，作为发展管理者设计规划过程和起草并执行竞赛规则，在追求社区共同目标的过程中促进选手之间的合作。[24]

利用发展过程中的信息、投资者、政治议程及关键决策点，来追踪投资者的利益、行动及联盟，并提出能产生出一致意见的解决办法。

如需要确保意见一致，还应向包括第三方的促进者或者是仲裁人提供必要的资源；承认矛盾，并使其变成一种创造新的结合及达成投资者之间平衡的机会。

留意发展竞赛的长期结果，这既是为社区也是为社区投资者之间的关系。

好的发展规划实践

可以肯定的是，20世纪发展规划最生动的理念是变化及创新开放的价值，在规划中避免僵化，并乐意学习新的经验和理念，这使得规划师在一场艰难的竞赛中生存下来。正如下列案例所示范的一样，通过采用前述原则，即使在充满挑战的条件下也是可以创造有效的规划的。

这个部分通过四个当代实践的良好例子，说明土地发展竞赛中有效发展规划的原则。四个例子的共同点是都以一致的意见为基础，并且都是多维的规划故事，但是它们强调的重点有所不同：①北卡罗来纳州卡佩黑尔的小范围规划，强调居住小区层面的土地利用设计；②怀俄明州杰克森/特顿的城市—县合作规划，是在可持续发展主题里糅合了土地利用设计与发展管理；③加利福尼亚州圣迭戈的协商环境栖息地规划，则是在生态学基础上强调土地分类；④俄勒冈州波特兰大都市的邻里—城市—区域—州规划，它强调的是政府间的增长管理。

例子都不是惟一的，也不是绝对成功的；然而，它们却说明了发展竞赛内容艺术级的演变。

卡佩黑尔：小范围规划和新城市主义

卡佩黑尔，在1998年是一个大约4万人的社区，是北卡罗来纳大学所在地。尽管卡佩黑尔拥有政治和社会意义上的自由主义社区的名声，但很多居民和当选官员还是倾向抵制新的发展。大多数的发展项目遭到了公众的批评和攻击，许多项目也因此而终。[25]一个不赞成发展的邻里联盟阻碍了很多革新的项目，内容包括从一项邻里的生态保护项目到一座公共—私人中心的城区旅馆、公共广场以及地下停车库项目等。

为遵循1989年总体规划的执行，构建关于特定土地利用模式的一致意见，卡佩黑尔在1990年制定了一个小范围规划的规划方式，每一个小范围规划覆盖一个城市服务区域，在其中，居民、土地拥有者以及其他投资者均对规划进行参与；社区建成区周围主要的未开发土地被指定为城市的过渡区域，为将来发展作准备。规划基本上是详细的土地利用设计，尽管它们也结合了执行策略、公共设施及土地利用方面的内容。

第一个完成的是1991年的南部小范围规划。[26]总体规划已经指定这个面积2750英亩的区域为城镇发展的最终用地，并注明①扩大现状的重力排水系统可以对该地区进行服务；②它包含大量的环境保护敏感用地。现状的土地利用包括2个小型的商业区域、一些农场、2个采石场、5个居住小区等约650个平均4～5英亩的地块，内含约550个居住单元约1200人。一条重要的高速公路横穿该区域，并在城镇规划中有一处78英亩的公园用地、消防局以及临近高速公路的停车休息地块。

为在规划中充分吸收意见，当地组成了一个大约20人的工作组——包括镇规划委员会的成员、区域内的居民和物业拥有者以及其他对规划表示关注的市民，他们和规划部门成员一起工作了11个月，期间举行了3次会议充分吸收公众信息并对规划进行调整。推荐的规划于1991年10月呈给镇议会，镇议会在1992年最终采用规划之前，也举行了数次公众听证会议。

南部小范围规划有四个全面的目标：①确定发展中要保护的区域；②为土地开发提出方针；③为即将发生的开发提出支持性的交通系统；④对绿地和公共设施网络提出建议。

在规划过程中，以卡佩黑尔范围内已经呈现出来的以现状发展模式为基础的三个设计概念，被确定和评价为南部区域所使用的有潜力的模型。一是"传统模式"，它描述的是大量郊区地块内的独立住宅，住宅区与商业及办公区域分离，其内部道路形式为尽端式；二是"组团模式"，它也用于郊区家庭的独立住宅，但它们被组群化以创造宽阔的普通公共空间，并保留了陡峭的坡地、泛滥平原以及其他一些环境保护的敏感区域。在上述两种模式中，主要的交通出行方式是利用私家车。三是"村庄模式"，它比传统及组团模式更加有利于步行方式，特点是将多种住房的式样和密度与商店、办公及市政公共设施混合在一起，通常建立在具有平行联络路线的传统方格网道路中。

在卡佩黑尔推荐的规划中综合了来自三个设计概念的发展模式。传统和组团的模式被布置在区域的外围，靠近现状的居住小区和农场；村落模式被布置在中心区域一块300英亩的未开发土地上，临近一所现状学校和高速公路，混合了居住、办公、商业、度假休闲区域和一个可能的学校选址；泛滥平原及陡峭坡地得以保留，内部道路网络、自行车路线、人行道及林荫路被设计用来减少对机动交通的依赖（见图7-8）；村庄地区的区划调整为允许更多的土地用途混合，而保留区域的区划则只允许低密度及主要是独立住宅的使用者。

由于卡佩黑尔在20世纪80年代晚期及90年代早期存在反对发展的思潮，因此在公众听证中出现了一些引人注目的反对意见。南部小范围规划的采用进行了一些小的修改并成为总体规划的一部分。之后不久，一个发展商获得了村庄部分的开发权并建议了南部村庄，一个新的规划师项目基于20世纪早期规划的北卡罗来纳的邻里（见图7-9）。在1993年的上半年期间，南部村庄的总体规划开始

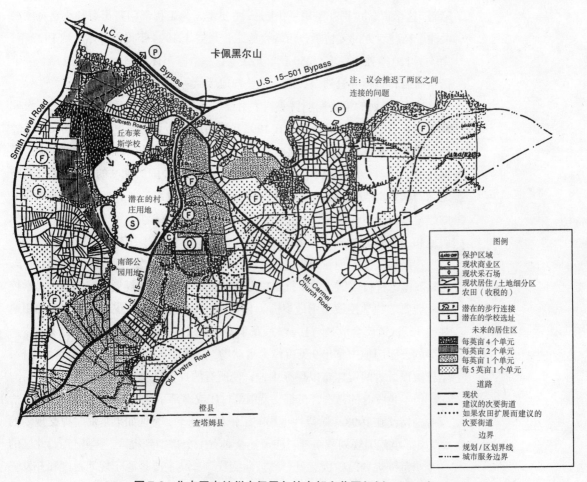

图7-8　北卡罗来纳州卡佩黑尔的南部小范围规划，1992年

图7-9 新城市规划信条的范例,卡佩黑尔的南部村庄自称为"一个新的老邻居"。市场及咖啡馆在村庄中心,在大多数社区居民的步行范围内,这是一个自然的聚集地点

进入政府审批过程,又出现了少数的公众反对意见:在四个月的议会讨论后,项目取得了一致意见。但是,镇议会的批准只是总体的发展规划——回顾起来,对这样一个新的项目这是一个错误。

当工程人员审核施工文件时,他们使用的是老的街道标准,这使工程遇到了障碍。这个审核过程几乎用了9个月,主要是因为工程部门对街道和小巷宽度的关注。经过双方的妥协后,市政设施工程最终于1994年得以开始。到1997年,完成了120幢独立住宅、250套单元住宅、一个停车休息站、一座托儿所、一个街角商店和一幢办公建筑,所有这些构成了第一期工程。

然而,规划的第一期项目遇到了困难。一些原来的支持者因单元住宅建设砍伐了树木而惊慌失措,当规划在1996年进行公众听证时,更多的市民反对已经确定的开发密度、规划的交通影响、以及连接临近邻里和未开发土地的道路。根据居民的反映,规划部门进一步修改规划,降低了外围的地区的密度、取消道路之间的联系,结果,第二期项目到1996年才获得批准。到了1999年,独立住宅的数量增加到600栋,此外还增加了一所学校、一座教堂、一个足球场、一条林荫道和一座办公——商业建筑。

在南部村庄的创新当中,当选官员、学校董事会及发展商之间惟一的合作,是重新考虑在村庄周边的步行距离内所需要的一所小学。规划反应的问题是学校董事会要求的学校最小用地规模是15英亩,大大超过了村庄总体规划中的用地规模。经过镇议会成员与县、学校董事会及发展商一起讨论,协调的结果是,从镇旁的公园用地中拿出9英亩作为运动场,发展商再拿出另外的6英亩给学校,学校被设计为两层建筑以保存土地,使所有的投资者获得双赢。

但不是所有的当选官员都支持南部村庄或南部小范围规划后面的规划概念,反对的情绪在1998年阶段性地影响了镇议会选举,而且如果是那时提交规划的话,南部小范围规划或南部村庄可能会必有一个得不到批准。事实上,西北区的一个小范围规划就曾因意见分歧被而搁置,分歧主要是源于规划密度和开发强度,此外,还有一块原本规划作为城镇垃圾填埋场的用地,也最终被否决了;另一个新的规划项目米顿蒙特,因来自富裕居民的反对和诉讼而被搁置了7年,主要原因是富人们断言他们物业的价值将受项目的交通影响而降低。

南部小范围规划及南部村庄规划的成功,证明了将规划过程看作达成一致意见的机会,以及创造一个能为公共及私人投资者都提供清晰指导的规划,可以为创新的发展规划克服一切反对发展的艰难障碍,而且在最终几乎不会存在反对意见,因为潜在的反对者已经进入了规划过程,并且协调结果也使得所有投资者都感到满意。这个案例一是说明了时间的流逝左右发展竞赛结果的重要性和政治派别转换的力量;二是说明了当创新的建议放到桌面上时,在政策批准过程中包含特定细节的重要性;三是说明了不管原来的一致意见是如何建立的,当一块空旷地开始动工的时候总会有反对意见出现;四是说明了小范围规划比社区范围的规划更加专门化,也比项目设计要多一些东西,能够解决中等土地规模的各种问题。

怀俄明州杰克森霍尔:可持续发展及合作的土地利用规划

遍布美国的很多社区正在经历快速的变化,这威胁到它们的自身特性。杰克森镇和特顿县在杰克森山谷所采取的发展途径,对于其他在一个敏感的环境条件下,[27]面对增长压力而力争保持自身生活方式的社区具有教育意义。特顿县土地发展竞赛中的各个选手将各种极其矛盾的立场带到了桌面上,但因为它们同样也分享重要的公共价值,因此他们进行了成功的合作,并为发展规划创造了一个行之有效的规则。

特顿县的人口在1980年到1996年间增长了80%——从9000人增长到了16000人。[28]作为大特顿和黄石国家公园的门户,杰克森和特顿县于1983年扩建了地方机场以提供喷气式飞机的服务。在20世纪80年代末期及20世纪90年代期间,杰克森霍尔也从一个经济主要依赖农业和旅游业的混合收入阶层社区,变成了一个高消费阶层的度假区域。1994年,当地每套新住房的平均价格是255000美元,而1996年的报道则超过了600000美元。[29]较低收入及中等收入的居民被高收入居民所取代,很多"战利品住宅"(trophy home)的建设开发在镇外展开。[30]此外,带状的商业中心开始从传统的中心城区向外扩展,大量的农场土地开发侵入风景区和敏感的野生动植物栖息地——而这正是长期健康的度假经济所依托的资源。

到了20世纪80年代晚期,市民已经清楚认识到他们希望能够更好地管理当地快速变化的步伐,于是,土地利用规划和增长管理就成为当地政治议程中最重要的事项。由于镇和县是如此地相互依赖——例如,支撑旅游驱动经济的资源(自然公园、滑雪区域、森林)主要位于县内,但服务设施(旅馆、餐馆、商店)却位于杰克森镇的中心——因此,合作规划就成为必然,双方将权限联合起来以集合不同的利益,调停差别并制定一个共同的总体规划,阐明一个共有的未来发展和战略的景象。

1989及1990年,镇和县各自承担独立的规划工作;1991年,他们开始进行联合规划(包括镇和县的地方官员、顾问、州及联邦机构的代表以及大量当地的团体)。将两个权限聚拢到规划中的一个关键要素,是1990年3月的一个叫"成功社区"的景象工作室。该工作室由47个组织发起,被一个外部协调者领导,并聚集了超过300名的参与者。在当地规划师看来,技术精良的协调工作室是管理社区中不同成员间矛盾的工具。这些成员包括商人、发展商、农场主及环保激进主义者;长期、全年工作的不同收入阶层的居民以及更多的新居民、富人、部分时间工作的居民;还有履行各种各样地方政府职能的当地官员。在确定了自然、社区资源和所关注的区域后,所有参与者提出了自己希望的社区景象。[31]按照一个地方当选官员的陈述:"这真是一个关于我们期待的社区成为什么样子的紧密的政治契约"。[32]

共同规划工作由社区论坛、景象演示及协调圆桌组成。紧随其后,规划过程的参与者承担制图方面的工作,通过"一种对社区规划问题及机遇的图表及它们之间的空间地理关系的描述",[33]不仅为杰克森合成了确定建成区及自然区域的图纸,明确了现状特征,而且也明确了什么地方的特征值得保护,什么地方需要改进。[34]有关县的杰克森外围土地的图纸描述了三种类型区域:①用于农场的开放空间区域,野生动植物栖息地保护区及风景保护区;②邻里保护区,社区发展的协调特征应该得到鼓励的地区;③未来的居住、商业及度假开发区域,包括高密度开发区和经济适用住房区。

所有这些努力的最终结果,是杰克森和特顿县于1994年采用了一个总体规划。该规划的组成内容包括景象描述、发展管理策略以及四项"指导原则",原则来自共同的努力并设计"用来协调增长的利益和增长管理的利益"。合并起来,这四项原则就清楚地表达了可持续的主题:

1. 特顿县的野生动植物和风景资源是国家和地方的财富,因而,社区公认有责任加以保护……[阐明了超越地方利益及跨越数代人的可持续原则。]

2. 特顿县第一是一个社区,第二才是度假区。社会多样性是一个确定的社区特征,而充足的住房则被看作保持特征的基础……高端居住及商业开发不允许在损坏为永久居民提供经济适用住宅的情况下占据社区。[阐明了社会公平及多样性的可持续原则。]

3. 本规划的意图是为可持续的以观光为基础的经济创造条件,而不是依赖增长……[阐明了在一个可持续的自然环境中发展经济的原则。]

4. 作为(这是)一个根植于个人主义、公平及宜人的社区,本规划旨在利用和发展方面为物业拥有者和地方商务尽可能地提供弹性……[阐明了政府在控制私有土地利用方面达到公平和合理把握一致意见的原则。][35]

有趣的是,规划的"人口、经济和增长"章节并没有像传统的规划一样,专注于规划未来所能容纳的增长;取而代之,是探究了"增长如何影响社区,以及如何最好地进行管理以惠及整个社区。"[36]规划将这方面的策略建议为:①平衡居住、商业和度假开发之间的增长,以保护和加强社区特征;②界定保护社区特征所需要的增长边界;③以一种方式管理增长的速率,使社区发展的同时保护社区特征。此外,规划也研究了不同地区建成区的设想(例如,在现行政策和规则条件下设想区域得到完全发展),建议了一个监控土地供应及城市发展变化的程序,确定了发生多少变化就需要修订区划图纸以保持一个地区的特性。

我们从杰克森镇和特顿县的经验中总结出两个重要的方面。第一,使用一种包含广泛选手的分享及合作的方法,就有可能创造一种公共价值等于(甚至是高于)私人价值的环境。规划过程有助于发展竞赛选手承认他们对彼此的依赖并打破它们之间的僵局。

第二,经验示范了可持续性原则在地方发展规划中的运用。规划保护了作为地方特性及场所感觉一部分的自然资源;意识到对自然资源的护理责任并超越了权限的边界;提倡必须要适合地方社区特征及自然资源的要求,而不是对之进行掠夺式利用的经济发展;在承认规则和其他公共干涉需要的同时意识到私人利益和价值的正当性;在公共讨论的基础上制定出景象和策略。

没有说明的是,规划激起的争论会使得杰克森霍尔的规划工作不完整。在一些市民看来,规划和执行过程仅仅反映了部分团体和个人的一致意见,从而从深层导致了社区中不同利益集团之间不断的分歧;而且,这些市民还感到规划过程实际上是在加深分歧而不是对分歧加以协调。[37]例如,一些土地拥有者和房地产利益者相信,规划被强有力的环保组织所强迫,其结果是不公平的;与此同时,一些环保激进主义者和规划倡导者也感到,房地产利益者也成功地削弱了开放空间及策略,还有廉价房屋的标准。

简要地说,特顿县和杰克森镇所使用的方法,说明了一个社区如何能够将众

图7-10 不规则线条及433吨沙石的使用,让怀俄明州杰克森霍尔的自然野生动植物博物馆融入了参差不齐的风景

多的投资者包含进发展规划当中；也说明了一个或多个规划拥护者，也许需要在一个共有的规划过程中克服必然的障碍。在这个案例中，一个基础宽泛、组织良好及资金筹措良好的组织被叫做责任规划联盟，它促进了整个山谷地区长远的规划，一个地方土地基金促成了土地拥有者的自觉，并愿意扩大其职责议程超越公共空间缓和的简单鼓吹。最后，镇和县都坚持一种合作的关系，并一起寻求能够反映长远可持续发展主题的土地利用政策。

圣迭戈：协商的保护规划

圣迭戈是南加利福尼亚的一座快速发展的城市，1990年的人口为250万，预期2015年的区域人口将超过360万。其中心城的增长规划竞赛受到两个强有力的增长组织的支配：①中心城开发公司，为其高度成功的中心城购物中心霍顿广场，以及其下属的盖斯来普廊特旅游地聚敛土地；②圣迭戈港口管理局，正计划将林德博格领地机场和港口公共设施都加以扩展。然而，不是所有的中心城发展规划都将目标定位于商业改进；中心城以"主动宜人的邻里"为目标，并在现状的较老的邻里中创建22个邻里服务中心。[38]

圣迭戈有一个增长管理规划，其中所设定的增长等级和土地分类规划的方式一样，主要包括："城市化等级"，包括现状的市政基础设施和公共服务设施系统，在其中进行填空式的开发；"规划的城市化等级"，容纳主要的新增长，用一种开发时扣缴所得税的政策来提供新的公共服务设施的资金；"未来的城市化等级"，城市拥有保留区域的低密度开发方式，其中的开发在二十年内将受到限制，并要求每个居住单元用地至少有10英亩；"环境等级"，被建议用来保护峡谷、陡坡、湿地及其他自然资源，但这一项从未执行过。[39]

执行增长管理规划出现了很大争议，主要是此起彼伏的开发利益与环保论者和其他集团之间的利益不一致。其间，未来的城市化区域——城市最后的边境——正在超前于规划地向低密度开发敞开，这引发了人们对"城市远郊土地将会被负担得起10英亩宅基地的富人所占据"的担心。

在这场有力的规划争论的中间，一项独特的生态区域发展规划工作成功地缔造了一种创新的程序，以拯救允许开发的指定地区内面临威胁及濒危物种的栖息地。圣迭戈物种多样保护程序（MSCP）试图保护900平方英里区域内172000英亩的重要栖息地，这些栖息地覆盖了城市和20%的圣迭戈县。[40]触发MSCP主动性的是很多有关联邦濒危物种法案，它限制了圣迭戈区域内开发项目的活动。例如，原计划在一块面积约2300英亩的土地上进行一个可获得10亿美元销售额的项目，但由于在该地块上发现了加利福尼亚的食虫鸣禽———一种微小的濒危鸟类，其栖息地是南加利福尼亚的沿海灌木丛，因此这些土地最后被定为保护区，以保证85种濒危或面临威胁的动植物物种的生存。

MSCP始于1991年，它任命了一个30个成员的工作组，其中包括12个权限部门和州与联邦机构以及相关的公共和私人组织。主要的投资者代表经过四年半的协商，对计划达成了一致，这些代表主要是圣迭戈的"濒危栖息地联盟"、一个由40个环保组织组成的联盟、栖息地保护的主要组织、一个物业拥有者组织。工作组的主席是圣迭戈市长的助理，他主要负责发展商、建筑公司、公用设施、环保主义者及联邦机构之间的建设协定。[41]

环保主义者关心的，是濒危物种法案的各个物种安全网络机制无法进行整体管理的非可持续行为，这也就不能完整地保护生态和景观。他们赞同一种新的生态区域方法，按照不漏缺现状栖息地网络的标准，将之综合进地方土地利用规定。而发展商们则想要一个数量化、有保证且切实的规划来肯定地告诉他们哪里能够建设，即一个"不会变化"的联邦政策。

MSCP以总体的科学分析为基础，其中包括区域的植物群落和物种、土地所有权、土地利用及地理信息系统（GIS），对现状重要生态资源进行保护，并基本确定历史及未来增长之间的差距；它也不是只顾某一物种某一段时间内的保护，不是片断式的、一个一个项目地进行生态区域的保护，而是计划保护栖息地和开敞空间中重要的斑块（"生态核心区域"）及走廊（"生态连接"，见图7-11），以求完整地保护自然植物"群落"及相关的物种。MSCP旨在保护生物多样性，增强其生命质量，并提高区域作为一种商务选址的吸引力。

与此同时，MSCP非常明确地告诉发展商哪里可以进行新的开发，使现在的发展商在其房地产开发项目中首先解决生态问题，而不是最后再评价这个问题。不仅如此，MSCP还建立了一个法定而又程序化的框架，向投资者发布正确的经济信息，如，通过地方规划的完善执行规划；开发许可；从联邦、州以及地方筹资等方面获得土地，还有私人发展商的土地提供或者是用于解决环保问题的地产银行等。此外，MSCP的次区域规划也作为一种完善的内容被合并在地方总体规划和建设规章当中，并使用了一种新型的环保检讨程序。

MSCP于1997年被圣迭戈市采纳，但是，公共资金的问题直到2000年的公民投票中才得以解决，此外，也有一些私人物业集团和政府职员对规划并不满意。不论一直存在的关注如何，圣迭戈的MSCP代表了一种新的标准，它将发展规划与环保论者、发展商、联邦、州及地方政府带进了一个科学和投资者利益结合的新型综合当中，它通过使用规划程序作为一种建立一致意见的机会，并将规划作为未来公共及私人决策的准则。MSCP示范了一种最好的开发规划实践，这种实践对于解决投资开发与环保问题的矛盾是非常有益的。

波特兰：综合的多政府规划和增长管理

很多人认为俄勒冈州的波特兰是美国最具活力的大都市地区之一，它占据了维拉米特河的优美环境，并临近富饶的农业谷地及茂密的森林。1995年的人口估计为173万人，预计2020年将增加约50万人。波特兰大都市地区的开发规划集中于增长的管理，以保护地区内的自然景观和城市生活的质量。

对于波特兰市以及俄勒冈州的其他任何城市来说，规划始于1973年州政府层

164 地方政府规划实践

图 7-11 圣迭戈总体 MSCP 规划中的生态核心区域及走廊,标明了要保护的栖息地和开敞空间

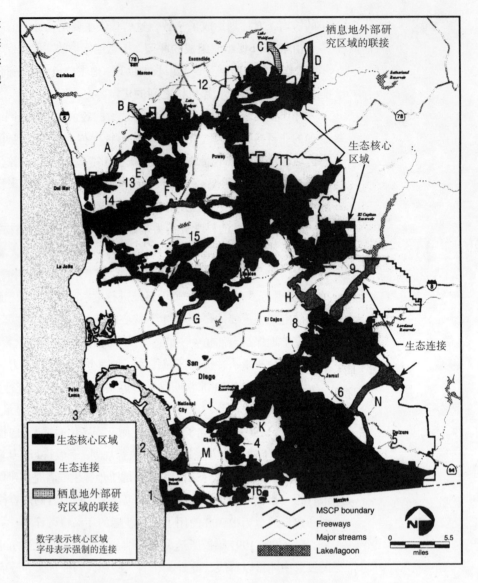

面的《俄勒冈州土地利用法案》——法律制定了整个州的目标,并有效地制定了联合州、大都市及地方政府责任在内的开发规划。各地方政府例如波特兰市必须制定开发规划并作为州的目标及原则的一部分,除非制定地方规划并得到批准,否则州政府就保有高于地方土地利用法案的权威。这种安排使得州政府有权冻结开发、同意或者否决地方的建筑许可;有权强制投入、保留州政府许可权及分享税收。

在波特兰大都市的案例中,还有一个区域性的管理架构——大都市议会,它始建于 1970 年,并分别于 1978 年及 1992 年两次得到加强。现在,大都市议会已经是一个经过选举的实体并已拥有自己的章程了,其明确的责任是:增长管理、交通、土地利用规划、固体废物管理、区域性公园及绿色空间,以及为波特兰中心城周围的 24 个市政当局和 3 个县提供技术服务。

波特兰采用几个机制来完成开发规划:①一个城市增长边界(UGB);

② 2040年区域性规划；③ 一个潜在后继（或者说是执行导向）的"功能规划"，为地方政府管理增长及提供区域性规划中的市政基础设施和服务提供了权威和要求。这些机制统一进了1997年的区域性结构规划当中，这一切都是为了协调区域内各个地方权限的规划，尤其是那些涉及区域UGB及区域性问题的地方权限规划，例如交通问题及经济适用住房问题（图7-12）。

与社区合作建立并管理的大都市地区UGB，也许是最为重要的开发管理工具。UGB是一个边界线，将确定要开发的地区与要保留的农业及森林用途的土地分开来。在大都市侧面的土地利用竞赛中，大都市与各地方政府之间的谈判协商内容，转变为地方政府或者是物业拥有者及发展商要求的边界。

很多规划师及波特兰居民相信UGB已经产生作用，即使一些发展商（尤其是工业项目的发展商）抱怨它太过于严格，迫使增长几乎没有合意的地方，并抱

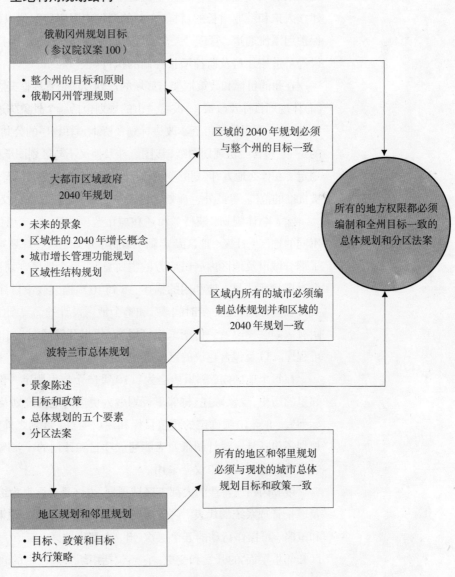

图7-12 俄勒冈州大都市地区规划中用于长期管理的政策框架的多层复合、政府间的规划结构

怨使得土地和住房价格居高不下。而其他人则担心开发已经在UGB内蔓延，并且有相当数量的低密度开发被允许在边界以外的"例外"土地中进行，这些土地被认为对农业及森林用途不是至关重要的。总体而言，大都市议会已经成功地维持了UGB，从而迫使地方政府"生存"在边界范围内；它不仅减少了开发向周边农场及森林土地内的蔓延，[42]而且也鼓励了中心城区的开发。

大都市区域的2040规划是一个总体土地利用设计，为大都市地区的形态和特征设定了基本政策。区域土地利用设计包括中心城市、区域中心、走廊、主要街道、提供地方服务的城镇中心、邻里、有过境车站的社区、开场空间数量及UGB之外的郊区保护。一系列更为专项的规划解决不同的问题，例如区域交通问题、UGB的连续执行问题，以及指导地方土地利用规划及开发决策的标准及程序的制定。

大都市议会以大都市"增长管理功能规划"的形式考虑了一种更为直接的策略，即一种具有条例作用而不仅仅是一种政策陈述的区域开发机制。它会要求各地方政府改变他们的条例以解决特定的问题，例如，依据未开发土地供给的情况建立人口和就业增长的目标，在新的开发中限制停车位以鼓励非机动化的交通，保护河溪流通道，管理"大盒子"式的零售商业选址，保持区域道路的通畅，建设经济适用住房及监控增长控制的执行。

在州的目标和政策框架与区域的规划及增长管理框架之下的，是波特兰市的《总体规划目标及政策》。波特兰市的规划包括一个景象陈述、土地利用目标及政策，以及一个引导城市资本改进计划及资本预算程序的公共服务设施体系。最重要的是，它包含一份规划图纸，该图纸涉及但又不与区划图纸相同，规划图纸清楚地划定了在什么地方，区划的变更可能会或者可能不会被同意，以及区划分类可能会被批准的范围。[43]此外，规划还包括一个关于研讨、修订及更新规划的参与程序。

除了总体规划，波特兰市还在城市范围内通过一个地方的参与程序为10个不同的地区（社区、地区及走廊）编制了规划。这些规划被城市议会采用，代表了部分城市及地区内居民双方的主要意愿。每个地区规划包括一个景象陈述、一个对现状条件及土地利用的描述、5到10项描述政策目标的政策要素，以及有关特殊问题的行动（带时间表）和整个地区设计的简要图纸。地区规划有时候会附有区划法案以及一份图纸修订报告，提出开发区划，列出允许的用途，描述许可程序，以及包含建议的区划变更图纸等。

在每个地区内，邻里协会为每10到15个邻里制定一份规划。每份规划包括邻里的历史、景象陈述、将邻里规划融入更大的地区规划及波特兰城市规划的目标列表、8到10项确定的政策目标和建议项目、计划之外的政策要素等。此外，规划还包括社区设计图纸及表明建议项目和计划的一张图纸。和地区规划一样，邻里规划也将被城市议会采用。

俄勒冈州波特兰的大都市区域规划，也许是美国最为综合的政府间开发规划及增长管理系统的代表。它包括规划过程、目标、开发政策、空间上清晰的景象和策略、可操作行动的五个层次（州、大都市地区、城市、城市内的10个不同地区和邻里层面）的开发和变更。它还包括组织管理严密的政策限制及规划制定资源，以保证不同层次社区及政府之间的垂直结合。规划一是解决了州层面的问题，例如市民参与、资源的保护、以及郊区到城市的有序的交通形式；二是解决了区域层面的问题，例如公共交通、城市形态、以及自然资源的保护；三是解决了城市层面的问题，例如住房、经济发展及公共服务设施；四是解决了邻里和社区层面的问题，例如保留地标及活动中心、复兴商业中心、更新邻里服务及社区服务设施、提高公共空间的城市设计等。

发展规划将走向哪里？

在地方政府管理日新月异的社会、经济及技术发展变化的工作中，发展规划将依旧是重要而有争议的。第一，当选官员、规划师、发展商、邻里组群、环保组织及其他投资者，将按耐不住地在不断变化的价值、问题及人口之间寻求稳定和平衡。不仅是明天的规划不得不去适应新的情况，而且随着对管理变更的关注，政府机构及非盈利性组织也不得不重新考虑他们联盟的结构和规则；一些对抗性的程序，例如公众听证及抗议请求，将需要换成更具有建设性的回应变化的方式；传统的规划部门将需要转换到新的工作和任务上，包括提供信息、促进意见一致、管理变化以及帮助创建社区景象等；执行邻里规划的权限也许需要新的下移，而且基于制度的社区也要比当选的实体要少一些政治上的狭隘。此外，还需要进行专门的工作，来确保主动反映具有种族和人种多样性的社区邻里之间的发展，同时，开发还要与总体的社区规划框架相协调。[44]

第二，当"土地利用的全球化"导致本地区之外外来投资者的出现——包括州及联邦政府机构还有国际社会以及国际的商业组织——规划师将要在一个充满诉讼、恐吓甚至肮脏伎俩的、高度政治化的环境中平衡众多的利益并解决艰难的争议。正如本章的"最佳实践"案例所说明的一样，当代的发展规划已然是一种致力于构建一致意见的课题，规划文件很大程度上是一种一系列连锁协定记录。明天的规划制定将会包括甚至是对礼貌的挑战、研究不同投资者内心世界、以及创造性的谈判等。

第三，规划及规划制定很可能会包含新的信息资源，增强我们理解并描述城市及自然系统的能力。开发规划的电子化，为拓宽公众参与（例如，通过网站上数字化地说明建议的规划及项目，就能得到社区的反馈意见），为进行经济、社会及环境影响的相关分析（例如，通过模型及GIS，为响应更多的变化监控及更为频繁的规划更新（例如，通过依靠基准及影响分析表现的开发跟踪）开启了无数的新机会。现在，我们对这种令人激动的"e规划"，才刚刚接触到它的一点皮毛。

富有活力而适用的规划非常适合应对不可预知的开发竞赛动态，有助于社区实现可持续的未来。为实现这些，规划师们必须始终对不断变化的社会需求及条件保持警觉和灵活，并为下一个千年（该书写于2000年前——译者注）不断培育可持续发展的机会。发展规划的制定要与良好的规划原则保持一致，而且它将继续成为地方管理、冲突管理及明智决策制定的重要手段。

注释：

1. This section is adapted from Edward I. Kaiser and David R. Godschalk, "Twentieth Century Land Use Planning: A Stalwart Family Tree," *Journal of the American Planning Association* 61 (summer 1995): 365-85.

2. 本章只讨论了少数新的根系，对规划"族谱"其他智力影响有兴趣的读者,可以参见上面引述过的恺撒及高斯恰克的著作。

3. For a history of development planning for the first half of the century, see Kaiser and Godschalk, "Twentieth Century Land Use Planning," 367-8; Laurence Conway Gerckens, "Historical Development of American City Planning," 20-47, and Elizabeth L. Hollander et al., "General Development Plans," 61-72, both in *The Practice of Local Government Planning*, 2nd ed., ed. Frank S. So and Judith Getzels (Washington, D.C.: International City Management Association, 1988); and Michael Neuman, "Does Planning Need the Plan?" *Journal of the American Planning Association* 64 (spring 1998): 208-20.

4. T. J. Kent Jr., *The Urban General Plan* (San Francisco: Chandler, 1964). Much of Kent's book was later summarized by Alan Black, who had originally worked with Kent, in "The Comprehensive Plan," in *Principles and Practice of Urban Planning*, ed. William I. Goodman and Eric C. Freund (Washington, D.C.: International City Management Association, 1968), 349-78. In a testament to the staying power of Kent's concept of the plan, his 1964 book was republished, unchanged, in 1990 by the American Planning Association's Planners Press in Chicago.

5. See F. Stuart Chapin jr., *Urban Land Use Planning* (New York: Harper and Brothers, 1957), and *Urban Land Use Planning*, 2nd ed. (Urbana: University of Illinois Press, 1965).

6. Chapin, *Urban Land Use Planning* (1957), 275-7.

7. See, for example, "The State of the Art in Local Planning," an appendix in Richard Fishman, ed., *Housing for All under Law: New Directions in Housing, Land Use, and Planning Law,* a report of the American Bar Association, Advisory Committee on Housing and Urban Growth (Cambridge, Mass.: Ballinger, 1978). The appendix reviews twenty-seven communities nominated by consulting firms and staff of the Department of Housing and Urban Development as having especially interesting or effective master plans.

8. For another analysis of plan types, see William Baer,"General Plan Evaluation Criteria: An Approach to Making Better Plans," *Journal of the American Planning Association* 63 (summer 1997): 329-44. Baer's list includes vision plans, blueprint plans, land use guides, remedy plans, pragmatic action plans, and ongoing planning processes (in which the plan product is secondary).

9. The land use design format is explained in Edward J. Kaiser, David R. Godschalk, and F. Stuart Chapin Jr., *Urban Land Use Planning*, 4th ed. (Champaign: University of Illinois Press, 1995); in Stuart Meck, ed., "Local Planning," in *Growing Smart Legislative Guidebook: Model Statutes for Planning and the Management of Change, Phases I and 11, Interim Edition* (Chicago: American Planning Association, 1998); and in Kaiser and Godschalk,"Twentieth Century Land Use Planning."

10. John M. DeGrove, *Land, Growth, and Politics* (Washington, D.C.: APA Planners Press, 1984), 9-63.

11. Carl Abbott, Deborah Howe, and Sy Adler, *Planning the Oregon Way: A Twenty Year Evaluation* (Corvallis: Oregon State University Press, 1994).

12. Ibid.; Hollander et al., "General Development Plans."

13. Peggy A. Reichert, *Growth Management in the Twin Cities Metropolitan Area: The Development Framework Planning Process* (St. Paul, Minn.: Metropolitan Council of the Twin Cities Area, 1976); Paul A. Bergmann, "Comments on the Master Plan/General Plan/Comprehensive Plan," AICP Notes, *Planning* 54 (January 1988): 24a.

14. *Comprehensive Plan, Calvert County, Maryland* (Prince Frederick, Md.; Calvert County, 1983).

15. *1997 Comprehensive Plan, Calvert County, Maryland* (Prince Frederick, Md.: Calvert County, 1997).

16. This list of components is adapted from a number of sources, particularly *A Model Land Development Code* (Washington, D.C.: American Law Institute, 1976). Additional sources include Henry Fagin, "Organizing and Carrying Out Planning Activities within Urban Government," *Journal of the American Institute of Planners* 25, no. 3 (1959): 109-14; Henry Fagin, *The Policy Plan: Instrumentality for a Community Dialogue* (Pittsburgh: Institute of Local Government, Graduate School of Public and International Affairs, University of Pittsburgh, 1965); *Gresham Community Development Plan* (Gresham, Ore.: Gresham Planning Division, 1980); *Comprehensive Land Use Plan* (Sanibel, Fla.: City of Sanibel, 1981, updated through 1987); and *Development Guidance System* (Elizabethtown, Ky.: Hardin County Planning and Development Commission, 1985).

17. *Comprehensive Land Use Plan* (Sanibel, Fla.).

18. *Gresham Community Development Plan.*

19. 尽管美国规划协会建议的模型在州法令最后的法定手册中可能会被修改，但它们确实反映了一个由规划师组成的具有广泛代表的顾问委员会、八个国家级组织代表及一个APA项目小组及员工的思想。

20. World Commission on Environment and Development, *Our Common Future* (New York: Oxford University Press, 1987), 8.

21. Philip R. Berke, "Sustainable Development and Land Use Planning: Jackson Hole and Teton County, Wyoming" (Chapel Hill: Department of

City and Regional Planning, University of North Carolina, June 1997).

22 For example, see *Final Environmental Impact Statement, The Mayor's Recommended Comprehensive Plan: Toward a Sustainable Seattle* (Seattle, Wash.: Planning Department, March 1994); and *Loudoun County Choices and Changes: General Plan 1990-2010* (Loudoun County, Va.: Planning Department, 1991). Readers interested in a description of new urbanism should consult Peter Calthorpe, *The Next American Metropolis: Ecology, Community, and the American Dream* (New York: Princeton Architectural Press, 1993).

23 Good sources for criteria on the quality of plans, planning, and planners include Baer, "General Plan Evaluation Criteria"; David R. Godschalk, Edward J. Kaiser, and Philip R. Berke, "Integrating Hazard Mitigation and Local Land-Use Planning," in *Cooperating with Nature: Confronting Natural Hazards with Land-Use Planning for Sustainable Communities,* ed. Raymond J. Burby (Washington, D.C.: Joseph Henry Press, 1998), 137-43; Philip R. Berke et al., "Enhancing Plan Quality: Evaluating the Role of State Planning Mandates for Natural Hazard Mitigation," *Journal of Environmental Planning and Management* 37, no. 2 (1996): 155-69; Dale J. Roenigk, "What Difference Does a Plan Make?" unpublished doctoral dissertation (Chapel Hill: Department of City and Regional Planning, University of North Carolina, 1997); and David R. Godschalk et al., *Natural Hazard Mitigation: Recasting Disaster Policy and Planning* (Washington, D.C.: Island Press, 1998), especially chap. 9, "State Hazard Mitigation Plans: Falling Short of Their Potential."

24 See David R. Godschalk et al., *Pulling Together: A Planning and Development Consensus-Building Manual* (Washington, D.C.: Urban Land Institute, 1994), and David R. Godschalk, "Negotiating Intergovernmental Development Policy Conflicts: Practice-Based Guidelines," *Journal of the American Planning Association* 58 (summer 1992): 368-78, for guidance on designing and operating a collaborative planning process.

25 见恩哈德"实践中的新城市主义"（南卡罗来纳州规划22，1997年2月号）。恩哈德指出卡佩黑尔斯是东海岸最难开发物业的地方之一，它的成功应该感谢一个时间冗长且花钱的公共研讨过程。任何超过四个居住地块的土地细分，在镇议会之前都要经过三个不同的市民顾问委员会及一次公众听证。几乎所有的开发目的都被看作"特别用途"，并且职员几乎不批准任何事情。

26 See Town of Chapel Hill, *Southern Small Area Plan* (Chapel Hill, N.C., 1991).

27 This case is drawn mainly from Berke,"Sustainable Development." We also examined the Jackson/Teton County Comprehensive Plan: see *Jackson/Teton County Comprehensive Plan* (Jackson, Wyo.: Teton County Planning Department, May 1994). See also Jim Howe, Ed McMahon, and Luther Propst, *Balancing Nature and Commerce in Gateway Communities* (Washington, D.C.: Island Press, 1997), especially 54-7.

28 See Berke,"Sustainable Development," 7.

29 See Howe, McMahon, and Propst, *Balancing Nature and Commerce*, 56; Berke, "Sustainable Development," 7.

30 See Howe, McMahon, and Propst, *Balancing Nature and Commerce*, 54-5.

31 Berke, "Sustainable Development," 10; Howe, McMahon, and Propst, *Balancing Nature and Commerce*, 56.

32 Berke, "Sustainable Development," 10.

33 *Jackson/Teton County Comprehensive Plan*, 1-4.

34 Ibid.

35 Ibid., 1-7 to 1-8.

36 Ibid., 2-1.

37 Berke, "Sustainable Development," 36; Benjamin Read, *Pressure on the Edges: Jackson Hole and Planning in the 1990s* (Jackson, Wyo.: Jackson Hole and Teton County Historical Society, 1995), cited in Berke, "Sustainable Development," 36.

38 See Peter Jensen, "San Diego's Vision Quest," *Planning Magazine* 63 (March 1997): 5-11. For an account of the intense downtown development planning game for Horton Plaza, as well as for Faneuil Hall (in Boston), Pike Place (in Seattle), and other downtown redevelopment projects, see Bernard Frieden and Lynne Sagalyn, *Downtown, Inc.: How America Rebuilds Cities* (Cambridge, Mass.: MIT Press, 1989).

39 See Nico Calavita, "Vale of Tiers," *Planning Magazine* 63 (March 1997): 18-21.

40 See Michael Leccese, "Balancing Act," *Landscape Architecture* (April 1997): 36-41. See also Multiple Species Conservation Program, *MSCP Plan*, vol. 1 (August 1996) and vots. 1 and 2, Revisions (December 1996); and "Draft Implementing Agreement by and between United States Fish and Wildlife Service, California Department of Fish and Game, and City of San Diego, to Establish a Multiple Species Conservation Program" (December 1996).

41 这一节的大部分，引自1997年4月9日在圣迭戈举行的美国规划协会国家规划会议上一次小组座谈汇报，汇报者是两个主要投资者集团和市长办公室的成员。

42 Douglas R. Porter, *Profiles in Growth Management: An Assessment of Current Programs and Guidelines for Effective Management* (Washington, D.C.: Urban Land Institute, 1996), 216-23, especially 218.

43 Bureau of Planning, *Comprehensive Plan Goals and Policies* (Portland, Ore.: City of Portland, 1995), 8.

44 See Randolph T. Hester, "A Refrain with a View," *Places* 12 (winter 1999): 12-25; and David R. GOdschalk and Robert Paterson, eds.,"Conflict Management in Urban Planning, Development, and Design," *Journal of Architectural and Planning Research* 16 (summer 1999): entire issue.

第8章 环境政策

菲利普·贝克、蒂姆塞·比特利、布鲁斯·斯蒂特尔

人类聚居点的创建无法不改变自然环境,问题是,自然能够承受多少改变? 规划师关注这个问题,因为他们的一部分工作是当各种价值相矛盾时,帮助投资者达成合理的妥协。在环境政策中,规划师帮助政府及私人开发商把握自然资源的保护,并利用资源获取经济和社会利益之间的平衡。

社区规划和设计决策的长期运作过程将消耗自然资源,增加人口,使人口面临自然灾害的危险,并将导致交通系统堵塞程度的增加。环境损坏的程度,不仅来自以政治决定讨论及争论为基础的规划决策,而且还来自规划师的分析能力及设计创意,以及规划师在环保方面的科学知识水平。

环保问题的独特性质使其成为难以管理的问题。第一,大多数环保问题,例如,空气污染、地下水污染以及因污染导致的渔业方面的损耗,均跨越辖区边界;第二,很多环保问题来自众多污染者各自数量都不大的污染物排放的累积,如,当点源污染(例如一座电厂或者是工厂)已经得到一些有效管理的时候,面源污染的控制要困难得多;第三,很多值得关注的化学品污染源还不是很清楚,例如,在美国普遍使用的约50000种化学品中只有一小部分得到了研究和测试,而且每年这些化学品的种类还新增约1500种,这些化学品中的任何一种都可能在环境中积累起来,造成难以预见的生态后果;最后,环保问题是动态的,它随着我们的科学知识水平及价值观的不断变化而变化,例如,对全球气候变化、臭氧损耗以及化学品对人类生殖系统的影响等问题的关注,都是相对新近的事情。

本章以美国环境政策历史的简述作为开篇。第二部分探讨各个层次的行政权限,从联邦到地方,是如何制定政策的。接下去的两个部分讨论现行环境政策框架的效力,并描述框架中新兴的替代方案,如生态系统管理、风险管理以及可持续发展等。再后面一部分回顾了用于规限环境政策及可持续发展策略的各个要素。在本章的最后部分,则简要讨论了规划师应如何提倡更为包容的和意见更为一致的环境政策和规划。

美国环境政策简史

设计用来保护或保存自然环境的公共政策在美国是比较新近的事情。在美国国家历史最初两个世纪(从17世纪中期到19世纪)的大部分时间里,政府政策致力于鼓励开发及克服自然界给聚居点带来的障碍,湿地、山体、沙漠及草原那时还没有被看作是要加以保护和珍惜的生态或审美资源,而是被看作需要征服和驯服的荒芜而冷漠的环境。

这种观念随着19世纪最后25年里公园及保护运动的出现才开始转变。自然保护主义者,例如塞拉尔俱乐部的奠基人约翰·穆尔,激情地为美丽的自然景观应得到保存而进行争辩。在这些人的努力下,1872年,黄石成为第一个国家公园,接着,约塞米蒂国家公园、美洲杉及火山口深湖国家公园也相继建立;1916年,又成立了国家公园护理局。除国家公园外,其他类型的土地也得到了保护,例如,国家森林系统创立于19世纪90年代,林务局建立于1905年,而当时的总统西奥多·罗斯福,也许是最为卓越的自然保护主义者,他对自然环境的保护与保存起到了至关重要的作用。

在改革时期,"效率的福音"成为自然资源管理背后的指导原则。[1] 改革者例如吉福德·平肖,林务局的第一任局长,他将森林看作是科学管理的自然原料,认为它们将随着时间的流逝成为最好的产品,保障长期的经济利用及环境价值是当时的核心目标。但在穆尔及其他保护主义者看来,有效率的管理仅仅是破坏自然的执照。直到今天,这种基于生态的保护和基于效率的保护之间的矛盾仍然在延续着。

保护和管理环境的努力在新政时期向前更推进了一步,这个时代建立了众多的野生动植物庇护所和土壤保护局及民间保护公司,它们承担了很多公园以及保护导向的项目。也是在这一时期,一些机构例如田纳西州流域管理机构承担了大坝的扩建及一些公共工程项目,这些项目反映了改革时期优先权的延续。改革时期强调的是为人类的利益,尤其是为改善贫困及郊区部分人口的生活条件利用和管理自然。尽管这个时期不是所有的环保结果都是积极的,但新政时期确实从法律方面确立了联邦在环境政策中的强大作用,为后来更为广泛的政策奠定了一个重要基础。

到了20世纪60年代及70年代,生态科学的进展及雷切尔·卡森、巴里·卡莫纳、保罗·爱立克以及其他人充满热情的著作,[2] 使我们对于自然世界中各要素之间相互关联性的认识大为进步。在此期间,美国人开始意识到污染的危险并看清了它们之间的联系,一方面,是烟囱冒出的烟气及油品浸泡的野生动植物,另一方面,是公众健康及生活质量。

在20世纪60年代以前,联邦涉及到环保事件时是相对谦让的,很大程度上是为州及地方政府提供有限的资金和技术帮助。然而,在20世纪60年代后期和70年代早期,国会采用了许多关键的环境法律条文,其中最重要的是《国家环境政策法案》(1969年)、《清洁空气法案》(1970年)、《联邦水污染控制法案》(1972年)及《滨海区划管理法案》(CZMA,1972),这些新的法律直接反映了公众对环境保护支持的增长。

虽然20世纪80年代继续有环境方面强有力的公众支持,但在罗纳德·里根总统新政府的机构任命和哲学领域,也出现了一些显著而新的对保护的对抗。在里根的"新联邦制度"及反调整强调下,环保工作被降格回复到联邦环境计划。在这期间的其他重要法案中,里根签署了美国总统12291号行政命令,提出了在主要的新联邦规章制度下经济影响评估的新要求,要求经济利润必须明确超过其投入的成本,这使得经济的优先超过了环境的优先,从而使得这些对环保规章强有力的对抗大部分延续到了布什政府。在当时大多数有争议的法案中,联邦《清洁水法案》下关于湿地(根本是失败的)的管理定义。

20世纪90年代是克林顿—戈尔政府管理下环保优先的优势时期。重要的管理位置被强有力的环保倡导者把持,例如内务部长布鲁斯·巴比特,以及环境保护署(EPA)署长卡罗尔·布劳纳。当然,90年代同样也有来自保守国会的很多改革建议对当时的环境政策框架进行批评,这些由国会中的保守成员及物业权利组织发起的对环境的冲击,试图(但大部分是失败的)摧毁很多最严格的国家法律,而与此同时,环保激进主义者则批评现行的法律过于零碎,认为它不完整也不能够独立执行。此外,这个十年还充斥着大量环保和经济问题(尤其是就业)之间的矛盾,一个著名的例子是一个濒危物种保护的矛盾——北部斑点猫头鹰和西北部的伐木业之间的矛盾。

联邦、州、区域及地方的环境政策

美国的环境政策在联邦、州、区域及地方几个层面均有制定和执行。图8-1示出了在每个层面的环境管理活动及责任。另外,除了"环境"机构之外的机构——例如,农业、交通及国防部门——也制定了很多联邦政府的环境政策。尽管这里没有篇幅详述这些政策的细节,但如要完全理解环境决策制定的内容,这些都将是重要的考虑因素。[3]

处于支配地位的联邦法规:从上至下的、规定的、问题确定的及反应的

在20世纪60年代后期及70年代早期,联邦政府启动了大量旨在保护环境的法律和程序,现今大部分的联邦—州环境系统的法定基础都可以回溯到这个时期。自那个时期以来,联邦的环境法律和程序经历了一个总体上是逐渐改革及增加变化的发展模式,而且这些变化通常是发生在权力变更的时候,一般每6到7年一次。80年代后期以来,国会开始着手限定例如EPA一类机构在执行环境政策中的判断力。例如,在有毒空气污染的规章中,国会建立了专门的污染物清单,确定了它们的发布标准并规定了特定的时间和工作计划。这一行动是由指导EPA工作的调整优先权建立及标准设定的滞后挫折发展而来。

现行环保系统最显著的特征,是没有一个机构对环境政策单独负责。EPA是空气、水、废物及有毒物质方面主要的管理主体,但其他众多的联邦机构同样

图 8-1 联邦、州、区域及地方层面的环境政策

权限范围	环境政策的类型	例子
联邦	空气和水质量的国家标准及要求	环境保护署（EPA）
	濒危物种法案，迁移的野生动物	渔业及野生动植物管理局
	国家公园、国家森林	国家公园护理局、林务局
	国家能源标准	能源部
	滨海区划管理	商业部，滨海资源管理办公室
州	空气法案下的州的执行规划；州的水质规划	弗吉尼亚州环境质量部，俄亥俄州的 EPA
	游戏及渔业管理	加利福尼亚州的渔业及 Game 部
	地面水的管理和保护	
	固体废物管理标准	
	州域增长管理	
	州的环境影响要求	俄勒冈州的土地保护及开发委员会
		加利福尼亚州环境质量法案
区域	生态系统及分水岭保护	新泽西州的松林委员会
	区域的环境许可	加利福尼亚州的滨海委员会
	区域资源管理规划	塔霍湖区域规划机构
	特别地区的管理	海湾区域保护及开发委员会
	区域增长管理及交通管理	波特兰大都市服务地区
地方	土地利用及总体规划	城市、县及地方的权威
	敏感地区的保护	
	泛滥平原管理	
	建筑法案及节能	
	地方专项规划（排水、供水、固体废物收集）	
	地方可持续发展规划	

也负有重要责任，这些机构包括内务部（这个部包括国家公园护理局、土地管理局以及渔业和野生动植物管理局）、农业部（这个部包括林务局和自然资源保护局）、联邦紧急事务管理机构（负责减灾、国家洪水保险及联邦灾害援助），甚至还有商业部（这个部包括海洋及滨海资源管理办公室，负责执行 CZMA）。这些机构及办公室的任务和使命经常是矛盾的（甚至是同一部门内部的办公室经常就有不同的工作目的），在他们之间缺乏程序及政策上的协调。

尽管联邦政府已经在颁布及要求环境政策上起到了核心作用，但州还是在系统中负有重要的责任。现行的环境保护方法可以描述为共有的管理，这是美国联邦制度的一个特点。但对于典型的环境问题例如在确保清洁的空气和水方面，联邦制度的形式是"依靠"。[4] 在这个制度下，国会及其他各个负有环境责任的联邦机构建立了国家标准（例如，清洁空气法案下的国家周围空气质量标准），但允许州制定经联邦政府批准的（例如，清洁空气法案要求每个州制定一个执行规划）自己的规划来执行及强制执行这些标准。如果州不愿意或不能够

有效地做到这些,联邦政府保有制定及执行这些规划,以及强制执行国家标准的权力。

除了州要负有重要责任外,现行的联邦—州环境政策模式是一种本质上命令且控制的方式:从上至下的联邦政府负责建立国家要求及标准,日常的执行及调整责任则下放给州政府(应该说明的是,一些联邦程序已经在执行上更加分散,这些程序包括清洁水法案下的地下水及固体废物的管理,以及限制面源污染物的程序)。

联邦环境保护方式的大部分已经大幅度调整。联邦环境程序已转为以"水管末端"的方法来解决环境问题,包括以技术为基础的施行标准(施行限制以最为可行的控制技术为基础)或者是周围的标准(或者是其中的联合)以及执行广泛的许可制度(例如,国家污染物降解解除制度[NPDES],通常是由州来执行)。

在联邦清洁空气法案及清洁水法案下,污染活动受制于被调整的许可制度。在清洁水法案下,这是 NPDES,规定了主要的点源(例如一座工厂或者市政污水处理厂)必须获得一个同时符合联邦污染排放标准和州水质标准要求的降解许可。这种许可的法定权威归属 EPA,在联邦批准及监督下,州可以接手这种许可责任。

联邦环保的方法也可以描述为十足的特定媒体。联邦(及州)机构执行许多的法律,每项法律应对污染不同的形式或影响,通常是独立的,很少有综合,而且,一个方面的决策对环境的另外一个方面可能会有相反或矛盾的效果。尽管在现行法律及调整的环境中采取综合的行动是困难的,但还是有制定更为完整方法的空间(见本章的后面部分)。

最后,很多美国环境政策也许可以归纳为"反应的"。例如,联邦濒危物种法案批评了一些被描述为"紧急场所保护"行为的执行,法案认为这种行为是在一个物种数量和栖息地大幅度减少之后才执行保护措施,到了极其困难和花费巨大的时候才去将一个物种从消亡的边缘拉回来,这样做是不行的,不能亡羊才补牢,应该要防患于未然。法案强调大量物种及大量栖息地的保护,认为列出个别物种的清单是不必要的。此外,很多其他的环境政策也可以被描述为是"反应的",应当是及时回应环境的毁坏和退化,而不是仅仅阻止或者限制对一个地方的损害。

美国环境政策的主题被认为是在政治上存在冲突的。因此,现行的联邦—州环境问题的框架特点是高度的政治化和兼顾化,许多不同的投资者,从国家环保组织到地方市民组织、工业以及开发商,都直接或间接(通过对议员进行疏通)涉入了环境决策制定。一个主要的争论就是关于联邦政府的作用是守卫私有土地上的某些环境面貌的问题——特别是关于清洁水法案的404节(这一节是保护湿地的内容)和濒危物种法案。这两个法案限制了私有土地的利用,这使得土地拥有者及土地利用的倡导者认为政府的限制违反了宪法中规定的保护"营业收入"

的规定,⁵这些反对意见最终导致了国会准备对这一问题进行专门的立法,这项立法要求在环境规章导致私人物业价值损失20%或更多的情况下,联邦将会予以补偿。然而,尽管这项议案在1995年经众议院审议通过,但它却从未成为法律(需要说明的是,尽管很多州通过了他们自己的这类法案,但涉及的却是非常有限的内容)。

美国环境制度另一个与众不同的特色,是法院在解释及执行环境法律过程中具有强大的作用。环境组织经常通过法院成功减缓或阻止环境破坏行动,以及获得环境法律的强制执行,⁶此外,还有很多环境争端取道法院系统获得解决。另一个司法介入扩大化的结果,是热衷于诉讼的环境组织的浮现——著名的有自然资源防卫理事会、环境防卫基金以及齿状山脊俱乐部合法防卫基金等组织。

其他重要的联邦策略:鼓励、信息、补偿及直接管理

尽管规章已在联邦环境保护举措中占据主动,但这并不意味着就是惟一的策略。国会和涉及环保的联邦机构,越来越乐意认可以市场为基础的执行策略的优势。这类策略包括允许污染补偿,以及在清洁空气法案下为二氧化硫(酸沉淀物)制定排放—贸易程序。

在补偿的政策下(该政策自20世纪70年代就已存在),那些试图选址于乡村而又不在现行国家空气质量标准要求之内的工业企业,必须保证任何增加的空气污染都可以被补偿,或者是以减少现状的污染源来作为补偿。更加最近的是,在1990年的清洁空气法案的修正案中,电厂已经可以在总量控制的限制下,买卖二氧化硫的排放许可,在这个程序下,那些能够花费较少费用减少污染排放的工厂,基本上就可以将排放指标卖给那些减少污染费用较贵的单位和部门。

另一项联邦政府(以及其他层面的政府)所采取的策略是产生及发布信息。相当多环境政策的原意,是向消费者和市民提供更多关于环境决策的潜在危险及效果的信息。1969年的国家环境政策法案,要求所有可能明显影响环境的联邦行动,都要拟备环境影响综述。该法案明确承认下列两条重要准则:①明确环境政策中的全部信息;②创建一个能够制定这种决策的公开而公众的过程。另外一个例子是紧急事件规划及社区知情权法案(1986年),要求特定类型的工业企业,每年都要报告所排放的有毒物质的数量和种类。这项要求背后的理念,是居民有权知道社区内企业所产生及排放的污染物质的潜在危险。虽然这种信息是否有任何的切实效果尚不清楚,但它至少已经使很多较大的公司增强了环境责任的意识。⁷

和在CZMA中所做的一样,联邦政府同样也能够通过财政及其他鼓励措施来影响环境政策。CZMA采用一个独特的策略,是在土地利用领域中承认州及

地方政府的首要作用。在这个法案下,联邦政府在滨海区划中确定一项强有力的联邦利益,并在一个资源的基础上为州的滨海规划提供基金。一旦规划制定并通过了联邦审批,后续的联邦行动必与之相协调。取代依靠组织严密的训令,这种方法运用金钱及控制的鼓励来激励州(以及地方)的滨海区划管理。最近,所有符合条件的滨海的35个州及岛屿中的31个已经报批了规划,另外两个规划正在编制——CZMA总体上被看作是一项成功的程序。[8]

政府同样也可以通过提供或收回财政补贴及税法(二者的总计有时候也被描述为事实上的环境政策)影响环境政策。例如1982年使用的《滨海屏障资源法案》,国会为未开发的屏障岛屿(大部分沿着墨西哥湾及大西洋沿岸)设计了一套系统,在一个特定的日期之后,收回了用于开发这些地方的联邦补贴(例如,联邦水灾保险、非紧急灾难援助及大部分的联邦开发基金)。[9]缩减土地利用补助的效果(例如,通过增加公共土地上的放牧费用)已经更加政治化,因而难以发生。

土地及开发权的获得,也是另外一个环境政策手段,经常被用来保护国家、州及地方的公园和环境敏感土地。在联邦层面上,诸如保护保存计划及湿地保存计划等计划,则通过补助的方式使得土地拥有者愿意进行保护,或者是愿意将有害的项目从他们的土地中拿出来。[10]

联邦政府自身是一个主要的土地拥有者,超过6亿英亩的联邦土地构成了各式各样的部长职务,这些土地包括大量的度假区、国家公园及国家森林。作为一种结果,这些数量可观的政策(例如,《国家森林管理法案》)被专门用于管理及规划这些土地的使用,而且,在林业及土地管理等方面,这些政策还要管理大量的土地及平衡众多使用者的要求——从野蛮人、度假者到牧场主、伐木者、矿主及其他试图从公共土地的使用上获得额外利润的人。

州、区域及地方在环境政策中的作用

尽管联邦政府在环境政策中一直作为主角,但众多且重要的政策是由每个层面的行政机构来制定和执行的。如前所述,美国的环境保护是以联邦和州政府之间责任的高度分担为基础的,各州所承担的主要责任是执行及强制执行。

当然,各州也会使用他们自己各式各样的环境法律,其中的一些也许比联邦法律还要严格,如,潮汐及非潮汐的湿地规章、固体废物管理、循环利用法律及濒危物种法律等。这些法律对环境影响评估的要求要与《国家环境政策法案》保持高度一致,《加利福尼亚环境质量法案》甚至将这种要求延伸到地方决策,要求区划变更及开发审批都要进行环境评估。此外,在州的工作中,也越来越涉及增长管理及土地利用规划,这些活动中也经常包含重要的环境要素。(州的增长管理工作在第15章详细讨论。)

尽管因为区域管理机构所面临的政治及管理困难,使得区域的环境主动性在数量上很少，但目前还是有几个区域或生态管理机构及管理计划在管理敏感的环境地区。显著的例子包括塔霍区域规划机构、新泽西松林地带委员会及阿迪隆达克公园机构，它们的每一个都被认为是成功地平衡了私人开发利益与环境资源及敏感土地保护之间的关系。一些区域的政府，例如波特兰大都市服务地区，则积极地涉及区域开敞空间的获得、固体废弃物的处置、交通规划甚至是增长管理。此外，还有几项联邦环境法律也帮助并促进了区域的环境计划，如，依据《联邦清洁水法案》编制的《国家河口计划》，有了基金和技术资源来辅助区域河口规划及管理规划的编制活动。

在许多方面，正在浮现的环境议程似乎在地方层面最受震动及鼓舞。地方政府在环境政策中扮演越来越重要的作用，部分原因是他们对于土地利用及规划的传统责任，部分则是这个政府层面的新观念。这些新观念使得地方政府以多种方式行动起来，保护及提高环境，如，促进自行车交通及其他替代汽车的交通方式；支持以社区为基础的农业发展，鼓舞地方和区域的农场生产者；推广新的能源利用产品（例如，太阳能、生物能、热能与能源的结合产品），减少对环境资源的破坏等。随着地方居民越来越关注环境，规划工作也变得越来越"绿色"，这种变化反映在各种各样的地方环境保护主动性中，包括绩效管理和对敏感土地的保护；对农场及开敞空间的保护；对能源、水及其他资源的保存；循环利用及废物处置计划；植树及城市绿化等。更有甚者，是将地方规划及管理工作按照可持续性来进行重新评估（这在本章的稍后部分进一步讨论）。

现行环境政策框架的效果如何？

从特定的观点来看，现行的环境保护方法在控制污染方面已经取得了坚实的进步，成绩是看得见的。不过，联邦—州的框架在很多领域是失败的（如在地理和污染物两个方面），它不符合立法的期限和目标。EPA已经面临很多由于它本身的缺点造成的困难，这些困难包括有限的职员和资源、不切实际的目标、科学的不确定性，以及风险标准的不一致等。

从更宽的范围来看，现行的环境保护工作对于很多批评是开放的，尽管补贴及财政激励政策正在变得和执行环境政策的技术一样重要，但传统的补贴和激励在一些案例中却是促进了环境的破坏。例如，联邦保险计划及灾难援助，也许推动或鼓励了诸如泛滥平原及滨海高危地区内的危险或不合适的开发，但由于公共土地长期租约中租金水平相对较低，使这种较高的补贴鼓励了资源的过度利用及环境破坏；而且，污染者(市民和公司)也不需要真正投入与环境破坏相关的成本（例如，驾驶一辆汽车或者是产生及排放废物的环境及能源成本），政府对这一成本已经进行了有效的补贴。甚至是中立地来评估这种反映隐性成本的费用或税收——例如，增加公共土地上的放牧费用或者是征收能源碳成分的税——都经常遇到相当多的整治反对。

虽然联邦环境规章及主动性已经明显完善了许多，但主要的联邦法规还是经常因为其等级性、过度调整性、过于狭隘性、明显的市场力量及回应性等原因而遭到批评。而新兴的环境政策框架则建议通过对管理功能的进一步下放；进一步使用市场机制；由强调末端策略转为预防；使个体、公司及社区符合环境要求的弹性等方式进行改革。下面我们对此分别进行描述。

新兴的环境政策替选框架

为在现行的环境政策方法下取得了显著的进步，政府几乎从未放弃调整的作用。然而，这些所涉及到的环境保护当中，明显一致的意见是"新范例"的需要，[11]且传统的作用逐渐被包含进几项新的环境政策框架当中——主要是生态系统管理、风险管理及可持续发展（图8-2）。

生态系统管理

生态系统管理是对今天不断深化的生物多样性危机的反应。生态系统管理以整体的观点看待自然系统，将人类融入而不是分离于自然环境。尽管它起源于自然资源管理，但生态管理却将资源管理的传统目的——例如为旅游产业而保护水体的清洁优美性，为最大化的木材产出而保持森林的单一栽培——放入一个更宽的框架中：在生态系统管理下，资源的取用不应该超过生态系统的再生能力，或者是我们不能减少自然的产出和多样性。[12]

虽然具有上述优点，但生态系统管理是很难执行的。一是零碎且经常是矛盾的规章控制着生态系统格局内特定的要素，成为综合管理的主要障碍；二是所需的合作过程使得生态系统管理工作耗钱耗时；三是原有的生态系统利用的固有观念也许不能完全理解该方法的科学基础；四是彼此隔阂很深的组群（例如，就业与环境）也许会拒绝妥协，并无法就决策达成一致。[13]

佛罗里达州的生态系统管理方法将对生物多样性的关注综合到区域及地方规划程序当中。为在更大尺度上评估生物多样性的水平，佛罗里达的野生动植物保护系统采用"缝隙分析"的方式，这是一种依赖地理信息系统技术的快速评估方法，用来确定生物多样性保护之间的"缝隙"，用新建的保护来填充并改变土地利用实践。[14]此外，作为战略性保护区域的地区也可以通过"缝隙分析"加以确定，并用来更新州委托的战略性区域政策规划及地方总体规划。佛罗里达的土地利用规划及市政基础设施投资政策要求各社区和区域的开发都要集中在城市、郊区和已经开发的郊区中心中，要远离环境敏感的开敞空间，包括那些战略性的栖息地保护区域；不同的技术，包括土地获得、敏感区域的区划、支撑组团开发的土地细分标准，以及适当的减税（交换开敞空间的保存）等手段，都被用来保护

图 8-2 传统及新兴环境政策的特点

传统环境政策	新兴环境政策
从上至下的，国家的命令及控制	自下而上的，分散的，以场所为基础的命令及缔约[a]
对抗性的，面对面的	协作、合作
问题明确的	整体的，以生态系统为基础的
规限的	市场化及以主动为基础的
片断的	综合的，总体的；鼓励组织间的合作
末端式的	预防性的
刚性标准和"最佳实践"规则	弹性，以绩效为基础的标准；风险管理
全程的[b]	源头的[b]
回应的	前摄的
线性的[c]	循环的[c]

a: 命令及缔约是指以自愿的一致或者是以缔约为基础的环境管理系统，其中工业部门同意特定的环境目的及目标，但如何实现则被给予弹性。

b: 源头的是指环境管理系统寻找各种方法，用来有结果地重新及循环利用废物及污染。全程的是指环境管理系统从污染物的产生点到最终的安全降解都进行跟踪和管理。

c: 很多传统的环境政策采取线性的方式，在其中，生产性的工业输入和废物的产出被看作是分离和不同的。而循环的方式则承认工业的废气和污染也能作为其他工业或工业活动的生产性输入。工业之间的共生是实现工业输入和输出之间更为循环的主导新概念。

战略性的栖息地保护地区。此外，规划过程还允许地方对保护战略制定的介入（从其他严格而从上至下的规限中提供一些减免），以及允许对跨行政区划栖息地保护的介入。

尽管生态系统管理原理的运用一直有限，但其方法已经被许多联邦机构所信奉，并且逐渐地综合进了联邦、州及地方层面政府所制定的环境政策框架当中。

风险管理

风险管理主要应对来自环境的对人类健康的威胁，通过致力于控制一定范围内的污染物，包括空气、水、固体废弃物、危险废物、杀虫剂及有毒物质，来保护人类的健康。自初创以来，风险管理已拓宽到包括生态系统的风险、未来及后代的经济福利。

生态系统管理内容在内的10个主题：

1.分级内容。专注于任何一个层面的生物多样性分级（基因、物种、数量、生态系统、景观）是不充分的。在任何一个分级或者规模上工作的时候，管理者必须寻找所有分级之间的联系。这经常被描述为"系统"观点。

2.生态的边界。管理工作要求跨越行政/政治的边界（例如国家森林、国家公园）并在适当范围内界定生态的边界。一个实例[应该是]灰熊管理的最初提倡，以黄石的数量而不仅仅是黄石国家公园要求的分类及栖息地为基础。

3.生态的完整。[生态学完整性的管理已经界定]保护全部的原生多样性（物种、数量、生态系统）、生态模式及保持多样性的过程。包括原生物种能够存活数量的保护、维持自然的干扰主体（火灾、洪水、疾病爆发）……跨越不同自然范围的生态系统表现，等等。

4.数据收集。生态系统管理要求更多的研究和数据收集（例如，栖息地总量/分类、干扰主体动态、基准物种及数量评估），还有更好的管理及对现状数据的利用。

5.监控。管理者必须跟踪他们行动的结果，以便数量化地评估成功或者失败。监控创造了有用信息的适时反馈循环。

6.适应的管理。适应的管理假定科学知识的提供并将管理看作是一种不断学习的过程或者是连续的试验，其中先前行动的协作结果使得管理者对不确定性保持弹性和适应性。

7.不同机构间的合作。利用生态边界要求联邦、州、地方管理者和私人参与合作。管理者必须学会一起工作并综合相互矛盾的法定命令及管理目的。

8.组织变化。执行生态系统管理，要求土地管理机构及其操作方式发生变化。这可能会囊括从简单（建立一个机构间的委员会）到复杂（变更专业规范、改变权力关系）的范围。

9.嵌入自然的人类。人们不能分离于自然，人类是影响生态模式及过程的基础，反之也受其影响。

10.价值。不考虑科学知识的作用，人类的价值在生态系统管理目的中具有支配作用。

来源：爱德华·格鲁姆拜"生态管理系统是什么？"《生态保护》第8卷，1994年第1期，第29~31页。重印获得了布莱克维尔科学出版社的许可。

正如第5章所讨论的,"环境分析"风险评估是制定风险管理政策的关键性分析手段。评估确定风险的环境危害,比较各个风险并区分轻重缓急,证明减灾政策的正确,设定环境结果目标,并辅助预算分配决策。下列风险评估的步骤是按照深度和复杂程度的顺序列出的:

1. 危害确定:确定现有化学物质或活动对一些种类产生的危害。
2. 暴露分析:确定暴露在化学物质及活动中的人和物的数量。
3. 风险描述:在一个给定地区的特定时间段内,估计可能死亡、公共健康下降及物业损失的程度。
4. 比较风险评估:比较危害以助于设定行动的轻重缓急(例如,地下水化学污染引起的致癌可能性与空气化学污染引起的致癌可能性)。

风险管理政策框架要求工业企业必须使用前述的"最佳实践"技术,符合对国家空气及饮用水质量影响的最低标准的要求。此外,为获得联邦补贴资格,州和地方政府还必须使用"最佳实践"技术来进行废水处理及污染场地的清理。

传统的方法已经成功地减少了点源排放(来自机动车排气管、工业烟囱及污水处理厂),然而,进一步减少排放的努力却只取得了有限的成功。这是因为,第一,小型企业和地方政府经常拒绝执行"最佳实践"技术,因为这些技术在经济上也许是无效的,而对于小组织来说又是过分昂贵的;第二,面源污染(例如,来自城市及农业土地利用的地表水污染物),以及其他形式的污染,比点源污染更难以减少,根本上是因为面源污染在技术上是难以确定的。例如,湖泊及河流的流域面积中包括城市和郊区不同的土地利用类型,每一种类型都会产生不同的污染物且污染程度不同,如果通过获得数据来估计每种类型的土地利用在多大程度上导致地表水的污染,不仅成本巨大,而且各种假定和方法也会将不确定性及争论引入关于降低风险的决策当中。

风险管理政策框架有潜力更加响应小型企业及地方政府遭遇的障碍和面源污染的不确定性。在风险管理方法下,管制实体具有设置优先及实现依从的灵活性;州的能力得到承认且EPA的勘漏作用大为减少;强调的是"以场所为基础"而不是为促进而促进的规则,将风险管理综合进区域生态系统。

EPA与州和地方政府之间的"绩效伙伴协定"是一个通过共同管制方式安排的创新形式,它通过交换承诺,为风险管理实现特定的环境结果提供了更多的弹性。旁边的边条中描述了爱达荷州及俄勒冈州是如何通过与EPA合作规划而建立绩效伙伴协定的。各州必须编制由EPA批准的风险管理规划,然后,各州又依次认定各地方的规划,地方规划必须以比较风险评估为基础。这种伙伴关系与传统的从上至下、命令—控制管理方法相比出现了明显变化,然而,这种替选方案还没有被广泛采用,也还没有在社区环境更为健康的方面产

环保服从中灵活性的绩效伙伴协定　环境保护署（EPA）已经启动了一个试验计划，使得各州及地方政府更易于同时完成多样性的环境规定。如果一个州证明自己具备能力接管空气质量、水质及废物存储和降解程序的规定，它就能进入与EPA之间的灵活依从协定。一旦一个州被EPA认定，EPA就承担了一种勘漏的作用，通过监控州与社区的工作过程以纠正各种环境问题。服从协定给予各州广泛的判断力，来加强不同时间内与地方需求及能力的一致，并允许各地方政府以环境优先及风险的地方评估为基础投资他们有限的资源，而不是坚持联邦及州刚性的进度表。

爱达荷州及俄勒冈州已经和EPA建立了伙伴关系，并为之前联邦范围下的各种规划设定了责任。[1] 在每个州参与试点的7个社区中，州的环境质量小组对每个社区明确了要求解决的问题，并对社区解决其环境问题的财政能力进行了估计；各个社区必须编制以广泛的公众参与为基础的风险管理规划，进行比较性风险分析，以区分行动的轻重缓急。一旦州认定接纳了一项地方规划，社区就成为服从伙伴关系的一部分。

EPA在这种绩效伙伴关系中的作用是：当被邀请的时候，EPA扮演的是一个自下而上的顾问及能力建造者而不是自上而下的规限者。例如，在爱达荷州，EPA给州提供启动基金来编制州环境风险管理工作规划，同时，EPA也建立一只由技术及法律职员组成的"命令小组"，辅助爱达荷州的《环境质量区分》及俄勒冈州的社区参与。EPA的主要作用就像是一个信息提供者，为环境保护及环境管理建立一个州层面的数据交换所，当然，EPA的职员也对规划执行中的社区参与工作提供协助。

---

1 爱达荷州及俄勒冈州绩效伙伴协定的材料摘自国家公共行政管理学院的《设定优先》《获得结果：EPA的一种新方向》(华盛顿特区公共行政管理学院, 1995), 115页。

生结果。

可持续发展

可持续发展概念提倡一种综合的政策框架，以寻求环境保护、经济发展及社会公平目标的同时进步。这个概念的出处是国际政策制定领域，在其中，贫穷国家的经济发展努力总是失败在人类生活质量的改善方面。这是由于其投资计划经常意识不到生态系统支持长期经济发展的能力而造成的，所以，很多这种国家会变得更穷而不是更富。

大多数可持续发展的定义反映了一个核心价值，就是将当代和未来几代的命运联系起来。运用最广泛的定义来自世界环境和发展委员会："可持续发展是满足当代需求而又能满足和不危及未来几代需求能力的发展。"[15] 因此，一个可持续的社区,应该是一个持续而又不减少未来几代满足其自身需求机会的社区。

与生态系统管理及风险管理比较,可持续发展环境政策及规划的方法是最完整和最系统的。可持续发展规划寻求互补增强的政策,它将生态完整、经济发展及社会公平综合进了一个平衡的环境保护及发展战略,[16]环境保护必须促进至少不能损害经济发展的前景及社会公平;同时,无论是社会公平还是经济发展的实现,也都不能以牺牲环境的可持续为代价。

不像荷兰和新西兰等一些国家,美国还没有受到与可持续发展相关的国际事件的影响。1992年于里约热内卢举行的联合国环境及发展会议提出了21世纪议程,这一国际条约包括许多重要的可持续发展原则,如"污染者支付"原则及"公平及社会正义"原则;然而,我们几乎看不见这些原则为美国所采用。事实上,可持续发展概念在美国已经被指责为"基本上是符号化的、花言巧语的、相互竞争的、利益各自重新定义以适合他们自己的政治议程——而不是……一个有影响的国家政策发展基础。"[17]

1989年,部分是为了回应在可持续发展方面的国际压力,荷兰按照《国际环境政策》(1993年修订),制定了一项"绿色规划",并在环境保护方面采用了综合的、跨媒介的保护方法。[18]由于规划避开了部分环境保护(空气、水及土壤)方法的标准,因而政策制订者就能够专注于污染源(例如,工业、农业及交通)而不是环境中个别方面的污染影响。规划还设定了专门的环境、经济发展及社会公平目标,并界定了可操作的目标和基准。一项客观的规划成果是,用一种可以度量的方法来对规划提出指标(例如,50%的家庭废物必须得到循环利用)并用来跟踪目标的(例如,5%的数量增长是由于循环利用造成的)。

新西兰1991年依赖于土地利用规划的《资源管理法案》是一个有力促进可持续发展的方法。法案对于预测特定生态系统(例如分水岭)内不同组群发展的效果是至关重要的,不仅预想可持续的未来将会如何,而且还制定实现合作及共享未来的发展步骤。所有的地区及区域政府都必须制定规划以便与国家资源管理目标保持一致,确定资源管理问题及建立资源管理政策和目标,确定包括跟踪事项这些目标进程在内的可持续性目标及绩效标识。

尽管美国有一个不良记录,但也有一些主动进行可持续发展方面的范例。在国家层面上,1996年总统会议就可持续发展拿出了一个雄心勃勃的报告——《可持续的美国》,极力主张将可持续作为一种组织概念,用来指导社区发展及确定一套可持续发展的国家目标。目标应对的问题包括健康及环境、经济繁荣、自然保存、社会公平及公民约定。[19]但是,与荷兰及新西兰不同的是,美国没有选择使用可持续发展作为国家环境政策的基础。

一些州——例如,佛罗里达、肯塔基、明尼苏达、北卡罗来纳及宾夕法尼亚州——承担了研究、指定了委托或召集了会议,旨在评估其土地利用及环境政策的可持续性。1994年，佛罗里达州南部建立了一项由州长委托的可持续发展规划，这项规划于1996年完成，为期5年，集中用于南部地区快速的可持续性的城市发展。依据规划的使命综述，区域必须"实现南部佛罗里达及其社区所依赖的生态、经济及社会系统的积极变化……以确保今天进步的取得不以明天的消耗为代价。"[20]

越来越多的志愿性的地方承诺将可持续概念引入行动当中。例如，一些地区，如马里兰州的巴尔的摩、马萨诸塞州的剑桥、北卡罗来纳州的卡佩黑尔、田纳西州的查塔努加、华盛顿州的西雅图、加利福尼亚州的圣莫尼卡，以及怀俄明州的特顿县等正在使用可持续发展范例来使环境保护、经济发展及社会公平成为一个整体。[21]

总体可持续发展战略的要素

可持续发展思想扩展了生态系统管理和风险管理的思想，为指导环境政策建立起总体的战略。这种战略的一个关键要素，就是紧凑的城市形式。州和地方政府不断地进行试验，旨在创造紧凑土地利用模式的专项规划、政策、法案及发展标准，意图将城市形态缩小到最小。然而，紧凑的城市形式仅仅是实现可持续发展的总体战略的一部分，其他关键要素还包括一个环境规划的系统方法、生态计量（包括环境监控）、以地点为基础的经济及环境的公平。后面的这些要素在为所有居民支撑起健康、适宜居住的社区的同时，也促进了地方及全球生态系统景观并保护了它们的功能。

紧凑的城市形式

紧凑的城市形式源自20世纪早期密集的步行规模城镇。与常见的郊区比较，这种发展形式的特点是更高的密度及混合的用途。紧凑的城市形式已经以几种方式被建议用来促进可持续发展，包括以公共交通相互连接的，分散而集中的聚居点；分散而自足的社区；以及加强现状聚居点的发展以刺激城市复兴等。[22]除了紧凑的城市形式可观的社会及经济效益外，规划师还主张以这种发展来减少对机动交通的依赖，减少空气污染，并为保护敏感的开敞空间提供更多的机会。

组团化是鼓励紧凑发展的另一种方法，它对受巨大开发压力影响的城市边缘地区尤其有价值。[23]通过提高地块一部分的密度并将其余部分作为开敞空间，组团化戏剧化地减少了典型低密度土地细分模式的"蔓延"。在这种开发方式中，由于总体的开发密度和一般的郊区是一样的，所以组团化既能够容纳增长，又可以在发展的同时保护开敞空间及敏感地区，例如农业土地、森林、野生动植物栖息地及风景景观。

不幸的是,拥有新观念的城市规划师和组团化的发展在北美并不普遍,很大程度上是因为人们简单地不习惯郊区或城市边缘地区的高密度生活。住房建造商、房地产经纪人及一些规划师赞美低密度郊区开发的安全性和宽敞性,而联邦的住房及高速公路政策又使得这种景象得以持续。如联邦财政支持的抵押政策鼓励了城市边缘地区独户住宅的购买,但对城市核心地区的高密度及混合用途开发却几乎不提供支持;同样,高速公路的联邦投资也使得城市边缘地区的便宜土地更容易到达,影响了内城较昂贵的土地的集中利用。

但是,提高密度并不是万能的。如果开发不是在正确的地点、正确的时间以及以正确的方式进行,即使是紧凑的形式也会破坏生态系统。对新城市主义及组团发展的批评认为,这些方法完全不能对抗地区环境的恶化,它们在给予建筑设计高度关注的同时,对于很多生态景观文学中出现的空间保存概念却很少予以结合。[24] 这些概念包括,保护栖息地斑块及通道以维持物种多样性,恢复及加强湿地、溪流、湖泊及土壤的环境功能。

一个环境规划的系统方法

环境规划的系统方法规定土地利用应该适应,而不是修改生态系统循环及生命支撑功能。生物学家里德·诺思和艾伦·库珀瑞德尔建议人类文明应依赖众多生态系统的功能,这些功能包括,空气和水的净化、废弃物的循环、地方及全球气候的规律、土壤侵蚀的防止、暴雨径流的规则、自然有害物及灾难控制以及洪水泛滥保护等。[25] 从而,很多常见的土地利用及开发实践方式都必须改变,以恢复及保持生态系统的完整性。

在河流泛滥平原或沿海滨海岸线改变自然以强行进行城市开发的常见实践,论证了改变原有土地利用和开发方式的需要。诸如坝、防洪堤、防水壁及防波堤之类的结构,虽然减少了泛滥的频率及量级,但以坝截断溪流及修改沿海岸线也引发了明显的环境破坏。作为选择,环境规划的系统方法将泛滥看作自然发生的事件,通过控制泛滥区域的城市开发来减少泛滥的破坏。

一些社区已经修订了他们的泛滥平原管理政策以符合生态系统循环的要求。例如,俄克拉何马州的塔尔萨,采用了一项革新的规划,这是一个基于分水岭的整个地区的综合规划。规划的目标是提供度假机会,与暴雨排放时间相协调将下游泛滥减少到最小,保护湿地及溪流以满足水栖物种栖息、喂养及筑巢等生命循环的需求。一项与开发管理方法的结合用来执行计划;方法包括结构工程的获得及重新选址;分水岭土地利用及建筑的规则;以及度假、开敞空间及自然保护的综合管理(图8-3及188页框条内容)。

为容纳野生动植物所需要的生命循环,环境规划的系统方法还要求栖息地拥有适当规模和形状,并要求之间要有开敞空间廊道相连接,通过确保栖息地斑块保护密林中生存的物种,通过开敞空间廊道确保野生动植物因季节

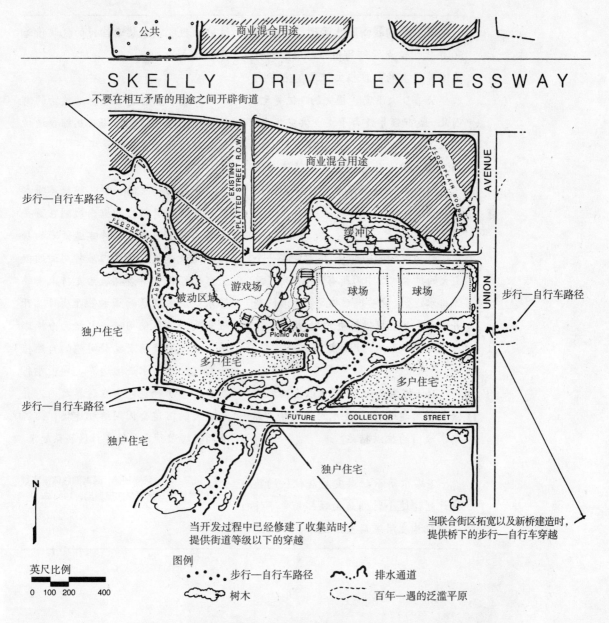

图 8-3 俄克拉何马州塔尔萨的驼鹿溪排水盆地度假—开敞空间概念规划

性食物及繁殖所需要的迁徙,使土地利用及开发实践能够支持本土的栖息地并避免打破自然景观。在图 8-4 中,是一些支持生物多样性的景观形式,圆形代表城市土地利用及农场中的天然森林、湿地及溪流。如图所示,有廊道连接的大型斑块比小的、分散的斑块更可取;而且,更深、更紧凑的斑块比狭窄、缺少深度的线状地区更好。狭窄的斑块支持优势物种但不支持密林物种;而另一方面,宽斑块则既提供了密林栖息地也沿着外围提供了优势物种的栖息地。理想斑块宽度的估计高度依赖景观的类型,但支持内部密林物种的最小宽度估计为 300 英尺;此外,研究还表明,栖息地每减少 90% 的面积,

塔尔萨的暴雨降水管理 20世纪80年代，俄克拉何马州的塔尔萨拥有美国最严重的灾难损失记录，15年内联邦公告9次洪灾，损失约3亿美元。因此，城市领导致力于减少洪灾损失，并在20世纪90年代早期取得了巨大成功。国家洪水保险计划的社区评估系统将塔尔萨的暴雨降水管理排为全国第一位。

作为计划的一部分，塔尔萨在一个更大的排水网络中为所有盆地制定了总体排水规划。这些规划确定了泛滥问题并为每个盆地提供解决方案。规划的执行依赖多种土地利用规划技术：

1.任何经历过18英寸以上洪水及修复费用超过5000美元的构筑物，都要求专门的抗洪措施。

2.塔尔萨承担洪灾后居住区的获得计划，这个计划是由联邦紧急事件管理机构在洪灾后重新选址，以及通过地方税收拨款售卖偿付的税收债券基金建立的。

3.塔尔萨创建了野生动植物的游憩廊道及绿色通道，将自然综合进规划，创造一个宜居的景观。

和最初构思的一样，驼鹿溪排水盆地度假–开敞空间概念规划在百年一遇的洪水边界外允许建造紧凑的居住和商业建筑。边界内多种用途的概念，已经将支持者拓展为支持未来的塔尔萨洪水及暴雨降水管理项目。开敞空间的游憩使用——包括两个棒球场，一个游戏场及被动游憩的自然植物则选址于洪水泛滥边界之内；步行及自行车路径也包含在边界之内，并与更大的河流公园网络相连接，河流公园将塔尔萨内的很多社区联系起来。

来源：塔尔萨规划局，西南部总体排水规划（俄克拉何马州塔尔萨规划局，1994年）。

就损失30%～50%的物种，因此，一块50英亩的斑块将会维持一块500英亩栖息地50%～70%的物种。[26]

连接斑块的廊道必须足够宽以容纳野生动植物的迁徙。图8-5是怀俄明州特顿县的区划图，野生动植物迁徙廊道为林木所覆盖。迁徙廊道至少需要600英尺宽，以容纳特顿山脉地区的驼鹿、麋鹿及其他物种从夏天栖息的丘陵地迁移到冬天栖息的杰克森山谷。林木覆盖区在城镇的快速发展中得到了保护，虽然城镇人口从1980年的9000人增长到1996年的16000人，但城镇及区域则依赖这些野生动植物资源来维持以旅游为基础的经济，并保持了传统的西部遗产。

支持生态系统的其他方法包括规划和保护城市生态系统完整及恢复生物多样性的土地利用供应。[27]例如，保护分水岭的自然植被及渗透性的土壤，有助于使雨水进入地下水，并有助于控制雨水流入地表水的速率。通过减少雨水的渗透，延长了附近溪流的低水位（或者是流量）期，这使得城市溪流在枯水期低水位运行然后在雨季的时候疯狂泛滥。低水位量降低了溪流支持水栖生物及吸收污染的能力。将湿地保护为泛滥水库有助于维持水栖动植物丰富的多样性，并能吸收暴雨过后的溪流溢流。通过建造大型公园及在内城建筑物之间栽植植物等方法增加城市植物，不仅能够减轻城市热岛效应，保护野生动植物栖息地，而且还能增添巨大的视觉景观。

生态会计学

依据"生态设计师"西姆·范·德尔·瑞恩和斯图亚特·科万的说法，"生态会计学是一种在精确反映总体生态成本价格的情况下为制定设计决策收集信息的方法。"[28] 例如，尽管一家大型购物中心对地表水的污染排放并没有计量，而且其商品和服务的价格也不反映这种环境成本，但由于污染具有的"外部性"，这就意味着购物中心行动的效果是由第三方（下游各社区）来体验的，而不是直接包含在其产品或服务的购买或售卖当中。因此，这种外部性的成本是不显露在常规的经济会计学当中的。生态工业学家保罗·哈克因指出："常规的（财政会

图 8-4　形成栖息地形式的方针

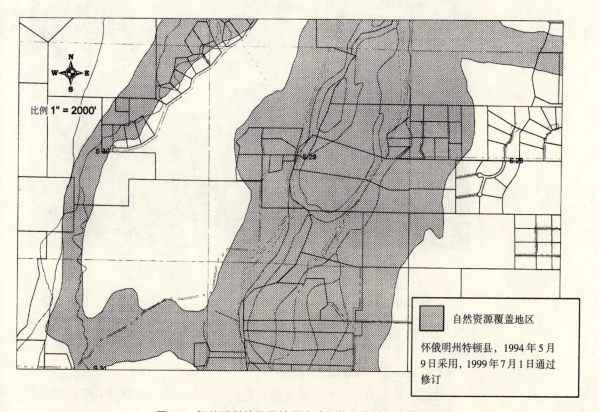

图 8-5　怀俄明州特顿县的野生动植物迁徙的林木覆盖区域

图 8-6 用规划方针来解决地表水流失问题

计)从来不曾把自然资产放在平衡表上。"因此,依据哈克因的说法,是"我们现行的工业系统(以及土地开发模式)是以使任何公司破产的会计原理为基础的。"[29] 正如标准的经济会计学让我们估计需要及将要花费多少钱一样,生态会计学程序提供了一种跟踪生态价值及"支出"的方法。

生态设计主要边缘上的社区正在它们的生态会计程序中使用可持续性指标。[30] 指标在很多领域衡量环境质量——例如,良好控制质量的天数、农田的英亩数以及侵蚀土壤的吨数——并随着时间的变化而追踪。这些指标帮助规划师追踪土地开发模式及环境质量产品和消耗系统的效果。例如,圣莫尼卡可持续城市规划1996年报告,表明了大部分的环境可持续有进步,包括用水量、固体废弃物及废水流量的减少(图8-7和图8-8)。[31]

环境监控法是一种越来越重要的生态会计学手段,它在质量控制领域已获得了令人瞩目的效果。一方面是科学家们经常无法收集充分的典型数据;另一方面,感觉到环境污染物和错误管理的市民,又强烈地希望追究污染者的责任。[32]因此,经过适当训练的社区志愿者,要比大多数公共机构更能够为样本基地建立起完善的空间和时间矩阵,而且他们所提供的数据也与付费的专业数据一样可靠。现在,包括阿拉斯加、爱达荷、缅因州、北卡罗来纳以及宾夕法尼亚等很多州,都依靠志愿者的监控来满足《清洁水法案》305(b)节关于两年一度水质量报告的要求。1988年,14个州有了监控计划,到1992年,32个州有了这种计划,1992年以后,至少又有6个州加入了名单。此外,业余志愿者提供的数据对规划的制定也产生了越来越大的作用:在佛蒙特州,高中学生收集的大肠杆菌数据成为了河流重新分类的基础;在旧金山,水质志愿监控人员探察出了旧金山湾的铜含量,导致了对造船厂操作更为严格的限制。[33]

可持续性指标	1990(基准)	1993(实际)	1995(实际)	2000(目标)
全市非机动源的能源使用(百万英热单位/年)	6.45	5.10 (1994年数据)	5.63	未决定
全市用水量(百万加仑/天)	14.3	12.0	12.3	11.4
全市填埋的固体废弃物(千吨/年)	124.0	105.4	93.2	62.0
循环利用/城市办公再生纸张的购买(%)	未知	22	未知	50
使用减量排放的城市船只(%)	未知	10	15	75
全市废水流量(百万加仑/天)	10.4	8.5	8.2	8.8
估计的公共空间树木数量(千棵)	28.0	28.0	28.0	28.35
圣莫尼卡公交线路的乘客量,包括往返(百万人次/年)	19.0	18.0	17.8	20.9
圣莫尼卡超过50个雇员雇主的平均交通工具拥有量	未知	1.29	1.37	1.50
干燥天气暴风雨排泄量(千加仑/天)	500	350	未知	200
全市有害物质使用的减少(%)	未知	未知	未知	15
已知的需要清除的地下储油基地	未知	25	18	6
限制转让的经济适用住房单元	1172	1313	1470	1922
社区花园	2	2	2	5
可持续学校规划的制定和执行	不适用	不适用	建议开发的	执行的
公共开敞空间(英亩)	164.0	164.8	179.5	180.0

图8-7 圣莫尼卡的可持续指标及目标。可持续性指标用以衡量一个社区实现其可持续性目标的经济、环境及社会进步

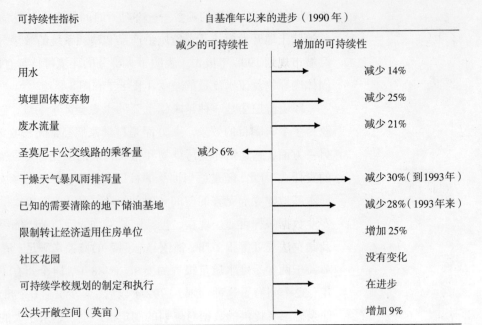

图8-8 圣莫尼卡在实现可持续方面的进步，可以通过比较1995年和1990年的选择数据得以体现

本地经济

和一个健康的环境对于可持续的经济发展至关重要一样，可持续的经济发展也是健康环境所需要的。本地经济结构产品及消费过程保持了其所依赖的生态系统的完整。例如，得克萨斯州奥斯汀的《绿色建筑者》规划是国家的第一个环境建设分级系统，它有下列目标：节约能源、水及其他资源；加强地方经济；保护自然环境的健康。规划授予开发商及建造商一到四星的"绿色家园"证明(星越多则越是绿色)，此外，规划也为促进绿色建设实践的开发商及建造商提供技术指导及市场帮助，而潜在的购买者则得以学习绿色家园的价值和实效，并了解《绿色建筑者》的成员。

源自地方资源建筑材料的使用，是《绿色建筑者》的一个主要贡献。例如，尽管得克萨斯人经常将矮小的豆科灌木视作麻烦而加以清除，而在阿根廷的一些地方，这种木料却被用作地板及其他构件。[34]通过鼓励使用豆科灌木及其他得克萨斯州的本地资源，不仅有计划地契合了地方产品和消耗的循环，而且也通过这种资源的获取及加工，增加了建筑业的就业机会，增强了地方经济。另外，支持本地经济的其他技术，还包括修改地方建筑法案以惠及可更新的地方能源与资源（例如，太阳能），提高区域内食物产品的自给自足水平，以及促进循环利用等。[35]

在生态工业园中，不同行业合作进行废物管理并交换能源，以提高经济效率及生态完整性。在丹麦的卡伦博格，电厂、化工厂、墙板工厂、鲑鱼养殖场以及邻近的社区在一个成功的"本地制造"网络中共享资源（见图8-9）；在美国，根据可持续发展的总统会议，已经建立了四个生态工业示范基地，它们分别是马里

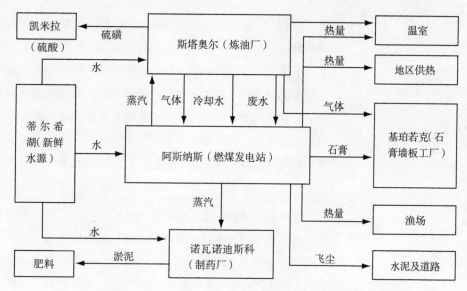

图8-9 丹麦卡伦博格的工业生态系统

兰州的巴尔的摩、田纳西州的查塔努加、得克萨斯州的布朗斯维尔和弗吉尼亚州的查尔斯海角。

在鼓励生态行业的主动性方面，公共部分产生了重要作用。保罗·哈克因确定了很多种方法将"社会缺点"——例如废弃物、资源过度开采、污染以及陈腐燃料的使用——转化为"社会优点"——也就是环境与商务活动的协调。[36] 排除社会缺点的一个例子，就是停止环境敏感地区例如泛滥平原里的公共市政基础设施投资。(《滨海屏障资源法案》，本章前面部分讨论过，是联邦通过立法在极端危险的屏障岛屿上撤销城市开发的一个例子。)

俄勒冈州立法机构1995年通过的公交导向免税计划法案，示例了主动性的创新使用。尽管联邦高速公路补贴总是倾向城市开发的低密度模式，但这项立法却为州内所有主要大都市地区公交导向的居住及混合用途开发提供了物业税方面的免除。立法的关键目标是持续地减少车辆出行的英里数，减少空气污染及交通堵塞，鼓励使用空置及未开发的内城土地，并限制城市边缘的土地消费。

环境公平

在美国南部，每四个有害废弃物场地中就有三个位于低收入的少数族裔社区当中；[37] 九个最大的商业性填埋场中有6个位于低收入的少数族裔社区当中。[38] 在环境公平的多种指标当中，在废弃物设施选址上是否对某些种族有害成为最有决定性的指标。[39]

支持环境公平意味着为那些最没有能力避免以环境为代价，换取繁荣和进步的地方改善经济和环境条件。当我们既没有利益又没有负担的消费导向社会公平分配的时候，富人对环境质量的享受是以穷人环境受损为代价的。在城市中心区，环境公平提倡为地方居民创造清洁工业和服务业的就业机会，例如，马里兰州的费尔菲尔德——巴尔的摩大都市区内的一个废弃城市社区，就创造性地建立了一个生态工业园区，以改善当地的环境及经济绩效（见框条）；在郊区，开发活动不能侵占基本农田。例如，1986年，佛蒙特州非常成功地创建了住房及保护信托基金计划，用来保存基本农田及增加郊区（和城市）的廉价住房。[40]地方政府要获得信托基金就要采用增长管理规划，使得开发远离战略性的农业用地并集中到附近的现状聚居点，并通过土地获得、税收鼓励及相容的区划来提供充分

费尔菲尔德的生态工业园区 1994年，可持续发展总统会议指定费尔菲尔德——马里兰州巴尔的摩的一个社区，作为四个示范基地之一，以探索在每一个基地建立生态工业园区的可行性[1]。费尔菲尔德是美国最早的自由非洲裔聚落之一，现在是一个多民族的低收入工薪阶层社区。土地的主要用途是老化的石油厂、化工厂及沥青制造设施，在其中散布着一些居住区。但它拥有优越的综合交通设施，包括铁路、公路设施及海港。

费尔菲尔德生态工业园区的主要目标是

1. 使工业产出最大化而废弃物最少（通过废弃物的交换及循环）。

2. 通过有效利用资源、循环利用及控制工业污染，使环境绩效持续改进。

3. 从周边社区中开发高度合格的劳动力，以填补生态工业园区内的新兴职位。

与巴尔的摩授权区划计划的伙伴关系，是费尔菲尔德园区的关键要素。授权区划计划将联邦资源注入长期贫困的社区例如费尔菲尔德，帮助他们努力改善公众健康、环境质量及物质外观；此外，基金也帮助社区建立稳固、多样化的地方经济，以提高就业及经济机会。授权区划计划的意图，是将地方居民作为积极的参与者包含进社区的经济前景当中。

通过生态工业园区的授权区划，伙伴关系将可能的资源联合起来。地方居民及工业企业努力构建起联盟以制定教育计划，来支持园区内工业企业所需的熟练劳动力目标；高度的熟练劳动力反过来又在园区内创造出其他的就业机会。生态工业园区所需要的专门工作技能，包括对工业生态新兴概念的理解，如生命循环产品分析和环境审计等。需要用来恢复工业的相似技能，是填补废物交换循环的空挡。伙伴关系的另外一个好处是园区内的公司将有资格享受授权区划的工资课税扣除、免税设施债券，以及少数民族和高风险行业的资本贷款基金。

[1] 康奈尔大学《工作及环境主动》，费尔菲尔德生态工业园区基准研究（纽约伊萨卡岛，康奈尔大学《工作及环境主动》，1995年）

的经济适用住房。

当人们能够认识到其最大潜能而不需要与偏见作斗争时,公正就能够得以实现。一个公正的社区承认并保持文化差异的敏感性,致力于保护所有社会成员的传统及信仰。如果一个未加以说明的工业化农场的投入仅仅是一些观察者主张,那么它就能成为郊区社区所有家庭农场的损失。这些家庭农场的分解不仅仅是田园风景的毁坏,而且还会导致至关重要而不可替代的郊区文化、土地知识以及特色生活方式的流失。[41]

环境政策的政治内容

建立适当环境政策的观点纷繁复杂,保护管理论者及保护主义者环境管理的方法浮现于19世纪,至今依然存在,而新近提倡的可持续发展则是那些更早传统的一部分。更为极端的有代表性的观点是目光短浅和无视环境后果,典型的例子就是前苏联切尔诺贝利核电站的建设和运营,简直就是一场闻所未闻的游击队行动!而其他的深层生态组织,则旨在阻止人类不顾经济目的和利益对自然区域的入侵,提倡将动物物种生命与人类生命一视同仁。

在每一个社区中,市民利用这些观点以及他们能够依靠的情感及联盟,通过确定他们与那些别处相似的利益,加入或反对专门的环境政策。西北太平洋的伐木者在他们为自己的工作而战的时候,不会被保护管理论者的伦理所感动;而临近反对有害废弃物堆存选址的人,也不会将自己看作约翰·穆尔智慧的追随者。两个利益团体都会利用保护管理论者及保护主义者的争论,当寻求其自己利益增长的时候,就会联合其他的保护管理论者或保护主义者来为自己的目的服务。

常见的现象是,一个环境决策所导致的公共情绪,总是被因决策而得益或者是有所损失的一方所支配。集体行动编年史中普遍的障碍引导那些决策的中立者——在结果中没有直接利益的人——保持作为旁观者,同时临近的物业拥有者、资源的潜在使用者以及行业公司的代表,则想方设法地使政府决策制订者偏向他们的观点。由于沉默者经常在数量上超过积极参与者,所以这些决策的公正就变得有争议。

一个广被讨论的实例是NIMBY(不要在我的后院)现象。一个区域内的大多数市民会喜欢建造一个新的填埋场,附近的物业拥有者却会反对在他们邻里内选址填埋场,而恰恰是这些人支配着公众听政及城市委员会会议。这种反对使得填埋场,尤其是有害废弃物填埋场,在县内任何地方定点都非常困难。相似的市民行动主义经常围绕着其他地方所不想要的土地用途(LULUs),例如焚化炉、化学处理工厂及污水处理设施。

和环境规划案例中经常发生的一样,工业家及技术专家具有参与的知识和动机,同时市民利益却缺少必须的组织或专门技术来归整到决策当中。在一个环境规划的许可寻求者和许可持有者之间,几乎总是理由充分的一方把持了主动和行动,而与此同时,市民团体却难以使用其权限去追踪数以百计,或者是他们所在州每年数以千计的这类决策。由于意识到这种参与倾斜的存在,很多州已经任命了公共服务或效用委员会的公共职员,期望这些职员能够在公司和州管理者提出要求之间,分析出来自消费者的问题。

正如第17章所讨论的,"建设协定"几乎已经成为规划师确定不同利益部分之间意见分歧的基础,并通过那些团体引向签署协定。这些团体包括污染者、开发者、工业家、或者是政府服务提供者及其组织化的代表以及像市政及环境利用团体这样的环境资源的消费者。当这些团体之间的努力早些付出以使信任建立起来并使工作关系得到培育的时候,就会产生最顺利的环境规划结果。

评估不同部分的利益,挖掘它们之间关联的立场和根本的动机,是规划师首要的责任。一个环境团体利用濒危物种栖息地损失的主张来阻止一项规划开发,也许能或者不能明白主张是反对开发确实基础。如果团体的真实动机在于别处——例如,担心规划开发对物业价值的影响——那么,寻找栖息地损失问题的答案就不会使反对减少。

环境规划师经常置身于代表机构政策,面对请求者、无论是开发商还是工业家的位置。规划师的基本职能是确定一项总平面设计、一项许可申请,或者是将要求加以区分以便使负责的决策制订者能够接受。这种协商框架包含潜在的使规划师与请求者对立起来的陷阱,但机智的执业者能够向请求者说明他们怎样联合起来以获得请求的批准,并在过程当中发现影响政策的方法。

当规划师能够成功地在政策论争当中将自己置身中立的时候,就是为促进协定发挥了最大的作用。只要他们不被看作偏向某一方利益,并对所有涉及利益一视同仁,他们的规划理念就会被信任,他们的努力就会产出新的设计或者选择,他们也就将会有最好的成功机会。但要实现这种中立是困难的。城市或者机构管理所雇佣的规划师,也许会在舆论上将自己与某一边联合起来,或者也许是规划师自己会代表某部分利益,例如开发商或者是市民团体。

最近采用的生态系统管理框架,已经引发了规划过程中市民、受影响利益团体、规划师以及当选官员合作工作的更大需要。生态系统管理关于问题确定及数据收集结构方面的必要决策所要求的适用分析方法,是那些会将模型化演习结果当中争论的意义后置的人所支持的。但不可避免的是,由于在分析步骤中就开始推导合作的结果,于是就模糊了科学工作与政治工作之间的边界。俄勒冈州波特兰的约翰逊溪分水岭管理规划说明了合作模式的效力(见197页框条)。

然而,在某些案例中,协定是不可能的,会导致僵局,或者是经年累月的诉讼。但规划师可以通过吸引不同的利益部分,尝试阻止这种可能导致僵局的情形。完成这项任务的角色可能会是个卓越的个人,例如一位当选官员、市民代表领导或者是科学家,或者是职业的中介。而在另外一种情形下,问题就可能会牵涉到明显的僵局争论,或者是相互矛盾的管理机构。

一个更为微妙的挑战,是来自没有合适表达自身客观存在利益的团体。如一

俄勒冈州波特兰的约翰逊溪分水岭管理规划

约翰逊溪起源于瀑布山脉的山麓丘陵，流经格瑞夏姆、欢乐谷、米尔沃基及两个县都不管的地区的一部分，在波特兰汇入维拉米特河。55平方英亩的分水岭是130000人的家园，溪流中盛产大马哈鱼及硬头鲑鱼，两岸居民以养鱼为生，而且两岸又为野生动植物提供了栖息地。在20世纪50、60及70年代期间，至少分别有四个机构曾经尝试——并且失败于——在这个原先的农业盆地内建立洪水控制规划。当1990年再次准备做同样事情的时候，波特兰的环境护理署知道他们不得不做一些不同的事情。

在环境护理署建立约翰逊溪走廊委员会（JCCC）之前，职业专家被雇用来确定受影响的当地居民及利益团体，特别是找寻那些在盆地执行规划时必须取得他们同意的参与者，但成员资格是向任何自愿提名和会持续参与的人开放的。委员会最后确定的成员数目大约是36个。委员会的利益代表包括两个不同的极端团体：那些最关心洪水控制的人和另外那些最关心野生动植物栖息地及水质保护的人，此外，委员会还包括溪流沿途的六个行政辖区以及各种其他一些利益团体。在历时五年的会议商讨过程中，通过深入研究，讨论了替选方案并草拟了规划，甚至在知道将要承担的更大的规划内容之前，JCCC还完成了一系列小型的清除项目，这些都为成功合作打好了基础。结果表明，在盆地的各社区中建立信任是有用的。

初期的技术研究引导JCCC编制了一个确定影响盆地关键问题的景象文件，另外，研究还使得委员会确定了其他研究的细节内容。委员会成员被鼓励为那些他们所代表的人频繁地提供咨询（有些是挨家挨户地去做这项工作），而常规邮件则发至盆地内及周围广泛的公众。到了规划草案编制出来的时候，几乎没有受影响的成员对规划过程是陌生的。主张洪水控制和主张野生动植物栖息地的那些具有极端化观点的人，已经在寻找问题解决方案的过程中有所减少。最后，一致意见得以建立，尤其是在那些设计使得两个目的都得以实现的地区。设计有效地反映了对资源的科学理解，例如包括具有雨季泛滥保护及旱季流量增加双重作用的调蓄池塘。

规划在1995年颁布的时候是一个协定文件。确切地说，不是每个利益都得到了满足（一个地区可能会因为没有解决其洪水泛滥问题而被定为空缺），但历经五年的咨询规划发展而来的广泛的支持基础，被所有六个行政辖区所采用，并且作为政策用于和临近各县的合作。

来源：关于约翰逊溪的材料来自康尼·欧扎瓦未发表的手稿"约翰逊溪分水岭管理规划：一个协定建立的范例"。

些受影响的市民可能并不知道正在进行的政策决策；另外一些可能知道决策但缺乏组织化或者是技术资源来有效地表达他们的关心；低收入阶层的个体，经常承担着与其收入不成比例的污染后果，在明天的食物和栖所都没有保障的时候，很难在环境决策表面长期的影响中获得优先；未来的后代，确切地说，也无法表述他们自己。

在受影响利益没有被动员起来的时候，也许易于忽略他们，但这样做不属于公共利益的范畴。开展信息发布活动以及任命指定的倡导者，例如效用委员会的公共职员，能够有助于动员利益团体或者是确保尚没有参与的团体观点会被听到。但有时候，规划师惟一可操作的策略，就是提醒那些已经表达以及没有表达的人们后果而已。参与者可能会被激发去意识并回应这些后果；而没有进行表达的团体在后来则可能会站在一种试图推翻决策的立场上。

另一个挑战涉及到在一个地区中战胜支配政权。因为地方政府不断面临为其运作而需要保护有足够的税收，税收的基础是从不增长的计税基数，而最占据优势的地方利益通常就是那些对增长的青睐。例如，在一些地区中，房地产经纪人、银行家、土地投机者及商人，都是地方政府规划董事会及当选委员会中有影响的成员，他们的增长观点可以支配地方规划的制定；当然，其他的社区也可能会被其他代表所支配——例如，反增长或者是反犯罪情绪。但无论支配观点是什么，不一致的观点就会得不到有效的考虑，那些对支配观点的不同意见也许会被容忍，但其理念却甚少得到公平的聆听。[42]

环境规划师必须作出选择，要么是附和其所工作的社区中支配的政权，要么是促进公共决策以更好地平衡来自所有观点的争论及分析。第一条路线看上去更加容易，但可能会导致环境恶化；第二条路线更富有挑战，但却更有可能提升环境保护。

最好的环境规划应发扬充分的参与，即使是某些团体没有被发动起来。此外还要注重对各种挑战地方支配政权的观点的考虑，倡导公开的信息交换以达成创新的解决方案，并在触及僵局的时候运用矛盾管理手段。成功的环境规划通常包括在一个先前未用过的公共框架当中。有时候规划师能创建一个新的框架去发现公共价值和观点。有时候他们也可以运用分析模型作为手段来集中关注公共政策中的协定。

注释：

1 Samuel Hays, *Conservation and the Gospel of Efficiency: The Progressive Conservation Movement, 1890-1920* (Cambridge: Harvard University Press,1959).

2 Rachel Carson's must influential book was clearly *Silent Spring* (New York: Houghton Mifflin, 1962), but she wrote three other books of note during her lifetime: *Under the Sea-Wind: A Naturalist's Picture of Ocean Life* (New York: Oxford University Press, 1952), *The Edge of the Sea* (New York: Houghton Mifflin, 1955), and *The Sea Around Us* (New York: Simon and Shuster, 1958). Linda Lear, a scholar of the scientist's life and work, has written an excellent biography of Carson: *Rachel Carson: Witness for Nature* (New York: Henry Holt, 1997).

3 Marian R. Chertow and Daniel C. Esty, *Thinking Ecologically: The Next Generation of Environ-*

mental Policy (New Haven: Yale University Press, 1997).

4. Daniel J. Fiorino, *Making Environmental Policy* (Berkeley: University of California Press,1995).

5. 明智利用运动，这个名称浮现于20世纪80年代后期，代表着共有私人物业权利的强烈信仰和强烈反对政府（尤其是联邦）对土地和环境控制及规定的个体和组织的广泛联合。这些团体一般都要求将联邦控制的土地交还私人及地方控制，并要求废止环境法律，例如联邦濒危物种法案。在联邦土地拥有较多的西部各州这项运动尤其积极。明智利用运动不是指专门的组织或团体，而是指很多共有这种物业权利、反环境规定及反联邦政府情绪的个体及组织。运动中的领导团体包括自由企业防卫中心、人民西部及物业权利保卫者。

6. For a review of the legal aspects of environmental policy, see Thomas Hoban and Richard Oliver Brooks, *Green Justice: The Environment and the Courts* (Boulder, Colo.: Westview Press, 1996).

7. Fiorino, *Making Environmental Policy,* 280.

8. For a full discussion of CZMA, see Timothy Beatley, David J. Brower, and Anna K. Schwab, *Introduction to Coastal Zone Management* (Washington, D.C.: Island Press, 1994).

9. Ibid.

10. David Salvesen, *Wetlands: Mitigating and Regulating Development Impacts*, 2nd ed. (Washington, D.C.: Urban Land Institute, 1994).

11. Chertow and Esty, *Thinking Ecologicaly*; President's Council on Sustainable Development. *Sustainable America: A New Consensus for Prosperity, Opportunity, and a Healthy Environment for the Future* (Washington, D.C.: PCSD, February 1996).

12. R. Edward Grumbine, "What Is Ecosystem Management?" *Conservation Biology* 8, no. 1 (1994): 27-38.

13. Steven L. Yaffe et al., *Ecosystem Management in the United States: An Assessment of Current Experience* (Washington, D.C.: Island Press, 1996).

14. James Cox et al., *Closing the Gaps in Florida's Wildlife Habitat Conservation System*, Final Report (Tallahassee: Florida Game and Fresh Water Fish Commission, 1994).

15. World Commission on Environment and Development, *Our Common Future* (Oxford, England: Oxford University Press, 1987),1.

16. See Philip Berke and Maria Manta Conroy, "Are We Planning for Sustainable Development? An Evaluation of 30 Comprehensive Plans," *Journal of the American Planning Association* 66 (winter 2000), in which the authors present a method for planners to check the extent to which city and county comprehensive plans balance ecological integrity, economic development, and social equity.

17. Richard N. Andrews,"National Environmental Policies: The United States," in *National Environmental Policies: A Comparative Study of Capacity Building*, ed. Martin Jaenicke, Helmut Weidner, and Helga Jorgens (New York: Springer-Verlag, 1997), 25-43.

18. Huey D. Johnson and David R. Brower, *Green Plans: Greenprint for Sustainability* (Lincoln: University of Nebraska Press, 1995).

19. President's Council on Sustainable Development, *Sustainable America.*

20. Governor's Commission for a Sustainable South Florida, *Sustainable South Florida Action Plan* (Coral Gables: GCSSF, 1996), 1.

21. Timothy Beatley and Kristy Manning, *The Ecology of Place: Planning for Environment, Economy, and Community* (Washington, D.C.: Island Press, 1997).

22. Mike Jenks, Elizabeth Burton, and Katie Williams, *The Compact City: A Sustainable Urban Form*? (London, England: E & FN Spon, 1996).

23. Well-developed applications of the cluster concept can be found in Randall G. Arendt, *Conservation Design for Subdivisions: A Practical Guide to Creating Open Space Networks* (Washington, D.C.: Island Press, 1996); and Robert Yaro, *Landscape Principles for the Connecticut River Valley* (Cambridge, Mass.: Lincoln Institute of Land Policy, 1988).

24. For a useful primer on the application of landscape ecology principles to land use planning, see Wenche E. Dramstad, James D. Olson, and Richard T. T. Forman, *Landscape Ecology Principles in Landscape Architecture and Land Use Planning* (Washington, D.C.: Island Press, 1996).

25. Reed F. Noss and Allen Y. Cooperrider, *Saving Nature's Legacy: Protecting and Restoring Biodiversity* (Washington, D.C.: Island Press, 1994).

26. J. M. Diamond,"The Island Biogeography Dilemma: Lessons of Modern Biogeographic Studies for the Design of Nature Preserves," *Biological Conservation* 7 (1975): 129-45. Originally cited in John Rogers, "Wetland Mitigation Banking and Watershed Planning," in *Mitigation Banking: Theory and Practice*, ed. Lindell Marsh, Douglas R. Porter, and David A. Salvesen

(Washington, D.C.: Island Press, 1996).

27. For an in-depth discussion of land use activities that support ecosystems, see Michael Hough, *Cities and Natural Processes* (New York: Routledge, 1995); and Rutherford H. Platt, Rowan A. Rowntree, and Pamela C. Muick, *The Ecological City: Preserving and Restoring Urban Biodiversity* (Amherst: University of Massachusetts Press, 1994).

28. Sim Van der Ryn and Stuart Cowan, *Ecological Design* (Washington, D.C.: Island Press, 1995), 83.

29. Paul Hawkin, "Natural Capitalism," *Mother Jones* (March 1997): 42.

30. Kevin Krizek, *A Planner's Guide to Sustainable Development* (Chicago: American Planning Association, 1996).

31. Dean Kubani, *Sustainable City Progress Report: Initial Progress Report on Santa Monica's Sustainable City Program* (Santa Monica, Calif.: Task Force on the Environment, City of Santa Monica, December 1996).

32. Michael K. Heinman, "Science by the People: Grassroots Environmental Monitoring and Debate over Scientific Expertise," *Journal of Planning Education and Research* 16 (summer 1997): 291-8.

33. The statistics on citizen-based monitoring are taken from Heinman, "Science by the People."

34. Van der Ryn and Cowan, *Ecological Design*, 90.

35. Mark Roseland, *Toward Sustainable Communities: A Resource Book for Municipal and Local Governments* (Ottawa, Canada: National Round Table on the Environment and the Economy, 1992).

36. Hawkin, "Natural Capitalism," 53.

37. Government Accounting Office, *Siting of Hazardous Waste Landfills and Their Correlation with Racial and Economic Status of Surrounding Communities* (Washington, D.C.: Government Accounting Office, 1983).

38. Benjamin F. Chavis Jr. and Charles Lee, *Toxic Waste and Race in the United States: A National Report on the Racial and Socioeconomic Characteristics of Communities with Hazardous Waste Sites* (New York: Commission for Racial Justice, United Church of Christ, 1987).

39. Paul Mohai and Bunyan Bryant, *Race and the Incidence of Environmental Hazards: A Time for Discourse* (Boulder, Colo.: Westview Press, 1992).

40. See Howard Dean, "Growth Management Plans," in *Land Use in America*, ed. Henry C. Diamond and Patrick F Noonan (Washington, D.C.: Island Press, 1996), 135-54. According to Dean, in the first seven years of the existence of the Vermont Housing and Conservation Trust Fund Program (1986-93), thirtyfive hundred affordable dwelling units were rehabilitated, and the development rights of twentyfive thousand acres of prime farmland were purchased.

41. Van der Ryn and Cowan, *Ecological Design*, 83.

42. Mickey Lauria, ed., *Reconstructing Urban Regime Theory: Regulating Urban Politics in a Global Economy* (Thousand Oaks, Calif.: Sage, 1996).

第9章 交通规划

桑德拉·罗森卢姆、艾伦·布莱克

交通规划几乎和每一种城市及郊区规划活动都有交叉。例如，环境规划和交通规划工作经常是相辅相成；土地利用、居住、社会服务以及经济发展计划，也经常具有明显的交通规划组成部分，或者是依赖交通服务取得成功。此外，其他规划领域中的困难也不时被归纳为"交通问题"：如，远离工作岗位的工人，在他们可能获得更多居住及就业机会选择的时候，也许会要求拓展及改进交通服务；看医生以及被医生看有困难的人们，在社区医疗设施改善或者是保健能够上门服务的时候，可能会要求对交通进行改进。由于交通策略经常被看作一种"解决"就业、居住、社会服务及其他问题的方法，因此交通规划师需要清晰地理解他们的工作及相当范围内相关规划之间的关系。

交通规划可能是规划专业中最为定量化和技术性的内容。这既是优势也是缺点。一方面，区域规划过程的固有方法论使得规划结果精确而规矩；另一方面，专注于技术性的解决方案也会导致交通规划师低估一些因素，例如美学或者是周边凝聚力这样难以量化或评价的因素。而更为重要的是，对技术方法的依赖会培育出两种错误的概念，这两个概念是，"每个交通问题都有一个'正确的'解决方案"，及"交通规划不包含价值判断"。

传统意义上，交通规划师花费大量的时间和精力来应付不断增长的交通需求——一般是通过规划新的设施和服务，用来容纳机动交通及上班出行。今天的交通决策制定环境已大不相同，除了应对增加的交通需求外，很多规划师还要应付这些需求所造成的副作用，如拥堵、污染、事故、不可更新资源的消耗以及分布不均衡的交通设施及服务等。而且，很多规划师现在正致力于减少或改变交通需求，尤其是减少依赖小汽车的交通需求，如鼓励替代小汽车的交通方式，及调整土地利用模式以减少小汽车使用等。另外，还有一些规划师致力于为穷人、老年人及伤残人士等弱势人群的出行提供服务。

这一章有六个主要部分。第一部分是交通规划师的作用及行为的简要介绍；第二和第三部分研究传统实践中的交通规划过程，这两个部分描述了对过程的各种批评和改进过程的努力；第四部分讨论地方在交通规划中的作用；第五部分以实例阐述了交通规划师所应对的几个方面的工作，包括拥堵、公平及为有特殊需要的出行者服务；在最后的结论部分，讨论了交通规划在过去及未来塑造城市形态的作用。

图9-1 尽管一些公交历史爱好者被电车复制品（公共汽车造得像老式电车）所激怒，但这些复制品好像还是受到搭乘者的欢迎。图9-1显示，密苏里州堪萨斯城皇冠中心的这一辆正在装载乘客

交通规划师做些什么？

在某种程度上，交通规划师有四项基本任务：①评估未来交通设施或服务的需求；②建议或者评价回应的替选方案，提供更多或不同的服务或尝试更改需求；③运用成本概念，计算不同回应或政策的成本；④评价各种替选方案并推荐最合适的解决方案。

不是所有的交通规划师都对所有这些活动有责任。单独一个规划师的工作职责范围，是由其所在的机构或事务所、决策制定所、必须的时间框架及规划师的技能和熟练程度来限定的。而且，在一些情形下这些任务不是正式完成的，规划师以判断和经验为基础进行决策，而在另外一些情形下，规划师则使用精确的计算机模型和仿真技术。

交通规划师在所有的政府层面及私人层面上工作。无论是在公共层面还是在私人层面，传统的交通规划都集中于街道和高速公路系统规划及公共交通规划，且被有限的技术方法限定在供应和需求的匹配上。而今天的规划师则要应对更广泛的交通方式，并要集中于远不止这些有限参数的各种服务，例如，交通规划师也许要面对民用飞行、铁路及自行车，且可能被要求结合居住、经济发展或者是福利改革工作调整交通规划。

由于所有政府层面上的很多机构都开展多种交通规划活动，因此交通规划师就随之涉及到很多方面的问题。在地方市政及县的交通部门，规划师可能要评价消除交通堵塞或减少事故比率的各种方法；在地方土地利用部门，他们可能要确定新的土地细分对临近高速公路的影响,并研究新的开发对额外设施的影响费用;为公交系统工作的交通规划师可能要尝试寻找增加郊区公交乘客量的方法;而那些其他地方机构中的规划师,则可能还要考虑交通替选方案对低技能工人居住及就业选择的影响。

很多重要的交通规划是在大都市层面上操作的。美国政府已经指定了大都市统计地区(MSAs)。除了新英格兰,每一个MSA都有一个中心城市并包含一个或多个县,这个MSAs由几个城市和城镇组成,每个MSA都要求有一个大都市规划组织(MPO)为高速公路、公交、飞机及铁路投资决策调整规划。一些MPO规划师与环境规划师一起工作,寻找减少空气或水污染的方法;一些MPO规划师通过研究政策,鼓励合伙使用汽车及使用自行车;一些MPO规划师分析其所服务的区域内私人建设收费道路的可行性,或者是进行货运研究;还有一些MPO规划师则试图发现为弱势群体提高服务的方法。

传统的交通规划过程

大多数现行MPO规划师所采用的技术方法,是从20世纪30年代为回应联邦(及州)建立高速公路及其他交通方式而首次研发的各种方法演变而来的。在20世纪50及60年代,规划师通过表述当前交通现象并开发预测其将来的数学模型,改进了这些技术。几个大城市,例如底特律、芝加哥、费城和纽约,建立了计算机辅助交通研究组织,开始用当时的计算机进行试验。这些组织各自研制出了预测交通需求的模型,并通过改善的服务去匹配需求。

现在的交通规划师所使用的各种方法主要是依据地理技术。区域研究的开始就是划分为更小的区域(通常是人口普查区域的尺度),这在传统上叫做交通分析地区。区域的交通系统被表述为由一些连接线和点组成的网络。网络加以编

高速公路建设和美国人骑手联盟

在19世纪80年代期间,对建设高速公路的关注在美国复苏……自行车骑手碰到了糟糕的道路。美国人骑手联盟(LAW)一个自行车骑手组织建立于1880年,领导了1888年以后州资助地方道路建设的第一次运动,但是,因为农民的反对,这次运动几乎没有成功,农民们担心城市"有闲—有钱"骑手的进步意味着更高的物业税。为回应这个僵局,骑手们开始了一项道路改善带来好处的教育运动,这项运动为后面四分之一世纪的良好道路运动奠定了基础。在小册子、每周的公告以及1892年以后的杂志《良好道路》中,LAW认为良好的高速公路将会提高土地价值、开辟新的市场、推动商品的运输、结束郊区的贫穷、提高农民的政治参与程度及改善教育水平。

来源:布鲁斯·塞立,建设美国高速公路系统:《工程师作为政策制订者》(费城:神殿大学出版社,1987年),11-2。

码；有关的数据，例如容量、速度及方向等，存储在计算机中。现在，地理信息系统（GIS）技术也在精确定位方面被应用了。

因为当时计算机有限的能力及数据的缺乏，20世纪50年代到70年代所使用的交通评价程序，基本上是由一系列按顺序操作的独立的步骤组成的，说得更精确些，就是一个步骤的输出用作下一个步骤的输入。最常见的系列就是图9-2所示的四个步骤的程序：出行产生、出行分配、方式选择及交通量分配。

在第一个步骤出行产生中，估计了每个地区的出行起点和终点数量。这种估计是以居民家庭（家庭规模、收入及车辆拥有情况）、非居住用地（雇员数量、建筑面积及零售商业）以及地区自身（人口密度、到中央商务区的距离）的特点为基础的。

在第二个步骤出行分配中，所有发自每个地区的出行都分配到其他地区的终点上。这产生了一个地区到地区的表格，显示了可能的每一对地区之间的出行数量。可以通过几种方法来编制这种表格，最普遍的叫做重力模型，因为其数学原理和牛顿第一重力定律相似。

第三个步骤方式选择，也叫做定型交通分流。到了这一点，每个出行都是人的流通，不再以方式进行区别。在这一步骤中，所有出行都被分为在街道系统中使用私家车和使用公交系统的出行。在历年来研究的众多定型交通分流模型中，最普遍的是在每一对地区之间比较私家车和公交的出行时间和成本。当然，也有一些模型也考虑到了家庭特征，例如车辆拥有情况、家庭规模及家庭收入。

在第四个步骤交通量分配中，每一个出行的路都穿过适当的网络，街道网络和公共交通网络。程序的基础是为每一个出行确定从起点到终点的路径（例如，使用连接次序）。最常见的模型是使用最短路径的计算法则，计算每一个出行总耗时最少的路线（包括转化为与时间等值的现金开支）。

为了全部四个步骤的模型，规划师在20世纪50及60年代在大多数的美国城市中进行了大规模的家庭访问调查。这些调查旨在获取不同种类家庭的出行模式，和了解土地利用及交通行为之间的关系，然而，由于调查的成本非常高昂，近年来已很少再进行。现在交通规划师一般都依赖更快更便宜的方法，例如进行电话调查或者是让人们写出行日记。另外，自1960年以来，十年一次的人口普查也都询问了有关上班出行的问题。一些不同的模型被用于这四个步骤，导致了规划师和工程师之间究竟哪个模型是最好的争论。在20世纪70年代，交通部（DOT）曾尝试进行标准化规划，编写和发布了一个叫做城市交通规划系统（UTPS）的计算机程序包，并为四个步骤程序完成了专门的系列模型。虽然UTPS被广泛使用了一些年，但并不是所有的区域都采用了这一方式。

传统过程：缺陷和修正

不考虑传统模型及新近研究发现的问题，很多大都市区域依旧像他们十年前一样粗糙地进行着四个步骤程序。这个程序从假定到方法到结果都是经不起大量

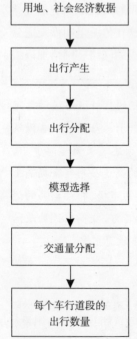

图9-2 标准的四步出行需求模型

批评检验的。本部分专门讨论针对传统过程的主要评论,并描述了地方及联邦两个层面应对这些评论的努力。

假设和方法论

虽然交通规划固有的技术方法有它的实力,但由于技术方法过于专注于定量化,因此经常主张一种实际上不属于它们的客观性。所有交通规划的技术方法都是以假设为基础的,而假设经常就是有争议的——对于公众或决策制定者来说,事实并非总是清楚的。

从1950年代开始,随着交通规划师越来越依赖复杂且高技术的模型技术,外行人开始越来越难以明白规划师究竟在做什么,既不明白正在使用的模型也不明白其下面的假设,这使得无论是市民还是决策制定者都无法有效地参与规划讨论——或者是有效地争论规划结果。而且,规划师经常倾心于他们认为可观和价值中立的各种技术,很轻易就以不正式或不科学的理由排除异议。实际上,交通规划总是基于很多有争议的前提,理性的人可能会不同意程序核心部分的一些假设。

例如,大多数交通需求预测对于估计未来的人口、经济活动、土地利用及人们出行的倾向是高度敏感的。有很多种方法去做这些估计,但所有的方法都是基于对大量变数的假设,包括人们将会住在哪里以及工业将在哪里选址。也许,最有争议的假设是那些应对下列问题的假设:①用地和交通选择之间的关系;②不同的公共政策对人们出行模式的影响;③出行方式选择下面的各种因素。

依据一些观察者的意见,这些模型并不能表达出出行者精确的出行行为。人们出行的决定是基于复杂而相互交感的个人需求、属性、资源及经验的,但大多数的模型却将出行概括为少数家庭特征和少数用地模式之间的简单数学关系;而且,传统的模型是设计用来解决30到40年前相应的政策问题的,这些模型强调的是工作出行及高峰时段的堵塞,而不是用来应对网络及无高峰出行的;即使拿工作出行来说,工作出行曾一度是家庭产生的主要出行方式(而且依旧可能比其他出行更为重要),但今天的工作出行却只有总出行量的1/5,或者是每4英里出行的1英里。[1] 因此,尽管传统的模型也用于应对诸如环境保护或邻里凝聚力等问题,但没有人认为它的效果是好的。

另一个相关的问题是传统的模型对政策不敏感,这是因为它们原本就不包括有关交通行为与政府政策关系的信息——例如上涨的停车费用的影响或者是对公交及合伙使用汽车的激励——很难用它们去评价今天出现的一些现象。

也许是最重要的,交通预测下面假设的复杂性,使得操纵结果成为可能。例如,如果一个机构想要确认一个区域的轨道系统,就可以预言上涨的汽油价格会引发汽车使用的下降趋势;或者,如果政策制定者想要一条新的高速公路,他们也可以通过预测出行量或出行距离的增长,以说明另外的建设的重要性。事实上,很多对传统模型的关注已经集中到了操作层面:一些观察者已经感觉到,由于出行产生模型过高地估计了未来的出行量,因此这些模型倾向于证明越来越多的设施是正确的;同样,由于定型交通分流模型一贯低估公交出行量,因而它总被感觉对公交存在固有的偏见。

自1990年代早期以来,已经有竭力促进技术程序的假设要对投资者及非技术人群更加"透明"的主张,并要求要在决策制定中包含更多的受影响团体。但也不是每一个人都会同意如下假设:人们为什么出行,城市地区将如何发展,以及交通设施在解决社会及经济问题中的作用是什么。

当然,同样也有改进模型自身的努力。在俄勒冈的波特兰,大都市委员会不仅一直关注从交通模型系统到用地预测程序反馈机制缺少的问题(例如,通过这个程序他们能够确定建议的用地对交通的影响以及建议的交通对用地的影响);此外,它们还关注模型不能够反映城市设计变化,并可能减少对汽车依赖效果的问题。因此,规划师将开发密度以及不同交通地区步行环境的信息,合并进汽车拥有情况、终点及方式选择的模型当中,通过改进模型化的系统能力,来预测短途出行、步行出行及公交出行。图9-3说明了以建立出行预测模型的方式的修改方法,以及这一方法与其他地区还在使用的传统四步骤程序的之间不同。

后果

尽管自然有些交迭,但其他对传统规划过程的批评,还是更多地集中在它认识到的后果,而不是它的假设或者方法论中。总体而言,这些批评使得交通规划师更加专注于运行得越来越快的车辆,而忽略了这种专注是如何影响城市以及城市中的人们的。实际上,在乡村的一些地区,对传统过程的不满意已经引发了所谓的对高速公路的抵制运动,批评者成功地抵制了规划高速公路的建设,或者是成功地将高速公路的投资转向了公交及非机动化交通的替选方案。

六项主要的——以及相互关联的——对传统交通规划过程的批评如下:

1. 支持汽车发展超过支持其他交通方式,这一过程加速了公交系统的衰落。
2. 穿过城市的高速公路建设切割甚至是破坏了富有活力的社区,尤其是少数族裔社区。
3. 对小汽车依赖的增长,使中心城市丧失了活力并鼓励了城市的蔓延。
4. 对汽车的依赖增加了污染、不可再生资源的消耗以及交通堵塞。
5. 不断提供更多更快水平的服务自身就是失败的,因为这仅仅是造成了更多的交通需求。
6. 规划师已经无法通过交通改善去创造更富有活力和可持续的社区。

所有这些反对都有一个共同的基本关注:在塑造城市形态中,交通规划的适当作用是什么?大多数的交通模型都通过规划涉及的人口、用地、经济活动及倾向,以现状的各种关系去推断未来——这本身就是一个有疑问的方法,这就像

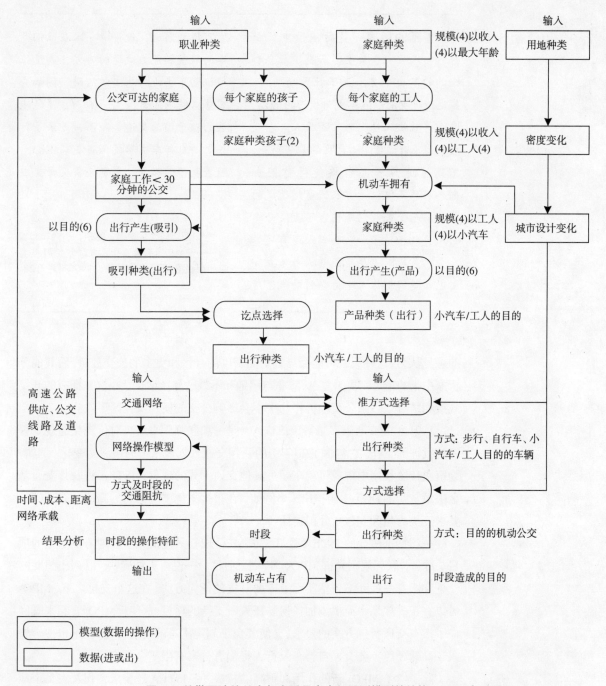

图 9-3 俄勒冈波特兰大都市委员会出行预测模型的结构，1998 年 3 月

21 世纪的家庭行为不会和 20 世纪 90 年代一样。而且，因为规划的结果是用来容纳规划而不是用来塑造未来，因此，简单地将现状推延到未来，也许还会产生更多我们已经有了的同样类型的城市。和大多数的规划假设一样，很多结果是可疑的。例如，20 世纪 50 年代的用地和交通规划师根据当时的趋势，提出不断增长的小汽车使用和不断增长的郊区化的假设。由于他们没有假定更加集中的发展模式，因而也就没有规划更好的公交服务来满足那些发展模式的需求。一些分析家

> **蔓延的后果** 蔓延侵蚀市民社会——人性粘合民主。加剧了社会和经济的不公平并磨灭了社区凝聚力。蔓延使得拥有小汽车成为生活的必须,进而将低收入转化为贫困收入。它还吸引消费者远离中心城区的零售商业,抬高了地方食品价格使得贫困加剧……并不仅仅是穷人因蔓延造成的不公平而受苦,它还伤害了无法开车的人,包括孩子和一些老人还有残障人士。蔓延对老年市民意味着孤立和固定。美国退休人士协会针对低密度城市规划写道"使得老年人在他们开车的欲望和能力减退的时候,高度依赖机动车去进行基本的活动,例如去零售店购物或看医生。"同样,蔓延地区的孩子因为交通和距离,无法步行或者骑自行车去学校和朋友家。此外,随着孩子的孤立,蔓延又将父母变成了司机。
>
> 来源:阿兰·赛因·德宁,小汽车和城市——安全街道和健康社区的24个步骤(华盛顿州西雅图:西北环境检测,1996年4月),27。

的意见认为,这种假设可能会导致更高密度的社区和更多的公交数量。而其他分析家主张的情形则更为复杂,除非与用地和不鼓励郊区增长及小汽车拥有的开发政策相结合,否则公交改善将几乎不会影响公交的使用及社区形式。

1991年的交通效率法案(ISTEA)是一项联邦用来解决对传统交通规划程序的批评的工作,它包含了30年中的联邦交通规划规则里的最深刻变化。例如,为解决传统程序中重视机动车超过其他交通方式的现象,ISTEA将联邦交通基金决策从州的DOT中调整出来(例如,在很多案例中远离州的高速公路部门),要求变更为州和MPOs分担责任。

一项特别重要的ISTEA政策要求MPO规划只包括那些合理需要基金的项目。过去,联邦规则允许MPOs"规划"项目——说得更精确些,既列出想要的设施和服务——而不包括实际上需要开支的任何方法。在这个安排之下,MPOs可以在正式规划中简单添加任何委托人所支持的项目,这使得MPOs看起来既回应了汽车交通替选方案的要求,又使其免于制定困难的政治协定,但这也使它卷入了高速公路、公交、自行车及行人提倡者分享有限基金的麻烦。

除了给予MPOs新的作用和更高的权威外,ISTEA还要求各州及大都市地区更好地调整他们的工作,以满足空气质量标准。这项工作紧随1990年清洁空气法案修正之后出台,要求各地区监控车辆—英里交通及车辆出行的增长,以便额外出行所产生的排放增量能够被探察到。[2]在修正案通过之前,鲜有区域规划机构尝试评价他们的规划如何减少机动车排放,甚至几乎没有人尝试衡量其规划的成功与否,或者是改变规划以回应清洁空气或其他政策目标。但ISTEA要求大多数区域评价他们规划的影响,并有效监控这些规划是否满足空气质量及堵塞管理目标的要求。[3]

最后,ISTEA允许各个投资者,特别是公交运作者、州和地方当选官员等一些在传统上不曾涉及过区域交通规划程序的人参与规划。这一方式显然给交通规划师的操作带来了明显的变化,交通规划程序变得更加完善,所有的地方规划工作都进入了结构。咨询委员会1995年一项关于政府间关系的报告显示,交通规划师及遍布美国的MPOs,因为ISTEA的要求,[4]经常站在土地利用及其他规划改进的前沿。

与此同时,ISTEA要求所带来的变化,也并不意味是困难的。例如,一项1996年的研究发现,尽管很多MPOs成功地满足了规划要求,但一些MPOs①并没有建立要求的规划过程;②难于扩展规划程序以包含多样化模式或者是创造有意义的公共包含;③在过程中和很多新的伙伴之间建立稳固协作安排的时候,面临一系列的挑战。[5]

ISTEA于1997年终止,意识到ISTEA所要求的新过程的价值,国会通过了新的立法——21世纪的《交通公平法案》(TEA-21),它包含了大部分的ISTEA规划及基础性的革新;延续了通过ISTEA发展的高速公路及公交的规划过程;保留了ISTEA的特征,包括花费交通基金的灵活性以及"专注于坚固的规划程序作为良好交通决策的基础"的观点。[6]

交通规划中地方的作用

很多地方交通程序真实地反映了区域MPO的过程,还有很多地方交通机构是MPO功能的重要伙伴。即使地方和区域机构不是正式地在一起工作的时候,区域交通规划对地方社区也具有重要的影响。同时,很多地方行政辖区的交通及用地决策也会影响到区域规划工作的成功。

地方规划过程经过多年的发展是为了实现地方目标,而不是区域的目标。例如,在每一个大都市地区,不同的行政辖区制定决策希望统筹交通及用地,但这种例行公事所制定的区划决策却不足以鼓励产生代替小汽车的替选方案;一些行政辖区的独立住宅不仅占地很大,而且还远离任何商业服务;某些地方建设新的道路不只是为了去服务低密度的郊区、住宅区及商业物业区,而且还要求发展商提供充分的免费停车位而不是人行道或公交设施;一些居住社区禁止建设为当地居民提供不使用机动车,距离很近的工业或商业企业的就业机会;某些行政辖区建设的道路宽阔但通行量十分有限,削弱了他们地区内社区的感觉;此外,公共机构自身也会在郊区进行选址,如医院、教育设施甚至是政府办公室等,这些地方不仅难以步行,而且公共交通也是有限的或根本就是不存在的。

因此,在任何大都市地区,很多政府单位是直接涉及交通规划工作的,很多其他单位,他们的工作和交通规划也有充分的关联,并间接地涉及这项工作。MPO层面所进行的交通规划过程旨在调整一些这种活动,但并不覆盖所有——或者甚至是大部分——的活动。虽然区域交通规划过程已经对大都市地区有了显著的影响,但一个区域内单独的行政辖区也同样对已经建设的美国社区作出了巨大贡献。

图 9-4 丹佛中心区的第十六街购物中心可以通过公共汽车或步行进入,但不允许普通汽车进入。购物中心大约长两英里;每一端都有一个公共汽车站用于换乘及连接很多其他的公共汽车路线,且购物中心内部的公共汽车的乘坐是免费的

交通规划师所忙碌的问题

交通规划师在他们的工作中解决很多复杂的问题,包括堵塞、用地、环境保护、融资、公平及有特殊需求的交通。下面的部分描述了对这些问题的挑战,并为解决这些问题提出了不同的策略。

堵塞

当人们被问及他们社区中最糟糕的问题时,交通堵塞经常位列问题之首。很多对堵塞的反应是心理性的,除了这一方面,堵塞也确实是金钱的开支。在交通上花费过多的时间,使工人们减少了花在工作上的时间,使人们丧失了休闲的时间,并提高了运送货物的成本。此外,事故的频率和堵塞也有密切关系,容易造成车辆的磨损和折旧。而且,堵塞街道上的污染排放和燃料消耗也要比不堵塞的街道高出很多。[7]

堵塞似乎是一种居住及制造活动在城市中聚集的必然结果。城市里的用地分类,尤其是从工业革命开始的家庭和工作场所的分离,使得人们经常需要在城市里来回往返。而且,由于大多数人的工作时间比较一致,更加剧了这一问题。

图 9-5 芝加哥国会高速公路中央隔离带上正在运行的火车,同时这时的交通也正处在高峰时间。这是美国第一个在高速公路中央隔离带上和高速公路同时修建重型铁轨线的地方,两者都于 1958 年开通

当商人们抱怨堵塞干扰了人们的购物,或居民们抱怨汽车驾驶者为避开拥挤的大道而使用原本不是被设计用来承载繁忙交通的居住区街道的时候,规划师就经常被指派与交通工程师共同按照堵塞、速度、事故及其他因素等进行监控街道系统效能的外业调查。通过调查,规划师提出一些消除瓶颈、排除危险及增加停车位等短期的补救措施,同时,规划师可能也会调整交通标志、人行道位置及提供自行车车道,促进人们步行并推广自行车的使用。

传统的交通规划师及工程师以物质维度为基础估计街道的通行能力、适用的规则、交通的组成及其他因素。通过实际交通量与通行能力的比较,依据服务的等级,将街道分为 A(空的街道)到 F(完全堵塞)级。很多地方规划工作的目标,就是将 D 或 C 级的街道提高到 B 或 A 级。

也许最有效的在短期内解决地方堵塞的方法,是通过拓宽道路来增加通行能力,减少交通阻碍(例如,通过提供左转或中央车道),或者是减少繁忙街道的路边停车。但因为供应经常刺激需求,短期的交通能力改进往往是失败的。[8] 所以,一条提供高水平服务的新的或者是拓宽的道路,可能会在短期的有序之后变得更加拥挤,部分原因是因为人们希望寻求更快的路径来完成他们的出行,因而改变了他们原有的出行模式。此外,便利的可达性也吸引了地方商业,由此又产生出更多的交通。

就长期而言,规划师可以尝试形成堵塞的"自行支付"。在高增长地区,规划师通常估计新的居住区或商业开发而产生的额外交通,并要求发展商通过一些改进方式来解决所造成的额外的交通;这种改进可能包括在各个交叉口安装交通标识,或者甚至是花费数百万美元增设新的高速公路辅道。而作为选择,发展商也可能被要求支付影响费用来代替这种改进的开支。

> **堵塞的成本**　这个故事听上去我们每个人都熟悉。数以百万计的驾驶者每天都要忍受阻塞的耽搁。从盘旋的直升机上看，奥克兰的湾桥上视线所及的地方，在早晨高峰时段的时候，小汽车塞满了12条引入车道。在交通高峰堵塞时段，华盛顿南部的车流……能延伸35公里（21英里）。即使是在1994年地震之前，圣莫尼卡高速公路上的"高峰时间"也延续了一整天。长岛高速公路上的早高峰及晚车流的速度都可以用每分钟多少英寸来衡量。
>
> 堵塞不仅是阻塞，也是昂贵的。堵塞最大的代价是乘车者时间的耽搁，同时停停走走的交通也浪费燃料。美国城市地区因耽误造成的损失……1990年的总量是430亿美元。如果包括停顿及停停走走加速引擎所增加的排放，损失甚至还会更大。而且，这些情况还仅仅是堵塞造成的直接影响，此外，堵塞也带来了很多间接影响，例如，因堵塞而产生的商品的成本的提高使得美国的商品在世界市场的竞争更加困难。
>
> 来源：克宾·格莱德洛克：高峰时段减轻交通堵塞的费用，国家研究理事会，交通研究部专门报告242第1卷（华盛顿特区：国家研究院出版社，1994年），16-7。

总体而言，地方规划师在解决特定的交通堵塞方面是成功多于失败，但这些外表的成功有时候只是解决了最局部的问题，却并没有真正解决堵塞问题而只是简单地将其移到了别处，往往会留下更大区域的堵塞问题。事实上，解决区域堵塞的方法，是要将之作为地方政府制定的用地及其他相关所有决策结果的总和。

传统上，区域交通规划师曾尝试摆脱交通堵塞。但更好和更快的高速公路却鼓励人们住得离工作地点更远、购买更多的车辆以及产生更多的出行，并使增加的通行能力满载，将堵塞恢复到先前的水平。而且，新的高速公路也强烈地吸引了土地开发，这反过来又吸引了更多的交通。以高速公路为基础的用地模式——低密度环绕周边的组团强烈分散——让大多数人无可选择地越来越多地驾车出行。

尽管一些当前的思想是对"建造"进行批评，但一些分析家也指出，机动车使用快速增长的时期已经过去，现在大多数人都是司机或拥有汽车，没有多少过去看见的那种出行猛烈增长的空间。人们在一段时间里只能开一辆车，他们一天中只有那么多时间用于出行。如果道路上的车辆数量以及可以用于出行的时间数量已经到达最大值，则任何一项新的设施都不能减少额外的出行，而只能改变出行者的路线。因此，通过建造更多及更大的高速公路，也许可以解决一些区域交通堵塞问题，一些大都市地区正是这样做的。

然而，在大多数区域中，基金的有限性及政治争论使得建造主要的新高速公路或公交设施很困难。很多规划师支持一种不同的方法——尝试改变需求——就是与国家清洁空气法案及ISTEA第一次要求的雇员通勤选择和堵塞管理规划保持一致。为了使现状高速公路及公交设施的利用更加有效，很多区域的交通规划师鼓励大型雇主为他们的工人提供激励，以减少单独驾驶（例如，通过合伙使用

图9-6 堪萨斯城的文化商务区，和美国很多城市一样，相当比例的土地用于停车，浪费了土地且使得这个地区没有吸引力又不方便步行

汽车或使用替代方式）或他们通勤出行的数量（例如，通过在家工作、远程工作或在较少的天数内工作同样的小时数）。但除了在乡村一些部分取得适度进展外，整个区域中以雇主为基础的计划并没有明显减少单独驾驶上班出行的数量。

面对规划有时候只取得相对较少的效果，区域交通规划师已经开始更为严肃地考虑同意及定价替选方式。在公共交通领域，有时候会采用激励机制，例如公交规划师通过提供特价、换乘或允许一些乘客，例如老年市民以半费搭乘（但仅限非高峰时段），来鼓励在非堵塞时间的出行。对于街道和高速公路，选择似乎最有影响——但在政治上也是最反对的——①更高的停车价格和②要求驾驶者在高峰时段支付更高费用的堵塞定价。美国充足的增加停车费的经验标明，即使是停车率的一点减少也会引发更多人开车上班。某些地区已经沿着现状高速公路开辟了高通行费的车道，这些车道允许公交车辆及合伙使用的汽车免费通行，同时单独使用的车辆也可以在此车道上来充分提高速度，但要支付2到8美元不等的费用，金额的不同取决于一天内的时段及交通条件。

技术性的解决方案在美国已经司空见惯，此外某些人也相信智能交通系统（ITS）将解决堵塞问题。ITS的建议者相信计算机控制的车辆有一天将使高速公路的通行能力提高3或4倍。和其他国家一样（特别是德国和日本），美国政府已经资助了ITS的研究。显然，技术的先进能产生一些好处；然而，很多规划师还是怀疑它们所宣扬的与ITS相关的宏伟规划及潜在的高成本。

堵塞是一个问题,是城市环境的一部分,尽管它可能持续支配地方及区域交通规划师的注意力,但它也是最难以解决的问题。

土地利用

19世纪城市增长过程中创造的城市是紧凑而高度集中的,并有着很高的人口密度;1900年以后发展的城市则倾向于更加分散化和多中心化并具有低密度的特性。公交的使用在前者中相对较多而在后者中相对较少。

每一位地方规划师都知道交通系统和开发模式之间的循环关系,用地是交通行为的主要决定因素。哪里的密度高,街道就会堵塞,停车就会困难且昂贵,汽车的使用也就没有吸引力,而公交服务则会更加有效且经济,并且,由于一些出行可以通过步行完成,机动化出行的总数也就会少一些。另一方面,哪里的密度

图9-7 在多伦多,高层建筑是围绕洋基街上重型轨道线站点附近而建造的。区划规定专门设计以鼓励这种围绕站点的聚集。但这种用地和交通规划的一致方式在美国城市中很少

低（如大多数的郊区），公交服务就很少或根本没有，机动车就成为出行的基础，由于在这类地区，除了偶尔的堵塞外，平均行车速度很高且停车是免费和容易的，再加上大多数出行终点都很远，步行不方便，于是人们也就更多的选择了汽车出行的方式。

正如用地影响交通一样，交通设施及服务也会影响用地。历史上，公交路线刺激了空地的开发。[9]在大城市中，在地铁站点步行距离范围内的土地价值会高一些，而在最近的几十年中，超级高速公路的建设也有着相似的效果，例如，环绕波士顿的128通道，其第一条环路，吸引了大量的工业，接着很快是商店和住宅。今天，高速公路换乘点附近的土地价值经常比远处的要高一些。自第二次世界大战以来，高速公路的扩张显然是郊区增长的主要因素，但同样值得一提的，区域轨道系统也同样在事实上推动了郊区的增长。

规划师经常面临两个问题：交通系统能否用来形成理想的用地模式？如果能，那么什么是理想的用地模式？那些相信交通能够以及应该用来塑造用地的人有着不同想法，但所有的人的想法都批评现代郊区，他们都对前面描述过的19世纪城市建设模式的复兴感兴趣。

例如，轨道公交的倡导者，主张轨道公交系统应能够振兴中心商务区、遏制郊区蔓延并围绕公交站点创造高密度的居住及商业开发。（多伦多系统经常被作为成功范例而引用。）有些新传统设计的倡导者，如佛罗里达滨海区所示范的那样（通过电影《真人秀》而普及），他们相信通过将设计概念转化为老式社区的基础，我们就能够创造"可步行的"、"公交导向"的周边环境，因为汽车的使用很少（见图9-8），孩子们也可以在街道上安全地玩耍。还有公交村落的概念，被定义为"一个紧凑的、混合用途的社区，中心及周围是公交车站，通过设计，使得居民、工人及购物者较少使用汽车而更多地乘坐大运量的公交车。"[10]

大多数关于交通-用地方面的讨论回避了两个问题：技术的变化和地方与区域影响之间的对立。第一，尽管公共交通系统确实有助于创造高密度的土地利

卡车运输 很容易就忘记现代生活是如何依赖于卡车运输的。卡车在很多方面为货物所做的正如汽车为人所做的。不像铁路，卡车不受固定路线及固定时间表的限制，它们的使用也摒弃了铁路路权的需要；卡车更加灵活，可以挨家挨户地接送；卡车的运送也会比短途的轨道运输快很多。而且，卡车也不需要在地价较高的中心城区精心准备技术设施。在20世纪20年代期间，卡车的注册增长了3倍，从100万辆变成了350万辆。尽管当时还没有意识到，但依赖中心城市铁路运送工厂的分离已经开始。随着卡车运输的增长，选址于中心城市铁路线旁的工厂变得越来越没有必要，很多重要的工厂越来越容易通过州际高速公路到达。

来源：约翰·帕棱，《郊区》（纽约，麦克格山公司，1995年），47。经麦克格山公司许可重印。

图9-8 佛罗里达州滨海地区可步行的、公交导向的邻里,其中心位于中心绿地;从中心放射出来的,是由小规模地块围合而成的狭窄街道网络

图9-9 圣迭戈中心区的一辆轻轨列车停下载客。在这里,轻轨和其他交通共享街道;而在别处的这种系统中,轻轨有单独的路权

轨道公交能够递送吗? 轨道公交被看作一种潜在的再集中力量。通过与支持性的用地政策及市场条件的正确结合,公交车站会成为高密度和混合用途开发的中心……如果在旧金山和华盛顿特区是有效的,那么在迈阿密、达拉斯或洛杉矶也会有效吗?

第一,尽管旧金山中心区受益于湾区快速公交(BART)系统,但奥克兰的中心区及很多其他沿着 BART 的选址却没有受益。除了中心区开发的巨大减退及其他支持性政策外,BART 几乎没有影响到奥克兰的中心区……

第二,轨道公交是影响开发模式的一种昂贵方法。公交投资一般几乎不会影响到可达性。例如,一条新的公交线路,减少的出行时间摊到一个大都市区域所产生的所有出行上是很少的,但却要花费数亿美元的资金去建设并需要更多的运作辅助资金……

第三,轨道公交反集中的根本力量没有效果。公交投资不会影响排外的用地政策、地方财政政策或者是拥有及使用一辆汽车的价格。而且它也不会影响到更大的经济变化(发生在社会中)。尽管它与地方支持、联邦辅助资金、市场条件及其他因素的正确结合有时候能够带来一些理想的结果,但大多数工作还是因为这些更为有力的因素而陷入失败。

来源:吉纳维芙·吉奥连诺,"交通、用地及公共政策",《土耳其新闻》187期(1996年11~12月):12-3,经作者允许重印。

用,但其对城市形态的影响主要发生在第一次世界大战之前,当时大多数人没有汽车且依赖公共交通来完成所有的出行。而今天的美国汽车比司机还要多,因此,今天的人们有了汽车所给予的灵活性,新的公共交通设施可能就不会充分影响出行行为。第二,尽管交通设施能够对小的地区产生显著的影响——例如,在靠近高速公路换乘点及公交站点的地方、在特定的地区中以及沿着高速公路的部分——但是否会对区域有影响还没有研究清楚。

很多规划师(以及很多市民)假设①交通改进越大,影响也就越大(例如,影响更多的区域);②小的地方变化的聚合累积形成更多紧凑或公交导向的区域。但几乎没有证据证明这两个假设是正确的。例如,一项1992年的研究表明,密度高增长的结果是平均通勤距离的很少缩减。[11] 新传统设计及混合土地用途也许确实创造了生活愉快的地方,但简单设计的风貌并没有显现出对全部出行的明显影响。即使人们更加愿意且更能够在附近地区里面步行,但大多数居民却并没有减少他们机动出行的数量,或者是明显的改变他们的出行模式。

即使存在有力证据证明交通改进能够用来塑造用地模式,规划机构也还是要解决派生的、极富争议的问题,即什么样的用地模式应该成为目标?尽管大多数规划师可能会倾向一种具有明确中心且高密度的紧凑的城市形态,但大多数美国人可能还是倾向汽车导向的、低密度的郊区化生活方式。一些规划师争论道,美国人从来没有真正给予依赖汽车的郊区开发一种替选方案。然而,其他的争论则

218 地方政府规划实践

认为发展商会建造人们想要的任何东西——但它却几乎没有证据证明人们希望生活在新传统的社区或公交村落中。12

环境保护

如果我们依赖汽车的副作用没有在社会中产生一系列问题的话,汽车的流行可能不会遇到挑战。在依赖汽车产生的外部性(经济学家的叫法)中,最突出的是环境效果,主要是空气污染。一个相关的问题是我们对能源的奢侈欲望:美国的交通部门高度依赖石油这种不可再生的资源,一天的消耗量大约1800万桶。汽车对石油的需求超过美国石油进口数量的一半。

烟雾,在20世纪50年代的南加利福尼亚首次被确定为环境问题,现在在每一个主要的大都市地区及很多小一点的城市里都有发生(图9-10)。尽管有很多空气污染源,但大多数地区的主要空气污染原因还是车辆尾气(尤其是一氧化碳、氮氧化物及挥发性的有机混合物)。虽然很多联邦及州改善空气质量的计划已经部分取得成功,但在一百多个大都市地区,空气质量仍然无法达到联邦标准,而洛杉矶依旧经常被称作为"美国的烟雾之都"。

除了在溢漏油的情况下,交通对水质的影响还没有得到广泛的认识。但是,高速公路沿线喷洒的除草剂却经常渗透到地下水中,还有密封的地表覆盖层——街道、停车场及行车道——也极大地加剧了暴雨时的流量,将污染物倾倒到水体中。

交通可能是最普遍的噪音污染原因。首先,除非有大型的隔音设施,机场附近的用地被认为不适合大多数用途;其次,高速公路也引发了无数的抱怨,尤其是卡车交通多的地方,当重要的高速公路穿过居住区附近的时候,经常就需要建设昂贵的隔音墙;第三,尽管现代混凝土结构比过去用的钢柱更加安静,但城市轨道设施同样也会造成过多的噪音,而且,地铁的振动穿过地面时也会引起建筑

图9-10 沿着新泽西州的收费公路,工厂和机动车辆一起产生浓密的烟雾。这张照片是中午拍的,但大多数司机已经开了车灯。空气污染是我们交通系统所引起的最普遍的环境问题

> **美国采用汽车** 一位"忠诚"的匿名居民，在1929年关于一个典型美国社区的研究中责骂林德："你需要研究究竟是什么正在改变这个国家？我告诉你正在发生的事情就是两个字：汽车"。与此同时大多数美国人的感觉是一样的，历史学家有一天将毋庸置疑地查阅到20世纪的前半叶是汽车的时代。因为，自从汽车1895年进入美国以来，已经成为左右现代美国文明发展的最主要力量。
>
> 巨大的汽车市场在成为事实之前就预示了普及的氛围。从汽车进入美国以来，已经完全变成为常人的需要。世纪更迭之际，汽车时代建立了"无孔不入的汽车兴趣，这个主题的每一个方面都得到热情的关注。"在几年之内，街上大多数人的态度都是对汽车不加掩饰的热情。最明显的是，1906年，一个作家写道，"汽车是现今我们这个时代的偶像……一个拥有汽车的男人，享受着驾驶的乐趣、接受着路人的奉承、大胆地驾驶着竞赛的机器左冲右突，在轰鸣中消失在远方，简直就是女人的上帝。"
>
> 来源：詹姆士·佛林克，《美国采用汽车》，1895～1910（剑桥麻省理工学院出版社，1970年），2, 64。经麻省理工学院出版社许可重印。

物的晃动。

减少汽车污染环境的基本方法有两个，第一个是比较保守的方法，即制定汽车进行技术改进的强制规定。例如，联邦政府已经在车辆制造上强制征收排放税、制定了英里里程标准，并禁止使用含铅汽油，一些州也仿效了这种做法，加利福尼亚州甚至制定了比美国政府更为严格的标准。此外，替代燃料的使用也引起了很大关注，电动车辆正在普及，在较远的将来也许会成为主流。

另外一个方法，是以减少机动车辆出行里程为目的而尝试更改人们的出行行为，可能的方法包括广告、教育、鼓励、处罚及法律。这种降低交通需求管理的措施描绘了一种减少空气污染还有交通堵塞的努力，主要手段包括大运量公交、驾驶共享、步行、自行车及远程交流的使用等方式。从外部改变交通高峰时段是一个相关的目标。由于现状的开发模式非理性地选择了单独驾驶，因此用地规划的改变也应跟上，例如许可混合用途或创造就业和居住平衡的社区。

联邦政府同时采用了两种方法，但第一种显然更加有效。当选择第一种方法的时候，排放水平只是1970年的一小部分。例如，在使用燃料方面，尽管自20世纪80年代以来燃料的使用量没有什么变化，但空气的铅含量自含铅汽油被禁止以后却少了很多。然而，随着人们购买更多的汽车以及产生更多、更长距离的出行，这些改进就被增加的出行车程给抵消了。在快速增长的大都市地区，增长的出行淹没了技术改进，空气质量变得更糟。

融资

对于那些交通机构中的预算权威来说，融资经常是最为普遍的问题。无论有钱还是没钱的时候，州的交通部门似乎总是要承担无穷无尽的有价值的项目；地方政府主体也总是面对着那些不断增加的公共交通服务需求、更多的中心城区停车位以及单独的自行车道。因为总是对新设施有更强烈的支持，因此维护和修理就显得微不足道，很多高速公路及桥梁的破损就是多年重建轻管的证据。

有一种高速公路建设融资的确定结构。联邦和州提供税收产生巨大的国家收入流入高速公路信托基金。（这种基金专款专用于一种特定的目的，但其外部是普通的预算程序。）作为一种规定，虽然也有些例外（例如，部分联邦税收进入了公交户头且能够用于公交资产的改善），但这些钱只能用于高速公路。几乎所有的联邦基金都是各州贡献的，各州建设并且现在拥有了国家的主要高速公路，包括州际高速公路系统，大多数州都有一种注资给各地方政府的系统。而其他交通基金则来自驾驶执照、车辆注册费用以及特殊设施的收费。

由于只有极其少量的公交服务设施的旅客费用能够与运行成本持平（不计投资成本，例如建设及购买车辆），因此这一领域的融资就更加成问题。平均而言，美国公交的票箱收入大约是运行成本的40%，这就是私人业主在20世纪50年代到60年代期间大量放弃大运量公交的原因，剩下的还在服务的公交都是由政府机构负责提供的（虽然有时候会和私人公司签订合同）。

凭借1964年的城市大运量交通法案，联邦政府开始将公共交通注资地方政府。开始是钱只能用于资产投资，但从1974年开始，也开始提供运行补助。目前，联邦政府支付高达80%的资产成本及高达50%的运行损失。但是，这些数字都是最大值，实际的注资经常要小一些。可用的钱的数额取决于每年的国会拨款，而且随着年份的不同而不同。

随着联邦作用的减小，州和地方政府已经接管了大多数的公交补贴。在一些州里，燃油税收入的一部分固定投入在大运量公交上，也有些地方政府用的是一部分物业税收入，但最普遍的来源是地方销售税（通常是5%或10%）。有时候法律要求投票人同意通过公民投票的税收，而且相当多的这种建议都获得了通过。一些观察者争论道，销售税相对容易被投票者接受，因为这是一种"看不见"的税，人们一般不会注意到。但是，经济学家却说，销售税是高度回归的（意思是收入较低的人，比收入较高的人支付了他们收入的更大部分）。

很多地方公交机构面临重现的融资危机，有时候是因为国家收入减少，而更多时候是因为成本上涨。自20世纪70年代以来，大运量公交的运行成本已经很快比生活成本高了很多，一些分析家把这种情况归咎于工会。大多数公交系统的工人都属于工会组织，联邦公交法律包括一条劳动保护条款，似乎给予了工会相当大的商议权力，但这些分析家辩论道，补贴的出现使得政府公交管理机构很容易就屈服于工会的要求。

公平

很多交通规划师关注低收入家庭、无车家庭及中心城区居民的需求。尽管美国家庭作为一个整体在最近十年的经济状况良好,但还是有相当多的家庭依旧贫困,且有一些学者指出在富人和穷人之间有着越来越宽的鸿沟。[13]

一个将低收入家庭置入经济风险的因素,是一种正在增长的"错位",即穷困家庭生活的地方(尤其是那些以女人为主的家庭)与存在就业机会的地方之间的错位。因为大多数的就业增长是在郊区,而大多数的穷困家庭生活在中心城市,因此工人们被迫"反向通勤"——传统的从郊区到城市交通流的逆流出行。因为距离很远,且他们这个方向的公交服务很少,即使是在有交通可用的时候,中心城区的居民也要承担去郊区工作而在时间和金钱方面的较多的开支。

很多分析家设想穷人的交通问题可以用公交来解决,这是传统的方法。但公交服务已经在很多大都市地区衰落,这使得低收入家庭很难到达就业地点和公共服务设施。一个逐渐恶化的现象是,由于大批商店(特别是超级市场)的离去,使得其他服务也迁往郊区,甚至迁往公交不存在的郊区。

公交规划师经常将低收入居民描述为"被动乘坐者",即假设这些市民是必须使用公交的。然后,规划师就可以忽略被动乘坐者而专注于选择性乘坐者——选择性乘坐者是指那些可以选择使用私人车辆的人。例如,很多轨道公交规划的主要目的,就是让在郊区上班的人放弃使用汽车而改乘公交。但是,公交运营者却很少为回应被动乘坐者的需求而做专门的工作,这些人当中的一些将会从反向通勤服务中

性别和失业:改进中心城区妇女的交通

空间错位对于女性失业的最强烈效果暗示着城市设计及交通服务的性别歧视……需要得到考虑。大都市的工作分散,和受到限制的交通选择,差异影响最少的机动——说得精确一些,受教育程度不高的中心城区妇女。这些妇女最有可能①完全依赖公共交通;②在家庭附近出行;③只寻找短距离通勤的工作;④避免上班需要通过附近的危险地区(尤其是天黑以后);⑤需要在工作时间表里平衡多种家政责任。结果,就业选择对于这些妇女来说就会在空间上受到限制且会是临时的,她们通常被限定在部分时间的、低工资的及靠近家庭的工作岗位上。这些限制无疑严重影响了工作机会。

政策制定者及城市规划师需要明白,妇女具有更为复杂的出行模式及要比男人有更多的可达性需要。大多数男人只是出行上班,而城市妇女则极大地依赖她们到终点出行需要的公共交通。例如,非高峰时段的公共交通是有限(或没有)的,且公交的设计主要是服务于放射状进出中心商务区的线路,而不是服务于分散的上班地点,以及非工作地点例如商场及日托设施。当市政预算吃紧的时候,非高峰时段的及次要的非放射状的公交路线经常就被首先裁减。提高中心城区妇女到替选工作及非工作地点的可达性,应该是任何就业关联策略中一个优先考虑的方面。

来源:约翰·卡撒德和克沃克方·汀,"美国中心城区的失业和穷困:原因及政策规定,"住房政策争鸣 7(1996)年第2期:412-3。这份拷贝材料的使用得到了芬尼·梅基金会的许可。

获得好处。研究表明,仅仅在车辆及司机未被充分利用的时候,在反向通勤乘客量大于常规乘客量的时候,[14]中心城区的居民才能经常获得到郊区上班的公交服务。

成功的反向通勤服务有时候是被事故发现的,而不是来自仔细的规划。例如,1996年一趟从圣莫尼卡开往洛杉矶中心的反向通勤服务的开通,原本是为了回应想在早晨早一点时间到达其办公室的股票经纪人的需求,但这趟路线却几乎没有股票经纪人搭乘,去郊区的早班巴士反而坐满了到郊区工作的家政及服务工人,于是不得不增加第二辆巴士来容纳早已存在的需求。

公交运营者被期望通过为通勤者提供比私人汽车更有吸引力的选择,来帮助减少环境污染、能源消耗及交通堵塞。但由于大部分公交运营者资金有限,且不能为了支付一项新的服务而取消其他的服务,因此,他们不能提供新的反向通勤线路或者是针对低收入组群的其他服务。一项1992年的报告发现,很多提供反向通勤服务的公交运营者,要求这些线路达到很高的乘客量,并要求这些线路具有比服务于选择性乘客的线路高很多的回报。[15]

不管公平是被定义为为那些有更多需要的人提供更好的服务,还是被定义为均等地为每一个人提供服务,公交运营者的服务决策是否公平,已经成为一个高度争议的问题。在1994年的洛杉矶,由于新的轨道系统投资巨大,公交运营者就提高了整个系统的费用并减少了巴士服务,这遭到了几个倡导公交团体的控告。原告中的国家有色人种进步协会指出,有色人种经常使用的是巴士,而不常使用主要服务于郊区选择性乘客的轨道系统;而且,为了吸引高收入乘客,洛杉矶公交运营者在轨道系统的安全上花了大笔的钱,但却用极少的钱去解决少数族裔邻里中针对巴士乘客的犯罪问题。案件最终在1996年以公交运营者同意降低费用、改善巴士的安全性及在少数族裔中增加足够的巴士而庭外和解。但自那以后,原告进一步警告在其他社区中,为选择性乘客提供高层次的服务也不能损害少数族裔及低收入乘客的服务。

然而,对于快速郊区化尚不清楚的是,即使是良好设计的公交服务,就是低收入或无车居民问题的答案。1998年,在对具有优良公交系统的波士顿的研究中发现,在大都市地区,接受福利的人在去往其工作地点的公交可达性程度很低,[16]尽管中心城区居民在其家庭附近有相对便利的公交,但在一个小时以内,只有14%的人可以到达他们在波士顿大都市中的雇主那里,这是因为大多数的就业机会是在波士顿郊区,而且那里没有公共交通。

工作郊区化及强调选择性乘客的结果,是较之于普通人群,公交乘客量在低收入及少数族裔中飞速下跌。所以,也许改进公交服务并不是帮助低收入及少数族裔居民的最好办法。尽管很多贫穷家庭没有汽车,但大多数家庭有;而且即便没有汽车,这些贫穷家庭也是用汽车来完成大部分出行的。因此,一些分析家主张将更多的汽车拥有作为一种方法,来解决贫穷家庭所面临的难以处理的交通问题。

一些交通规划师正在尝试确定低收入人群的需求,特别是那些正在找工作的人的需求,为他们配备适合的交通服务——从公交、汽车、合伙使用汽车到上下班的交通车合用。其他交通规划师也正在与大型雇主及机构合作,在大型就业区尤其是在郊区,为找工作的人及工人提供交通选择。这些安排可能包括变更工作时间表以更匹配公交服务时间表、促进搭乘分享,或者是从郊区轨道站点或巴士站提供穿梭往返的服务。

有特殊需求的出行者

美国社会正在快速老龄化,1990年超过四分之一的人口年龄超过60岁。事实上,美国人口中比例增长最快的是那些超过65岁的老人,到21世纪的第一个10年,几乎所有老年人的一半(那些65岁或更老的)将超过75岁,而全部美国人口的约5%将超过80岁。[17]另外,1990年,大约有500万美国人因身体或精神问题妨碍了他们对公交的使用。[18]因而并不惊奇的是,老年人以及行为有障碍的人越来越关注交通规划工作。

公交系统长期以来被认为在满足老年人或残疾人的需求方面具有重要作用。1970年的国会首次要求得到联邦基金的公交系统为老年人及行为残疾人作"特殊安排",而且历年来又增添了联邦(及州)的一些要求。1990年,国会通过了美国的残疾法案(ADA),很多人感觉它是自1964年公民权利法案以来最注重公民权利的立法,在应对和目的方面具有深远意义。ADA包含公交系统非常特殊的职责:所有新的巴士都必须是无障碍的——就是要装备一个斜坡或升降机来方便轮椅——所有系统都必须提供辅助客运服务,将那些没有能力使用固定线路服务的个别乘客,从他们的家直接送到其目的地。

同时提供固定线路服务和间候的辅助客运服务的要求,也使得一些公交方面的官员重新考虑他们应该如何应对老年人及行为障碍者的需求。尽管公交工厂长期反对购买无障碍巴士的要求,但现在已经很清楚的是,提供这种巴士远不如提供挨家挨户的服务昂贵。例如,西雅图估计只花费了一项辅助客运服务成本的一半,就提供了一辆无障碍巴士。制造无障碍巴士中最大的一项成本是安装升降机,但当有更多的人乘坐一辆无障碍巴士的时候,平摊到每位乘客头上的成本就会迅速下降。但是,在设立辅助客运服务的情况下,不断的运营成本是最大的开销,只有增加使用才会充分降低平均成本,因为辅助客运的搭乘者要求这种个别的服务。

很多交通规划师和一些倡导组织合作,为老年人及残疾人开发多种公交及与公交相关的服务,这可能比挨家挨户地服务能更好地满足这两组人群的需求。规划师可能会将其工作重心集中于出行-训练人群(例如盲人及发展性的残疾人),为其提供告知服务,调整无障碍巴士线路以更有效地满足有特殊需求团体的需要,或者为那些能部分或全部放弃辅助客运服务出行的人大幅度地减少费用。此外,地方交通规划师可能会与其他机构合作,以加速集中了大量老年人及出行障碍者地区的人行道改进,使得这些人能更便利地到达公交站点。

尽管为有特殊需求人群的交通规划经常是专注于公交及辅助乘客服务方案,但大多数的老年人和行为障碍者还是开着自己的汽车,其中一些汽车有特殊配备,并居住在郊区。老年人口的郊区化伴随着老年人驾驶执照的增加。尽管很多

图9-11 华盛顿特区地铁，一个坐轮椅的乘客正等待电梯将他带到地铁站台。作为1973年国会特殊拨款的一个结果，地铁是美国第一个对轮椅无障碍的轨道系统。美国残疾人法案（1990年）现在要求所有新的轨道站点都对轮椅无障碍

人，尤其是20世纪20年代及30年代长大的妇女，从未学过驾驶，但他们后代的大多数人在十几岁就学习开车了。到2012年，驾驶执照将可能在超过70岁的男女老人中完全普及。同样，来自国家健康研究院1977年的国家健康研究调查中未出版的数据发现，在20到59岁的人群中，超过60%的有非常严重身体障碍的人都自己开车，对90%的人同样严重但只是少一些衰弱的问题；但是，每一组的同样人群的三分之一都因为他们的残疾而无法使用公共交通。[19]

人口的老龄化给交通规划师带来了很多困难问题。一方面，不断增加的大量

老年人司机带来了安全隐患问题；另一方面，老年人总是期望尽可能长久的独立。对交通规划师的真正考验将在未来几个十年中出现，那时的规划师将不得不去寻找有效的方法，来满足不断增长的不能（或不应该）开车的大量老年人的交通需求，而且，这些人当中的很多人会居住在郊区地区。但是，给郊区提供公交服务又是困难而昂贵的。因此，如果离开了与解决老年人需要的健康和社会服务机构的合作，规划师就可能会没有能力迎接这个挑战。

结论

交通规划师在所有政府层面及公共和私人部门工作。和其他规划师一样，交通规划师专注于未来并评估最好的方法去满足未来十年人们的需求。即使在他们的方法高度专注或他们的规划看来有限的时候，这些规划师依旧关注着很多问题。

传统上，交通规划师专注于评估对新设施的需要，并确定如何以一种成本效益的方法去满足这些需求。交通规划师被越来越多地要求去分析环境影响及考虑难以明了的价值，例如历史性保护及周边地区凝聚力；开发修改需求的方法以便不需要建设新的设施；在所有的规划层面包容众多的团体及投资者；以及去回应小团体及少数族裔的需求。

交通规划师也被指派帮助塑造城市形态，及改进由过去政府政策所创造的用地及发展模式。尽管交通规划师曾努力帮助创造了我们今天所拥有的社区，而且交通决策也曾是决定性的因素，但交通规划是否能够改变未来美国城市的面貌，很大程度上则取决于交通决策是否是总体的、以事实为依据的、具有用地、住房、医疗及社会服务等关键组成部分的公共策略的一部分。

最后，交通规划师也被要求解决公平问题，以及老年人和残疾人的需求问题。不十分清楚的是，交通规划师单独具有什么作用。例如，虽然一些少数族裔可能缺少去往郊区工作的交通，但他们可能还面临被歧视、缺乏教育及工作培训不足等问题；而且，预期的工人可能还需要很多支持服务——从孩子照顾到医疗帮助——才能成为劳动力；老年人在他们不再能开车的时候可能需要交通替选方案，但如果老年人继续住在低密度地区并需要出行长距离才能到达所需服务的地区，那么交通规划师就将面临几乎是不可逾越的挑战；此外，为残疾人提供更多独立的目标，可能也会要求交通规划师付出新的努力。

交通规划是一个严格且经常是技术性的过程，但大多数的交通决策已经超越了技术及经济领域，正在变得更加公开和透明、复杂和全面。在本质上，交通规划和其他规划工作一样主观和满载价值。虽然交通规划师所用的方法落后而有限，但如果假设我们因为方法论问题、或者是因为交通规划师的目标与公共期望相矛盾而没有满足环境、公平或社区设计目标的要求时，就将会是一个严重的错误。在很多地方，在如何实现诸如改善空气质量、更多的公交乘客量或更加紧凑的周边地区等目标方面，并没有清楚的协定。例如，居民们也许会感到，他们的社区需要扩展步行系统、自行车交通或公交设施，但他们可能又会不愿意为这些设施付费或没有使用这些设施的意图。人们可能会相信更大的密度及用地的混合会减少汽车使用及增加公交使用，但这并不一定意味着他们就会愿意接受公寓住宅、商业设施或在他们周边地区内的交通流量的增加。还有对弱势群体、老年人或残疾人交通需求的关注，也不一定就意味着会积极建立这些组群所需要的特殊设施。

尽管传统的交通规划程序遗留了很多未完善的问题，但并不是完全清楚的是，新的规划范例就会得出令人期待的结果。为了建设更加公平及更有响应的社区，所有政府层面的交通规划师不仅必须要相互合作，而且还要和公共及私人部门的住房、用地、卫生保健、经济发展及社会服务规划师合作，并制定相互支持的策略。

注释：

1. Department of Transportation, *Our Nation's Travel; 1995 NPTS Early Results Report*, prepared by the Oak Ridge National Laboratories, 1998. This document can be downloaded from the Oak Ridge Web site at http://www-cta.ornl.gov/npts/1995/Doc/npts-Booklet.pdf.
2. Mark Garrett and Martin Wachs, *Transportation Planning on Trial: The Clean Air Act and Travel Forecasting* (Thousand Oaks, Calif.: Sage, 1996), 220.
3. Ibid., 22-3.
4. Advisory Commission on Intergovernmental Relations, *Planning Progress: Addressing ISTEA Requirements in Metropolitan Planning Areas*, a staff report (Washington, D.C.: ACIR, February 1997), iv.
5. Transit Cooperative Research Program, *Institutional Barriers to Intermodal Transportation Policies and Planning in Metropolitan Areas*, Report 14, prepared by Crain and Associates with the Pacific Consulting Group (Washington, D.C.: National Academy Press, 1996).
6. "TEA-21: A Summary; Overview." This document can be downloaded from the DOT Web site at http:// www.fhwa.dot.gov/tea21/sumover-htm.
7. *Curbing Gridlock: Peak-Period Fees to Relieve Traffic Congestion*, Special Report 242, vol. 1, for the National Research Council, Transportation Research Board (Washington, D.C.: National Academy Press, 1994), 16.
8. Anthony Downs, *Stuck in Traffic: Coping with Peak-Hour Traffic Congestion* (Washington, D.C.: Brookings Institution, 1992).
9. See the famous case study by Sam Bass Warner Jr., *Streetcar Suburbs: The Process of Growth in Boston (1870-1900)*, 2nd ed. (Cambridge: Harvard University Press, 1978).
10. Michael Bernick and Robert Cervero, *Transit Villages in the 21st Century* (New York: McGraw-Hill, 1997), 5.
11. Downs, *Stuck in Traffic*.
12. Peter Gordon and Harry W. Richardson, "Are Compact Cities a Desirable Planning Goal?" *Journal of the American Planning Association* 63 (winter 1997): 95-106; Reid Ewing, "Is Los Angeles-Style Sprawl Desirable?" *Journal of the American Planning Association* 63 (winter 1997): 107-26.
13. Bureau of the Census, "Money Incomes of Households, Families, and Persons in the United States: 1991," *Current Population Reports*, Series P-60, No. 180 (Washington, D.C.: Bureau of the Census, 1992), xii.
14. Transit Cooperative Research Program, *Transit Markets of the Future: The Challenge of Change*, Report 28, prepared by the Drachman Institute of the University of Arizona (Washington, D.C.: National Academy Press, 1998), 158-62.
15. *Reverse Commute Transportation: Emerging Provider Roles*, final report to the Federal Transit Administration, prepared by the Drachman Institute of the University of Arizona (March 1992; reprinted by the Department of Transportation, Office of Technology Sharing).
16. Annalynn Lacombe, *Welfare Reform and Access to Jobs in Boston*, Report BTS98-A-02 (Washington, D.C.: Bureau of Transportation Statistics, Department of Transportation, January 1998).
17. Cynthia M. Taeuber, "Sixty-Five Plus in America," *Current Population Reports*, Special Studies, P23-178 (Washington, D.C.: Government Printing Office, 1992), 2-1.
18. Frank B. Hobbs with Bonnie L. Damon, "Sixty-Five Plus in the United States," *Current Population Reports*, Special Studies, P23-190 (Washington, D.C.: Bureau of the Census and the National Institute on Aging, April 1996), 2-3.
19. Sandra Rosenbloom, "The Mobility Needs of the Elderly," in *Transportation in an Aging Society: Improving Mobility and Safety for Older Persons*, Special Report 218, vol. 2, for the National Research Council, Transportation Research Board (Washington, D.C.: National Academy Press, 1988), 39-40.

第10章 住房规划及政策

约翰·兰迪斯、理查德·里格特

住房支配着城市规划及政策的所有方面。在几乎每一个美国村庄、镇及城市中,住房都是美国经济及主要用地的最大部分。质量良好的住房是社区稳定而优良的基础。从20世纪30年代到70年代后期,住房构成了国家城市政策的基础。在美国的大部分地方,住房及与住房相关的问题依旧左右着地方用地规划及政策工作。

住房在美国首先是一个私人的经济利益。[1]住房及与住房相关的支出通常占了年度消费支出的四分之一。[2]对于大多数住房拥有者来说,住房是他们的主要财富资源。居住物业税收入构成了地方政府预算中一个很大的部分,且如何使居住物业保值是地方政府的一项重要关注。而且,对于少数幸运的美国人来说,住房补贴的出现,使得拥有适当栖所的人和那些无家可归或在住房方面开销太多而没有钱购买食物、衣服及医药的人产生了很大的不同。

然而,住房还远不仅是一个经济利益,它还构成了很多社会关系的基础。人们住在哪里,他们的朋友是谁,他们的孩子上什么档次的学校,有什么样的工作机会等等,这些影响人们生活质量的因素,很大程度都源自他们的住房状况。

住房同样也是这本书所讨论的规划活动的关键要素之一。因为住房通常占用了城市用地的70%~80%,如何为新的住房建设及住房的重建选址,决定了大都市地区的形态和形式;人们住在哪里及住在什么密度的地区,决定了他们的出行行为。此外,住房和资产改进规划也是相辅相成的,人们要求什么样的公共服务,那些服务的成本是多少以及由谁来支付等,都取决于人们住在哪里、住得怎样以及是什么样的密度。因此,在老式城市社区中,住房是地方经济及社区发展的关键组成部分。

住房规划及政策在今天尤显重要。首次负起为所有美国人提供得体、安全及支付得起的住房的责任出现在60年前,现在,联邦政府将这个责任移交回了州及地方政府。住房所有权的保持永远受欢迎,但用于支付和住房相关的公共基础设施及服务的成本,以及环境及交通对新住宅开发的影响,正在使得住房本身变得不太受欢迎,尤其在多户住宅上这种情况更是如此。从规划之外的角度来看,大约在本书下一卷出版的时候,除了婴儿之外,会有750万赶往新兴地区安家的人,甚至是现在,他们也正在考虑将来的住房需求和期望。

另外两个事实使得住房规划及政策制定更加复杂:①大多数美国人的住房非常好且他们不认为住房是一个紧迫的国家政策;②美国的"住房市场"根本

就不是一个真正意义上的市场，在几百个地方住房市场，每个都有自己各自的问题和制度。住房需求带给规划师的问题，不同住房策略的适宜性、住房可用的资源，甚至是联邦程序的有效性——所有这些事情在每个市场都有所不同。

本章开篇是美国住房系统概览。然后是国家住房趋势：需求、供应、负担得起、需要及住房和种族隔离之间的关系。规划师经常在公共及非赢利住房供应中具有至关重要的作用，因此第三部分研究了这个领域内联邦、州、地方及非赢利的工作。第四部分探究了制定地方住房规划所涉及到的程序和步骤，从研究、数据收集到项目选择及执行。最后部分研究了住房规划的永久性问题及新兴挑战。

美国住房体系

住房规划师在私人、公共、私营公用事业和非赢利公共机构、组织及参与者的复杂网络中操作（图10-1）。明白这些实体如何相互关联，是编制住房政策、计划及规划的基础。

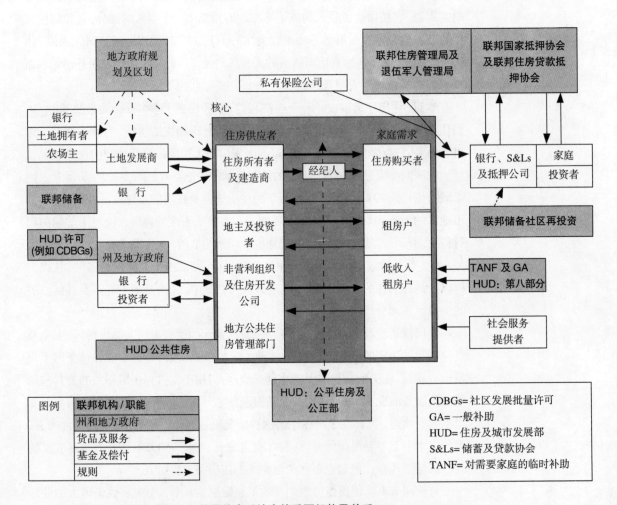

图10-1 美国住房系统中的重要机构及关系

住房市场的核心：买方和卖方

美国住房系统的核心是数百万的个体住房交易。一些地方每年有2000万到3000万份住房租赁协定签署生效。每年售卖的现有住房数量通常在3500万到4500万套之间。新住房建设（包括租赁单元）及制造型住房的平均数量是每年1200万到200万套。每年有超过500万美元的政府住房津贴，以各种各样的形式予以发放。[3]

住房市场的需求方由住房消费者组成，一些租赁人和家庭都期望购买住房；供方则是由期望售卖现有住房的家庭、地主和投资者以及私人发展商和建造商组成。住房市场比大多数私人市场更加依赖各种类型的中介，这些中介通常包括房地产代理、评估公司、保险公司、检查人员、抵押经纪人。房地产经纪人和抵押经纪人为卖方提供关于潜在买方的重要信息，反之亦然；评估公司及检查员则依据场地权属及建筑质量，通过提供精确的信息来减少交易成本。

住房系统核心中公共部门的作用，虽然有限但却是重要的。在供方一边，住房及城市开发部（HUD）建立了地方公共住房主管部门（LHAs），操作低租金公共住房项目；在需求方一边，HUD每年提供数十亿美元的租金补贴给低收入家庭。联邦政府的第三个作用比较间接，是对社区及非赢利组织的住房建设信贷及准予的供应。

州及地方政府在住房核心的传统作用已经控制了中介之间的住房交易及行为，也加强了建筑许可及占有规范。更为新近的是，一些市政当局已涉及作为经济适用住房的生产者，或直接或与重建机构及固定社区的非营利组织合作。

支持核心

美国住房系统也包括大量的支持其运作的核心——代理和机构。这些代理和机构服务于三个主要的功能：①确保核心财政的完整性及稳定性；②为核心中的家庭及住房生产者提供土地、资本或服务；③控制用地及开发质量。这三个功能的前两个由国家机构承担，最后一个主要是一种地方功能。现在，住房系统核心及非核心的功能正在变得前所未有的相互连环，每个层面的住房规划师都必须明白这些机构是为什么以及是怎样运作的。

住房所有权的抵押信用　私人金融机构，包括商业银行、储蓄及信贷协会和抵押公司，它们构成了住房系统最大的非核心部分。金融机构提供长期的抵押给住房买方及单元住宅拥有者，并提供短期建设信贷给住房发展商。尤其是凭借互联网的出现，美国住房金融系统依然操控着地方层面的绝大部分功能。1995年，美国住房金融机构发生了金额超过67500万美元的居住抵押债务，全部显性的住房抵押债务金额超过4.7万亿美元，这是一个使得所有其他形式的美国债务相形见绌的数字。[4]

直到20世纪70年代后期，住房金融机构主要都是依赖个体押金来作为他们的金融基础，而今天，他们主要依赖两个准政府企业：联邦国家抵押协会（Fannie Mae或FNMA）及联邦住房信贷抵押公司（Freddie Mac）。Fannie Mae和Freddie Mac在国家及国际范围内从事金融中介服务，它们以抵押支持安全的形式，从贷方及那些私人投资者联营的共同出让中购买标准抵押的联营（例如，有利率、期限及主要数量符合Fannie Mae及Freddie Mac标准的抵押）。

Fannie Mae及Freddie Mac虽然或多或少是联邦政府独立操作，但两个机构也担负着重要的政策责任。一个主要的责任是在资金"紧张"时期，确保合适的住房信贷流动；第二个责任是平衡供需双方、国家不同区域的住房信贷；第三个责任是吸引新的资本进入住房市场，从而增加资金供应并降低价格。和最后一项功能相一致，Fannie Mae最近已经主动承担了几项住房项目，旨在增加旧城中心区及邻里的资金流量。

Fannie Mae及Freddie Mac和两个联邦机构并肩工作，分别是联邦住房管理局（FHA）及退伍军人管理局（VA）。FHA（目前是HUD内的一个部门）及VA确保抵押贷方不被借方拖欠。FHA于20世纪30年代首次确立的最初目的，通过降低和抵押借贷相关的风险，从而以更加优惠的期限鼓励额外借贷；第二个目的是吸引私人抵押保险进入抵押市场。这两个目的在很大程度上都得以实现，除了受近来的金融动荡及市场参与的下降外，FHA及VA仍然是美国住房政策历史上的成功范例。

FHA、VA、Fannie Mae及Freddie Mac继续为住房买方，尤其是中等收入的及第一次买房的买方提供稳定的抵押信贷，而其他联邦机构及计划则为比较贫穷的家庭提供资源。HUD通过其第八部分及低租金公共住房计划，在市场价格的住房方面为收入很低的居民提供每月的租赁补助[5]。此外，州及联邦的福利和社会安全补助也广泛地用于低收入家庭的租金。

获得住房建设 新住房产品有三种基本的输入：许可、土地和资金。许可，或者是有时候所说的权利，由地方政府提供；土地由私人地主——主要是农场主、土地投机者及土地发展商提供；[6]开发资金由贷方提供，提供的方式有土地获得贷款、土地改进贷款、建设融资及单元式住宅拥有者的抵押等。[7]房地产贷款操作由国家层面的联邦储备部、联邦存放保险公司及流通审计员来调控。

尽管美国住房系统的需求方是由国家机构支配的，但供方则主要是受控于地方机构，这其中主要就是地方政府。通过地方政府的规划及区划职能，地方政府影响到住房建设的类型、密度和地点；[8]此外，地方政府还通过土地细分的要求、公共设施条例、影响费用、环境评估及建筑法案等影响新住房的成本。[9]

低收入住房产品 HUD的一个最初的职能，是为私人及非赢利发展商的低收入住房建设，提供低市场利率（EMIR）建设和抵押信贷。[10]这项职能在一系列宣传得很好的计划失败之后，在20世纪70年代期间减少了；1980年罗纳德·

里根选举之后，这项职能彻底消失。1997年，对于低收入住房只保留了两项联邦基金：社区开发批量许可（CDBG）计划及HOME（轻松住房拥有）。建立于1974年的CDBG计划是一项按照规定对地方政府的准予系统；而HOME则建立于1990年，以匹配（因而鼓励）地方用于解决低收入住房需求的开支。两者都是多用途的计划，但没有一个直接指向新的建设。

随着联邦基金用于低收入住房建设的下降，非赢利组织及地方性的住房开发公司开始尝试重振这一行业。它们通过州及地方住房信托基金的建立开始努力，甚至开始采用低收入住房税收信贷（LIHTC）的手段。作为税制改革法案一部分，LIHTC使得非赢利组织通过对富裕的投资者及公司的税收信贷，提高了住房建设基金。税收信贷在计算年里可能发行的量，是根据州的人口，按每个人头1.25美元计算的。除了它适度的规模，LIHTC已经成为新兴的国家用于建立低收入住房建设基金的首要计划。

一个老而新的理念：基于公交的住房 将住房开发与轨道公交连接起来，是一个已经存在了超过一百年的理念，也是一个今天的开发及规划的热点话题。公交导向的开发（TODs），不只是住房靠近公交站点，而是设计用来包含用地的混合及围绕公交站点特定区域内的各种活动的。TODs通过允许建设更高的密度使居住发展商获得好处（或者是降低停车位的要求）；也通过较高的乘客量使公交地区受益。

1. 在俄勒冈的波特兰，轻轨公交投资重振了中心区，并方便了超过700套住房单位的开发。在东边更远的地方，在格瑞沙姆的郊区社区中，新的单元住宅及住户自用公寓单元正沿着步行公交散步线建设。

2. 在旧金山湾地区，有超过六个的公交定位住房项目，并已经建在湾区快速公交（BART）东湾圣乔斯的轻轨站点附近。这些项目很多都合并了经济适用单元。

3. 在华盛顿特区大都市地区，公交与开发合并是现代时代的首次发源地，新的单元住宅综合体已建在了巴尔斯顿、贝西斯达及罗斯里恩等地铁站点附近。在整个华盛顿地区，地铁站点已经被看作一种主要的居住市场优势。

4. 1997年的时候，在绘图板上，新的TODs及"公交村落"的城市已经有芝加哥、圣路易斯、洛杉矶、圣迭戈及奥克兰。

到目前为止，大多数的TODs已经取得了市场方面的成功，尤其是在中心城区，而且多数都有很高的使用率及出租水平。TODs还被看作是最好的开发项目而不是一种新的开发方式，它一般都比传统的开发方式昂贵得多，这是因为适合公交定位住房项目的基地也相对较少。同时，TODs也在郊区证明了自己，郊区的单元住房市场更加富于竞争，开发补贴也很少，在这里公交的主要价值是为了减少堵塞，而不是为了社区建设。

国家住房趋势

因为住房是美国社会的绝对中心,因此政府机构非常用心地跟踪各种各样的住房统计及住房趋势。[11]

住房需求

住房单元的需求主要来自新家庭的形成,新家庭的形成又来自人口的增长、人口的老龄化、社会的偏爱及标准,同时,对较小的范围而言,是住房消费及家庭收入水平。家庭形成的比率增长于20世纪70年代期间,随着婴儿潮(那些生于1945~1964年的人)中出生的人开始建立家庭,这个比率不断增长——虽然也有过降低的比率——在20世纪80年代到90年代期间。结果使美国家庭数目的增长率远远快于总人口的增长率。

美国家庭的组成也不断变化。依据人口普查局的数据,非亲属家庭是1990到1995年间增长最快的家庭种类(10年35%的比率),其次是单亲家庭(26%)及单人家庭(16%)。[12]尽管结婚配对的家庭数目依然超过其他的家庭类型,但这种趋势在迅速衰退。家庭的规模也在变得多样化。尽管平均的家庭规模长期持续下降趋势(从70年代的3.21人到1990年的2.63人),但非常大的家庭和非常小的家庭也都在增长。[13]这种家庭类型和规模增长的多样性,迫使建筑师和建造商必须设计不同类型的住房单元,并且获得了规划师和政府官员的批准。

保有趋势

2/3的美国家庭拥有自己的住房,且大多数没有住房的家庭想要拥有住房。住房所有权比率在50年代、60年代及70年代早期持续增长;在70年代中期进入了一个长期的衰减;然后在1990年又开始增长。[14]在1997年的时候,国家的住房所有权比率达到65.6%,是有史以来的最高水平。[15]

住房所有权比率及趋势非常明显地因种族、年龄及城郊差别而不同,但受区域的影响很轻微。1996年,全美国白人的住房所有权比率是71.8%,比1986年的68.4%略有增长;黑人家庭的比率是44.9%,比80年代后期的高但比80年代早期稍低;在西班牙裔家庭中,1996年的家庭所有权比率是43.5%。[16]

住房供应及产品

美国住房存量的增长速度已经甚至是超过了家庭的数量。到1997年1月,美国住房的存量包括11500万套住房单元,其中将近11200万套是可以整年占用的。单亲家庭住房占全美国整年住房存量的65%,其次是单元住房(28%)和可移动的住房(8%)。[17]

住房产品水平反映整体经济条件和税收政策。受上涨的消费者信心及低利率促进，单亲家庭住房产品水平在70年代后期、80及90年代中期有所增加；但是，在1974~1975年、1981~1982年及1990~1992年有所回落，随着1979到1980年期间流星焰火般的抵押利率，单亲家庭住房产品水平又有所下降。单元住房建设爆发于70年代早期，这是随着第一次婴儿潮的人长大安家并进入住房市场而形成的，这种浪潮的再一次爆发是在1982年，这是为了回应税收及投资而产生的浪潮。[18]然而，通过1986年特别瞄准房地产的税收改革法案，导致了单元住房建设的垂直下滑，移动住房放置场地也倾向于和单亲家庭住房建设一起涨落。

正如美国家庭的增长更加多样性，住房品味也是如此。移动住房现在占美国住房单元的8%，是从1970年的3%增长而来的。在全美国范围内，住户自用公寓单元（差不多所有都是在多单元建筑内）的增长在80年代超过两倍，现在占了美国住房的5%。[19]尽管有了这些增长，大多数移动住房及住户自用公寓仍然是区域性产品。移动住房作为一种单亲家庭住房的低成本替选方式以及退休住房，在南部和西南部尤其受欢迎；住户自用公寓也作为一种负担得起的替选方式，在较高成本的住房市场受到欢迎。

除了单元数量之外，今天的新住房和30年之前所建的住房也有很大不同，面积增大了1/3，有了更多的车库空间和卫生间，且更加节能。[20]但是，就全美国范围而言，更大的住房并没有配套更大的宅基地或者是更多的卫生间，自70年代早期以来，中等规模的宅基地及卫生间并没有多少变化。[21]

绝大多数的新住房建造在城市的边缘，距离旧的中心城区越来越远，这一趋势持续了约35年。在1970年到1990年期间，全美国的郊区住房单元数量增加了约2100万套，与此同时，中心城区的住房只增加了约200万套。意料之中的是，这种建设活动的不同带来了大多数美国人住地的变化。1970年，美国的住房单元数量大致可以平均地位于中心城区、郊区及大都市（郊区）地区，而到了1990年，郊区住房单元数量则占了美国住房存量的44%多，同时中心城市的及非大都市地区的住房单元数量已经分别降到了32%和22%。[22]

住房负担能力

平均而言，今天美国的住房只是比上一代人稍微贵了一点。但是，国家数字所不显示的是，在一些市场中住房价格上涨了多少。1980年，美国23个最大的大都市地区的平均住房价格（以1989年的美元计算）是95500美元，但是在最贵的住房市场旧金山，住房的平均价格是最便宜的市场北卡罗来纳州卡洛蒂的250%。到了1990年，同样是23个大都市地区的平均住房价格已经上涨到超过108000美元，而与此同时，最便宜的市场（休斯顿）和最贵的市场（旧金山）之间的差距已经上涨到了400%。在租赁住房的租金方面，最小值和最大值之间的差距也从1980年的175%上涨到了1990年的225%。[23]

这些巨大差距的后面是什么？尽管没有单一的因素可以完全解释住房价格的

图10-2 不同的住房类型，包括高层建筑、拼接及独立的独户住宅（比较旧的和比较新的）、多户住宅、混合用途的住宅、以及城市、郊区和乡村的移动住宅

第10章 住房规划及政策 235

制造型住房：发展及前景 每16个美国人当中的一个——1995年是1600万人——住在制造型住房中。自1980年以来，美国人已经购买了超过3500万套的制造型住房。最早源自拖车住房的制造型住房现在已经是一项价值95亿美元的工业产业，并且是美国住房工业增长最快的成分。1995年，制造型住房大约占了美国销售住房的30%。

制造型住房与模筑的、嵌板的及按规则建造的住房不同，它必须包含一个永久的底盘，以便将住房运到场地，且必须保证符合HUD的建设标准。从拖车到制造型住房的演进开始于1956年，即标准住房的宽度从8英尺增加到10英尺的时候；后来标准住房宽度又于1962年增加到12英尺，1969年增加到14英尺。双倍的宽度于1970年代中期出现，到了1985年，多段住房（现在对这种模式的叫法）构成了新制造型住房单元数量的47%。大约三分之二的制造型住房拥有者将他们的住房放在他们拥有或租用的单独的宅基地上，而不是放在一个制造型住房的社区中。所有制造型住房大约有一半都位于美国南部，只有4%是在市中心。

因为制造型住房的生产是为了满足以绩效为基础的法案要求，这样制造者就有了革新的灵活性和空间，他们可以使用最新和最经济的材料及建设方法。而且，由于制造型住房每平方英尺的成本较低，因此产品的总成本及管理费用也都比宅基地建造的住房要低，这些成本的节约就意味着较低的住房价格。1993年，买方可以以30500美元的平均价格购买到一套制造型住房（不包括土地），而这时一套宅基地建造住房的价格则是110775美元（只是结构）。以每平方英尺的价格来说，制造型住房是23.55美元，宅基地建造住房是52.88美元。

制造型住房的价格优势同样也是它惟一的致命弱点。不论设计的改进、建设质量及耐久性如何好，其在城市和郊区社区都不会普及。公务员担心制造型住房社区将保持得如何，以及长期的物业价值趋势；很多居住者则担心制造型住房社区对临近物业价值的影响。而且，鉴于地区及地方借贷者对制造型住房的熟悉，这类住房在获得融资方面也会成为问题。

制造型住房发展商已经透过关注宅基地的设计、宜人性及社区服务设施等，很努力地洗刷污名。至少有一个制造型住房社区——亚利桑那州美撒东部的罗撒维斯塔——的设计使用了新传统主义的原则。加高屋顶坡度及屋檐悬空变得越来越普遍，住房有了更加传统的外观和感觉。因为多段住宅的更加普遍，制造型住房的平均规模也有所增加。大的、豪华的卫生间现在很普遍，还有更大的厨房和家庭活动室。制造型住房为新家庭提供了一个负担得起的住房拥有机会。

简而言之，与制造型住房相关的成本节约、设计灵活性、增强的可支付性，值得这种类型的住房对广泛的家庭及使用者越来越有吸引力。通过对制造型住房创造性的考虑，有助于公务员及住房规划师为他们社区内的可支付住宅创造更多的机会。

来源：改编自黛安·撒齐曼，制造型住房：一种可支付的选择，ULI工作论文系列640号（华盛顿特区城市土地学院，1995年3月），有ULI——城市土地学院的许可，托马斯杰佛逊街1025号，N.W.华盛顿特区20007。

变动,但还是有明显的证据表明,较高的租金和住房价格与较低的单元住房及新住房产品水平高度相关。在供应受到抑制的市场,例如旧金山和波士顿,价格、租金及上涨的速度都比快速增长但更有竞争的市场,例如亚特兰大、卡洛蒂及凤凰城较高且上涨更快。

住房需要

政策制定者及规划师定义的需要,决定了被追随及分配多少资源的各种类型的计划。[24]美国住房政策传统上关注自身三种类型的住房问题:住房质量、过度拥挤、住房支付能力及超额的负担。

住房质量 这是指住房存量的物质条件或可居住性——特别是指一套住房或一幢建筑是否不安全或不卫生。自1940年以来,美国住房的物理质量已经有了巨大的改善,据1940年的统计(收集国家统计数据的第一年,表10-1),超过55%的美国住房单元缺少完整的铅管制品设施;到1970年,只有不到6%的住房单元存在这种情况;而到了1990年,这一比例更是下降到1%以下。1940年将近五分之一的国家住房存量需要主要的结构性维修;到1970年,"荒废的"住房单元占了不到4%;到了1990年,只有少于3%的住房单元被分类为劣质结构条件[25](劣质住房质量的统计定义从1940年的"需要主要维修";变成了1950、1960及1970年的"荒废的";以及1980和1990年的"劣质结构条件")。这些变化,很大程度上是因为新的建设和政府鼓励的拆毁,只有很小一部分是因为内在条件得以改善。

过度拥挤 当一套住房每个房间的人数超过1.5人时,就被认为是过度拥挤的(不包括卫生间和厨房)。1940年,美国每10套住房中就有1套是过度拥挤的;到了1990年,只有少于百分之一的住房单元是过度拥挤的(表10-1)。过度拥挤住房比率的下降是由于家庭的变小及住房——尤其是新住房——的变大等原因造成的。此外,人口调查局也一直跟踪很多居住条件在一般拥挤程度的家庭(每个房间超过1个人,但不到1.5人),从1940年到1980年,一般拥挤程度的家庭随着过度拥挤程度的比例平行下降,但是,自1980年以来,一般拥挤程度的家庭又有所增加,尤其是在大都市地区的中心城市当中。

住房支付能力及额外负担 美国住房政策长期设定家庭收入的30%为每月住房投入的最大值,以这个标准,大多数的美国住房都是绝对支付得起的。1990

表10-1 1950~1990年美国住房质量及需求的一些指标

指标	1950%	1960%	1970%	1980%	1990%
结构条件					
荒废的(1950、1960)或需要结构修理的(1970~1990)	9.1	4.6	3.7	没有	没有
缺少完整的铅管制品	35.4	16.8	6.9	2.7	1.1
过度拥挤(每个房间超过1.5人)	6.2	3.8	2.0	没有	没有
收入用于住房的百分比中间值					
抵押的住房	没有	19.0	17.0	19.0	21.0
没有抵押的住房	没有	10.0	11.0	12.0	13.0
租赁人	17.0	19.0	20.0	25.0	26.0

Note:na=not available.

年，依据人口普查，抵押住房的拥有者为住房支付他们收入的21%，租赁者支付的是他们收入的26%。如表10-1所示，这两个指标都比1970年有所上涨。

事实上，这些简单的统计都只是很多美国人所面临的支付能力问题的大致说明。在国家范围内，1989年，差不多有一半的穷人租赁者及四分之一的穷人家庭拥有者（那些收入低于15000美元的家庭）支付了他们收入的50%用于租赁。[26]其主要原因在于贫穷的影响范围，额外负担问题集中在黑人及西班牙裔家庭、老年人及中心城区居民。30%额外负担标准的单独使用也产生问题。[27]一个收入较高的家庭也许轻易地就可以为住房支付超过30%的收入，而且可能是很自愿地支付，但一个年收入只有5000美元的家庭则很难拿出收入的10%来支付租金。

正在恶化的经济适用住房危机

对于美国人的一个组别——贫穷租赁者来说，住房景象在近年来已经是显而易见地更加糟糕了。在1974到1994年间，收入为10000美元或更少的租赁家庭数目，从700万增加到1100万，与此同时经济适用出租住房存量则从1000万套减少为780万套。[28]国家住房政策专家卡什莱恩·奈尔森所做的研究表明，供应衰减的问题对于极低收入家庭（少于收入地区收入中间值的30%）最严重，但对于收入稍微高一些的家庭（在地区收入中间值的60%以上）就不是那么严重。[29]

两个形势导致了正在发生的可支付出租住房的减少，一是通过存量的拆毁及取消减少了房屋的数量；二是租金上涨。这就出现了一个长期的恶性循环：供应的减少使得地主抬高租金，进而又减少了供应。可支付租赁住宅供应的减少，伴随着租赁人收入的减少，依据哈佛大学联合中心对住房的研究，自1970年以来，租赁者的真实收入已经下跌了16%。[30]

随着可支付租赁单位供应及租赁者收入的下降，租赁负担持续上扬。1970年，租赁支付的总额占了租赁者收入的23%；1993年，这个比例增加到31.2%。这一现象对低收入租赁者的影响则更加严重，尤其是在西部的大都市地区。

随着经济适用租赁住房供应总量的减少，政府租赁补贴就显得更加重要。依据哈佛联合中心的美国住房调查表格，全美国补贴的租赁单位数量从1974年的210万套增加到1985年的440万套，1998年则是略多于410万套。这些增加并没有得到支持，租赁补贴的水平依然远低于需要的水平。依据联合中心的数据，1993年，在大约1340万符合低收入条件的租赁者中，有930万没有获得住房补贴。[31]

尤其是在旧的中心城区邻里中，补贴单位占据了租赁住房存量中的大多数。1974年，补贴租赁单位占了经济适用租赁住房存量的22%；到1994年，这个百分比上涨到了57%。[32]因为很多以第八部分为基础委托的项目，现在开始期满或只能是逐年延期，所以很多经济适用租赁住房存量现在已有了风险。

经济适用租赁住房的短缺恶化了其他问题，最显著是社会和经济的种族隔离。郊区经济适用住房的缺少及少数族裔或低收入邻里（大部分是在中心城区）补贴住房的集中，使得低收入家庭从更广阔的社会中分离出来。自从大多数的中等及收入较高的家庭不愿意居住在贫穷集中的地区以来,这种趋势就长期存在。有更多就业机会资源的家庭都迁往更好社区中或质量更好的住房中,使低收入租赁者更加孤立地留在经济方面令人沮丧的邻里中。没有收入来保证他们邻里中的适宜住房,或迁往其他地区中质量更好的住房,很多低收入家庭已经陷入美国质量最糟糕的房屋当中。在全美国930万没有获得补贴的租赁者中,有130万居住在危房当中,[33]这个问题在单亲家庭中尤为严重。

住房与种族

如果不解决种族隔离及歧视的问题,美国住房的任何讨论都是无法进行的。在通过公平住房法案后的30年,1968年,美国的邻里依然保持着以人种和种族划分的深深的隔离。大多数黑人和西班牙裔仍然居住在以这两个人种为主的邻里中,与此同时白人则居住在以白人为主或者是完全是白人的邻里中。1990年,在美国最大的50个大都市地区的黑人当中,有37%的人居住在与白人完全隔离的邻里当中。这些具有最高度居住隔离的地区——有时候叫做超级种族隔离地区——包括芝加哥(71%的黑人是隔离的)、圣路易斯(70%)、克拉维蓝德(67%)及底特律(61%)。[34]美国大都市种族隔离的平均水平在20世纪70年代到80年代期间有适度的下降,但很多下降的原因是因为快速的地区增长相对于少量的少数族裔人口[35]造成的。较大的大都市地区,大多数黑人居住的地方,种族隔离在1990年仅仅只比70年代到80年代期间稍微下降了一些;西班牙裔种族隔离的平均水平,尽管比黑人的要低,但在70年代到80年代期间几乎根本没有下降。

尤其是对黑人来说,更高的居住种族隔离程度,高度关联到更多的质量不变的住房花费、[36]更低水平的社区质量、更少的城市服务、更加昂贵的居住迁移、更少的受教育及经济机会,降低了到郊区服务及就业的能力,以及继续贫穷的更大可能性。[37]

尽管有些层面的种族隔离也许是自愿的,但无可置疑的是,居住的种族隔离主要还是因为歧视。歧视能够发生在住房办理的很多点上并会以如下方式发生:①当一个住房机会被公布或进入市场的时候,一个具备资格,正在寻找住房的少数族裔家庭将不会被告知;②代理商拒绝做少数族裔消费者的生意或不公平地对待他们;③代理商不能将少数族裔消费者的生意做到底或者是将他们安置在特定邻里当中;④对少数族裔消费者最后的售卖或者出租是不合适的;⑤潜在的少数族裔住房购买者不能获得抵押贷款或者保险。两个主要的HUD回应式的公平住房审计的结果在1977年和1988年对广泛的居住歧视的调查表明,尽管住房歧视在逐渐下降,但仍然是一个突出的问题。例如,1988年的研究发现,在所有对租赁者的歧视当中,有53%是针对黑人、46%是针对西班牙裔的。对于住房购买者来说,这个比例甚至还要更高:59%针对黑人及56%针对西班牙裔。[38]很多少数族裔家庭没有机会在白人邻里当中找到住房,据报道,在每5宗办理中,就会有一个黑人或西班牙裔家庭遭遇这种情况。

最近更多的研究已经集中于抵押借贷中的歧视。根据1990年住房抵押揭露法案（HMDA）下的国家数据，住房研究者格伦·卡讷及斯图亚特·加百利发现，给予黑人及西班牙裔的抵押，比给予同等收入但是其他种族的申请者的抵押要低10%～15%；[39] 按照邻里构成，这两个作者发现以少数族裔为主的邻里获得的抵押，比白人为主的邻里获得的抵押要低10%～20%。一项1992年也使用HMDA数据的波士顿联邦储备银行的研究发现，被拒绝的有色人种的抵押申请，比同等条件的白人多56%。[40] 一项最近的新泽西统计分析发现，大约70%的贷款否决是因为种族偏见。[41]

政策分析家一律同意种族歧视，尤其是针对黑人和西班牙裔的歧视，一直地方性地存在于美国住房及抵押市场，他们不同意的是关于这个问题应该做些什么。政府的一些观点，尤其是联邦政府的一些观点，认为应该建立更加富于战斗性的单独的反歧视法案；[42] 其他的一些肯定性政策的观点旨在向历史上始终受到歧视的团体和地区开放借贷资金；某些公平住房政策的观点主张用补贴及其他办法去促进经济稳定的、种族综合的社区；此外还有一种观点是促进扩大郊区地区少数民族的就业机会，以此作为展开郊区居住的第一步。

公共及非赢利住房的规划与政策

规划师对住房及住房市场的涉及有很多层面和方式。在国家层面，规划师帮助建立联邦住房政策，设计及监控国家住房计划的执行，并成为国家住房促进组织的职员；在州的层面，规划师设计及管理住房政策和计划，为非大都市地区编制住房及社区开发规划；在区域层面，规划师帮助调整市政基础设施投资规划及公平共享住房。

然而，正是在地方层面规划师才是最涉及住房的。地方住房规划师编制地方用地及住房规划；执行用地控制；成为地方公共住房主管部门（LHAs）的职员；帮助社区开发意图；管理联邦、州及地方住房补贴计划；运作重建机构；促进经济适用住房的开发及复原；以及提供和住房相关的服务（例如，职业培训及孩子照管）。很多地方规划师与非赢利住房发展商、租客倡导组织及社区开发公司联手地工作，当然其中也有一些工作是为赢利发展商及住房建造商做的。

联邦住房政策和计划

成功的住房规划要求一个事务所领会美国的住房政策——但有些是难以领会的。尚未开始的是，国家住房政策有时候好像是由一系列难以琢磨的且相互不联合的计划和规定组成，以寻找一个相互结合的政策。[43] 但事实上，尽管特定的计划能够也经常变化，但美国住房政策背后的四个指导性主题却始终非常一致。按照历史的重要性及资源性排序，这四个主题是：①促进住房所有权；②补贴低收入租赁者；③促进社区发展；④保证公平住房。

芝加哥高垂奥克斯计划的启示 帮助少数族裔家庭迁往郊区地区也许会减少种族隔离，但是否会为他们提供更好的受教育或经济机会？

高垂奥克斯计划，由芝加哥大都市开放社区的非赢利领导议会管理，允许公共住房居民及公共住房等待名单上的人们，使用第八部分的住房资格在芝加哥及临近的郊区租用住房。高垂奥克斯计划是1976年最高法院通过的法令，要求HUD及芝加哥的住房管理部门矫正长期存在的有差别政策。自1976年实施以来，有超过5000个家庭参与其中，这些家庭中有超过一半迁往了中等收入的郊区。

1988年，西北大学的研究者调查了108位继续留在芝加哥的参与高垂奥克斯计划的成年人及224位已经迁往郊区的成年人。[1] 分析结果获得了很多发现：

1.那些迁往郊区人的可能比在市内迁移的人多了25%的就业机会。

2.在迁移前后都拥有工作的计划参与者中，那些市内迁移的人和那些迁往郊区的人，报告显示具有同等的工资收入且在工作时间上没有变化。

3.当问及迁往郊区如何有助于他们找到工作时，所有迁往郊区的参与者都提到了郊区的大量工作机会。

研究者还对迁移家庭的114名孩子进行了再调查和访问，以确定迁往郊区是否能有助于打破贫穷的循环。他们最重要的发现是：

1.迁往郊区家庭的孩子实际上和市内迁移家庭的孩子是同样的；然而，郊区迁移者的孩子似乎比市内迁移者的孩子多一些升入大学的可能（40%对比24%）。

2.在升入大学的高垂奥克斯年轻人中，大约50%的郊区迁移者在四年制学校就读，而市内迁移者的同一个比例是20%；对于没有上大学的年轻人来说，郊区的年轻人在拥有全日制工作方面具有明显较高的比例（75%），相比之下市内年轻人的比例是41%。

3.种族间的折磨也是在郊区比较多：据报道,51.9%高垂奥克斯年轻人，至少有过一次因白人学生叫其名字而发生冲突事件，而市内迁移者发生同样事件的比例只有13.3%。但是，41.9%的市内迁移者都经历过黑人叫他们的名字。

---

1 詹姆士·罗斯鲍姆，"高垂奥克斯的教训"，住房政策争鸣6，1995年第一期：231-70。

促进住房拥有 促进住房拥有一直是美国住房政策的中心。联邦住房政策以四种方式支持并补贴住房拥有：

1.通过允许住房所有者从他们的收入应征税中扣除物业税及抵押利息，从而减少拥有一套住房的花费；没有可与租赁者比较的扣除或花费；[44] 联邦税法允许超过55岁的住房售卖者可以一次性获得500000美元而不上税；在联邦抵押信贷证明计划下，一些首次购买住房的人也有资格获得一项课税扣除。

2. 通过确保抵押借贷者不被拖欠，使得借贷更有吸引力。这是FHA及VA抵押保险的职能。

3. 确保正规——因此更多可支付的——抵押信贷的供应。这个职能由Fannie Mae及Freddie Mac承担。[45]

4. 通过偶尔发起或提供低于市场利率（BMIR）的贷款给经由选择的收入组群。联邦税收法案现在允许州及县政府，给首次购买住房的人发行免税的抵押收入债券（MRBs）来资助BMIR抵押。

补贴低收入租赁者 自20世纪30年代以来，联邦政府一直给低收入家庭提供租房补贴，随着时代和计划的不同，这种补贴有过很多种形式。

公共住房 开始于1937年，联邦政府提供100%的资金成本，让LHAs为每一个符合条件的低收入家庭建造低租金公共住房。今天，依据HUD的统计，美国大约有130万套公共住房单位，居住着将近4百万人。新的公共住房产品结束于1982年，1992年，国会建立了HOPE VI计划，在这个计划之下，很多大规模的公共住房项目下马，取而代之的是较小规模、低层及用地分散的项目。

开发补贴 从1964年到1980年，HUD提供BMIR补贴给发展商，用于中等收入的租赁住房项目，这些提供是在三项计划之下：第221部分（d）(3)、第236部分、第8部分的新建设及充分的复原（也被叫做以项目为基础的第8部分）。到了2000年，通过这三项计划，签订合约的可支付租赁单位超过了160万套。第236部分终止于1972年的错误管理欺诈。自1980年以来再没有新的以项目为基础的第8部分社区出现。

租金补贴 自1965年以来一直有多种形式的联邦租金补贴计划。补贴的数量一般是租户收入的某种固定比例（通常是30%）与HUD确定的公共住房或公平市场租金水平之间的差价。自1968年以来，租金补贴一直在授权的基础上提供给每套公共房屋中的低收入居民。1973年，总统尼克松终止了现存的低收入住房产品计划，代之一个以租户为基础的租金补贴系统，即著名的第8部分。自那之后，第8部分有过很多的变更，最显著的变化是从发证明书（补贴与租户联系在一起但是寄给地主）改变为凭证（补贴发给租户）。第8部分现在是国家给低收入家庭住房补贴的主要形式，而且有广泛的一致意见认为应该继续这样做。大都市地区分派新的第8部分委托，且在大都市地区内一般都是以先来先得为基础。某些计算表明，每3或4户具有第8部分资格的家庭中，只有1户真正获得了补贴。

批量许可 1990年，国会创立了HOME计划作为国家经济适用住房法案的一个部分。HOME提供联邦基金给社区（在3∶1或2∶1的匹配基础上），以资助各种各样的低收入住房计划，包括新建设、复原及租金补贴。

一些住房计划及机构低于市场利率（BMIR）计划

这是一项联邦住房补贴计划，联邦政府在抵押期内为一个项目支付一定比例的抵押利率。租赁住房的第221部分(d)(3)、第236EMIR计划，以及住房所有权的第235 EMIR计划就是例子。20世纪60年代到70年代执行的很多EMIR补贴合同已经期满或即将期满。

社区发展批量许可（CDBG）计划

在联邦批量许可计划下，城市及城市的县有资格获得联邦基金来完成社区发展计划。CDBG基金也可以用作住房及支持复原计划、其他与住房相关的土地成本。此外，它也经常向邻里提供改善物质条件及对住房发育很重要的社会服务。

联邦住房贷款抵押公司（FHLMC）

一个创建于1970年的政府主办企业，为联邦住房贷款银行系统管辖的金融机构提供二次抵押市场职能，典型的是联邦储蓄及贷款协会，一般叫做"Freddie Mac"。

联邦国家抵押协会（FNMA）

一个由政府主办的进行企业买卖批量标准化抵押的部门。Fannie Mae创建于1938年，作为一项新的交易计划，从私人金融机构购买FHA保险的贷款以提供流通。1968年在政府国家抵押协会（GNMA，或Ginnie Mae）的支持下，FNMA定位于低收入家庭，并从一个政府组织变化为一个准公共组织。自1968年以来，FNMA一直处理市场定位而不是帮助抵押。

住房凭证

住房凭证由联邦政府即管理者通过地方住房管理部门支付，付给一个有资格的家庭其家庭收入30%与地方公平市场住房租金之间的差价。和第8部分有资格的人不一样，凭证获得者可以以低于公平市场的租金租用一套住房而不支付差价，或者是以高于公平市场租金的价格获得一个住房单位，并用自己的钱支付差额部分。

第8部分证书

证书授予有资格的家庭，在给定的区域内由联邦政府来支付其家庭收入的30%与地方公平市场住房租金之间的差价。获得第8部分证书的租户支付其家庭收入的30%作为住房租金，不足部分由联邦政府补足。在以项目为基础的第8部分住房补贴案例中，在一个设定的期限内，联邦政府在一个住房项目中保证有可用的第8部分补贴放在各住房单位上。

第202部分计划

主要的FHA贷款保证计划为最有资格的低收入者提供住房。

第235部分计划

一项住房拥有的HUD EMIR补贴计划，创建于1968年，HUD为有资格的中等收入者，在首次购买新住房或复原住房时，支付的1%的抵押利率与市场利率之间的差价。该计划于1972年基本终止。

第236部分计划

一项为租赁住房的HUD EMIR补贴计划，创建于1968年，HUD为有资格的非赢利及受限制的发展商支付1%的抵押利率与市场利率之间的差价，这些非赢利及受限制的发展商愿意在抵押期内就租赁单位签订受管制的租金额合同。

第221部分(d)(3)计划

一项为租赁住房的HUD EMIR补贴计划，创建于1961年，HUD为有资格的非赢利及受限制的发展商支付3%的抵押利率与市场利率之间的差价，这些非营利及受限制的发展商愿意在抵押期内就租赁单位签订受管制的租金额合同。

促进社区发展 1968年以前，社区发展和城市更新是同义词，在这种情况下联邦政府一直资助贫民窟清除及土地整合，以便私人发展商（或稍后的LHAs）可以重新开始重建城市社区。然而，到了20世纪60年代早期，很清楚的是这种方法并不奏效。虽然贫民窟街区已经清理、取而代之的是整个居住社区，但除了一些大规模的公共住房项目，几乎没有重建的发生。1968年，联邦政府完全放弃了为城市更新而采用的一种激进的不同的方法——模范城市。城市更新重点是物质性的重建，而模范城市强调的是先有社区的社会和经济结构的重建，此外，它还将市民参与理念作为计划建立、设计及执行的一种有效方法。但和大多数的伟大社会计划一样，模范城市过于野心勃勃、资金的过度不足及完全缺少管理控制，使该计划于1973年停止。

在经历了先是一种从上至下的重建方法，然后是一种社会方法的失败之后，国会决定将社区重建问题留给地方政府。1974年，国会创立了社区重建批量许可（CDBG）计划，为地方政府的社区重建及经济适用住房行为提供灵活的批量许可。这一计划从开始到现在已经超过25年，它一直很受欢迎，尤其是在旧的中心城市。面对其他联邦计划的减少，遍布美国的社区已经开始依赖CDBG的分配来资助各种各样的社会、经济发展，以及经济适用住房计划。

1994年，在克林顿总统的催促下，国会以一个新的名字重新启用了模范城市概念，即授权区划/企业社区计划。这个计划提供1亿美元用于经济发展、职业培训及社会服务支持，方式是给六个城市中的每一个指派授权区划以从总体上资助社区主动发展(包括住房建设)。(第11章将更加详尽地讨论社区发展方面的内容。)

保证公平住房 公平住房是国家住房政策一个最脆弱的环节。在1968年后期，联邦法律几乎不提供针对住房歧视的保护。通过禁止对租赁者或住房购买者基于种族、性别、信条、国籍或宗教的歧视，1968年综合公民权力议案的第八标题——更普遍地叫做公平住房法案——首次提供了这种保护。相信受到住房歧视的人在第八标题下有两条路线：他们可以在州或联邦法院提出民事诉讼，或者可以依据810部分向HUD提出申诉。在后一种路线中，HUD会调查申诉，如果申诉被证明是有根据的，HUD将提交司法部门进行起诉。

但两种方法都被证明不是特别有效。陪审团对民事诉讼的倾向较少，而HUD提交司法部门的人经常不被起诉。尽管第八标题的积极作用是法定的，但不是十分有效且很少执行到底。公平住房法案颁布后的20年，国会最终以1988年的公平住房修正法案修正了它的缺点，修正案允许HUD在不涉及司法部门的前提下自己提出申诉，将可以申诉的期限从180天延长到了1年，并有效地提高了损害处罚的限额。在修正法案中，原告也可以控告惩罚性的损害；法案涉及的覆盖面扩大到残疾人及家庭中的孩子；此外，还包括用于维修及改善的惩罚性损害及房地产贷款方面的内容。最重要的是，国会指导HUD更具攻势地加强了法律，并扩大了HUD的预算数额。

国会还使用一套单独的方法打击抵押借贷当中的歧视。颁布于1975年的HMDA要求常规的抵押借贷者（商业银行、储蓄及贷款）公开他们从哪里获得的抵押贷款。1989年，HMDA进一步加强，覆盖了一些非常规的借贷者（信用联合、共有的储蓄银行以及一些抵押银行），要求借贷者进行公开否决或批准那些贷款申请者经过选择的信息。HMDA在与社区再投资法案（CRA）的协调上一直非常有用。颁布于1977年的CRA要求银行调整者评价贷款者不满足地方信贷需要的范围。更为重要的是，CRA在覆盖了银行获得及扩张的常规听证中，给社区组群提供了不容置疑的持续，给干涉提供了辩护组织。大量大都市地区的社区组群已经成功地使用了CRA听证，和HMDA数据一起，作为一个探察律师业从主要的借贷者那里获得更多的社区借贷委托。

州的住房政策和规划主动性

近年来州政府在住房规划和政策中的作用增长了很多。[46]到1980年为止，各州主要限制了规定范围内的住房活动，包括建立政府管制用地和住房的基础框架。这些不同的框架在第5章"环境分析"及第14章"区划及土地细分规定"中有非常详细的讨论。

少数几个州采取了有力的步骤来使得地方用地规划更加内涵——说得精确些，就是确保低收入及中等收入家庭的住房机会。在新泽西州，蒙特·罗莱决定要求所有的地方采取积极的办法以确保"公平分享"的经济适用住房能够满足区域需要。加利福尼亚州法律防止地方政府从区划中产生新的移动住房停放用地，并要求为符合内涵住房目标要求的发展商提供密度奖励；加利福尼亚法律还要求重建机构税收增量的20%用于经济适用住房建设（本章将会更细致地讨论新泽西和加利福尼亚的经验）。

随着20世纪80年代早期联邦政府从住房计划中撤退，很多州政府开始涉足以填补这个空隙。为了反对高抵押利率、鼓励住房拥有及刺激新住房建设，大多数州充分扩张了尤其是为中等收入家庭及首次购买住房的人使用的免税抵押收入债券（IDBs）。[47]数量较少一点的州——以佛罗里达、伊利诺斯、马里兰、麻萨诸塞、新泽西、纽约及佛蒙特州为先导——发行了大量的工业开发债券（IDBs）以资助新的租赁房屋建设。MRBs及IDBs的使用使得20世纪80年代中期的住房产品有所下降，这是为了回应利率的下跌及消极税法的改变。[48]

自1985年以来，有19个州为中、低收入住房的产品修复建立了永久的信托基金。[49]一些州，包括亚利桑那、康迭尼克、佛罗里达、缅因、明尼苏达、北卡罗来纳及佛蒙特州，使用专门的收入——主要是无主存款及利息、房地产转让税及额外的债券退款——来建立他们的住房信托基金；爱荷华及纽约州使用普通基金的拨款；有5个州使用来自州住房金融机构先前活动的储备基金；马萨诸塞及威斯康星州已经建立了州范围内和地方政府及非赢利住房提供者之间的住房伙伴关系。马萨诸塞州的伙伴关系建立于1985年，是最富有经验的，它包括了一项总体目标的计划、州补助机制及对地方参与者的要求。康涅狄格、马里兰、马萨诸塞、纽约州及加利福尼亚州(仅在乡村地区)运作他们自己的租赁补贴及补助计划,在第8部分下补足这些提供。最后,有少数几个州曾经尝试经济适用住房产品与全州增长管理的平衡。佛罗里达、夏威夷、新泽西、俄勒冈及佛蒙特州,已经采用住房产品及可支付性目标作为他们的增长管理法律中的一个部分,而且,佛罗里达州的增长管理法律还包括住房密度目标。

地方政府的住房主动性

尽管大多数的住房基金来自联邦政府,但住房规划及计划的执行则主要是地方的责任。地方政府规划师一般涉及六个类型的与住房相关的活动:

编制及管理地方用地政策和规划 地方用地规划、区划条例及土地细分规定直接规限了新住房的形式、选址及密度,并间接地决定了住房价格和租金。地方用地政策的传统功能,一直是将一个个用地性质的矛盾用途排除在外并将溢出效果最小化。这种方法限定了所有人的住房机会并经常产生社会、经济及种族的均质。比较新近的方法是用地规划鼓励不同类型及密度的住房。例如,二手或"法律内"的单位及制造型住房可以被区划而非不区划在内;提供经济适用单位的发展商可获得密度奖励;混合用途可被明智地规划而不是简单地回避。

编制地方住房规划 也是对于规划方,HUD要求各行政辖区接受联邦住房补助,编制一个叫做巩固规划的文件,描述他们住房及社区发展的需求,阐述满足这些需求的策略,并表明如何将联邦基金用于特定的项目和计划。少数几个州(比较突出的是加利福尼亚及新泽西州)要求编制地方住房规划或规划要点,而其他几个州(比较突出的是佛罗里达、俄勒冈及华盛顿州)则要求地方增长管理规划清楚地应对州和区域的经济适用住房目标。

管理地方住房职权 1937年的住房法案授权各城市和县建立LHAs以建设及运作低租金公共住房项目。全美国3000多个LHAs中的很多个也管理联邦第8部分中以租户为基础的租金补贴计划。

LHAs一直有一些某种程度上不和谐的情况存在,如他们的管理委员会及人员经常是地方任命的,但他们的资助及运作的程序一般却是由国会或HUD决定的。这种管理安排,加之联邦法律的变化要求LHAs接受穷人中的最穷困者,因此,使现在产生了无数的且可能是无法解决的管理问题。因现在的公共住房在联邦层面是"重新使用的",所以很多LHAs不得不将他们自己从最后的地主转变为社区建造者。

管理和资助住房及社区开发计划 地方机构,典型的是市长办公室,或者是社区和经济发展的一个部门，管理着 CDBG 计划。CDBG 基金按规定分派给符合条件的各个城市及城市中的各县，并用于广泛的活动，包括住房、经济发展、社会服务及物质性的市政基础设施。CDBG 基金也经常通过非赢利组织，例如，一个地方政府可能提供基金给一个社区住房开发公司，作为住房修复管理的一项贷款计划。

尽管 CDBG 计划是联邦基金用于地方住房计划的主要来源，但其他来源还有 HOME、马克金尼法案（用于无家可归的资助计划）、紧急庇护资助及艾滋病人（获得性免疫缺乏病人）住房计划。为了提供额外的住房基金，很多县政府都直接管理地方 MRB 计划及抵押信贷证明计划，这两者都经常直接用于中等收入的首次购买住房的人。

很多州及数以百计的社区都为住房开发、修复及租赁补助计划建立了他们自己的住房信托基金。这种信托基金有很多来源：一些市政当局是用他们房地产转让税收的一定比例，一些是用增税收入，还有一小部分是采用经济适用住房的影响费用。例如，波士顿和旧金山要求中心城区的写字楼发展商支付"连接费"，以帮助提供经济适用住房。[50]

负责经济适用住房开发 地方政府所做的不仅是简单的资助住房计划，越来越多的，他们已承担了发展商及负责人的作用，并与非赢利组织及发展商在公共—私人伙伴关系中积极合作。地方政府在这种安排中有很多可以提供，包括地块控制、开发批准、公平及融资等。[51]

提供住房相关的社会服务 很多在政府机构工作的地方规划师，为社区中最穷的人、无家可归者、残疾人、有物质滥用问题的人、农业工人、移民、艾滋病人以及虚弱的老年人提供住房和社会服务。HUD 的巩固规划的要求以及它对无家可归者的连续关怀方法，将规划师与地方住房及社会服务拉得更近。

住房与非赢利部门

经济适用住房领域自 1980 年以来变化显著，也许是因为非赢利住房开发及管理组织的兴起而造成的。依据一些估计，自 1990 年以来，非营利住房开发组织已经占据了租赁单元住房建设大约 25%[52] 的比例。

大多数非赢利住房开发组织可以分为三类：①企业家及开发商，一般在很多地点开发、拥有或管理各种物业；②以社区为基础的非营利开发商，业务限定在一个或两个社区，与地方政府官员发展密切的关系，并从社区中产生管理委员会委员；③社区开发公司（CDCs），一般承担除了住房之外的很多业务，包括服务提供、出租倡导及经济发展。另外还有社区土地信托，为住房开发持有共有物业，组成了第四种小一些的种类。很多按照 HUD 规定获得资格的非赢利社区住房开发组织，都有资格得到 HOME 基金。

几个因素造成了非赢利部门的兴起和持有的权利。很多非营利组织是从多功能的CDCs演变而来,以一个又一个的项目为基础获得了经验。在一些地区,特别是加利福尼亚和马萨诸塞州,州及地方政府长期使用CDBGs及其他基金来支持地方的非赢利组织。非赢利住房最大的推动力来自1986年低收入住房课税扣除(LIHTC)的建立。很多非赢利组织已经通过必要性取得了成功:为了生存,它们已经可以熟练地回应联邦、州及地方各种计划和优先的变化。

非赢利部门是否会以及如何扩张是不清楚的,但随着很多非赢利组织开发的经济适用住房项目步入中年,必须要更加有效地管理他们。最不好的兆头是,很多地方政府在面对关于地方低收入者住房的反对意见时,越来越缺少对非赢利社区的支持。

地方住房规划

总体规划和联邦住房政策历史上一直是一种不平等的关系。联邦住房政策及基金的分配,在这些政策下已经倾向由计划及规定来驱动,就像在公共住房补贴操作、CDBGs及第8章节的案例中一样;或者是由金钱及项目来驱动,就像在公共住房建设基金以及更为最近的LIHTCs中一样。因此,和总体规划的匹配过程——以总体规划对分析、目标设定及长期资金稳定的强调——与以计划及项目驱动的住房政策世界,从来就不是一个紧密的过程。

地方住房规划一个新近的年表

地方住房规划的历史,正如规划教授及历史学家威廉姆·拜尔指出的,充满了很多开始、停止及再开始。[53]随着年代和内容的不同,住房规划的发展时而促进政体的行动,时而又使政体恢复不作为,时而促进郊区开发和公共住房建设,时而迫使市政当局废止种族隔离,时而又阻止他们废止种族隔离。

地方住房规划研究的首次开展,是由19世纪80年代的两个非常不同的非政府团体完成的,他们是希望培育公共愤怒来结束贫民窟住房条件的改革运动成员,和对评价居住物业价值感兴趣的萌芽中的房地产业。两种方法都于20世纪30年代各自有所涉及,在某个点上他们都制度化地进入了不同标准的联邦政策。房地产方法,以它的评价理论为基础,被联邦住房拥有者贷款公司(HOLC)所采用,后来被联邦住房行政部门(FHA)所采用,作为一种评价与不同邻里相关的抵押借贷风险的方法。[54]尽管是有显著差别的,但HOLC/FHA邻里住房评价系统一直以这样或那样的形式在20世纪50年代得到使用。

若非1954年住房法案的通过,住房研究就不会让路给总体住房及更新规划。1954年的住房法案规定,如果一个城市不先提交一个"可使用的计划"给住房及住房金融机构(HUD的前身)的管理者,就不能得到联邦的城市更新资助。依据法律,可使用的计划是城市的"官方行动计划",用于解决城市的贫民窟及衰败问题。可使用的计划要包括七个要素，包括一项总体规划、一项邻里分析、一项融资计划、一项重新选址补助计划、一项市民参与计划及基本上每年一度的换发新证提交计划。1959年，可使用的计划概念还再一次被扩展为社区更新计划。但随着20世纪60年代中期城市更新的衰退，对地方可使用计划及其各种后继的资助及推动也消失了。

住房研究一个新的基础出现在20世纪60年代后期，是由发生在底特律的瓦兹及纽瓦克的市民骚乱促成的。事实上，这些骚乱证明了，城市住房问题是不受控制的，且政策制定者严重低估了住房缺少及种族歧视的后果。1968年国家咨询委员会关于市民混乱的报告让人明白了这些发现，这个报告确定大都市种族隔离模式的增长，是贫穷及市民骚乱的根本原因。[55]对这份报告的一个回应是1968年的住房法案，这个法案修改了HUD负责的701总体规划计划，要求地方政府接受联邦规划，补助编制住房要素及积极的住房行动计划，并增加了一些新要求，要求住房要素要考虑区域还有地方的住房要求。HUD解释这个立法是与1968年公平住房法案的联合，意味着为特定收入和种族的特定数量的住房单位，应该被安排在特定的地点。住房规划因此变成了一个"开发郊区"的工具。

1974年，CDBG计划成为分配联邦住房及社区发展基金的主要机制。法案巩固了城市更新、模范城市、邻里设施、给排水、开敞空间及HUD管理的公共设施计划。为了调整住房及社区发展事业，法案要求每个参与其中的地方政府制定一项住房补助计划或HAP。HAPs要包括三个组成部分：①对社区住房存量条件及低收入人士住房补助需求的准确估计；②单元数量或需要补助人士的现实的年度目标；③规划的低收入住房项目的初步选址。但HAPs要求不高甚或不要求执行，HAP的质量或完结对按规定确定的CDBG的分配没有效果。[56]随着1980年里根的选举及随之发生的联邦住房计划的缩减，HUD自身失去了对HPA程序的兴趣。

在经历了对贫穷美国人住房情况超过十年的不关心的挫折之后，国会于1990年通过了国家经济适用住房法案（NAHA）。HAHA包括大量的供应，其中的两项快速地呈现了其突出的重要性。第一项是建立了HOME计划，在此之下各城市可以要求结合批量许可来主动完成各种各样的低收入住房项目；第二项是要求所有想申请HOME及其他HUD计划基金（包括CDBGs）的行政辖区，要制定一个总体的住房可支付性策略或CHAS。[57]

每一个CHAS都遵从同样的格式并包括四个部分：①一个由详细的需求估计及对地方住房市场特征描述组成的社区简介；②一个区分联邦及地方资源利用优先度的五年策略；③每年的行动计划（如果需要则每年更新及重新提交），列出要执行的项目和计划，它们的资源及专门的执行步骤；④一项对市民参与程序的描述。一旦完成并得到HUD的认可，CHAs就将五年有效。CHAs已明确是一项规划文件，并不代替个别的标题申请。

CHAS被证明是受到地方住房规划师欢迎的。尤其是在郊区社区中，它为政策前沿带来重要但有时候是住房需求展望所需要的文件和分析。尽管开始的时候很难编制，但CHAs很容易更新。HUD一般只做一部分，同时提供及时而直接的CHAS检讨。最重要的是，HAS将规划与计划及项目资助联系起来，因而使长期的住房规划合法化。

CHAS代表着促进规定地方住房规划的积极的第一步，但也仅仅是第一步。因为CHASs不是执行文件，各个城市仍然需要制定个别的计划及项目基金申请。1995年，当CHAS被巩固规划代替的时候，巩固规划结合了规划的单独文件、申请及报告要求以前是分开的四项HUD准予计划，它们分别是CDBGs、紧急庇护准予、HOME准予、及为艾滋病人提供住房的计划准予。惟一保留且没有被巩固规划覆盖的是公共住房方面的地方住房计划。

乍看起来，巩固规划很像CHASs。两者都是意图明确的五年文件，每年都要更新补充；两者都有基本相同的格式，都包括一项住房需求估计、一项住房市场分析、一项五年策略、一项一年行动计划、一项市民参与和咨询计划及不同的认证计划。但HUD的巩固规划目标远远高于那些CHAS。首先最重要的是，HUD官员希望促成地方住房和社区发展计划之间更加紧密的结合，在地方当局脱离社区发展追求住房项目的20年后——而且经常是突然来自不同的城市部门——HUD想要将这两项政策捆绑在一起，以更好、更加有效地利用有限的联邦基金。第二，HUD试图在市民及社区团体包括其他政府机构、临近的行政辖区、私人及非营利服务提供者的基础上，拓宽规划过程中的社区参与。这个扩展了的参与观点术语叫做咨询。第三，正如名字所表达的，HUD希望以短期的执行行为去巩固长期的规划行为，其中包括项目开发和计划管理。HUD的最后目标是，比起先前的规划文件，规划师能更加容易编制，市民能更加容易阅读巩固规划。

州要求的住房规划：新泽西及加利福尼亚州的经验

州的住房计划及规划要求，由于各式各样，所以很难在这里适当地描述。然而，有两个州的优点可以在这里深入讨论。这两个州是50个州当中的特例分别是新泽西及加利福尼亚州。它们各自都颁布了法律，要求各地方政府在联邦的要求下独立制定并执行详细的住房规划。此外，两个州还要求各个社区作为规划执行的一部分，要符合州及区域住房需求"公平分享"的要求。在这些相同的基础上，新泽西和加利福尼亚州的地方住房规划，已经在不同的条件及追从不同的路径方面有所演变。

新泽西州 复杂的、费解的及根本上令人失望的，新泽西的地方住房规划历史可以概述为：蒙特劳瑞尔。蒙特劳瑞尔是南新泽西州的一个偏远镇区，美国历史上两个最重要的公平住房法院案例的缩影。[58]和很多偏远城市一样，蒙特劳瑞尔长期使用独户住宅区划来阻止单元住房建设，并拒绝接纳穷人。1975年3月，在四年的诉讼之后，新泽西最高法院在南柏林堂县NAACP对蒙特劳瑞尔的案子中击败了蒙特劳瑞尔的区划条例，并规定这种排外的实践在新泽西宪法下是非法的。在制定这个规定过程中，法院详尽论述了个别行政辖区具有一种"宪法和道德的义务,为建设经济适用住房提供现实的机会并建立区域需求的公平分享。"[59]

作为一种矫正,也被看作是一次对地方事务空前的干涉,法院命令发展中的镇重新编写区划法律,允许为穷人及中等收入家庭进行私有及补贴的住房建设。而新泽西行政辖区的反应是拖延,第一是希望通过美国最高法院驳回蒙特劳瑞尔;第二是通过寻求州宪法的修正来阻止法院矫正的执行;第三是无止境拖延个案。这些方法虽然都没有成功,但每个方法都赢得了时间——直到1980年,NAACP返回新泽西最高法院要求强制执行早先的决定。法院于1983年1月作出的决定为蒙特劳瑞尔Ⅱ,甚至比原本的决定更加强硬。在严惩了州及地方政府的拖延策略后,法院专门指定了三名下级法院的法官去巩固和处置蒙特劳瑞尔案件。此外,法院规定,市政当局从今以后将采取"积极的"步骤来满足他们的公平分享要求。最后,作为最终的手段,法院批准了"建造者矫正"诉讼,允许法官驳回地方区划并直接为建造者批准建筑许可。[60]

不管法院如何坚持,新泽西对蒙特劳瑞尔Ⅱ的反对,尤其是对地方住房规定的反对一直很强硬。1985年,为寻求折中,新泽西立法机构颁布了新泽西公平住房法案,这个法案建立了一个全州范围内关于经济适用住房的议会(COAH)来处置地方的公平分享要求、监控地方服从、及推动市政当局之间的公平分享单元的交易。COAH没有视自己的作用为排外区划的结局,而是促进经济适用住房的建设。[61]这个作用不仅部分地得以实现,而且还通过区域贡献协议的建立,允许郊区的市政当局资助旧城市核心中经济适用住房的建设和修复。COAH的工作到此为止只取得了适度的结果。依据州的一份名为"蒙特劳瑞尔的数学"的报告,到1993年,只有大约8000套新的经济适用住房得以完成或正在建设。[62]

加利福尼亚州 加利福尼亚州是通过立法而不是法院的方法来解决公平住房问题的。加利福尼亚州的法律要求所有的城市和县制定多种要素的总体规划,其中一个要素要明确地解决住房问题。在加利福尼亚州住房及社区发展部的管理下,加利福尼亚州住房的法律要素有三个强制性要求。第一,要求不同的政府议会(COGs)制定区域住房需求评估,并确定每个城市和县对满足那些需求的公平分享配额;[63]第二,法律要求每个地方住房要素要包括一项社区住房目标的陈述,并将未来产品目标数量化,此外,所采用的目标不需要符合已确定需求的水平,但必须表达五年住房产品的最大值;第三,法律要求每个市政当局阐明一项执行计划,列出将要采取的各项特定行动——尤其是对于私人开发的地方限制规定行动——以适合那些行动的目标及机构责任。

围绕加利福尼亚州住房要素法律的大多数矛盾,都集中于区域公平分享住房决策制定的程序。依照法律,一个城市或县的公平分享,必须包括社区内所有经济成分的现状及规划的住房需求。在做需求评估的时候,地方政府必须考虑适当住房基地的可用性,不仅要以现行区划及用地限制为基础,还要以替选区划及用地政策下的潜在的居住开发增长为基础。各个城市可能会争论他们的COG决定的住房需求。

加利福尼亚州的住房要素法律导致了很多非常好的住房规划产品,但是,和在新泽西州一样,在鼓励市政当局满足其住房需求方面不太成功,在一些案例中,其他的州法律(例如,加利福尼亚州环境质量法案)妨碍了这一法律。郊区的各个城市尤其是缺乏管理的城市经常会执行他们的规划。中心城市经常是有管理的,但反倒因缺少资源而要求进一步获得津贴或广泛的援助。

制定一个地方住房规划

所有好的住房规划都具有一些共同的特征。第一,它们是真实的,也就是说它们回应真实及已经证实了的住房需求。第二,它们是现实的,意味着在给定的资源、机构及管理限制条件下是可以实现的。第三,好的住房规划是主题化的,各个主题将住房需求和住房目标、住房计划及显然存在的住房项目联系在一起。偶然阅读住房规划的读者应该能够立刻领会个别的项目是如何适合整体的。第四,好的住房规划能够遵照执行,它们包含了专门的执行步骤并指派了专门的执行责任。第五,好的住房规划是全面的,它们认可及依赖私有市场提供的资源和灵活性,也认可和依赖非赢利组织与公共机构提供的能量和专门技术。此外,它们也将住房与更广泛的社会及社区开发主动性联系在一起。第六,好的住房规划是坚固的但又是灵活的,它们为行动提供长期的导则,但又可以适应变化的融资来源和计划要求。第七,好的住房规划不仅提供信息还提供数据,它们被设计用来帮助决策制定者及管理者安排优先项目及作出选择。第八,好的住房规划对于外行来说是清楚的,不是仅让规划师能够理解。最后,好的住房规划是包容的,它们合并了社区内所有相关者的意见和建议,尤其是低收入居民和那些无法参与私有住房市场的人的意见和建议。

住房规划过程从概念上可以组织为三个阶段:勘测和研究阶段;目标、政策、策略及计划表达阶段;以及项目选择和执行阶段。如后所述,这三个阶段可以进一步分为九个步骤。

勘测和研究阶段 任何规划过程的第一阶段都应该是集中于确定关键的参与者及机构,对主要问题及方面进行分类,并研究可用的资源。

确定及包括将要承担规划及执行责任的组织和机构 很多规划的失败,是因为其独立的编制脱离了负责执行的组织和机构。无数的实体涉及地方住房规划的编制和执行,包括地方政府住房部门;社区开发及经济发展部门;规划、区划及建设部门;市长、县行政长官或地方政府管理者;地方重建管理部门;LHA;地方非营利组织、服务提供者及以社区为基础的各种组织;邻里利益组织;以及发展商、地方房地产及银行业的代表。明白这些实体和机构能做什么及不能做什么,明白他们服从什么规则,明白它们控制了什么资源,并让他们坐在同一张桌子上,是任何好的住房规划过程的第一步。

建立起正在进行的市民参与及咨询过程 好的住房规划广泛利用社区、非政府的知识和资源。通过提供信息,帮助确定及安排需求的优先,表明可能的目标和策略,帮助选择目标、策略及项目,帮助设计及执行计划,以及研讨及修订规划文件,使市民、社区团体及地方组织能够被包括进住房规划。

确定可用的住房资源 一个规划的最终完成取决于它所配置的资源。尽早在过程中明白资源的类型——资金的和其他的——可用于什么类型的项目和计划:①有助于确保规划最终能被执行;②有助于后面对需求及目标优先的安排;③可能建议追从新的途径和资源。[64]

评价地方住房市场 既然大多数的住房产品来自私有市场,对市场动态的理解,就成为确定住房需求及设计满足需求的现实策略的基础。此外,还包括回答一些关于地方住房市场职能是否运行良好的基本问题。这些问题包括,地方住房市场特征是需求过大(非常低的空置率和上涨的房价及公寓租金)还是供应过大(高空置率及下跌的住房售卖及租赁价格),或者是供需平衡?建造商和发展商能够合理供应新住房单位的最低售价和租金是多少?地方用地政策及其他政府和市场的限制条件是如何影响住房开发成本及消费价格的?以当前的利率,多少百分比的居民能够负担得起中等价格的住房?多少百分比的租房居民能够承担得起中等价格的公寓单元?这些部分是在增加还是在减少,为什么?住房及公寓拥有者是否在一些邻里中而不在其他邻里中投资?如果是,为什么?

拟备一项地方需求评估 所有好的地方住房规划都包括一项精确的、全面的及最新的需求评估。一项好的需求评估应该调查(可能的情况下要数量化)四个类型的现状及潜在的住房需求:

1. 现状住房存量缺乏物质条件或具备结构条件的程度。物质条件缺乏的衡量一般包括居住单元以下问题的数量和类型:①结构条件不良;②缺少完整的铅管制品或厨房设施;③包含涂料危害;④物理的荒废或需要充分的维修。

2. 现状居民遭受过度住房开支负担(以每个月的住房开支超过家庭月收入的30%来确定)或居住条件过分拥挤(以每个房间超过1.5人来确定)的程度。过度住房开支及过分拥挤等问题集中在特定区域、特定收入组群或特定人种及种族组群中的程度,也应该得到分析。

3. 现状特殊需求人口的住房相关服务需求,例如无家可归者、艾滋病人、大家庭、收入低及收入极低的家庭、以及有身体或精神残疾的人的住房相关需求。此外,低收入租房者变成无家可归者的风险程度也应得到分析。

4. 对未来住房需求的预测,可能的情况下应以收入组群或使用期限进行分类。所有州的规划及金融部门、大部分的COGs及很多县的规划部门都编制地方人口及家庭规划,可以使用多种方法并采用这些规划来估计未来的住房需求。

住房需求比其他需求更为重要。如果规划过程尽早安排住房需求的优先,后面就更加容易分配资源和选择项目。

目标、政策、策略及计划的明确表达 制定一个住房规划的第二个阶段,是通过协定确定目标,然后将那些目标解释为各种政策、策略和计划。

制定现实的目的和目标 伟大的规划是建立在可实现的目的之上的。目的是规划意图实现的结果或条件,而目标是"可行的"目的景象。尽管目的经常表达为理念的形式,但目标应该是特定的、可度量的及可达到的。例如,一个社区可能采取一个改进住房可支付性的目的,而伴随这个目的的目标可能是减少50%的家庭过度支付的租金,以阻止公寓租金的上涨超过通货膨胀的利率,或者甚至是将地方住房拥有率提高到75%。正如这些例子所表明的,当数量化表达或和特定标准相关的时候,目标是最有用的。因此,每一个目的都应该伴以一个或多个目标。

目的及目标的确定过程最好是在包括投资者团体代表的参与框架内进行,包括市民、服务提供者及当选官员。

制定政策、策略及计划 政策、策略及计划是任何规划"正式上路的地方"。政策、策略及计划可能因形式和设计而不同,但全部都必须适宜住房规划。政策是一致同意的用于指导法定决策及管理行动或者分配资源的规定。策略是与资源及执行责任联系在一起的行动列表。而计划则是用于提供住房服务的特定程序。

看政策、策略及计划是如何与目的和目标关联以及如何相互关联的。设想一个社区已经有了一个鼓励经济适用租赁住房产品的目的,在这种情况下,一个适当政策,应该是要求公寓开发商为低收入及中等收入家庭留出20%的单位;一个可能的策略应该是为经济适用住房项目提供额外的城市拥有的土地;而一个配套的计划则应该是提供 BMIR 建设融资。

项目选择及执行 住房规划的最后阶段是项目选择及执行。

制定一个行动计划 行动计划是每年要进行的计划及物质项目列表,并加上资源及组织承诺。制定一项行动计划包括三项任务。第一是安排优先及计划预期项目和计划的进度;第二是决定怎样资助特定的项目和计划,适当的资金是否可用,以及必须采取什么行动去获得资金;第三是为特定组织、机构或部门(或者,如果必要,就建立以项目为基础的项目团体)指派管理及执行责任,并设定执行进度及里程碑。

项目和计划可以依据任何数量的尺度来分配优先,例如需求度、地方的支持度、资金可用性或过去相似项目或计划的成功。在确定资金来源的时候,地方住房规划师应该区分过去的项目准予基金和正在进行的(经常是地方的)资源,后者是资助多年计划和项目可用的资源。除了CDBGs,大多数联邦住房基金资源是由规定管制的,怎样使用是有限制的,或者是要达到联邦批准的要求水平。因此,地方住房项目可以包括不是CDBGs联邦资助的项目,可能都必须满足很多要求。

执行行动计划及监控和评估结果　住房规划过程的最后一步是执行行动计划及监控它的效力。效力可以用很多种方法来评价,例如,经济学家喜欢用成本效益分析及相似的经济评估方法。尽管这些方法在考虑联邦计划的时候很适当,但这些方法一般都难以运用在地方层面。一个更好的地方方法,是确定一个特定的项目或计划是否达到了规划确定的目的,或者是以更低成本的方法也能一样或更加奏效。监控也是基本的:在它们成为问题之前,需确定问题项目、邻里及计划,这是每一个住房规划过程的一个重要部分。

持久的问题和新的挑战

在某些方面,美国住房政策是其自身成功的一个牺牲品。大多数中等及中等以上收入的美国家庭可以在任何地方拥有更大更优越的住房。大多数的拥有者,甚至是大多数的租赁者,能够负担得起他们所居住的住房,且无须为此过度支付其收入的合理比例。第二次世界大战结束时存在的严重的标准以下的住房问题,已经全部消失。

但住房政策仍远远不够完善。超过1000万个低收入家庭依然为其住房支出过多的收入比例;成百上千的人依然住在结构不当或过度拥挤的单元内;很多高消费地区年轻家庭拥有住房的梦想还遥遥无期。尽管联邦公平住房法律已经颁布了三十年,但很多大都市地区依然故我地保持着种族隔离现象。

住房规划师在21世纪来临之际不仅面临很多老问题,例如,住房规划师已经为如何最好地解决贫民窟住房问题斗争了一个多世纪;新兴都市始终在要求城市管理增长;关于如何解决住房补贴问题的争论又回到了新政当中,而且,也面临很多新的挑战,例如回应福利改革的影响,福利改革针对的是补贴住房以及满足艾滋病人和老弱人士的相关住房及社会服务需求。现在,我们正转向住房规划及政策当中的持久问题和新的挑战。

持久问题

恶化的租户住房、过度拥挤、穷困及衰落的社区、混乱的快速增长社区以及其他现在困扰住房规划师的问题,这些问题都不是新问题。而那些来自过去计划及争论综合的教训,也有助于今天的规划师去理解并解决这些问题。

稳定衰落的居住社区　住房的价值下降及社区衰退一度只和内城相关的。但现在，很多战后的郊区社区也面临着物业价值的停滞及衰落、快速的居住周转、不均衡或衰落的建筑维护，以及，在一些情况下甚至是荒废的问题。

邻里的变化是必然的，但邻里的衰落不是必然的。社区的衰落由特定的原因造成，包括"白人迁徙"、种族歧视以及现状人口及住房存量的老化等。然而最主要的是，邻里在它们不再具有竞争力的时候衰退，准确地说，是在居民发现别处有更好或更便宜的住房及公共服务的时候衰退。

预期及阻止邻里的衰退，远比尝试复兴已经明显退化的邻里容易。[65]在可能的情况下，规划师应该追从一些方法，这些方法应以现有住户及改善租赁房屋条件的计划为基础，鼓励物质条件的升级而不替换现有租户。另一个方法是将集中的法案执行与公共投资及反击拒贷（提供目标是低成本维修及抵押贷款）结合起来。[66]

在衰落邻里中将住房与社区发展联系起来特别重要。改善邻里公共设施及公共空间——街灯、公园、邻里中心——在物业价值方面会产生强大的效果并能改善邻里的民心。公共服务中的地方投资，包括犯罪预防、教育及休闲，能够具有甚至是更大的赢利。

特别糟糕的地区要求更加极端的方法，包括拆毁荒废建筑的计划、防止破坏及纵火、驱逐吸毒者、促进住房的使用（例如，现状城市边缘区的住房）、扩充社会服务以及创造就业及商业机会等。在没有当前土地利用的市场需求时，重建——地区范围内政府负责的建筑及市政基础设施投资——应该被用作最后的手段。

管理住房市场快速增长的影响 在一些住房市场中，核心问题不是衰落而是增长。例如，在拉斯维加斯、奥兰多及凤凰城，流星焰火般的产品和流星焰火般的需求并驾齐驱。而在其他地方，例如硅谷，供应却赶不上需求，往往造成了住房价格和租金的快速上涨。

高增长市场中的住房及用地规划师面临四个挑战。第一个挑战是确保快速增长的住房不超过可用的市政基础设施及公共服务。这个任务可以通过很多机制来完成，包括传统的区划及土地细分控制、居住发展速度控制（例如，控制每年的住房产品增量）、适当的公共服务设施条例及住房影响费用及额外的要求等。

第二个挑战是确保住房一般占了70%~80%的快速增长，且不会威胁到环境、经济或社会的生活质量。保护生活质量比确保适当的市政基础设施更加困难，它要求尽责及有远见的使用土地，进行环境及经济发展规划，甚至可能要求区域或行政辖区之间的协作。

第三个挑战是确保社区中每个成分的增长利益，尤其是低收入和极低收入居民的利益。增长利益可以由几种方式构成：透过包容的区划，通过指导一些层面的增税融资或增长产生的税收，用于经济适用住房产品及改善低收入邻里、通过阻止投机及中产阶级的迁移，以及通过培育非赢利住房提供者等。

第四个挑战，是所有挑战里最难的一个，是确保规划、增长管理及再分配计划既不造成租金及住房价格上涨，也不会反过来限制了地方和区域的住房可支付性。

回应人口统计变化及进化聚居模式 美国正在经历巨大的人口统计变化。更多的外来移民，主要是西班牙裔和亚裔，正在前所未有地进入这个国家；受婴儿高风潮引导，这个国家的人口正在以创纪录的速率老化；单亲家庭及单人家庭的出现率远远超过传统家庭。而且，这些趋势正发生在持续的郊区化及向南部和西部的移民过程中。

在一些情况下，人口统计趋势是趋同的。例如，大多数——不考虑年龄、家庭类型、种族划分、居住时间长短或收入——似乎都愿意居住在自己拥有的独户住房中。同时，美国人又希望在邻里及住房形式上有更多的选择。一些人希望是中心城区中的现代化独户住房邻里；另外一些则希望是郊区中更高密度、步行导向的邻里。随着他们孩子的长大，婴儿潮一代中的一些人正在计划退休去往远郊及有高尔夫球场的社区；而另外一些则在打算搬回中心城区。

为回应人口统计趋势及人口的不断变化，地方住房规划师将不得不做两件事情：第一，和私有建造商合作，以帮助确保城市、郊区及远郊地区住房的多样化及混合化；第二，允许——甚至可能是鼓励——改建现有的住房存量。在一些郊区社区中，改建会要求自由化的限制性占有法案。而在其他地方，这将意味着以混合的及多用途的区划来代替单一用途的区划。

住房补贴目标化 每3~4美元的住房补贴只有大约1美元可以获得。[67] 面临有限及可能是在缩小的资源，地方住房规划师必须决定如何最好地将住房补贴目标化。这个挑战已经变得和更多的住房资金与更多地采用批量许可一样越发重要，并且两者的判断力和责任都已经转移到了地方层面。

很少有一致意见认为较少的住房补贴应该如何分配。分配只有两种结果，既选择以更低的标准补贴更多人（并且也许是不合适的）还是以更高的标准补贴少量的人——也许甚至是高到足以解决它们的住房需求。面对多样化的住房需求，一些地方住房规划师也许会选择第一种方法，分配住房基金以便为无家可归者提供一些庇护所，为收入最低的人提供一些租金，为第一次购买住房者提供一些补助以及为以社区为基础的非赢利组织提供开发资金。而其他的地方住房规划师，在给定一模一样的住房需求的情况下，也许会选择使用他们所有的资源，为每一户低收入家庭的独户住宅项目建设去和课税扣除金额发生杠杆作用。

目标化的决策应该以认真的住房需求评估为基础，包括受影响团体的咨询。目标化的决策也应该考虑杠杆作用（专门支出的额外资金将会上涨多少？）、成功结果的可能性（计划受益人最终是否能够再进入私有市场？）、计划运作的成本以及长期的地方政治支持的可能性。尽管满足所有需求的期望是不现实的，但面临强硬的正面选择，自觉的包括决策制定过程所涉及的效率和公平，并明白地分析住房补贴分配决策，最终将产出更有力的地方住房规划和政策。

开放郊区及邻里 城市化的美国今天只是比1970年的时候稍微少了一些种族及阶级的隔离。住房规划师始终在追求对少数族裔开放郊区或开放城市中特定邻里的计划。[68]但这种主动性已经失败了，主要是因为四个原因：第一，作为一个先驱是一种沉重的负担，几乎没有人愿意接受；第二，尽管有时候政府政策能够成功地促进郊区的综合，但却不能阻止白人居民回应式的逃逸；第三，居住的种族歧视废止经常是一个名存实亡的政策——既得不到考虑也被地方当选官员不当回事情；最后，贫穷及少数族裔社区中的大多数的抵押借贷者，依然缺乏技术能力去获得适当的借贷。克服这些障碍，也许是下一个10年里美国住房规划师所面临的首要挑战。

新的挑战

21世纪开端的住房规划师将和以前的人一样面临新的挑战。他们要挑战当中的一些问题，例如如何解决从过去住房计划的失败当中孳生出来的，很糟糕的低租金公共住房项目和补贴已经期满的BMIR项目的问题；此外，他们还要解决一些问题，例如如何最好地解决无家可归问题以及如何将住房与社会服务联系起来。这些都反映了美国社会结构正在发生的变化。

收回严重亏损的公共住房项目 尽管全美国1300万套低租金公共住房中的大多数在经济和社会意义上还是存活的，[69]但很多中心城区中大型的旧项目却非常麻烦。原先公共住房是构思作为工薪阶层中的穷人住房，但现在却越来越成为那些没有其他选择的人的最后手段。这些公共住房经常是开始的时候乏于设计，然后是维护不足，而且还缺少有效的管理及管理政治的LHAs，因此，很多大型的内城公共住房项目已经成为蕴育城市急待解决问题的温床。

公共住房项目不再是存活的，改变的可能方向已经清楚：更低的密度、混合收入阶层的项目设计、规划、建造及与基于社区的组织帮助之间的合作。以数以千计当中的几十套公共住房需要替换而论，转变的管理将会是最大的挑战。有四个问题需要得到解决：

第一，不以明显上涨的租金来支付新的单位（及相关的服务）。转变的这个方面是一个特别问题，因为现在的土地成本、建筑质量及建筑标准比30年以前高了很多。

第二，没有人想要坐落于社区及邻里当中新而大的项目。

第三，资助转变期间租房者的临时经济适用住房。

第四，也是最使人畏缩的，是不屈服于带有很多现在LHAs特征的同类型问题的管理结构的设计。

回应期满的BMIR合同及补贴 解决期满的联邦住房合同，是具有历史根源的

卡斯巴德，郊区中包容住房的一个创造性实例 美国大部分的新住房都是建在郊区，在这里家庭通常购买独户的独立住宅。更好的学校、更低的犯罪率、开敞空间的可达性及出众的公共服务设施使得这些社区成为吸引居住、工作及建立家庭的地方。但很多低收入及中等收入的家庭无力负担这些社区的住房价格或租金。

地方住房规划师可以通过区划不同的密度及住房类型为经济适用住房留下空间，如共管、多户合租及移动住房还有独户独立住宅。这不仅可以使得地方政府拥有的土地可以低价可用、为经济适用住房的建造商提供密度奖励或费用减免，而且也能改善住房类型的混合。包容性的区划规定是一项最为有用的革新，它要求普通独户住宅的开发商为低收入或中等收入的家庭留出一定比例的新建单位。

南加利福尼亚州一个快速增长的城市卡斯巴德的一项包容的区划条例，要求15%的新建住宅单位作为经济适用住房给低收入家庭——即那些收入相当于地区平均收入水平80%或更低的家庭。卡斯巴德使用税收增量资金、来自物业过户税的城市住房信托基金收入，以及其他资金来源，为一些家庭创建了特别深入的补贴。

20世纪90年代早期，一个想要建造几千套昂贵的独户独立住宅且没有可支付租赁单元的总体规划发展商到了卡斯巴德。城市及发展商求助于旧金山的BRIDGE住房公司及一个地方伙伴帕特匹克，他们合作协定了一幅大型用地，根据规划，BRIDGE及帕特匹克将在上面建造补贴的公寓项目洛马别墅，使用的资金包括CDBG资金、再开发税收资金、联邦课税扣除及开发商的现金。洛马别墅的所有单元都供应收入不超过地区平均水平收入50%~60%的家庭。熟练的开发、创造性的融资及良好的设计，最终产出了一个有344个居住单元的高质量开发——其中有184套供中低收入家庭使用，远远超过要求的15%的比例。

不像一些别的地方，卡斯巴德不将经济适用住房集中在城市的一个部分，其城市的总体规划提倡这些单元地理上的分散。卡斯巴德将城市分成几个象限，并分配信贷给额外的洛马别墅单元（那些独户住房开发中超过15%的单元数量），用于象限中洛马别墅的选址。信贷在城市控制的银行中，也可以由寻求满足包容住房要求的较小的开发商获得。信贷销售获得的钱进入城市住房信托基金以支持未来的经济适用住房项目。对于较大的开发商，卡斯巴德创建激励机制来令其产出遍布城市的新开发中的包容单元部分，而不是信贷的获得。

另一个挑战。国家很多的经济适用住房存量，主要是由有所有权的、使用30或45年的联邦补贴的EMIR资金及基于项目的第八部分补贴的项目所组成。这些项目的大部分建于20世纪60年代后期到20世纪70年代早期，在第236部分及221（d）（3）计划下；到20世纪70年代后期，它们又在基于项目的第八部分补贴计划下。

在前两个计划下,项目拥有者被允许预付他们的抵押并在15年以后将租金提高到市场水平。而基于第八部分开发的拥有者则被允许预付他们的抵押并可以选择在20年之后脱离计划。此外,20年后,2/3的第八章节项目的租金补贴承诺自动期满。

这个问题有多大?总而言之,大约160万套在第236部分、221(d)(3)及基于项目的第八部分计划下开发的低收入住房仍在服役。覆盖这些单元将近2/3的联邦补贴合同,将在1997到2000年间期满。如果延续现行的续借一年的实践,几乎所有的合同很快就会每隔一年就满期。如果这些合同不延期,很多低收入租房者就将要支付他们现在租金的两倍、三倍甚至是四倍的租金。

由于面临成百上千的补贴单元的潜在损失,国会在1990年通过了低收入住房保存及居民住房所有权法案(LIHPRHA),这个法案禁止第236部分及221(d)(3)的抵押预付,并提供了额外的基金来鼓励面临风险的项目转变为非赢利住房或居民所有住房。期满的基于项目的第八部分合同也逐年予以延期。因为大多数的补贴单位集中在城市中心地区,所以整个邻里将会潜在地遭到毁坏。

到了1999年,联邦政府仍将不得不在持久的基础上去解决这个问题。如何最好地改组EMIR部长职务仍然是研究及争论的话题。合同期满造成的问题的严重性,加之解决这个问题缺少政治利益,导致纽约时代杂志将1996年标识为"住房死亡年"。[70]

回应福利改革 1996年个人责任及工作机会调和法案(例如福利改革),标志着美国在福利问题上的根本变化。然而,福利被先入为主地看作一种国家的津贴计划——这意味着所有具备资格的个体都被保证利益不确定——到了1997年,福利的职能就像是一种给正在找工作的家庭的临时补贴。目的变更,使福利的官方名字也变了——即从辅助有孩子依赖的家庭(AFDC)到补助贫困家庭(TANF),在TANF下,个别的州更有权威设定他们自己的资格标准及受益水平。

福利改革将有可能对穷人的住房形势产生明显的影响,也可能对LHAs、非赢利组织及提供低收入住房的地主产生影响。在短时期内,住房规划师也许不得不忙于为利益受损的人们寻找住房,还要忙于帮助支持融资受到威胁的项目,这将会给现行的住房基金资源增添额外的负担。虽然福利改革在住房方面长期运作的效果尚不清楚,但如果福利改革成功,且如果(就像当下的情形)大量的福利获得者确实找到了长期的工作,那么,特别是私人地主的住房将几乎肯定是要获益的。但是,如果福利改革失败,几乎可以肯定的是会加剧穷人的种族隔离和孤立,而且会进一步破坏低收入住房的供应。

为无家可归者提供住房 无家可归的人一直存在,自1980年以来,美国无家可归人口的数量已经大大增加,且无家可归者的特性已经发生了变化。[71]美国贫民窟的居民历史上一直都是单身的白人,他们经常有酗酒的问题。但现在的无家可归人口则包括滥用可卡因、海洛因及更加奇异和致命药物的人;上一个10年造成的有精神残疾的人;遭受外伤压力综合症的越南老兵;离家出走及被抛弃的孩子；被虐待的妇女；以及因失业、疾病或其他家庭危机造成的整个家庭的无家可归者。此外，除了现有的无家可归人口，还有大量家庭正在面临无家可归的风险。

某些新的无家可归者是暂时性的；而有些则是长期的。一些现在是无家可归的人，在适当（且总是昂贵的）干预下，能够发生自信的转变，但其他无家可归之人则永远不能完全自信起来。尽管无家可归者是一个普遍的问题，但这个问题只集中在特定的城市地区。

现行的解决无家可归者及其相关问题的联邦政策模型是持续关怀方式，它以两个规定为基础：第一，住房和其他社会服务一前一后得到最好的提供；第二，大部分的无家可归者可以连续地迁移——也许开始是一个紧急庇护所，然后迁移到部分的住房并给予适当的社会服务，最终是无补贴的转变，他们能用自己挣来的钱支付私有市场的住房。由于需要在很多地点提供很多不同类型的服务，所以持续关怀模型是昂贵的，而且用于彻底执行的基金还没有出现。此外，这个模型还被证明不是在所有的情形下都奏效的。施以持续关怀——也许是一些其他的为无家可归者服务的地方适宜模型——和受到限制的联邦资金合作，是地方住房规划师正在面临的最大困难。

为有特殊需求的团体将住房和社会服务结合起来　住房提供者历史上一直集中于住房而不太考虑相关的社会服务。随着无家可归者持续关怀计划的制定；随着残疾人在美国残疾人法案下要求他们的权力；随着福利改革下更加突出的职业培训计划；随着西班牙裔及亚裔移民要求额外的学校教育；以及，尤其是随着老年人口数量的膨胀，这个观点正在发生变化。

住房开发及运作基金历史上一直来源于一个渠道，同时社会服务的基金又来自另一个渠道。住房及社会服务提供者面临的第一个挑战，是寻找额外的基金；第二个挑战则是住房和社会服务提供者合作进行设计、开发及运作公共设施。HUD的巩固规划要求已经拓宽了规划程序，以包括社会服务提供者；此外还有很多地方政府要求非赢利住房开发商和社会服务提供者合作，作为获得准予基金的一个条件；但是，将规划结合起来及执行的程序尚没有制度化。

提高政府筹资、建造及管理补贴住房的能力　传统的政府官僚机构正在退出；"彻底改造的"政府、核心任务及消费者回应能力正在进入。认识到政府与住房的互动将会改变，HUD于1995年公布了HUD彻底改造蓝皮书。[72]这个文件建议将极其零碎的各种计划及资金来源结合进三个宽泛的计划领域：公共住房、住房拥有及住房和社区开发补助地方政府。和其巩固规划主动性相一致，HUD甚至还建议给予地方政府更多的规划及执行权威，并用胡萝卜代替联邦的大棒：规划也反映了国家政策主动性的地方，将获得额外的基金。

HUD彻底改造尝试的确切效果尚有待观望。尤其是在公共住房领域，HUD以前也曾尝试改革它自己——大部分是不成功的。最近以来逐年的计划资金趋势及HUD无力进入长期资金承诺的结果，给彻底改造制造了更多的困难。尽管如此，无论HUD是引导了变化还是追随变化，变化已经产生。对于一般的住房，不仅是HUD，所有彻底改造挑战中最重要的，将会是设计真正奏效的政府住房计划：回应消费者需求及市场实际情况的、有效投资且提供高质量住房的计划。过去，地方住房规划师注意的是联邦政府的资源和想法。未来，他们将会越来越注意他们自己和他们的共同体。

注释：

1 因为区别于一个社会或社区的良好，在其中其他家庭或社区是作为一个来自良好质量住房的整体利益。
2 Bureau of Economic Analysis, *Survey of Current Business* (Washington, D.C.: Department of Commerce, 1996).
3 Office of Policy Development and Research, *U.S. Housing Market Conditions* (Washington, D.C.: Department of Housing and Urban Development, third quarter 1996).
4 Office of Policy Development and Research, *U.S. Housing Market Conditions* (Washington, D.C.: Department of Housing and Urban Development, second quarter 1997).
5 第八部分补贴的支付在租户收入的30%和地方公平市场租金额之间。第八部分计划不是一项实体计划。具有第八部分资格，实际收到补贴的家庭不足30%。
6 土地投机者购买未耕种的、未利用的及经常是区划范围内的土地（主要是农业利益），并在需要进入市场之前持有这些土地。在土地开发上通过实体程序引导生地，将之细分为住房基地，并会或者不会建设需要的基础设施。建造商购买生地或熟地建造住房，经常是做投机买卖。现在，很多开发公司合并了这些职能。
7 在1980年以前，储蓄和贷款（S&Ls）被联邦住房贷款银行委员会要求用来限制他们对住房的建设和抵押借贷行为。随着一系列的联邦法律解除了节约借贷实践，很多S&Ls侵略性地扩展了他们的贷款权限，包括对商业项目的投机者。这种变化主要是回应20世纪80年代后半期的S&Ls危机。1989年，国会通过了金融机构规定法案（FIRREA），严格限制了S&Ls任何类型的建设贷款，包括贷款给公寓开发商。结果，在20世纪90年代的头三年中，出现了建设信贷的明显短缺。
8 区划和土地细分规定的广度限制了市场水平以下的住房供应及密度，也影响了新住房的价格。
9 20世纪60年代期间，住房建造商将建设法案的荒废和不平均看作住房价格通货膨胀的重要原因。最近，使得建设法案标准化的明显努力已经遍布各州、区域及大都市地区。
10 HUD建立于1965年，源自几个既有的联邦机构，最显著的是FHA及居住和住房金融机构（HHFA）。
11 自1940年以来，人口普查局都收集家庭及住房单元的详细信息，作为十年一度人口及住房普查的一部分。普查覆盖了几乎每一个想得到的地理单元，包括全美国整体、不同区域、州、县、自治区、邮递区、人口普查地区、人口普查街区及会议地区。人口普查表格一般都以纸张形式出版：1990年的普查数据可直接通过网络获得（http://census.gov）。人口普查局也和HUD合作管理及出版美国住房调查（AHS），这是一项年度国家范围的60000个家庭及住房单元的样本调查。48个最大的大都市地区详细的AHS表格每4年出版一次。
12 Bureau of the Census, *1990 Census of Population and Housing* (Washington, D.C.: Government Printing Office, 1992).
13 Ibid.
14 回应住房拥有率的因素和时间地点高度相关。20世纪70年代后期，第一次购买住房的人面临的困难，最突出的经常是住房价格的快速膨胀及高抵押利率。住房拥有支出在80年代中期到后期随着抵押利率的回落有所下降，但下降是远非平滑的。在华盛顿特区、西雅图以及整个加利福尼亚州，购买价格、预付定金及借款手续费在1991年一直上涨。
15 Office of Policy Development and Research, *U.S. Housing Market Condition* (second quarter 1997).
16 Ibid.
17 Ibid.
18 1960年代后期及1970年代早期的第236部分计划下的大量产品帮助推进了公寓建设水平。颁布于1981年的经济恢复及税收法案（ERTA），将房地产贬值进度削减为15年，并削减了加速贬值的自由供应。同一法案也戏剧化地扩大了资助公寓建设的免税证券。这些变化使得公寓开发商更加容易获得资金及吸引投资者。
19 Office of Policy Development and Research, *U.S. Housing Market Conditions* (second quarter 1997).
20 F. John Devanney, *Tracking the American Dream: 50 Years of Housing History from the Census Bureau: 1940 to 1990* (Washington, D.C.: Bureau of the Census, 1994).

21 城市居住密度的持续下降,是因为留作社区宜人性、开敞空间及市政基础设施土地数量的增加,且个体住房用地的规模没有增加。
22 Devanney, *Tracking the American Dream*, 35-40.
23 Ibid., 11.
24 住房需求的概念易于直观把握但不容易确定。同时,专家试图客观地确定住房需求。最近,需求的概念也被同时看作反映了文化或社会标准。
25 Office of Policy Development and Research, *U.S. Housing Market Conditions* (second quarter 1997).
26 John C. Weicher, *Housing: Federal Policies and Programs* (Washington, D.C.: American Enterprise Institute, 1984), 15.
27 在分析住房拥有支出负担的时候,很多经济学家更愿意考虑年度的全部用户支出,而不是每个月的现金支出。全部用户支出包括抵押本金及利息支付、物业税及保险支付、收入税和抵押利息及物业税扣除相关的节余、还有一些积聚物业价值增值(或贬值)的估计。全部用户的支出和抵押利率、物业增值率及住房售卖价格高度相关。
28 Harvard University, Joint Center for Housing Studies, *The State of the Nation's Housing, 1994* (Cambridge, Mass.: Joint Center for Housing Studies, Harvard University, 1995).
29 Kathryn Nelson, "Whose Shortage of Affordable Housing?" *Housing Policy Debate* 5 (1994): 401-42.
30 Harvard University, Joint Center for Housing Studies, *The State of the Nation's Housing, 1994*.
31 Ibid.
32 Ibid.
33 Ibid.
34 Reynolds Farley, "Neighborhood Preferences and Aspirations among Blacks and Whites" (paper presented at the Urban Institute Conference on Housing Markets and Residential Mobility, Arlington, Va., 1991).
35 Douglas Massey and Nancy Denton, "Trends in the Residential Segregation of Blacks, Hispanics, and Asians," *American Sociological Review* 52 (1987): 802-25.
36 这意味着隔离邻里的居民,一般都比非隔离邻里的居民,为同样质量的住房要支付更高的租金。
37 Nancy Denton, "Are African Americans Still Hypersegregated?" in *Residential Apartheid: The American Legacy*, ed. Robert Bullard, Eugene Grigsby, and Charles Lee (Los Angeles: University of California Press, 1994), 49-80.
38 Margery Austin Turner, "Discrimination in Urban Housing Markets: Lessons from Fair Housing Audits," *Housing Policy Debate* 3 (1992): 185-215.
39 Glenn B. Canner and Stuart Gabriel, "Market Segmentation and Lender Specialization in the Primary and Secondary Mortgage Markets," *Housing Policy Debate* 2 (1992): 241-332.
40 Alicia H. Munnell et al., "Mortgage Lending in Boston: Interpreting HMDA Data," *American Economic Review* 86 (1992): 25-53.
41 Samuel L. Myers and Tsze Chan, "Racial Discrimination in Housing Markets: Accounting for Credit Risk," *Social Science Quarterly* 76. no. 5 (1995): 543-61.
42 1968年的公平住房法案,设定了为那些受到歧视的个别家庭而斗争的责任。公平住房法案1988年的修正案,使得鉴别歧视更加容易,并推进了对那些被确定有罪者的处罚,但它仍然将诉讼的责任主要留给了个别的家庭。
43 See, for example, Paul J. Mitchell, *Federal Housing Policy and Programs Past and Present* (New Brunswick, N.J.: Rutgers Center for Urban Policy Research, 1985); and R. Allen Hays, *The Federal Government and Urban Housing*, 2nd ed. (Albany: State University of New York Press, 1995).
44 According to the National Low Income Housing Coalition, *Housing at a Snail's Pace: The Federal Housing Budget: 1978-1997* (Washington, D.C.: NLIHC, 1996), the revenue lost to the federal treasury because of this deduction was estimated at $85 billion as of 1995.
45 Fannie Mae及Freddie Mac都是投资者拥有的公司,不是政府机构;然而,大多数的投资者都认为他们的安全后盾是联邦政府。
46 I. Donald Terner and Thomas Cook, "The Role of the States," in *Building Foundations: Housing and Federal Policy*, ed. Denise DiPasquale and Langley C. Keyes (Philadelphia: University of Pennsylvania Press, 1990).
47 因为从大多数州及地方自治政府证券获得的利息是不上税的,因此投资者就要求这种手段比上税的证券支付更低的收益。这使得政府可以以较低的利率吸引资本,将利息支出节余以低于市场抵押利率的形式(在MRBs的情况下)用于住房买方,并以较低利率建设资助的形式(在工业开发证券[IDBs]的情况下)用于开发商。
48 1986年的税收改革法案新增加了IDBs发行及量的限制。1986年以前,使用IDBs的开发商被要求将其产品的10%留给收入少于地区收入中间值80%的低收入家庭。1986年的税法改变要求提高了这个比例,而且还对一个州应该发行的新IDBs设置了年度限制。
49 Mary K. Nenno, "State and Local Governments: New Initiatives in Low-Income Housing

Preservation," *Housing Policy Debate* 2 (1992): 467-97.

50 Dennis Keating, "Linking Downtown Development to Broader Community Goals: An Analysis of Linkage Policies in Three Cities," *Journal of the American Planning Association* 52 (spring 1986): 133-41.

51 Diane Suchman, Scott Middleton, and Susan Giles, *Public/Private Housing Parmerships* (Washington, D.C.: Urban Land Institute, 1990).

52 This estimate assumes that all of the 275,000 units constructed by nonprofits and CDCs between 1990 and 1995 were affordable. See the National Congress for Community Economic Development, *Changing the Odds: The Achievements of Community-Based Development Organizations* (Washington, D.C.: NCCED, 1995).

53 William Baer, "The Evolution of Local and Regional Housing," *Journal of the American Planning Association* 52 (spring 1986): 172-84.

54 Kenneth Jackson, *Crabgrass Frontier: The Suburbanization of the United States* (New York: Oxford University Press, 1985).

55 *Report of the National Advisory Commission on Civil Disorder* (Washington, D.C.: Government Printing Office, 1968).

56 Studies of the HAP experience by Berkeley Planning Associates, *Evaluation of Housing Assistance Plans*, vols. 1-4 (Washington, D.C.: Department of Housing and Urban Development, 1978); Ray Struyk and Jill Khadduri, "Saving the Housing Assistance Plan," *Journal of the American Planning Association* 46 (autumn 1980): 387-97; Paul Dommel, *Analysis of Local Housing Plans* (Washington, D.C.: Department of Housing and Urban Development, 1982); and Paul Dommel and Michael Rich, "The Attenuation of Targeting Effects of the Community Development Block Grant Program," *Urban Affairs Quarterly* 22 (1987): 552-79, credited the HAP process with raising the visibility of housing planning, but all pointed to a common set of failings. The HAP requirement lacked sufficient financial incentives or administrative sanctions to force implementation, cities lacked sufficient data or technical know-how upon which to base their needs assessments, HAP documents were insufficiently strategic or goal oriented, the HAP (and CDBG) ultimately encouraged rather than discouraged departmental fragmentation, and substantive HUD oversight was sparse and uneven.

57 *Federal Register* 24, part 91, February 4, 1991.

58 David Kirp, John Dwyer, and Larry Rosenthal, *Our Town: Race, Housing, and the Soul of Suburbia* (New Brunswick, N.J.: Rutgers University Press, 1995).

59 *Southern Burlington County NAACP v. Mount Laurel*, 67 N.J. 151,336 A.2d 713, *appeal dismissed and cert. denied*, 423 U.S. 808 (1975).

60 *South Burlington County NAACP v. Mount Laurel*, 92 N.J. 158 (1983).

61 In 1987, COAH reduced its estimate of New Jersey's affordable housing needs to 145,000 from a previous, court-based estimate of 240,000.

62 Kirp, Dwyer, and Rosenthal, *Our Town*, 159.

63 非大都市自治区及那些政府议会未覆盖地区的需求评估，是由加利福尼亚住房及社区发展部门作出的。1988年，加利福尼亚住房要素法扩大要求，要求列举一项单独的低收入住房需求。

64 不是所有的住房资源都是以联邦为基础的。例如，很多县，积极使用抵押信贷资格；很多州已经建立了EMIR建设及抵押收入证券计划；还有很多地方建立了独立的住房信托基金。住房开发资源经常能与重建工作联系起来。例如，加利福尼亚州要求重建机构税收增量收入的20%，必须用于经济适用住房。

65 A classic work in this area is Rolf Goetze, *Understanding Neighborhood Change: The Role of Expectations in Urban Revitalization* (Cambridge, Mass.: Ballinger, 1979).

66 术语"反击拒贷"的使用是用于对比"取消"，这是一种非法的操作，在其中，一些借贷者被指派到特定的邻里，作为抵押或复原贷款的禁入，无视贷款申请的信贷价值或住房的公正。

67 Harvard University, Joint Center for Housing Studies, *The State of the Nation's Housing, 1995* (Cambridge, Mass.: Joint Center for Housing Studies, Harvard University, 1996).

68 See, for example, Anthony Downs, *Opening Up the Suburbs* (New Haven: Yale University Press, 1973); and Anthony Downs, "Policy Directions Concerning Racial Discrimination in U.S. Housing Markets," *Housing Policy Debate* 3 (1985): 685-743.

69 Michael A. Stegman, *More Housing More Fairly: Task Force Report on Affordable Housing* (New York: Twentieth Century Fund, 1991).

70 Jason Deparle, "Slamming the Door," *New York Times*, 20 October 1996.

71 Kim Hopper and Jill Hamberg, "The Making of America's Homeless: From Skid Row to New Poor, 1945-1984," in *Critical Perspectives on Housing*, ed. Rachel Bratt, Chester Hartman, and Ann Meyerson (Philadelphia: Temple University Press, 1986).

72 Office of Policy Development and Research, *HUD Reinvention Blueprint* (Washington, D.C.: Department of Housing and Urban Development, 1995).

第11章 社区发展

韦伊·曼宁·托马斯、尤金·格瑞斯伯三世

100年以前，萌芽中的美国城市使得工业扩张成为可能的资本和劳动的磁石。来自乡间及海外的工人潮涌入城市地区，寻找工作，并居住在他们工作的工厂附近邻里中。今天，虽然以市政基础设施及住房建设来支持工业发展的情况依然存在，但在很多城市中，资本和工作已经迁走或消失。经济和社会的变化——经常辅以政府的政策——联合起来推动老化的工业城市之外的城市发展，并向偏僻的郊区转移。

第二次世界大战之后，随着各个家庭寻求更新的带有大院子的独户住房，联邦的住房所有权补贴极大地推动了向郊区移民。作为1956年联邦立法的结果，新的高速公路网络为额外的郊区迁移铺就了坦途，也使得中产阶级居民将家安在远离中心城区的地方。社会和经济进步变成了郊区住址的同义词。[1]

就业及产品模式的变化进一步摧毁了中心城区的活力。对于具有适当技能的人群来说，老工业城市在传统上虽然提供了相对良好的制造业工作，但通常也位于低收入社区附近的设施当中。当制造业的工作岗位数量作为一个整体在整个国家开始下降的时候，这种遍及美国经济的"限制工业化"浪潮对中心城区的打击尤其严重。[2] 随着中心城区就业岗位的消失，很多人无法找到工作，沦为持续性的失业或准失业；而集中于城市地区的贫困影响范围，也变得越来越少回应国家的经济增长。缺少技能、缺少教育以及缺少就业机会的获得（大多是郊区），造就了一个越来越难以逃脱的"封闭循环"。

中心城社区，特别是那些老的大都市地区，这些趋势的牵连是巨大的。经济行为的损失及居住税收基数的减少，缩减了市政当局的收入，同时低收入及工薪阶层的居民继续留在老化的内城邻里当中，并要求超过他们纳税能力的更多服务。作为回应，官员及市民激进主义者就寻求联邦立法来改善城市地区的经济和社会条件。最先的援助形式是公共住房及城市更新，接着是广泛的社区发展计划。

尽管大多数的郊区居民比他们内城的邻居们享受了更高水平的繁荣，但承担了社区发展努力的城市社区居民，则享受了不满员的充分好处，且没有人需要努力去补救各种地方问题。社区发展规划能够也确实为改善主流大都市经济落后的地方，提供了一个重要手段。

这一章描述社区发展规划的原理，这些原理运用于广泛的社区，从繁荣的、中产阶级的直到穷困的社区，但强调的重点，是坐落于中心城或老城镇以及内环

图 11-1 很多地方,例如费城的沃伦,为地方经济从制造业转向其他行业的结构性变化而斗争

郊区的社区。本章的第一部分研究了社区发展的两个主要模型:"自主"模型及"专业规划的"模型。接下去的部分描述了三个不同,但不是矛盾的"好社区"的观点:可持续的邻里单位、安全及可防御的社区以及有组织的社区。本章的结论部分为规划师承担社区发展描述了关键原理及程序:地方参与、协作、一个整体的方法、有效的规划及社会公平。

社区发展的模型

现行的社区发展工作倾向于两个清楚的模型流派。在第一个模型中,一个共同的地理聚居点中的人们为了自主和进步组织起来;在第二个模型中,专业人员指导相对大型居住聚居点的物质结构或复原方式。

在第一种形式的社区发展中,对到处都是农场社区、村庄、小镇及穷困的城市地区而言是比较适合的,在组织社会、经济及物质的改进方面,居民占据主导地位。尽管政治领导、专业人员及专门技术可能也包含在过程中,但工作的基础是有着不同背景居民的充分参与。[3]

第二种形式的社区发展的传统,是由专业人员或城市理论家指导居住社区的物质环境建设,以促进安全、舒适的居住条件。这个传统强烈依赖19世纪的乌托邦思想,倡导以改进物质环境作为一种解决越来越多的城市及工业化社会弊病的方法。[4]这种观点最有影响的一个倡导者是爱比尼泽·霍华德,他的"明日花园城市"——他在1898年的书里所建议的名字——就是旨在克服城市工业化地区中的社会不公平及经济无效率的现象。霍华德所建议的城市是规划过的、有意识限定规

社区发展的原则 社区发展协会，一个自主支持社区发展的专业组织，在实现目标的过程中赞成以下原则：

在决策制定中促进积极的和有代表性的市民参与，以便社区成员能够深远地影响涉及他们生活的决策。

在问题诊断过程中使用社区成员，以便那些受影响的人能够适当地明白造成他们境遇的原因。

帮助社区领导明白与解决问题的替选方案之间相关的经济、社会、政治、环境及心理影响。

通过强调共有的领导阶层及积极的市民参与，在设计及执行用于解决一致认定问题的规划过程中帮助社区成员。

不要做任何可能是逆向影响一个社区中弱势群体的工作。

在社区发展过程中积极工作以增进领导能力（技能、自信及渴望）。

来源：社区发展协会，成员/手册/目录，1999年11月（威斯康星州密尔沃基，社区发展协会，1999），7。

模的、自给自足的聚居点，其基本原理是结合了城市生活的优越性——上班、商业及休闲的获得——和乡村生活的资产，包括低成本、新鲜空气，以及能够接触美丽的自然。此外，他还倡导共有土地所有权的乌托邦理念、寡妇和孤儿的社会福利以及相对自给自足的经济。[5]尽管在英国、日本及其他国家，在霍华德模型思想指引下建立的"新城镇"，并没有实现霍华德所设想的乌托邦目标，但这些新城镇也没有完全失败，精良的邻里设计、土地细分，这些城镇及其他居住地区改善了几百万人的生活质量。而且，霍华德的理念也为很多后来的规划主动性奠定了基础，包括邻里单位、经过规划的土地细分及新传统主义的城镇规划（图11-2）等。

不过，平等主义的原理激发了早期的乌托邦，并经常试图以其他的目标来遮盖社区建设。例如，规划过的郊区土地细分，一般都强调发展商的经济效益（将一幅土地上的住房数量最大化）及排他性（确保土地细分是均匀的），远远超过了对社区的质量和感觉的重视。

由于美国的城市规划师历史上一直归属于霍华德及其时代其他人所代表的改革传统，因此很多规划师都相信，创建好的社区是实践专业技术最主要的一种方法，而不是去尝试提高现有居民的能力来解决他们自己的问题。例如，在城市更新案例中，由于地方官员及规划专业人士不知道怎样最好地修正过时的假设，所以经常导致损失惨重的后果：没有居民的参与（且经常忽略他们的主张），城市领导会简单地将社区夷为平地并将居民搬到新的地方——但经常是缺乏设计及构思的——混凝土塔楼街区中。

然而，逐渐地，砖块和水泥解决复杂城市问题的期望，已经让路于更加复杂及更加适当的方法：好的社区发展并不意味着从零开始，而是决定工作集中于什么地方。规划师越来越意识到，市民参与及建设是社区发展工作的中心。现行

图11-2 马里兰州绿色地带的鸟瞰及街道透视,以霍华德的"明日花园城市"为模型建设的社区

的方法强调在构思及深化完成规划的过程中,应邀请及支持当地居民参与的社会规划和政治组织。

虽然现在我们还有很多没有做到,但社区发展的两个主要模型,确实以不同的方法来处理同样的、一个多世纪以前就困扰改革者的基本问题:城市生活社会和经济发展的不一致问题。规划师必须要在两个模型上花费力气以应对更多的挑战:21世纪规划师帮助制定什么样的社区发展规划?我们如何能够避免过去的错误?我们如何能够承担结合了地方民主参与和专业头脑的社区发展?还有,也许是最重要的,在城市化的美国,对于修正种族隔离所伴随的严重的不公平,我们又应该做些什么?

好的社区

三个特征有助于描述好的社区的现行概念:可持续、安全及自主。[6]在最广泛的意义里,可持续是指自然景观和城市化各项要求之间的生态平衡;在社区层面,可持续经常是指功能之间的平衡,既适当的用途、服务及宜人程度的混合,并服务于一个连贯及协调的地理范围。安全——在家里、在街道上、在学校里、在公园里——是有活力的居住社区的一个特点。自主是指居民将共同利益转化为地方自觉的集体努力。在新的土地细分当中,住房拥有者加入有权力的协会——通过实行限制——来影响土地细分当中的设计、用地及物业和人的行为标准。低收入租房者及工薪阶层的住房拥有者,依靠社会组织更为激进的形式将个别的价值和资产转化为邻里的利益。

可持续的邻里单位

不管城市交通堵塞、污染及衰败,更加美丽及更有活力的城市景象已经俘虏了很多城市生活研究者的想象。受到生活在纽约森林山花园体验的鼓舞,社会规划师克莱恩斯·佩里建议将"邻里单位"作为1929年纽约区域规划的一个部分。邻里单位是以地方小学为中心,包括方圆半英里范围内的所有住房。"小型购物地区"坐落在邻里单位的每个角落,保持购物出行距离在四分之一英里或更短的距离内;内部街道结构不受交通阻隔并保证步行的可达性;宽敞的公园及广场使得步行生活舒适而愉快。佩里还提倡一个"公共的"社区中心,包括一所学校及一或两幢社区建筑,例如一座图书馆或教堂。他规划了相对自给自足的社区,拥有几千人的规模,并坐落在大型的城市聚居点内。[7]

佩里的理念获得了几个重要机构积极的回应,连联邦住房管理局(FHA)都派发了一本小册子对全美国的发展商解释这个概念。虽然城市及郊区的发展商确实在他们的土地细分规划中采用了概念中内部街道的精心安排,但"有效的"用地(尽可能多住房的结构)的优先性却代替了社区公共设施,例如公园、学校及商业设施等。[8]这种开发模式,更加看重住房而不是社区公共设施,它鼓励了机动交通，却削弱了佩里方式的目标。

然而，一些居住项目的发展商及规划师仍然对佩里的最初理念充满信心。于1958年首次向居民开放的底特律的三剌光鲳公园城市更新项目，是一个以公共绿地为中心，绿地周边是小学并包括一座小型购物中心以及通往附近办公建筑的步行系统。[9]但是，在大多数案例中，佩里关于通往很多社区服务的可达性及高度集中于邻里事务的最初理念，并没有得到实施。

此外，居住社区建设形式的盛行，尤其是在郊区土地细分当中，经常会加大社会的排外性。几十年来，私有发展商的建设在土地细分规划设计中明确排斥了一些人种或种族团体，很大程度上他们的工作仅仅反映了主流社会的态度，但却将法律认可的其他种族排斥在外面。而且，联邦政府也有效地支持了居住区中的种族隔离，例如，通过要求来自 FHA 的外地工作人员，拒绝希望在白人邻里购买住房的少数民族申请者的抵押申请。[10]这种做法虽然最终被20世纪60年代的市民权利立法宣布为不合法，但种族隔离遗留下来的问题依旧是一个严峻的挑战。不考虑社会分层及郊区种族均质化的增殖，不排外的居住邻里已经成为一个重要的规划理念。现在，规划正在向创建不同人种、种族及社会经济团体都易于接近的多样化的、可持续的社区方向进行挑战。

安全及可防卫的社区

在20世纪60年代，几个观察家发现，试图在大城市中创建建筑感人的居住

宜居的社区 良好社区的概念不局限于穷困地区；事实上，宜居社区的创建对所有地区的所有居民及所有收入阶层的成员都是重要的。1997年，美国规划协会颁布了地方政府委托的宜居社区项目的公共教育奖，奖项颁给了加利福尼亚州的一个非营利无党派团体[1]。委托项目于1991年开工，并举行了盛大的庆典活动，包括出版、会议、工场、手册、时事通讯、电视及幻灯等。

宜居社区项目的目的，是促进在其范围内所有居民需求都在住房步行范围内的社区进行创建。为了实现这个目标，项目推荐了很多策略，包括提高公交站点附近的人口密度，开发邻里内很多年龄及收入阶层均能承担的不同类型的住房，以及确保有吸引力的开敞空间的可用性等。例如，在加利福尼亚洲的橡树谷，某个城市已经将这些策略合并进了总体规划，中心区开发及两个新的居住项目设计，用来创造邻里及强烈的步行定位感觉，反映出宜居社区项目的理念。

对于规划史专业的学生来说，对宜居社区项目所支持的城市设计应该感到熟悉，它们几乎和那些克莱恩斯·佩里在20世纪20年代后期所倡导的邻里是同一回事。

1 斯图亚特·美克，"地方政府委托：建设宜居社区"，城市规划（1997年4月）：17。

社区忽略了一个重要细节,即创建支持性社区的需求,这种社区为其居民提供了安全的环境。率先指出一般城市更新项目这个缺点的人是一个名叫简·雅各布斯的生活在纽约格林威治村的经济学家。依据雅各布斯的说法,好的社区的一个重要组成部分是安全的街道,并且是在街上充满了友好眼神的时候会令人感到最安全。即使在城市贫民窟,如果不考虑住房存量的老化及物质条件的衰落,它也为其居民提供了安全,这是因为人们经常地使用及看护着街道和人行道的缘故。当居民近距离看见和实际走进居住区街道的时候——正如老的城市邻里中的情况,尤其是那些排屋或无电梯公寓建筑里的人——就有可能发生看护孩子、识别陌生人、当邻居离开的时候照看他们的房子,以及其他支持邻里凝聚的行为。此外,人行道及小型的街道级商业及服务商店,也给富有活力的街道生活提供了额外的支持。但是,一些老城市更新项目的"超级街区"却阻碍了这种步行活动,它创建了孤立的公寓塔楼及无法亲近的"公共空间",没有也无法提供一种紧闭或安全的感觉。[11]

缺少安全感的居住聚居点,可以用很多策略来改进其安全性。例如,中心城独户住房的邻里,可以通过关闭通往机动交通的居住区街道,来减少陌生人流;高层单元住宅的地区,可以重建为组团化的、中低层建筑的、可通达的、及带有安全感的院落、楼梯和电梯的邻里。[12]

在城市中建设好的社区,就意味着提供安全及可靠的居住聚居点。创建这种聚居点要求物质及社会化社区发展策略两个方面目的明确的诉求。建筑师及规划师凯文·林奇将一个安全社区所保护的一切因素称做城市生活的活力,这种活力包括环境的安全(清洁的空气、水、土壤及食物),以及完整的生活支持服务设施的获得(例如住房、就业、就医)。[13]

有组织的社区

在20世纪50年代到60年代期间,很多城市中的居民联合起来一起抵抗对社区生活的两种威胁——会将整个邻里夷为平地的城市更新计划,和倡导高速公路穿过有活力的居住地区的市政改善计划。这些抵抗努力经常从私人基金及联邦计划那里获得支持。如福特基金在20世纪60年代早期帮助制定了一些策略,并起到了关键作用,这些策略最终被采纳为约翰逊总统"战胜贫穷"计划的一部分。

在联邦的支持下,尤其是在模范城市及1966年的大都市开发法案的支持下,社区改善的主动性得以扩展。模范城市计划是1966年法案的一个创造,它废除了从上至下的城市更新,取而代之的是对城市复兴的努力,在市政府的指导及市民的合作下,发展将会扭转恶化趋势及改善贫穷社区生活质量的开发计划的主动性。然而,共有被证明是特别分裂的权力,有时候就导致了市政厅和模范城市指导下的市民管理委员会之间的争斗。在很多城市中,要实现持久变化所需要的物质、社会及经济的主动性,被证明是困难的。而且,联邦对社区发展工作的支持,随着越来越多的郊区选民改变了联邦民主优先而减少了。尽管重建之后仍保持着市民参与的外表,如1974年的社区发展批量许可(CDBG)计划,但政府计划给予市民管理委员会在模范城市下的权力的程度,已经减少了。

尽管市民管理委员会所拥有的权力不多,但联邦支持也确实培育了很多新的和有用的社区组织,并在20世纪70年代到80年代期间成长且壮大起来。到1991年,联邦住房立法包括了各种社区组织作为主要的住房提供者,并规定至少15%的年度HOME(轻松住房所有权)基金,应该直接拨给以住房开发为基础的组织。

社区发展组织的绝对数量及规模,使得他们成为了当代规划中的重要角色。[14] 大多数这样的组织,作为非营利社区开发公司(CDCs),也与包括当地居民的管理委员会合并在一起,很多这样的组织和有信用的社区联系在一起,经常以自己的出现及资源发动持续的行动。[15]小规模的地方组织得到额外的来自国家中介的支持,例如邻里再投资公司及地方主动性支持公司,这些公司帮助实现地点性的CDCs与国家资本市场之间的联系、管理实践及技术辅助。

很多职业的规划师都尝试过成功社区改善的艰辛,社区改善要依靠那些受地方规划影响最多的人的参与和协定。好的社区不仅是简单地包括新的住房和商店,而是应该通过努力使之发生变化并包容当地居民。随着时间的流逝,城市规划收获并促进了CDCs的成长和壮大,今天,CDCs经常在服务于当地居民需求和希望的规划编制及执行中发挥积极的作用。作为城市复兴基础方法的固定角

图11-3 纽约下东区的居民对开发压力的反抗

色,CDCs 是追求城市范围内社区开发的规划师的有力同盟。

少数人依旧执着地相信 20 世纪 60 年代到 70 年代间的城市更新计划:在衰落的中心城区建设好的社区及不影响郊区的发展,按照发展商、规划师及官员的要求,消灭过去旧的建筑并创建新的居住领地。现在,公共官员及规划师通过协调服务、恢复住房、改善社区服务设施、增加就业机会及加强公共安全等手段,来寻求内城的改善。

这种工作方式不要求从拆光开始,而是从基础改善开始。邻里单元的物质质量、一个安全环境的活力以及地方社区组织的功效,一起构成了好的城市社区的要素。实现好的社区对所有人种、种族及社会经济背景的居民来说都是重要的。无论人与人之间有什么区别,所有的人都会渴望好的学校、个人及家庭的安全、体面的住房、便利的购物条件,以及获得公共服务和就业,并且,他们还希望获得影响这些东西提供的能力。社区发展规划所寻求的,就是推动这些能力的实践。

社区发展的原理和过程

在杂乱的城市邻里及老化的郊区里创建好的社区,要求社区发展规划建立在地方资产上并应对地方的需求。这一部分探讨了几个重要的原理和程序,规划师、规划咨询者、社区组织者及地方发展商可以通过运用这些原理及程序,使社区发展获得成功。这些原理及程度包括地方参与、协作、整体定位、有效的规划及社会公平。

地方参与

过去的城市更新工作几乎没有改善低收入社区居民的生活,且经常还使得他们的生活更加困难(见 274 页边条内容)。社区发展工作应该邀请并提高居民的参与积极性,这有利于地方自主性的提高。直接将居民包含在影响他们生活的规划考虑中,为从上至下的规划提供了一种有用且重要的矫正方法。在很多内城邻里中,已经存在的社区组织能够为参与式的规划提供一种重要的制度基础。

1995 年,一个有 50 年历史的非营利政策组织经济发展委员会(CED),出版了《重建内城社区:一种通往国家城市转折点的新方法》,这是一项提高社区发展工作中公共部门积极作用的报告。CED 的推荐特别集中于作用——以及形式——社区发展组织的作用和形式:

1.联邦、州及地方政府应该扩大他们对社区组织的利用,在内城社区中执行规划及供应服务。

2.当直接执行规划而没有通过社区团体和公共机构的时候,应该以社区建设的形式操作,并通过这些方法综合以前未曾合并的居民服务,建立和邻里一致的管理边界及服务区域。

自上而下的城市更新：没有参与的规划 1949年的住房法案在标题 I 下创建了重建计划，开始了城市更新计划的第一阶段。在城市更新计划期间（1949~1974年），联邦的住房金融机构以及后来的住房部门和城市部门，给地方重建机构预付了资金，后者利用这些资金来规划城市更新项目。这些项目通常坐落在老中心城区中贫困及衰落的区域，或者是极其靠近中心商务区、大学或医院。但是，为重建机构工作的规划师及职员所制定的规划，几乎没有居住其中的或临近居民的参与。一旦相关的联邦机构批准了规划，就成为地方重建机构资助执行的契约。

地方重建机构利用基金拆毁建筑并聚集土地，形成他们希望用来吸引私人发展商的大片土地，当地居民——不成比例的低收入者及少数族裔——经常就被无补偿地置换或迁移。因此，很多社区抵制城市更新规划，还有一些社区的雇佣辩护规划师，来建议不要求夷售清除的改善规划。

城市更新计划最终被修正，要求为置换迁移的居民提供更完善、更公正的补偿，但直到终止之前，清除一直都是主要的焦点。但具有讽刺意味的是，在合理时间内，清除出来的土地并没能吸引新的投资，很多地方重建机构只提供很少的搬迁好处，来强迫居民从经济适用住房中快速搬出去，然后就剩下空出来的等待发展商长达几十年的土地。

3.公共部门应该使用公共基金例如 CDBGs，[16] 投资加强社区组织的能力。

很多社区再开发组织建造住房、发展商业服务设施、提供社会服务并操作满足地方需求的计划。尽管他们面临很多问题和挑战，例如不稳定的资金及缺少私人部门的支持，但这些组织却在确保低收入者参与规划方面具有深远的意义。

随着社区的不同，对各种发展问题及机会的回应也会不同，但其中大多数是成功的，社区发展规划一般都将"外部的人"的贡献——地方政府规划师、规划咨询者、公共官员及与此相似的人——与那些"内部的人"——例如，居民、地方激进主义者及CDC职员的贡献结合起来。社区参与的层面虽然包括广泛的范畴，但在发展过程中一个社区可能只有一点儿作用或没有作用，而只是依靠外部的人或市政政府来发动规划、设计、执行及保持所有的主动性；或者，社区可能会帮助发动一个项目，但在步骤上却很少涉及。[17]

尽管社区居民可能选择在发展过程中只发挥一点儿作用或不发挥作用，允许外部的人决定他们的命运，但这种涉入的缺乏不再是大城市中的标准。规划过程中的居民参与不仅改进了沟通，同时也是权威及责任的再分配，最好的办法是将地方期待与发展过程以有用及实际的方式联系起来。

协作

离开了强大政治及金融机构的支持，社区参与将不能实现高于边际改进的目

> **民主的邻里规划** 在《邻里规划：对市民和规划师的指导》中，伯尼·琼斯将民主的邻里规划界定为坚持"四个D"的规划——四个D是社区层面规划的基础：
>
> 非专业化，即不仅仅由专业人员来塑造社区的未来。
>
> 分散，即决策不是只集中在市政厅内。
>
> 非神秘化，即规划对用户是友好的。
>
> 民主化，即在决策制定中包含很多的人。
>
> 摘自伯尼·琼斯《邻里规划：对市民和规划师的指导》(芝加哥，APA规划师出版社，1990)，11。在通过美国规划协会许可下重印，南密歇根大街122号1600房，芝加哥，内层60603。

标。因此，社区发展中广泛参与的必然结果，是与重要机构，例如地方政府、学院及大学、医院、信用机构、学校、银行、公司及发展商等进行协作。

洛杉矶重建（RLA）的案例 1992年，在洛杉矶城内市民动乱的三天之后，市长汤姆·布莱德力要求一个名叫皮特·乌巴罗斯的著名橙县商人，他也是1984年奥林匹克运动会组织者，建立一个私人部门来发动洛杉矶的"复兴"。RLA设定了一个5年时间表来实现6个发展目标：创造更多的就业、增加资本的使用、增加商业所有者的数量、提高工作技能、在受影响地区对解决公共部门问题的方法进行奖励，以及建立社区自尊。这个组织在5年后停止了运作。

RLA迅速雇佣了60名职员并动员了1200个志愿者。尽管RLA的领导人将他们的主动性描述为通过建立政府、私人部门及社区之间新的伙伴关系，来复兴低收入的洛杉矶邻里的工作机会，但乌巴罗斯及其支持者相信大型商业的领导者将会是任何复兴工作的先锋，而地方组织或有经验的社区发展激进主义分子却没有任何工作可做。

依据乌巴罗斯的说法，"RLA的工作是让私有部门商业为人民及就业投资。"[18] 但这种方式需要依靠大型公司来重建之前被相似公司放弃的地区，这被证明是很难的，而且，这样一种策略也忽略了社区中已经存在的中小规模商业的机会，因此，仅仅一年之后，乌巴罗斯就下台了。1994年3月，这个组织被改组，原主管经济发展的市长林达·格雷格受聘为领导。格雷格将原来追求大型商业工作中心的政策调整为积极支持小型公司及社区组织，但由于政策改变来得太晚，协作从未成为现实，部分原因也许是因为公司早先所强调的工作已经在地方领导人中

主要通过正在运作的机构所产生的持续及有组织的工作。尽管临时的解决工作问题及非正式的联合是社区生命健康的一部分，但它们不可能长盛不衰或促进一个主动性演进为额外的努力。在社区的混乱中，社区组织被看作是社区社会资本的主要仓库。[19]

留下了不信任的遗毒。当RLA在1996年被逐渐淘汰的时候，其实现发展目标的雄心仅仅取得了一点点进步。

依据CED，成功的社区发展包括在以社区为基础的机构中，CED的列表是CDCs、公共学校、信用机构、社区金融机构及公共和非营利机构，而乌巴罗斯的团队恰恰忽略了和这些伙伴合作的重要性。

一些作为创新的社区发展包括大学与社区组织之间的协作。例如，伊利诺斯大学在乌巴那原野，规划系与路易斯东街的贫穷居民建立了大学—社区伙伴关系。学生和教师与这些居民一起上课，个人及团体的项目用来开发及执行社区改进工作。这种长期的合作培育了相互之间的信任：路易斯东街的社区基金主义者从不忌讳批评和指导他们的大学伙伴，而通过一起工作，各个伙伴又从他们的错误中吸取了教训并共同发展了更深层次的协作。[20]

协作平衡了权力优势，通过扶助较弱的伙伴来分享资源及限制较有影响力的伙伴的权威。同时，共同的努力使得权力获得合法性及社区居民的支持(这些居民可能已经多年被忽略或拒绝)。

一个整体方法

社区发展要求一个好的交易胜过要求对物质环境的改进。除非有组织联系的变化使得社区成为整体并能推动其资产运作，那种只是修复住房及维修街道的方式将无法阻止社区的衰落。例如，在波斯顿，一个整体的方法提升了达德利街邻里的自我主动改善性，给这个城市中最贫穷的邻里带来了显著的变化。居民根据邻里规划来设定经济和物质发展目标，并积极响应就业、社会需求以及物质环境改善的计划（见图11-5）。[21]

南布朗克斯全面社区复兴计划（CCRP）也是得益于整体的发展规划。在20世纪90年代早期，纽约内城的CDCs已经成功地"撬动了"数百万美元的联邦及私人资金，建设了22000多套新住房。[22]在很多信用组织合作创立CDCs来重建城市邻里并因亏损而放弃的同时，社区发展工作却在南布朗克斯产生了显著的变化。[23]虽然在住房的匆忙建设中，社区发展商忽略了社区健康的一些重要组成部分，例如公园、商店、学校、保健中心及安全的街道。而于1992年启动的CCRP，却恰好解决了对住房开发有破坏威胁的社会和经济因素。五个地方CDCs建议了一个整体的规划，用来完成多功能商业、服务设施及市政基础设施的改进；计划吸引了超过3000万美元的资金用于新的项目和计划，包括主要的保健服务设施、新的商业企业，以及一个2100万美元的购物中心。通过对商业及社区服务设施的建设，将现状住房的改善转变成了社区复兴的资源。

任何社区发展策略都要依靠一个对地方环境有创意的、参与的及协作的评估。但最富有成效的却通常是通过整体的努力而联系形成的，如寻求住房改进、扩大就业、复兴零售业、促进青少年发展及确保公共安全的主动性等。因为很多内城邻里承受着过度集中的纷繁问题，所以同时应对很多这些条件的整体方法，

图11-4 空置的地块及历史建筑物,可以作为减轻远距离农场地区发展压力的替选用地,但吸引投资已被证明是一项复杂的任务

图11-5 位于邻里核心地带的达德利镇公共中心,是居民共同规划开发的一个公共景观,它突出了社区的实力和文化

就特别有价值,但是,物质、经济及社会需求之间的联系需要精心的规划及协力的执行才能自动发生。

有效规划

一个参与的、协作的及整体的社区发展方法,仍然需要以适时及精确的地方条件知识和可行的选择来加以完善。有效的规划虽提供这种知识,但提供的方式却可能多种多样的。传统的理性规划方法展现问题、确定可能的解决方案、选择并执行替选方案,并评估最终的选择。尽管理性规划的模型,虽然经常随着社区发展规划师在过程中吸收的居民及其他投资者的意见而有所修正,但规划工艺,无论是对如何特别的模型,都为设定一个有用的发展议程提供了有用的手段。

南布朗克斯CCRP的工作结合了策略规划(一个用来集合投资者,并一起洽谈一些重要主动性的行动兑换的过程)和邻里规划(一个更加集中于邻里物质及经济改善的过程)。五个参与的CDCs各自准备了一个策略规划,以清晰的目标和优先度来指导邻里改善决策。邻里层面的规划中,每个CDC都创立了一个由社区、机构及公共服务代表组成的特别小组;CDC领导阶层是一个规划协调者及规划咨询者,协调者协调地方工作并发动邻里层面进行有目标的改善;咨询者提供专门的信息,研究诸如用地及人口统计条件之类的问题,并准备表格和图纸,以便让参与者明白现状的基本情况。结果,由于阐明了居民、发展团体的目的及规划的优先度,因此,服务提供者不仅明白了地方需求,同时也使他们产生了规划动机,并清楚怎样将规划变为现实。[24]

在密歇根州战斗溪的邻里公司,则采用一种高度互动、反复及增加的规划形式,吸引中产阶级居民留在几个老化的且有吸毒及犯罪问题的邻里中。组织者到居民家中访问,不仅收集住房条件及居民需求的信息,同时也积极恳求居民提出一些如何为现在及将来的拥有者改善邻里的想法。然后,运用来自凯洛格基金会的充实资金、CDBGs 及其他资金来源,组织者立刻开始执行专门的改善,例如兴建街灯、购买及修复废弃的物业,以及驱逐问题租户等。战斗溪城市与邻里公司协作,使得组织的领导将增加的改善转变为一种协调的、有组织的社区发展工作。[25]

与策略及增加的规划方法相对比的是行动规划模式。尽管这种模式包括惯常的规划步骤(确定问题、阐明替选方案、执行及监控选择),但步骤是在通常延续两个多星期的透彻的协作工作中完成的。咨询者经常在解决危机形式的时候使用这种方法。他们迅速聚集有关问题的信息,做出特定的工作与地方居民及官员商议并获得他们的回应,然后他们制定快餐式的替选方案,通常是在几天内,将这些策略展现给当地参与者并让他们考虑。这个过程对参与者使用很多形象及书面的材料,清晰阐述及改进他们的理念,建立那些理念的框架并将之与广泛的环境可能性和限制条件联系起来,目标就是要迅速及有效地制定参与者能够使用的行动规划。[26]

无论是哪种方法,规划都是将有关现在的信息和未来的前景联系起来。在一个社区成员及领导用来塑造某种他们想要或需要的发展的框架内,规划不需要一个刚性的模板,最好是一个理由充分及有弹性的过程,在过程中,专业人员、当选官员、社区领导、组织者及居民都能够给社区发展工作提出方向并赋予意义。

社会公平

内城及老的郊区邻里中的贫困和物质环境的衰落,很大程度上是因为长期存在的社会及经济方面的不公平造成的。这些社区的居民经常遭受居住上的种族隔离和就业上的种族歧视——两者的有效联合破坏了任何社会及地理的灵活性。因此,社区发展规划师必须将公平问题放在社区发展工作的中心。

公平规划的主要原则是规划师必须具有一种道德规范责任,要确保他们的工作为那些拥有很少的人提供更为宽泛的选择。[27] 公平规划最初的一个支持者是诺曼·库马赫兹,他是 1969 到 1979 年间克里夫兰的规划主管。[28] 在倡导规划的传统中工作,库马赫兹在他的任期内优先考虑城市中穷人及少数族裔居民的需求。

社区发展商寻求打破内城及老的郊区社区中贫穷的循环,但面临的两个最大的挑战是种族隔离和失业。在大多数的美国社区中,几十年的就业及住房歧视现象已经创造了一种隔离的景象,在那里居住很大程度上决定于种族、种族划分及收入。[29] 低收入居民——尤其是少数族裔——集中在中心城区和一些老的郊区,这些地方的住房破败、缺少公共服务设施、缺乏就业机会并存在其他一些城市问题，这使得贫穷永远存在，并限制了经济和地理的灵活性。

人口及工作从城市迁移到郊区只会强化种族隔离。尽管联邦公平住房法案已经挑战了歧视操作，并帮助铺设了很多中产阶级的少数族裔迁往郊区居住的道路，但真实的郊区综合依旧只是一个期望，由于住房市场的歧视延续了大都市区域内行政辖区之间永远的不平等，因此郊区的少数族裔的居民还是被圈定在种族隔离的范围内。

因为郊区的繁荣经济是以内城的衰落为代价，所以结束居住区的种族隔离要求更广泛的规划工作，来应对城市及其郊区之间社会和经济的相互依赖。[30]这种工作的一个基本组成部分，就是发展商、建造商、房地产经纪人及银行家商务实践的普遍变化。

穷困的邻里阻碍投资、加重公共服务的负担、丧失繁荣并打击了那些留下来的人的希望。有利及安全的就业能够成为对这些问题的有力的矫正方法，但战胜地方劳动市场中的种族隔离，还要求有意识的工作来打破歧视的局面并促进公平的就业。若想给内城失业居民带来工作，只有两种方式，即不是将人们带往工作就是将工作带给人们，地方社区发展强调的是第二种方式，[31]这是因为在很大程度上向低收入住房开放郊区是非常困难的。

贫困及种族歧视的后遗症，使得很多内城及旧的郊区的社区发展非常必要又非常困难。大都市地区试图矫正经济不公平的社区发展面临一些严峻的挑战，这些挑战包括，第一，很多大都市居民，包括那些最有可能操纵政治权力的人，都想从现行的安排中获益，因而为内城的少主族裔改善条件经常就很难获得政治支持；第二，低收入及少数族裔居民地理上的集中，使得边缘的改善难以持久，此外，那些从找工作中获益的人，也缺少继续留在本地区的想法并有很多离去的理由。

因此，社区发展规划不仅要寻求方法减少不公平发展的效果，还要采取实用的步骤来重塑不信任及易受攻击居民的希望。库马赫兹在克里夫兰的工作表明成功应对这两个挑战是可能的：他管理了社区中较富裕阶层集中的政治支持，并创建了顶端计划旨在赢得——并保持——他所服务的低收入居民的信任。

结论

社区发展工作的挑战了一些美国大都市区域最不公平和长期存在的分割。社区发展规划师知道了大量有关茛售改革的困难，尤其是那些受结果影响最密切的人不被包含情况下的改革。最终，穷困邻里需要变革，要减少整个社会每个大都市区域普遍存在的社会、经济及种族的不平等。被授权的地方必须与其他地方团体及区域协会协作，来为修正并建立政治支持，减少住房及劳动市场的歧视、排外的规定及其他以现状社区为代价资助城市扩张的实践和政策。

在21世纪的开始部分，可以肯定地预测，社区发展的重要性将继续增长。

首先，大都市地区的城市问题将会在短期的可见未来继续存在，而社区发展是对这些问题少数可见的回应当中的一种。随着内城社区为克服物质环境衰退及经济亏损的后遗症而抗争，规划师及邻里居民将需要有意识地主动追从旨在为改善建立目标及提供机会的邻里建设。在更多中等及上流社会的邻里中，对好社区的渴望通常已经至少是部分得到了满足，但新的趋势，例如新传统主义的城镇规划，允诺将会使社区生活在未来甚至更加富有吸引力；其次，随着成功的持续增加，几个重要城镇及大都市地区住房及社区的改善，将激励其他地方来仿效及重复那些成功。而且，经过几十年的错误开始及失败努力之后，现在我们至少已经看清了社区发展的重要组成部分并确定了实现它们的方法。

尽管电子时代的来临将会逐渐减少社区广泛的物质、经济及社会需求的要求，但仅凭这一条来预测社区的最终衰落现在还为时太早。正如建造商及土地细分发展商所证明的，即使是电子联系最方便的市民，依旧希望居住在有确定的宜人性及提供全面安全及舒适环境的社区当中。

注释：

1 For a discussion of these trends, see in particular Mark Gelfand, *A Nation of Cities: The Federal Government and Urban America, 1933-1965* (New York: Oxford University Press, 1975); and Kenneth Fox, *Metropolitan America: Urban Life and Urban Policy in the United States, 1940-1980* (New Brunswick, N.J.: Rutgers University Press, 1985).

2 For a more detailed discussion in a book that pioneered the use of this term, see Barry Bluestone and Bennett Harrison, *The Deindustrialization of America: Plant Closings, Community Abandonment, and the Dismantling of Basic Industry* (New York: Basic Books, 1982).

3 Lee Carey, ed., *Community Development as a Process* (Columbia: University of Missouri Press, 1970), 2.

4 See discussions about the utopian proposals of Robert Owen, Charles Fourier, Jean Baptiste Godin, and others in Leonardo Benevolo, *The Origins of Modern Town Planning* (Cambridge: MIT Press, 1967).

5 Ebenezer Howard, *Garden Cities of To-Morrow* (Cambridge: MIT Press, 1965).

6 For an important related discussion, see Hilda Blanco, "Community and the Four Jewels of Planning," in *Planning Ethics: A Reader in Planning Theory, Practice, and Education*, ed. Sue Hendler (New Brunswick, N.J.: Rutgers Center for Urban Policy Research, 1995).

7 Clarence Perry, "The Neighborhood Unit," in *The Regional Plan of New York and Its Environs*, vol. 7, *Neighborhood and Community Planning* (New York: Committee on the Regional Plan of New York and Its Environs, 1929), 37.

8 Greg Hise, *Magnetic Los Angeles: Planning the Twentieth-Century Metropolis* (Baltimore: Johns Hopkins University Press, 1997), 32-4.

9 June Manning Thomas, *Redevelopment and Race: Planning a Finer City in Postwar Detroit* (Baltimore: Johns Hopkins University Press, 1997), 56.

10 See excerpts from the Federal Housing Administration, *Underwriting Manual: Underwriting and Valuation Procedure under Title II of the National Housing Act* (Washington, D.C.: Government Printing Office, 1938), as cited in June Manning Thomas and Marsha Ritzdorf, eds., *Urban Planning and the African-American Community: In the Shadows* (Thousand Oaks, Calif.: Sage, 1997), 282-4.

11 Jane Jacobs, *The Death and Life of Great American Cities* (New York: Random House, 1961).

12 Oscar Newman, *Community of Interest* (Garden City, N.Y.: Anchor Press/Doubleday, 1981).

13 Kevin Lynch, *Good City Form* (Cambridge: MIT Press, 1984).

14 Avis C. Vidal, "CDCs as Agents of Neighborhood Change: The State of the Art," 149-63; Rachel G. Bratt, "Community-Based Housing Organizations and the Complexity of Community Responsiveness," 179-90; and June Manning Thomas and Reynard Blake Jr., "Faith-Based Community Development and African-American

Neighborhoods," 131-44, all in *Revitalizing Urban Neighborhoods*, ed. W. Dennis Keating, Norman Krumholz, and Philip Star (Lawrence: University Press of Kansas, 1996).

15 Thomas and Blake, "Faith-Based Community Development."

16 Committee for Economic Development, *Rebuilding Inner-City Communities: A New Approach to the Nation's Urban Crisis* (New York: CED, 1995), 7.

17 See Nabeel Hamdi and Reinhard Goerthert, *Action Planning for Cities: A Guide to Community Practice* (West Sussex, England: John Wiley and Sons, 1997), 69-70.

18 See "The Renaissance of Los Angeles: How Rebuild L.A. and the Visionaries of the Private Sector Are Reshaping and Revitalizing Los Angeles's Neglected Communities" (special advertising section), *Fortune*, May 17, 1993. For a more detailed discussion, see J. Eugene Grigsby III, "Rebuild Los Angeles: One Year Later," *National Civic Review* (fall 1993): 348-53; and James H. Johnson Jr. and Walter C. Farrell, "The Fire This Time: The Genesis of the Los Angeles Rebellion of 1992," in *Race, Poverty, and American Cities*, ed. John Charles Boger and Judith Welch Wegner (Chapel Hill: University of North Carolina Press, 1996).

19 Committee for Economic Development, *Rebuilding Inner-City Communities*, 27.

20 Philip Nyden et al., *Building Community: Social Science in Action* (Thousand Oaks, Calif.: Pine Forge Press, 1997), chaps. 2, 10, 27.

21 Peter Medoff and Holly Sklar, *Streets of Hope: The Fall and Rise of an Urban Neighborhood* (Boston: South End Press, 1994).

22 Xavier de Souza Briggs, Anita Miller, and John Shapiro, "CCRP in the South Bronx," *Planner's Casebook* 17 (winter 1996); also in *Planning* (April 1996): 6.

23 Samuel Freedman, *Upon This Rock: The Miracles of a Black Church* (New York: HarperCollins, 1993).

24 Briggs, Miller, and Shapiro, "CCRP in the South Bronx."

25 June Thomas, "Community-Based Organizations Show the True Nature of Neighborhood Planning" (paper presented to the Association of Collegiate Schools of Planning, Ft. Lauderdale, Fla., October 1997).

26 Hamdi and Goerthert, *Action Planning for Cities*.

27 See Hendler, *Planning Ethics*, chaps. 4 and 11.

28 See Norman Krumholz and Pierre Clavel, *Reinventing Cities: Equity Planners Tell Their Stories* (Philadelphia: Temple University Press, 1994); and Robert Mier, *Social Justice and Local Development Policy* (Newbury Park, Calif.: Sage, 1993).

29 In 1990, more than half of the African Americans in the metropolitan areas of Chicago, Philadelphia, Detroit, St. Louis, Baltimore, Cleveland, Memphis, and Buffalo lived in neighborhoods that were at least 90 percent black. See Reynolds Farley, "Neighborhood Preferences and Aspirations among Blacks and Whites," in *Housing Markets and Residential Mobility*, ed. G. Thomas Kingsley and Margery Austin Turner (Washington, D.C.: Urban Institute Press, 1993).

30 See, for example, Scott Bollens, "Concentrated Poverty and Metropolitan Equity Strategies," *Stanford Law and Policy Review* 8, no. 2 (1997): 11-23; and Manuel Pastor Jr. et al., *Growing Together: Linking Regional and Community Development in a Changing Economy* (Los Angeles: International and Public Affairs Center, Occidental College, 1997).

31 Bennett Harrison and Marcus Weiss, *Workforce Development Networks: Community-Based Organizations and Regional Alliances* (Thousand Oaks, Calif.:Sage, 1998).

第12章 经济发展

爱德华·布莱克利

美国经历了从农业社会向城市工业社会最为快速和深刻的经济变革,[1]随着南北战争结束了南方种植园经济并在全国建立了以工业制造业为基础的经济结构,又强化和推进了这一转变的进程。到战争结束后不久,庞大的铁路网络已布满全国,数以百万的个体农业生产者进入城镇和大都市;火车时刻表、生产线和都市商场的节奏代替了乡村田园的季节更替。从18世纪后期至20世纪中期,农业劳动人口的比例从50%跌落到3%。[2]

在20世纪初,挤满了机动车和全球各地运来的物品的道路成为了新经济的象征,同时,来自海外和乡村的迅猛移民风潮也加重了城市的负担,芝加哥、克里夫兰、匹兹堡和圣路易斯等工业制造业中心拥挤不堪。一方面是城市不断蔓延,投机者盛行,另一方面是贫困的工人要为工厂和商店旁的脏乱住宅支付高昂的租金。直到20世纪20年代,真正的城市规划尚不存在,给排水设施的严重不足,公共卫生条件极差。最终,工人们要开始掌控自己的命运,成立了工会来争取更高的薪水和更好的居住条件,同时,工会的工人、市民以及不断增长的中产阶级坚信,由于改革的科学性和进步性,地方政府的当选不再是委任而是凭其政绩水平,这样,政府为了提升自身的政绩,也愿意和工人、市民及中产阶级联合起来共同解决城市生活的问题,改善城市的生活条件。在20世纪的随后时间里,城市规划将目标瞄准了工业社会和城市景观的现代化。早在1902年,倡导了从哥伦比亚博览会衍生出来的城市美化运动的丹尼尔·伯汉姆、查尔斯·马克、沃格斯特·森特-高登及弗雷德里克·劳·奥姆斯特等人,已经认识到物质规划与城市生活的社会政治方面密切相关。[3]后来,在联邦政府的积极推进下,城市规划成为全国各个城市的一项重要活动。

20世纪30年代大萧条之后的新政是城市规划的一个分水岭,随着工作进步管理的出现,使城市规划与经济发展之间形成了新的结合点。美国国家资源委员会的城市委员会在1931年的报告中提出:

> 事实上,地方层面城市规划的范畴和概念都需要扩展。当物质环境对社区经济和社会结构的影响无处不在的时候,规划机构和规划师对社会与经济方面的认识与关注已然滞后了……在关于社区经济基础的研究中,对社区经济基础的牢固程度、不足之处、发展前景和应对工业发展进程的选择等等方面的研究,

通常会被完全忽视。[4]

以上对社会经济发展的关注被明确地加到了国家议程关于城市规划的内容里，而地方政府层面的规划师则被视为目标的实施者。

新政通过不断完善的法规来提供新的安全管理，它赋予工人各项权利，并为工人及其家庭建立经济安全体系来平衡劳资双方之间的关系。政府还增加了在城市住房和社区社会规划方面的投资。联邦政府对国民经济的干预使垄断受到很大削弱。同时，新政也催生了诸如民间保护联合会和田纳西流域管理部门等团体，作为支撑全国性、大型、综合性物质与社会经济规划实施的组织（图12-1）。

联邦政府美化、改进和现代化城乡的种种努力，在创造就业机会的同时，也推动了地方层面的规划编制。但是，尽管开展了这样一场推广城市规划的全国性运动，但城市规划作为一种解决社会问题的专业和方法，在美国仍然没有得到全国性的强烈认同。而欧洲早在第一次世界大战时就开始运用国家资源来保护和重

图12-1 1939年密苏里州圣路易斯一个滨水地区的改造项目。这个项目的建设，不仅创造了就业机会，还推动了诸如市政厅和学校等工程的建设

新设计他们的城市,但在美国,对地方规划的支持主要来自于当地的市民团体,他们要求由地方对土地使用进行控制,其结果是造成了一个以基层为基础的经济民主。

在工业化时代的鼎盛时期,规划的作用大多是为了将工业、商业和居住用地分离。但是,当我们进入一个新的世纪时,工业的发展不再由地理条件决定,经济活动不仅在大都市和郊区展开,而且还表现为全球化,机动化的生产和分配模式也不再要求固定在一个城市开展,像高科技公司这样的新产业,可以自由地分布在所希望的任何地方。因此,曾经拥有巨大区位优势,如接近自然资源或港口的地区,可能不再享有竞争优势。此外,由大城市和郊区甚至是农业地区组成的区域工业核心,诸如匹兹堡的艾丽根尼县、大多伦多,以及从大芝加哥至威斯康新州的地区,此时就面临着来自全球其他城市的竞争,这些城市虽然拥有较少的自然资源,但却拥有廉价的劳动力。

一些大城市虽然仍在世界经济中占据重要位置,但它们也不再只靠规模取胜。进入21世纪,经济活跃的城市既有香港、新加坡等新兴城市,也有像古法这样的加拿大小镇。当新兴的城市区域,如加利福尼亚的旧金山—圣约瑟地区、马萨诸塞州的波士顿—剑桥地区、华盛顿的西雅图地区、加拿大的范库弗峰地区等,依靠其先进的通讯业充当了国际市场技术先锋的同时,那些较小的地区,如犹他州的奥勒姆、新墨西哥州的圣达非等,也不断提高了其跨国竞争的能力。这些小共同体的出现说明了全球经济的重组;按照城市问题专栏作家尼尔·皮尔斯的观点,新兴的城镇体系的出现是重组开展的标志,由中心城市及周边郊区组成的一个联系紧密的政治经济共同体,更多地是依赖于区域的人文资源而不是以以往的工业体系去参与世界经济的竞争。[5]

皮尔斯认为,财富是由人民创造的,而不是由自然资源或区位条件创造的,由于技术是由人而不是地区所掌握,因此企业在选址时自由度越来越高,各种规模的共同体都能在全球市场上进行竞争;同时,由于地区还提供满足知识型劳动力需求的社会环境,因此,在当今的经济中,有竞争力的地区是那些生活品质、物质享受、资源领先、信息和科技设施扎实,以及全球竞争能力等各方面兼具的地区。这意味着在中心城市和日益老化的郊区,尽管由于制造业功能的丧失使不适应新经济的成千上万的技术工人陷于困境,但是通过精心的规划和明智的引导,大多数衰败的社区还是能够重新焕发活力的。

即使是非常贫困的旧城和老工业区也不一定会一直衰退。虽然似乎不可能有大规模的复兴,但规划仍能够在精心选择发展项目方面扮演一个非常重要的角色,从而使依赖社会福利和公益服务的贫困社区转变为具有创新能力的和可在本地就业的社区,并通过互联网与世界上的任何地区进行合作。[6]

本章描述了涉及地方经济全面发展的一些基本要素。第一部分主要讨论了公共部门与私营部门合作的必要性;第二部分讨论了有关财富是如何创造的,四个截然不同但并非不可调和的财富创造途径,并说明如何利用这些途径来推进一个经济发展计划；第三部分阐述了地方经济发展策略的组成，包括地区性开发、商业开发、人力资源开发和社区发展四个方面；第四和第五两个结束部分描述了经济发展策略整合方面的一些重要论点，并解释了全球经济发展中的中心化现象。

地方经济发展：一个政策与实践的新舞台

地方经济发展强调"内在发展"策略，即雇用当地人员，并使用地方性的制度与资源。行之有效的地方经济发展规划鼓励建设基于地方资源的工业，提升地方公司的能力以生产更好的产品，为地方产品创造新的市场，给缺乏知识的地方工人灌输知识，并在区域范围内培育新的公司与企业。虽然这些策略现在看起来是非常显而易见的，但它们也是经过多年的实践与努力才逐步建立起来的。

过去，规划师主要通过管理规章来介入经济发展。在许多情况下，无约束的发展剥夺了从野生动植物到公共安全等社区的重要资源。作为地方管理的手段之一，规划师开始介入其中，并通过制定管理规章来保护市民的利益。然而，对管理规章的强调，则会以更大范围的经济目标为代价，例如，除非对管理规章的实施后果进行评估并为大家所接受，否则规章的制定有可能会对就业造成制约。[7]

随着经济的全球化，规划师开始较少地关注规章制度，而更多地关注企业和市场方面。规划师不仅只追求经济的目标，还创造新的关系、开发新的资源。这一过程吸引了更多的人士共同参与，其中不少人是首次为了同一目标而携手工作的；这个过程不仅需要融合一些新概念，而且还要形成一些新策略，以将地方政府、商业和社区组织组成一个物质、经济和社会资本的系统。根据新经济发展制定的规划文件远比区划绘制的彩图来得有效，这是因为它们反映了关乎社会、制度和物质资源的一系列的新安排，文件的目标是企业生产，而规划师作为新伙伴关系的创造者和社区资源的开发者要在其中发挥战略性的作用。

正如土地用途的分离是早期规划的主要特征一样，地方经济发展规划成为了当今规划的核心特征。为当地居民增加就业岗位的数量和种类，是地方经济发展规划的一个新目标，它要求地方政府和社区团体利用地方资源来发展地方经济。例如，拥有活跃教会活动和周边组织的邻里就能吸引开发商和投资者的青睐；此外，拥有公立和私立的好学校，也是新经济活动的重要区位条件。

社区不论大小还是贫富，都必须认识到在经济发展过程中，地方政府、社区组织和私人部门都是必不可少的合作伙伴。市政建设市场化就反映出以上认识的重要性。市政建设市场化是一种新的做法，由地方政府创新性地与地方企业和个人进行合作，创造新的就业机会并刺激区内的经济活动。自从20世纪70年代末期开始，在市区向"市场化建设的城市地区"的演进过程中，商家和政府建立了更为有效的联系。[8]

对于"20世纪70年代末到80年代初的城市景观"，社会规划师罗伯特·奇洛斯和罗杰特·米尔认为：

对于兴衰的普遍经历，给基层的选民们带来了一系列新的观念。经过长期孕育的、迈向经济发展和再分配策略的邻里主义，受到了资金缩减、私有化，以及里根经济政策的企业化思维的刺激，这导致邻里和市民活动家重新认识关于政府和管治的意义及其作用。[9]

这次转变的象征是国家管理从社会福利方式向合作增长方式、变革方式和公私伙伴关系方式的转变。[10]

要实现市政建设市场化，必须要有两种截然不同的、有时甚至是相反的方式。在以公司为核心的经济发展模式中，政府提供资源、土地和资金，不参与具体开发，这种处理方式主要受地方商家和商会的支持，这一种以改善经营为核心，并依赖于降低私人开发商物业土地成本的房地产机制；在以社区为基础的经济发展模式中，政府要带头确保经济的增长能够有利于弱势群体（图12-2）。[11]事实上，任何成功的经济发展努力必须两种方式兼用，在社区、大小公司以及单个社区的需求之间进行平衡。

地方经济发展的概念

尽管没有足够的依据说明哪种或哪些规划方法能够促进地方经济发展，但有些观点可以说明以下想法的合理性。

自由市场经济是进行无规划和无约束的竞争的，为了竞争，每个社区或公司实际上都必须对供给、市场和资源拥有相同的信息和进入权。但是规划师认为，这些部门对于信息和其他资源的掌握是绝对不平等的，这样，就要通过经济发展规划对市场进行干预以使每个部门的机会平等，提升弱势公司或人群的竞争地位。在纯市场经济中，供需理论是根本性的运行规则，那些由于供大于求而导致经济日趋衰落的地区只能任由市场的力量去摆布。地方经济发展的模式应当反映人力资源的价值，并通过地方性人力资源和物质资源的运用去适当地介入市场，以创造新的机会。

由于传统市场理论很少关注经济全球化过程中低收入群体的处境，因此需要一个新的范例，强调利用现有人力、物质、制度和自然的资源去创造就业和财富。下面四个部分将探讨经济发展在创造就业、资源筹措、区位评估与重组、高科技经济发展中知识或信息资源的获取这四个方面的作用。

图12-2 经济发展的两种模式

	以公司为核心的模式	以社区为基础的模式
公共和私人部门的作用	主要由私人部门进行市场决策：私人部门主导	私人部门的市场决策受公共部门介入的影响：公共部门主导
	公共部门负责营造经济和社会氛围，以引导私人投资	公共部门负责引导私人投资决策，以获得需要的经济发展结果
公共部门规划	以促进增长和扩大税基为目标	以使低收入和少数群体直接受益为目标
	对于低收入和少数群体，规划过程相对不易参与	对于低收入和少数群体，规划过程相对较易参与
公共部门介入	公共资源作为适应私人产业需求的手段而提供	公共资源作确保特定经济发展选择的手段而被有条件地提供
	在一些创造增长的领域介入（如吸引外地需求的行业）	在一些可能为低收入和少数群体带来直接收益的领域介入(如对失业工人进行再教育)
	关注增长部门（如高级服务业、高科技、旅游业）	关注增长部门和能满足重要经济需求的部门
	关注总部和分厂	关注地方所有的公司
	项目集中于中心商务区及周边地区	项目布局分散
	强调为白领和高技能工人创造就业机会	强调当地劳工的需求，包括那些就业不充分、无技能和蓝领的工人

就业

创造本地就业是城市规划最有价值的成就。在市场经济中，劳动力属于供给性资源，劳动力自身无法创造财富，只有被雇用才能创造财富。很简单，工人挖矿或做其他工作将会为雇主创造财富，但同时，工人自身也产生了成本，结果，使劳动力成本下降成为了许多公司实现利润目标的关键因素。但是，在知识密集型的环境中，劳动力是重要的资源。因此，各社区正在加快发展以创造满足地方劳力技能的就业岗位，同时也加快建设住房、学校和公园等必要的软环境以吸引技能工人。此外，大多数的社区都拥有创造就业机会的各种丰富资产，可以提供丰富的商品和服务。

由于就业发展有许多方式，如为经济活动提供最佳区位或确保道路和社会康乐设施的供应等,规划师要在其中参与各式各样的活动以创造和增加就业机会。内向型发展的策略将关注重点从需求方（公司）转向供给方（劳动力和自然资源），通过社区创造适应人力资源基础的经济机会，并使自然资源和公共设施基础（如学院、会议设施和地方政府等）最大化。

拥有强大人力资源的社区,不论其区位如何,在新开或吸引外地公司方面都拥有技能工人方面的优势。因此,经济发展规划一方面要创造和培育适合现有人力资源基础的工作,另一方面,也必须建设诸如教育和大学等公共设施以提高地方劳力的能力。

发展基础

一个能够促进社会发展的经济基础非常依赖于制造业和农业等经济部门的强大。规划方面采用的经济基础模型强调各部门之间制度上的联系,如通过地方贸易协会、商会等组织形成贸易和制造业之间的联系。而经济发展规划却相反,它通过地方组织的制度基础去为那些合作行动开辟新的地方或国际市场并探寻新机会。例如,地方政府、贸易协会和社团可以发挥各自的专长与资金优势共同形成一个国际贸易中心。新制度体系,如工业委员会、商贸董事会或发展协会是这一途径的主要手段。一旦社区能够整合未来发展所必要的领导层、资源和信息,那么它们就能承担起发展社区的任务,并掌握它们自己的命运。

区位

正如本章开篇所言,由区位决定经济生存能力的时代已一去不复返。区位的价值已为技术和生活方式的变化所完全改变。在任何地方,公司都能有竞争力,人们都能生活。人们可以通过互联网订购物品,也可以在家中工作。商业活动涉及的消费者或劳动力将是世界范围的,甚至大型制造业的选址也是自由自在的。

在过去,大多数的经济发展都集中在那些因交通或其他基础设施完善而受新公司青睐的地区,现在这种方法已经行不通了。新的地方经济发展手段强调"区位导向因素",即那些能让本地物质或社会环境充满魅力的因素,而不是狭义的地理因素。例如,当今一些社区的经济机会取决于人力资源的素质,因为社区能利用人力资源来创造新的技能和就业机会。

值得注意的是,过去一些区位因素对公司很有吸引力,但现在却有排斥作用。尽管区位已不再是经济成功的保证,但有些地区,特别是旧城,已被公认为是投资必然失败的地区。如果某些地区的犯罪、衰退,以及交通及其他公共设施缺乏等方面因素阻碍了公司及其员工在此落户,此时即使是借助经济激励机制也不足以战胜障碍和实现经济增长。因此,公共安全、交通,以及社会、文化和教育设施等方面的改进在经济发展规划中是前提性的因素。当然，对所有社区来讲，诸如住房、休闲、教育及社会制度等也都是经济发展的重要决定性因素。

一个健全的社会和制度体系将能够创造一个有利于公司发展的充满魅力的环境。

知识资源

在知识密集型的世界经济中，信息交流比物资的交流更为重要，生物工程、计算机和通讯等研究资源，是经济发展规划的新基础。知识资源是生产或服务的原动力，也是开启自然或其他资源潜力的原动力。

虽然重点大学、研究机构以及工商业中的研究部门是经济发展规划中的重要组成部分，但仅靠它们还是不够的，规划师必须找到开发这些资源的方法。因此，规划师越来越多地参与到大学校园或周边的技术中心以及孵化器的运作中。

农村社区和旧城与高等教育或研究机构的联系甚少，但是，地方经济发展却越来越依赖于高等教育和研究机构的能力。这意味一个社区与其去争取一个数万人的工厂，还不如着力吸引和留住一个拥有领先技术的小实验室，因为这个实验室最终将能吸引更多与这项领先技术相关的公司在这个地区建立公司总部。

地方经济发展策略的组成

经济发展策略是建立在上述四个方面的基础上，包括：就业、发展基础、区位和知识资源。所谓策略就是将这四个方面进行整合，以影响地方经济发展的一个机制。如果总策略是着重改善物质环境，那么具体发展策略就包括本地居民就业、地方资源运用、地方开发公司等新机构的成立、地方院校的使用等。图12-3说明了经济发展的四个因子与经济发展的四种基本途径（地方性开发、商业开发、人力资源开发和社区发展）的关系。不论项目涉及的就业和赢利属于哪一类，其经济发展模式中每个因子都与经济基础结构相关。在大多数情况下，策略规划就是根据地方需要，对这些发展途径进行综合。

每一个发展途径，以及上述的经济发展四因子（就业、发展基础、区位和知识资源），是社区为创造地方经济发展而采取的综合行动中的一部分。不过我们要意识到，每一种途径都只是地方经济发展的一种方向，而不是发展策略的全部，这一点很重要。要将所有途径组合才能形成发展策略，而不是其中的一个因子或计息贷款等单一发展手段。就像各案例面临的问题各有不同，其策略也是各不相同的。

	经济发展途径			
	地方性开发	商业开发	人力资源开发	社区发展
就业	一站式就业中心	小型商业培训项目	地方职业介绍项目	地方商业协会
发展基础	社区美化项目	启动新项目的小额贷款	社区学院的分校	商业改善地区
区位	有社区名字的道路标语和标识	商业地带的再利用	通过总线或计算机进行培训	商业带历史保护
知识资源	社区信息快报亭和社区商业目录	为地方商业服务的社区计算机中心	地方奖学金和学习项目	图书馆的社区历史节目

图12-3 经济发展四个因子与经济发展四种基本途径的矩阵

地方性开发

地方性开发是指基于地方自然资源的经济发展途径，例如利用山湖等自然资源建设著名的大教堂或建筑。因而，地方性经济开发包含一系列活动，包括修建道路、安排发展用地、建设公园和确定历史街区等。作为一个人造的旅游点，克利夫兰的摇滚乐名人堂和博物馆，就是地方性开发的经典范例。

结合自然资源进行的经济发展有许多重大益处，例如经过深思熟虑而规划的基础设施和公共设施能将那些零散和一般的地区变为具有经济价值的资源，不是让市县的土地被动地等待私人发展，规划师可以通过地方性开发途径来主动地选择和布局土地，以满足公众需求并为私人提供开发机会；又例如，经济发展规划师可以通过与开发商和居民合作，使商业性房地产项目与停车或道路等地区性公共投资项目相结合，这种公私联合开发项目使得规划师可以借助市政公共设施的提升、地区的改善，以及项目的收益来满足区域市场中未来雇主的需求。

实施地方性开发的规划师，可以通过管理与规划设计相结合的方法来提升地方经济发展。换言之，规划师可以将管理规定和环境改善二者结合，如对街道小品或立面处理提出具体要求，或是在管理中设立激励机制，使开发商提供美化社区的环境设计。土地利用控制不仅为选址布局提供了一个合理基础，同时围绕经济发展而开展的管理也意味着明确并限制开发商的行为。虽然规划师不应顺从开发商，但规划师应该考虑如何使管理行为在经济上更富有成效，而且合理、清晰的建筑标准规定对开发商来说也是一件好事。

在有建筑标准的地区，允许在单一地块或街区内进行土地混合使用的创造性规定是激励住宅和商业联合开发的一种方法。在强制性区域，规划师将协同地方公司，确保其遵守环境标准，减少环境危害。

规划管理至少应为开发商减少开发的不确定性，但是规划师可以借助其富有想像力的设计，开展更多的工作。如，他们可以为新的投资提供机会，提升地方经济。例如街景改造，规划师为那些几十年的老商业街设计并实施了改造计划，往往是将其从主要街道变为步行街，不过，不少这样的尝试都已失败，因为外观的变化并没有反映或带来当地社会或经济活动的变化，其教训就是当对陈旧商业街的社区进行改造时，不仅要创造一个有吸引力的环境，也要加强社区的经济竞争力（图12-4）。

图12-4 配合社区景观的公共设施改造，将一个一般的商业带（上）变为一个有吸引力的商业区（下）

例如，加利福尼亚圣塔莫尼卡的规划师将一个破落的郊区汽车超市，通过各种的商业街环境设计，使境况不佳的商业区得到了改善（图12-5）。规划维持了原有以行人为核心的理念，增加了行人与机动车的可通达性，并创造出更富趣味的街道尺度。城市政府与地方商人合作赞助各种公共活动，吸引了游客们前来参加当地的娱乐和艺术活动；在满是生意人、居民和工人的人行道上，卖主们在售卖他们的货品。一度沉闷的地区现在承载的是繁忙而充满活力的城市生活。

住房质量和实用性在地方经济发展中也至关重要，优质的可支付住宅深受居民和雇主的喜爱，住房的建设和修复更是刺激了经济活动。在这样的地区，住宅改善在地方经济发展中扮演了重要角色。在繁荣的郊外社区，有充足的优质住房供应并不出奇，但在那些古老的小镇、老化的郊区和旧城中，存量住宅却不足且陈旧。例如，在南卡罗莱纳的查尔斯顿，修复所有类别历史住宅的雄心勃勃的计划刺激了经济的复苏，不仅对当地居民有益，而且也对旅游者产生了独特的吸引力；在加利福尼亚的奥克兰，开发商和规划师共同建造了杰克伦敦广场并将仓库改造成了阁楼，搬进阁楼的有钱人吸引了食品杂货店、书店和药店等服务业进驻，原先废弃的地区也变成了商业蓬勃的时尚居住区；此外，洛杉矶和纽约的服装区以及芝加哥地区西部的仓储区也有类似的成功改造。在旧金山和波士顿，规划师和开发商通过在废弃和受污染的地区建设可支付住宅，使整个地区发生了根本性变化。但是，在改造过程中必须注意，拟改造的目标地块应地处优良的区位，否则难以通过低的土地投入确保物业开发后的持续升值。

在20世纪的80年代和90年代，土地利用策略、城市改造和经济知识一道促成了许多中心城市工业区和商业区引人注目的复兴。巴尔的摩的港口区是最早和最为成功的复兴行动之一，罗斯公司将衰败的港口码头区变成了建有国家水族馆和卡姆登·洋基棒球场的节日集会场所。巴尔的摩中心的这些改造激发了市民的骄傲感，使私人商业投资增加，并继而引发了周边地区的更新。

巴尔的摩并不是惟一的例子。在霍顿广场联合体实施由住宅、购物和娱乐等组成的改造规划前，圣迭戈中心区鲜有商业活动（图12-6），而且，这一公私合作还包括了将一个废弃的滨水区和贫民窟变为全国性旅游目的地的改造活动。克利夫兰、旧金山和圣约瑟也采取了类似的发展策略，将公共投资和基础设施改进与私人投资联系起来。目前这三个城市已建设了大量混合使用项目，使中心区重新焕发了生气，恢复了城市活力并刺激了经济复兴。

任何地区都有产生和吸引经济活动的区域。要在这些区域开展经济发展，则要取决于规划师与开发者之间积极的合作，因为他们知道如何将旧地块改造为新的用途。规划师不应阻碍富有想像力的发展计划，而应利用各种规则手段使之深化，帮助将创造性的发展设想变成切实可行的、对公共有益的项目。规划师不应坐等开发商提出开发设想,而要能够并应该主动地提出对当地景观风貌的改造设想,以确保居民、投资者、纳税人和开发商的持续利益。

商业开发

商业开发涉及吸引、留住和扩展工商业的各种经济开发活动。在"烟囱林立"的时代,这种经济开发形式主要集中在如何吸引外界的公司进驻。然而近年来,商业开发活动已发生显著的变化,新的目标是要开发、培育和维持社区内的商业活动,就连培育合作氛围,增加人文和社会资本,甚至为地方企业提供小型投资都是当今商业开发途径的一部分。

图12-5 圣莫尼卡第三街道向步行街的转变
1927年加利福尼亚圣莫尼卡林荫道上的第三街道,(上图)
1965年从威尔郡林荫道向南看第三街道(下图)
1999年从圣莫尼卡林荫道向南看第三步行道(对面页)

为改善当地就业的前景,规划师必须找到刺激新公司发展的办法,这些新公司反过来将会支持以地方为基础的商业,进而提供更多的工作机会。成功的就业创造包括两部分内容:一是就业机会适合本地及居民;二是为不同技能和薪金水平的工人创造就业机会。

以上的两个目标都不容易实现。虽然国内的高薪金工作在不断增加,但它们不是均衡分布在所有地区;而且,低薪金的服务岗位虽然增长得更快些,但也不是分布在最需要它们的地方。例如,富裕郊区的雇主会发现低薪金的服务工人越来越难找;同时,旧城的居民又负担不起搬迁或在郊区上班的交通的费用。旧城内不断增加的未充分就业和失业群体,得不到经济上的发展机会,也失去了社会和地域上的灵活性。为了解决就业与员工空间分布上的不匹配,经济发展采取了使地方经济活动多样化的策略,即让就业服从员工,而不是让员工服从工作。

例如,可以通过商业援助中心提供易得的管理训练、咨询、顾问和研究服务,以帮助新的或现有公司改善经济表现,提高生产力。在许多地区已经创立了一站式的商业援助中心,在那儿可以办理从贷款到建设许可的一切事由。另一种商业援助模式则是通过个案代理公司,受理社区内的选址规划,通过加快规划过程以减少不必要的延迟,并确保在商业需求与地方管理规定之间进行协调。

企业园区为新公司提供了专门的园址，技术园区则满足高科技企业对基础设施的特定需求；企业孵化器提供低租金的空间和复印、会议室等共享设施，以减少新企业的经营成本；有些社区还为孵化器中的企业建设了中央交易设施。

图12-6 通过公私的共同努力将圣迭戈中心区霍顿广场著名的第十五街区(上图)变成了相当成功的零售和娱乐综合体（下图）

企业和政府的伙伴关系强化和扩展了商业开发在经济发展中的作用。例如，在商业改善地区（有时是在先前的衰退地区），地方政府会提供商业援助中心，同时提供辅助性治安措施来满足安全需求。在许多社区，由地方商会和地方政府发起的商业维护组织研究现有雇主的需求，并寻求通过企业与政府之间合作来满足这些需求的方法。在联邦政府支助的授权区内，地方开发银行通过提供贴现贷款和金融服务来培育企业发展，投资者可以获得免税和雇员培训补助。

地方商业开发的努力在于吸引、培育和扩张企业，以改善地方投资者提供就业岗位的数量、质量和多样性。

回到未来：帕萨迪纳，加利福尼亚

问题 在20世纪70年代，加利福尼亚帕萨迪纳的中心区面临严重的衰退，市里实施了常规的拯救措施，包括建设一个注定要失败的中心商业街。这些措施没有起到任何效果，直到市里在70年代末期实施了非常规的措施"回到未来"才扭转了这一趋势。

规划 帕萨迪纳的衰败区位于科罗拉多大道沿线，是每年的玫瑰花车游行线路。一个社区团体提出了经济发展和环境改善的规划，计划对老帕萨迪纳区的停车场和步行街进行改造，并包括小型专门零售店和大型的商业机构。为确保改造符合居民的意愿，市里采取了以市民为本的设计和融资程序，包括征求公众意见的深入公众咨询等。改造目标是借助当今的营销手段和适当地重新利用历史建筑，再现帕萨迪纳中心区30年代的城市活力，从而开创这一区域新的未来。

实施 该市在街景改造方面投入了2800万美元，包括街道小品、艺术品和立面改造。另外，还在停车场建设和市政改善方面支出了4至5亿美元，包括对主要街道上历史建筑的修复和老路的翻新。这些由政府和地方社区提供的投资带来了整个"老城区"的复兴，路边的人行道咖啡馆和广场都带着西班牙式的建筑风格。新制定的管理规定避免了非常规商业增长可能带来的不协调。城市政府只进行了适度投资来拓宽人行道和建设停车场，使小巷能满足专业店集聚的需要。修复的商业建筑顶上几层改为了临街零售业的办公室；几座新电影院沿街集中布局，还有各式各样的专业餐馆满足人们各种需要；中心区增建的住宅增加了各时段街道上行人的数量；另外，徒步和骑车巡逻的警察也足以确保公众的安全。这个一流的规划是公共和私人部门精心合作的结果，运用适当的环境设计和经济发展手段使一个破旧的商业区变成了一项资产，不仅增加了城市的财富，而且还激发起市民的自豪感。

298　地方政府规划实践

　　规划师通过目标性商业援助服务来研究现有雇员的需求，预期新的商业机会，并在特定的区域和国际市场中培育这些机会。对那些与地方市场紧密相关的商业机会来说，目标性商业援助服务至关重要。因而，规划师在促进新的地方商业开发方面拥有了更多的发展策略，而其中的挑战则是要进行创造，特别是为那些弱势工人创造基于区域或地方经济基础上的充分就业机会。

人力资源开发

　　人力资源的开发是基于这样一个前提——地方经济发展的核心资源是人力，而不是土地、建筑或市政设施。新加坡发展成为技术产品净出口国的复兴，就是建立在国家从低工资、低投入产品中心向拥有高质量技术劳力的高工资、信

图12-7 老帕萨迪纳改造前后的对比。(左图)在20世纪80年代，将北美橡树大街空置废弃的建筑变成了表现建筑风貌的地区；(右图)将史密斯巷恢复为步行道

> **我们自己创造就业岗位，谢谢你：加利福尼亚奥克兰的卡索蒙特中学**
>
> **问题** 加利福尼亚的奥克兰作为全国最大的国际贸易港，虽然有大量的工作机会，但仍有37%的黑人青年失业，而相比之下1998年全国仅有12%的黑人青年失业。这些失业青年住在机场和港口的步行距离内，虽然他们每天能看到人们去上班，但他们就是不相信自己能够得到工作，也不知道如何得到工作。为了解决这一现象，一个有工作技能培训经验的社会团体与奥克兰联合学校区合作，帮助这些年轻人学习如何创造和适应机场和港口周边的工作。
>
> **规划** 由于成千上万往返于奥克兰和洛杉矶的早班乘客每天要消耗大量的咖啡，因此，地方社会团体将这些乘客视为潜在的消费者，并为失业青年举办培训，训练他们为这些乘客提供咖啡服务。
>
> **实施** 实施的过程相当简单。开办于1987年的青年培训公司为咖啡销售计划提供制度基础。参与的年轻人在学校和当地的青年培训中心获得深入的营商训练。地方和国际基金则资助中心为青年培训课程提供教员。
>
> 这一简单的创意最终得以成功，吸引了足够资金建设了位于奥克兰国际机场附近的卡索蒙特中学机场咖啡店。1996年，咖啡店月收入总额为24000美元，并为曾经的失业青年提供了稳定的工资。最近几年内，其他私人渠道的额外资金又将为当地青年启动另一个就业计划，包括在中学校园及其他场所开办商业项目。

息经济的转变上；尽管不是按照规划的模式，加利福尼亚的硅谷也是获益于技术工人的使用；此外，不少地区包括西雅图、华盛顿、犹他州盐湖城和加拿大的范库弗峰，也都已相当成功地创造了基于技术和强竞争性劳动力基础上的经济发展。

20世纪90年代开展的福利改革强调工作的社会价值：即促使穷人向劳动力转变，使他们不再依赖于福利。但这一设想的作用与工作本身的经济价值密切相关。如果穷人有了工作，但工资却很低，那么这一改革只是降低了福利预算，而并没有真正提高穷人的经济福利。

如果不加强人力资本并提高可获得工作的质量，那么福利改革就不能成功地消除贫穷。人力资源方面的发展策略强调的是工人与就业之间的协调，即注重地方工业的发展趋势，提高潜在劳动力的知识与技能。建立一个多样化的就业基础既可以提高投资者的竞争力，也能增加雇员的竞争力，同时也使得两者在全球市场中将越来越有竞争力。

实现这一目标的方法之一就是专业训练以及根据特定公司的需求开展特殊的训练。

此外，许多社区学院提供费用低廉的在职培训，通过给学员们传授新的技能，或是教他们操作新的设备来进行再培训，以提高他们的生产力。

另一种方法则以就业地为核心，强制要求接受政府资助的雇主优先面试和雇佣当地的称职工人，然后才能雇佣其他地区的工人。也就是说，雇主同意以雇佣受限来换取资助或优惠。然而，以就业地为核心的计划如果被视为基于种族基础的就业准入，而不是为了经济需求，那就很难实施。最富创意的方法是通过社区范围的就业论坛，如网页等来撮合工人和雇主。

地方就业计划提供一系列服务，例如，通过就业办公室撮合雇主和工人，实施培训和技能提高计划来帮助弱势居民提高他们的就业能力；就业庇护计划用于帮助人们从接受救济走向工作，包括安排一名失业人士去陪伴一名正式雇员一个工作日。这一安排使那些没有工作经验的人学习如何守时、着装、举止、谈吐，以及雇主组织工作的一整套习惯。

有些州已经制定了许多将人力资源与经济发展相联系的生产性计划。例如，俄亥俄州的高失业计划，提供了工作准备援助、就业培训和雇主培训奖励，以帮助长期失业和未充分就业的少数族裔转为永久就业。其他州的人力资源开发计划则将社区学院课程援助、成人教育计划和区域职业培训与来自私人企业委员会、非盈利基金、地方政府的资助结合起来。在开展的如何利用社区学院服务城市穷人的研究中，琼·菲茨杰拉德和戴维斯·杰昆斯列出了以贫困的旧城居民为目标的成功就业和培训计划的特点：

1.有来自高层政治和社区领导的强有力而主动的承诺。
2.对看孩子等家庭问题的精心处理。
3.与社会服务供应者的紧密伙伴关系。
4.有为寻求特定工作技能的特殊学生而设计的项目。
5.有雇主积极的参与。[12]

现已证明，对贫困人士的人力资源开发非常困难，因为其分布的集中以及与社会的隔绝阻碍了他们获得适度的经济机遇的努力。在失业穷人中，劳动力的不断增加并不能确保收入增加或就业保障。因而继续教育和培训计划对提高工人的技能和能力，对竞争中等收入的工作岗位至关重要。这些计划的长期实行需要当地社区的不断支持，以提高就业和机遇，即减少通常受种族、民族和经济分离限制的各种机会。事实证明，国家、区域和地方的伙伴关系对纠正人力资源与经济机会之间的空间错位至关重要。规划师应该在促成这些伙伴关系并使它们发挥作用的过程中起到积极作用。

社区发展

以社区为基础的经济发展致力于将最低收入群体带入地方经济当中。这些努力有多种形式,从依靠地方非盈利群体建造可支付住宅,到建设社区自有和自营的商业以吸纳社区工人及相关薪酬。人力资源开发通常与社区发展项目结合,这是因为除非当地劳动力能从中受益,否则创造新的就业岗位就毫无意义。

人们重视地方观念。如果因职位变迁而需要频繁的迁移,那越来越多的工人将愿意放弃这些机会而扎根于他们中意的地方。其中的一些人将调整他们的生活标准以适应收入的减少;而另一些拥有相当知识和技能的人则可以与当地的雇主讨价还价。

那些能够吸引有技能居民的地区,反过来也会吸引投资者的注意,他们希望能够充分利用这些技能工人。在许多以信息为基础的产业中,投资者在进行办公楼和厂房的选址时,更注重的是当地的生活质量,而不是制造业考虑的传统因素(如自然资源与交通等)。旧城因投资的撤离和社会的隔绝,使社区资产和能力多年无法发挥,在这场竞争中完全处于劣势。

将工作机会和工人留在家中:佛罗里达尼斯威里的奥克卢萨-沃尔顿社区大学

问题 80年代末布什总统宣布裁军,佛罗里达州的奥克卢萨县受到很大打击。那些严重依赖于国防合同的当地企业必须尽快找到新的顾客。1989年,奥克卢萨经济发展委员会组建了由50个即将面临关闭的企业组成的制造及工程技术浪潮网络,这个网络开展了从广告、采购到员工培训等一系列组合项目。由于企业要生产新的产品赢得新的顾客,因此员工培训是必然的。然而,大多数企业并不愿意按传统的学位课程方式来重新培训他们的员工。

规划 受益于前瞻性和富有远见的规划,奥克卢萨-沃尔顿社区大学着手解决这个问题。首先,他们根据商业发展的需要,创立了质量学院(TQI);然后根据雇主需要,从雇主角度出发,在新创立的质量学院中设置了一系列不同长度的培训课题。质量学院的目的是为企业提供质量管理培训,帮助企业更好地吸引和留住顾客以提高竞争力。通过这个学院,社区大学能超越其能力,调动更广泛的资源来满足企业的需求。

实施 质量学院成为了提供必要雇员培训的工具。此外,社区大学还开展了一项调查来评估企业内部的管理过程和能力。调查显示当地企业并不了解其他企业的能力,因此,企业之间开始进行合作和联营,以提高争取合同的竞争力。在奥克卢萨,要创造新的就业并保有旧的就业机会,人力资源已成为关键。

因此，这些社区的发展应充分利用其在相邻性、区位及周边团结等方面的优势，来增加当地工人、居民和雇主的经济能力。

非赢利的基于社区的开发组织在资金与技术等方面起到了良好的渠道作用，可以帮助社区的居民实现其发展目标。这些组织经常将地方领导的努力与慈善捐助和政府资金联合起来，发展和经营社区自有的项目。除了建设和经营企业，社区发展组织还提供更为广泛的服务，包括建造和更新住宅、培训员工和提供看护小孩及老人的服务。

虽然社区发展组织的基础性使其成为了地方经济民主实践中引人注意的制度工具，但其相对较小的规模却使他们很难满足全方位的社区需求。不过，一些特例仍十分重要，包括加利福尼亚奥克兰的西班牙语联合委员会，芝加哥的南海岸组织；纽约的贝德福德·斯图佛逊社团，这些社区组织差不多已提供了30年的全方位的社区建设服务。

创造产业和就业：新泽西纽瓦克的新社区组织

问题 早在20世纪60年代，纽瓦克的沃德中心区商业开始衰败，几年后，旧城已基本空置，很少有商业留下来，更没有新的商业进驻。

规划 为了重建就业基础，当地社区组织者建立了一个以社区为基础的组织，名为新社区组织（NCC）。新社区组织从一开始就确定要重新开发整个社区以吸引新的商业。1968年，NCC开始扩展出更多更广泛的居民活动组织，既有社区内的，也有社区外的。NCC的组织者拜访了工会、公司和郊区社团，提供关于NCC的信息，进而构筑了一个支撑网络。

根据规划，要组织一个强有力的、均衡的组织，工会和公司要参与领导，并要得到来自周边社区的强有力支持。NCC关于社区经济全面复兴的长期计划与社区基础设施的战略性投资是一体的，包括要建立孩童看护中心，建造安全和可支付的住宅，经营超市、其他小型零售店和一个配送分部等。这些地方的企业保持了社区收入，提高了居民的就业技能，最终使他们能够在区域就业市场上竞争更好的工作。NCC作为一个企业，和其他的大型公司一样，也有它的收益结算底线。但在这里，收益是为按社区经济更具竞争性所提供的保障来进行结算的。

实施 NCC作为一个非盈利公司，但有赢利的手段。其中，总部提供全面的指引和领导，各经营实体必须创造利润。其内部组织为当地居民提供就业岗位和组织培训，其他非盈利服务组织则处理如保健等家庭服务。

策略性方案中的共同缺陷

地方经济发展的实践者应了解经济发展策略中的一些共同缺陷，包括：需要获得资助、项目优先、培育岗位而不是培育人力，以及赶时髦等。

获得资助 获得政府和慈善的基金在地方经济发展中非常重要，然而，要获得资助不仅要投入非常宝贵的时间和金钱，而且还要满足赞助者的要求。规划师应当根据地方的需求与目标，而不是根据潜在赞助者的要求来开发资源和增加地方财富。

项目优先 成功的经济发展计划应来源于好的经济发展策略，而不是其他。规划师可能会成功地为一个衰退地区争得一个联邦企业地区的名头，但联邦企业地区开展的项目所提供的服务是否满足了地方居民所盼望的经济发展需要呢？商业援助、一站式商业信息办公室和税收减免计划是很好的发展计划，但它们只有作为一个完整策略的组成部分才能很好地发挥作用，因为它们本身并非策略。

培育岗位而不是培育人力 规划师有时比较过于专注于创造就业岗位，以至于忽视了人力和制度资源的培育，以维持经济的长期增长。如果公共设施投资、商业开发和建设企业等这些内容都值得开展时，只专注于创造就业的经济发展就是错误的。只有当创造就业与其他重要的经济发展目标保持一致时，提供更多、更好的当地就业机会才有价值。地方发展努力必须与人力和制度建设一起，将就业的增加转化为社区的财富。

赶时髦 好的规划师应相互学习，但他们必须记住，适合周边街区的就业不一定适合本地街区。地方经济发展的实践者应该非常关注他人的经验，但只能作为解决本地特定问题的参照。例如，不是每个面临制造业工厂关闭的社区就都能发展高科技企业。有很多方法来应对制造业工厂的关闭，而规划师面临的挑战则是要去发现哪一种方法对这一特定社区最为有效。

合作社与社区发展组织的相似点在于它们都是集体管理。然而，合作社也是集体所有。合作社实际上是雇员拥有股份的商业组织，公司员工既有管理公司事务的权利，也有分享利润的权利。如果公司发展得好，那员工不仅从薪金中获利，而且还可以享受到企业增长给其股份带来的好处。员工持股制已变得越来越普遍和多样化，甚至包括一些主要的航空公司和汽车出租公司。在社区这个层面，合作社由当地的消费者和投资者共享，这使住宅改善、食品价格下降以及新的业务开展成为可能。合作社的民主和参与框架使成员能影响自己的经济命运，并将经济增长带来的好处留在本地。

不断增长的以社区为基础的就业发展培训虽然增加了地方的财富,但它们常常被不愿冒险的投资者和贷款方所忽视。邻里之间的合作,特别是在那些传统产业部门衰退的地区,应能使那些没有经验的雇主和雇员互相学习,共同承担风险。一个成功的社区发展组织应能为各种地方性商业活动构筑社会、政治和经济的支撑系统。

整合经济发展策略

经济发展的对象包括手段(发展过程的参与者,包括每个战略目标的制度风险承担者)和目标(工人、社区成员以及地方政府)。好的地方经济发展依赖制度将手段和目标结合在一起。例如,只关注就业是不够的,就业目标必须与组织、企业和其他风险承担者的需求联系起来,使他们能够同时获利于某地某类就业的增长。而且,策略目标应考虑社区组织等风险承担者的需求。

像好的规划策略一样,经济发展策略应保证借助恰当的手段以达到所需的结果,这一点值得反复强调,因为大家很容易使用错误的手段来追求好的结果。例如,地方政府并不是持有破落企业所有权或开发新产业的最合适机构,但却是发起街景改造工程的理想机构。

在实施计划以达到发展结果的过程中,风险承担关系非常重要,而且时机也很重要。开发计划应结合风险承担者的理解和认可来确定当前和未来回报。最后,再将这些策略要素整合作为专项项目的行动计划,行动计划不仅要检验项目和做法的可行性,还要将这些做法与整个发展目标和风险承担者的利益联系起来。

结论

只是简单地将企业从其他地区吸引过来,而不考虑这些企业是否适合当地的经济发展,这对增强经济实力并没什么益处。内向型发展依赖于能最有效使用当地资源的企业、人力和机构的培育和吸引。全球竞争的关键是组织和利用制度与人力资源来形成和适应国内外新的市场。正如经济发展顾问威廉·诺思杜夫所指出:

国家经济发展部门能够提出开明先进的经济发展策略,但仍然经不起竞争的考验,除非这些策略有同样开明先进的劳动力教育和培训计划来作为后盾,因为竞争力的挑战最终就是一个能力的挑战。[13]

本章解释了为何原材料和土地不再成为地方财富创造的关键因素,为何地方经济发展不再意味着利用税收减免和其他刺激手段将企业从一个地方吸引到另一个地方。经济发展规划需要制定新的制度和手段,以刺激地方性的经济活动来创建新的公司,培育有潜力的企业,创造新的公私关系,并增加当地的人力资本以在全球经济中的竞争力。

经济发展规划研究并改善区域、城市和城镇的经济活动。由于全球竞争的需要,使得经济区位成为商业成功增长越来越重要的要素,地方经济发展规划也在寻求如何将地方资产资本化,这些都需要政府、公司、员工与市民组织的合作。与传统的总体规划相比,地方经济发展规划需要对私人经济活动进行更为深远和前瞻的参与。

世界市场的均质化和全球经济一体化使得地方经济发展规划对地区未来特别重要。地方经济合作将为经济多样性和创新提供重要的源泉。不是用物质景观来适应产业部门的功能需求,规划师将创造具有独特价值的环境来赢得居民和用户。这就需要一个能将本地与国际机遇精心相联的、目标明确的经济发展规划。

注释:

1. Portions of this chapter were adapted from Edward J. Blakely, *Planning Local Economic Development: Theory and Practice,* 2nd ed. (Thousand Oaks, Calif.: Sage, 1989).
2. Ted K. Bradshaw and Edward J. Blakely, *Rural Communities in Advanced Industrial Society* (New York: Praeger, 1979), 30.
3. William I. Goodman and Eric C. Freund, eds., *Principles and Practice of Urban Planning* (Washington, D.C.: International City Managers' Association, 1968), 20.
4. U.S. National Resources Committee—Urbanism Committee, *Our Cities: Their Role in the National Economy* (Washington, D.C.: Government Printing Office, 1937), 63-4, as cited in Goodman and Freund, *Principles and Practice of Urban Planning*, 26.
5. Neal Peirce, *Citystates: How Urban America Can Prosper in a Competitive World* (Washington, D.C.: Seven Locks Press, 1993).
6. Michael Porter, "The Competitive Advantage of the Inner City," *Harvard Business Review* 54 (May-June 1995).
7. Peter K. Eisenger, *The Rise of the Entrepreneurial State. State and Local Economic Development Policy in the United States* (Madison: University of Wisconsin Press, 1989).
8. Douglas Henton, John Melville, and Kimberly Walesh, *Grassroots Leaders for a New Economy* (San Francisco: Jossey-Bass, 1997).
9. Robert P. Giloth and Robert Mier, "Spatial Change and Social Justice: Alternative Economic Development in Chicago," in *Economic Restructuring and Political Response*, ed. Robert A. Beauregard (Newbury Park, Calif.: Sage, 1989), 186.
10. Robert Cochrane, Harold Wolman, and Gerry Stoker, "Understanding Local Economic Development in a Comparative Context," *Economic Development Quarterly* 6 (1992): 415.
11. Carla Jean Robinson, "Municipal Approaches to Economic Development: Growth and Distribution Policy," *Journal of the American Planning Association* 55 (summer 1989): 283-95.
12. Joan Fitzgerald and Davis Jenkins, *Making Connections: Best Practice Efforts by U.S. Community Colleges to Connect the Urban Poor to Education and Employment*, a report for the Annie E. Casey Foundation (Chicago: Center for Urban Economic Development, University of Chicago, 1997).
13. William E. Nothdurft, "Developing an Internationally Competitive Workforce," in *Local Economic Development: Strategies for a Changing Economy*, ed. R. Scott Fosler (Washington, D.C.: International City Management Association, 1991), 43.

第13章 城市设计

乔纳森·巴涅特、加里·海克

在20世纪开始的时候,城市的设计被看作规划职业的核心任务。20世纪30年代,由于对工程学及街道制图的关注变得更加重要,于是,规划师将他们的注意力转移到贫民窟清理、公共住房及用地分配等方面。到了20世纪50年代后期,规划计划中不再出现城市设计方面的内容,也很少有城市还有任何的规划职员负责城市设计。

虽然城市设计已逐渐恢复成为规划教育及实践的一个基础部分,但中心城区的街道仍然是孤立混乱的新建筑及半空置的停车场地,被五光十色的办公建筑所挤迫的老旧矮小的教堂,和被新的公寓塔楼切割得支离破碎的老旧邻里,所有这些都使人回想起城市设计在大多数城市中已经被忽略了几十年。

在快速发展的郊区,那么多城市设计机会的被忽视现象是令人沮丧的。在外部地区,位于高速公路换乘点的小型城市中心基本上千篇一律——一座旅馆、办公建筑、花园公寓以及一个购物中心,而且每个建筑物都坐落在其基地的中央,建筑物之间也没有相互关系,来回走动惟一便利的方式就是乘坐小汽车。在内城重建地区也失去了许多进行城市设计的机会,公共补贴的住房、一所学校、一座消防站及一个街区的商店,也许在短短的几年内全部沿着同一条街道一个挨着一个地建设,没有任何功能或美学方面的协调。

然而,几乎每一座城市的一些部分,都已经有了成功的设计;此外,每一座城市的几乎每一个方面都存在某个设计良好的地方——这些都证明了支持城市设计的公共政策能够奏效。

我们可以想像一座结合了来自全部北美设计精湛要素的城市。通往城市的高速公路,像纽约泰克尼克州公园路一样,被精心组织进自然景观;快速公交系统,像俄勒冈州波特兰(图13-1)或华盛顿特区的一样,帮助组织起整个区域的发展模式;经过景观式的办公区进入城市的旅程像新泽西州普林斯顿的佛莱斯托办公园一样,由于工业区的污染对所在地点周围地区的影响已经最小,因此,我们几乎感觉不到工业区的存在;接下来,我们穿过像马里兰州甘塞斯博格肯特伦兹一样的规划过的郊区社区(图13-2);在高速公路进入中心城市的地方,我们将看到像波士顿斯泰罗车道或芝加哥湖滨车道一样的风景趣味,并且像布鲁克林皇后区快速路穿过布鲁克林高地散步路下面一样,这些道路将成功地和城市邻里综合在一起。而且,像西雅图或凤凰城的一样,邻里之间的分割及联系都通过盖在高速公路上的景观平台形成。

城市的居住邻里和渥太华皇后区的森林山公园及格利比相像,并且具有和密

图 13-1 俄勒冈州波特兰的轻轨系统已帮助复兴了老的城市地区,并且为现状及规划的郊区发展提供了结构

图 13-2 马里兰州甘塞斯博格的肯特伦兹,为郊区发展创造了一种新的模式:住房靠近街道且相互临近,车库门面向单独的小巷。规划师是安德瑞斯·杜安尼和爱比尼兹·派拉特—兹博克

苏里州堪萨斯城国家俱乐部广场相似的较高密度的零售及居住中心；老的住房项目都已经重建为邻里，就和波士顿的哥伦比亚一样；空置多年的旧式工厂，和匹兹堡前琼斯及罗佛林钢厂用地上所发生的一样，将被高科技研究园区取代。

中心城区，是像巴尔的摩内港或圣安东尼奥河边步行道一样的滨水景观；景观化的空地蜿蜒经过被修复的中心城区邻里，像波士顿的贝肯山和拜克湾以及费城的社会山，或者是像范库弗峰的错溪地区及旧金山的南海滩地区一样的更为现代化的地区；有一个像贝弗利山或丹佛一样的市民中心，一条像芝加哥上密歇根大街和科罗拉多州鲍尔德六街一样的购物街，或者是一个像密尔沃基市大街和明尼阿波利斯市卡尔加里航线系统所创造的综合体一样的室内购物中心；像俄勒冈州波特兰市一样的城市喷泉，像纽约城的洛克菲勒中心，或者是像弗吉尼亚分开办公建筑组团的雷斯顿镇中心；附近，是一个旧的叠售市场，它就像西雅图的匹克市场和渥太华的拜瓦德市场一样，已经变为一个鲜活的新地区的中心景观，等等，有很多实例。什么将会使得一个整体设计过的城市，可能会将这些大胆的城市设计计划、市民意愿及能量结合起来变为现实。

城市设计概念及理论

什么是好的城市设计？在这个问题上，既没有简单的一览表能够界定什么是好的什么是坏的，也没有单一的理论能作为所有实用决策的基础。

18世纪中叶以前，城市的发展是缓慢的，很多今天将会被看作城市设计的决策，当时都是通过一个个试验及逐渐变化的过程来制定的。尽管地形及文化差异使得每座城市都是惟一的，但准工业化的技术却几乎将相似的模式强加给了每一个地方。在那个时代，防卫要求及靠近良港或交通路线的需求限定了城市的选址，具有防卫功能的城墙也限制了城市的发展。即使在不再需要城墙之后，大都市地区的规模依然受到人的日常活动以及马车能够覆盖的范围的限制。

网格状规划是最早的城市设计概念之一，它将城市布置为一系列的方格街道及街区。这种规划在古希腊、中国、哥伦布发现美洲大陆以前的中央地区及南美洲等不同的文化中独立发展。在一些最早规划的城市中——例如，中国的长安、罗马新城以及欧洲为十字军东征分段建造的很多运输点的城镇中——街道是按照矩形系统来布置的，重要的大道从城墙内的大门处出发，到达中央广场或市场。但是，多山的地形、防卫性城墙的形状以及几个世纪细致划分的物业，又创造了一些更为不规则的城市，城市中有一些带有狭窄、环绕且经常是断头及变化方向街道——如在佛罗伦萨或伦敦，这两个城市的布局本来是由罗马人建立的直角相交的网格状布局。

早期的北美城市通常是按照简单的方格网规划建立的，目的是为了更容易划分土地。西班牙人控制领地城市的设计符合西印度群岛1573年颁布的法律，在这个法律下，对称的公共广场覆盖在方格网上；此外，少数北美城市也合并了公共广场的规则模式到街道方格网当中，如1682年托马斯·霍尔姆为威廉姆·佩恩所做的费城规划，1733年奥格尔索普为大草原做的规划，以及1753年查尔斯·莫里斯为新斯科舍的留尼恩堡所做的规划。

纪念碑式的城市

在西欧的文艺复兴时期,感人的纪念碑式的城市设计是由源自古罗马的建筑学创造的,它是设计师进行透视设计的时候,对空间创造新的理解。纪念碑式城市主要的组织原则是中心线上的一条轴线,两边排列着体量相似的建筑,规则空间的柱列或拱列在街道及公共广场边上,狭长的街景以山、方尖碑或公共建筑立面的中心作为结束。这种理念最先是出现在理想街道及公共空间的绘画当中,用作舞台布景,后来又在花园的设计中出现,并最终成为了完整理想城市的规划——这当中的一些,例如帕尔马诺瓦、威尼斯的外围等就是这么建造起来的。

皮埃尔·查尔斯·朗方为华盛顿特区所做的规划,在乔治·华盛顿的任期内完成,是一个为整个城市所做的首次设计,运用了全部的文艺复兴词汇。覆盖在基本方格网上的,是一个长对角线街道系统,就像16世纪80年代罗马教皇五世在罗马建造的,以及1666年大火之后克里斯多佛·瑞恩为伦敦所建议但没有被采纳的规划很相似;此外,国会大厦及华盛顿纪念核心区白宫的布置,和凡尔赛宫殿及花园的组织相似。

华盛顿的规划对美国其他城市的发展几乎没有产生影响。尽管在布法罗、印第安纳波利斯及底特律等能够看到和华盛顿相似的对角线街区,但大多数的北美城市还是规划为简单的方格网,可能会有一个中心广场作为市场、法院或其他的政府建筑。然而,在19世纪后期,美国建筑师开始研究海外的东西并知道了开始于19世纪50年代的巴黎改建:为了应付快速增长和由铁路及其终点站建设所产生的越来越多的街道交通,塞纳河行政长官奥斯曼男爵,在旧的城市肌理中打通了一系列笔直的、栽有行道树的林荫大道,且沿着这些林荫大道路线土地上的公寓建筑,都受到高度及外立面方面的限定。而且,在同一时期,纪念碑式的建筑学构图在维也纳、科隆及其他欧洲城市里逐渐代替了防卫性的城墙。

1893年在芝加哥举办的哥伦布世界博览会,给了在欧洲接受培训的美国建筑师一个机会,即向公众证明一个经过设计后的城市看上去会如何:大量普及的白色城市、博览会的中心装饰品、在美国发起了所谓的城市美化运动。城市美化规划一个最重要的实例是1902年麦克米伦委托制定的华盛顿特区规划,它将朗方的街道布局发展为三维的中央政府综合建筑项目,并增加了一个区域公园系统。丹尼尔·伯汉姆和爱德华·班尼特1909年为芝加哥做的规划甚至更加广泛,除了建议一套覆盖在地区街道上的巴黎式的林荫大道系统之外,规划还绘制了宏大的滨水公园及壮丽的公共建筑,甚至还试图规限私人投资(图13-3)。这个规划影响了芝加哥几代的发展,甚至还影响了芝加哥大多数的城市公园系统,由于在制定这个规划的时候,现代区划及城市重建技术尚未出现,因此这是一个非凡的突破。

纪念碑式的传统一直是设计师构思城市空间的有用方法,尽管在通常设计时已经没有了古典的柱式及其他的传统建筑词汇(这些东西的象征意义已经变得不适当)。但是围绕广场组织建筑,街道设计结束于建筑物立面的中心或是开敞进入狭长的街景,规划大街的两边都是相似的建筑物组群——所有这些都仍然是有效的设计技术。

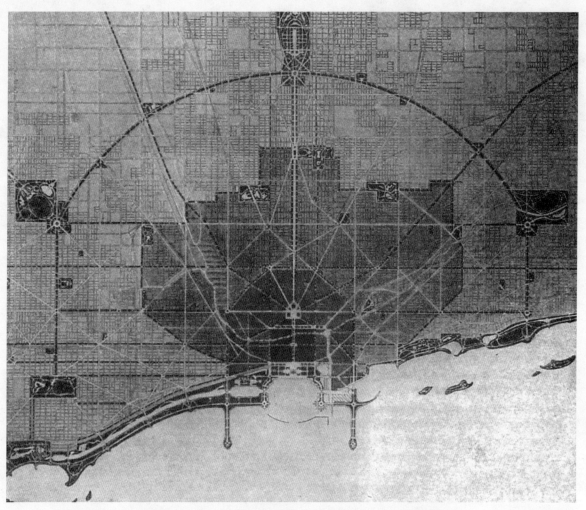

图13-3 丹尼尔·伯汉姆和爱德华·班尼特1909年为芝加哥做的规划，运用了纪念碑式城市设计的原理，建议了一个新的区域性林荫大道网络，大道两边是统一高度及建筑式样的建筑

花园郊区及花园城市

通过公园、公共广场以及有行道树的林荫大道，纪念碑式的城市设计将自然带进了城市。这种设计城市的第二种方法首先考虑的是自然，而建筑物则成为自然环境中的事件。随着老城市变得越来越拥挤和受到污染，花园城市及花园郊区的设计理念在19世纪开始出现了。

1869年由弗雷德里克·劳·奥姆斯特德设计的伊利诺伊州滨河地区——这个地区的居民可以通过轨道交通进入芝加哥——成为花园郊区一个重要的榜样。自然景观被精心地组织及编排，为沿着精心计划路线参观的人提供了一系列变化的景观；弯曲的街道，模仿英国花园及公园的路径系统，划分出了不规则形状的地块，并为住房提供了公园般的环境。用地设计的额外延伸例如公园及园林路布置在一旁作为公共用途。这种滨河地区的设计模式一直影响着城市设计直到现在。

花园城市，作为花园郊区的对立面，是埃比尼泽·霍华德这个赞赏美国乌托邦聚居点的英国人提出的激进的社会建议。他建议，一个设备齐全的、自给自足的社区应该限定规模并以绿带环绕。绿带是霍华德独特的发明，是一个永久环绕每个社区的农业及公园用地的圆圈，它将会确保人们的生活总是接近郊野，且生活在永远不会扩大、永远不会拥挤且永远不会遭受污染的工业化城市中。根据这个实用的梦想，霍华德成功地组织建设了伦敦外围的两个花园城市原型：第一个是莱奇沃斯（Letchworth），它于1903年建设于农业用地上；第二个是维尔威（Welwyn）花园城市，始建于1919年。第二次世界大战之后，莱奇沃斯及维尔威被合并到英国新镇计划当中，这个计划给大城市创建了30多个卫星城，但并不是霍华德曾经倡导的相似社区的独立组团，这种新镇及绿带在很多其他国家也有建设。

森林山花园是纽约城的一个示范郊区，它由格罗斯维纳·阿特伯瑞及弗雷德里克·劳·小奥姆斯特德设计，于1912年使用拉塞尔圣人基金开发建设。森林山花园是一个方法的示范，在这种方法中，不同规模及收入家庭的住房和公寓，可以沿着景观街道和公园布置，且都在商店及轨道交通站点的步行距离之内。克莱伦斯·佩里，基金会的一个成员，后来将森林山花园的总平面转化为更为一般的图表，用来描述他所命名的邻里单位。佩里关于邻里的文章是作为1929年新纽约城区域规划的一部分出版的。在他的图表规划之上，佩里画了一个圆圈，标明了一个距离中心点五分钟步行距离的范围，在圆圈的中心是一所小学以及其他邻里机构。这个圆圈代表了佩里邻里规模的理念，即，即使出现了机动车，也应该以人们舒适步行的距离为基础。

设计师对郊区的看法是，郊区就像一个带有独特的环绕街道、绿带及邻里单位的连续的花园，这些都是今天的设计师一直在用的概念。

现代主义城市设计

自第二次世界大战以来，现代城市应该和过去城市完全不同的理念已经有力地影响了城市设计。最引人注目的现代大都市景象，是20世纪20年代法国—瑞士建筑师勒·柯布西耶所绘制的那些，他的图纸表达了对现状城市的全面重建。除了少数的历史纪念碑被留存下来外，取代旧有城市风貌的是和远洋定期货轮或轨道机车一样无装饰的建筑，这些高大的办公塔楼沿着架高的高速公路一字排列；公寓建筑抬高架空在景观之上。

国际现代建筑协会（CIAM）建立于1928年，不仅将勒·柯布西耶及与他思想相似的欧洲建筑师们带进了一个倡导性的团体，而且也成功地使他们的理念被全世界所采用。CIAM的哲学将大多数现状的城市发展看作是陈旧的和不卫生的。作为替代，CIAM建议了一种新的城市设计系统，以大规模的主干街道方格网为基础，来划定城市部分或者是超级街区。受佩里影响，CIAM将居住邻里限定在方格网内，但和森林山公园不一样的是，这些邻里会由独立的公寓塔楼组成，从空间角度上优化光线和空气，或者是让那些长条状的无电梯公寓坐落在最好的采光朝向上。工厂应该和城市的商业及政府中心一样，被设置在单独的区

图13-4 照片表现了波士顿西端的重建,更新项目代替了海波特·甘斯在《城市村民》中所研究的邻里。这些现代主义城市设计原理经常表现出过分单纯化

内。所有的建筑物都会是"现代的"——即,完全不以典型的郊区住宅或纪念碑式的中心城区商业及公共建筑等历史建筑作为参考。

  第二次世界大战以后,欧洲城市面临严重的重建方面的挑战;而在美国和加拿大,贫民窟清理、新的建设和补贴住房则成为规划师的首要任务。在大洋两边,重建项目一般都遵循CIAM的原则,即老建筑物的整售清理,单独的办公或公寓塔楼形成的单一用途区,以及按照现代主义建筑原则建设的建筑物。CIAM的城市发展方法,同样也适合用来应付美国部分地区及亚洲的巨大规模的城市化建设。建筑学的"现代主义",不仅标志着一个新的开端,同时也促进了快速和相对便宜的建设思路的发展。

  不幸的是,CIAM的设计公理经常产生意外的及不合需要的后果,例如,将大量低收入租房户放进孤立的公寓塔楼,被证明是形成社会不稳定因素的症结;为了提供理想的采光而与街道系统相分离的建筑物,破坏了传统上支持商业地区的街道生活并孳生了犯罪;城市更新及大规模的重建项目对当地居民进行外迁,导致了其他地区的过度拥挤。不过,CIAM也使得设计师意识到城市中的汽车状况需要根本改变,高大的建筑物也需要周边的空间,这些依然是今天的设计师为之奋斗的问题。

巨厦——像建筑物一样的城市

  和小城市一样大的相互连接的巨厦理念有着悠久的历史:实例包括皇家宫

殿、大型展览建筑、城市购物拱廊街道，以及交通终点站。然而，在20世纪60年代早期，伦敦的阿克格拉姆·格路普、日本的梅塔波李斯特、巴黎的约纳·弗里德曼、亚利桑那沙漠的鲍洛·索拉利，以及世界上的其他设计师都开始绘图建议将巨厦作为未来的城市。这些绘图将城市表现为可互换的太空仓，可以插入巨大的城市框架当中，城市沿着线性的交通系统建设，不仅可以在自身的动力下移动，而且还可以拆卸及在新的地方重建。这些设计对大规模建筑产生了巨大影响。"栖息地"是摩西·塞弗迪为1967年蒙特利尔世界博览会设计的住宅，它表达了像建筑物一样的城市的观点，其形式是将工厂制造的很多住宅单元放入一个建在基地上的三维框架当中。此外，丹佛的新机场航站楼或大阪的新岛航空公司航站楼，也都是这样的巨厦。

巨厦表达了设计师构思大型建筑物甚至是城市地区的新思路。然而，以这种方式设计整个城市有着严重的实际障碍。

整体化的设计理论及规划实践

1910年前后，一个世界范围的共识已经浮现，即将好的城市设计界定为纪念碑式及花园城市设计原理的综合。在这种观点中，中心地区应该是纪念碑式的，广阔的周边设计为景观化的林荫大道及大型的公共绿地；工厂应该限定在工业区（后来成为了德国的实践）；且工人的住房应该像公司城一样，最好以花园郊区的模式建设为好，或是应该像慈善事业基金及少数城市政府（例如伦敦郡议会）已经建设的模范工人住区一样。这样的城市应该是被农业用地和绿带所隔开的花园郊区所环绕。这种观点起先出现的时候，如果办公或公寓塔楼被看作是特大型的宫殿，甚至是高层建筑物也能适合这种城市设计。这种共识贯穿了20世纪30年代，产生了一些最好的公园、林荫大道、市民中心、花园郊区及一些充满活力的城市中心地区。

但是，城市自身变化的方式并不适合设计期望。汽车的出现，帮助城市向外扩展为大都市地区，越来越多的高层建筑，越来越多的城市中较贫穷地区过度拥挤和不卫生的情况已经引起了我们的关注。老式设计城市的方法不仅变得无法解决相关的现代化问题，而且还导致了对任何一种城市设计兴趣的减退。

现代主义似乎已经承诺，如果所有的建筑物都是现代的、空间分离都是足够的、朝向采光都是最好的并都遵循少数简单的区划原则的话，城市设计就会促进城市发展。但到了20世纪60年代早期的时候，实际表现是，城市设计的现代主义方法不仅使得城市更加显得没有完整性，而且还减弱了邻里及地区的活力。在这一时期，城市增长是普遍的，且经常是失控的，并撤销了一些需要用来重建旧的城市地区的投资。一度，很多设计师将巨厦看作赋予现代建筑及城市增长模式秩序的一种出路，但几乎没有巨厦规划得以执行，其所要求的巨大变化，恰逢节约能源、历史保护，以及规划中社区参与等开始成为重要考虑内容的时候，因此，它不再是强有力的核心方向。

当前的城市设计实践

城市设计的当代实践浮现于20世纪60年代中期,作为一种对很多新近城市及郊区发展不充分的回应。城市设计师今天意识到,所有新建筑都是现代的且没有被伪装为宫殿,但他们感到可以自由地将纪念碑式传统看作是集合建筑成为组群的方法。他们将花园郊区作为将建筑物与景观联系起来的理念;他们也对容纳多种家庭规模及收入阶层居民的邻里有了新的欣赏,学校和商店在步行距离范围内,所有的住宅都是同一尺度,且所有的服务都限定在高速公路沿线。巨厦让设计师明白,不仅有新的方法安排大规模的城市环境,同时执行机制和设计概念也同等重要。

当代城市设计的一个目标,首先是在城市环境中重建街道。例如,现代主义的塔楼,从街道后退且被公园或广场所环绕,极其不适合热情发展的城市,在既有临街面上造成了不规则的开敞,并将未经设计的建筑物隔墙暴露给隔壁。当前的城市设计强调街道层面的活力,要将各种土地用途及活动混合进中心地区,并避免很多城市更新规划所刻画的单一用途区域。这表明,如果城市是有效且协调的地方,人们就不得不在中心城区和居住邻里中都下车步行。

其他对当前城市设计的重要影响,包括期望维持生态平衡及保护历史留存的物质结构和环境。伊恩·麦克哈格的《设计结合自然》(1969年)再次主张将景观作为生态系统的首要要求,并表达了如何将这种关注融入城市设计规划(图13-5);[1] 历史地段保护的公共支持程度,不仅有助于保护老的邻里和城镇,也培育了被城市设计师、开发商及公众中叫做新城市主义的一场运动。什么是"新",有点有趣的是,是复活一种对花园郊区的赞赏,对文艺复兴城市设计原则的赞赏,以及对现代建筑工作的赞赏,例如洛克菲勒中心(图13-6),它就是对传统设计原则的尊敬。

现代主义的设计一直赞赏高密度的商业和混合用途的地区、港口及工业区,以及任何其他设计必须推动的人们及交通活动的城市部分。如中心城区以步行天桥连接其他临近建筑的中庭,货品商业中心,有屋顶的区域购物中心,以及现代航空港及商店、旅馆和移动步行道路,它们一直被设计成为巨厦的形式。

城市设计的四个传统提供了一定范围的选择而不是一套相互排斥的教条。这种设计选择的丰富性不仅反映了建筑学、景观建筑学及其他设计职业的发展,也反映了城市自身不断变化的特性。现在的大都市地区包括老的、密集开发的中心商务区和郊区的办公园区;历史地区和新的社区;传统的郊区,中心城区和新的"边缘城市"区域及其购物中心和办公塔楼;老的工厂阁楼区域及分散的工业园区。没有任何一种单一的城市景象能够包含当今城市发展的多样性和复杂性。

设计城市

随着城市一个地块接一个地块以及一个项目接一个项目地被设计和开发的延续,设计师倾向于将每个基地设想成是独立的世界,但不幸的是,独立式的购物中心、荒地般的广场、拥挤且无目的的街道都连接着随处可见的开发。

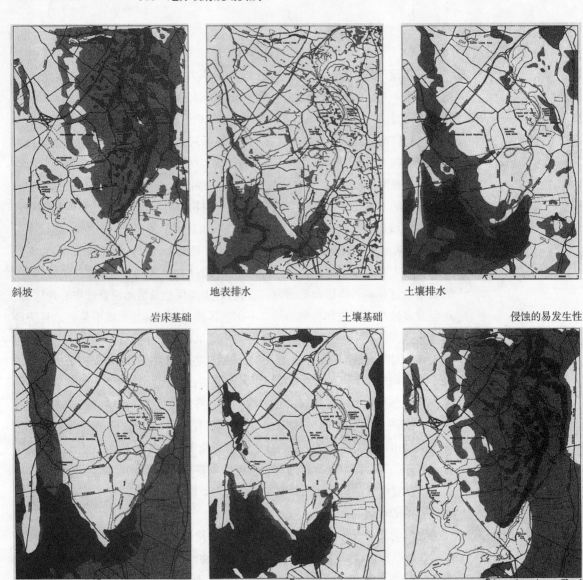

斜坡　　　　　　　　　地表排水　　　　　　　　土壤排水

岩床基础　　　　　　　土壤基础　　　　　　　　侵蚀的易发生性

图 13-5 伊恩·麦克哈格的图，说明了在泛滥平原及陡峭山坡排除之后，那里是最可建设的用地选址

城市设计的核心理念，是每个项目都需要被放在最大的关系背景中来看待。一座孤立的乡村建筑坐落在自然景观当中；一座城市或郊区建筑物又构成了街道的一部分；一条街道，又需要在设计的时候被看作是街区用地的边界，而且街道也是邻里或地区的要素，需要具有来自更大模式的含义。城市或其他开发地区如何影响其内或其外的邻里及地区应该是经过设计的。而在所有的尺度上，自然系统所创造的内容的延伸，将远远超过物业排布及政治行政辖区的延伸。

景观和地块

任何城市设计的第一个重要步骤，是确定发展什么以及让什么尽量不受到干扰。在大多数情况下，保护一个地块中特别的自然风貌是最好的策略。例如，沿

图13-6 纽约洛克菲勒中心沿着第五大街四座相对低矮的建筑物，为较高的建筑创造了一个框架

河及溪流的湿地和开敞空间，不仅是宜人的而且还在水流进河道前对水进行了滞留及过滤。现在，社会已不再将它们看作候选的开发用地，已经开始珍惜湿地、江河口、荒滩、红树林沼泽、滨海栅栏沙丘及其他重要的环境地区的自然状态。

正如在花园郊区当中使用的方法一样，在保护地块及其等高线问题上，能够具有美观及实用两个方面的好处。详细的土地细分，例如巴尔的摩的罗兰公园，证明了这种方法的优点。在休斯敦附近的森林地，开发商在得克萨斯滨海松林地中利用小型地形差异的特点，维持了地表排水，并用这种方法替代了安装昂贵的排水管；为了提供住宅群的私密性，精心保留了成活的树木，也避免了栅栏的使用。

在环境已经因过去的利用而退化的地方[例如范库弗峰的错溪(图13-7)，曾经是锯木厂用地，或新泽西州哈德逊河上的自由港，都遭受了工业污染]，环境

图 13-7 加拿大范库弗峰错溪的重建，替代了一个退化的工业环境

条件的缓解，也许更可取的办法是保护地块上的现状条件。例如，作为因挖掘水道及开发滨水住宅而破坏了自由港滨水地区的环境，但经保护后，自由港的浅滩现已成为广阔而多物种的鸟类觅食区。

一些项目也创造了新的自然环境。弗雷德里克·劳·奥姆斯特德非常乐意改造自然来适合人类的用途，如推移大量的土地来塑造纽约中央公园及波士顿市绿宝石项链公园。在半个世纪里，这些公园已经成为稳定的新的自然栖息地，充满了新的动植物群落。

在地形不同的城市中，设计原则需要引领建筑物和地块自然形态之间的关系。例如，重要景观需要得到识别并加以保护。在新斯科舍的哈利法克斯，从专门的景观走廊可以向下看到码头的几个点，走廊的保护是通过对中心城区部分建筑物的控高来实现的。正因为限制了前景建筑物的高度，从布鲁克林高地的散步道上才能够看到宽阔水面对面较低的曼哈顿。

地形也能够突出重要建筑物或开敞空间的选址，如朗方的华盛顿特区国会大厦的布置，巧妙地展现了国会山顶；在奥姆斯特德为西雅图华盛顿大学所做的规划中，主要轴线成就了雷尼尔山美丽的景象。独特的地形也能导致与众不同的建筑形式——例如，在辛辛那提的山坡上，旧金山和范库弗峰等带有斜坡的用地上(这一坡度是在无雪天气下步行及开车的舒适坡度)，站在高处由近及远，住宅用地将会逐渐降低高度，会产生一种越过临近住宅屋顶的远景景观。有时候，对一个地块困难的强调会创造出难忘的场所，例如，因为旧金山城市的街道在一个

图13-8 区域规划协会的一张图,表现了新泽西州纽瓦克帕斯塞克河沿岸废弃的工业用地,如果恢复沿河的自然系统,就可以重建。如果老的城市地区要和大都市边缘绿化区域基地成功竞争的话,这种类型的主要干涉将会是需要的

刚性的网格上攀升,经常会有些近乎不可能行走或行驶的坡度(图13-9),这使得旧金山的山势更加被突出出来。

海岸线并不总是不受干扰,有时候,和山一样,海岸线也会被设计和规划。尽管现在大量的美国环境法律使得海岸线更改非常困难,但还是有了一些并非潮汐或侵蚀所致,而是人工创造的吸引人的近水地块。如波士顿的查尔斯河散步道、纽约巴特利公园中的散步道及狭长空地,以及范库弗峰错溪波浪起伏的海岸线都是实例。设计的首要原则是自然和人类用途的平衡,并确保随着时间的流逝环境能够是持续的;而破坏有价值的栖息地并改变潮汐模式的海岸线改造,将引

图13-9 难忘的场所有时候是通过强调地形创造出来的,而不是去改造它,正如著名的旧金山急剧上升的街道所表现出来的一样

发临近物业价值的损害,这从来都是不可取的。

街道

街道是城市设计框架当中的复杂要素,它承载着交通、为紧急车辆提供通道、容纳停车、为步行提供通道,以及还经常成为城市开敞空间的一个重要组成部分。由于主干道及次干道占据了大约25%的城市用地面积,因此街道的布局、质量及面貌很大程度上决定了一座城市是否是安全的、受欢迎的以及睦邻的或者是非个人的和危险的。

任何街道都应该放在更宽广的交通网络及土地利用背景中来看。地方和更为区域化的职能之间的适宜平衡是什么?多少百分比的车辆是通过而不是停在一个地区?边界用途是什么?通达要求是什么?有多少步行者会使用街道?以及有什么活动(人行道咖啡座、儿童玩耍、汽车维护等等)会散发进街道?

在次干道上,首先,铺地范围应该减到最小,如果交通很少,行驶车道可以兼作儿童游戏场地及人行道,如荷兰温奈尔福的混合休闲行为,汽车以步行速度行驶及停泊(图13-10);其次,硬质地面应减到最小,如佛罗里达的滨海地区在压实的砂砾路肩上提供停车位;第三,在交通量极小的次干道上,16英尺(5米)的马路及40英尺(13米)的通行权是最恰当的。此外,如果建筑物位置靠近街道,公共和私人领地可以通过在入口处从街道标高上抬高几级台阶来加以区

图13-10 荷兰的温奈尔福，一条街道经过重新设计，以便步行者及玩耍的儿童获得交通优先

分，或者是增设转换装置，例如警戒栅栏或门廊。

多种的"交通平息"技术，包括不可能走捷径的布局，能够用来确保次干道保持安全及相对减少穿过交通（图13-11）。其他降低车辆速度的方法包括景观化的交通岛、交叉口处收窄的街道（"咽喉化"），以及减速槛或减速丘（可能会引起车辆及扫雪机的磨损）。另外一个选择是封闭小型穿过式的街道尽端，创造容易看护的尽端道路；这些方法的缺点，是有可能将交通集中在作为居住区边界的主干道上，从而破坏了这些街道的特征。

次要的商业街道呈现出其他的问题。数量最大化的路面停车，会使得零售商业距离步行者过远，阻碍人们从一个商店走到另外一个商店。一个好的解决办法是在街道上只提供适当数量的停车位，但在商店附近提供最多的停车空间——例如，就像佐治亚州斯肯德威岛的楼梯平台处一样；另一种选择是，汽车及服务车辆也会和行人分享同一地面，就像范库弗峰的格兰威利岛、加拿大不列颠哥伦比亚省一样，在路边没有分开的行驶和步行区域。

承载大量通过式交通的宽阔街道和行人、次干道及居民之间经常是对立的。通过提供一个充分的中间值作为一个行人避难所及所有街道使用者的宜人处所，会较少觉察到的宽度。波士顿的联邦大街、帕尔马海滩的皇家帕尔马大道，以及纽约上百老汇都展现了这种策略的优点。另一个解决方案，是设计一个带有通过式车道辅道的林荫大道，实例包括纽约的皇后林荫大道、华盛顿特区的K街，以及路易斯威尔的南公园路。然而，对于通过式交通量大的街道，可能更好的设计是景观化的公园路或没有商业临街面的行车道。

由于街道生活几乎完全是步行交通的产物，因此沿街各个目的地之间的关系、街道景观的质量以及建筑物立面的面貌就都很重要。连续的沿街零售商业会促进步行，而不会促进驾车从一个地方去往另外一个地方；但临街的且有用途的路程长度少于50%的街道，或者是建筑物之间因为停车场或停车用地而有巨大间隙街道，就会阻碍步行交通，必须经过精心设计才能改变成为促进步行的场所。此外，公共设施、停车场入口和过宽的车道，都会破坏沿街的连续感觉，如要鼓励步行

图13-11 "交通平息"技术有助于步行与汽车共存

活动，这些都需要缩减到最小。当人们可以在步行和驾车之间选择的时候，步行尺度的照明设计、规模充分的树木所创造的视觉连续及一致的感觉、座椅及其他便民设施，以及适当的方向标识，所有这些都会有助于鼓励街道的步行用途。

临街的建筑物尺度也很重要。建筑物的高度大于街道的宽度经常会创造出一种"城市"气氛，通常也容易产生足够的步行流量，因此需要更宽的人行道及标识清楚的斑马线。

在北部地区，城市人行道在冬天只能接受很少的阳光，这时，舒适的避风设施就很重要。在距地面两层或三层高度上设一个"避风隔板"，其上建筑物以更高比例后退，能够使风在触及步行者之前发生偏转；这个设施的附加优点是创造了一种更加接近人的尺度的街墙。在区划法案中，对天空暴露面提出了要求，要限制高层建筑街区采光面的延伸，并调整建筑物的尺度及布局。

街区

最终，街道在建成的城市中界定及围合了街区的镶嵌图案。在很多郊区及重建的城市地块中，将汽车与步行分离的现代主义热情打造了"超级街区"，其街道空间之间的距离比典型街区要远四到十倍。结果经常是开放空间的用地浪费且分割出一座座孤立的建筑物；综合建筑物变成内向的，远离其周边环境；主要街道上机动交通非常多而临街商业面非常少，难以维系步行活动。从20世纪60年代简·雅各布斯倡导小街区开始，对开发规模的分解又有了新的兴趣，[2] 但商业项目规模的增加，例如超级市场、多用途影院，以及区域购物中心等，却经常使得小街区难以实现。

居住街区 在中等密度的居住区域中（每英亩6到10个单元，每公顷15到25个单元），假定汽车是停在住宅旁边的，街区宽度为160到180英尺（51到57

米)之间是适当的;如街区宽度为200到220英尺(65到71米)之间就可以设立带车库的小巷,就能使得临街商业面成为可能。

无电梯公寓的街区尺寸,很大程度上有一种如何解决停车问题以及如何将宽大的外周边界景观化的功能。加利福尼亚州山景地的公园地住宅区,大部分的停车位是地下的,为街区内的居民创造了舒适的半私密开敞空间,其街区尺寸为240英尺×260英尺(73米×79米);而肯特伦兹的公寓区为地面停车,并设法形成了地块上的院落入口,入口深度少于300英尺(91米)。这两种建设方式都成功地创建了舒适的街道环境,同时也为居民的休闲活动提供了限制交通进入的区域。

纽约城的街道导向和建设较高密度住宅的长久传统已经在巴特利公园城复兴,在这里,质量良好的住宅密度已经发展到每英亩200个单元(每公顷500个单元),两条街道之间的街区宽度大约是200英尺(64米)。在旧金山湾畔村,建设了附带开敞空间新住宅的街区尺寸大约是200英尺×400英尺(60米×120米)。确保邻里或地区"步行能力"的一个好办法,是将街区的周长限定为1200到2000英尺(365到600米),就像安德烈斯·杜安尼和伊丽莎白·普赖特—兹博克所发明的《传统邻里地区条例》一样,这个条例建立在克莱伦斯·佩里的邻里单位(解释为区划)的基础之上。

商业街区 商业街区的设计会比居住街区的设计遭遇更加复杂的问题。例如,在地方的购物区域,应该是零售商业面临街而停车场在地块的后面,还是应该商店从街道后退而停车场环绕周边?佛罗里达州的庆典购物区域,主要是街道导向的,它是一个地方服务、办公、市政功能及高楼层零售用途混合的一个范例。在这里,尽管商店的主要入口是沿街的,但大部分的停车位是在后面的地块中。

停车位绝对数量的需求,使得街道导向策略几乎不可能作用于购物中心、超级市场及其他区域性商业中心。改变方法是设计这种建设项目的通达道路及主循环系统,以便这些街道像城市街道一样有树木及街灯,即使是这些街道已经大部分和停车场相邻。

新的办公开发,尤其是在郊区的"办公园区"当中,通常是由绿化稀疏的停车场所环绕的孤立的建筑物所组成。这里一般都是由于街区尺度过大使建筑物之间缺少相互关系,宜人性过于受限以至于无法兑现公园般的质量。办公开发组群化为城市尺度的街区,可以提供更多的视觉趣味并维系更多的商业活动。例如,在弗吉尼亚州雷斯顿新的镇中心,街区尺寸大约是250英尺×300英尺(80米×150米)——大到足够在每个街区中心围合停车场——周围都是街道导向的用途(图13-12)。这个文雅的"岛屿",坐落在距离华盛顿特区中心城区大约15英里的地方,拥有旅馆、办公楼、商场、娱乐设施及不同的商务和市政功能,即使是在周末,来自周围几英里外的游客也到这里闲逛和购物。

公共空间

广义术语"公共开敞空间"的使用,回避了描述有多少空间可以使用的困

图13-12 雷斯顿镇中心是一个郊区办公园区,但设计得像一个传统的城市,有城市的街区和建筑物

难。这个属于也包括了私人拥有的重要公共空间(例如购物中心、庭院或降雨滞留区域),还有设计作为其他用途的地方,例如次干道、非正式的游憩功能等。清楚考虑公共空间并有效地予以设计,对于规定这些空间的特定功能是很重要的。林地、室外运动场、广场、拱廊、散步道、游行场地、音乐会草坪、花园、硬质游戏场地或温奈尔福等都有非常不同的要求。

涉及公共空间最困难的设计问题出现在城市地区,这里的公园及广场经常被认为是不安全的。通过公共空间项目等进行的城市公园及广场的研究强调,公共空间必须吸引足够的使用者才会既安全又有魅力。鼓励自然动线穿过一个空间是一种确保足够人流的方法,使用者需要感觉到他们可以自由选择从什么地方进出,他们需要在进入之前能够看清一个地方,并且一旦在里面,他们也希望可以被路人看见。例如,来自附近的使用性活动会渗入一个公共空间,例如咖啡座、书报摊,以及农产品市场,经常使得公共空间更加吸引人,这和对商业或娱乐设施的作用是一样的。对于已经有了危险名声的公共空间来说,有计划的活动安排,也许是恢复安全名声及诱导使用者重返的惟一方法。

尽管水对参观者有一种几乎绝对的吸引力,但维护喷泉和池塘却要求持续的工作。在北方气候中,能够坐在阳光里及避开风吹是重要的,这能在秋天和春天将空间的使用期延长几周;在南部地区,遮荫同样也是必须的。

几个最近的公园就如何将这些原则运用于实践提供了实例:布赖恩特公园的重新设计及纽约巴特利公园的公共空间系统,波士顿邮局广场的诺曼莱文托公园(图13-13),以及南加利福尼亚州查尔斯顿的滨水公园。

维护的质量会影响一个开敞空间的使用,并且贫乏的维护经常孳生于贫乏的设计,如垃圾桶被错误地放置、太小或者是不可靠;路径没有安排在游人最想走的地方;视线被墙体或浓密的植物屏蔽;材料没有达到使用要求;照明容易遭到破坏等等。很多美国城市因为发现在中心地区维护公园是很困难的,所以有时候

图13-13 波士顿邮局广场的诺曼莱文托公园，设计得一年里的大部分时间都舒适且合用，建在一个原来是地面停车场的七层停车库的顶上

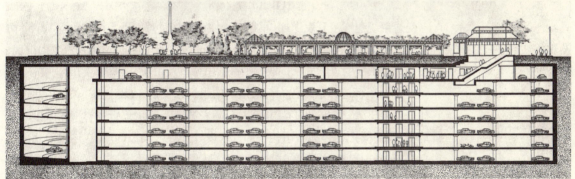

就将公园的维护让商务改善地区的部门接管，或者是由非营利组织（例如波士顿的公共花园之友及阔普里广场之友）来接管，或者是通过与其设施临近公共空间的组织之间的合作协定来管理。

设计一个新的公共空间的时候，决策制定者也许会受到其他地方可比实例的引导。然而，文化才是公共空间使用的一个主要决定因素，这就是为什么将地中海城市充满活力的散步道移植到北美会有那么困难的原因。但还是有一些这样的散步道已经发挥了作用——例如，迈阿密海滩的北滩，充满了欧洲的游客；圣安东尼奥的滨河路（图13-14）；巴特利公园城的散步道；以及洛杉矶的威尼斯木板路。

很多中心城区的步行购物中心，已经因为中心城区的居住人口太少难以支撑而失败，但在大学城例如科罗拉多州的鲍尔德、弗吉尼亚州的查尔洛迪斯维利，以及佛蒙特州的柏林顿——以及其他公众看来有价值的地方——步行购物中心都是成功的。通过分析它们潜在的使用者，其他城市已能够将步行购物中心及荒废的商业临街面改作新的用途。例如，圣莫尼卡将第三大街购物中心转化为第三大街散步道，成为一个娱乐地区，就是一个重要的实例。

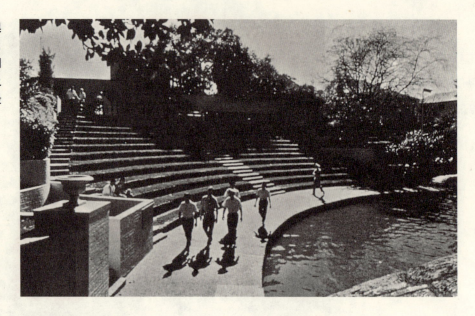

图13-14 圣安东尼奥中心城区的滨河路，始于20世纪30年代期间的建设，被扩大及延长了好几次，是最成功的城市公园之一

走廊

交通系统建立了开发走廊。早期美国城市的演进都沿着河流、运河、邮路，而且工厂及郊区也都在铁路通行权的边上成长起来。随着路面电车及汽车的出现，城市商业走廊成为连续的带，取代了概括出城市及镇特征的紧凑的商业中心。

主要的车行道路是现代大都市地区的组织性要素，在经过城市邻里的时候，它往往直接进入，彼此间的界限很明显。随着高速公路从郊野乡村移入城市的心脏地带，就需要把它作为城市的一部分来设计并融入周边的环境。达拉斯北部的中央高速公路重建就采用了这种方法，通过变更隔离墙、护栏、桥梁、辅道及照明等常规标准，使这些景物与车行道的城市环境协调一致；跨过I-95号路从社会山到宾州码头的桥梁，在设计上延续了附近邻里的街道模式及材料，这使得连接几乎天衣无缝。在进入既有城市连接的关键地方，高速公路应该与其他活动分享其通行权，这一点特别重要。布鲁克林高地布鲁克林区—皇后区高速公路上方的空间、西雅图的I-5号路、凤凰城中心的I-10号路，以及波士顿的中心主干道，都因为公园、附近邻里宝贵的宜人性而放弃。在蒙特利尔，国会宫就建在主要高速公路的上方，将新的商业综合建筑（法来奥宫、德斯贾丁综合体及艺术宫）与老的蒙特利尔连接起来。

车辆进出高速公路的地方会形成额外的设计难题，驾驶者一离开高速公路通常就会进入难以控制的商业带，这在较小的社区中就形成了城镇主要的入口走廊。仅仅采用装饰化的解决方案是很少奏效的，尽管迁移架空动力线、引入了景观化中间值，严格控制了个别物业的出入口，以及信号控制能够产生一点作用，但更好的设计解决方案是商业土地的重新区划，因此在大多数情况下，区划中这种用途的物业只有一个很浅的进深。

第二次世界大战之前，一些城市通过引入园林路避免了商业带开发——来自郊区的车行道通过一个带状的绿色空间进入城市。沿着渥太华河及运河的园林路、纽约城及西切斯特县广阔的园林路系统，以及堪萨斯城的园林路网络是三个范例，它们展现了园林路如何在城市中间创造一种风景化的驾驶经验。设计最好的园林路通过车行道路线的选择及对地形和景观的娴熟利用，能产生出最多的系列景观，创造了城市生动而富于变化的景象。

虽然既有的城市只有很少的机会去创造宽阔的新园林路，但交通通行及公园般的环境可以与其他方式结合起来。在纽约城，长期存在的西边高速公路重建的僵局，是被一个将滨水林荫大道与水边公园带结合起来的设计打破的（图13-15）。很多城市有为步行者及自行车骑手创造联系的园林路的机会，这种新的线状公园现在已经在查塔努加沿着田纳西河建设起来，在很多城市中沿着废弃的铁路建设起来，并沿着运河及其他水道走廊建设起来。尽管也许还需要几十年来完成这种走廊，但这种为创造景观所产生的方式，能够确保这种机会不会因鲁莽的开发而丧失。

走廊开发与公共交通联合，比司空见惯的沿着街道及高速公路的商业带开发，具有一种更加稳固的特点。轻轨或其他大运量公交系统的引入，为改造开发模式、形成较高密度区域，及每个站点附近的公交导向开发提供了机会（图13-16）（事实上，提高密度对于公交系统的成功也许是关键的：华盛顿特区的地铁系统研究已经表明，当住房和上班地点都在公交站点步行距离内的时候，公交乘客量就会戏剧般地增长。[3]）。此外，加利福尼亚州的圣迭戈、俄勒冈州的波特兰，也都采用激励公交导向的开发方式。

图 13-15 一个新的公园系统将在曼哈顿西边滨水地区排成一行，这有助于附近的社区接受一条重建在西边的高速公路，这条路是作为城市林荫道来重建的，而不是一条分割等级的高速公路。图上展现了一个向东看得见岸线及高速公路的度假码头

每一个公交站点地区都需要其自身的城市设计规划,来确定较高密度开发的用地,站点进出口的位置,以及公交与公共汽车换乘点的位置。这样一个规划还应该包括存车换乘服务设施的设计。

邻里

每年,都有许多新居住区在各个城市边缘建成。有时候开发被构思为克莱伦斯·佩里所定义的完整邻里,但更为经常的是,居住区的出现是偶然的,是土地细分独立设计的结果。例如,新居住区可以随着废弃工业区或仓储区转换为居住及工作区域而浮现,也可以随着大型公共住房项目重建为居住邻里而浮现。所有的新的或重建的邻里,都需要一套植根于社区概念的开发原则。

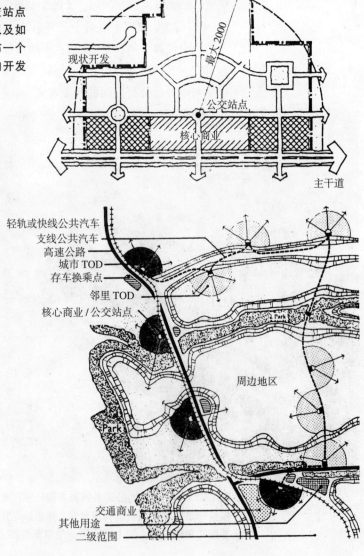

图 13-16 皮特·卡尔托帕的图表说明了如何设计一个公交站点附近的邻里,以及如何进行这种遍布一个区域的公交导向开发(TODs)

从20世纪20年代开始，邻里成为城市及郊区开发的模式——其中，新泽西的莱德本、洛杉矶的鲍尔温山，以及温尼伯湖的晚礼服公园——倾向于内向，形成了排外的开敞空间、学校、休闲服务设施及邻里商业服务设施。随着近年来私人度假地区周围数千个有防盗门社区的增加，独立社区的安全已经成为很多居民的要求。然而，这种只为一种类型居民设计的邻里，不仅造成了社会种族隔离，而且还限制了人口统计变化的灵活性。随着人口的老化，没有足够多的孩子来支撑一所地方学校或一个地方休闲综合建筑的使用，一些学校也许会转变为住宅。但在一代人之后，保留下来的学校又可能太小不足以接纳学龄人口。因此，所有的邻里都需要在设计中混合不同类型及规模的住宅，以保留其灵活性。

在其范围内带有共享服务设施的邻里，比那些依据莱德本原则建设的邻里能更好地容纳变化。附近的人口能有助于支撑更多的服务设施，重建或建筑物及地块功能的转化，可能会对居住区街道的影响少一些。

混合用途的邻里，对早期区划及规划的批判，也更容易适应人口统计的变化。邻里层面用途混合成功的关键，是确保所有的用途都具有相似的规模。一个小商店、办公楼或公寓建筑可以轻易地混入一条独立住房的街道，但同样用途的大型建筑就会威胁到邻里的居住特征。

校园

大学校园，在很大程度上是美国的发明，它已经被商务中心、郊区市政中心及制度化的综合建筑所效仿。自从杰斐逊在弗吉尼亚大学做了他叫做"学院村"的设计之后，一群学院及居住建筑物环绕着一个绿色空间，就成了塑造大学校园的特征。在郊区，绿地有助于在一个汽车主宰的世界中界定校园；在城市地区，大学绿地又是校园周边繁忙街道的一个缓冲带。20世纪70年代期间几条西费城街道的关闭，将费城大学从一个城市街区失败的建筑群，转变为一个核心绿地被高度使用的学术校园。

费城大学和其他几个城市教育机构，例如剑桥的麻省理工学院及哈佛的三位一体学院，都关注校园中心的各种活动，这使得其周边地区在晚上是不安全的。于是，这种现象就激励了其校园周边社区中新的商业及居住开发。

社团总部及大学的郊区校园却经常出现相反的问题，即如何将一个文雅的度量引入一个低密度的绿色世界。在纽约州立大学帕切斯校园，一块大型的用地被转变为一个街道及街区系统，尽管它也是学院建筑群环绕着一块中央绿地。

地区

随着各个城市拼命寻求商业的郊区化，老的中心城区已经引起了广泛的城市设计关注。较小的镇及城市，例如马萨诸塞州的北安普敦、费城的兰开斯特，以及新布朗思维克的圣约翰，已经设法保护有活力且多样化的中心地区。很多较大的城市，例如卡尔加里、丹佛、圣迭戈、克利夫兰、匹兹堡、费城、巴尔的摩以

图13-17 波士顿一个声名狼藉的失败的住宅项目,已经被重建为一个混合收入阶层的城市邻里,古迪、克兰斯是城市设计师

及波士顿,也进行了显著的城市复兴运动。成功的中心城区复兴一般都有一些共同的要素,如鼓励中心城区居住人口的增长、促进中心区就业、为访客及旅游者开发服务设施、复兴娱乐用途、鼓励专业零售,以及改善步行环境等。

使得中心城区更像郊区购物中心的努力通常都是失败的,这是因为中心城区土地过于昂贵、停车不能免费,而且中心城区永远不会像郊区一样便利。一个好的策略,是强调各种服务设施及活动在中心城区之外不容易产生。在西雅图,派克普雷斯市场已经成为这个城市最重要的吸引游客的地点;南加利福尼亚州查尔斯顿国王街上的古董商店,帮助维持了中心城区的零售业(图13-18);得克萨斯州的弗雷德里克斯堡,已经通过在主要街道上布置独特的家具商店,将自己变成为一个零售目的地;此外,在佛特沃斯太阳舞广场,娱乐用途也已经将复兴的生活带进了早已失去大部分传统零售业的中心城区。

中心城区设计的一个重要方面,是否要创造一个地上或地下的步行通道,有效地将中心城区转变为一座行人无需担心汽车交通或恶劣天气的巨厦,但这样做有丧失街道标高上行人活动的风险。在卡尔加里及明尼阿波利斯,供热的天桥在停车服务设施、办公及零售中心之间提供了便利的连接;而且,由于高质量的公交服务坐落在地面标高上,因此,这些城市中还有一些街道保持着积极的作用。在多伦多及蒙特利尔,都有地下公交系统且地下通道穿过了大部分的核心地区,开发的净密度确保室外空间至少在天气良好的时候会充满人。在几个标高上都保持丰富用途的一个关键,是形成令人兴奋的垂直连接——卡尔加里的德文尼亚派

图13-18 查尔斯顿中心城区的国王街是这座城市最初的购物街。当很多商店迁移到郊区购物中心的时候,商店空间被古董商店、餐馆及专业商店接管。今天,一座旅馆及会议中心的建设,30000平方英尺的新商店加上路对面的一座新的百货商店,已经让国王街恢复为区域中首要的购物地点

利斯公园、明尼阿波利斯的IDS法院、多伦多的CIBC中心(图13-19),以及蒙特利尔的德斯贾丁斯综合体都是实例。

在休斯敦,中心城区的一部分有地下连接而另一部分有地上连接,在德梅因,有一个广阔的地上通道系统,大部分零售活动已经从街道转到新的步行标高上,结果是街道标高上店面及人行道的空置,尤其是在非高峰时段。最近更多的复兴休斯敦中心城区的工作强调了城市正在浮现的表演艺术地区,有室外咖啡座、小型旅馆、夜间活动场所,以及其他相似的用途,于是就将步行带到了街道标高上。

在复兴城市地区中,保护能唤起较早时代感觉的建筑物是一个非常有力的手段。个别建筑物并不需要显赫的历史性,只要能够创造一种有特定特征的环境就可以了。在坦帕城,一个以前的雪茄生产中心,工业建筑物已经被改造成夜总会和专卖流行服装的小商店,创造了一个新的地区环境;在新奥尔良,艺术地区改造自中心城区附近的一个废弃的大型仓储区;迈阿密海滩的艺术装饰历史地区,已经将南海滩复苏为一个国际游客聚集点;在马萨诸塞州的洛厄尔,城市运河及水力工业丰富的历史,已经成为一座城市文化公园的基础。

作为一个指定的历史地区,能够激发一个地区吸引未来投资所需要的自信,这对于面临不适当的工业或商业用途侵入的居住地区特别重要。一些做得较好的内城居住区——包括费城的社会山地区、普洛邓斯的联邦山地区、波士顿的灯塔山地区及黑湾地区,以及新奥尔良的花园地区——都将它们现在的魅力归功于对历史地区的保护。

图 13-19 多伦多的 CIBC 中心是一个带有巨大公共空间的现代城市中心的一个范例

城市

只有少数规划师有机会将新的概念赋予一座新城市,并且当中只有部分想像能真正建成。1960年代到70年代的新镇,是按照邻里、社区服务设施、商业中心的层次来设计的。例如马里兰州的哥伦比亚,是新镇的最好案例,它已经大部分实现了规划师的设想,居民们为开放空间系统极其自豪,这个系统包含了城市地区的将近三分之一的面积,通过哥伦比亚协会对这个系统的税收,提供了社会级休闲服务。

在20世纪70年代,美国经历了联邦支持的新社区计划,这个计划的部分原型是英国的新镇。然而,建立在这个计划之下的开发,只有一个避免了进入清算。只有少数开发商能负担得起用来形成独立社区的大块土地的集合,并承担需要用来在售卖土地之前建造服务设施及宜人设施的大量资金的风险。但收集分离的、不并列的土地细分并不是建造城市,且各个地块应该更加集中地使用,且经常是用于低密度用途。

选择是什么？一是强调以通达代替邻接，并设计一座城市中分散的各个部分之间的连接。公交导向的开发支持较高密度住宅及商业服务设施的开发，在新邻里的外缘——尤其是沿着主干道的地区，有许多公交服务站点，这里大量的路过者均有助于商业设施的运作。萨克拉曼多的湖西邻里就是这种方法的一个实例。

二是鼓励可修改的开发模式：地幅及街区足够大以容纳随着时间流逝不同的用途及混合的用途，这些用途可以随着条件变化逐渐调整。例如，办公或商业综合建筑可以在设计时将停车场稍后建设，等到土地价值允许的情况下再建停车场；精心关注各种细节，诸如第一层与街道的关系以及窗户的形状和尺寸，这样，办公楼的第一层就可以转变为适合零售商店或社区服务设施；住宅应该被设计得可以变为新的用途或适合新的居民。20世纪60年代到70年代设计的几个社区，已经面临需要重新考虑其形式的问题。例如，弗吉尼亚州雷斯顿的早期村落，已经很难维持商业服务，但这些服务所占用的空间又无法轻易改为其他用途。

家庭、商务及商业更多的电子化网络，也许减少了出行的需要，给住房占用及更多的地方服务带来了好处。购物中心可以和更多的商业一样使用电子化方式而降低其重要性；大型商务也可以远离城市自由选址，通过复杂的网络方式与工人及客户联系。在城市设计策略中意识到这些可能性，将会给相关小型社区的开发带来了好处。这些社区有着不同的人口，且有细密的商业及居住用途的混合，鼓励了人们之间的交往。此外，大规模开发，与地方活动组群的设计相比要少一些。

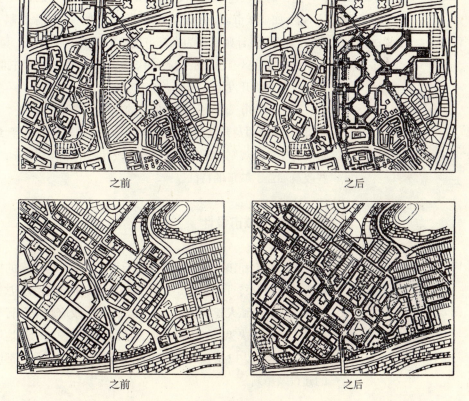

图13-20 沿着波特兰新的轻轨公交走廊的地块，可以以典型城市模式允许的高密度进行重建，如皮特·卡尔托帕的图表所展现的一样

之前　　之后

之前　　之后

图13-21 佛罗里达州博卡来顿的米兹纳公园,街边商店上面有公寓和办公楼,图解了公交站点的开发应该是什么样子

这样的变化进一步引发了是否可能对整座城市的形式进行设计的问题。确实是不能,如果城市设计所期望的结果,是单独一套用来控制一整个大都市区域的蓝图。但是,设计师能够为大都市地区的开发清晰阐述一套主题及价值,并突出加强及扩展社区有价值的物质结构。包括确定特征地区并推荐政策,以鼓励新的开发或在现状开发上进行适当的改变等。

被告知的市民是设计方针最好的执行代理。已经就基本设计原则达成协定的城市,为设计师及开发商提供了一种可用语言表达的内容。最好的开发商很少受阻于所要求的规则,而建筑师和城市设计师的工作,则被清楚的政策所限定,这些政策加强了城市的特征。

政府行动与城市设计

尽管城市和镇的新投资通常来自私有开发,但政府的控制及主动参与能对城市的面貌及特征产生决定性的影响。区划及土地细分法律,连同历史地区及环保规则,为私人建设提供了框架。而且,政府政策及行动也以其他方式影响着私人房地产决策,如课税减免及消除、显赫领地的土地聚集及使得开发商可用、直接补贴,以及公共建筑和市政基础设施的投资,都激励或阻碍着建筑物的建设及革新。

城市设计中的专业机会 大多数城市已经意识到城市设计的需要。规划部门的职员代表性地引导着将设计理念转化为规则或执行手段,并管理着设计研讨过程,旨在确保项目符合公共政策的要求。一些较小的社区也可以依靠咨询公司来进行城市设计及规划服务。

重建机构传统上已经习惯了城市设计师来为公共土地集合及开发项目制定规划。随着协调公共容量与私人资本之间关系的专门运作实体的增加,城市设计师在致力于来自规划的公共环境质量方面,更需要发挥作用。滨水地区开发公司、中心城商务改善地区、为前军事基地转变用途而成立的主管部门,以及高度现代化项目所包含的公共住房主管部门,一般都雇佣城市设计师来帮助制定他们的议程。

历史保护地区还为城市设计活动提供了另外一个出口。包括建筑物及街景证明和分析的工作,为变化提供建议,以及参与设计研讨等。

一些城市设计师不是来自他们规划部门的安排,就是通过邻里中的店面社区设计中心与地方社区紧密合作。邻里设计越来越被意识到是一个重要的手段,用以复兴城市中衰落的地区,以及促进诸如仓储地区转换用途。但实现一个行动,必须要有一个所有人认可的关于邻里未来的共同的观点。

较大的城市研究项目及私人投资项目,经常让城市设计咨询公司来制定中心城区规划、邻里规划以及特定地区的规划。城市设计师能够总揽全局,加之他们对公共审批程序的了解,可以经常说服私人开发公司雇佣他们作为团队中的重要角色。在大规模的土地开发项目中,城市设计师帮助确定总体规划,并能负责个别项目的谈判程序,使对项目有长期兴趣的开发公司能够意识到整体开发地区的经济价值。

因此,城市设计专业越来越是规划及开发过程所需要的部分。

区划规定的设计含义

区划发明于20世纪来临之际,用以分隔相矛盾的土地用途,例如工厂与居住邻里,以及控制建筑物的尺度和形状以保证光线和空气的获得等。区划的一个原型,是在19世纪在巴黎使用的严格规定系统。建立在巴黎人的先例之上,纽约城在1916年的区划法律中要求建筑物在一定高度之上必须后退建筑红线,并规定了一定的天空暴露面面积———一个假想的从街道中心线发出的斜面。纽约的规定后来又成为了很多其他条例的先例(见第14章"区划和土地细分规定")。

在很多美国城市中,包括纽约,区划法案都在20世纪50年代到60年代期间进行了修订,以容纳现代主义的设计原则。回顾起来,很多这些区划的修订是错误的。如,促进塔楼周边环绕开敞空间的规定,破坏了连续的街道界面且将孤立的建筑物放在了空荡的广场上,事实上使得任何视觉及建筑连续的感觉都荡然无存。

再如,在大多数城市中,区划条例指定了过多的土地用作高密度办公楼建设(有时候是超过了市场50或75年所能吸收的量),这激励了物业拥有者拆掉现状的低密度建筑物,将土地作为停车用地,并以此持有土地希望有机会被选作大办公楼用地。另一个典型的错误是在居住邻里当中将重要街道区划为沿街带状的商业临街面,而不是将组群化的商业集中布置在一个特定的地点,结果是多点化的商店与住宅混合,住宅转变为商店,以及停车场地变为建筑用地和临近住宅的后院等。

区划条例中的建筑面积和体量控制经常是直接规定于开发的。如果开发商希望形成最有利可图的投资,可能就只有一个合理的选择。建筑物可能的选址也是由区划决定的,如果城市有了它所诉求的城市设计,而不是它所希望和需要的城市设计,那就应该立刻改变规定。城市可以通过四种主要方法来形成城市环境的设计:用地及密度控制、体量控制、设计研讨、说明性的详细规划和透视图与三维模型的要求。

用地控制可以变更以许可用途的混合,需要用来创造重要的中心城商业地区及促进居住邻里中不同类型住房的用途混合。尽管它总是谨慎地许可和期望的更多的开发,但密度控制还是需要与市政基础设施、交通、土地承载力及市场的合理期望相一致,以免土地被区划之后出现很多市场永远不会需要的用地。

区划条例中传统的体量控制强调的是建筑物限制,包括后退红线以保持建筑物的分离,以及容积率覆盖全部的建筑尺寸。但这些控制是消极的,也就是说是无法做到的。然而,积极的控制却能用来实现特定的设计目的,例如,要求公共循环路线穿过一座建筑;要求绿化的缓冲区域或公共广场;要求建筑压红线建设以保持沿街立面——建筑取代后退红线距离等。广场提供有时候包括景观要求或直线排列座椅的规定。此外,传统体量控制的更多复杂版本也是有用的。例如,限制特定高度上楼层尺寸的规定可以被包含在容积率当中,这样就以一种客观的方法解决了一个相对微妙的设计问题,即建筑物顶部的形状。

设计研讨,城市和镇是促进城市设计目标的第三种方法,可以解决复杂问题。例如如何将一个新的建筑适宜地放入历史保护地区。尽管地方政府经常在没有外在指导原则的情况下承担设计研讨,但建立专门的设计标准会使得研讨程序更加容易更加公正。标准的范围可以从一般的关于建筑物天际线外貌,直到路边开口及车库入口等这样的专门要求。一些设计指导原则也许是区划文本的具体化,但重大项目可能会要求为特定的地块撰写专门的设计标准。

最后,说明性的详细规划、透视图及三维模型一般都被要求作为服从管理审批的一部分。新兴的计算机技术加强了设计师的能力,使他们能够便利地表达一项设计的功能和外形,这对设计研讨中的非正式决策制定将更加有用。

图 13-22 克里夫兰历史性仓储地区的设计指导原则，要求新建筑保持街道线。街墙的高度是现状建筑主要高度的一项功能。塔楼必须后退至少 50 英尺

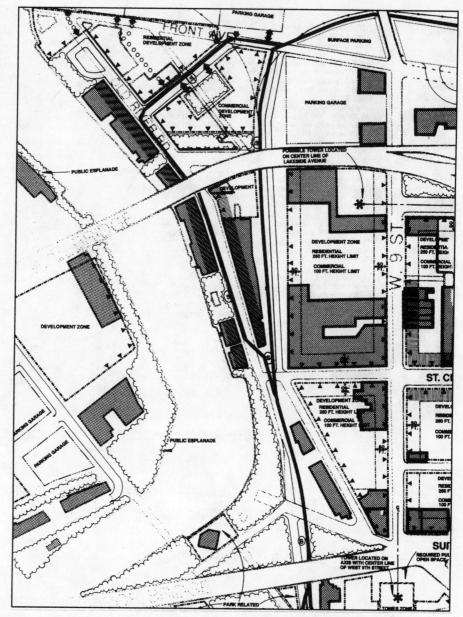

城市设计贯穿城市开发

如果土地或建筑物的所有条件符合了标准且新的用途完成了公共目的，城市就有权力要求清理土地上的一些或全部物业，将之用作公共住房或其他政府建筑或进行新的开发。在美国，这种土地的获得一度曾主要是通过联邦政府的资金来完成，但现在的主要资金来源是地方收入。当一个地方政府集合一个物业及售卖或将之租给一个私人发展商的时候，这笔交易就可以合并更加外在的设计控制，而不是只由一项区划法案来许可，也许要求一项专门的建筑特征，甚至有可能是建筑材料也要特定。

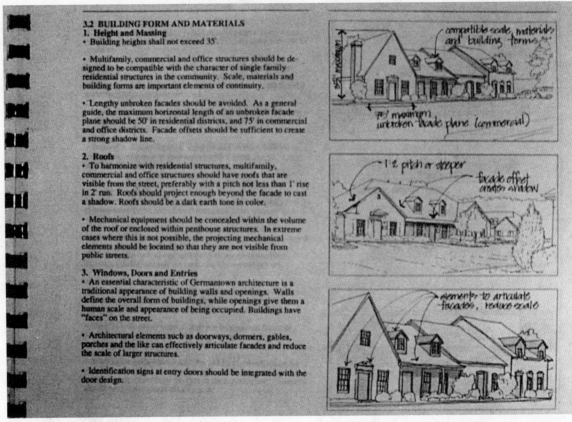

图13-23 设计研讨的指导原则预先设定设计原则，以便所有涉及者都将知道要求是什么

停车库、公共开敞空间及政府建筑的公共建设，也可以策略地用于促进私人投资及帮助执行一项中心城区或邻里的设计规划。

正在城市化的地区的设计规则

尽管一流的城市开发规定已经微妙地有所增长，但很多快速增长的郊区及乡村地区还在设法应付区划及土地细分条例，这些条例是根据20世纪20年代的原型制定的，当时控制的是比现在正在发生的小得多的开发规模。当地方政府将乡村土地区划为大型地块居住区的时候，他们经常假设提议较高密度或混合用途开发的开发商，将会申请区划变更。实际上，投资者经常采取的就是这种区划的表面价值，提议开发的是覆盖几百甚至几千英亩的独户住宅。同样是陈旧的条例，经常画在图上的商业区域是沿着主要街道或高速公路的狭窄的带状，提供了总量过多但单独地块又太小的商业用地，无法激励开发。（见第15章"增长管理"，对能用于塑造正在城市化地区开发的增长管理政策及手段做进一步讨论。）郊区及正在快速城市化的乡村地区，需要达到一种关于开发方式控制及激励可用于塑造其社区，使其社区能够和已经完成的中心城区进行比较的复杂程度。正是现在，大多数的郊区及乡村地区都大约刚好是一代之后，不应该让它们急于追赶。

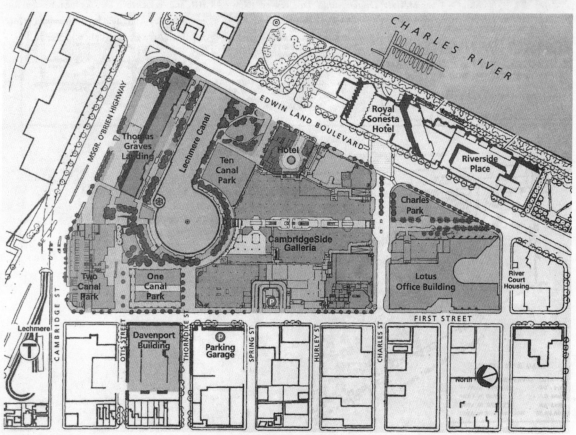

图13-24 剑桥画廊是整个新城市地区的一部分,这个地区改造自查尔斯河沿岸废弃的工业用地。一个新的运河公园是地区设计的一部分

结论

城市是可以被设计的。有很多良好街道、公共空间、邻里、地区及走廊的实例,如果放在一起,就会创造出华丽的城市区域。窍门是保证城市设计一贯的高质量。

随着时间的流逝而浮现的良好城市,受到四个历史传统的指导:纪念碑式的城市、花园郊区及花园城市、现代主义及巨厦。这些传统中没有一个是通用的,但每一个都为改善环境质量的步骤提供了启示。

内容和规模是城市设计的核心问题。无论项目多大或多小,都必须置于更大的内容中去设计。反过来说,无论项目多大或多小,它都应该被考虑为一种良好设计要素的集合。

成功的城市设计师理解公共政策,知道如何驾驭限制可能性的政府要求,并对建设和变化的经济内容有牢固的领会。同时,设计师有责任预见能塑造城市形式的开发规定,以便这些规定能够重新鼓励良好设计原则的运用。

注释:

1 Ian McHarg, *Design with Nature*, rev. ed. (New York: John Wiley and Sons, 1992).

2 Jane Jacobs, *The Death and Life of Great American Cities* (New York: Random House, 1961).

3 JHK and Associates, "Development-Related Ridership Survey," prepared for the Washington Metropolitan Area Transit Authority, March 1987.

Part four:
Implementing plans

第四部分 执行规划

第14章 区划和土地细分规定

斯图亚特·美克、保罗·瓦克、密切里·兹梅特

总体规划作为宏观层面的政策文件,地方政府在付诸实施时,最为常用的两项法律手段就是区划和土地细分条例。区划将社区划分为若干片区或地区,对片区内的所有土地利用行为进行规定,明确土地和建筑的许可用途、每类用途的开发强度以及地块内建筑物的体量。相反,土地细分条例则指导如何将一宗用地细分为两个或两个以上的建设地块,以及相关市政设施的选址、设计和配置。综合起来,这些规定设置确保①地块未来的用途可以与综合规划相吻合;②避免不相容的用途(如住宅与重工业);③提供充足的配套设施,包括道路、学校、公园、娱乐设施和市政设施等;④指导开发行为避开泄洪区和湿地等生态敏感地区。

传统的区划将用地性质分为四大类,分别为:居住、商业、工业和农业。一个小型社区或许只包括四个片区,但对于大城市或县而言,片区的数量会很多。为控制居住密度,即每英亩或每公顷用地内的住宅单位,区划制定了居住地块的最小规模。在商业区或工业区,开发强度的限制主要通过控制单位用地的建筑面积数量来实现(详见后面关于容积率的章节)。对建筑的限制要求还包括限高、建筑覆盖率(同样对开发强度有影响)、后退红线要求等。对公共权利和相邻权的影响则主要通过关于停车和装卸、遮挡、标牌数量、尺寸和外观,以及排气、噪声和采光等的限制标准进行控制。

美国土地用途控制的源起

目前实施的区划与开始不同,最初是作为维护大城市居民健康和安全的一种手段,后来则被郊区的小型社区所利用。在早期,大城市中的出租公寓总是盖得很密,后来许多城市通过了出租公寓法案,这些法案要求公寓中的大部分房间要有直接的采光和通风(通常是依靠通风井实现),并强制实施建筑间距和后退限制,以确保建筑的消防、采光和通风。此外,其他早期的土地利用控制手段还包括限制建筑高度,以确保消防员可以到达建筑的顶层;[1]有些城市还禁止在居住区内建砖厂,在商业区内建马厩[2]等。

依据一项宪章修正案,纽约于1916年颁布了第一项区划条例,并于1920年

获得州高级法院的批准，[3]6年后美国最高法院裁定区划的概念符合宪法。纽约区划条例是在对区划的现实合理意义进行深入研究的基础上建立的：生活中汽车、卡车、马车充塞着街道；房屋紧挨着照不到阳光；各用地用途之间的冲突日益尖锐，并存在噪音、气味、灰尘、换乘等问题；大量非居住用途（例如工厂和旧货店等）侵入居住区；公共空间日渐减少；联排公寓占据着整个城市。因此，纽约区划条例和同期其他相关条例的核心思想就是要明确不同土地用途的不相容性，以实现相互分离。

纽约区划条例覆盖整个城市辖区，并通过系列规定对土地用途、建筑限高、后退红线等进行控制；因此，可以认为它是第一个综合性的区划条例。它将城市分为四类功能区：居住区、商业区、无限制区和未确定区。通过将工业用途局限在无限制区内来实现不相容用途的分离；但无限制区同时也允许居住和商业用途。未确定区内允许居住、商业和工业的所有类别，未做任何限制，具体用途主要取决于最终的开发项目。法案还划分了五级高度分区，分别确定沿街立面高度和街道宽度的不同折算系数；同时还划分了五类片区，分别根据限高控制要求对院子等开敞空间进行管理（图14-1和图14-2）。[4]

在纽约区划条例的分区规划图则中，地方政府根据对土地利用现状和未来发展主导方向的综合考虑，来确定分区的边界。这种方式强调的是现有的土地利用模式，而不是对未来发展的引导；同时还认为这种土地利用的模式将会相对稳定，不需要对图则做经常性的修订。

纽约的经验以及纽约区划条例影响了"标准州区划实行法案"（SZEA）的制定，该标准是在20世纪20年代由商业部长赫博特·胡佛指定该部的一个顾问委员会制定的。该委员会成员中包括了爱德华·巴塞特，他在纽约区划条例的制定中起到了关键的作用。标准州区划实行法案在1922年到1926年间修订了数版，将州政府的权力下放到市政府，以确保其推行区划法案的效力。标准州区划实行法案含括了区划条例从制定到修订的各项程序，并授权市政府内一个临时的区划委员会向立法机关提交条例文本及分区界线；在条例得以获准实施后，区划委员会将会被撤消。同时，依据标准州区划实行法案，需要成立一个区划修订委员会，接受涉及区划实施的有关上诉。这个委员会是市政府中一个独立的机构，可对区划的条款做微小调动，并可在条件满足的情况下允许一些特例（如有条件用途）。

1928年商业部发布了标准城市规划授权法（SCPEA），这也是由顾问委员会起草的。包括以下六个方面：

1. 城市规划部门的机构和职责，用于指导综合规划的组织和实施。
2. 地区总体规划编制的内容（可能包括标准州区划实行法案确定的区划）。
3. 要求规划主管部门实施道路系统规划，以控制位于规划未建道路上的私

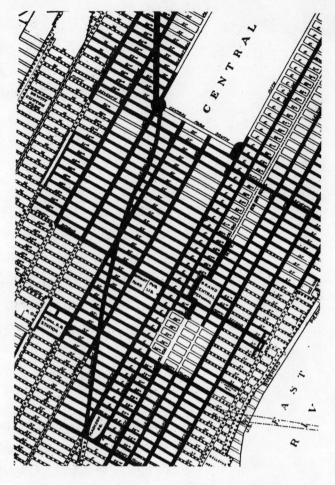

图 14-1　1916 年纽约区划图，表示南曼哈顿中央公园地区的功能分区。黑色街道的地区为居住和商业区；白色街道的地区为限制居住用途区；街道打点的地区为无限制区

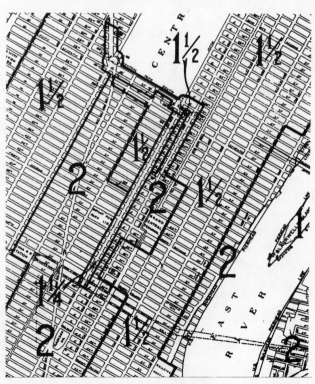

图 14-2　1916 年纽约区划对曼哈顿中心地区的限高控制。每个地区内标注的限高控制指标为建筑限高和街道宽度的比值

人物业。

 4. 为规划委员会提供批准公共设施改善的依据。
 5. 控制土地细分。
 6. 区域规划委员会的建立和区域规划的开展。

  SCPEA在一定程度上，试图将土地细分程序从原来服务土地出让的一项有效手段，转化为地方政府通过公共设施配套等要求来控制城市发展的一种方法。

  在20世纪20年代，区划条例和区划规划迅速风及全美。到1922年，约20个州制定了区划实行法案。[5]到1930年，商业部报告已有47个州授权市政府施行区划制度。其中，35个州采用的是基于标准州区划实行法案的模式，10个州采用的是SCPEA模式（另外有些州实施的法案先于或采用的法律有别于这两种法案模式）。[6]目前，50个州均实施了区划授权法，其中大多是从标准州区划实行法案模式或SCPEA模式中衍化出来并深受其影响的。

土地利用控制的规划和管理

  有相当数量的政府机关不同程度地与区划和土地细分的批准、制定和实施相关。这些机构包括州立法机关、地方立法部门、规划委员会、区划调整和上诉委员会（BZA）、听证主持人和规划部门等。

州立法机关

  在美国，地方政府是州政府的"傀儡"，只有在州政府的许可或要求下，他们才有权开展土地利用规划的编制和管理的工作。[7]州授权法授权大部分的地方政府开展规划、区划和土地细分控制的工作。然而，市政府可以通过州宪法中的有关规定，或通过其他专门的地方规章来获取土地规划和管理的权限。为此，他们实行的土地控制将有别于依据州授权法渠道所采取的措施。有时他们拥有的管理权限是象县这种其他行政单位所没有的。

地方立法部门

  指地方政府的立法机构。包括市议会、县议会、督察委员会、托管委员会、镇委员会、不动产管理委员会等。这些立法部门拥有区划和土地细分的大部分职责；但是，在标准和准则充分的条件下，他们可以将一些非立法的管理职能授予具体的管理部门。在有些地区，立法部门可在规划委员会或上诉委员会审查后，

> **佛罗里达的综合规划和土地管理**
>
> 佛罗里达的规划条例对开发管理（尤其是区划和土地细分控制）和地方总体规划之间的关系有着严格的规定：
>
> "本条例是政府进行土地开发管理和立法机构实施土地开发法规的依据，是综合规划赖以实施的途径和手段"。
>
> "如果按照土地利用管理规定许可的开发用途、密度、强度、容量、开发时序等与综合规划的目标、政策、用途和密度强度规定相符或对其进行了深化，同时还符合地方政府的其他管理规定，那么就可以保证土地管理规定与综合规划一致"。

批准某些有条件使用的管理决定。在另外一些地区，这些立法部门可能会充当在上诉委员会之后、入禀法院之前的第二层地方上诉机构。

规划委员会

大多数社区都有规划委员会，大多由7到9名委员组成，委员由行政长官从政府机构中任命。委员会代表的是社区的利益；向规划专业人员反映社区的意愿；充当规划师、地方政治利益和立法机构之间的桥梁。

规划委员会的职责主要是组织和研讨社区规划、区划图则、区划条例和土地细分规定等。多数地方政府要求规划委员会在区划文本和图纸获立法机构颁布之前，对它们进行审定并提出建议。同时，规划委员会在有条件使用的决定、总图方案的审查、规划单元开发等方面既可以充当顾问，也可以作为决策者。

SCPEA和州授权法案赋予地方的规划委员会在土地细分审查的监管中以至关重要的地位。在有些州，规划委员会和立法机关共同享有审批权；在有些州，法律规定只有规划委员会就此项事务独立对地方政府负责。

区划上诉或调整委员会

业主对地块提出的修改申请需专门递至区划调整上诉委员会。该部门由立法机关委派，对个人用地的修改申请进行审批。当区划的实施确有难度时，可对其进行调整。上诉委员会有权：①听证所有上诉，以及规划实施部门的解释；②批准有条件使用和区划中列明的特例（尽管这一权力或许为立法机关所掌控）。

调整有两种类别。其一，面积（或体量）的调整，涉及后退和限高规定。例如，在一块饼形的用地中，无论建筑如何布局，都不可能满足所有关于后退的要求，因此可以批准其要求缩小后院后退红线的调整申请。关于标识和停车标准的修改申请也属于这一类。其二，用途的调整，允许那些在区划中没有明确或暗含准许的用途。由于规划师视用途调整是一种没有经过立法机关但却又对区划进行了修订的手段，因此他们通常反对批准这些调整，而在有些州的区划实行法案或区划条例中也禁止这样操作。因此，上诉委员会在决策时必须对周边业主开展听证和公示。

在提出修改申请时，必须要证明这种调整是由于地块自身的特性所造成，而不是出于业主自己的原因；必须要说服上诉委员会同意，要说明这种调整既满足有关标准的要求，同时也吻合或至少不伤及周边的利益。委员会可在批准修改申请时附加条件，以减轻调整造成的影响。

听证督察委员会

为规范上诉程序，有些社区用听证督察委员会取代了大多由志愿律师组成的上诉委员会。听证督察委员会和上诉委员会一样受理修改申请，并拟定批复书。和上诉委员会的决策一样，公众可就听证督察委员会的决策向立法机关或法院提出上诉。

规划部门

规划部门在土地用途的管理中承担四项基本作用。首先，配合有关部门编制或修订区划和土地细分规定；或监督承担这些职责的顾问们。其二，提供不同类别开发许可的实施方案。其三，与其他地方部门一道（例如法律和建筑监察部门），通过建筑和构筑物的申请和许可程序，不断推进区划和土地细分规定制度的执行。规划部门可以对获得许可的地盘进行监管，发出传票或停工令，并寻求法院的禁令以禁止非法的建设行为，但这些职责可能要在其他部门的协同下共同开展。最后，规划部门可以以不同的形式来协助立法机关、规划委员会和上诉委员会的工作；例如，规划部门可以为在拟的区划和土地细分起草报告，承担重要区划图则和文本的专项研究工作，并提交关于区划实施情况的报告。

区划条例

一份区划包括文本和图纸两个部分。区划图作为政府文件，以单张图纸的形

图14-3 区划的基本构成

组成	内容	示例
区划图	反映分区边界	独立的图册或图匣
定义	对区划条款中的术语进行解释	"居住单位"、"结构"、"地块"、"院落"
总则	操作细则	标题、目标、依据、适用范围、分区划分、说明
区划管理规定	区划的管理规定	对农业、居住、商业、工业、泄洪区等用途的许可和有条件的许可；停车
专项开发标准	所有分区内开发活动应满足的专项标准	标识、不相容的用途和结构、住宅拥有量、循环设施、旅店
管理与实施	审查、上诉、实施和处罚等程序规定	总平面审查、建筑设计审查、区划修订和修编、上诉和实施的措施、许可和处罚的撤消

式表现,内容包括表格或图例。分区的情况在叠加了街道和地籍情况的基础图上表现。目前,许多区划图纸都已电子化了,可以根据规划范围和地籍的变化情况便捷地更新。

不同地区之间的区划文本会有所不同,但大多数的区划条文包括以下条款,分别为:定义、总则、分区管理规定、专项开发标准、管理与实施。

关于地方综合规划与区划之间延续性的要求在不同的州之间有所不同。有些州法院将综合规划或其措施纳入区划当中,因此不需要再为区划专门编制支撑性的规划。有些州法院认为在评价区划合法性的问题上,单独编制的综合规划是非常重要但并非决定性的因素。但仍有部分州,无论是在其法律中或是在法院的司法解释中,均依照标准州区划实行法案的阐述,明确要求区划"与综合规划相吻合"。[8] 在这些州,一旦地方政府无法说明对区划拟作出的调整是与总体规划相符,法院将有可能否决这些修改申请。

定义

定义一章主要列举了在区划条文中常用的一些术语,例如居住单位、家庭户、住宅拥有、结构、院落等等。地方政府采用这些定义来解释区划条例条款中的有关概念。

总则

总则一章阐明编制规划的目的（如实施综合规划等）和地方政府的法定权力，并说明图则适用于所有地块，以及分区划分情况的列注和分区图则的制定。同时还包括对分区边界划分的解释细则。

分区管理规定

分区管理规定阐明编制每个分区的规划目标，许可的用途或有条件的用途，以及每个分区适用的开发标准；同时可能包括对标识管理规定等其他规章的引用。分区管理规定可以以文本的形式也可以以表格的方式表达，或二者兼用。

在一项区划中，可以在规划范围内划定不同的分区分别作为单户住宅、双户住宅或多户住宅，或零售、办公、其他商业以及工业等用途。许多区划使用字母加后缀数字进行标注（例如 R-1、R-2、R-3、R-4 表示居住）。这种标注反映在综合了用途、密度和强度等方面的因素后，对土地用途的一种排序，也就是说，组别越高密度越低（如居住类）或强度越小（如商业或工业类）。在商业类中，放宽了对混合使用的许可限制，因此，从街坊片区到高速公路片区到区域商业片区，开发强度可以有所增加。工业片区则通常分作"轻工业片区"和"重工业片区"。轻工业区鼓励发展无污染的技术密集型产业、仓储业以及类似院校的研发机构。

如前所述，早期的区划条例在形态上表现为累进型或混合型两种，像居住类用地，允许适当增加高度但要求开发强度要低，而一些商业类地区则要求限制高度但却允许可以加大开发强度。而现今的区划却鲜有混合型的，每个片区的功能是独立的。例如，单一功能的工业区，就不允许居住的功能，其原因在于确保工业区未来的发展用地，同时避免由于居住的存在而导致可能产生的矛盾，尤其是在工业设施需要拓展的时候。[9]

许可或法定用途指那些无需经过审查的开发项目。独户住宅就是一种典型的许可用途。如果其开发符合区划中的其他相关标准，则可自动获得许可。

有条件许可，或称之为特定用途，指那些由于规模、特定的区位要求或存在安全隐患等原因，必须要接受专门审查的用途，同时往往还要进行公开听证。例如，由于引发交通问题，学校和教堂在居住区内通常为有条件许可的用途。如要获得通过，就必须满足额外的附加要求，并要确保其开发与周边地区相协调。

分区条例会列明所有需要附加条件的土地使用用途，以及在哪些片区可获批准。地方政府如消防和公安部门在经过相关程序后，可颁布许可批准。区划的管理部门，调整和上诉委员会以及规划委员会（有时要立法机关进行终审），有权批准有条件使用。而附加的条件必须是客观的、清晰的和可操作的，批准时必须要有充分的研究报告作为依据。

土地利用性质[a,b]	RR	RE	RS-1	RS-2	RM-1	RM-2	相关条款
农业、开敞空间和资源用地							
动物养护	P	P	P	P	P	P	16.44.040
种植、商业	P	P					
赛马、商业	P	C					
自然保护	P	P					
养殖、商业	C	C					
开敞空间	P	P	P	P	P	P	
教育、公共集会、娱乐							
教堂/宗教场所	C	C	C	C	C	C	
墓地、太平间、火葬场、陵墓	C	C					
高尔夫、乡村俱乐部	C	C					
居住配套娱乐设施（私人）	P	P	P	P	P	P	
学校（私立）	C	C	C	C	C	C	
教育培训设施	C	C	C	C	C	C	
通讯设施							
无线设施	C	C	C	C	C	C	16.44.170.B
卫星接收器/天线	P	P	P	P	P	P	16.44.170.A

土地利用性质代码	区号	分区土地利用性质
RR	农村住宅，每英亩0.1—0.4个居住单位	农村住宅
RE	equestrain住宅，每英亩0.4—2.0个居住单位	equestrain住宅
RS-1	独户住宅，每英亩2.1—5.0个居住单位	独户住宅1
RS-2	独户住宅，每英亩5.1—10.0个居住单位	独户住宅2
RM-1	多户住宅，每英亩10.1—15.0个居住单位	多户住宅2
RM-2	多户住宅，每英亩15.1—18.0个居住单位	多户住宅2

代码	程序	所在章节
P	许可用途：区划许可[c]	16.74
C	有条件使用：需要进行申请	16.52
空白	禁止建设	

a：16.04.020条款列明的用途没有纳入
b：见第四章关于土地用途的定义
c：可能还会需要关于开发的详细规划，见16.56

图14-4 加利福尼亚州姆瑞塔的居住区的允许用途和开发要求

分区管理规定同时还包括一些开发标准。像停车和景观等开发控制要求，有时可独立成章。基本的标准包括：地块的最小面积和宽度要求；各边的后退红线要求及建筑的限高；停车和装卸的最低要求；以及建筑覆盖率上限。

例如，独户住宅的标准是，地块面积大于1万平方英尺，地块前边的宽度不少于70英尺，前边后退红线30英尺，后边后退红线35英尺，侧边分别后退10英尺。限高为35英尺（对不同类别的屋顶，高度测算的方法有所不同）。住宅的覆盖率要低于1/3，同时停车面积不少于180平方英尺（9乘20英尺）。建筑只能在后退红线的区域中布置（图14-7）。

有一项开发要求通常是针对非居住类项目的，就是容积率（FAR），指允

图14-5 混合型和单一型社区

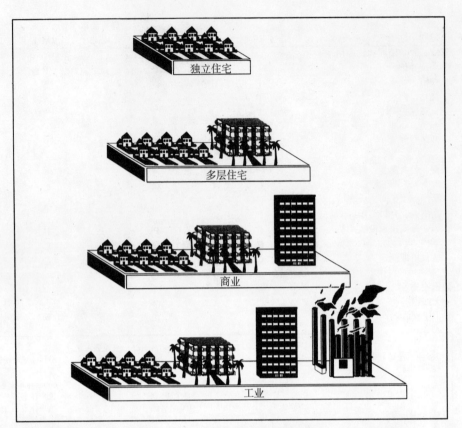

混合区划

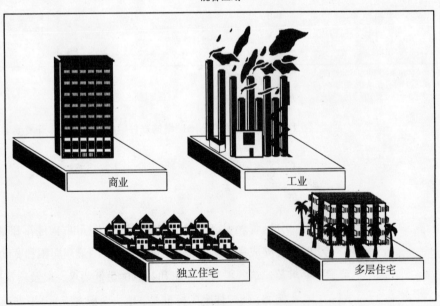

单一区划

许的建筑面积和地块面积的比值。容积率为1意味着如果要建一层的建筑就要覆盖全部地块，两层的建筑要覆盖地块的一半，依此类推（图14-8）。假使容积率即地块的开发强度维持不变，这些规定还是为开发商在选择建筑的体形方面预留了一定的灵活性，尽管限高和后退红线等其他规定仍会制约着这种灵活性。在大城市的区划条例中，容积率是一个普遍要求的指标。有些区划还提供了增加容积率的规定，称之为奖励容积率，作为在用地内建设广场等设施的交换条件。

非沿街的停车和装卸标准通常是按密度（如每住宅单位需要多少停车场）或强度（如非居住区内的单位住宅面积需要多少停车场）折算的。停车数量的标准根据用途的变化有所不同，比如办公用地的停车量就比仓储高。停车和装卸的标准通常包括铺装、采光和景观等要求。许多分区条例还要求商业或工业用地中要为运输卡车预留一个或多个非沿街的停车场；具体数量与建筑的毛面积相关。

景观要求是为了提升建筑的形象，并降低开发可能对景观造成的影响。通过遮蔽丑陋的建筑，加强住宅及其周边商业、社团和工业用地之间的协调，保护地区的自然物种等措施来实现。

当今许多区划还包括对工业用地的限制要求。包括噪声、气味、眩光、振动、水污染和空气污染等方面的量化指标。[10]

专项开发标准

专项开发指标要求包括转角用地的后退红线、主体建筑和附属建筑的间距要求，以及禁止在一个地块内建设一个以上主体建筑等要求。

许多分区条例将标识系统作为开发专项要求中的一个独立章节。标识系统的管理规定，包括对数量、位置、类别、高度、照明、维护等方面的要求，在确保商业和其他用地具有足够标识性的同时，能够维护或改善地区的景观质量。

所有的区划都明确了对不相容情况，即合法的用地和建筑与区划不相容时的处理办法。譬如在规划前就已建成的位于居住区的一个加油站；或一些地块的大小已经了变化，以及现状用地无法满足现有的建设标准要求等等。有些州允许这种不一致的做法，像超大尺寸的标识牌或不相容的土地用途等情况，可以在法案的限制下进行分期改造。

管理与实施

管理与实施章节描述了进行开发前获取规划许可证的批准机制，以及区划实

图14-6 尺度是城市建设的一个重要元素。左图反映马萨诸塞州菲特奇堡的两幢建筑在尺度上的不协调。右图反映华盛顿州西雅图两栋商业和住宅之间由于密度和形式的统一,形成了良好的过渡

施的保障机制,明确任何开发建设必须要满足区划的要求和监管。区划条例明确地方政府作为区划的管理和实施部门,可以颁发不同类别的许可证和施行恰当的实施细则。

条例规定了区划图纸和文本的修订程序,包括要求对周边的业主和公众进行听证和公告。其中,只有业主、或有相关利益的人士、或地方政府才能申请修改图则。调整可能是整体性的,影响整个地区或大部分区域(例如由于规划范围增加而进行的调整),也可能只对一块宗地或若干宗地有影响。文本的修订也类似,包括字句的修订或重新组织和改版。其他程序包括有条件使用、总平面审查、密度和强度奖励等技术创新手段。州的法律或地方规章会对地方政府审查批准图则的修订以及各项开发许可的办法(包括时限)等作出规定。

分区法案还明确了规划编制、申请许可、修订、调整、有条件使用等事项的收费办法。这些收费标准将会适时修订以反映管理和监管的投入。

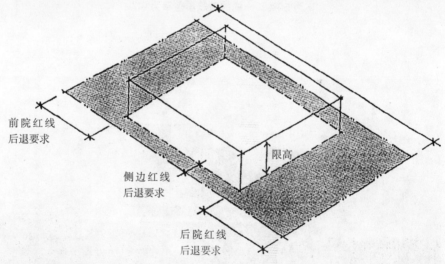

图14-7 在满足红线后退和限高要求后的建筑轮廓

前院红线后退要求

限高

侧边红线后退要求

后院红线后退要求

对区划的批判

区划的实施会受到诸多批判,其中有不少是在规划成果中长期存在的。特别是区划的目的在于排他,它反映的是短期的地方利益而不是从更广的区域角度考虑,因此它可能是官僚的,没有从公众意愿的角度进行平衡。此外,它还可能并未建立在一个专门的综合规划的基础上,导致它的实施可能存在着随意性和缺乏深思熟虑。

首先,区划会是排他的。这种排他的区划在处理经济适用住宅方面,或是明

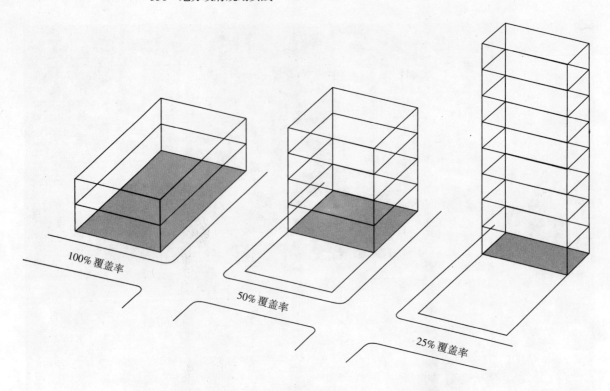

图 14-8 容积率和体积相等的三栋建筑：一栋的建筑覆盖率为 100%；一栋的建筑覆盖率为 50%；一栋的建筑覆盖率为 25%

图 14-9 景观指引可以使像新墨西哥州盖洛普这样的地方更吸引行人

令禁止,或是附加诸多连通常的卫生和安全准则也没有包括的管理限制。排他的区划导致对中低收入居民的蓄意忽视,或许其初衷良好,譬如希望保留低密度的乡村特色,但结果却不良。这种排他区划的特点包括:超大的地块尺寸,禁止多户住宅和活动房屋,限制公寓内卧室的数量(以限制家庭规模),提高最小建筑面积的要求,拒绝提供足够的高密度独户或多户住宅。

其次,地方政府在进行局部片区决策时无视区域的利益。由于物业税是地方政府建设基础设施的主要来源,因此政府会加大对商业、工业和高档住宅的开发力度,而通常无视经济适用住宅的建设。[11]因此,为了获利而不是投入,地方政府会批准兴建一个区域性的购物中心,但却不会为在此工作的人们提供足够的住宅。此外,由于一些地方政府没有意识到他们有义务确保其区划决策不伤及周边的权利,因此,在这种认识下决策的许多项目叠加累积起来所导致的交通拥挤、空气污染、湿地等资源破坏等问题,在区域范围内不断涌现。

第三,区划可能是官僚的,过分详细,同时拒绝调整。区划中列明的当然许可用途范围很窄,大多数用途的变更需要申请有条件许可(以及听证)。每一种新类别用途所需的程序和标准都会给开发带来更多的不确定性和投入。在地方的立法和管理部门,许可的批准可能会进展得很缓慢。地方政府可能会因官僚的惯性思维拒绝对区划进行修改(譬如我们之前都考虑过这个问题了,为什么还要修改?)。由此,规划人员目前面临着"如何像对待消费者一样对待每一个申请者,提供高效的规划服务"的挑战。[12]解决的措施就是要提供清楚、准确的关于开发许可申请的信息,同时加快决策的进度。

最后,区划或许会缺少规划的支撑框架。正如前所述,地方综合规划和区划条例之间的关系在各州有所不同。如果不重视或忽略规划的支撑,区划将会陷于对地块的关注,而忽视了对整体的考虑。

创新或专门的区划技术

对区划的批判,尤其是对通常区划存在的过于刚性的弊端的批判,加剧了对弹性的土地管理方式的需求。目前已实施的一些创新的技术手段使得开发申请许可更为灵活。

规划单元开发

规划单元开发(PUDs)使得大地块的开发申请更具灵活性。规划单元开发的管理模式允许土地的混合使用,使得建筑布局更为灵活,并放宽了对开发要求标准的限制(见图14-10)。按照这种管理模式,批准的规划单元开发方案中关于建筑的用途和布局将可以更好地体现用地的特性。规划单元开发模式可以

①改善总平面设计;②通过建筑围合等形式保障公共绿地等设施;③减少前院,从而降低了道路和市政设施的建设投入。在规划单元开发方案中,住宅通常采用组团形式,以确保绿地或湿地等生态敏感用地的保留。如马里兰州的Bel Air,采用的组团式布局保留了地块内90%的湿地(图14-11)。由于住宅退离湿地,因此对湿地的影响主要局限在道路穿越的部分。由于道路的穿越无可避免,因此规划将道路穿越的部分布置在湿地区最窄的位置,以将影响降至最低。

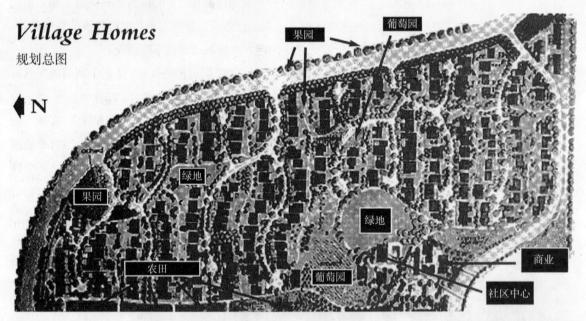

图14-10 加利福尼亚州戴维斯的一个乡村居住区的总图,由独户住宅、公寓、绿地、社区中心、商业和办公组成的规划单元开发方案

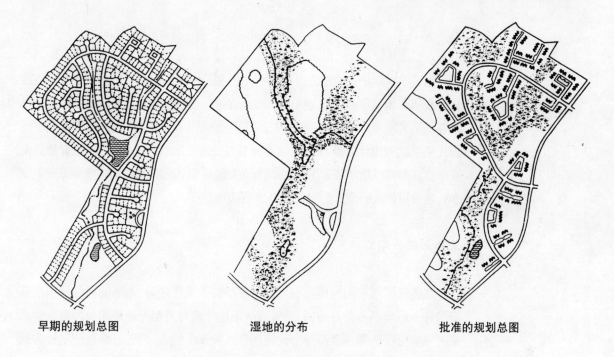

| 早期的规划总图 | 湿地的分布 | 批准的规划总图 |

图14-11 马里兰州的贝尔埃采用组团式的建筑布局保护湿地

叠加区划

　　叠加区划是附加于现有区划，针对专门的土地用途所提出的额外开发要求。古迹保护就通常利用叠加区划手段来进行规定。在这类分区中，任何新建、加建和改建行为都必须符合设计标准要求，以确保与现有建筑相协调。

　　坡地开发管理确保在地形复杂地区的开发建设中,通过保护地形地物来保留现有的陡坡。[13]这些开发要求包括根据坡度、土壤和其他因素条件对容积率所作出的限定。

　　洪灾或泄洪区是附加分区的另一项内容，用于控制易淹用地上进行的开发建设。泄洪区的表示通常分为两个部分，①防洪渠：包括水道及周边用地，要可预防百年一遇的洪水；②防洪渠周边：为防洪渠周边的土地，可抵御流速低、水深浅的洪水。防洪渠内的土地必须严格管理以确保开发建设不破坏排洪工程。泄洪区的管理则要禁止在防洪渠内兴建任何居住建筑，建筑的标高要在泄洪区标高之上，或要求所有的建筑物和构筑物都要做防洪处理。如果地方政府采取的泄洪区管理办法符合联邦的标准，则联邦洪灾保险计划将为位于洪灾地区的业主提供保险。[14]

包涵性区划

包涵性区划是鼓励建造经济适用住宅的技术手段。具体方式为规定片区内的住宅必须有相当比例（如 10% 或 20%）为经济适用住宅。此外，这类区划还提供容积率奖励等鼓励机制，如果开发商同意建设中低收入住宅的话，则可获准增加住宅单位的建设数量。同样，对商业和办公开发项目的类似要求，也促使开发商乐意资助或兴建经济适用住宅。其他包涵性区划还包括缩减街道宽度等开发要求，建设单侧人行道，豁免部分开发费用等。

混合用途区划

在传统区划对土地用途的分离制定严格的规定之前，土地的混合使用在全美的许多城市是非常普遍的。尽管有些用途分离对避免土地使用的冲突非常必要（例如迪厅的噪音会给一个传统居住区带来干扰），但它将导致纯居住区或纯商业区的形成，并造成片区在某些时段缺少人的活动，致使社区缺乏公众的监管而容易引起犯罪。同样，用途的分化拉大了居住区和娱乐商业区之间，包

图 14-12 咖啡店，一个"工作加居住"单位，楼上的主体为住宅，但在一楼可以进行一些有限的商业活动。这种方式是对单一性质邻里的一种不错的处理手法

括与银行、杂货铺、洗衣店、药店等日常生活所需场所的距离,增加了人们对机动车的依赖。

相反,混合用途社区所生成的高强度开发地区,例如轻轨和铁路的站点,由于人们活动的存在,较少受到犯罪的威胁。[15]越来越多的地方政府采纳包括叠合区和特殊目的地区等不同形式在内的区划混合利用。例如,加利福尼亚的圣塔莫尼卡就将它的第三大道步行区划定为特别地区,作为一个包括六个街区的步行区,他们将住宅的底层建成了零售商店、办公、剧场等来利用(图14-13)。[16]加利福尼亚的圣地亚哥也设立了一个"城乡结合区"来鼓励混合用途的开发;成果之一是把山顶邻里建成了一个步行的混合使用区,将一个先前的购物中心发展成为包括一家大型超级市场、多家商店、办公、餐馆和318个住宅单位的大型综合体。[17]

农业保护区

农业保护区(APZ),有时也称为农业区,是为了在城市化和二次置业的压力下保护农用地资源,以维护地方的农业经济。[18]APZ的基本形式,是要区分农业和工业等其他用途,以减少与农业活动不相容的用途对农业造成的干扰,包括

图14-13　加利福尼亚圣塔莫尼卡第三大道步行区的改造,公路和第三大道交角东北侧的詹斯法院成为了一幢混合使用的建筑

噪音、灰尘和气味等。农业保护区包括对限制用途的管理，规定地块最小尺寸，提供设计指引，明确审批程序以确保开发避免消耗优良的土地或对耕种效率造成影响。由于农业保护区禁止或严格限制居住等城市性的开发，这使得农民可以安心从事生产而无需担心周边的居住用地带来的影响，也无需担心由于周边的发展而可能会导致的物业税的上升（见第16章"预算与财政"）。有些州的授权法还将农业用地整体或部分排除在区划的控制之外，由此限制地方政府对农用地的管理，不让他们插手农业用地的开发或转换。

农业保护区可能还包括对开发权转让的规定，即将农用地的开发权转移至周边的用地上。如果地方政府同意，那么接收开发权的地块的开发密度和强度会由于加入了新的开发权而增加，而转出开发权的用地则可以维持农业的用途。[19]

区划条例的修订

区划条例需要作定期的调整和不定期的研讨（最好10年1次）。决定条例是否需要修订的影响因素包括：关于残疾人士集合住宅、日托中心、湿地等土地用途管理的州或联邦法律的变更，立法机构政治地位的变更，新的土地用途或新管理程序的出现，对区划条例更通俗易懂或更易执行的需求，对原先条例的勘误或删节，以及新的总体规划的实施等等。此外，当文本条款修订的数量累积到一定程度时，土地用途列表、开发要求、程序和格式（如章节号、表格）等内容会存在大量的矛盾或已然过时。同时，区划图也需要不时进行修订：包括修订地形图、分区的边界，以及确保土地利用模式符合总体规划的要求。

有时，规划部门会承担区划条例的修订工作。由于任务复杂和耗时，有时还会需要规划师和土地用途方面律师的帮助。

一旦新版本的文本和图则实施，实时掌握规划实施的效力非常重要，并可在必要时，以修正案的形式开展区划的中期修订工作。以确保条例得以及时调整，保证关于土地利用的规定体现以人为本、延续性和可操作性的目的。[20]

土地细分规定

土地细分管理主要控制如何将一宗用地细分为两宗或更多的用地。[21]具体内容包括：①向地方政府申请细分的批准程序；②有关细分的设计准则；③关于细分的公共设施建设要求。

根据土地细分管理规定，除非土地细分设计方案及其市政规划获地方政府批准，否则开发商不能出让土地或进行开发。地方政府是否批准细分方案则取决于土地细分管理规定中设立的建设标准。如果开发商试图以未批准的分宗图到产权机构登记或以此进行出让则将被视为违法。

土地细分管理的目的

对于土地买主来说,土地细分条例可以确保开发时的公共配套,同时在官方记录上也给宗地一个永久的标号。对公共卫生部门来说,土地细分条例可以确保新开发的项目有合适的雨、污水和给水系统。对于地方政府的工程师来说,条例意味着确保新的街道、市政、排水系统可以按照合理的标准建设;并确保对地下市政设施的位置留有记录。对消防部门来说,土地细分条例意味着街道的宽度将能满足消防车的通行,供水系统可以满足消防水量和水压的需要。对于一个负责的开发商来说,细分条例意味着阻止那些拙劣的商人在周边建设一幢粗劣的建筑而破坏自己精心的设计。对当地的纳税人来说,细分条例意味着可以阻止因某些人得利的项目导致大家税赋的增长,或因某些人对市政设施扩展的要求而导致大家共同承担费用。最后,对环境保护主义者来说,细分条例为湿地等生态敏感资源提供了保护。

通过土地细分规定,规划师可以将多项规划的要求落实到众多的发展商个人头上。管理规定确保了学校、停车场、给排水干管、主干道等重要设施的提供。此外,管理规定保证了规划师可以影响新分宗用地的设计,以确保街道、用地和相关公共设施的建设是安全、美观和经济的。

颁布土地细分规定的机构

尽管各州施行的土地细分规定有所不同,但有许多是从1928年的SCPEA中衍生出来的或深受其影响。第二次世界大战前,土地细分控制主要局限在地块内设施的控制;战后,则扩展到对整体性设施的控制,包括学校、停车场、雨水设施等。修订的州土地细分实施法案同意用付费方式取代具体的设施建设。在20世纪70年代初期,增长管理的出现致使一些地区规定在开发进行前必须要将公共配套配齐(见第15章"增长管理")。其他的一些增长管理系统也不断引入土地细分管理规定中,促使地方政府按照一个长期计划安排来实施设施的改善计划(或根据发展商的意愿先于政府的计划进行公共设施的建设)。[22]

州的授权法使某些类别的土地细分免于详细的审查,例如,不涉及公共设施或土地征用,或只细分为两到三块土地时,这种细微的土地细分,即土地分宗,采用的是一种简化的审批程序。

相当数量的州授权地方机构实施官方地图制度,图纸反映现状和规划街道的精确位置，以及其他市政设施的位置。通过图纸，可以在进行新的土地细分时控制街道的位置，明确现状和规划街道的走向和宽度，并确定建筑后退红线的基准点。在有些州，如果细分方案与官方地图不吻合，申请就会被否决掉。有些州或地方的条例则禁止在官方规划图上确定为街道的用地上建设建筑物或构筑物。

如前所述，规划委员会在土地细分审查中承担了至关重要的角色。依照州的法规，规划委员会是惟一的或与立法机关共同作为土地细分的批准机构。

土地细分审查程序

细分审查包括两个步骤，涉及初步方案或成果图的提交和审批（图14-14）。初步方案要说明，①原先街道和地块的规划布局；②给水、排污、雨水、燃气、电力和通讯等市政设施的种类、规模和布局（有些社区还要求开发商在进行正式的详细设计前先提交一份非正式的规划草图）。初步方案的规划范围通常要大于首期开发的范围，并说明未来几年内土地细分的阶段实施计划。

初步方案要表示地形等高线（2英尺间隔）以及其他的地物特征，包括溪流、池塘、大树和其他植被、洪水影响地区和现状建筑等。这些信息对审查初步方案非常必要：地形图可以确定地形的改变是否必要，以及确保用地的防洪和适建性；可以确定街道和地块的布局结合了用地的特点；以及可以确定排污等市政设施是否按重力原理进行设计。

初步方案的审查

初步方案的审查重点在于基本的设计内容。规划部门和规划委员会主要关注以下方面：

土地细分规定的要求。
与现状街道的协调，适宜的街道宽度、走向。
安全的交叉口设计，避免锐角。
地块的面积和其他尺寸符合区划条例的要求。
地块布局合理，确保下一步的建筑设计能够很容易就满足区划条例关于尺寸的要求。
街道的命名符合地方政府的有关政策要求（例如避免给应急系统部门的工作人员造成混淆）。

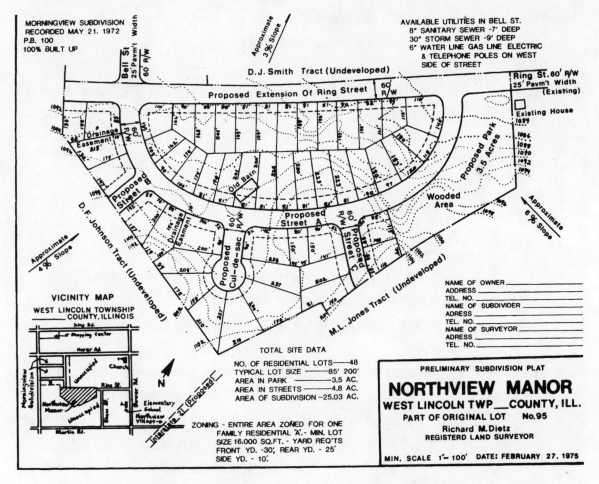

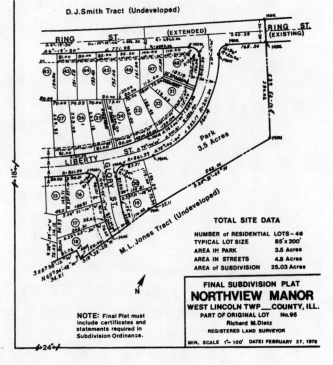

图 14-14 上图：初步规划方案
右图：同一地段的地籍图，以便将成果图纳入政府的记录

适宜的街区长度（例如避免过直过顺，导致超速）。
本地或区域性的雨水设施。
道路系统符合社区的道路系统规划。

规划委员会以公开听证的方式审查初步方案；听取开发商/申请人、规划部门和利益相关市民的陈述；然后向立法机关提出批准、附加条件批准、否决等建议。如果否决方案，那么规划委员会必须明确修改的意见，以备开发商或申请人的下一步工作。

成果图的审查

对初步方案的批准是以政府行为的方式作出的，包括立法机关或规划委员会颁布的条例或决议。成果图精确地依照打下的水泥或铁的勘测标注点标明地块和街道的位置。成果图中的尺寸精确到十分之一英寸，记录法定地块的用地边线。成果图的通过意味着发展商按政府标准建设的街道和公共设施为地方政府所认可了。

成果图还包括说明水压和雨水设施等内容的工程图和分析图。这些图纸反映了公共和私人设施的配置，以及对坡度等地貌条件的变更情况。同时还包括街道和给排水管线的纵横断面；街灯、消防栓和人行道的位置；处理池的设计；以及水泥路面或沥青路面的种类、路面铺装的厚度等结构说明。有些成果图还包括如何在开发过程中防腐蚀和抗沉降的措施，或保护现有湿地等类似的特别条款。加利福尼亚和华盛顿州要求在某些特定地段需要对项目进行专项环境评价，并要求开发商采取措施疏缓项目建设可能对环境造成的负面影响。

和初步方案阶段一样，规划委员会是成果图的审查机构，必要时加入规划部门和其他政府部门的参与。不过在成果图阶段，要由地方政府的工程人员开展工程图纸的详细审查工作，以确保设施的设计符合工程和结构设计标准。

如果成果图与已批的初步方案和审议意见相符，那么关于土地细分的基本方案就可以明确了。但是，仍然需要对成果图进行再次审核，以确定是否与土地细分和区划条例的要求相冲突。此时，规划部门和规划委员会或许会发现一些值得注意的问题。包括：

细分地块内的人行道是否与周边地块的人行道相连？
道路的转弯半径是否符合道路的功能等级要求（转弯半径过大，快车者会忽视弯道的存在。转弯半径设小一些，可以迫使驾车者在交叉口减慢车速，提高步行者的安全度）？

转角处是否设有街灯，街灯的间距是否合适？

洪水影响区域周边的用地或存在雨水排放问题的用地，其可建设用地的标高是否高于洪水警戒线？

土地细分后的水压是否合适？

相邻用地之间是否留有空地，以备未来内部道路系统的拓展？

随后，规划委员会开始对成果图进行审查，有时也把工程图一道进行公开审查并向立法机关提出审查意见（如前所述，在有些州，规划委员会是惟一拥有成果图审批权的机构）。一旦规划委员会批准成果图之后，开发商进行的任何变更都将会记录在案。然而，在成果图备案前，开发商必须建设要求建设的相关设施，或交纳开发保证金以确保相关设施的建设将在随后的一两年内展开。如果开发商在规定期限内无法完成有关建设，地方政府可以用保证金（通常为预计造价的110%~120%）自行进行建设相关设施。

土地细分审查中存在的问题

有不少问题可能会增加审查的费用或延误审查的过程，这些问题包括公共设施的类别、建设时机、可行性、与其他部门的协调及过多的标准等。

公共设施的类别、建设时机和可行性　　土地细分审查的困难之一是决定设施局部建设和整体使用的关系。例如，一个开发商想在现状污水系统不可达的地区设立一个新的细分地块，这就关乎现状污水管线和规划细分用地之间的权益分配。开发商可能会请求地方政府将干管延长，必要时政府可通过行使征用权来获得使用权，开发商也可自行开展此项工作，但关于使用权的协商将非常困难同时耗资巨大。如果社区的污水处理能力满负荷或接近满负荷，那么地方政府还需要增加污水处理厂的数量（这将是一个漫长的过程），并由于需求增加和额外建设而导致使用费和附加费用增加。如果地方政府拒绝延伸干线或拒绝对现有设施进行必要的升级，那么关于细分申请的批准程序将会放缓或甚至陷入停滞。

与其他部门的协调　　与其他部门的协调是造成区划和土地细分审查繁复和迟滞的一个因素。[23]例如，如果州政府中的自然资源和环境保护部门拥有关于湿地的审批权限，那么申请细分的土地发展商就需要同时满足州和地方政府的要求。在某些特定情形下，土地细分设置还需要有联邦政府批准。[24]各级政府审批职能存在的纵向重叠，尤其是没有一级政府来承担协调的功能，使得州和地方政府审查要求中存在的差异将导致审批过程的迟滞。

过多的标准　过多的工程标准会导致开发费用的增加。例如，对独户住宅用地细分后，每个地块都要求有自己的车库和行车道，但实际上街道两侧并不需要都设停车区。尽管联邦开展的研究报告表明，市政设施费用的增加导致住宅尤其是经济适用住宅建造费用的增加，但有些地方关于道路和相关设施的设计要求仍然较多。[25]

有些州和地方政府开始对这些标准进行重新评估和修订。例如，所有的新泽西地方政府都要求遵守州社区事务部制定的统一居住工程和设计标准。尽管标准对公众的健康、安全和福利已给予了充分保障，但是，对于标准中提出的设施规范要求也不能随便应付。[26]

细分实施费用和建设影响费

地方政府已经意识到社会的持续繁荣发展取决于适时的公共设施的提供。此外，市民们所期待的优良生活水平很容易被交通堵塞、绿地丧失、水污染、公共学校质量低下等问题所破坏。相反，如果无法提供充足的公共设施，将会削减社区在居民和开发商眼里的吸引力。由此，社区会对开发建设行为征收不同的税费以确保公共设施的供应。

土地细分实施费（例如对细分地块内的道路、市政设施、公共场地等征地费作为开发批准的条件）是法院认为合理并可以接受的开发条件要求。建设影响费通常用于细分地块外的设施改善（例如道路拓宽、交通标识安装或公共场地建设），以满足由于新开发而导致的设施需求增加。在颁布建筑许可证或接驳给排水设施时，就要征收建设影响费。无须申请建筑许可证的项目如多户住宅或单一商业设施，可能也要征收建设影响费。[27]在加利福尼亚、佛罗里达等发展压力超乎地方政府控制能力的快速增长地区，建设影响费的征收确实保证了公共设施的提供，甚至在一些面临财政短缺、发展缓慢的州，也将建设影响费或其他类似的税费作为税收增长的渠道。其他确保开发自我支付的手段包括征收市政设施接驳费等专项税费。实际上，一旦将开发税费视为财政的另一来源，其征收将是非常普遍平常的，尤其在发展中社区。

有两方面的因素决定了建设影响费的合法性。首先，地方政府必须有权征收该项费用作为批准建筑许可的条件。约20个州已经为征收建设影响费立法，[28]这些法律通常只授予部分权限或只适用于某些公共设施。地方政府依据自身或州法律所获得的征收建设影响费的权利，除非与州法律有直接矛盾、或被裁定存在不合理或随意性，否则均可得到确认。

其次，税费的实施必须与宪法保持一致。也就是说，税费的征收不能不公平、随意、不合理或缺乏理性的基础；不能侵犯开发商正常的权益；不能不平等，否则将违背州和联邦宪法关于平等权益的条款。一份典型的开发影响费征收条例通常包括定义、评估的时段、收费计划、收费协议的批准、个人税、退款、贷款、上诉和免税等等，所有这些都是为了确保开发商无需为超乎他们所应承担的设施份额付费。

宪法关于区划和土地细分的条款

受州法律的委派，地方政府作为州政府的产物，在州行政权力的框架下运行。然而，除了要接受州的要求限制外，其土地利用的管理还必须符合美国宪法的要求。

涉及土地管理实施的诉讼有可能都要提交至联邦和州的法院，但通常州法院受理此类诉讼更多些。在受理关于土地利用的诉讼时，法院通常要审查该项决策是否满足了州或地方法律的程序要求，例如，是否按要求给一定影响范围内的业主发放了通知书，是否在条例颁布前按要求进行了公众听证。法院还会咨询原告看其是否坚持上诉。法院将决定土地利用管理法案自身或关乎某块用地的个案是否符合宪法的要求。以下五个方面是评判土地利用案例是否符合宪法的主要原则。

程序实质正义

程序实质正义是20世纪20年代以来土地用途控制的核心，以确保行政权力的广泛足以保障公众的利益不受不良场所的影响。土地管理要满足程序实质正义的要求就必须实际反映合法的公众意愿，即保护公众的健康、安全、道义和福利。

涉及土地用途管理的联邦宪法

第一修正案：交往和隐私权

国会禁止制定法律限定公民的宗教、言论、出版、集会，以及就不公提出上诉赔偿的自由。

第五修正案：征用

没有正当的法律程序，不能剥夺任何人的生命、自由和财产；没有合理的赔偿，不能将任何私人财产用于公众用途。

第十四修正案：行政权力

第一节：所有出生于或移民到美国的公民，享有作为美国和所居州公民的权利。没有正当的法律程序，任何州不得制定和实施法律剥夺任何人的生命、自由和财产；也不能否定在法律面前人人平等的权利。

在程序实质正义的质询过程中,法院将裁决①政府实施管理的目的是否正当,或是否有其幕后的动机;②管理政策的实施是否确能实现这一目标。法院利用著名的"公平争议"准则来分析程序实质正义的过程,除非该管理措施表现出明显的错误,以致于任何一个正常人也不认同该措施与公众的健康、安全、道义和福利实质相关,否则法院就不会干涉地方政府的正确决断。鉴于对管理部门的信任,法院通常假定政策的实施是符合宪法的,这就迫使当事人如要置疑该项措施,就必须证明政府实施措施的目的是不合宪法要求的。

关于程序实质正义的典型案例是美国最高法院审议的尤塞德村对阿巴勒不动产公司案(1926),[29]裁决的结果认为区划作为行政权力的一种合理实施措施,是符合宪法的,赞同区划与公众的健康、安全、道义和福利实质相关。导致区划法案受到置疑的原因在于区划对某些物业作出仅限于作为居住用途的限制,因此涉嫌妨碍物业的合法权益。法院同意区划对非居住用途的限制合理,因为区划作出的用途分区是基于整体公共利益考虑的,它提高了人们居住的安全性,减少了交通事故的可能性。基于"公平争议"准则,法院认定,除非一个区划法案是明显随意或不合理的,否则就应当予以维持;因此,要裁断区划制定和实施的合理性,举证的压力就落到了诉讼人一方而非政府部门一方。

两年后,在耐克唐对剑桥城案中,[30]最高法院运用其在尤塞德案确立的"公平争议"准则,裁决一项区划法案无效,裁定其与公众的健康、安全、道义和利益实质无关。在耐克唐案中,法院发现区划中将一块位于工业用地和铁路之间的用地规划为居住用地。既然该用地没有实施居住用途的可能性,因此相当于区划条例在没有经过法律的正义程序就剥夺了业主的物业权,所以法院裁定该区划无效。

程序形式正义

程序形式正义是确保公平性的宪法保障。管理规定要符合程序形式正义的要求就必须保证人人平等和充分考虑公众的意见。至少,要按字面的意思,要保证措施的实施经历合理的程序以确保实施的公平性。

为满足程序形式正义的要求,法院要求土地用途管理包括的程序和标准必须明确、简洁和能为普通大众所理解。[31]例如,要求给受影响的当事人以合理的通告和提供听证的可能。此外,政府的决策必须要有依据,采用固定的标准,同时政府决策必须行文,以便于上诉时接受审查。由此,一个开发商不仅需要了解何时对一项开发申请进行听证和审查,同时还要了解该申请批准或否决的时间和原因。

保护平等

对土地用途管理措施平等性的置疑意味着认定这些措施给相同的人们以不平等的待遇。例如，由于对居住用途制定了大量关于后退红线、公共停车场、建筑限高、地块最小尺寸的限定要求，而教堂却可以不受这些条件的限制，包括无需交纳许可证申请费，因此就有可能会引发关于平等性的申诉。

需要指出的，尽管理性是审视多数社会经济合法性的主要手段，但当案件涉及弱势阶层或人们的基本权益时，包括民族、种族、出生地、隐私、旅行权、交往和投票权等，法院就会采取更为严格的裁决标准。例如，如果区划法案在关于政治性标识牌的管理办法中，涉及影响言论自由，法院将采取严格的详细审查措施。另一方面，如果土地用途管理影响了美观，采取的审查标准就会松泛些。如果按照严格审查标准，必须要认定该政策体现了合宪的政府利益，这样才能裁定政策合法。此外，法院会首先假定该政策不合宪，而将举证的压力转到政府的一方。迄今为止，法院仍未裁定产权是一项基本权利；由此，对于多数关乎土地管理的纠纷，采取的仍然是基于理性判断的审查依据。

危害

一般而言，业主可以对其土地进行随意开发，只要不对周边土地的使用造成影响就可以了。法院判决业主的开发行为是否合理，通常主要是通过评判其开发是否与周边的土地用途协调。历史上，法院解决该类私人影响冲突案件时主要是通过判断其开发是否造成了物业的贬值、这种危害是否是可预见的、原告是否值得同情、被告的行为是否对社会有利、是由哪一方造成的危害等等来进行。以上因素成为了法院裁决的基础依据，以裁定关于赔偿金或禁令的裁决是否合理。

在涉及政府行为的裁断中，例如关于法律禁止在某些地区进行造砖活动的诉讼，法院将根据政府行为对于保护公众的安全和财产免受直接严重伤害而言是否必要来进行裁定。如果法院裁定政府行为对于避免危害是有必要的，那么业主就得不到赔偿金。[32]此外，除非法院认为政府有明显错误，否则法院不会轻易变更关于对政府的判决。

在地方政府实施区划条例的过程中，由于确保了区内土地的使用是相容的，因此在处理土地用途纠纷时，伤害行为就不是那么突出。然而，在1992年，最高法院在审理名为卢卡斯对南卡罗莱那滨海委员会[33]的案件中，再度启用了沉寂已久的危害条款。在此案中，一位拟在岸边兴建住宅、但申请被否决了的业主，由于其用地的周边早都盖上了住宅，因而他对海岸区保护管理条例的起诉得以胜诉。在卢卡斯案后，如果一项管理措施对已在州基本法中将其明确为危害行为的某种行为提出禁止，那么在裁决时就不允许有赔偿金的要求。

物质环境及调整征用

物质环境取得，即美国宪法第五修正案关于合理赔偿条款中的"明显领地"，指如果没有合理的赔偿，那么任何私人物业都不能因公共用途而被征用。因此，如果政府希望沿一座大坝修建一条道路，就要为征用的物业根据合理的市场价格赔付给受波及的业主。

影响赔偿同样也基于美国宪法第五修正案中关于合理赔偿的条款，它比征用权更复杂。当一项管理措施严重影响了物业的价值，就要涉及影响赔偿。[34] 在关于影响赔付的案件中，法院主要审理两个方面的内容：①该措施的实施是否符合公众的利益，如是否改善了公众的健康、安全、道义和福利；②业主物业的经济价值是否得以保留，如除建议用途外，该用地是否还适于其他用途。[35] 因此，如果该项措施并没有改善公众的健康、安全、道义和福利，或导致物业无法获得实质性的经济收益，或并没有禁止那些在基本法中列明为危害的行为，就可以提出合理赔偿的要求。

目前的观点和未来的方向

不少影响美国地方政府制定和实施土地用途管理的因素，将在很长时期内也影响着规划的实践。

在20世纪60年代早期，有不少州开始重新审视和制定那些原先基于SCPEA和SZEA的规划和区划条例。像加利福尼亚、佛罗里达、堪萨斯、迈阿密、马里兰、新泽西、罗德艾兰、俄勒冈、田纳西、佛蒙特、华盛顿、威斯康星等州已着手进行了改革，分别在不同程度上强调了州利益在规划和土地用途管理中的重要性。例如，有不少州制定了关于湿地等环境生态敏感地区、或海岸线等特殊资源的专项管理规定，其中，岸线地区管理规定在一定程度上是受1972年颁布、1996年修订的联邦岸线地区管理条例的影响。对湿地和岸线的保护反映了人们对土地利用认识的改变，人们日益认识到这些是需要保护的资源而不是进行买卖的物品。关于经济适用住宅是另一项改革的内容：加利福尼亚、康涅狄格、马萨诸塞、新泽西、罗德艾兰等州已制定专项规划，以确保或鼓励对经济适用住宅的建设，同时也明确可以通过州层面的上诉程序否定地方关于该类住宅的否决。

许多州的改革还包括要求强制编制地方层面的总体规划，而SCPEA将该类规划视为随意性的和咨询性的；其他州没有明确这种强制性规定，但要求地方政府要编制符合州规划标准的规划。例如，俄勒冈以这种强制性的、州管的地方土地利用规划体系而闻名。按照俄勒冈法律，每一个地方政府必须编制和实施总体规划，明确城市发展范围，以确保用集约的开发模式提供未来20年的可建设用地。俄勒冈的地方总体规划要满足州的各项严格条例的要求，同时还要满足州的 19 项发展目标，其中包括保护农业用地。

按照俄勒冈的改革要求，关于区划和土地细分的决策，以及包括管理规定自身，都要和实施的地方规划相协调。有些州，例如罗德岛州，[36]通过地方政府管理和强制实施区划和土地细分控制，来体现管理的程序，消除关于管理行为、时限和不同政府部门之间职能重叠所造成的不确定性。俄勒冈设立了一个州层面的土地利用上诉委员会作为专门的跟踪法庭，依照州的规划法快速处理关于地方开发决策的上诉审理工作。佛罗里达州和华盛顿州，在增长管理的支持下，对"协作"提出了要求，即要求多部门共同参与开发的批准或相关工作（在华盛顿，多部门协作只限于地方道路的建设）。

在 1994 年，美国规划师协会（APA）开展了一项名为精明增长的跨年度研究课题，以取代 SZEA 和 SCPEA，它演进成新一版的现代美国规划和区划法规。由于全国的规划法条款千差万别，因此新的法规采取模块组合的形式，为州和地方政府提供实施的可操作性。APA 模式的法典，附以大量的评注和分析，要求地方政府在进行规划决策时了解政府部门之间的关系，尤其是要用增长管理的模式，鼓励对内城发展的再投资，保证经济适用住宅的建设和保护危急的生态地区。[37] 此外，该模式还倾向于确保开发许可审批程序中的确定性和可预见性。

结论

本章阐明了涉及区划和土地细分制度的开发和管理活动，这两项制度是实施地方政府总体规划的最常用法律手段。显然，区划制度已超乎其原来在大城市都市区通过用途分化来避免危害的初衷，而更具活力和弹性，并通过形式的改革以求实现保护农业用地、保护生态敏感地区、鼓励建设经济适用住宅等公共政策目标。同样，土地细分制度也被视为确保社区增长和合理规划的重要手段。在 21 世纪来临之际，许多州颁布了新的法规，对原来 20 世纪 20 年代颁布的法规进行了修订。美国规划师协会开展的精明增长项目也将为州和地方政府适应当今的发展需求，提供了新的政策法规。

注释：

1 See, for example, *Welch v. Swasey*, 214 U.S. 91 (1909).
2 *Reinman v. City of Little Rock*, 237 U.S. 91 (1915) (excluding livery stables from a commercial district); *Hadacheck v. Sebastian*, 239 U.S. 394 (1915) (excluding operation of existing brickyards); *Cusack v. City of Chicago*, 242 U.S. 526 (1917) (upholding an ordinance prohibiting billboards but allowing a waiver of prohibition by a certain percentage of property owners).
3 *Lincoln Trust Co. v. Williams Bldg. Corp.*, 128 N.E. 209 (N.Y. 1920).
4 Commission on Building Districts and Restrictions, *Final Report* (New York: Commission on Building Districts and Restrictions, June 2, 1916), Appendix 7: Building Zone Resolution, 232-54.
5 Daniel R. Mandelker and Roger A. Cunningham, *Planning and Control of Land Development* (New York: Bobbs-Merrill, 1971), 200.
6 Norman L. Knauss, *Zoning Progress in the United States: Zoning Legislation in the United States* (Washington, D.C.: Division of Building and Housing, Bureau of Standards, Department of Commerce, April 1930), 2; Lester G. Chase, *Survey of City Planning and Related Laws in 1930*

(Washington, D.C.: Division of Building and Housing, Bureau of Standards, Department of Commerce, April 1931), 2.

7 Edward H. Ziegler Jr., ed., *Rathkopf's The Law of Zoning and Planning*, vol. 1 (Deerfield, Ill.: Clark, Boardman, Callaghan, 1997), sec. 101(2).

8 Department of Commerce, *Advisory Committee on Zoning, A Standard State Zoning Enabling Act*, rev. ed. (Washington, D.C.: Government Printing Office, 1926), sec. 3.

9 Daniel R. Mandelker, *Land Use Law*, 3rd ed. (Charlottesville, Va.: Michie, 1993), 178-9.

10 See James Schwab, *Industrial Performance Standards for a New Century*, Planning Advisory Service Report No. 444 (Chicago: American Planning Association, March 1993).

11 See Norman Williams Jr.,"Halting the Race for 'Good Ratables' and Other Issues in Planning Legislation Reform," in *Modernizing State Planning Statutes: The Growing Smart Working Papers*, vol. 1, Planning Advisory Service Report No. 462/463 (Chicago: American Planning Association, March 1996), 57-61.

12 Bruce W. McClendon, *Customer Service in Local Government: Challenges for Planners and Managers* (Chicago: APA Planners Press, 1992), xxv.

13 See Robert B. Olshansky, *Planning for Hillside Development*, Planning Advisory Service Report No. 466 (Chicago: American Planning Association, November 1996).

14 *National Flood Insurance Reform Act of 1994, U.S. Code*, vol. 42, sec. 4001 *et seq*. (1994).

15 See Marya Morris, ed., *Creating Transit-Supportive Land-Use Regulations*, Planning Advisory Service Report No. 468 (Chicago: American Planning Association, December 1996).

16 Urban Land Institute,"Janss Court: Santa Monica, California," Project Reference File—Online Database (Washington, D.C.: Urban Land Institute, January-March, 1991).

17 Janice Fillip,"Uptown District: Looking at the Future of Mixed-Use Development in American Cities," *Urban Land* 49 (June 1990): 2-7.

18 See, generally, Tom Daniels and Deborah Bowers, *Holding Our Ground: Protecting America's Farms and Farmland* (Washington, D.C.: Island Press, 1997), chap. 7.

19 开发权转移还可以用于其他目的，如文物和生态敏感地区的保护。

20 Charles A. Lerable, *Preparing a Conventional Zoning Ordinance*, Planning Advisory Service Report No. 460 (Chicago: American Planning Association, December 1995); Stuart Meck,"A Model Request for Proposals for Drafting a New Zoning Code," *Zoning News* (American Planning Association, September 1996).

21 Portions of this discussion of subdivision regulations appeared in different form in Stuart Meck, "Subdivision Control: A Primer for Planning Commissioners," *The Commissioner* (American Planning Association, fall 1996/winter 1997): 4-6.

22 Robert H. Freilich and Michael M. Schulz, *Model Subdivision Regulations: Planning and Law*, 2nd ed. (Chicago: APA Planners Press, 1995), 1-7.

23 See, generally, John Vranicar, Welford Sanders, and David Mosena, *Streamlining Land Use Regulation: A Guidebook for Local Governments*, prepared for the Department of Housing and Urban Development by the American Planning Association with the assistance of the Urban Land Institute (Washington, D.C.: Government Printing Office, November 1980), especially chap. 1.

24 For a review of federal permitting requirements related to land development, see Peter Buchsbaum,"Federal Regulation of Land Use: Uncle Sam the Permit Man,"*Urban Lawyer* 25 (1993): 589-626.

25 See, for example, U.S. Advisory Commission on Regulatory Barriers to Affordable Housing, "*Not in My Back Yard*": *Removing Barriers to Affordable Housing* (Washington, D.C.: Government Printing Office, 1990).

26 New Jersey *Statutes, Annotated* (West 1996), sec. 40: 55D, 40.1-40.5.

27 Mandelker, *Land Use Law*, 422.

28 See Charles C. Mulcahy and Michelle J. Zimet, "Impact Fees for a Developing Wisconsin," *Marquette Law Review* 79 (spring 1996): 759.

29 *Village of Euclid v. Ambler Realty Co.*, 272 U. S. 365 (1926).

30 *Nectow v. City of Cambridge*, 277 U.S. 183 (1928).

31 See *Connally v. General Construction Co.*, 269 U.S. 385, 391 (1926) (finding that a police power regulation violates the due process clause if it forbids or requires the doing of an act in terms so vague that persons of common intelligence must necessarily guess at its meaning and differ as to its application).

32 See, for example, *Hadacheck v. Sebastian*, 394 (holding a brickyard to be an undesirable use in a largely residential area); and Miller v. Schoene, 276 U.S. 272 (1928) (upholding a Virginia statute designed to protect apple trees that were threatened by rust disease from ornamental red cedars).

33 *Lucas v. South Carolina Coastal Council*, 505 U.S. 1003 (1992).

34 See *Pennsylvania Coal v. Mahon*, 260 U.S. 393 (1922).

35 See *Agins v. City of Tiburon*, 447 U.S. 255 (1980); *Nollan v. California Coastal Commission*, 483 U.S. 825 (1987); and *Lucas v. South Carolina Coastal Council*.

36 David L. Callies,"The Quiet Revolution Revisited: A Quarter Century of Progress," in *Modernizing State Planning Statutes: The Growing Smart Working Papers*, vol. 1, Planning Advisory Service Report No. 462/463 (Chicago: American Planning Association, March 1996), 23. See also Stuart Meck,"Rhode Island Gets It Right," *Planning* 63 (November 1997): 10-15.

37 See Stuart Meck, ed., *Growing Smart Legislative Guidebook: Model Statutes for Planning and the Management of Change, Phases I and II, Interim Edition* (Chicago: American Planning Association, 1998). This volume is the second of a projected three.

第15章 增长管理

阿瑟·奈尔森

在20世纪60年代，俄勒冈的人口增加了30万，但整个州却丧失了320万英亩（约130万公顷）的农田，大约每增加一个居民就需消耗10英亩（约4公顷）的农田，同时人均税额增长的幅度也为全国的两倍。[1] 在1982到1992年间，俄勒冈的人口再度增长了30万人，但没有农田损失，同时人均纳额增长的幅度仅为全国的一半。俄勒冈是如何做到这一点的呢？靠的是增长管理。

各州、地区和社区借助增长管理来预测和疏缓发展可能带来的负面影响。有效的增长管理不单单是维护了现有社区的价值，它还通过各种规划技术手段在市场性项目的短期利益和长期的环境恶化、财政失效和社会不公等后果之间进行权衡，不再力图强迫各种开发行为符合一个面面俱到的规划，而是提供大量各种类别的规定、机制和协定等，将各种规划原则融入社区的开发建设过程中。

本章从对美国城市增长历史的回顾和战后快速无序城市化形势下增长管理的出现谈起。随后依次阐述增长管理的原则目标，并说明实现这些目标的规划途径。

美国城市增长简史

短短的几个世纪内，空前的增长和发展将美国从一个由分散聚居地组成的殖民地国家变成了一个由紧密依存的大都市地区组成的国家。在1800年到2000年间，美国的人口从400万人增加至2.5亿人，增长了62倍。其人口增长的速度即便是在东半球也前所未有，尽管中国和印度在这一时期人口的增量更多，但没有一个国家的人口增长速度能够比得上美国。移民的大量涌入使城市边界外移、工厂满员，推动了工业的发展和城市化与经济的繁荣。美国的国土面积从1800年的约100万平方英里（约260万平方公里）增至1960年的370万平方英里（约930万平方公里），增长了约3倍，这一增加幅度，只有前苏联从1917年到二战结束时国土增加的面积可与之相比。[2] 在1790年第一次人口普查时，美国城市居民的比例不足5%；到1920年，大多数的美国人已经搬到了城市里；而到2000年，这一数字接近80%。[3] 自经济大衰退后，美国的国内生产总值从1亿美元左右（以1987年价计）增长至超过7万亿美元，没有一个国家可以超过这一增长速度。在1950年到1990年间，人均可支配收入从低于5000美元（以1987年价计)增至约2万美元,[4]世界上只有不发达国家的这一增长速率超过美国,而美国多数国民所享受到的发达程度则无人可比。

克林顿总统有一次曾嘲讽地说,政府的事务就是做生意。换而言之,联邦政府的目标就是要刺激增长,如若不能则要推动增长。美国发展的历史可以为克林顿的论点提供充足的论据。在19世纪,国会划给农场主和铁路公司数百万英亩的土地。在大萧条期间,在福兰克林·罗斯福总统的要求下,国会成立了联邦住宅管理委员会(FHA)和联邦国民抵押协会,推动了住宅的自有化进程,奠定了战后郊区化的基础。二战后,数千万的美国人,大多数为士兵及其家人,首次获得有效的经济手段可以自购住宅并离开城市。1956年颁布的联邦州际高速公路法推动了高速公路的建设,又为乡村提供了便捷的可达性,加速其向郊区的转化。按照1965年颁布的水环境质量法,联邦政府承担排污系统建设费用的3/4,这也进一步推动了郊区的向外蔓延。联邦住宅管理委员会制定规定,限制对独户联排住宅的联邦担保贷款。而同时,地方政府参与各种大型建设项目的竞争,也通常就商业中心、工业区停车场等项目进行竞价。

显然,尽管人口从乡村到城市的整体流动是整个发展进程的主要特征,但二战后的城市增长大多在中心城市之外发生;而在东北部和中西部的大部分城市、南部和西部的部分城市,战后的城市人口反而出现下降的趋势。如果这些城市按照全国1950年到2000年的人口增长幅度(不考虑随之而来的用地扩张增幅),它们或许现在会拥有非常大量的人口。例如,芝加哥可能从360万人增长到700万人,纽约可能从730万人增长到1400万人。[5]这些城市能否适应这种人口的增长呢?或许不能,因为如果只是为了纾缓过度拥挤的压力,一定程度的城市蔓延是必须的。[6]

郊区化,尽管对于适应二战过后出现的城市增长非常必要,但也随之带来了一些问题。土地的不断细分夺去了原来秀美的风景;低密度住宅的四处蔓延使公共交通系统无法适应,小汽车成为了交通的惟一选择,使为了纾缓交通拥挤而兴建的道路在刚建成的时候就开始拥塞;一度兴旺的中心区开始倒闭,因为消费者们将他们的选择转向了便利的郊区购物中心;反过来,一度清幽的社区由于人口的快速增长和停车场、购物中心的建设而清静不再。面对郊区化的大潮,通常的规划管理手段只能引导,却无法起到控制的作用。

增长管理的崛起

在20世纪70年代初期,快速发展的城市关注的是如何对快速的发展实施严格的管理措施,即增长控制,包括建设延期、许可配额、大地块区划,以及提高居住建筑的最小规模限制。这些措施有效地抑制了发展,但通常会引发不可避免的问题,比如禁止兴建可支付住宅的包涵性区划。在新泽西的蒙特劳雷尔,为了确保未来的发展可以满足富有居民的要求,制定的管理措施中就要求加大居住用地的地块面积。由此,低收入的居民,包括许多蒙特劳雷尔当地的

图 15-1 卡通画
其中：Then one day, the twain met:终有一天，二者碰面了

公务员，都没有能力在此居住。(最后，新泽西高等法院裁定蒙特劳雷尔的增长控制措施不合法)。

对于快速增长的控制同样也会导致城市的过度蔓延。当控制的措施迫使发展项目远离已有市政设施的地区时，就会导致蔓延的发生。[7]因为当建设者们无法利用严格控制的郊区空地，他们将会在农田上或市域外的其他开敞空间上建设更多的可支付住宅。

增长管理的出现，就是为了应对严格增长控制所导致的这些或其他一些非预期的后果。增长管理不再禁止市场型项目的共同参与，而是要引导项目实现保护环境、运营高效、社会公平的效果。这就是 20 世纪 90 年代后期出现的"精明增长"运动的目标。为了廓清增长管理的实质，可以用增长管理一词来进行说明。增长管理是从传统规划派生出来的，传统规划的成果包括图纸和管理规定等，如区划和土地细分规定。增长管理与传统规划的区别在于：①从长远的角度严格评估项目建设必要性；②注重如何在避免环境恶化、财政糜费和社会不公的前提下，在哪儿以及以何种方式满足这种建设的需求；③整合公共资源、引导开发建设的能力。

增长管理协会的道格拉斯·波特，将增长管理的特点总结为：①是包括趋势预测、实施结果、目标更新、现代管理手段在内的一系列管理进程；②是预测是满足发展需求的一种手段；③是对存在冲突的各种发展目标进行权衡的过程；④是地方需求和区域利益之间的协调。[8]最终，合理有效的增长管理将可以在为经济的发展和人们的需求提供合适用地的同时，保持环境的质量。[9]

图 15-2 佛罗里达西北部大片细分用地的航拍。这个州提供的土地数量比市场需求多出数百万幅，而这些土地通常是从农田、森林和湿地等重要资源转化过来的

增长管理是否有效？多数的规划效果需要一代人来努力，但由于有不少的州和社区已经参与了增长管理运动，因此有些效果已得以显现。例如表 15-1，就对俄勒冈的华盛顿县和佛罗里达的李县进行了比较。自 20 世纪 70 年代后，华盛顿县就开始采用增长管理的模式，并将城市发展控制在城市增长界线（UGB）内，维护了城市增长界线周边农村用地的农田和绿地性质。相反，李县从 20 世纪 70 年代起，采用的是传统的土地利用规划，而直到 90 年代才采用增长管理模式。在 1987 到 1992 年间，两个县都经历了持续的快速增长。李县的人口增长了 55900 人（18.9%）而华盛顿县增长了 55500 人（19.6%）。但是，李县的规划允许居住人口比 2020 年规划人口多 150%，而华盛顿县的规划只允许人口出现 16% 的偏差，需求和供应比较贴近。[10] 因此，李县的土地利用规划是为了适应比预期更多的人口规模，将会导致在公共和市政设施方面不必要的浪费。相反，华盛顿县的规划适应人口的预期规模，基础设施的投入只是适当超前。结果，李县税收的增幅是华盛顿县的两倍，而债务的增幅却是其 3 倍。

增长管理的目标

增长管理可以使公众实现那些开发商不为他们实现的目标，例如，避免外溢效应的负面影响，确保增长收益和投入的合理分配。为实现这一目标，增长管理综合了关于行政、财政和土地利用的一系列管理工具和手段。（尽管"管理工具"

图15-3 这条路是波特兰市的一部分,俄勒冈的城市增长界线将城市住宅的开发限制在了路的左侧,而右侧是基本农田保护区

表15-1 对两个县关于有无增长管理措施结果的比较

内容	佛罗里达的李县	俄勒冈的华盛顿县
1987年人口 [a]	296200	282700
1992年人口 [a]	352100	338200
增幅	18.9%	19.6%
1987年税收 [b]	$452000	$361000
1992年税收 [b]	$796000	$508000
增幅	76.1%	40.7%
1987年债务 [c]	$831000	$303000
1992年债务 [c]	$1550000	$400000
增幅	86.5%	32.0%
比2020年规划人口增加 [d]	147.9%	16.3%

[a] 人口数据是从统计局提供的数据进行的回归。

[b] 税收数据以1992年为基准价,从统计局的《政府财政统计》中提取。

[c] 债务数据以1992年为基准价,从统计局的《政府财政统计》中提取。

[d] 规划居住人口容量和规划2020年人口之间的差值。

和"手段"二词通常可以互换，但在本章中"管理工具"指增长管理的专项管理措施，而"管理手段"指若干管理工具的组合）。

一般而言，增长管理包括以下六大目标：

- 保护公共物品和准公共物品的用地。
- 适应发展的需求。
- 以最小的投入建设足够的公共设施，并公平分配投入。
- 公平分配增长的收益和支出。
- 避免或削弱外部不经济，鼓励外部经济性。
- 高效的管理。

本章的余下部分将就以上目标以及实现这些目标的管理工具和手段展开探讨。

保护公共物品和准公共物品的用地

公共物品指每一个人都可以享用、不具排他性的物品，例如空气。绿地提供了各种公共物品，包括清新的空气、洪水调控、重划分水岭、为濒危的物种提供栖息地等。增长管理的目标之一是通过管理或征购的手段，或二者兼用，保护那些提供公共物品的场所。

增长管理同样致力于保护那些提供准公共物品的场所。这类物品具有两个特征：①对下一代具有极高的价值；②其目前的市场价格未能反映未来的高价值，换而言之，就是当代人不愿支付这些土地未来的价值。例如，基本农田和森林就是这样的物品。由于世界人口不断的增长以及经济的全球化，对农田和森林的需求将会上升，需求的增加将会导致日用品的价格上升，反过来，也会导致土地价格的提升。但是，目前基本农田和林地的市场价格只能反映其未来几年的价值，而不包括数十年或几代后的价值。因此，我们应当深入思考这一问题。

美国拥有世界上最多的基本农田和林地，同时也是世界上最大的粮食出口国[11]和商品进口国。尽管美国每年的贸易逆差有几千亿美元，但如果不计农业和林业方面的出口额，其逆差的数额将会大得多。由于世界人口预计到2040年将会翻番，而同时随着世界贸易壁垒的逐渐消解，目前贸易的不平衡将会随着未来美国农业和林业产品出口的上升而得到缓解。但是，由于目前关于农田和林地的市场价格未能反映其在未来几代中的高价值，因此这些用地很可能会被过早地转化为城市建设用地。因此在我们这一代，保护准公共物品可以保护未来的发展机会。

面临城市发展的压力，公共物品和准公共物品的用地有两个方面的缺陷，分别为：补贴和外部性。

补贴 补贴是一种财政的刺激手段，补贴给那些按照公共政策要求进行资产运作的人们。为了了解补贴是如何影响公共物品和准公共物品的土地,可以研究一下农业补贴和贴息贷款之间的关系。为了使农民可以继续在他们的土地上耕作,联邦年均补贴额约 150 亿美元。[12] 相反,州和联邦则以贴息贷款和减税的方式,给购房者每年补贴的高达 1000 亿美元。[13] 经济学家们或许会说,对购房者们的补贴可以以资本折算到土地的价格中,使用于房地产开发的土地比农田更有价值。但是,如果没有购房补贴,那么业主就会购置小一些的住房,城市的蔓延就会少一些。

外部性 外部性是指个人或团体的行为对他人或其他团体的影响。外部性分为负影响和正影响,例如,一个在餐馆吸烟的人给周边的人施加的就是负外部性的影响;餐馆周边兴建的一座剧院,由于可以给餐馆带来客流,因此对餐馆施加的是正外部性的影响。在城乡结合部,外部性是广泛存在的。通

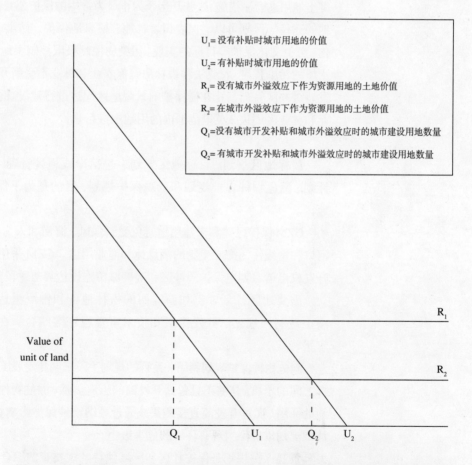

图 15-4 城市边缘土地利用补贴和负外部性的影响。如果没有对城市发展的补贴或其他外部因素,城市建设用地和农业用地的平衡点在 Q_1。如果对城市发展给予补贴,如贷款贴息、公共设施和高速公路价格补贴等,那么城市建设用地的价值就要比农业用地的高,表现在 U_2 和 U_1 之间的差别。R_2 和 R_1 之间的差别体现了城市发展外部性导致的农业用地价值的降低。以上均为低效城市化的后果,也称为都市蔓延

过提供私密性和愉悦的景观，农田为周边的居民提供了正外部性的影响；但由于早晚的噪音、难闻的异味、灰尘以及在公共道路上缓慢行驶的车辆，也造成了负外部性的影响。周边的居民也会对农民施加负外部性的影响，如，可能会偷窃农民的作物，饲养的宠物可能会干扰农民的牲畜；居民们要经常需要上诉法院要求调解，其结果就是导致农民们耕种的时间减少，从而导致农田价值的降低；由于都市开发补贴人为地影响了土地的价值，并对农业经营造成了负外部性的影响，于是就迫使农民们过早地卖掉了他们的土地，其结果就会导致城市的蔓延。

为了保护那些公共物品和准公共物品的用地，通常的做法是将这些用地明确为需要保护的区域。保护的技术手段包括土地用途管制、制定地区规划、征用土地的所有权和开发权以及价格调控。

土地用途管制 包括区划、人口配置、农业权及森林权法律、发展缓冲区等土地用途管制措施，这些是迄今为止最为常用的保护公共物品和准公共物品用地的途径。区划可以确保农田、林地、栖息地保护，防洪、空气净化、景观美化、历史文化保护等目标的实现。污染物控制极限控制土地利用对田地、空气和水质的污染程度。农业法和森林法确保农业和林业不受新开发居住用地的影响。发展缓冲区管理禁止在需保护的景观地区周边进行建设。例如，俄勒冈禁止在农业和林业区周边 3 英里范围内的用地中进行建设。

目标地区规划 目标地区规划，包括岸线地区管理（CZM）、重要地区计划、濒危物种保护规划和景观保护规划，目的是为了保护具有独特景观的地区。

CZM 保护已建和未建用地避免受到强风、海涝和人为侵蚀的影响；保护江河口和岸线作为海洋生物的栖息地和商业用途。CZM 采用了区划、方案审查、开发权申请、划定保护缓冲区和明确城市建设边界等手段。

重要地区计划，例如新泽西的松林地带和佛罗里达的湿地，通过对专项土地利用规划、开发指引和技术审查程序等结合，在保护和发展之间寻求平衡。

濒危物种保护规划利用一系列的规划手段来调和发展压力和保护濒危物种目标之间的矛盾。这些工具包括开发商的土地贡献、濒危物种的异地安置、私人土地的征用（通过开发商直接购买或通过缴纳物种保护影响费来实现），以及制定详细规划以确保对现有环境的危害最小。

景观保护规划是保护社区和区域独特景观要素的综合规划手段；具体措施包括高度和用途管制、标识管理和景观控制等。

官方征用 对土地或开发权的官方征用是保护公共用地的另一技术手段。官方征用的四种基本措施包括：直接购买土地、开发权收购（PRD）、开发权转

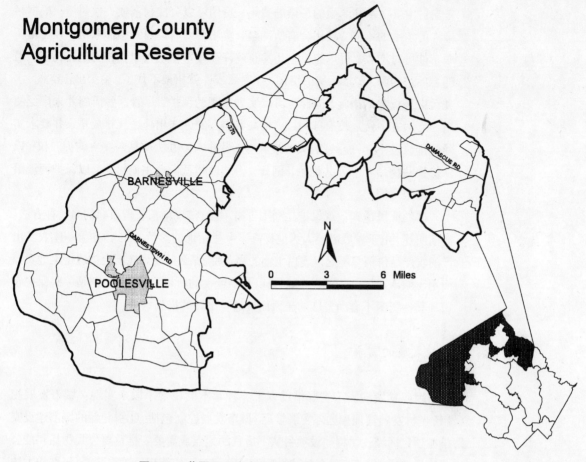

图 15-5 蒙哥马利县农业保护规划方案

移（TRD）和使用权保留。按照 PRD，公共机构可以购买私人业主关于土地细分的权力，而将这些权属归为公有。TDR 的运作方法是：开发商可购买乡村用地的开发权，而将其转移到市内的用地上；开发权的转移使得开发商可以提高其用地的开发强度。通过将转让开发权用地的使用权划归地方政府，来确保该用地不能用于城市建设；但业主仍拥有地块的产权，包括可以将该用地用于农田和林地等开敞空间用途的权力。按照使用权保留办法，提供了公共物品或准公共物品的业主可以将开发权作为慈善捐献，捐给由美国国税局指定的一个组织，那么，捐献人就可以获得与其开发权等值的计税折减，开发权的折价由国税局确定。

价格调控 尽管利用价格来实现景观保护的设想由来已久，但真正得以实施的却是凤毛麟角，其原因在于难以为并不存在的市场制定价格体系。例如，清新的空气究竟价值几何？不幸的是，所有的定价方式在此都束手无策。运用价格手段来保护公共物品和准公共物品的办法之一，是要求开发商根据开发情况来支付空气、水和产生的污染的费用。费用可以分次付清或一次付清。根据污染许可水平的不同，费用会有所调整，费用会随着许可终结而取消，并在重新颁布许可时增收。可以想见，开发商或许在开发初期可以负担得起排污费，但随着项目的深入、排污费的增加，开发商或许就招架不住了。拍卖出让空气、水和污染等权益的措施，同样也可以实现景观的保护，尽管这些措施并未广泛使用。范例之一就是政府部门以"价高者得"的方式出让废气排放量，并要求实际的排放量不允许超过购买的排放量。另外一种办法就是向业主购买产权，以保护公共物品和准公共物品，例如，田纳西州就向业主们付费，以保护河流沿岸的开敞空间。

借助征税达到景观保护是利用价格手段，实现增长管理目标的另一种方法。如前所述，由于发展需要人为地提高了乡村用地的价值，因此，如果一座农场出产的农产品价值都不足以支付土地的物业税，那么业主可能就会被迫把土地卖掉而用于城市建设。特惠税、延期税以及物业税的所得税抵免等，都是一些保护农田和其他资源不会因发展的压力而被过早出让的措施。

因应发展的需求

因应发展的需求主要借助以下三种基本的技术手段来实现：城市发展控制、乡村发展管理和远郊发展管理。城市发展控制包括：①引导新的城市建设安排在预定区域；②将建设项目从不适宜的地点或需要安排重要公共物品和准公共物品的用地上转移。乡村和远郊发展管理对增长管理至关重要，每年平均大约有500万平方英亩（约200万平方公顷）的土地被转化为城市建设用地，将大都市区的边界外延了十几英里（公里）。

考虑到大部分政府规划安排的规划用地要比实际需求的要多，例如前面的佛罗里达州的李县，因此，增长管理规划在因应发展需求方面要比传统规划更为有效。增长管理不仅仅安排发展用地，它还确保为可建设用地的更好利用提供更好的实施手段，并通过提供大量的规划实施工具来实现。首先介绍的是城市发展控制，应用于弹性的发展管理措施中。

城市发展控制 它取代了原来的简单划定城市建设界线的做法，城市发展控制着眼于公共基础设施的投资，并让公众对未来发展的区域有一个确定的了解。

在城市发展控制所借助的几种手段中，最为重要的是划定城市增长边界（UGBs），以明确何时及何地的土地可以用于城市建设。城市增长边界内的地区成为城市服务区（USAs）。城市增长边界的划定通常要与规划20年后或更长的一段时期内的人口和就业相适应，同时还要预留15%到20%的"市场因素"富余。城市服务区是指在未来5到10年内用于新建或改建市政、公共配套设施的用地。城市增长边界和城市服务区的最大不同在于城市增长边界着眼于20年后或更长,而城市服务区则着眼于未来5到10年。除此以外,它们在形式和实施效力上会非常相像。

按照设想,城市增长边界和城市服务区外围的开发建设是应当被严格禁止的。但是,由于有些想在市区外找一块一英亩,或三五英亩宅基地的业主,如果条件具备的话他们就会买下整个农场20英亩或更多的土地,因此提供一部分的乡村或远郊城市建设用地是必要的(见下一节中关于乡村或远郊增长管理的内容)。城市增长边界措施的实施通常涉及两项管理手段,城市发展备用地区指位于城市增长边界外的,可随时随城市增长边界的扩张而用于城市建设的区域;

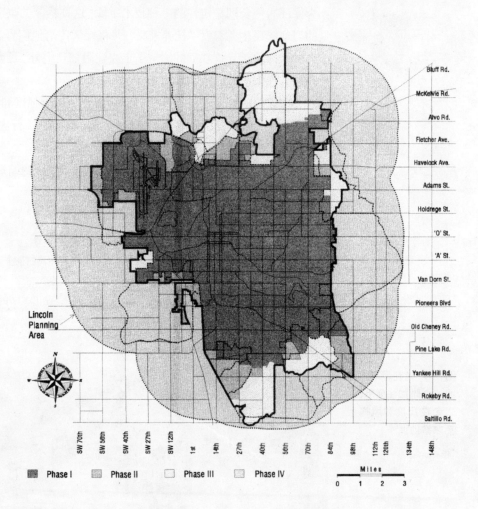

图15-6 内布拉斯加州兰开斯特县和林克因城的阶段发展规划

阶段发展纲要:
阶段1:亟待发展地区,毗邻基础设施建设较好的现状建成区。
阶段2:近期发展地区,毗邻现状或规划建成区,但缺乏一些重大的基础设施,如一级公路、公园、排污干管等。
阶段3:中期发展地区,毗邻现状或规划建成区,缺乏许多重大的基础设施,但这些设施有望在规划期内建成。
阶段4:城市发展控制区,为规划期外的城市增长地区。

而在城市增长边界内划定的中期增长边界,则是用来根据先期制定的规划引导城市的阶段发展。这样可以确保集约式和延续式的开发。

为了保证 UGBs、USAs 和 IGBs 的施行,地方政府采用了灵活的开发管理措施,以确保体制的改革满足市场的需要。由于家庭规模的缩减,数百万家庭所需要的居室数量比原先要少;同样,这些家庭使用基础设施的频度也比原先要低。如果管理措施足够灵活,可以允许附加单元的建设(见图15-7建在车库上的住宅),那么房屋的业主,尤其是老年人,就可以获得额外的收入以及更好的人身安全,这类型的社区也可以恢复到以前比较适宜的人口密度,同时还可以消化一些住宅需求。附加单元的建设可以作为社区整体改造的一部分,以及作为保证居住长期稳定性的一种技术手段。这种社区的改造方式刺激了相当数量的当地居民生儿育女、抚养家庭,并将社区传给他们自己的孩子。这类社区改造的目标除了允许在旧的大宅子上兴建附加住宅外,还允许在空置的用地上建设相容住宅。

公交导向的开发建设(图15-8)是改善土地使用强度和效率的另一手段。它强调在公共交通枢纽周边兴建高密度的、混合利用和步行优先的社区,并为发展地区提供不同的交通线路和工具,这对限制城市发展至关重要。最好的公交导向的建设开发是可以为居民出行提供多种交通工具,由此缩短居民的通勤、购物、服务、上学和社交的路程。

另外一些有利于 UGB 密集发展的工具包括:

1. 制定最低密度和最低强度区划,推动公寓和联排住宅等土地的高密度开发,避免低密度的独户住宅开发。

2. 包涵性区划,鼓励多类别、多规模的住宅开发,以满足不同收入和处于不同人生阶段的家庭需要。

图15-7 建在停车库上的一个附加住宅单位,二者在尺度和风格上都非常协调

3. 组团式和正南正北布局的区划，提高住宅开发的效率，并通过住宅集中建设而实现对开敞空间的保护。

4. 不可转换和排他性区划，对不相容用地进行明确分离。

远郊和乡村发展管理 如前所述，周边土地的开发导致的人为提高的土地价格和负外部性，致使乡村和远郊地区开发过早。尽管经常作为都市区一词的反义词，但乡村的含义实际是指勃勃生机的农田、森林和其他开敞空间；而远郊一词则指开发密度非常低的地区，例如占地1到10英亩（0.5到4公顷）的住宅。增长管理规划将城市发展控制在城市建设控制范围线内，但由于仍有少量建设发生在这些区域外，因此这些规划通常需要通过一些特别的措施来控制乡村和远郊的增长。例如，要求乡村地区的发展要满足农场主和雇工的居住需要，或满足从事耕种和林业相关工人的居住需要。小型的远郊开发部分是为了满足这种需要，同时可能还有助于满足对大地块住宅的需求。

乡村和远郊增长管理的主要目标是为了确保实现对公共物品和准公共物品的保护。这方面的技术手段要达到：①控制乡村的发展；②采用创新的技术手段，确保开发建设对公共物品和准公共物品的影响降至最小。

控制乡村发展的区划手段包括禁止非农业用途的排他性区划，以及对用地最小规模的要求（通常要求大于20英亩[8公顷]）。禁止建设排污设施和污水处理厂的管理措施同样也可以控制乡村的发展，因为如果无法兴建排污设施和污水处理厂，那么人们就必须要建设昂贵的排污管道。不过，这些措施的整体目标是要限制对农业、林业和其他自然资源所进行的开发，而不是为都市人提供住宅。

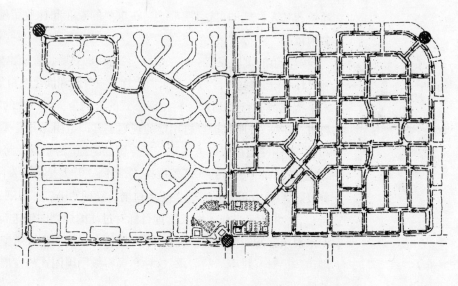

图15-8 左侧的规划是传统型的，迂回的道路系统将出行压缩到繁忙的城市道路上。右侧的规划则是以交通为本的规划，为步行者、骑自行车的人和驾车者提供了多样的出行路线选择

图15-9 坐落在佛罗里达农场的独户、低密度的居住开发项目,没有任何配套,所有的设施都在几英里以外

对于那些公共设施用地来说,绩效分析是用于评估远郊发展的一种手段。例如,在伊利诺斯的麦克亨利县和肯塔基的哈丁县,就利用农业自然资源保护部研发的土地和用地评估系统(LESA)来评价这些开发申请。评估系统考虑的因素包括:土壤条件(资源利用的适用性);地区内农业用地的比例;开发对地方资源的影响(例如农业、古迹保护、娱乐和景观等);拟建项目和已有的规划、区划以及其他保护措施之间的相容性;市政设施的建设情况;公共、商业和私人设施的可达性。而且,在重要的农业和林业用地上的开发申请将不会被批准。

像城市的发展控制一样,成功的乡村和远郊增长管理也依赖一些创新的管理和设计手段。这些手段力求在保护大片开敞空间和满足乡村居民居住需求之间寻求平衡。如前所述,追求乡村生活方式的人们会买下整片的农田用于建设,而不再进行耕种。按照保护乡村用地的规划工具即组团式开发模式,居住单位应组团布局,并用使用权保留方式来保护存留的绿地。为了避免跨越式的发展,即跨越绿地、持续向外蔓延的郊区发展模式,组团式开发是将开发限制在交通和公共设施较好区域内的最好方法。关于乡村增长管理的第二种规划工具是对乡村用地进行整合,并依照当前的增长管理目标对过往的规划图纸进行修订。例如,可能会要求对未开发的用地进行重新细分,以便在保护一定开敞空间的同时,还能满足城市居民对乡村生活的需求。这种布局将鼓励组团式的发展,从而避免导致跨越式的土地细分。

用最低的成本建设完备的公共设施，并将成本公平摊派

如前所述，在水质量法颁布之初，许多社区建设污水设施的费用有四分之三以上由联邦政府支付，这推动了郊区的增长。但由于国会无法对联邦纳税人公平地分配这些建设费用，因此这种做法被取消了。现在，将返还地方政府的联邦收入用于资助设施建设的庞大收入共享计划，被许多较小的社区发展保障计划基金所取代，但这些基金有许多是地方政府无法获得的。因此，社区现在必须承担更多的公共设施建设负担。但是，由于各辖区财政能力差别巨大，那些富裕社区的纳税人为公共设施支付的费用可能会比穷困社区的人们要少。而且，即使在同一辖区，运行良好的社区为公共设施支付的费用通常也会比应当支付的要少。因此，增长管理力求确保公共设施的建设能够满足新建项目的需要，并将这些设施建设的费用降至最低，同时将建设成本公平摊派。

提供完备的公共设施 首先，提供完备的公共设施至关重要，除非地方政府能够提供这些设施，否则增长就不会出现或以不恰当的方式进行。例如，缺乏完备的公共设施会迫使开发项目外移，在低密度地区建设排污系统和水井会导致增长管理所致力避免或控制的城市蔓延出现。这种蔓延的开发最终导致纳税者要支付更多的费用，因为随后政府会不得不为这些地区提供学校、消防、道路以及给排水设施。

土地利用规划最关键的原则之一是开发项目只有在满足重要基础设施需求的前提下才能批准。有些地方政府蓄意限制公共设施的容量，以将开发项目引往别处。如果一个辖区空地极少，同时要承担区域设施的费用，那么就会促使新的开发项目向周边地区转移，以寻求良好的规划前景。但是，如果一个社区拥有强劲的发展潜力，同时只允许建设高附加值的开发项目，那么就会迫使周边的辖区接受那些附加值较低以及不那么喜欢的项目，因此，设置公共设施方面的限制成为了一种既不负责也不公平的策略。完备的公共设施供应依赖各种规划、设计和财政工具来保障。

规划 公共设施规定，作为佛罗里达州并行的规定要求，确保按公共设施的服务能力安排项目。只有现有的或即将建设的设施容量满足开发的需求，新的开发项目才可获批准，这样能够从长远保障居民避免设施拥有水平的下降和由于新开项目导致费用的增加。

基础设施改进计划（CIPS）是一个确定设施安排的五年或十年规划。作为增长管理的工具，基础设施改进计划使发展商能够了解关于新设施的安排，使地方政府能够合理安排财政支出以满足发展需要，并将开发项目引向

预想的区域，该计划还对设施建设的资金来源进行了明确。另外，基础设施改进计划还应当反映未来五年市场的预期需求。

根据交通需求管理计划，大型企业可以使现状高速公路的使用更有效率，并增加其他交通方式，尤其是公共交通方式的使用量。计划使用的控制手段包括错开上班时间、远程办公、合乘计划、提供公交卡、雇员停车收费等（第9章"交通规划"中有更详尽的描述）。

包括每千人居民停车面积等在内的设施等级标准（LOS），可以确保设施的水平在满足社区需求的同时，也具有可行性（例如市区内的交通要求比郊区和乡村高速公路要高）。增长管理为所有的设施类别设立等级标准。作为一种管理工具，设施等级标准可以使规划师预测设施未来的需求，并反映到基础设施改进计划的项目安排中，近而决定财政的需求。通常，设施等级标准以人均平方英尺公共建筑面积、人均图书馆藏书数量、一定反映时间内消防站的数量，以及人均或户均给排水处理能力等来表示。

设计 另一项确保公共设施完善的工具就是服务范围。例如，由于污水向下流动，因此污水处理厂通常规划为主要处理流到集水区中的污水。污水处理厂的服务范围就是集水区，但只有部分集水区是位于UGBs和USAs的范围内。因此在UGBs和USAs的范围内会有许多集水区，有多个排污服务区。服务范围还可用于消防站（根据反映时间）、学校（根据适龄儿童数量）、停车场（根据到邻里的步行距离）等设施的规划设计。结合设施等级标准，服务范围可以用于引导项目的开发和确定基础设施改进计划。

财政 税收通常用于公共安全、停车、教育等设施的建设，这些设施对于公共利益有着广泛和深远的影响，其使用价值难以估量。但其他一些设施，则可以通过使用者付费的方式来获取资金，并以此体现设施建设的支出。由于这些费用的收取取决于使用的程度，因而可以激励有效消费。例如，如果以税收方式来支付水费的话，居民就很容易认为这些设施是免费的，而不注重控制使用的量，但在那些按用量收费的地区，就可以激励居民少用些。对于特定区域内的一些特定设施，如规划单元开发中的泵站及相关管线，则应当根据地区的开发情况进行专项评估后进行收费。在增税的财政政策下，为改善特定地区而发行的债券，可以通过改善后物业价值的上升来偿还。

将成本降至最低 增长管理通过一些规划和专项价格手段来将公共设施的建设成本降至最低。规划手段着重于引导综合性的开发，这种方式已证明比蔓延的方式耗资要少。例如，沿交通走廊的高密度、高强度开发，将使公交系统的运行更为经济。此外，在城区内一般中等密度地区中，户均的公共设施成本为34000

美元左右，而在低密度地区要达到50000美元，庄园和农场区则分别为63000美元和88000美元（表15-2）。

公共设施的成本可以借助边际成本价格来进行控制，这一价格根据设施的完全成本制定。边际成本价格确保①使用者按照恰当的成本比率来付费；②设施的收入不仅要能满足设施运营和维护的费用，同时还要能满足更新和换代的费用。例如，得克萨斯州的市政局负责给排水的供应，用户的费用就是按照边际成本价格的原则来收取的。

公平摊派成本 公平地分配公共设施的费用是非常困难的。问题之一就是如果要满足开发建设的要求，即社区发展的一个合理要求，那么最终将会导致一个补贴性的开发，例如，建设项目内的居民可能会按一个平均收费价格来支付水费，但这一价格并未反映因新建项目而增加的供水管费用，也没有反映由于用水量上升而给水厂增加的费用。由于为新建项目而增加的额外费用没有在水价中体现，因此实际上老居民就对那些新居民受益的设施进行了补贴。此外，由于新建项目的居民往往住得较远、房屋占地较大、收入较高，因此这种补贴不仅是老居民补贴新居民，同时也是低收入居民补贴高收入居民，进而进一步加剧了津贴分布的不合理性（表15-2说明了当建设密度下降时，基础设施的供应费用是增加的）。

有若干手段可以使公共设施费用的分摊更为公平，一种方法是征收开发费，例如，通过要求新建项目的开发商提供基础设施，包括新建或拓宽原有道路，从地块外新建给排水管等因开发而引发的设施需求等等，从而减缓因开发而增加的设施费用。征收开发费的一种常用手法是征收影响费，要求新建项目就使用的设施付费，而且这些费用是按照项目占新建或扩建设施费用的一个合理比例来征收的。

另一种合理分配公共设施费用的方法是根据消耗的实际费用进行核算。不同地段、不同类别的项目消耗同一设施的数量、时段和方式是不同的。例如，由于水管的跑冒滴漏和草坪灌溉的需要，100户的庄园式住宅消耗的水量要比100户的组团式住宅要多（低密度的住宅需要铺设的管线更长，因此跑冒滴漏的量比较大）。在根据实际使用而不是平均费用来收费时，要考虑影响公平分摊成本的各种因素（如新建、扩建设施的费用，波峰时段的费用等）。

公平分配增长造成的开支和收益

增长管理不仅要致力于充分满足发展的需要，同时还要寻求对发展带来的负担和收益进行公平分配。区域内各收入阶层的人们都需要住宅、就业、通勤、购物和到达各类设施的合理可达性。社区的发展也需要一定的设施，包括垃圾填埋

表15-2 与开发模式及到市中心距离相关的各种密度形式的开发费用（单位：美元）

	到市中心5英里（8.2公里）		到市中心10英里（16.3公里）	
	连绵式发展	跨越式发展	连绵式发展	跨越式发展
农庄式：4英亩（1.6公顷）1户				
道路	38739	38739	42280	42280
市政设施	30991	30991	37791	37791
学校	18149	18149	18149	18149
总计	87879	87879	98220	98220
庄园式：每英亩（0.4公顷）1户				
道路	20976	20976	24517	24517
市政设施	25187	25187	31987	31987
学校	17441	17441	17441	17441
总计	63604	63604	73945	73945
通常的低密度住宅：每英亩3户（每公顷7.5户）				
道路	12712	13575	17115	17115
市政设施	19539	22930	29730	29730
学校	17441	17441	17441	17441
总计	49692	53946	64286	64286
通常的中密度住宅：每英亩5户（每公顷12.5户）				
道路	10641	12193	15733	15733
市政设施	8781	13769	20569	20569
学校	14786	14786	14786	14786
总计	34208	40748	51088	51088
组团式住宅：每英亩7.5户（每公顷20户）				
道路	10126	11200	13280	14641
市政设施	8654	13574	15349	20179
学校	14786	14786	14786	14786
总计	33566	39560	43415	49606
联排住宅：每英亩10户（每公顷25户）				
道路	9611	10827	10206	13548
市政设施	8527	10130	13380	19789
学校	14786	14786	14786	14786
总计	32924	35743	38372	48123
花园公寓/低层住宅：每英亩15户（每公顷40户）				
道路	7503	8719	8098	11440
市政设施	6210	7813	11063	17473
学校	14786	14786	14786	14786
总计	28499	31318	33947	43699
低密度的独户住宅、组团住宅、联排住宅和花园公寓各占25%，平均每英亩8.1户（每公顷20.25户）				
道路	9470	10424	12140	13841
市政设施	8043	12946	13465	19502
学校	14786	14786	14786	14786
总计	32299	38156	40391	48129

和污水处理厂等这些居民所厌恶的设施,公平地布局这些设施并不意味着要在每个社区建设一座填埋场,而是指所有的社区应当共同进行这些设施的规划、投资和经营。但是,在大多数的都市区,有些地区承担的这些不受欢迎的用地数量比他们实际使用的要多,而有些地区则实际上是完全不承担。通过统筹区域范围内设施建设的投入和收益,增长管理致力于确保所有的社区都可以有一个宽泛的居住选择和一个宽松的税基,以满足发展的需要,同时不会过度地承担那些不受欢迎的设施用地。

住宅 增长管理试图对居住需求进行平衡,即提供满足幼年到退休的人生各阶段所需要的住宅及其配套设施;平衡的住宅提供是建立在合理的小学学区分区之上的。齐全的住宅种类中还包括了为单身和结婚人士提供的低成本住宅;年轻和成年家庭都适用的住宅;以及专门为那些分居、离异或障碍人士提供的住宅。

增长管理规划还要求对住宅进行公平合理布局,要求都市内的每个辖区都按照辖区人口占区域人口的比例提供中低收入住宅。因此,如果一个辖区占区域人口的10%,那么它就要提供区域所需的可支付住宅数量的10%。此外,增长管理规划同样还要求对以上提到的各类别住宅供应进行平衡。

在20世纪80年代,规划人员和政策分析家们开始意识到就业的分散是导致交通堵塞和负荷过度的主要原因。通过在就业的岗位和类别、住宅的数量和成本之间进行平衡,就业—居住平衡策略致力于实现就业和居住之间空间上的平衡。就业—居住平衡的改善措施通常包括改善居住在工作区外围工人的交通条件,促使人们在人口集中但就业岗位有限的区域进行创业。目标是要将通勤的时间降至一个合理的范围,并使上班更为可达,因为那些远离就业岗位的人们或许没有可达的交通方式到达工作岗位。

财富共享 除了自身的配套设施,地方政府还会就商业中心等区域性的开发项目进行竞争。在这场关于税利的竞争中,有赢家也有输家(即使是赢家,如果承诺了高昂的造价或是项目将来外移,那么他们也将会得不偿失)。此外,在一定区域内,必然有些社区正在兴起,而有些社区正在衰败。兴起的社区最终也会停滞发展,而衰败的社区通常会再复兴,所有的社区都会面临这种税收的起起落落。

增长管理将明确区域的发展需求以及实现的措施策略,包括税收的分享和大型项目的合理布局。通过帮助社区放远目光,并确保区域性设施的收益的公平分配,增长管理将地区之间的竞争转为了协作。例如,如果一个地区只能支撑一所购物中心的发展,那么其选址理应放在基础设施完备的地点而不是让各社区面临一场竞价的斗争。同时,通过计算新的销售额和物业税在各竞争者之间的分配,这样,无需进行任何让步,无需或只要少量投资建设新的市政设施,大家都可以从中得利。明尼阿波利斯的圣保罗和新泽西东北部的草地就依靠税利共享实现了这一目标。根据这一策略,那些由于取得大型区域性项目(如购物中心、办公区或工业园,以及高端住宅等)而财产税持续增加的社区,要拿出一定比例(约25%~40%)的物业增值税用于返还,分发给那些落后或未获得益处的社区。这样,一段时间后,所有的社区将成为税利分享的施与者或接受者。

俄勒冈的波特兰对规划的大型发展项目进行了公平布局。这一策略涉及确定这些项目的区域需求,以及对这些项目随时间推移而在各社区之间公平布局。

本地不受欢迎的设施用地 那些贫困和弱势的社区及邻里通常承担不合理比例的及不受欢迎设施的用地。这种不合理意味着要求其他社区为组屋、填埋场以及其他必需但又会招致居民反对的设施提供用地;不过,起诉通常是解决这一问题的惟一可行方式。有时,地方部门会同意因承担不受欢迎用地的不合理比例对社区进行赔偿,实际上是为那些富裕社区避开这些设施用地进行弥补,但这种赔付的案例还是很少的。增长管理通过明确这些不受欢迎设施用地的需求,采用所有社区共同参与的模式,将它们布置在负面影响最小的区域,同时寻求对这些社区进行补偿的方式。两个市的议会通过这种方法来进行垃圾填埋场的选址。

预防和削弱负外部性、提升正外部性

当人们在居住区周边兴建喧闹的工厂或是摩天大楼时,这种行为就对周边的物业产生了外部性。如前所述,外部性可以是正的也可以是负的:如果为农场兴建一条对外的道路,那么这条道路将提升该用地作为居住地产开发的价值,但农场主所交纳的税款对这条路的建设费用而言只是极少的一部分,可农场主却从中获得了巨大收益,因此是正的外部性。相反,如果在居住项目周边兴建垃圾填满场,那么业主物业的价值就会下降,是负的外部性。由此,土地的经济价值不仅反映地块内土地利用的情况,同时还受到周边用地的影响。有时,市场价格直接反映的是外部性的影响,例如上面的这些例子;但有些时候又不是,如以前提到的城市发展对农业用地价值的冲击。

增长管理试图避免负外部性的影响,同时提升正外部性。例如,如果两家汽车销售代理相邻,这种布局对两家的代理业务来说都是负外部性的,受其中一家吸引的顾客必将也会来到另一家进行比较。同样,如果商业街上的一家珠宝商店紧邻着百货公司,那么一些来百货公司购物的顾客就会在珠宝店买点东西。尽管珠宝店从与百货公司的相邻中收益更多,但没有一方有损

失。只要没有一方受到负外部性的影响，那么增长管理就应当鼓励这种正外部性的影响。

相反，如果一个新建的住宅项目跨越了现有的建成区并占用了农业区用地，那么对业主和农民来说，至少在农民被迫迁出这一区域之前，产生的都是负外部性。居民们面对的并非地产商宣传册上描绘的幽静田园风光，而是牲畜的恶臭；重农机具终日发出的吵闹；乡间小道上跟在缓慢车辆后行驶的挫折感；以及为了提高谷物产量使用的化肥、杀虫剂和除草剂等。另一方面，农民面临着居民们就以上影响提出的诉讼，同时居民还会通过新的管理规定来影响农民们的生产模式。此外，居民们或许会偷吃农场周边的果实、蔬菜和坚果等，并纵容他们的宠物追逐甚至伤害农民的牲畜。

在其他时候，负外部性的分布会更不平均。例如，体育场周边的居民要承受拥塞的交通、噪音、闲荡的人们和丢弃的垃圾，尽管居民们对体育馆的业主和使用者施加的外部性甚少或没有。

避免负外部性的影响并不简单，主要是由于负外部性和正外部性通常是参杂在一起的。例如，建在居住区周边的购物中心，周边的居民可以享受购物的便利，但同时还要承担由于购物中心而引发的交通量。

增长管理通过对不相容的用地（包括城市或乡村用途）进行明确的分离来避免或削弱负外部性的影响，并控制城市建设的蔓延。这可以通过制定区划和对这些用途提出缓冲区要求来实现。通过对混合用途进行整合，确保每一地区在相容性和主要用途方面协调，以提高建成区的正外部性。

尽管增长管理通常是为了避免负外部性的发生，它同样也可以为已发生的负外部性提供改进策略，例如使用基础设施改进计划来指导社区开发保障基金通过种树或开辟街道的方式，在工业区和居住区之间设置隔离带。

图15-10 关于郊区发展蚕食农田状况的真实写照

提供管理效率

一个优秀的增长管理系统的基本组成要素包括长远规划、基础设施改进计划、影响分析、许可程序，以及关于开发所进行的协商，作为各种复杂的管理层次，这些管理手段容易导致开发的停滞。如果将时间转化为金钱，那么增长管理将会消耗开发商和消费者大量的金钱。例如，当由于增长管理程序导致的延误致使开发商无法确定何时以及何地他们的开发可以进行时，开发商将会增加他们的"风险费用"（即在利润中用于承担风险费用的比例会增加），从而导致物业价格高升，背离了市场的预期。如果申请的开发项目被过度延误，项目可能就调整到不理想的位置或被取消；在这种情况下，由于需求大于供应，将导致市场需求无法满足或价格的高升。如果丧失了发展经济、房地产开发以及其他的发展机会，社区中的每个人都必定有所损失。

高效的增长管理系统使开发更为便利、更可预期、耗时更少，因为系统对市场的需求进行了认真的分析并努力满足这一需求。当增长管理高效运行时，开发商可以通过土地利用和市政设施投资规划来决策何时、何地以及建设何类项目；市民们也可以了解他们交纳的税收用到何处，以及知道未来的城市发展会带来何种变化。为确保发展适时满足市场的需求，同时能够产生投资回报，增长管理主要通过两个关键的管理策略来开展，即简化许可程序和加快司法审查。

简化许可程序 以下手段用于确保许可程序的高效进行。

1. 建立集中、一站式的批准机构，使得开发商可以集中获取所有必要的管理信息，提交许可申请，并与管理人员安排约谈。为确保这一管理中心不是一个简单增加的管理层次，管理中心的人员应由专业人士组成，并非常熟知所有相关的管理规定和程序。

2. 在开发商提交申请前，为其提供和地方政府官员会谈的机会，就调整的内容进行讨论。这一做法消除了开发商面临的一些不确定性，并使开发规划更符合管理的要求。

3. 为开发申请审查提供明晰、客观的标准，以确保规划人员、开发商和市民有相同的预期。同样，说明规划和批准程序的审核表和流程图也将有助于市民和开发商理解并遵守土地开发管理的规定。

4. 建立批准协调程序，由最熟悉批准程序的部门（通常为规划部门）负责许可的批准颁发。

5. 加快提高土地利用效率开发申请的核发办理过程，如规划单元开发、新传统主义的社区，以及混合用途开发的申请等，对于单一用途的开发申请则按正常的申请程序办理。

增长管理规划程序：研究与实施

增长管理程序包括五个步骤。在每一步骤中，都应当有市民、政府部门和利益团体代表的参与。

1. 预测人口、就业、居住以及其他发展需求。

2. 确定可建设用地的净面积：

    a. 计算规划区的面积，再扣除已建和已批用地的面积，就是空置用地的毛面积。

    b. 再减去①已细分但未建设的宅基地、独户住宅用地；②生态保护用地；③农田、湿地等重要用地后，得到可建设用地的毛面积。

    c. 减去设施预留用地，得到可建设用地的净面积。

3. 计算①居住户数；②根据总体规划和区划确定净可建设用地上的就业容量，并根据以下方面对上述数据进行修订：

    a. 根据布置在不可建设用地上的用地、住宅和就业情况，以避免可能出现的法律纠纷。

    b. 预期发展中可能占用的空置土地量。

    c. 现状建成区可能进行改造的情况。

    d. 目前或未来的住宅中可能增建附加住宅的量。

4. 对现有的规划和区划规定进行修订，减去开发不足量，并相应地调整居住容量的计算（当住宅的实际开发密度比容许开发的最大密度低时，成为"开发不足"）。

5. 按照以下原则确定居住用地的空间布局（包括密度和强度规定）：①提高对现有设施的依赖；②提供非机动的生活方式；③减少公共设施投入。

在研究阶段完成后是四个实施步骤，这些步骤同样也需要市民、政府部门和相关利益团体代表的参与。

1. 设计简洁和灵活的管理程序，为开发申请提供可预期和高效的审批过程。

2. 顺应城市发展需要，规划各项公共设施。

3. 对必要的市政设施改造提供资金，以确保①对设施的高效使用；②对资金投入(包括各项税费)的公平分摊。

4. 协调各地区之间的关系，公平分摊开发的负担和收益。

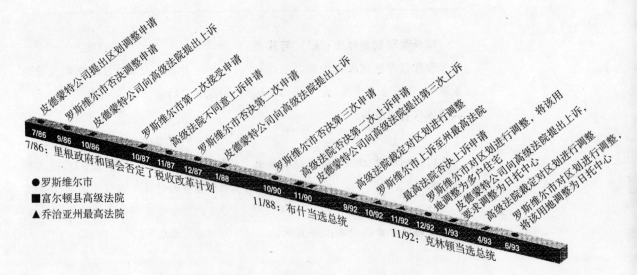

图 15-11 关于一项区划调整申请的过程情况。是关于皮德蒙特投资公司要求将佐治亚州罗斯维尔的一块独户住宅周边用地调整为多户住宅和日托中心的长达7年的申请历程，反映在法院就该土地用途纠纷进行裁决的过程中，征求各方意见所消耗的时间和费用

6. 为地方政府的审查工作设定时限。例如，根据俄勒冈州的法律，如果政府在120天内没有完成申请的审查过程，则该项申请可自动批准通过。

7. 对政府官员、开发商和市民开展教育和评议活动，以提高他们关于现行开发申请审查情况的了解，并征求他们对批准程序的意见，以制定新的措施从而更好地实现增长管理目标。

加快司法审查 通过成立特别法团可以加快对开发商和地方政府之间关于土地利用和管理规定纠纷的调停和审查。例如，新泽西最高法院成立了特别的陪审团专门审查关于可支付住宅选址的争议问题。另一种方法就是成立特别法庭，如俄勒冈的土地利用上诉委员会，只审议关于土地利用的案件，从而提高了判决的效率，通常在三个月之内就可以做出裁决。

未来的挑战

美国目前的城市发展以年均新增500万英亩（200万公顷）城市用地的速度在推进。[14]其中，大多数为低密度开发，并缺乏严格的管理。如果这一发展速度依然延续，那么到2040年，所有市中心100英里（160公里）范围内的私有土地大多将开发殆尽。如表15-2所示，这种开发模式在投入上的增量是巨大的：农庄式的开发和混合式的开发在设施投入上的差距每户超过了5万美元。据保守估计，有30%的新建住宅是以郊区住宅的极低密度方式建设的。[15]要满足国内这种需要，到2050年需新增4000万套住宅，如果按上述比例计算，将有1200万套为郊区住宅，其造价将比在现状城市和郊区建成区内兴建混合式住宅要高5000亿美元。[16]也就是说，这样低密度开发导致资源价值的丧失可能会比获得的经济收益要高。此外，预测机动车的行驶里程数将呈现极度的上升趋势，预计将从2000年的2万5千亿英里（4万亿公里）增加到2050年的6万5千亿英里（11万亿公里）。[17]尽管机动车尾气排放的问题预计可在2010年左右得到解决，但城市的持续蔓延仍将使交通堵塞和空气污染问题持续恶化。

难以控制的低密度开发所带来的高昂代价并不是必然的，也不是无法避免的。增长管理为如何适应发展的需求提供了一个有效的管理手段，因为它强调的是如何通过实际的运作步骤，将土地市场需求和政府管理目标联系在一起。它同时还提供了大量的管理手段，如果能够认真和切实地加以执行，将可以保护公共物品和准公共物品，降低公共设施的投入，公平地分摊开发的支出和收益，并可以提升开发的正外部性，减缓负外部性。但一旦增长管理受到国民们的挑战，规划人员就需要引导涉及土地开发的各方，以一种新的方式进行合作，这种方式将有助于各方的长远利益。对这些措施和手段合理性的支持，将可以树立对增长管理优点的认同，并可以抹平在经营性土地开发和规划干预之间的往往被夸大了的对立。

注释：

1. Bureau of the Census, *Statistical Abstract of the United States* (Washington, D.C.: Department of Commerce, 1999).
2. Ibid.
3. Ibid.
4. Based on data in the *Statistical Abstract of the United States* (1999).
5. Ibid.
6. 导致郊区增长的最主要原因之一是由于家庭规模的缩减。1950年，全美家庭户的人均数量为3.4人，而到2000年，该数值降至2.6人。这样，尽管在这五十年间，人口的总量只增长了95%，而家庭单位的数量却增长了120%（根据相关年份的人口普查数据得出）。像纽约、芝加哥、旧金山等这样的城市，即使其人口总量在下降，但住宅单位的数量都较以往有所增加。
7. Richard B. Peiser, "Density and Urban Sprawl," *Land Economics* 65, no. 3 (1989): 203.
8. Douglas R. Porter, *Profiles in Growth Management: An Assessment of Current Programs and Guidelines for Effective Management* (Washington, D.C.: Urban Land Institute, 1996), 6.
9. Marion Clawson, "Urban Sprawl and Land Speculation," *Land Economics* 38, no. 1 (1962): 99-111.
10. Figures are based on author's analysis of plans for both counties; the Lee County analysis is based on court records in *DCA v. Lee County*, Florida Division of Administrative Hearings, August 1995, and the Washington County analysis is based on the county's Comprehensive Land Use Plan in effect in 1995.
11. The *Statistical Abstract of the United States* (1999) indicates that for 2000, the figure is about $60 billion.
12. Derived from figures contained in the *Statistical Abstract of the United States* (1999).
13. 《全美统计摘要》(1999年)显示，2000年抵押贷款利息减免达2200亿美元，物业税减免约1800亿美元。假设联邦承担33%，则这些减免消耗联邦财政1300亿美元。
14. The change in the number of acres of developed land between 1982 and 1992 is derived from the *Statistical Abstract of the United States* (1986 and 1999).
15. Inferred from data and analysis presented in Arthur C. Nelson and Kenneth J. Dueker, "The Exurbanization of America with Planning Policy Implications," *Journal of Planning Education and Research* 9 (spring 1990): 91-100; and Arthur C. Nelson, "Characterizing Exurbia," *Journal of Planning Literature* 6, no. 4 (1992): 350-68.
16. Figures are based on unpublished calculations by Arthur C. Nelson for the Fannie Mae Foundation, March 1998.
17. Figures are derived or extrapolated from the Federal Highway Administration, *Nationwide Personal Transportation Survey 1995* (Washington, D.C.: Department of Transportation, 1995).

第16章 预算与财政

威廉·露西、彼得·费希尔

规划师很少制定预算，但预算却决定着规划的实施。因此，了解如何通过预算来安排各项政策的优先度、反映经济的预期、分配税负以及为政府活动提供资金，可以帮助规划师增进对规划实施前景的认识。

一些预算和财政决策，例如创立特别税收区来为中心区复兴提供资金，直接影响着规划的实施。其他一些财政决策则可能对规划产生间接影响，例如，市政当局拒绝为拓展下水道提供资金可能会促进私人化粪池的流行，进而加剧地下水污染的危险，这反过来也影响当地未来发展的前景。城市及其郊区的财产税政策也会影响区域经济活动的布局以及相关的居住空间分布。因此，预算和财政决策不仅仅是资金收支的方式，它们将决定区域的未来。

在联邦的行政体系中，地方政府是最小的行政单元，他们的作用和抉择在很大程度上受到联邦和州层面决策的影响。联邦政府主要通过项目投入来影响地方规划。例如，在20世纪50年代，联邦资金主要用于城市更新、住宅和州际高速公路；但在60年代，大社会计划的展开使得联邦的影响逐步提高；在70年代，联邦政府提供了大量的交通和环境基础设施补助，并设立了数种补贴来替代随意性的补贴。

联邦政府对于干预地方和区域规划所作出的这些快速而引人注目的改革，掩盖了州政府在其中的作用。不过，由于在土地使用管理、教育、交通、地方政府架构和财政权力等方面所具有的强有力影响，州政府对地方规划仍是至关重要的。而且，州政府转退给地方政府的税收也要比联邦政府转退的多。在20世纪70年代，州政府与联邦政府转退给地方政府的税收比为10∶1，最低的时候是在1978年，比例为3∶1，到1991年又扩大到9∶1。[1]

联邦、州和地方的税收增长模式也会对地方规划及其实施产生影响。在20世纪60年代后期和70年代早期，联邦政府的支出政策主要关注如何分配因税收增长超逾日常支出而产生的年度财政红利。联邦收入的剩余引发了向收入增长较慢的州和地方补偿的要求。在1970年关于联邦收入分配的争论中，丹尼尔·莫尼翰主张GNP每增长1%，联邦税收就要增长1.5%，但许多城市的税收只增长0.5%到0.75%。[2]该法律于1972年获得通过。

房地产的价格随着供需的变化而不同，在快速增长地区，不论是新旧房地产，在20世纪60年代和70年代都有所增值。而在那些增长较慢或人口减少的地区，主要是北部的老工业城市，同期房地产的价格往往却是下跌的。[3]因为地方税收主要依赖于房地产的价格和税收,因此财政的压力使得政策创新和规划主导实施起来特别困难。

在快速发展的大都市地区,对本地服务的高需求有时会导致物业价格的暴涨。新建的住宅可能赶不上由于人口增长所带来的需求增长。快速发展,其最典型的形式就是从中心城区向外蔓延,并伴随外围地区的交通拥塞,这也增加了内城对中高收入家庭的吸引力。在这些老城区,需求超过了供给,导致住宅价格不断上升。当卖房者因住宅价格的上涨而狂欢时,留下来的业主则要年复一年地支付高额的税收,但却基本享受不到任何服务设施。在加利福尼亚,逐步上涨的财产税引发的问题导致了1978年第13提案的通过,该提案禁止地方财产税率超过市场价值的1%,并对房屋评估价格的上涨进行了全州范围的限制,要求只有在所有权变化时才允许进行不动产价格的再评估。在一些反对加税的州,如加利福尼亚和马萨诸塞,由于州政府所承担的额外负担,因而对地方财产税增长所做的这些限制导致20世纪70年代末州与地方的税收分成中州份额的迅速上升。[4]为了补偿地方政府税收的下降,一些州政府要提高和支付更多的税收。

到20世纪80年代初期,面向个人的减税和津贴削弱了联邦税收的积累,而最重要的政策问题则是要如何通过缩减支出来减少每年的财政赤字,当然也可以间或借助税收增加的方式。80年代,联邦国内支出(除了个人津贴)占总支出的比例逐步下降,而同时州和地方政府的国内支出份额则在上升。很多州启动了收入税和销售税制度。随着1989年经济衰退的开始,大部分的州在其与地方共同税收中的份额有所下降,[5]地方政府创收的任务越来越重。一些地方政府以减少设施服务来应对,将一些公共服务私营化,同时更频繁地收取使用费。越来越多的州和地区开始征收发展影响税。为了从中心商务区和次中心商务区抽取更多的税,许多地区创立了特别税区,如商业改善区和增值税筹资。到了2000年,国家财政政策面临的问题则是如何将最近和预计的联邦剩余在支出项目、减税、赤字缩减和社会保障金之间进行分配。

本章首先回顾了地方政府的架构,服务设施主体的变迁,以及市、县和特别区的税收来源。然后深入分析了地方主要税收的来源,阐述了每种税源的功能、优缺点及其演进。接下来的三个部分探讨的是:①地方政府在进行财政决策时如何处理效率、效力、响应度和公正的标准;②制定预算的不同方法;③资本筹措决策(融资决策)。

地方管制与服务的责任

地方政府个体的数量和类别使得地方政府的财政更为复杂。虽然城市和镇覆盖的区域各不相同,但独立的学区和特别区却往往与市区叠合;而县则覆盖其他的所有区域。其结果是,一个人可能从属于多个地方政府,同时要向各政府付税:例如城市、学区、给排水管理区、社区大学区和县等。在从1952年至1997

年的45年间，城市化和人口增长导致了大约2500个新辖区的合并。由于学区的合并（主要是在农村、远郊和市郊），使得1952年设立的学区只有大约20%得以保留到1997年；而相反的是，在同一时期，特别区的数量却增长了181%（表16-1）。

县和市都是综合性的地方政府，他们提供多种服务并拥有广泛的征税权，不过，他们的重要性及提供的服务却在各州有所不同。例如，佛罗里达州是惟一一个由县完全承担学校服务供给的州；而其他州的学校则由市或独立学区进行管理。维吉尼亚是惟一一个在城市的地域、政治或行政管理上没有被县界包含的州。随着大都市区地域范围的扩展，一些服务的提供已经从城市政府转移到了县政府，进而增加了其中的复杂性。规划师必须要分清地方政府提供设施服务的责任，以确定其所涉及的预算与财政问题。

学区和特别区是具有特别功能的政府。州法律批准了许多单一目的的各类特别区，机场、大容量传输系统、防洪堤、给水设施和排水系统等服务和设施都是要由特别区监管的内容。特别区通常会通过发行债券来为基础设施建设筹措资金，并通过向使用者收费，如给水费、排水费或财产税（该方式不太常用）等来收回投资。

特别区的边界并不需要与行政边界一致。例如，排水区的边界可能是由自然排水区的形状和尺度决定的，也可能是由一个污水处理厂形成规模经济而需要的汇水区域大小决定的。从规划的角度看，这种处理方法所存在的问题是特别区提供的设施要能够引导或适应发展的需要。特别区的迅速增加使得规划过程支离破碎，使基础设施的规划从统筹区划和土地利用总体规划的综合性地方政府的规划过程中脱离出来。虽然综合性政府拥有治安权，有能力实施土地用途控制，但要合理地引导发展模式对这些政府来说仍然十分困难。例如，假设市政府认为未来的居住开发应在A区而不是B区，并相应进行了土地区划，但排水主管部门却自主决定只给B区建，而不给A区建。这样，因为没有相应的设施，A区的开发就不可能实现，至少不能以城市密度的模式进行开发，而一旦排水设施建好后，政府就很难顶住开发商要求进行重新区划B区的压力。

1992年，平均每个大都市区内有90个地方政府。[6]地方政府的这一庞大数

表 16-1 1952 年与 1997 年美国的地方政府单位比较

	1952年	1997年
县	3052	3043
市	16807	19372
镇及镇区	17202	16629
学区	67355	13726
特别区	12340	34683
合计	116756	87453

量导致了铁布特理论的提出,该理论认为,一些家庭为了获得税款支付和享受服务之间的更好匹配而回迁都市区。[7]虽然对这一假设的经验性支持不足,但地方税收和服务之间这种广泛的不一致性似乎确实对一些居民的区位选择造成了影响。

地方政府财政的走向

地方政府作为州政府的产物,只拥有州政府授权的征税权。县、市和学区则一般拥有征收财产税的权力,包括收缴使用费、税和罚款;为基建项目发行债券;然而,大多数州对这些税源进行了限制。这些限制一般包括控制财产税率上限、限制地方政府发行债券的最高限额、限制评估和税收增长,以及要求使用费和税收必须用于资助相关服务等。一些州允许地方征收其他一些"地方选择"税:其中一般交易税、选择性交易税(如针对燃油、酒、烟及公用事业)、收入税和利润税最为普遍。此外,地方政府还可以接受来自州和联邦政府的实质性资助,虽然如前所述,但在20世纪80年代末和90年代,联邦资助占地方收入的比例仍已比60、70年代少了很多。

20世纪60年代以来,财产税在地方政府税收来源总量中的重要性已经下降(也就是说,相对于所有政府税收总和来说其重要性已经下降,且不是针对地方政府的单一税种)(表16-2)。同时,地方选择税和服务性收费(如水费、娱乐费和通行费等)的重要性却在提高。

如表16-3所示,在几乎所有公共设施的人均消耗量上,大城市都占较大比重。虽然大城市获得的州和联邦政府资助人均值较高,但它为服务供给征收的人均税也较高。大城市的高消费是由以下几个因素造成的:首先,低收入家庭的高度集中增加了对医院和公共福利等设施的需求;其次,由于土地和劳动力较为昂贵而导致服务提供成本较高,与此同时设施的需求也较高(如大城市通常犯罪率较高,老建筑的火灾发生率也较高)。[8]

基于类似的原因,大县比小县在各种人均消耗量上要高一些。对于县来说,支出的一个影响因素是住在并由城市提供服务的人口的比例。一些大县很少有甚至没有农业人口,因而无需修建道路,而这通常是县预算的一个主要组成部分。总之,县的人均消费量比城市的一半还略少,这反映了城市对服务有较多和较广的需求。

地方政府税收

规划不能纸上谈兵。规划师不仅要帮助社区决策如何满足服务的需求,还要决定如何通过税收、使用费、影响费、政府间补助或其他方式,筹措这些必需的公共设施和市政设施所需要的建设资金。融资方式十分重要:它影响服务的供给、使用、成本分配,甚至开发的地点和密度。本部分将阐述地方政府各种主要税种

表16-2 1960~1996年地方政府的财政变化（百万美元，1996年不变价）

	1960年	1970年	1980年	1990年	1996年[a]
总收入合计（美元）	175065	327209	442618	615022	696332
政府间税收	53611	119394	195030	228955	266744
所有权收入	121449	207820	247588	386066	429589
税	95842	157033	164492	241448	269149
财产税	83740	133296	124924	179787	199659
个人所得税	1346	6591	9502	11480	12684
销售税	7098	12406	22987	36992	41611
其他税	3657	4739	7080	13187	15194
服务收费	18743	35464	52988	87387	110448
利息所得	1696	6195	15549	37638	26877
杂项总收入	5163	9123	14559	19593	23115
各类收入比例（%）					
政府间收入	30.6	36.5	44.1	37.2	38.3
所有权收入					
税	54.7	48.0	37.2	39.3	38.7
服务收费	10.7	10.8	12.0	14.2	15.9
其他	3.9	4.7	6.8	9.3	7.2
各税种比例（%）					
财产税	87.4	84.9	75.9	74.5	74.2
个人所得税	1.4	4.2	5.8	4.8	4.7
销售税	7.4	7.9	14.0	15.3	15.5
其他税种	3.8	3.0	4.3	5.5	5.6

Note: Figures may not add to totals because of rounding, which was further "inflated" when figures rounded in current dollars from the original source were inflated to constant 1996 dollars.

[a] Figures are estimates based on a sample of local governments.

的运作，包括其经济和激励效应、对土地利用和开发决策的影响及影响方式等。所谓影响方式，也就是税或费由谁来承担，这对规划至关重要，因为初始缴税或付费的一方可能将成本下传给购买者或上传给资源拥有者。税赋的多少反过来也会影响税赋的公平性及其对经济决策的影响力，例如何时以及为何目的开发土地。

财产税

对所有的地方政府来说，包括自治市、县、学区和特别区，财产税仍然是最重要的税收。不过正如表16-4所示，在最近几十年中，市县已经逐步减弱了他们对财产税的依赖。在市层面，财产税占税收的比例已从50年代后期的73%降至80年代后期的50%；在县层面，同一时期财产税占收入的比例从94%降到了73%。然而自从80年代末以来，联邦资助的持续下滑导致了市县财产税占收入比例的回升。学区则因为总得来说没有和市县同等的税收选择权，因而仍严重依赖于财产税。

财产税是一种针对房地产的税种，在大多数州，它针对的是某些类别的私人物业。由土地和建筑构成的房地产，在1992年占了全国财产税基的87%，这一

表 16-3 1992年不同人口规模市县的人均收入和支出

	总计	人口低于10万的	人口在50万以上的
市			
市的数量	19279	19084	24
人口(千人)	153827	89467	30907
总收入(美元)	1116	709	2290
税	491	304	1052
联邦政府补助	52	22	134
州政府补助	235	118	614
其他	337	265	489
总支出(美元)	1110	712	2198
公安与消防	200	157	294
教育	126	51	334
污水处理与卫生	119	97	173
公路	84	80	88
保健与医院	67	34	193
公共福利	62	5	274
住宅与社区发展	56	27	131
其他	395	261	710
县			
县的数量	3043	2625	80
总收入(美元)	660	584	779
税	247	203	295
联邦政府补助	14	14	16
州政府补助	221	189	279
其他	178	179	189
总支出(美元)	668	587	788
公安、消防与劳教	84	57	113
教育	97	121	73
公路	46	71	31
保健与医院	115	107	144
公共福利	103	60	150
自然资源、公园与娱乐	19	11	29
其他	203	161	249

表 16-4 1957~1992年财产税收入占全部税收收入的比例

	1957年	1967年	1977年	1987年	1992年
市	72.7	70.0	60.0	49.1	52.6
县	93.7	92.1	81.2	73.5	74.3
学区	98.6	98.4	97.5	97.5	97.1

注：ACIR将"地方政府"分为5类，分别为：市、县、学区、镇和特别区。因此可将本表中的"市"视为包括乡村、镇及其他地区。不过，由于ACIR的名词表中没有对市和镇作出界定，因此无法确定镇就是一个拥有一定权限的、一个县的分辖区。

比例在前几十年中一直在上升（1961年是76%），因为一部分州扩大了免税私人财产的类别范围或者对私人财产完全免税。[9]征收财产税的私人财产主要包括机器和设备、家具和装置、库存、交通工具，以及其他一些农工商业使用的可搬运物品。只有很少一些州对家庭的私人财产征税。

如果要对应征税财产进行价值评估，首先应对财产的最高和最佳市场价值进行评估，即售卖财产的最高出价。第二步是确定估价比。例如，如果估价比为40%，则评估价格就是市场价的40%。评估价格（有时称为计税价格）即税率的兑换量，是财产税的基础。在1992年，各州的估价比从1%（佛蒙特州）至100%（有22个州）不等。[10]

财产税是惟一一个地方政府在制定下一年度预算时就明了其税基（总评估价值）的税种。计算财产税率时，地方政府只需确定想从财产税中征得的收入，再除以总的估价值即可。估价的提升并不能自动促成税收的增加，但如果所有财产的价格都在增加，那么城市的税基也会增加，这时只要采用较小的税率就可以征收到相同的税款。总之，是由于高支出而不是高评估价格，导致了地方财产税平均值的上升。然而，如果某类财产（如住宅）的估价相对于其他类别上升速度快，那么这类财产在税基中所占据的份额就会增大，进而在财产税中占据的比例也会加大。在加利福尼亚，正是由于住宅财产价格的快速上升导致房主所有税的上升（与商业财产税相比），这反过来引发了纳税人的反对。

那么，是谁支付了财产税？显然，是土地所有者支付了土地税，而自有住宅税则由居住者支付。然而，房屋租赁、商业和工业物业的税收却部分由所有者承担，部分由其他人承担。因为通过抬高价格，这些物业的所有者能将部分税收转嫁给租用者和顾客。

财产税的影响方式非常复杂。在低收入家庭中，税收是递减的（意味着收入越低，税赋在收入中的比例越高），因为其中一部分税收已转为高价格和高租金的形式。在高收入层次，税收是递增的，因为其拥有的物业价值高，其部分税收要用于庞大的土地财产、昂贵的住宅或工商业设施上。收入越高，收入中用于支付土地或工商业房地产税的比例就越大。

在评价不同市政基础设施融资方式的优缺点时（财产税、使用费、影响费），规划师可能会想以不同方式对不同收入群体的影响进行评估，这种做法容易导致低收入家庭承担高财产税的假设，因为会认为土地所有者将增加租金以抵销税收的增长。不过，如果土地所有者能够随意地增加租金，他们就会这样干而不管税收是否增加。无论市场是否愿意承担，土地所有者将会收取所能得到的最高租金，只要他们的土地能租出去。反过来，租客愿意支付的价钱取决于他们是否还有其他的选择。租客不愿意由于土地所有者收到了高额的税收账单，而就要支付高额的租金，因此财产税上涨后，土地所有者必须要承受利润的下降——要么不增加租金而支付较高的税收，要么增加租金而忍受房屋可能租不出去而造成的收入损失。不过，从长远来看，高额的税收和利润的流失可能会造成住宅建设速度的减缓,这反过来又会导致出租物业的不足。如果租客被迫去竞争这些紧缺的住宅,土地所有者将会利用卖方市场的优势提高租金。因此,财产税尽管导致短期利润减少,但从长远来看可以导致较高的租金。

同样的逻辑推理也可以套用在商业物业上。大多数经济学家会认为高额的财产税将导致利润的减少——同时,从长远来看,高额的税收还会导致商业设施新建或扩建投资的减少,因为业主会去寻找低税收的区位。基于同样的原因,低廉的财产税将带来利润的上升,从长远来看会吸引更多的投资。由于地方的管理者已经认识到上述关于财产税影响的看法,因而降低部分特定商业财产税的机制在近几十年中内已启动。实际上,税收刺激已成为地方经济发展规划的支柱。

在许多州,市县都尽可能在权限范围内减免工业财产税来吸引商业投资和创造就业。原来的一些研究认为税收对商业活动没有影响,但近期越来越多的研究则证实其中存在着可计影响,虽然这种影响可能非常微小。[11]另外,财产税的减免主要会对都市区的商业分布造成影响(如果劳动力成本和市场准入等其他因素是相同的话),而不是将企业吸引到其他州或地区。

大都市区内的分异和经济发展

美国大都市地区内的财政分异既存在于中心城市与周边远郊市之间,也存在于郊区内部。财政分异与收入分异相关:例如,如果中心城市及郊区低收入居民的比例较高,通常提供的公共服务就会较少,质量也偏低,但同时却要征收与其他更有价值的财产和更富有的纳税者相比更高的税收,巨大的财政分异可能会阻碍区域的经济增长并危及居民的发展。维吉利亚市的合作机构机制则代表了克服这种分异的一种创新做法。

1994年,维吉利亚商会、大学的研究员以及罗诺克、阿林顿国家公墓和汉普顿路海岸区的公职人员创立了维吉利亚市的合作机构,以游说市、郊区和远郊联合起来实现共同增长。这个团体最终又吸引了其他市县的加入。其能够得以启动有两个主要原因:首先,成员们认定维吉利亚与北卡罗来纳和乔治亚州相比,在对高素质就业的竞争方面已经滞后了;第二,成员们认同,是维吉利亚市、郊区及远郊不断增加的收入和财政分异导致了区域经济问题的出现。

合作机构承担区域经济趋势及其对59个南部大都市区的发展影响的分析。由于认识到维吉利亚都市区一些地区的发展已然滞后于北卡罗来纳和乔治亚州,合作机构设立了一个政策议程,其中部分内容已在1996年的区域竞争法案(RCA)中予以法定。

RCA建立州激励基金以鼓励区域性的合作。为满足基金设立的要求,为了改善萧条或低收入居民高度集中地区的居住条件或刺激投资和就业机会,大多数州批准实施了改造地区和产业园区的计划。而且,大多数州的法律还允许地方当局对这些地区内的新建项目减免财产税,这种减免可以针对所有类别的物业,也可以只针对居住、工业或某些组合。尽管税收总体上可能确实会对区位的决策造成影响,但没有足够的证据表明严重萧条市区的税收减免足以克服这些地区的缺陷并带来商业投资,[12]如产业园区的就业增长就并不一定对地区的发展有益。

财产税减免政策的支持者认为,由于税收减免将导致税基的增长,因此地方政府的税收将会增加而不是减少。税收的增加只有在以下条件下才能实现:①减免是公司选址或扩张的决定性因素;②公司税收的增加多于因商业设施和人口增长而导致的额外公共服务成本。如果公司不管是否减免税收都一定要兴建,那么很显然税收的减免政策导致了收入的净减少,而这只有通过更高的税收或降低对所有人的服务水平来补偿。

奇特的是,高额的财产税也会导致过度的增长。农田作为未来的城市发展用地,拥有很大的潜在价值,例如,在偏远农业地区一英亩农地价值1000美金,但如果有作为居住用途的可能,其售价将达到原来的20倍或30倍。这些每英亩20000美金的潜在建设用地的年税收,将几倍于其生产的农作物的价值。[13]这样,

---

一个地区必须建立一个由政府、商业和教育领导层组成的合作机构,并提交略述合作区域风险的申请。不同类别计划的点数不同,要参与计划的最少点数是20点,其中最少要有10点来自规划而非现状的区域活动。可获得点数的区域活动包括:税收和增长比例(10点)、公共教育管理(10点)、住宅项目(8点)、土地利用规划(8点)、社会服务(8点)、法律实施(5点)、交通(5点)和给排水设施的提供(4点)。

草案的制定是为了鼓励区域合作,以减少或解决区域内的收入和财政差异。在实施的RCA中,还增加了关于经济发展活动的内容,并可据此得到10个点。第一轮申请最强调劳力培训,首轮提出的17个中有7个符合获得600万美元资助的条件(与城市合作机构期望的2亿美元差距较大)。基金通常会拨给那些行动导向型的计划,这些计划要有几方面突出的重要性;有实施的特别行动步骤;有行政组织、人员配备和程序;有衡量阶段进展的现实标准;有合作者达成一致的证据,这些都可以增加实施的机会。

虽然通过减少本地差异以提升区域经济繁荣的想法在第一轮申请中未能得到足够重视,但以双赢为目标而开展的携手共进可为减缓不平衡铺平了道路。然而,如果将这个难题搁置过久,整治财政不平衡的努力可能最终导致这个议题从区域议程中的消失。

拥有这些土地的农夫将无法承担，而必须将土地卖给开发商或投机者。因此，财产税由于导致了农地向城市用地过早或过度转化而受到指责。

为了让城市边缘的农夫能够继续耕作，许多州是根据农田的使用价值，即农业用途而不是市场价值对其进行评估的。这种优惠的估价方法能够使位于城乡结合部的农民们继续耕种更长一段时间，而未来年税的减少也将可以使拥有这些土地的所有业主由于土地市场价值的增加而大发横财。这是由于土地的价值是根据土地未来的预期收入进行估算的。由于低税收带来的高年收入，买家们会为土地付更大的价钱。为获得这些税利收益，虽然这些土地是尚未开发的农地，但这些土地并不一定要为农民所有，所以，土地的业主有可能是一个发展商，一家保险公司，或是一个将其作为耕地出租的投机者。另一方面，延期税作为一种替代税种，也排除了业主发横财的可能。如果土地正用于耕种，业主是根据农业用地的价值进行纳税，但因开发用途而将土地售出，则业主必须支付部分或所有的豁免税，这样的话，业主就必须要有足够的现金来支付这些税款。

对农业用地的优惠评估并不是阻止城市蔓延的一个有效方式。尽管它有助于减缓城乡结合部的农民卖掉土地进行开发的压力，但减税最多的是那些最靠近城市的土地，它们在开发用地和农业用地之间的税额差距最大。如果城市希望在周边连续发展，那么这些农田将是首先要进行开发的。此外，市区在农田保护范围内减少用于开发土地数量的做法，也通常会导致土地价格的提升并进而导致住房价格上涨。

地方选项税

自1960年后，由于纳税人对财产税上涨的抵制，以及州对财产税率的限制，地方政府对地税和使用费的依赖日益严重。因此在20世纪60年代，出现了地方所得税的上升，但到70年代，上升更为普遍的是地方销售税。在1980年后，在地方层面，比任何一种收入和销售税增长得都快的则是使用费。地税是任凭地方当局处理的非财产税，最普遍的是一般销售税（针对范围很广的商品和服务），特别销售税或特许权税（如针对香烟或餐饮、住宿等与旅游相关的服务），以及所得税或利润税。1993年，在31个州内征收一般销售税的地方政府就有6431个，[14] 征收地税的政府组织大多为市或县，但有10个州允许过境地区和其他特别区征收销售税，地方销售税通常附在州税上。零售商除了缴纳州销售税外，还缴纳0.5%或1%的地方附加税，其中州政府也对有些地方政府豁免地方份额。

对大城市的市民或拥有区域性大型购物中心的社区居民来说，地方销售税是十分普遍的，因为这一税种是将部分税收负担转给那些到此购物的非本地居民的一种做法。

而另一方面，地方商人会因为担忧消费者将转到那些不征税的邻近地区购物而反对销售税。对于汽车、器械和家具这类高价物品，这种担心是有充分理由的。销售税存在显著递减，即如果一个人的收入越低，那么他花费在纳税物品上的比例也就越高。但是，如果保健、住房或食品不在纳税范围之列，当然它们现在仍在大多数州或地方的销售税范围内，销售税的递减性现象将不复存在。

只有在少数几个州，地方所得税是普及的，包括：阿拉巴马州和密歇根州（市）、印地安那州和马里兰州（县）、爱荷华州（学区）、俄亥俄州（市或学区）、肯塔基州（市或学区）和宾夕法尼亚州（所有地方政府）。[15] 地方所得税总是附在州所得税上（纽约市是一个特例），地方政府只是在州的个人所得税上做附加收费。与此相反，地方利润税是通过在辖区范围内工资和薪水的代扣来征集。赞同地方所得税的认为它是地方政府的惟一累进税，因为附加收费随州所得税进行累进。而赞同利润税的则认为它可以，例如使中心城市对住在郊区的人的所得进行征税。利润税天生缺乏累进性，因为它不对租金或其他投资收入征税。

使用费

有相当部分州或地方政府机构的产品卖给了消费者。由政府当局或机构征收的这一费用，通常被称为使用费。从20世纪50年代以来，地方政府收入中各种使用费所占的比重越来越大，从1960年的11%左右增长到1996年的16%（表16-2）。地方政府主要通过给排水设施、电力、燃气、运输、公共住房、公园和康乐设施、教育和医院等收费。使用费包括给水和排水费、公交费、网球课费、计量垃圾收集费、停车费和机场广告租金。建设许可费、停车罚款和垃圾收集月费严格来讲不是使用费，因为它们不是以服务消费的单位来计价的。

采取征收使用费政策而不是征税主要取决以下三个方面因素：使用费导致资源利用的经济程度，使用费对社会外部成本或收益的影响，以及价格体系的公平性。

如果对某类服务征收使用费，消费者会对服务价格与所得的服务进行权衡，征收使用费与税收资助模式、免费分配模式，或无直接使用费等模式相比，能尽可能地节约设施的使用量。如果使用费能够通过限制需求和鼓励资源保护而降低成本时，则这一做法是有益的。例如，如果路边的回收点能够不增加额外费用而无限设置，那么以量核计的垃圾收集费将可减少垃圾运输和填埋的数量。

鼓励社会效益，例如鼓励年轻人上学，或鼓励居民改善其住宅外观，将可改善社会福利。同时，通过降低社会成本，例如抑制那些增加社会经营间接成本的（如污染）或增加其他使用者负担的（如交通堵塞导致的时间损失）行为，也能改善社会福利。以上想法意味着服务价格不仅应反映直接生产成本，还应反映使用该项服务对其他人产生的间接（经常是无形的）成本。对那些提供社会福利的设施，其价格应低于生产成本（或许是零价格），以鼓励大家多使用，这样，我们就无需收取运动场或图书馆等设施的入场费，因为我们并不是要避免大家过度地使用运动场或借阅书籍。但是，对于那些追加了社会成本的设施，使用的价格应当要高于生产的成本，以减少使用和降低额外的成本。

只有在一种情况下这些设施的使用费是公平的，即由设施的使用者支付这一费用。但是，在另一种情况下，这一做法或许也存在不公平性，例如给排水等基本公共设施的价格过于递减，因为低收入家庭的收入中用于支付这些基本设施费用的比例一般比高收入家庭要高。由于财产和平均销售税的收取不像这些费用这样递减，因此政策的制定者除非有决定性的理由来鼓励设施建设或是避免过度使用，才能通过税收的方式补贴这些政府基本设施（而实际上，以上贫富不均的现状对于供水设施来说就是一个决定性的理由）。例如，我们并没有为警察的保护收费，但实际上这是一种公共物品，所有的市民被都可以从警察的力量中获得巨大的安全保障，如果要为警察抓获了一个小偷而要杂货店主付费则会被视为荒唐可笑的事情。因此，即使有充足的理由对那些使用昂贵而堵塞的城市道路的驾车者进行收费，例如是为了鼓励更多地使用替代汽车的更为环保的出行方式，但措施的可操作性（和策略性）却使之难以实现。

影响费和开发费

影响费和开发费的概念是重叠的。影响费是向开发商（通常在地块细分批准之后）或购房者（通常在购买土地后或在设施接通之后）征收的，用于弥补由于地块开发而导致地块外基础设施使用增加的费用。开发费则要求开发商将一些有价值的物品向社会转让以获得开发的许可。这些"有价值的物品"可能是以影响费、以提供土地建设学校或公共空间、或是以现金的形式出现。

影响费和开发费是对因新建住宅、商业或工业开发所导致的基础设施（和非基础设施）建设成本的增加的一种补偿机制。例如，地方政府可能会要求开发商建设或支付内部道路和给排水管线的建设费用，同时还要求设施建设按地方政府的标准进行。影响费和开发费经常包括外部的基础设施，这些设施同时还为其他开发地段和拟议中的细分地块提供服务。影响费和开发费的实施动力来自新建项目带来的实际财政效果，因为如果新建项目所需的基础设施投资需要由整个社区来提供，居民将会反对财产税率和给排水费的实际增长。而实施影响费和开发费则能将成本转移到新开项目上。如果各处都收取费用，那购房者也没有别的选择，影响费就会转移到住宅业主头上。如果开发商不能将更多的费用向前传，那么其提供的熟地数量就会减少，影响费转过来将由那些生地的业主承担。

在影响费和开发费广泛推行的大都市区，能够促成较有效率的开发模式，因为在新增基础设施成本最大的地方，影响费和开发费也最高。高额的费用使开发商和购房者去寻求现有基础设施完备的区位或与已开发地区毗邻的低成本的区位。当一个地区征收这些费用而相邻地区没有时，结果可能导致新增的开发集中在不收费的地区或是使用水井或化粪池的乡村地区。由于环境及服务效率的原因，农村地区的新增开发可能是不合适的（第15章中的"增长管理"讨论了影响费在全面增长管理计划中的作用）。

税收增量融资

税收增量融资（TIF）被视为资助萧条地区改善公共设施的一种手段。设法在衰退地区通过公共设施改善（例如新的街道、新的市中心）来刺激私人的再开发，从而增加财产税基，增加的税收收入可以被用来抵消改造的成本，从而促进再开发。

实施TIF需要创立TIF地区。TIF地区根据州法律创立，需要该地区满足一些特定的标准，即被确定为衰退或需改造地区，然后在这一地区发行TIF公债来为公共设施改善或再开发项目融资。基础价是该地区在确定为TIF区前的最后一次评估期时所有财产应征税的总估价。该地区将每年对地区内的财产进行重新评估，就像以前没成为TIF时一样。财产税根据财产价值的增量来进行征收（包括市、县、学区，以及TIF区内其他税种的总和），这决定了TIF的税收的多少。这些税收用于偿还TIF债券，直到债券偿还为止，而不会流入其他不同的税区。

理论上，TIF地区能激励开发，最终提高整个税区的财政能力，增加税基。然而，一旦用于改造的税收增量达到一定程度时，TIF所导致的市、县和学区的税收流失，则只能通过增加所有纳税人税率来补偿。

随着TIF应用的推广，其运行规则也越来越松散。许多州不需要这些地区提供任何衰退的迹象，而一些州则将TIF的领地扩大到县一级。有时，TIF债券的收益转给了私人开发商，以让其支付新建工业厂房或商业楼宇的建设费用，在这种情况下，融资的基本依据已从城市的再开发转为整体经济的增长。利用TIF资助整体经济增长意味着一种商业补助，就像财产税减免的做法一样，实际上，公司拿回了其支付的财产税，然后又通过TIF债券还给了企业。像减免税收的做法一样，TIF对地方政府财政的影响可能是负面的，也可能是正面的。例如，如果TIF债券用于支付一个不论TIF是否存在都会兴建的新工厂，那么TIF只是导致了税收流失，而得不到公共利益。然而，如果TIF的设立对于吸引工厂的建设有帮助，那么一旦TIF债券偿还后，工厂带来的新税收将最终可以给地方政府带来新的收入。

政府间补贴

联邦政府给州或是州给地方政府的补贴有多种形式。这些补贴可能是指定的（为了一特定目的）或无条件的（任何用途）；也可能是配比的（随着地方基值的增加而增加）或总量固定的（数量固定）；也可能是随意的（根据个案情况决定）或有标准的（根据某一特定标准给予）。

项目型补贴是随意、总量固定和指定的，付给那些经过筛选的一次性项目申请者。另一方面，许多财政补贴则支付到更多类别的服务设施上。例如，社区发展补贴基金按规定授予人口规模在5万人的所有城市。指定性补贴可以是总量固定，也可以是配比的，例如，1997年以前，联邦政府一直对各个州提供配比补贴，为有待抚养儿童的家庭提供医疗补助（AFDC），其中低收入州的分配比例较高；然而，随着福利改革法律（1996年的个人责任与工作机会协调法案）的出台，AFDC的配比补贴就被总量固定的州福利计划补贴所取代。

总量固定的规则削弱了对州资金投入项目的刺激。例如，有了60%的配比补贴，在社会服务的每一美元支出中，州只需要拿出40美分，而另外的60美分则要由联邦政府提供。但是对于总量固定的补贴来说，联邦政府提供的固定数量补贴之外的所有额外支出都要来自州自己的财政，这样，如果每一美元的额外支出都要由州政府承担，那么必然导致州补贴的减少。

财政平衡补贴，例如1972年至1987年实施的联邦税收共享计划以及许多州实施的学区补助计划，总体来说是无条件的补贴。在教育补助方面，通常的做法是向那些就学儿童人均税收来源较少的学区提供额外补助。

地方政府基建借款

州和地方基建借款出现于20世纪50、60年代，部分原因是由于郊区化和战后长期的经济扩张，需要对学校、道路、给排水系统等基础设施进行大规模的投资。在20世纪70年代，地方基建借款持续上升，然后在70年代末期利率达到创纪录的高点后开始下降。在80年代初期，当污水处理设施等环境基础设施投资引起的公共项目融资加剧时，地方政府债务曾又一度上升。从1986年到1994年间，地方债务占国内生产总值的比例大约维持在9.6%至10%之间。

地方政府主要面向固定资产，如建筑（学校、医院、政府办公和消防站）、道路、运输系统和市政设施（给水系统、环卫设施和雨水管）发行长期债券（一年期以上），这些设施通常可以多年使用。地方政府为这些固定资产所发行的债券，偿还时间通常为20或25年，社区居民或设施使用者都是债券购买人。这样，通过发行长期债券，由当代纳税人做出投资和借债决策，而后代则从中受益和承担债务。由于借债过易，因此存在过度支出的风险，几乎所有的州都要求地方政府就借债举行市民公决，或对举债的上限进行限制，其上限通常按地方财产税基的一定比例来折算。

市政公债指由州和地方政府发行的三类公债。一般债券由普通税来偿还；特种营业税和收益偿付债券由目的税和使用费来偿还；私人行为债券由私企的收入偿还。由于市政公债的利息免交联邦收入税,因此债券购买者愿意接受其较低的利率,联邦政府的这种补贴实际降低了州和地方政府的借贷成本。

当州或地方发行一般债券时,它保证用其"完全的诚意和信用"来偿还债券。换而言之,政府承诺全力筹集资金偿还本金和利息。一般义务债券是相对安全的,投资者的回报由发行者的所有税收权来担保,而不是由一个收入渠道或一个特定项目的资产来担保。

特种营业税和收益偿付债券相对风险较大,因为其仅由特种营业税的收益或由债券资助项目的收益来进行偿还,利率因而比一般债券要高。收益偿付债券用于市政企业的融资,通常通过收取使用费来获取收益。停车库、机场和给排水系统的建设通常要有些部分由使用费来支撑。使用费的收益确保了收益偿付债券的发行,但如果设施运营不成功(如停车库的使用率很低),债券持有人也不能获得其他任何政府收入。

州和地方政府代表私人团体发行一定数量的债券,政府的作用主要是作为资金渠道,给债券免税(和低利率),这些债券必须用于私人企业或非赢利组织。这种私人行为债券作为一种免税的市政公债,其收益的5%将用于资助非赢利团体。由私人行为债券资助的项目种类包括职业体育使用的场馆和厂房、酒店和超市等。

预算与财政决策准则

不论是否明确,规划师和决策者在进行预算和财政方案评估时往往采用效率、效力、响应度和公正等理念。

效率有两个明显的含义。在经济学中,如果商品和服务提供的数量、质量、分配以及价格能够满足消费者的需求,那么其供给就是有效率的。虽然由于公共物品和公共服务缺乏一个价格体系,因而难以判断一个政府是否达到了经济效率的标准,但效率的这层含义仍可用于公共部门。公共服务使用费的广泛推广在一定程度上也是运用价格杠杆来改进经济效率的努力。

工程效率意味着在确保一定数量和质量的基础上,以最低的价格提供商品和服务。地方公共行政人员发现,要对这个概念进行客观的分析,尤其是在商品和服务的竞争价格计算难以操作的时候,例如关于警察、消防、教育、福利、邻里公园和其他设施的价格计算。工程效率的计算是复杂的,部分原因是由于最低成本需要按时间段进行测算。对建设项目和设备购买采取低价竞投法似乎是一个最有效率的选择,因为其当年成本肯定最低,但同时还应当考虑所购物品的使用寿命。寿命周期成本计算就是要测算所购买的交通工具、办公设备、建筑物、道路或下水道等物品从长期来看,其成本是高还是低。不过,预算决策经常使用短期或中期的时间段。

效力关注的是公共服务能否满足目标要求,它可以通过结果指标来衡量。犯罪率是公共学校测试评价的一个标准,而街道平整级别则是对公共服务效力的一个相对评价指标。不过从上面的例子显然可以看出，警察、学校和街道等公共服务的结果评价指标度是不同的。在这种情况下，如果地方政府施政的目标是要让居民满意，那么消费者对服务的满意度也是一个相关的评价指标。但是，消费者满意度是一个相关但不是充分的标准，例如，消费者的满意度不能作为污水处理厂设计过程中技术决策的基准。当污水处理厂建成后，虽然可以对消费者的满意程度进行调查，但污水处理厂建设的标准是否与联邦和州标准相一致才是其效力的主要指标。

响应度这一概念融合了经济和政治两方面的内容。经济学家使用效率这个概念来反映对消费需求的反映度，政治学家则使用响应度来反映决策体现市民和商家意愿的程度。一些决策，例如学校、消防站、公园、高速公路、垃圾场、机场等公共设施的选址，应当听取市民的反映。但如果公共官员响应市民的要求和抱怨时，其行动可能将与效率和效力的原则相违背。实际上，许多规划师和政策制定者注重并试图平衡经济与工程效率、效力、政治响应度之间的关系，并应以公正为准绳来进行分析和提出建议。

公正通常解释为公平。研究公正性的方法之一就是要说明其中空间方面、人口统计方面和社会经济方面的公平性。基于效率、效力和响应度而建立的政策可能考虑了公平性，也可能没考虑。关于公平的一个普遍定义是要平等地对待平等和适当地运用不平等方式对待不平等。何谓平等地对待平等？其中一个观点就认为应该给每一个孩子提供进入公共学校的机会，即给每个合格的人提供平等进入的机会，这就是公平。对立的观点则坚持认为公平进入并不需要平等对待，并认为获得平等的待遇意味着其他因素的掺入。例如，学生在教育前景影响因素方面是不平等的，总体说来，与高收入家庭学生相比，低收入家庭学生在进入学校时的学前阅读能力和数学技能较低。如果要获得公平对待，难道低收入家庭学生就应当比正常学生在学校里获得更多的资源（如较小规模的班级）吗？实际上，这些学生往往所处的学校拥有的资源更少，因为他们通常住在税收来源低的社区中。

设施和服务公正供给包含三个可操作的概念，分别为平等、必需和需要。但是，实现平等提供设施服务的方法之一是要确保所有的消防站和邻里公园对辖区范围内每一部分的每个居民是等距的。然而，由于消防站和公园的位置是固定的，因此以上想法只是一个理想方案而不是一个可实施的方案。较为现实的方式是确保每个居民距离消防站和邻里公园不超过 x 公里或 y 分钟路程。

必需引发了与公正相关的一些问题。必需强调适当运用不平等方式对待不平等。是否一些邻里更需要邻里公园（因为居民收入低、公共空间和休闲选择少）和消防站（因为旧建筑多和使用的线路有缺陷）呢？必需这一概念注重人员、地区和设施之间的差异，鼓励公共行政管理人员去考虑对某些人员、地区和设施来说，应该比其他人员、地区和设施要获得更多的或更少的公共支出和服务。而在某些情况下，不平等的待遇可能是平等的。

需要使平等问题变得更为复杂：例如，一些街坊可能需要公园，但其相近的街坊却可能激烈地反对。需要可确定为肯定、中立或否定三种。在上面的街坊公园例子中,需要是被否定的,即反对建设公园,即使该街坊的收入与公园面积的比值等指标与其他街坊相比处于较低水平。而其他街坊可能对公园的需求较少(按收入衡量),但可能需要更多的活动空间(如网球和棒球)。与消费者需求相比,政治活跃市民的需求会导致街坊设施资源的分配既不是按照公平也不是按照必需的原则进行。

业务预算

业务预算用于由地方政府提供的各种传统服务,业务预算的变化说明其对服务数量与质量增减的操控能力。如果地方政府使用传统的、目前仍在广泛使用的增量预算,即只在上年度的基础上做适度调整,那么决策的重点就集中在这些增量上。而下列事项,如当前的服务水平是否应该进行较大的改变还是维持现状等,就只能置之身后了。[16]

规划预算系统(PPBS)出现于20世纪60年代和70年代的联邦政府中,PPBS预算被一些州或地方政府所采用,以改变传统的预算分配。PPBS这种做法不再关注人员、设备、材料和供应等支出项目,而将政府的运作按项目组进行组织。一个项目组是一项明确的管理功能。例如,警察项目组中包括巡逻、调查、少年读物、刑警队、派遣、纪录和行政等,每一项都包括人员和其他支出。不过,通过警察项目组可以看出将项目组成要素各自分离的难度,因为它们相互之间是有关系的。业务部门提出了一种反映单位服务成本的预算方法,例如在垃圾收集方面中,计量单位可能是服务家庭和商家的数量,也可能是以收集垃圾的吨数计量。PPBS预算反映出行政管理的效率(以什么样的成本提供什么样的服务质量和数量),此外,它也有助于服务效力的分析(如收集垃圾的数量,街道的清洁程度)。

零点预算(ZBB)是另一项业务预算的改革,它在理论上对增量预算进行了根本性转变。根据ZBB,业务部门使用零点而不是本年的100%来进行核算,并要求对每一项目和每项支出都要公平。实践发现,ZBB过于耗时和偏激,特别是年年使用时。改进的方法是要求业务部门在进行预算中选择哪些项目按90%或95%的比例再融资;如果由于税收的减少而需要削减预算时,该方法将能深入说明多种备选方案的意义。

基础设施改进计划

大多数州要求市或县实施基础设施改进计划(CIP)。CIP是一个典型的5年或6年的基础设施建设计划,包括建筑、交通、给排水系统、垃圾填埋场、公园和运动场等。诸如公共汽车、救火车、垃圾清运车也可能包括在内。

CIPs将大投入的项目进行分期,避免社区税收的突然增长。通过要求地方政府对目前和未来基础设施的需求进行定期检讨，CIP提高了大型项目的计划性，并保护地方政府免受突然出现的计划外设施支出的冲击。

债券发行通常用于对基础设施建设项目进行融资，有时也利用储备金和每年的运行费。偿付条款各有不同，但往往都是建立在政府的总税收和信用保证上。但给排水系统、垃圾填埋场和停车场等设施，或许会采用收益偿付债券的做法，因为这些设施的建设费用可以通过使用费来偿还。影响费和税收增量融资也是让受惠人偿还建设项目资金的其他手段。

和区划与土地细分规定一样，CIPs是实施总体规划、策略规划和发展计划的首要手段。因此，应当认真研究以上三类规划基础设施改进计划的标准程序。

CIPs的制定者，如规划局长和规划委员会、预算部长和市县主管部门，经常将是否与总体规划相协调作为决定项目重要性的标准。城市学会开展的一项研究发现，25个城市中有16个城市将与现有规划或政策的一致性作为项目的评判原则，但"项目运行和维持成本的影响"这一原则比"一致性"的评判原则还普及，它被19个城市采用。其他原则还包括获得州或联邦基金的可能性（14个城市采用）、健康和安全影响（13个城市采用）、地域分布（10个城市采用）、经济复兴潜力（10个城市采用）、对紧急或不符合标准情况的改正（9个城市采用）、环境或美学改善（8个城市采用）、法律要求（7个城市采用）、运行效率（7个城市采用）、部门优先性（6个城市采用）、节约能源、竞选职位和外部压力（各是5个城市采用）。[17]

但是，在城市学会开展的上述研究中，对各项因子采用的是无分值的定性判断，因此应当引入一个更为正式的权重评估系统。例如，明尼苏达州的圣保罗市使用了正式的分级评估表，对25个评价标准给出0到10的分数。评价标准分为以下六个方面：

1. 市民委员会、业务部门和规划委员会的重要性。
2. 与总体规划和资金分配政策的一致性。
3. 在"使用和服务"方面的优先度。例如，服务城市大部分区域的设施得分要比那些服务于单个街坊的设施高；短缺或空缺的设施要比已有的设施得分高。
4. 对某些政策的重要性。例如，可减少不可再生资源消耗的设施要比那些没有这项功能的设施得分高；不需要财产征用或征用免税财产的设施得分要比那些需要征用纳税财产的设施高。
5. 财政考虑。例如，评估系统倾向于那些节约城市资金、降低运行成本、增加城市税收和拉动私人投资的政府间的项目。
6. 总体考虑。例如，评估系统倾向于那些有分期得当、有风险防备、对历史或环境保护有利、能够提高业务部门生产力的项目。

以上评价标准需要公众、政府部门、规划委员会、市长和市议会共同而深入的参与。

是否平等分配基础设施是项目评估的另一项原则。虽然城市学会的研究发现,有10个城市使用空间分布作为评价标准,但空间分布对平等性评价并不必要。例如,邻里公园的布局应当根据所有居民的数量而不是距公园半英里内的居民总数;应当根据所有低收入居民的数量而不是指定街坊内低收入居民的比例来决定。

基础设施改进的决策标准还可包括不平等累积。例如,是否某些街坊的公园、休闲中心、消防站、警察局、学校等标准设施一直是短缺供给或低质量供给?是否某些街坊的水压和水质、犯罪率、消防反应时间等服务一直很差?1971年,美国地区法院裁定,密西西比州的绍尔镇由于设施分布的累积不平等,违反了宪法第十四修正案保护公平法的要求。[18] 在那些大的辖区,法律确认的服务不公平很难发现,其中部分原因是因为那些贫困街坊在警察和消防方面得到了较多的服务,还有一些原因是因为某些贫困街坊离城市中心较近,因而也离设施集中的区域较近。但是,即使在贫困地区投入较多的公共资源和建设这些公共设施,很多社会问题如犯罪与枪击等仍大量存在。[19] 街坊服务的缺乏与收入的相关度比种族更高,但只有违反了联邦公平保护要求的服务不平等才是根本性的不平等。

与此同时,某些街坊既面临着所需基础设施的不足,同时还含有过多的LULUS用途用地,即垃圾填埋场、危险废物堆场、厂房、铁路车场和储油罐等当地不希望保有的土地用途。[20] 其他公共设施,如高速公路、污水处理厂、机场等,也不受居民的欢迎。少数族裔和低收入社区中LULUS较高的出现率已经引起了关于环境不平等的抗议。[21]

结论

本章探讨了政府财政,特别是地方层面的政府财政对规划师编制和实施规划的影响途径。在一些情况下,税收和支出给规划师实现更广泛的社会目标,如农用地保护等提供了条件。在其他情况下,税收和支出则限制了规划师运用必要的资源满足社会需求的能力。确实,在一些情况下,地方政府的财政方法会滋生一些规划师所致力解决的收入不公平等问题,并使之恶化。

在对那些实现规划目标的基础设施进行选择和融资决策时,地方政府面临如何在效率、效力、响应度和公平之间进行平衡的巨大挑战。另外,还应当将每年的业务预算和长期的资本预算规划更充分地结合起来,以确保社区的资源可以支持持续性的以及一次性的设施支出。由于存在的问题和解决的办法其效力范围并不一定与辖区征税和开支的行政边界一致,这种政府管理的复杂性使得规划师的工作更为复杂化。

最后，地方政府将不得不找寻一种替代物业税作为地方主要税收来源的途径，尤其是考虑到选民们动荡的情绪。由此，政府会在必要设施的融资方面探索更多的管理办法——包括使用费、影响费和税收增量融资等。

注释：

1. U.S. Advisory Commission on Intergovernmental Relations, *Significant Features of Fiscal Federalism, 1993*, vol. 2, *Revenues and Expenditures* (Washington, D.C.: ACIR, 1993), 51.

2. Daniel P. Moynihan, "Toward a National Urban Policy," in *Toward a National Urban Policy*, ed. Daniel P. Moynihan (New York: Basic Books, 1970), 15.

3. Robert W. Burchell et al., *The New Reality of Municipal Finance* (New Brunswick, N.J.: Rutgers Center for Urban Policy Research, 1984).

4. U.S. Advisory Commission on Intergovernmental Relations, *Significant Features of Fiscal Federalism, 1993*, vol. 2, *Revenues and Expenditures*, 126-7.

5. Ibid.

6. Bureau of the Census, *1992 Census of Governments*, vol. 1, *Government Organization*, no. 1, *Government Organization* (Washington, D.C.: Government Printing Office, 1994), table 26.

7. Charles Tiebout, "A Pure Theory of Local Expenditures," *Journal of Political Economy* 64 (1956): 416-24.

8. See Helen Ladd and John Yinger, *America's Ailing Cities: Fiscal Health and the Design of Urban Policy*, updated ed. (Baltimore: Johns Hopkins University Press, 1991).

9. Bureau of the Census, *1992 Census of Governments*, vol. 2, *Taxable Property Values*, no. 1, *Assessed Valuations for Local General Property Taxation* (Washington, D.C.: Government Printing Office, 1994), xv.

10. U.S. Advisory Commission on Intergovernmental Relations, *Significant Features of Fiscal Federalism, 1993*, vol. 1, *Budget Processes and Tax Systems* (Washington, D.C.: ACIR, 1993), 156.

11. Timothy J. Bartik, *Who Benefits from State and Local Economic Development Policies?* (Kalamazoo, Mich.: W.E. Upjohn Institute for Employment Research, 1991): Michael Wasylenko, "Taxation and Economic Development: The State of the Economic Literature," *New England Economic Review* (March/April 1997): 37-52.

12. Peter S. Fisher and Alan H. Peters, "Tax and Spending Incentives and Enterprise Zones," *New England Economic Review* (March/April 1997): 109-30.

13. 在中西部，有效的物业税通常为其市场价值的1%到3%。这样，对于价值20000美元的一英亩农田来说，其每年的税收为200到600美元之间，而每英亩农田的净收入则为50到100美元。

14. U.S. Advisory Commission on Intergovernmental Relations, *Significant Features of Fiscal Federalism, 1994*, vol. 1, *Budget Processes and Tax Systems* (Washington, D.C.: ACIR, 1994), 106-7.

15. U.S. Advisory Commission on Intergovernmental Relations, *Significant Features of Fiscal Federalism, 1993*, vol. 1, *Budget Processes and Tax Systems*, 77.

16. Aaron B. Wildavsky, *The New Politics of the Budgetary Process*, 2nd ed. (New York: HarperCollins, 1992).

17. Harry Hatry, Annie P. Millar, and James H. Evans, *Guide to Setting Priorities for Capital Investment* (Washington, D.C.: Urban Institute Press, 1984).

18. *Hawkins v. Town of Shaw*, 437 F. 2d 1286 (5th Cir. 1971).

19. Llewellyn M. Toulmin, "Equity as a Decision Rule in Determining the Distribution of Urban Public Services," *Urban Affairs Quarterly* 23 (March 1988): 389-413.

20. Robert D. Bullard, *Dumping in Dixie: Race, Class, and Environmental Quality* (Boulder, Colo.: Westview, 1990).

21. Douglas L. Anderton et al., "Environmental Equity: The Demographics of Dumping," *Demography* 31 (May 1994): 229-48.

Part five: Planning, people, and politics

第五部分
规划、人和政治

第17章 建设协定

威廉·克莱

> 我知道没有社会最终权力的安全存放处,除了人民自己;并且如果我们认为他们还不够文明来行使他们对一个有益判断力的控制,那么补救的方法不是将之从他们那里减少,而是告知他们的判断力。
>
> ——托马斯·杰弗逊
> 写给威廉姆·查尔斯·杰维斯的信,1820年9月28日

当老练的规划师及社区开发从业者谈论他们自豪时刻的时候,他们经常将成功归结于建设协定技术。倾听这些故事就可以明白,离开了协定,就没有规划的故事可讲。当规划师运用建设协定原理及技术的时候,他们就提高了规划、计划及公共政策结果成功执行的可能性。

当规划是在开放、协作、参与及建设协定的过程中成功地设计、运作或参与的时候,他们使得民主机制起到了更好的作用。有时候建设协定被用作一种润滑剂,使得传统民主代表决策制定机制的运作更加顺利;另一些时候它也能够融解不同利益之间的僵局和矛盾。[1]

建设协定成为规划师和社区开发从业者的一种基本手段有很多原因。首先,市民关于政府在解决社区问题中应有作用的态度是不断变化的。过去,市民循着地方、州及联邦政府的路线去寻求答案,那时的决策制定经常是单方面的——只有一点或没有咨询或协作——通过关闭的门后面的权力掮客。这使得公众感到越来越受挫、气愤及被关在门外,对当选及任命官员的信任也明显减少。只有一点或没有权力或受影响的团体感觉特别被疏远——一个作为经济、人种,以及种族多样性拓宽越来越重要的因素。结果,广泛的市民团体,还有某一方面的利益,在协商及决策制定过程中意味深长的包容所挤迫。因此,协定技术提供了好得多的普选的替代方案——简而言之,决策制定于投票箱,长于面对面而短于商议、事实发现、大宗买进及协作。

第二,在公务员中也有越来越多的挫折,他们感觉到来自急功近利的团体、能操纵绝对权力的团体,以及并不反映整个社区态度及观点的团体方面的压力。协定建设过程能够让当选的官员在制定一个决策之前,听到更平和的各种利益的意见,更重要的是,分享决策权威致使行动和资源来自所有团体的委托,在这里官方没有特别的权威而只有说服的权力。

第三,决策制定及资源分配过程增加的分歧,意味着更广泛的公共及私人实

体必须相互依赖,形成相互支持的决策及资源委托才能达成任何事情。结果,能否争取公共和私人部门的承诺成为问题解决的标准。例如,保护一条高速公路走廊,一名规划师也许需要逐一获取各个部门的承诺,这些部门包括城市公共事务部门、州高速公路部门、规划委员会、六个邻里协会、商业议院以及排水和供水主管部门。这样的分裂——与今天大多数公共问题绝对复杂性的明显增加协力——使得已经知道的是邀请谁到桌面上来,以及如何促进导致大宗买进和极为重要的凝聚行动的讨论。

在考虑从业者应该如何与他们所服务的人们联系方面,这些因素已经产生了基础性的调整。出现并成长于20世纪后期的更为愤世嫉俗、更为复杂,以及更为苛求的政治气候,已经引起了城市复兴并更新了老市民的参与技巧,它导致建设协定进入了一个比过去年代领导及决策制定更加期望协作,更加民主以及更加参与的时代;导致我们的商务及社区领导欣赏简易化及调停技术的价值;引领规划师超越了最小限度及有时候是有分歧意见的市民参与的程序。这些程序是州的规划授权及其他州和联邦的计划,规划师已经发展了很多有用及有意义的程序,来实现重要公共政策问题的协定及解决矛盾。

比起以往任何时候,规划主管及他们的职员、规划咨询者、社区开发组织者,以及公共利益集团领导,发现他们自己的作用就是程序的设计者、促进者、调停者及合作者——帮助社区官员、商务社区、居民就问题的基本特性及问题所要求的解决方案达成协定。他们正在被要求设计及运作看得见的会议及目标设定实践,促进引导行动计划或有争议设施的选址的组群讨论,在利益集团之间帮助形成联合,组织及管理公共包容计划,或发现适合的外部简易化或调停者来帮助完成很多这种任务。参与者也被要求在另外运作的过程中与他人合作。在今天有争议的政治环境中,不能获得有关建设协定艺术态度和技术的参与者,其工作肯定是不够有效的。

对于规划师来说,建设协定技术是一种对技术化及分析手段的重要致意。规划师运用建设协定策略去改善市民与利益集团之间的协作及商议公共矛盾。例如,进行一个目标设定事件能给多种利益提供机会,可以形成一个接近确定立场及价值的共享观点;促进相互怀疑的各部分之间公平及坦白的谈判,并以合作和信任取代障碍和老观念;调停对立集团,促使谈判者换位思考,培育承诺并分享努力,以及建立一个协定的基础。通过将越来越多的希望发表不同的意见的投资集团捆绑在一起,并通过管理分段的参与及尚没有相互依赖的派系,建设协定能够有助于将怀疑及坚决的抵制,转化为一种更加宽容和实用的信任。

各种各样的实体包含在规划当中——例如,规划委托或委员会、为修订一个规划而成立的特别小组、一个重建或交通主管部门、一个服务地区,或者一个公共事业——这些实体会运用建设协定技术。建设协定活动也可能会得到一个私人集团的回应——例如一个邻里协会、一个信用团体的协会、一个商务协会、一个非盈利社区开发公司,或者是一个公共利益集团。

本章提供了对成功的建设协定普遍原理的总体看法。[2]第一部分描述了公众听证的优越性,公众听证传统上是市民参与的主要形式。接下去的两个部门定义了建设协定并对其进行说明,通过一个详细的例子,阐述建设协定是如何工作的。本章的其余部分描述了建设协定的十项原则,这些原则有助于从业者创造、定制,及改造在规划过程中激励各种利益的方法。

传统的市民参与：公众听证的问题

规划中的市民参与有着漫长的历史。几十年来,州被授权要求在官方决策之前应举行公众听证,包括用地、环境保护以及城市复兴。在大多数州,区划改变、变更、特殊用途许可、规划的单位开发、规划的居住开发、通行权获得、谴责、重大资金改善,以及大多数的重建活动,都必须在采用规划之前举行听证。

大多数要求规划的联邦计划也要求一个公开参与过程的证据——按惯例这意味着要举行一场公众听证。1978年,联邦区域议会出版了一本140页的手册《市民参与》,内容是关于对所有联邦援助计划的要求。[3]尽管这本手册表述了39种鼓励公共包容的革新技术,但它并没有得到广泛的推广,大多数的行政辖区虽继续举行公众听证但仅仅是公众过来听证。

以往的包容公众的过程——尤其是公众听证——结果经常是马虎的、形式上的和作出各种诺言的样子。随便设想一下,就知道这种实践很少提供有意义的公众参与或诺言。它的过程是自上而下组织的并计划好了结果,仅在规划被采用或已经得到认可的前一刻才走一下程序。如果市民全部都来,他们经常会觉得听证是无效的、指派的或被操纵的,他们经常相信的是"早已内定"。

当使用以往的公众包容来编制一项总体规划的时候,咨询者或规划委员会职员会拟就一份规划草图,规划过程中只会偶然地或仪式性地输入来自市民或利益集团的意见。第一次会议的举行可能是宣布及"解释"项目,可能会给一个样本团体邮寄一种市民态度调查表,也许会任命志愿者工作委员会。但至关重要的一招,是规划委员会或城市议会最终在规划过程结束的时候举行的公众听证会,以"听取评论"。有时候会依据听证会所反应的评论装饰性地修改一下草图。然而,规划的基础、价值结构、对问题和机会的评估,以及对选择的考虑,却是由人数有限的、坚信其行动代表了公众利益的一群人在计划中早已设定。以这种方式编制的规划肯定是残缺不全的,因为大部分都没有受到公众听证程序的影响。

以往的听证作为有意义的市民参与媒介的失败有很多原因。在很多情况下,为完成一个规划它们会请专家来解释或寻求支持；规划是为公众做好的,而不是和公众一起做的,公众参与更像是为最终公众接受这个项目而进行的"给刹车抹油",而不是将规划的实质告知公众。当公众大声疾呼导致规划或建议失败的时候,经常是因为公众不明白专家的分析；换句话说,是计划中的公众教育

图17-1 在公众听证会上尝试获得对一项规划草图的公众支持

工作失败了。社区领导提供所有的答案,公众很少被动员起来或受到邀请成为一个参与的伙伴,帮助拿出对现有社区问题的解决方案。

公众听证会经常被公务员打折扣,他们并不认为这种听证是一种全社区观点的和谐来源,因为他们对问题似乎带着强烈的个人观点,经常有着极端的立场,并且其狭隘的目的仅仅和其自身利益相关。公务员认可的出席者都趋向是"正常体"——那些有知识或预言态度的在镇里参加所有会议的人。加之,公众听证似乎还会胁迫那些有着强烈且合法感觉但缺少知识、自信、或缺乏口头表达能力的个体。并且,公众听证对于一些人来说,还受参加会议地点困难、时间困难、孩子照顾困难,或就业的困难等因素的影响。

传统的公众听证几乎没有培育出协定,因为很少有机会让市民相互之间讨论及争论各种问题。典型的形式是让公众来验证,一个跟着一个,在举行听证的委员会或委托方面前,只有一点点或没有简易化及话题的组织。

如前所述,公众听证经常是计划好的过程末端,是对已经拟备好的草拟文件或规划的一个回应;它很少发生在过程的开端,如果在开始就进行公众听证则可以更好地左右规划的方向及价值结构。简而言之,以往的公众听证精神,总是代表着一种非常微弱且非常迟到的公众约会形式。

建设协定的界定

由拉丁词汇consentire(同感或同意)衍生而来,英语的名词形式的"协定"意味着集体的观点、普遍同意或一致。建设协定,正如用在这里的一样,被广泛地定义为一个过程,通过这个过程在一段时间之后让利益分歧的人们达成普遍同意。不像单纯的商议及决策制定的代表形式,建设协定包含积极参与及授权给哪些个体或利益①输出对谁的影响最大;②谁控制资源及主管行动要求。对比传统的代表性决策制定过程,例如议会程序,它是在其中充分发展相互竞争的立场,讨论及采用大多数规则;而协定过程则鼓励参与者依照其他参与者的需求及利益重新考虑自身的目的——并权衡拖延一个矛盾相对于执行一个共同协定的代价。

规划中的建设协定一般都包含代表着不同观点的人群，他们聚在一起来研讨当前的条件和趋势、确定问题和机会、了解彼此的利益、集体讨论解决方案、设定优先、评估选择，并一致同意如何行动。过程会包括少数人（少至两个）、一大群人，或者是一个小社区当中的所有人；它会需要一个相当长的时期内的一次会议或一系列的碰头。协定过程会容纳一些事情，从简单的——例如什么时候午餐休息——到复杂的——例如如何复兴一个衰落的邻里。

不像决策制定过程要依赖大多数人的投票，协定可以以多种方式来界定一致意见。最严格的协定概念需要所有参与者不记名投票，但其他的，则会是更加模糊的结果。在某些情况下，大多数人投票会确定一致意见；而另一些时候，参与者会满足于一次测验民意的投票，甚或是更加模糊的"会议感觉"。然而，关键的事情，是商议的质量使得一致意见成为可能，当参与者相互信任并认可各自目标合法性的时候，通过对话、承诺、交易，以及其他行动来建立一致意见(一致意见的外在定义经常证明不如过程重要)。一个协定不允许任何一个团体提出胜利的要求，而是培育一个可塑的但可靠的最终会是"好"协定的互惠。这样一种结果不会是律师想要的，但对规划师却是有吸引力的，规划师面临棘手的任务，是要帮助相互依赖的对手们形成勉强的——甚至也许是信任的——对共有利益的共识。

建设协定是如何工作的？

研究下列假定的实例。[4]一个45000人的新英格兰镇正在快速增长，该镇是一个重要的大都市地区的一个卧城，且它历史性的中心城区及港口吸引了很多夏季游客。第一版且是惟一的总体规划完成于15年以前，但现在已经非常过时。当地报纸的报道已引起了对很多重要用地、经济发展及交通等问题的关注。地方官员、环保激进主义者、开发商、地主、商务所有者以及居民，关于如何最好地解决增长带来的问题和机会，似乎都持有相互矛盾的观点。

地方官员选择了一位因他们的建设协定技术而出名的规划顾问来开始新规划的参与。顾问评估了区域及镇范围内的现状条件及趋势，然后对镇居民进行了3天深入的访谈。在与规划委托方及职员的第一次会议上，顾问推荐了一个协定过程——一个将把居民从外部吸引到规划工作内部的主动性。在她的建议下，公务员将花费1年的时间来倾听及提出问题，最终的产品会是一个以市民一致意见为基础的看得见的陈述，这将作为新总体规划及资金改善计划的基础，以及一系列区划条例修正、土地细分条例修正、历史地区规则修正、健康规则修正及湿地控制修正的基础。

委托方成员与顾问进行了积极的讨论，如何在看得见的过程中激励社区，他们提出了他们自己额外的建议。但在他们普遍同意她所提议的更加包容的过程，将会产出一个更加符合社区渴望的规划的同时,还是有几个人,对他们确实能够从过程中掌握一些东西的可能性保持怀疑。

顾问促使规划委托方将市民组成委员会——不是在职能的基础上,例如用地或经济发展,而是依据利益或密切关系。例如,一个委员会将包括保护管理论者及历史保护主义者;另一个将包括开发商、测量员及设计专业人员。大宗土地的拥有者将组成他们自己的委员会,和租房户一样,当地雇主将组成另外一个委员会,即使生活在水上的人也可以参与。甚至是当地的还在也将组成一个委员会。委托方同意每个委员会将任命一位会议召集人,这个人将负责征集成员并保证每个团体都代表着自身的观点。

征集完成的时候,顾问和规划主管共同主持一次所有参与者都参加的定性会议,并要求新闻媒体参加,拟定任务分配及时间表,委员会成员都发给一本规划委托方职员准备的事实手册,描述了区域及地方的条件及趋势,然后,委员会成员作为优先发动工作的团体在社区中做一次巡回。例如,一个小组的房地产经济人被要求与规划职员合作,工作内容主要是以评估员记录及综合听证服务记录为基础,提出建制外的提议。

每个委员会都得到四张大的镇地图。委员会成员在其自己的地盘(通常是一个成员的起居室)上聚会,并在第一张地图上"签到"(标明他们住在哪里并说明一些自己的事情)。剩下的三张地图用做如下标记:在第一张上,委员会讨论

图 17-2 受规划过程中影响的孩子,将会形成新一代的有市民意识成年人

并就他们在镇中引以为自豪和感到遗憾的问题形成一致意见；在下一张上，委员会不受拘束地为社区创造一个假定的未来规划（例如，没有法定限制、没有资金问题、没有政治——以及社区的权力没有限制）；在最后一张上，委员会以大家知道的法定、财政及政治限制为基础，绘制一个现实的可实现的未来规划。

3个月后，在高中的自助餐厅，在规划委托方全体、当地有线电视摄影机及大量听众面前，每个委员会都做一次汇报。规划委托方坐在房间的一边而各个委员会在舞台的中间。每个委员会轮流展现其"自豪"、"遗憾"并汇报其不受限制的和现实的规划。

曾经对过程持有怀疑态度的那些人从一开始就感到了意外，很多汇报贯穿着共同的线索。保护论者倡导更多的经济适用房；开发商希望有更多的开敞空间保护及一个对湿地更加清晰的描绘。经过两个连续的夜晚，各个委员会发现之间的进一步联系开始浮现。随着委员会成员了解更多其他人的"自豪"、"遗憾"以及所提出的建议，最初微弱的声音开始让路给更大的盟约及偶尔出现的取笑。

公众汇报之后，关系密切组群的成员被重新安排成工作组，专注于委员会已经确定为重要问题或机会的话题。规划委托方的成员及其他很多社区领导职员组成一个工作组。而参与者同意举行会议的基本规则将是每个人都将有机会发言，没有一个意见会被认为是愚蠢的或不被讨论，并且不得使用议会程序（在这种程序中参与者不得不站在一个立场上）。代替简单地将彼此看作是特定立场倡导者的，是参与者将彼此视作有着不同利益和目的的人。

新的工作组的任务，是制定景象综述的一些部分。此时工作组已经同意景象综述将不仅是"上帝、母亲及苹果馅饼"及固定严肃的政策问题。有时候工作组能够自行承担这些问题，而另一些时候，规划委托方职员会拟备以参与讨论为基础的初步草案。通过协定不能解决的问题被计划并提交另外一次会议，而任何后面一次会议仍然无法解决的事情，将会从草案中去除掉。

规划主管发起一个敢做敢为的活动，来恳求外围的来自未尽社区部分的评论及建议。在其他的方法中，他设立电话答录机来接受市民的评论和问题，无论是匿名的还是有名有姓的。电话被转录且副本分发给所有参与者，只有少数进行审查；数百封信也被收到、复印并分发给参与者。所有评论及建议在后来的草案中都得到了考虑。

有时候会在会议中叫齐所有的工作组、规划委托方职员、顾问及几个镇政府部门的领导，介绍基本数据和提案（例如，住房优先、土地细分活动、就业、交通计算、人性服务需求以及环境敏感地区的统计数据），以未来增长的一系列假定为基础。房地产经纪人陈述他们建制外的分析，然后，使用地理信息系统及电脑汇报软件，顾问以这些数据为基础，陈述一系列的未来替选方案。

最后的3个月主要用于公众听证，听证景象综述的每一个话题范围，如增长管理、经济适用住房、经济发展、市政基础设施、人性服务以及交通等。所有会议都通过当地有线电视转播。

综述的最终草案由规划委托方职员来编辑,在报纸上发布,并在镇的网站等很多公众场所展示。然后文件呈给地方立法实体进行投票——在这个案例中,大约700人参加了镇的会议。在一些讨论之后,镇会议的参与者投票表态是否采用二十八页厚的景象综述作为官方文件,以指导行动计划;资金改善计划;以及区划及土地细分条例、总体规划、健康规则、湿地规则和历史地区规则的修正。此外,无论任何讨论会影响社区长久未来的时候,景象综述还促进了公共、私人团体及个体都来查阅综述以获得指导。

十项原则协定建设

下列十项原则——来自学习市民参与、协作解决问题以及矛盾或争论解决的总结——有助于从业者创造、定制及改造在规划过程中激励各种利益的方法。

这些原则基于一些特征,根据这些特征,有经验的从业者能够从他们的经验中轻易识别一个公共论坛中的市民行为及相互影响。由于大多数人不喜欢参加会议,除非议程包括一项直接影响他们的项目。因此,大多数会议主要吸引的是"正常体"或"通常可能的怀疑者",他们的观点尽人皆知且可预测。虽然大多数人不喜欢无法取胜者告诉他们做什么或相信什么;也不喜欢统计数据被"雪花"掉。然而,大多数人确实尊重技术专家的意见并看重它,当这种意见来自一个可靠来源的时候、在它能够轻松理解的时候,以及在它不是作为一种操纵公众观点手段的时候。而且大多数人比专业人员知道更多的当地条件。

公共论坛中的每个会议,参与者和同一出席者的观点都会不同。建设协定是一场包含太多辩论的艰苦战斗,成功的结果经常需要坚定不移及稳定的权力。成功包括建筑合并、创造权力以及政治斗争的交锋。建设协定不是一场拥抱宴会;它很少是优雅而整洁的,也不是一个线性的过程。简而言之,民主,即使是在伴随着建设协定的时候,也是一场杂乱的事务。

尽早地包含各种利益

越早启动一个协定的过程越好。在公众包含仅限于一次公众听证的日子里,总是在考虑之后以及决策制定已基本完成之后才举行会议。今天,成功的从业者依靠参与及协作解决问题的过程,从开始的一天就包含了各方面的利益。参与者变成包含在公开看得见的或目标设定的操作中,一起确定问题和目标机会并描述未来的替选方案。投资者被他们的邻里、社区或组织,在讨论任何行动计划之前,精心建立及安排目标和目的的优先。(这种规则的明显例外,是谈判及争论的解决领域,这个领域的开端一般都是一个僵局。)

适当地建立起来这种类型的过程能提供更高水平的"大宗买进",还有一些重要——且有时候是意外的是——决策制定者的输入。通过生动示范一些问题是如何的强硬及难以处理,这将会鼓舞参与者做出自己的解决方案,而不期望或要求一个公务员骑着白色的战马居高临下地送来银色的子弹。

一个警告说明：应该留意尽早的包含也会是一个双刃剑，如果参与者的期望不合理地高到一定程度，而这个程度又超过了他们对制定决策和执行行动的实际能力结果，那么尽早的包含同样也会遗漏而失败，这种遗漏是指具有显要的决策制定权威，或控制了执行所需资源的个体或团体没有被包含进来。

制做过程

市民参与、协作解决问题或谈判及解决矛盾的各种方法，必须要制作一套特定的环境，而且，它们必须是为一个专门的社区、邻里、组织，或者是特定时间包含在特定环境中的团体发明的及重新发明的。这意味着过程的设计必须是用于一个环境的重新的工艺，而不是拉一个架子。用于一个社区的过程设计不能简单地完全照抄到另外一个社区，此外，一个用于3年前环境的过程设计，在今天的环境中也许会无用。在过程自身的设计中包含参与者，这能够有助于形成一种信任的氛围，并有利于过程的完善。简而言之，建设协定工作应该定制设计且设计过程自身应该包含关键的参与者。这不是以偏概全的建设协定模型。

包含

一些市民可能不知道一项将影响他们的政策决策已经在讨论；另外一些可能知道决策，但没有组织及技术资源来有效表达他们的关注。在受影响团体没有被发动的时候，也许可以轻易地忽视他们——但在公共利益中就不行了。信

图17-3 那些将会受到规划决策影响的人，需要先被包含进来

息活动能够促进一个利益集团的发动;指派的提倡者(例如效用委托任命的公共职员)能够鼓励否则就不能作为参与的团体,或能够"站在"勉强或不能直接参与的团体当中。然而有时候,规划师惟一切实可行的策略,是提醒参与者他们的决策会对那些没有出席的人产生后果。缺席投资者的关注更有可能被纳入考虑,如果那些直接包含在过程中的人感到未出席的团体稍后可能会推翻一个决策的话。

保护那些持少数观点的人的影响过程是重要的。这样的工作会包含邀请那些也许没有意识到如何或者为什么一个特定的规划建议或者项目会将他们的利益置于危险的人。它也会意味着发现拓宽人口中特殊组成部分参与的方法——例如,通过对不熟悉英语或正式公共会议的居民提供援助,通过调整会议时间表以便工作的人们可以参加,以及为父母们提供看护孩子或交通方面的服务。

尽管倡导的规划师长期以来支持着参与规划过程,但一个包容的方法也会激起有权力利益的抵制。然而,过去的建设协定工作已经创造了公共信任的基础,那些反对公开且包容过程的人,将很难说服市民规划倡导者有必要让少数利益越过大多数的利益。因此,对不被规划过程排除在外的投资者的有效倡导,高度依赖规划师建立的以及整个规划事业的可信度。

建立合法性——不仅是为个体的参与者也是将过程作为一个整体——是成功的基础。例如,一个代表着特定利益或团体的参与者,应该被团体自身及建设协定工作中其他的代表都看作是一个合法代表。同样,除非过程包括了来自全部投资者的代表,否则直接的参与者和外部的观察者都会怀疑它的合法性。

包容强大的投资者也能给参与者带来信心,如果团体能够一致同意一些行动,资源最终才可以被利用。因此,尽管参与者应该包括那些没有权力及资源的人,但强大的投资团体——例如市长办公室、商业议院、公共工程部门以及邻里团体的协会——必须包含在内。诸如市长、银行总裁以及州代表等人,虽然不一定出席每一次会议,但和他们地位相关的威望却有利于过程的可信度和紧急感觉,尤其是在他们的代表对他们的行为具有真实权威的时候。

确定并培育共有的利益

建设协定基于一条原则,这个原则就是感知到观点、价值及利益的不同,而这些观点、价值及利益,会屈服于通过一个自身发现的协商过程制造出来的制伏性原因。所以,确定并培育共有的利益,就成为建设协定的必要条件。

可信的建设协定要求参与者通过协商来达成一致意见,这通常要求他们要理解并信任其他人的利益和目标。在过程的早期,熟练的促进者会鼓励参与者在个人及专业两个方面充分展示他们自己,以激起理解和尊重。通过"破冰船"技术——经常也通过幽默——参与者会受到激励,将彼此看作是对等的人而不是特定立场的倡导者。

代替惯常的争吵和辩论,参与者忙于扮演角色、讲述故事以及模拟,这些都旨在提醒他们赖以管理并赋予他们生活意义的各种各样的社会联系。受到控制的模拟提供了一种非对抗性的、人造的（所以是"安全的"）关系，在其中参与者会重新考虑对彼此的假设，和他们已经收集起来要解决的各种问题。在专心筹备活动期间，参与者会放下他们的戒备，分享这种经验，为建立信任、发现共同利益，以及脱离固有的立场提供了一个重要的基础。

有时候团结产生于对共有弱点的感觉，人们面临一个共同的外部或内部威胁，能够将没有兴趣的或敌对的团体转化为有着共同目标的投资者。例如，在特大暴雨期间或一次地震之后，即使长期的对手也可能会合作。其他，弱一些的戏剧性变化——例如，外迁的中产阶级居民、缺席地主的亏损、开敞空间的丧失、硝酸盐污染惟一的含水层资源——同样也能够激发彼此怀疑的邻里之间的合作。然而，对于一个共有威胁的协定，也没有必要转化为一个有用的且公平的关于如何回应的一致意见。规划师必须承认，当一个威胁已大到足够创造一个新的联盟的时候，他们必须就如何预测、避免或解决共同关注的问题，去促进建立一致意见的工作。

分享可靠的信息

因为我们对自身利益的理解，受到我们对身边世界理解的影响，事实和外形在一个成功的建设协定过程中就具有重要作用。有权使用条件和趋势方面信息公共基础的参与者，会发现确定共同关注的范围是比较容易的；一个规划师的任务，是保证信息是可靠的、可信以及能被理解的。

在数据收集、分析及介绍的时候，规划师提供一些有用的东西，如有权使用

图 17-4　确定共同利益的范围，需要很多个小时的沟通

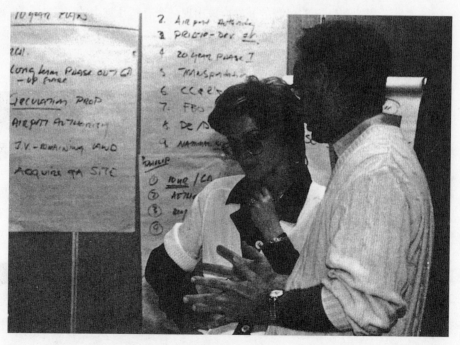

数据、分析及统计技术、看"大图"的能力，以及进行多媒体汇报的经验。但细心的规划师会避免用众多的事实和外形来轰击参与者，或者是在过程中过早的进行精心准备的汇报；除非参与者已经有了建立信任的机会——包括在过程中及彼此之间两个方面——他们才会将不可推翻的信息看作一种操作或控制的工作，而不是被告知。一个更有效的方法，是允许参与者以说出他们对问题的感知为开端，然后规划师就能够轻易地进行数据的广泛分类及评估，供参与者建立他们自己的分析框架，用来评估问题并制定分享的优先。

提供公平且协作的领导阶层

如果一个过程被感觉到是受单独利益集团和个体支配或者控制的，它就不太可能被认为是可靠的和公平的。规划师及社区开发专业人员每天处理的各种问题，都是十分有争议及复杂的，很少有政治领导喜欢承担这些问题。从而，从业者想要自己提供特别的领导阶层来填充这个空间。但如果居民、商人、环境利益、正在建设的社区，以及城市的各个部门都真的自己制定规划，那么太多来自上面那些被感觉为管闲事的专家政治论者的诱劝及议程的设定，就会害大于利。这在极端情况下会使规划师处于背判的境地，除非他或者她长期且深深地得到社区的尊重和信任。

在大多数情况下，从业者会更加谨慎地假定一个幕后的作用，尤其是在开始的时候，会让一个有威望且公正的社区领导处于过程的前沿。除了被感觉是公正的外，社区领导还应该能够熟练地应付人，尤其是能应付那些难以应付的人，并且应该具有良好的耐心和幽默感。一旦有了一个公正且协作的领导，团体就会在某个层面上支持规划师对过程的调和或促进。

过程的开端应该出现一个有超凡魅力的、有灵感的，或正式的领导阶层，并随着时间的变化有所更新。如果一个享有声望的、接触反应的存在从一开始就被

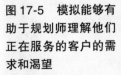

图 17-5 模拟能够有助于规划师理解他们正在服务的客户的需求和渴望

感觉到，那么过程就会受益于一个直接的推动力。市长、州的高层人士、高层次的商人或一个牧师，都能够通过召集第一次会议而创造奇迹，使团体振奋，并给建设协定之船施以洗礼。然后他或者她会进行偶尔的查看，提醒团体其工作的重要性并强调出里程碑和进展。

从侧面领导一个过程是非常真实的艺术。不管假定从业者的作用是什么，他们都应该避免站在一个立场，在这个立场上他们被感知为试图支配、说服、塑造或改革各种观点的专业人士。另一方面，规划师应该不仅是单纯的积极促进者，而且他们也应该不仅提供单纯的过程支持。也许，描述从业者和参与者之间应该存在的关系最好的方法，是同权，在需要的时候，从业者从侧面给予温和的指导。

考虑使用专业人士的帮助

尽管规划师有时候是促进建设协定最好的人选，但其他的人——例如，一个受尊敬的商人、专业人士、政客，或其他的社区领导——也许会拥有不偏不倚及公正的名声，这可以用来在敌对的团体之间建立可信度。然而，有时候，社区中没有一个人可以承担促进者的作用，这就需要从外部去寻求专业的帮助。

从外部雇佣一个促进者，能够有助于解决对过程的可信度及公正的关注。有经验及熟练的促进者能够通过持续有效的讨论将生产力最大化，能够通过向团体"播放"评论避免误解，并且能够敏感而有效地帮助应付难以应付的人。尽管资金的短缺经常被用作理由来反对外部专业人员的聘用，但如果根深蒂固的争论变成不可避免的诉讼，那么比起法庭的诉讼费用，长期雇佣一个外人的开支也要少很多。

保持动力

从一开始就应让投资者意识到，解决一个争论或解决一个市民问题的紧迫性，对产生原动力来说是至关重要的。一个案例必须清楚为什么以及如何面对特定的事件——必须有一个清晰且压倒性的需要来应对问题、解决问题或改变政策。

因为建设协定耗费时间，所以总是有衰退风险的紧迫感，或者是参与者开始认为"所有这些会议"都没有任何结果。如果发生这种情况，参与者就会失去兴趣并开始放弃过程。如果一个过程的继续是无止尽且几乎没有呈现出什么行动，以极高热情开始的建设协定工作最终就会偃旗息鼓，这种情况通常发生在过程丧失了可信度的时候。

有几种方法可以避免动力的丧失。第一，投资者应该规律地提醒为什么要有事件结果——及其紧迫性。如果团体不能达成一致意见会发生什么？如果达成一致意见又会发生什么？

第二，过程应该包括一个系统方法，以便有连续的监控、衡量及报告进展。

这样做的一个方法，是采用一个行动计划。行动计划描述一项行动，将之单列，安排其不同方面的责任，并为完成这个任务的里程碑建立一个现实的时间表，行动的决策结果应该尽早并经常报告。为保持动力，有时候应该将过程与微小成功的报告相连接，并且如果这种报告是周期性地由一位有灵感的领导来完成的，那么和所有报告连接会更好。使用行动去刺激过程的关键，是让人们在已经付出的努力、工作与具体的结果之间始终有着坚固的联系。

第三，为过程设定一个正确的时间框架至关重要。一方面，你希望有足够的时间让团体能够覆盖所有的问题、发展及分析所有重要的信息、并有时间来反应和考虑。另一方面，你希望是一个尽可能紧凑而有效的时间表，使得过程开支及参与者退出最少。

第四，持续培养媒体的关注，也是防止动力丧失的一个重要的矫正方法。

第五，动力的保持可以通过将模糊、笼统的原则尽可能地变成具体的建议来实现。在一个目标、目的上踌躇太久，以及在显而易见或过分笼统的过程中，参与者很快就会开始失去兴趣。

第六，在保持参与者的兴趣和动力中，可信度是一个极其重要的因素。人们只会在感觉到过程具有成功的合理机会时，才会继续对参与感兴趣。

第七，保持一个开放、参与的过程——一个容忍及鼓励不同观点的过程——意味着非常有效地保持动力。这意味着没有隐蔽的议程，没有对个体或团体的支配，并且，最为重要的是，没有幕后的操纵。

第八，在参与者断言他们的所有权超过过程本身的时候，建设协定过程能够更加轻松地持续下去。说得精确一些，就是谁设定议程的问题，谁决定什么时候及在哪里举行会议，坐席如何安排，谁首先发言等，这些都是由参与者来控制而不是由任何单独的利益集团来控制的关键问题。程序上的问题应该经常重新考虑，而且，在不断变化的环境中，过程应该是敏捷的和可以调整的。

然而，为保持动力，一个非常简单的提醒是：不要浪费人们的时间。

生效的结果

通过建设协定过程达成的一致意见，应该是通过那些合法且有财政权威行动的一些方法才能够生效的。这意味着一旦团体达成了一致意见，就应该采纳一致意见，或停止活动，以通过实体来控制执行的任何部分。例如，已经就邻里复兴的一个行动计划达成了一致意见，一个利益的联盟就会寻求让市长、城市议会、镇会议（在新英格兰），或规划委托方来签署这个计划；也可能会寻求服务于本地区的银行指导委员会、商业议院、教堂议会、邻里协会、本地区的大学托管委员会来签署这个计划。大概，这些实体的代表也可能从一开始就参与了过程，并且已经因其资源的动力沉默地理解了计划及其执行。具有权威和资源的统治实体的正式确认，有助于执行计划的不同部分，这是任何建设协定过程中极其重要的一步。

包含媒体

获得报纸、电台、有线电视及广播电视的良好报道，也是获得成功的一个原则，但有时候却被忽视了。一个常见的错误是参与者被他们项目的精彩所吸引，于是他们就假定媒体也会自动地被这种精彩所吸引，然而，有经验的社区开发专业人士及规划师，从不让媒体的报道仅仅偶然地发生。不仅如此，媒体应该是核心的、而不只是重要过程本身的参与者。

不幸的是，大多数规划会议媒体报道的任务通常落在一个最新、最菜鸟的记者身上——并且经常是承担这个职责的人还被频繁替换。因此想做好报道的第一个挑战就是捕捉编辑和节目经理的想像力，保证报道会安排给一个更有经验的人——一个能够驾驭复杂问题及对社区有更多知识的人。编辑或站点经理必须表明建设协定过程的结果，对于社区或邻里的长远未来是如何重要。

超过良好新闻报道路线的，是挑战性的新出路，为了交互式的报道要求，印制多部分的专刊、深入的景物照片、或者带着照相机和麦克风进入会议地点，需要在报纸上或站点内培育一种和重要职员之间的关系。这也许需要一次和编辑或编辑部职员之间的一次私人会议或午餐。仅仅是邮寄一份新闻稿给媒体并希望最好的结果通常是不行的。与媒体非常规接触的运用，例如网页、列表服务器以及其他互联网资源，正在成为一种保持媒体被告知并被激发的重要方法。

寻求高层次媒体包含的明显例外，是当调停谈判正在进行以及裁决已经作出

图17-6 达拉斯规划建立了一个未来大致景象的协定，使用了很多技术，包括广告

的时候,媒体报道可会导致一个缺口,各个部分藉此泄漏机密或作出不适当的姿态,这会阻止进步或突破。

结论

建设协定不仅仅是更为热切的市民参与,而且它还是一个质量上的不同过程,一个将市民、商务拥有者、环保激进主义者、建造商及开发商,以及很多其他的人,如规划师、规划委托方,以及惯常的权力结构一起放入一个协作风险当中。协定过程挑战很多个体及团体,他们聚在一起理解彼此的基本利益,同意商讨的基本规则,分享一个信息基础,建立判断替选方案的标准,共同选择一个首选的解决方案,以及达成由不同执行机构及组织使之生效的一致意见。对于规划师及社区开发从业人员来说,建设协定是从事更加有效及民主的规划的一个至关重要的手段。

注释:

1 For a contrary view, see Diane Day, "Citizen Participation in the Planning Process: An Essentially Contested Concept?" *Journal of Planning Literature* 11 (February 1997): 421-34.

2 Information on particular consensus-building techniques is beyond the scope of this chapter, but a number of very good guides exist. See, for example, Steven C. Ames, ed., *A Guide to Community Visioning: Hands-On Information for Communities* (Chicago: APA Planners Press, 1993; revised and updated, February 1998); Michel Avery et al., *Building United Judgement: A Handbook for Consensus Decision Making* (Philadelphia: New Society Publishers, 1981); Susan L. Carpenter, *Solving Community Problems by Consensus* (Washington, D.C.: Program for Community Problem Solving, National Civic League, 1990); Susan L. Carpenter and W. J. D. Kennedy, *Managing Public Disputes: A Practical Guide to Handling Conflict and Reaching Agreements* (San Francisco: Jossey-Bass, 1988); David D. Chrislip and Carl E. Larson, *Collaborative Leadership: How Citizens and Civic Leaders Can Make a Difference* (San Francisco: Jossey-Bass, 1994); James L. Creighton, *The Public Involvement Manual* (Cambridge, Mass.: Abt Books, 1981); James L. Creighton, *Involving Citizens in Community Decision Making: A Guidebook* (Washington, D.C.: Program for Community Problem Solving, National Civic League, 1992); Michael Doyle and David D. Straus, *How to Make Meetings Work* (San Francisco: Interaction Associates, 1976); Roger Fisher and William L. Ury, *Getting to Yes: Negotiating Agreement without Giving In*, rev. ed. (New York: Penguin Books, 1991); Margaret S. Herrman, ed., *Resolving Conflict: Strategies for Local Government* (Washington, D.C.: International City/County Management Association, 1994); Denise Madigan et al., *New Approaches to Resolving Local Public Disputes* (Washington, D.C.: National Institute for Dispute Resolution, 1990); C. Nicholas Moore, *Participation Tools for Better Land Use Planning* (Sacramento, Calif.: Center for Livable Communities, Local Government Commission, 1995); Lawrence Susskind and Jeffrey Cruikshank, *Breaking the Impasse: Consensual Approaches to Resolving Public Disputes* (New York: Basic Books, 1987); Lawrence Susskind and Patrick Field, *Dealing with an Angry Public: The Mutual Gains Approach to Resolving Disputes* (New York: Free Press, 1996); Lawrence Susskind, Sarah McKeaman, and Jennifer Thomas-Larmer, *The Consensus Building Handbook: A Comprehensive Guide to Reaching Agreement* (Thousand Oaks, Calif.: Sage, 1999); David R. Godschalk et al., *Pulling Together: A Planning and Development Consensus-Building Manual* (Washington, D.C.: Urban Land Institute, 1994).

3 U.S. Community Services Administration, Federal Regional Council, *Citizen Participation* (Washington, D.C.: U.S. Community Services Administration, 1978).

4 新英格兰社区实例基本上是以一个真实的建设协定过程为基础,是由顾问菲利普·赫尔作为作者于1989~1990年在马萨诸塞州社区进行的。它使用了修改过的生态学过程——很多也许已经运用过的技术当中的一项——是由麻省理工学院开发的。

第18章 社区、组织、政治和道德规范

豪厄尔·鲍姆

　　规划是一种帮助各个团体在一起明智地工作，以评估他们的条件、确定问题，以及作为回应选择合理的行动原因。不同的人们在看得见的条件及特定的方式中有着他们各自的利益，引导他们去将特定的条件定义为问题，或阻止那些条件被叫做问题，并选择专门的行动——包括保持事物的原样。因为规划包含选择，在很多方式中的考虑及行动会偏向一些利益而忽略或伤害另外一些利益，所以规划本质上是政治的。

　　在规划师与社区成员合作的团体中，规划师经常深深地看作和那些社区是一样的。在日常行动及正式规划过程的两个方面，成员都试图管理社区内团体之间的关系，以使得他们的社区是统一的、良好的及强大的。社区通常都珍惜对记忆中过去的忠诚，超过了在现实中面对未来。因此，规划师必须理解社区，以相互影响的方式尊重他们的价值，但也要挑战他们去批评地看待自己。

　　然而，大部分规划师的工作是在组织当中（经常是在官僚机构当中），这里的文化强调的是正式和距离，而不是非正式及同情。为和社区有效合作，规划师就必须明白他们自己是如何受到官僚结构文化影响的，并且必须制定有效的策略去和社区一起忙碌及规划。

　　规划师自己的动机还附加了另外一个层面，即他们与社区及组织两个方面关系的复杂性。大多数规划师会说，他们的目标是使得规划参与者更理性地思考问题及选择行动，以及服务公共利益。这种意图——实际上合理及中立——意味着试图影响人们去采取和平时不一样的行动，这就是规划的基本原理。与此同时，规划师，和每个人一样，也对权力有着心理兴趣，想要以特别的方式影响和其他人的关系。因此，规划是政治的不仅是因为客户的或委托方的支持，也是因为规划师影响别人做什么及规划师将获得什么兴趣。

　　无论是公然的还是静默的，规划师都无法避免采取团体的立场，在这个立场上，社区应该得到他们想要的，这是道德规范的选择，而且，社区也期望他们遵从道德规范原则。与此同时，规划师考虑权力的不同方式将引导他们采取特殊的道德规范姿态。因此，规划要求规划师作出复杂和道德规范的决策。

　　好的规划依赖规划师的技术和导向，这与他们所工作的团体的特征及需求相匹配。没有一个规划师可以做所有的事情，并且规划师个体也明显不同。在实践期间，好的规划需要认可规划师的不同，以及要求聚集的规划师团队应具有必须的能力。即使是为小型机构工作的单独的规划师，也可以从邻近社区或网络上雇用其他规划师作为顾问，以弥补他们自己的技术。

本章描述了规划与政治的混合意味着什么。第一部分描述了规划实践的核心特征。第二部分强调了人们属于社区的含义,并讨论了社区成员是如何影响规划过程的。第三部分研究了官僚政治组织是如何影响在其中工作的人,并专门研究了官僚机构是如何影响规划师及规划的。第四部分分析了规划中的政治和权力,研究了规划师的政治态度并陈述了一个研究规划师政治行为的框架。第五部分研究了道德规范方面的规划师实践,展示了社区组织中规划师工作的政治属性如何造成了道德规范的困境,并讨论了道德规范的专业条例。第六部分将前述材料集中于实践中的政治复杂性,并以一个实例来说明。最后一部分总结了本章内容并给出结论。

规划实践

规划师为公共机构、非盈利组织、社区协会及私人事务所工作。有时候客户直接雇用规划师——例如,规划师是私人顾问或为社区协会工作的时候。在其他情况下,组织也许会雇用规划师去为第三方服务,例如,地方政府部门的职员,经常协助的邻里团体、商务或其他的客户。

这些客户或委托人想要的是规划师的建议,他们希望规划师帮助他们决定做什么。他们可能寻找一个特定问题的解决方案,例如环境危害、废弃的住房、恶化的学校或者犯罪问题。但有时候客户或委托方虽然也知道他们想要做什么,但不清楚如何去做,例如,社区成员可能会希望增加住房拥有,一位市长可能希望吸引新的商务,或者一个公共建设工程部门可能会想为一个排水处理厂选址。

因此,人们以多种方式就如何解决问题询问规划师的建议。这听上去很简单,但做起来却经常不是这样,很多问题是复杂的——并且有时候甚至是难以确定的。例如,一个规划部门的职员,开始与邻里团体合作来提高住房拥有,可能会发现社区分裂为住房拥有者和租房户,彼此不信任并有着不同的目标。规划职员会发现,住房拥有正在衰落,因为大型雇主由于犯罪问题已经迁出去,熟练工人也为离工作地点更近而迁往郊区,与此同时,恶化的学校赶走了有孩子的中产阶级家庭,这样,留下来的拥有者和新来的租房户之间人种的不同,加深了这样猜疑与误解;其间,一位当地当选官员推动城市政府判决、购买并拆毁了一个街区的出租住房并让近旁的医院扩建;此外,规划主任也会告诉职员要避免让部门惹上任何麻烦。

一个简单问题脱离了清晰的定义会出现什么。在住房拥有者将提供住房拥有看作是改善他们的邻里及保护物业价值的同时,无力购买住房的租房户却感到他们正在被推出邻里。很多住房拥有者将租房户看作是不负责任的人,忽视他们的物业且几乎不关心邻里,即使很多租房户正在为以有限的收入维持他们的住房而斗争,不料却受挫于几乎不提供维修的地主——一些是因为他们剥削他们的物业,而另外一些是因为他们没有能力投资更多。与此同时,父母们——拥有者和租房者的父母们——都抱怨学校,不料还听到教师反过来抱怨父母对他们子女的教育所为甚少。其间,医院的主管,城市中最大的雇主,还出资委托将城市中看上去不景气的出租物业看作是医院扩建的障碍,而医院的扩建只是为了增加收入及吸引更多的病人和职员。

这个情形是典型的：一个规划师被安排去帮助一个团体，但却变成了遭遇到很多个团体，所有团体都有着矛盾的观点和利益，且所有的团体都期望规划师为他们服务。于是，规划师的任务，就远不止是寻找一个简单问题的解决方案，而必须是以尝试确定问题作为开始。这就需要发现一种方式，让所有的团体聚在一起来谈论他们如何看待事物、他们想要什么，以及他们可能会有什么共同。

对规划师工作的一个普遍观点是他们处理的不确定性，人们没有足够的信息知道做什么，而规划师则能收集并提出新的信息来表明方式。这是规划师工作的一部分，但这里所描述的典型情形却包括大量的不明确，条件可以以多种方式来解释，而人们需要在行动之前同意事物的含义；不确定性是以额外的信息来解决的，但不明确则是通过作出判断来解决的，并决定着如何确定事物。[1]因此，规划工作的很大部分包括了召集不同观点的团体，帮助他们交谈彼此的不同和彼此的希望，阐述自身同意条件是什么，这些条件又可能会包含什么问题，以及这些问题能够如何解决等。

在通常的观点中，规划师解决不确定性问题的基础是研究，即规划师首先要收集并分析需要用来解决一个已经确定的问题的信息。但在现实中，这项工作要复杂得多，规划师必须会见并和人们交谈，讨论问题是什么，阐明回应问题的目标方向，并清楚说明价值和可能选择一个行动过程。规划师有时候是从事研究的代表，但从来不是离开客户及委托方进行孤立研究。正式的研究会集中于独立存在的问题，例如用地、住房、经济发展或保健。然而，为获得所有团体对这种研究理由及方向的同意，规划师需要进行非正式的研究，研究团体之间所包含的政治及社会关系，了解是什么使得他们分离并分析什么可能使得他们聚在一起。规划师必须能够分析一个特定的社区或组织是如何工作的，是什么使其凝聚在一起，以及什么会允许它发生改变。因此，规划也依靠社会的交互作用。

最后，规划包括了决策制定及干涉。[2]规划师必须不仅帮助团体考虑他们的形势，还要决定如何看待形势及对它做什么，而且，他们还必须要求人们在政治及资金方面支持他们。在行动中，团体承担责任和风险，选择去做特定的事情而不是其他事情；支持并使一些利益获得好处的同时忽略、反对或伤害其他的利益。他们也许要拆毁人们的住房并建设一座医院门诊部，或者，他们也许会恢复出租住房并反对医院扩建计划；他们也许会提供公共资金给市场化活动以促进住房拥有；也有可能将基础基金用于邻里学校与社区合并之间的伙伴关系，改善教育。规划师必须帮助团体认识到并承担决定的风险。

因此，规划师必须有技术去研究独立存在的问题和社会组织两个方面的内容。在与团体的交互作用中他们必须是让人感到舒适的和熟练的，并且他们必须妥善地制定决策，以便能够帮助其他人进行抉择。下面一部分探讨在规划师与社区合作的时候，这些技术及特征如何发挥作用（开始活动）。

社区

社区是人们以或多或少的衡常方式交互作用的团体。社区成员不断地制定决策，涉及社区内的个体和团体彼此应该如何联系，以及社区与外部实体应该如何联系等方面的内容，但这些决策通常是非正式的及默许的，并且很少是经过仔细研究的。甚至是某些关于专门问题的决策，例如区划或住房，也经常是基于非正式的，和关于什么会使得社区良好、强大或统一的假设。规划师的挑战，是帮助社区成员清楚地制定他们的假设，并以可用的信息来检验假设和制定现实的决策。

社区的类型

规划师所遇到的每一个人都属于一个社区。首先，人们生活在邻里中，这是地理上的社区。即使居民彼此之间接触很少，共有的领地也会产生共同的利益，如大多数居民想要安静的街道、良好的公立学校以及维护良好的住房。虽然只有少数居民可能会参加社区协会的会议，但当问题产生的时候，很多居民都会立即投入行动，带着发生了什么、可能发生什么以及将会发生什么的强烈感觉。

一座住房不仅是一座建筑物，而且还是物质和社会环境中的一个地点，它提供了遇见他人的机会、享受特定的宜人性并生活在一种特别的方式中。对拥有者来说，一座住房是一项财政投资；但对很多人来说，它也是一项情感投资，因为居民经常将他们的邻居看作是自己身份的一个标识，邻居的条件能影响居民的自我感觉。例如，一个垃圾堆，除了令人讨厌且危害健康，也会破坏附近居民的自尊。

虽然一些邻里很少有对集体的关注和超过共有地理区域形成的政治利益，但在其他方面则建构了社会的社区。例如，居民彼此之间有着日常的交互作用，邻居的社会化，孩子上相同的学校，父母们在学校相遇，以及一起的家庭礼拜等。成年人在一起工作或属于同一个健身联盟，但他们也参与社区协会的活动并影响公共政策。这个层面的交互作用，不仅给居住在附近的人们相互之间带来了更多共同的利益，也建立了配属及忠诚的感觉，人们感觉到发生在其他人身上的事情也会影响自己，并在全社区条件中感觉到一种个人的存在。

虽然一些社会的社区和地理几乎没有联系——例如，宗教集合的成员，孩子上同一学校的人，在一起工作的人，职业团体的成员（例如教师、医生、社会工作者或律师）、商人协会、劳动联盟以及休闲组织等。但友谊或共同利益滋生的交互作用，会鼓励社会的社区的成员感觉到彼此之间的忠诚，并以同一眼光去看待世界，发现什么是他们社区的力量或威胁。

社会的社区可以被认为是文化的社区，对世界及适当行为共有的信仰将成员凝聚在一起。在一些社会的社区中，共有的文化也许是公平的、表面的，是人们都期望的，而且更是一个将少数人与一种更广泛的生活方式的假设联系在一起的期望。例如，自行车团体的成员，共有的信仰也许不仅是他们应该如何一起出行，还有每一个人如何出行以及如何组织人类聚居点；宗教团体的成员资格清楚地基于人们应该如何生活的假设，在他们分开的时候以及在一起的时候。在指导成员行为之外的，是文化的标准，尤其是当它们和一个传统相联系的时候，也赋予了社区不同的感觉。因此，社区成员也许会感觉到他们不仅是为自己在行动，也是为他们历史或人群中每一个部分的每一个人在行动。

尽管文化的社区不需要有一个地理基础，但地理的社区也许会是文化的社区，被道德规范的邻里就是一个例子。另外，开始也许只有很少共同的邻居，在有规律的交互作用之后，开始考虑他们共有什么，他们的社区有什么特别，以及他们应该尝试一起做什么。而且，他们也许会吸收真实以及想像的历史去创造一个社区高贵的景象。例如，白人工薪阶层正在衰减的邻里居民，他们的社区也许是特定价值的体现——如一种强烈的工作道德规范、对家庭的忠诚以及对住房拥有的承诺——这些使得它与其他社区区分开来并使得它很特别，即使是只有一些居民以那些价值为生。[3]

规划传统上是以地点为基础的，大多数规划师工作或规划的是地理社区。然而规划师还是需要认识到邻里也许也构成了社会的或文化的社区。当邻里构成了社会或文化配置的时候，社区成员更有可能彼此确认并感觉到对社区的忠诚。社区任何部分的康宁都会被看作是和社区作为一个整体联系在一起的，并且社区成员可能会一起研究公共问题，而且还会按照那些问题影响社区的原则。

社区如何行动

社区成员不断地制定服务社区利益的决策。有时候他们也制定关于社区目标、未来或成员希望的正式决策，但时常，这些事件的默许决策，是更为切实问题决策的一个隐蔽部分。例如，一个关于区划的争论含蓄地涉及到指派给不同活动的价值；一个替选方案也许第一是偏向住房，第二是商店，第三是制造业；一场鼓励住房拥有的运动，也许表达了一个社区对那些能够买得起住房的人胜过对租房的人偏爱。另外，人们经常在意识中有着一种默许，引导他们做出无数的日常决策，例如住在哪里、到哪里购物、让孩子上哪个学校、是否回应一个慈善请求以及和谁一起进行社会化活动等。

换句话说，社区经常在规划，尽管这种规划也许不是以正式的、明显的或协同的方式进行。因此，当职业规划师接触一个社区的时候，他们遇见的是已经在做规划的人们，且这些人将规划师的活动用于他们自己的目的。总体而言，社区具有四个方面的基本关注：保持他们的边界、为好的成员资格设定要求、管理资源和持续发展。为与社区成功合作并帮助他们作出更为明智的决策，规划师需要理解并尊重这些关注。

保持边界 社区保持边界是为了将其成员区别于外面，并将住房领地区别于其他地方。边界是道德的，也是地理的和社会的界线，成员视里面的为有道德的而外面的是没有价值的或坏的。社区成员希望边界围合人、地方及价值的活动，因此，这就有可能提高边界内的价值（例如，通过改善地方小学）或从外面招募资产（例如住房拥有或雇主）。作为选择，社区也可以重划边界并只包含成员认为有价值的人或用地，例如，住房拥有者也许会排斥租房者，或者某个人种或种族的团体会排斥其他的团体。

规划师不能假定他们知道谁是"社区内的"，除非他们与成员交谈并了解成员怎样以及在哪里划了他们的边界。发现暧昧或矛盾的社区地图的规划师,需要帮助社区成员为地理、社会或文化边界的一致意见而工作。对这一问题的挑战就是划出包含人、地方及价值有效的活动的边界,使个体能够认可社区并想为其改善而工作。尽管人们经常回应这种挑战,并尝试排斥他们惧怕或不喜欢的其他人,但规划师则需要促成最合理的包容边界。

为好的成员资格设定要求 社区从其他只是被动或默认归属的人当中区分"好的"成员。例如,在一个地理社区中,任何一个居民可能都被看作是一个地理成员,但文化标准可能认为只有住房拥有者或经常去做礼拜的人才是好的成员;任何一个由于邻里协会而支付的人都可能是一个社会社区的正式成员,但更为积极的成员会感觉只有他们才是好的成员。成员资格理念不仅为行为设定了标准,也给了了社区特别的价值,即使是那些不符合要求的成员,也会从那些符合的所反应出来的优点中获得好处。因此,社区会为好的成员资格确定并修正标准,以提高边界内的那些价值。

规划师不能假定社区认为所有成员是平等的。如一些成员是正式或者非正式的领导,而且后者可能比前者还重要。另外,社区成员也许会以诸如他们住在哪里、是什么人种或种族身份、是拥有还是租用住房、是老居民还是新来的以及他们是否有孩子等因素为基础,来认定其他人的地位。每个人可能都会同意谁是高地位成员,但团体可能刚好不同意;没有人意味着低地位。因此,规划必须从社区成员那里掌握他们的标准是什么、成员如何看待彼此的价值,以及谁会被看作是其他人的权威代表。然而,规划师不应该使用这些标准,或将之作为基础来判定谁应该参与或获益于规划过程。将特定团体认定为较低的地位,这本身也许就是一个问题,而且公民权和社区成员资格标准也是截然不同的。

管理资源 至少,社区需要最少的用于支撑存活的财政及人力资源。更为特别的是,社区必须以多种方式筹集及开支资源来加强他们良好成员资格的边界及理念。例如,通过非法活动为一个社区组织筹集资金,将会破坏对社区优点的任何请求。但即使是资金是合法地从外部资源筹集而来,如果数量十分庞大,也会危害一个社区控制它的边界。而且,即使从社区内富裕成员那里筹集合理的数量,也会产生风险,因为富裕也许会因此被看作是一个良好成员资格的标准,就像宗教投入或参与社区事务一样。另一方面,很多社区不希望一个社区开发公司来投资,即使是有益的,在赌博娱乐场、污染工业,或焚化装置因为这些投资将会消极地扩大社区的边界,并重新确定它的身份。

规划师需要承认即使是在基本需求成问题的地方,社区标准也决定着可用的资源及可接受的行动过程。例如,失业的工薪阶层白人也许会拒绝使用附近的廉价公共健康服务设施,因为这些设施在拉丁美洲人社区内;一个社区也许会反对在邻里中建造一座监狱,即使这样做创造了就业机会;对住房拥有给予高价值的人也许会抵制改善租赁房屋的计划,即使这些计划增加了长期、稳定的居民百分比。规划师需要帮助社区确定适合当地文化的资源及行动过程。与此同时,规划师应该帮助社区在面对资源真实限制的时候予以妥协。

持续 最后，社区想要持续性，他们希望继续存在，这意味着一个社区的持续依赖社区的属性。一个地理社区只在有人生活在其边界内的时候才存在；一个社会的社区，依靠的是成员间连续交互作用的兴趣；而一个文化的社区则需要一套信仰及行为标准的连续承诺。有时候老的社区成员被来自更年轻一代的成员自动取代。然而，越来越多的是，人们认为社区会自动及变化地选择安全、就业、更好的学校或者回应其他的考虑。因此，社区经常需要征募新的成员，如为新的居民及商务的邻里市场化运动，就是征募工作的实例。在一些情况下，虽然简单地宣扬现状资产也将带来新的成员，但是，在其他地区，尤其是在城市邻里中，一些改善行动，例如学校改革或打击吸毒等，在外面的人进来之前也是需要的。

荒谬的是，感觉到他们受到持续威胁的社区经常抵制规划。失业、年轻家庭的外迁、商务流失、恶化的住房以及人种或种族的转换，可能会将一个社区的未来置于危险当中。成员会感觉到社区传统的复兴努力是对的，但和复兴相比，威胁也许会是占据着压倒性的地位，且未来是极为不确定的，社区成员退回到一个"金色时代"的记忆。取代实际地考虑社区的现在及规划一个更为渴望的未来，社区成员也许会纵容幻想，否认危险的严重或想像充满希望的设想，和对规划的肤浅参与一起，将魔法般地在未来中创造出过去。

规划师必须承认任何一种社区规划方法都是正反感情并存的。社区成员希望将来更好，但他们反对放弃过去任何一部分他们所熟悉的、让他们享受的、给了他们骄傲的或者是确定了他们身份的东西。规划师首先需要帮助社区成员寻找他们失去的过去的一些让他们伤心的部分，[4]然后他们才能帮助成员考虑未来的替选方案，并以某些方式延续传统同时将他们与其他人区别开来。规划过程必须给予社区成员一种和社区的过去及未来都分开的心理空间——即一个人们能够安全地以批评的眼光来看待的，不会感觉到被出卖或丧失的，且可以在这里想像替选的社区，并不感觉到有责任去创造或充满它们的社区空间。为规划创造必须的心理条件，比跟随任何特定的分析程序更加重要。

总体而言，社区一直在作出关于他们未来的决策，并且规划师能够帮助他们做得更加明智和真实。在过程中，规划师必须承认社区成员会采取任何专门的规划活动（例如，和教育、住房、健康或用地相关）作为一种持续创造及管理他们社区的机会。

组织

规划师在组织中工作，大多数接受老板命令，进行规划的客户和委托方都期望满意的结果。规划师的工作影响到客户或委托方属性的地方就是规划师的服务。规模、结构（工作者的关系）以及组织的文化强烈地影响规划师如何工作。例如，较小的组织经常就比较大的组织少一些资源，但较小的组织也会少一些正规性，且他们的职员也许会更容易获得可用的资源。

组织的创立是为了管理工作者的工作并要以某种方式完成工作。理想的情况是，组织的结构及文化有助于工作者做他们的工作，但情况并不总是这样。例如，在一个高度正式的组织中，工作严格受到规则的管理，由于职员被要求必须要在推进工作之前不断地请示，因此，工作的进展可能是缓慢的。即使是管理真的不阻碍工作，其普遍的深入性也会抑制规划的创造性和生产力——例如，职员反对谈论主动性，是因为他们害怕没有清楚授权而行动的后果。

组织是有文化的——分享关于成员应该如何行动的明显及默认的信仰。[5]例如，一个官僚机构的文化会鼓励非个人的、狭隘的、机警的和合作者及公共成员之间的关系；一个组织会有一个单独的或几个文化，且文化会加强正式结构或与之相矛盾；最后，文化会更加有力地影响人们如何工作，胜过文化对正式结构的影响，因为文化指示了"什么是真正的事件"——例如，人们应该如何解释结构、应该如何做他们的工作、应该严肃地对待谁以及应该忽略谁。

很多规划师在大型机构或事务所工作，像在小的行政区划这种经常的情况一样，都是将规划与其他政府活动结合起来的更大单位的一部分。因此，他们好像是在一个有着特定官僚机构特征的组织当中工作，诸如层级、劳动分割、正式程序以及对书面记录的强调。

层级大大地影响着工作者的努力。官僚机构的形状像一个金字塔：一个人在顶部指导下面的一个或两个人，这一个或两个人又指导他们下面的其他人，由此类推。每一个人，可能除了顶部的那个人，都要对某个人负责。（顶部的雇员，例如一个规划主管，会对一个董事会、委员会或执行长官负责。）尽管组织中的每一个人都对特定任务负责，但权威——或权力——还是集中在较高的层面。结果，职员会缺少有效的权威来完成他们所负责的工作。当一个组织很大或合并了很多官僚层面的时候，较低层面的下级和顶部管理者就只有很少接触的机会，且难以和他们的监管者沟通他们的期待及他们的体验，或难以授权他们在一定的自由范围内制定一个共同的决策。尤其是在大组织中，管理者经常以个人监管代替他们无法提供的正式规则，而这些管理却进一步限制了工作者的工作。

官僚政治的工作也受到劳动分割的影响，任务被分割为一些更小的部分，每个部分指派给一个单独的工作者。工业装配线就是一个最典型的例子，但劳动分割却运用到甚至是服务及知识工作者当中。地方行政区划将政府责任分割到单独的机构——一个给住房、另一个给教育、第三个给就业、第四个给公共安全、第五个给健康、第六个给社会福利——但这些机构所解决的问题经常是关联的，而且他们的客户也经常是相同的。规划部门会以实质（不同的职员工作在用地、住房及公共服务设施领域）和功能（不同的职员负责管理、长期规划、社区规划、资本预算及研究）两个方面来划分工作。

尽管劳动分割使得职员专门化并处理便于管理的责任数量，但它也分割了工作者。职员成员付出专门的努力去发现其他的人在做什么，是否会关联到他们自己的工作。一个领域的专家经常不清楚其他专家掌握的有价值的信息。当职员独立于全体考虑其领域的时候，他们也许会过分狭隘及单纯地来确定问题。

(声名狼藉的是,工作在用地、学校、住房及就业领域的规划师彼此之间几乎没有协作。)

除了这些社会后果,官僚政治结构也存在着典型的心理后果。当职员成员所具有的权威不足以完成他们责任的时候,责任和权威经常就都是暧昧的。责任随着形势和委派而变化,而权威也许会模糊地代表一项特定的任务。因此,职员会担心他们的责任模糊地变大而他们的权威会模糊地缩小,他们会考虑他们因问题受到责备而其他人会因成功获得信任。

这样一来,工作者就设法摆平事情。官僚主义者经常设法投弃责任,除非他们感到责任仅仅是和他们的权威一样多。他们会设法避免计划责任,简单拷贝其他人的理念,或者他们会设法模糊责任,将谁建议及做什么事情弄得含混不清。工作者也许会因为避免责备而放弃了解决问题的机会。严格遵照规则之下,他们没有向其他工作者,或组织外的客户及委托方伸手的主动性。当他们扩充自己的时候,关于发现及检验新的理念他们的最大的关心莫过于管理的责备。

作为选择,工作者可以通过取得或制造他们需要用于他们责任的权威来摆平事情(或者,更进一步的是通过提高他们的责任和权威两个方面)。但这种方法需要伸向其他人,包括组织外面的人,这些人可以提供新的知识、他们立场的权威和来自选民的支持。但官僚政治文化也能从这个方面使工作者感到气馁。层级和拘谨能够有利于一种形势,在这种形势下下级对指导及评估他们工作的老板几乎一无所知,老板似乎只是偶尔对下属有兴趣,总是在忙下属几乎一无所知的事件;下属需要老板的指导和批准,但老板似乎从下属那里几乎不需要什么。在这些条件下,工作者就会假设老板指导的比他们做的多很多,并且他们期望在其工作被评估的时候,尽量不要让老板失望。这样一来,工作者开始怀疑的不仅是他们的价值还有他们的能力,并且发现难以取得主动性。[6]

诸如这样的组织条件影响了规划师。研究表明很多规划师感到孤立,他们认为自己是合理性的孤独代理,在缺少社区或其他同事的支持下行动,被政客所威胁,经常面对不平等,并且主要是依赖个人的力量和价值。[7]在这些条件下,很多规划师只愿意慎重地发挥他们的作用。诺曼·克儒姆霍兹,前克利夫兰德规划主管及美国规划协会主席,曾经批评规划师太过于"胆小"且没有取得对他们来说可用的权威。[8]

规划师感到他们受到官僚政治结构的责备,必须过分谨慎且不能与社区有效合作。因此,他们必须学会战略行动,运用他们的作用带给社区所需要的资源。然而,在政治行动之前,规划师必须先学会政治的考虑,这是一个我们现在要转向的话题。

政治

美国的城市规划成长自19世纪后期的进步改革。[9]很多中产阶级以上的改革者被大量移民所伴生的社会、物质及文化的变化所颠覆,他们不赞成那些通过吸引工薪阶层种族团体来运作城市的政治老板们。改革者们想要实施他们自己的景象和利益,要使得他们的立场好像对每个人都是中立的和良好的。他们用"科学管理"的语言来表达他们的政治议程,他们促进规划成为一种脱离"政治"的城市政策决策方法,并以"合理性"替代"政治"。

在这个传统中,专业规划师一直从政治上坚持他们的自治,以及他们对原因及公共利益排外的忠诚。他们不仅设法不依赖政治压力来分析问题,而且还以理性的决策制定来将政治作为敌人进行攻击。因此,规划师已经开辟了一个智力的避难所,在这里他们脱离政治鼓励来考虑问题。不幸的是,当以这种方式分析问题的时候,规划师经常发现当选官员、社区团体、商务及其他的人认为他们的推荐是抽象的、单纯的、天真的,或不切实际的。脱离了政治使得规划师有了思想但在枝节上要承担风险。

规划师有四个理由来反抗政治的包含。第一个是简单的传统:这正是职业规划师所应该做的。第二个是智力:理由充分的分析需要和日常的政治及决策保持距离。第三个是实用:如果规划师被包含成为政治行动者或将政治利益合并到他们的推荐中,他们将会危害来自中立的权威。向政治包含开门的规划师将会被看作政治的同盟并像对手一样被攻击;且一旦他们与其他的政治行动者形成团体,他们就无法为他们的观点要求专门的技术或权威。第四个回避政治的理由是舒服:很多规划师在政治领域内都会感到不舒服。

规划师与政治的研究

研究者问过规划师是什么给他们的角色以力量、他们的理想角色是什么、他们如何看待规划的政治,以及在假定的形势下他们会如何行动。[10]研究者发现并识别了四个组群的规划师:技术型、政客型、混合型及矛盾型。尽管因为研究方法及实例的改变,这些组群的相对规模无法确定,不过该发现还是有助于划分规划师对政治的态度。

技术型是最大的规划师组群,视规划问题为技术的,不承认政治角色或利益同他们的工作有密切关系,并认为他们自己是对问题运用分析的方法。政客型认为规划的世界是政治的,并战略地选择他们的行动。不同组群的规划师一般都有不同的技术、信仰及个性,但他们也有着不同的位置:政客型更有可能成为规划主管或其他规划官员,而技术型更有可能成为下级规划职员。混合型组群的规划师综合了技术分析和政治技术:他们意识到规划的政治属性,但在制定理由充分的推荐中,他们只是把政治利益看作是众多因素当中的一个来权衡。所有这些规划师所具有的角色——技术的、政治的、或综合的——是与他们的世界观是一致的。

第四个组群的规划师是因他们的矛盾而显著。他们将他们的工作看作是含蓄的政治,因为它包含了分派人们看重的事物,并且他们理解利益团体必须战略化行动以获得他们想要的。更进一步,他们意识到规划师要确定一个单一的公共利益是困难的,应成为中立的观察者,或提供无私的建议,这和传统的模型要求一样。这个组群当中的很多人对于分析的功效是愤世嫉俗的,且相信规划师应该使用政治策略。不过,他们反对政治化行动并争论战略化行动,即使是为了实现他们的目标(例如,颁布规划师执照法律或在决策之上具有更多权力)。这些规划师希望成为中立的技术型,以他们的理念及报告为他们带来力量,即使他们也相信在这个世界里,正如他们所看见的,这是不可能的。[11]

这些规划师实际上都将规划看作是政治的。政治的本质是权力的行使。然而,权力的行使似乎让这些规划师担忧。他们反对在一个政治世界中行动,并且将他们对政治包含的恐惧合理化,通过争论充当单纯的技术角色是最合适和最专业的。权力仍然是规划的基础,制定并执行任何推荐都需要权力。事实上,在规划议程中即使是获得问题都是需要权力的。权力是需要的,它可以用来与社区发展工作关系,用来帮助解决社区内的矛盾,并服务于社区利益。一个规划师所想或所写的并不能够影响世界,除非有权力去驱动人们。由于权力是规划的基础,因此我们需要更进一步地知道人们是如何行使权力的。

权力导向与政治

如前所述,规划不仅包含研究和分析而且也包含社会的交互作用和决策制定及干涉。规划师必须能够影响人们:为有效地组织并指导一个规划过程,他们必须说服社区成员、当选官员、专业人士及其他的人来严肃对待过程、适当参与、分享信息、与其他人设法达成一致意见,并遵从团体决策。沿着这种方式,规划师将不得不说服一些参与者改变他们的观念——或者,更值得瞩目的是,要他们放弃一些他们所有的或想要的。

有时候规划师有正式或法定的权威去作出决策;然而更为经常的是,他们必须在程序和推荐两个方面都进行正式及非正式的一致意见谈判。有时候规划师的知识给了人们权威,讨论会在利益人群中适度而友善地进行下去并获得一致意见;另一些时候,讨论却是敌对的,谈话是针锋相对的,妥协是艰难的。与社区团体合作的规划师也许会遭遇一个来自对合理性或公共利益都没有兴趣的有权力的开发商的反对;公共机构的规划师也许会发现,当选官员想要口述研究推荐、交替游说规划主管,并威胁不采纳任何不想要的建议。为成功处理这些相似的情形,规划师必须以多种方式熟练地行使权力。

每一个人都喜欢以一种感觉有权力的方式行事,在日常事务及诸如规划这样的专业活动中都是如此。[12]有四种人们认为有权力及行动有权力的方法。每一个人都觉得在一个特定的方法中行使权力最舒服,尽管有一些人可以转换行事的方法。但是,不同的权力导向适合不同的规划角色,正如下列类型所表明的。

作出响应的顾问这种人喜欢服务也喜欢从某人那里获得方向,倾向于更喜欢跟从方向而不是设定一个方向。无论他们是遵循着上级指示的官僚结构下属、忠诚服务于当选官员的管理者,还是为付费客户工作的顾问,这个组群的人都是从服务于更有权力的人中获得一种权力的感觉。

独立的分析家这种人喜欢单独工作,不从任何人那里获得方向。他们以自己的方式自己研究问题或数据,以自己的属于描述自己的发现或推荐。他们会更善于分析而不是沟通信息,他们更愿意少和那些他们认为是抑制他们的人接触。独立的分析家从独立于其他人中获得权力的感觉。

对抗性的提倡者他们通过竞争和其他人相关。他们将世界看作是缺乏资源的地方,看作是利益冲突及决策归零的地方,也就是说,为了让某人赢,就必须有某人输。他们也许是提倡规划师、战略家、组织者、谈判者或说客。这些角色的每一个都涉及为某一个利益工作而反对其他的利益。这个组群的规划师更善于强调差异并建立距离,而不是和解差异并将人们引向共同。对抗性的提倡者在他们打击别人,或者在他们能够让别人去做他们想要别人做的事情的时候,感觉到有权力。

调和的仲裁者目标是将人们引向共同,帮助他们协作地完成他们分开来不能完成的事情,并使每一个人通过集体行动获得双赢的安排。这个组群的规划师也许是调停者、联合建造者、组织者、团体工作者(那些组成或组织团体完成工作的人)或为社会公平和公共利益工作的规划师。调和的仲裁者也许擅长于承认及调解差异的两个方面。他们通过无私的工作,为原则服务或为一个整体的团体例如一个社区服务,获得一种权力的感觉。

规划包含很多种情形,在其中规划师需要有权力地行事。一些情形是办公室政治的种类:和一个老板讨论任务分配、从别的职员那里获得信息、说服同事或一个董事会采纳一种特定的立场。促进团体的工作——例如,召开一个委员会会议或组织和调整一个委员会或任务工作组——需要促进及调解利益的努力,即使是工作也许通常没有被想为政治。最后,一些情形包含惯常的政治:游说当选官员、辅助当选官员优化他们的议程或组织社区在面临反对的时候支持一种特定的立场。

规划师可能会选择允许他们有权行事的方法并使他们感到最舒服的角色和情形,并且会避免那些使他们担心的角色和情形。因为不同的情形要求不同的角色,所以规划师以团队的方式进行工作是最有效的。正如一个人不能成为一个规划问题各个方面的专家一样,也没有人可以行使一个规划过程所需要行使的全部权力。一个人也许在跟从老板的方向上是最好的,而另外一个人可能在利用官僚政治规则去促进一个建议上是最好的。一个人也许在使得不同团体一致同意一个推荐上是最好的,而另外一个人可能在战胜推荐的立场上是最好的。设计规划团队,是挑选技术及导向于与任务匹配的规划师,而不是扭曲工作让规划师适合。例如,一个想要单独工作的规划师,不是在相互斗争的对立方中去谈判妥协的合适人选。尽管没有一个规划师会具有完成特定工作任务的权力导向,但各个规划师用来寻求及使用权力的各种方法,在形成规划团队时至少将会得到考虑。

可以说每一种类型的权力导向内容不只是鼓励及适合不同类型的政治(政治也许可以分为分别地、回应的、独立的、对立的及抚慰的);然而,抚慰的倡导正是美国人惯常叫做政治的本质。而规划师及其他批评政治,他们通常更愿意是对立倡导的特点:竞争、归零假定及利己主义地制定战略。

规划师可能会有良好的理由批评"常规"政治,但如果逃离了政治他们又不能影响决策:没有规划师其他团体将会简单地行动。而且,对立的倡导有时候在规划中还是需要的：例如，低收入居民需要数字的力量以及复杂规划分析的权威去说服地主、出租协会或地方政府来改善他们的住房。如果规划师不是对立的倡导者，他们就无法帮助人口中的弱势群体。尽管一些关于住房或用地的矛盾确实可以通过调和的仲裁来解决——双方双赢局面的创造——而不是敌对的倡导，但规划师的惟一出路还是成为一个积极的调和仲裁者。[13]规划于规划师如何考虑权力尚没有系统的研究，但可能几乎没有规划师是绝对的对立的倡导者或调和的仲裁者。

道德规范

人们给予他们认为是专业人员的从业者以权威。美国人期待职业的两件事情：他们应该有问题及事件的熟练专门技术，以及他们应该控制对道德规范条例负责任的成员保证他们将自己的知识用于良好的目的。例如，医药，处理生命及死亡事件；新开业医生所立的誓约要求医师尊重生命和生活。法律，关注人权以及人之间的责任；法律的道德规范指导律师在代表别人的时候不得考虑他们自己的利益。规划，同样，包含权力和责任的分配，还有获得货品及服务。规划师处理例如开发权力、获得住房、环境质量、公共投资以聚居点的选址等事件时，人们通常相信这些问题的决策是"政治地"决定的。因此，如果规划师希望公众相信他们的推荐，他们必须表明他们遵守了道德规范条例。

规划的道德规范原则

道德规范是忠诚的表达。坚持特定的道德规范原则意味着不只是简单地遵从抽象的规则，它也与关乎到一个特定团体的标准保持一致。人们以他们自己的文化内容来判断别人的行动。美国社会正在成长的多样性，给这种尊重创造了一个特殊的挑战。团体日益掌握了不同的只有部分交叠的标准。结果，与几个团队合作的规划师会遭遇道德规范行为上相矛盾的期望。此外，这些情况的累计也侵蚀了要求遵守单一道德规范条例的权威。

道德规范的原则有两种普通形式。一个掌握着行动本来就接受或者不接受，不考虑其后果；另一个掌握着行动本身不如其效果重要。第一个导向被叫做道义论；第二个被叫做结果论。[14]解决行动固有属性的道德规范原则，它一般都支配着规划的过程和程序。例如，规划师应该不带偏见地收集信息，他们应该诚实地沟通，他们应该让任何投资团体都有可能明智地影响决策。集中于结果的道德规范原则关注谁从官话活动受益。例如，规划师传统地支持服务与公共利益，这已经被多样化地解释为试图让每一个人获益、试图让大多数或很多人受益或者是试图让那些以最少开始的人受益。

道义论和结果论的规则都对社会的良好有意义及有作用，两者都不先天地优于对方。在实践中，社区及利益集团首先要按照其结果来评价规划：有没有让他们得到他们想要的？不过，即使他们对一个结果不满意，如果他们感觉到规划过程是和伦理有关的,他们也会认为决策是合法的——例如,如果他们曾经有机会在一次公开听证上陈述他们的情形。

因此,即使规划师不能立刻照顾所有的利益,但如果他们像是已经遵守了道德规范程序,那么,他们也能说服参与者接受他们的推荐。所以规划师必须清楚道德规范标准,这会指导他们通过困难考虑,并让不同的团体相信他们已经公平处理。这也许会是对官僚政治组织的一个特别挑战,非常倚重与程序的一致,经常表面化地自行结束,没有对后果的明显考虑。

规划中的AICP/APA道德规范原则,以对伦理判断复杂性的承认为开始:[15]

规划过程的存在是服务公共利益。尽管公共利益是一个不断争论的问题,……它需要持有一个良心上的政治及行动观点,最好地服务整个社区……规划通常包含价值的矛盾并经常有大量私人利益面临危险。这强调了在所有参与者中保持公平及诚实最高标准的必要性。[16]

最开始的两个句子集中于规划师行动的后果:那些行动是否服务于整个社区。文件通过更详细地描述规划师应该设法取得什么样的条件,详细说明了这个关注。例如,决策应该基于充分、清楚及准确的信息;他们应该考虑社会的各个不同方面是如何关联的,并且应该对目前行动长期的后果保持敏感;决策应该尊重及保护自然并建成环境;决策应该为每一个人增加选择和机会,尤其是那些已经没有优势的人。

陈述中的接下来的两个句子集中于规划师应该如何引导规划过程。文件继续描述规划师应该经常做什么,无关结果。例如,他们应该公平、诚实及独立;他们应该避免利益矛盾及矛盾的出现;他们应该尊重信心。

还有,真实世界是不明确的。例如,一个希望服务于整个社区的规划师,会发现它不是单片电路;谁是"社区"很少是清楚的、谁代表社区、它的利益是什么或者它有什么价值应该指导行动。一个想要给予参与者充分信息的规划师,会缺少为完全的每一个人调查信息的时间;而且,如果一些团体已经有了比别人多的信息,提供充分的信息也许就意味着集中于开始时只有较少信息的团体。AICP/APA陈述承认,由于规划师试图通过这种情形使得他们的方法道德规范化,因此在实践中他们将会发现那些原则是相互矛盾的:

例如,提供充分公共信息的需要,会与尊重信心的需要相竞争。规划及计划经常是利益分歧平衡的结果。一个伦理的判断经常也要求一个尽责的平衡,即基于一个特定情形的事实和内容,以及整套的道德规范原则。[17]

为了进一步的指导,规划师可以参考道德规范的AICP条例及职业操行,它们包括了很多相同的伦理规则,但根据责任或忠诚将它们分组给了不同的实体:公众、客户和雇主、专业人员和同事,以及自己。

按照忠诚考虑道德规范,应鼓励规划师按照他们与别人的关系去选择及评价他们的行动。不过,这些责任会相互矛盾。例如,一个开发商可能会说服一个当选官员,去催促一个规划领导指使规划师职员,推荐一个规划师认为是违背公共利益的项目建议。或者,一个刚过半数的社区组织委员会,也许会指使规划职员为一个计划提出一项建议,而这项建议会分裂临近的社区组织且被规划师看作是一个坏主意。

道德规范的AICP条例及职业操行
（1978年10月采用，1991年10月修订）

这个条例是美国资格规划师学会所需要的,对与伦理及有关操行的一个导则。条例也针对委托专业规划师原则下的公众。这些原则运用的系统讨论,在规划师及公众当中,是它自身的本质行为开始了条例的日常使用。

条例的行为标准为判决任何成员行为不符合道德规范的控诉提供了一个基础。然而,条例也提供了不只是可强迫接受性的最小开端,它还设定了需要有意识达到的渴望的标准。

条例的原则源自社会的普通价值和规划职业服务公共利益的特别责任这两个方面。正如社会的基本价值经常相互竞争一样,这个条例的原则之间有时候也会相互竞争。例如,提供充分公共信息的需要,会与尊重信心的需要相竞争。规划及计划经常是利益分歧平衡的结果。一个伦理的判断经常也要求一个尽责的平衡,即基于一个特定情形的事实和内容,以及整个条例的规则。满足投诉的正式程序,对侵害的调查和解决,以及咨询裁决的发布,都是条例的一部分。

规划师对公众的责任　一名规划师的首要职责是服务公共利益。尽管公共利益的定义是通过不断的争论来阐明的,但一名规划师还是要忠诚于良心上获得的公共利益概念,这需要下列一些专门的职责:

1.一名规划师必须对目前行动的长期后果有特别的关注。

2.一名规划师必须特别关心决策的相互关联性。

3.一名规划师必须力争为市民及政府决策制定者提供充分、清楚及清晰的规划信息。

4.一名规划师必须力争给予市民机会,让市民对规划及计划的制定产生有意义的影响。市民参与应该足够广泛,应包括一些没有正式组织或没有影响的人。

5.一名规划师必须力争为所有的人扩展选择和机会,必须承认为了弱势群体及个人需求是对规划的特别责任,并且必须促进反对这种需求的政策、制度及决策的变更。

6.一名规划师必须力争保护自然环境的完整性。

7.一名规划师必须力争环境设计的优秀并尽力保护当地的遗产。

规划师对客户及雇主的责任 一名规划师在追求客户或雇主利益方面,应该勤勉于有创意、中立及有能力的工作成绩。这种成绩应该与规划师对公共利益的忠实服务相一致。

1. 一名规划师必须代表客户及雇主行使中立的专业判断。

2. 一名规划师必须接受客户或雇主涉及到目标及专业服务属性履行时的决策,除非所追求的行动过程包含了违法或与规划师对公共利益的首要职责不一致的情形。

3. 如果存在一个实际的、明显的或相当可预知的利益矛盾,或一个不适当的外在形式,没有完整地涉及当前或过去客户工作的书面记录和当前客户或雇主后来的书面同意,规划师将不履行工作。如果存在任何直接的个人或财政的获得包括其家庭成员的获得,规划师将回避项目。一名规划师将不得暴露从公共活动过程中获得的信息来换取私人利益,除非这种信息可以无私地提供给任何人。

4. 一名先前为公共规划实体工作的规划师不应该代表一个私人客户,在规划师受雇于规划实体最后日期的一年内,连同规划师离任到公共聘用之前曾影响过的那个实体的任何事件。

5. 一名规划师不能通过使用错误的或易误解的要求,折磨或强迫来请求预期的客户或雇用者。

6. 一名规划师不能通过以一种不适当方法,如表明或暗示,来影响决策,也不能有出卖或提议出卖服务的行为。

7. 一名规划师不能使用任何公职的权利,去寻求或得到一种不属于公共利益的特别优势,或不是事关公共知识的任何特别优势。

8. 一名规划师不能接受或继续履行超过规划师专业能力的工作,或者是接受不能以预期客户和雇主要求的、或者是分配情况所需要的机敏来完成的工作。

9. 一名规划师不能展现从专业关系获得的,客户或雇主已经要求不可展现的信息,除非展现这种非展现要求被提出,这种情况会出现在:①法律过程的需要;②需要防止一次清楚的违法;③需要防止一次真实的对公众的伤害的时候。②及③的展现不能当时出现,除非是在规划师已经查核了相关事实及问题之后,以及可以实行的时候,已经耗尽努力去获得事件的再考虑,并且已经试图分开来自其他客户或雇主雇用的资格专业人士的有关问题的主张。

没有道德规范选择的捷径。在实践中,道德规范行动需要对相互竞争的道德规范要求进行识别及理由充分的判断,并要同别人讨论替选方案和基本原理。

实践中的道德规范原则

在他们的工作中,规划师是如何考虑道德规范的?大多数的支持原则与那些

规划师对专业及对同事的责任 一名规划师应该通过改善知识和技术，推动专业的发展，使工作与社区问题的解决相关，并增加公众对规划活动的理解。一名规划师应该公平对待有资格的同事及其他专业成员的专业观点。

1. 一名规划师必须保护并加强专业的完整性，并必须对专业的批评负责任。
2. 一名规划师必须清楚地呈现同事的资格、观点和发现。
3. 一名研讨其他专业工作的规划师，必须以公平、周到、专业及公正的方法去做。
4. 一名规划师必须和别人分享对规划知识主体有贡献的经验及研究的结果。
5. 一名规划师必须检验规划理论、方法及标准对于事实及分析特定情形的适用性，并且不能在没有先建立对应情形适用性的情况下，接受一种习惯性解决方案的适用性。
6. 一名规划师必须贡献时间和信息给学生、实习者、初级专业人士及其他同事的专业发展。
7. 一名规划师必须努力增加机会让妇女及公认的少数族裔成员成为专业规划师。
8. 一名规划师不会犯性别歧视的错误。

规划师的自我责任 一名规划师应该争取专业完整、熟练工作及知识的高标准。

1. 一名规划师不能犯逆向反应规划师专业适当的故意的错误行为。
2. 一名规划师必须尊重别人的权利，特别是不能不恰当地歧视个人。
3. 一名规划师必须努力延续专业教育。
4. 一名规划师必须清楚呈现专业资格、教育及从属关系。
5. 一名规划师必须在规划实践中系统而批评地分析道德规范问题。
6. 一名规划师必须努力贡献时间及工作给缺少适当规划资源的团体及志愿的专业活动。

条例所解释的相似，但他们在选择中也吸取社会及政治的价值。很多人觉得他们以个人价值，而不是以职业规划团体的规范为基础来制定决策。[18]

此外，规划师倾向于强调和他们权利导向匹配的规则和忠诚。回应的顾问首先想到对一个老板或客户的忠诚——就是AICP道德规范条例所称的"规划师对客户及雇主的责任"。这些规划师将把坚持道德规范放在优先地位，例如，"接受客户或雇主涉及目标及专业服务属性履行的决策"以及"不展现从专业关系获得的，客户或雇主已经要求不可展现的信息"。[19]

中立的分析家强调对自己、个人原则或他们所工作的事业的忠诚——例如数据。他们特别关注"规划师的自我责任"。例如，在实践中，中立的分析家会将"争取专业完整、熟练及知识的高标准"放在优先位置。[20]

对立的倡导者强调忠诚于他们的利益、那些和他们共同的人以及能够有助于促进那些利益而反对其他利益的任何人。他们特别关注"规划师对客户及雇主的责任"，强调做必须的事情以帮助一个客户或雇主战胜别人。例如，在实践中，对立的倡导者会优先考虑在"追求客户或雇主利益"的时候"代表客户及雇主行使中立的专业判断"。[21]

调和的仲裁者忠诚于同事、一个团体或更高的原则。他们特别关注"规划师对公众的责任"及"规划师对专业及同事的责任"。例如，在实践中，他们将优先考虑"服务于公共利益"、"对目前行动的长远后果有特别关注"以及"为所有人扩展选择和机会"。他们会把自己看作是在规划专业导则下行事，并且会依次尝试"通过改善知识和技术，对专业的发展有贡献，使得工作与社区问题的解决相关，并增加公众对规划活动的理解"。[22]

政治上复杂的规划实践

不同的规划师以不同的方法从事他们的工作。成功的规划依靠规划师积极地用时间去研究一个社区并了解是什么传统和文化赋予它意义；它包含什么样的社会团体以及他们如何交互作用；其文化和社会结构的不确定及矛盾特征是什么；社区成员想做什么以及他们将会反对什么。规划师必须愿意和社区成员合作，帮助他们反映他们的日常生活，考虑什么是有问题的，想像放弃什么相似但却麻烦的以及形象化什么是不同的但却是可以实现的。这些任务都依靠专门的技术、气质及权利导向。

调和的仲裁者是社区规划的实质，有这种方法的规划师有兴趣服务社区。他们承认差别但会寻找调解差别的方法。他们假定协作是可能的。对立的倡导者会有助于在需要的时候促进社区利益以对抗反对的声音，但他们更可能会以矛盾而不是妥协的方式去回应差别，并且他们可能难于立刻放弃拥抱较大的、更包容一方的忠诚。中立的分析家单独工作，但与别人的交互作用可能会让他们不舒服，并且可能会难于变化过程或协作方式。回应的顾问忠实地接受给予的安排，但服务于更高级者比与平等者以一种不太完整的方式交互作用，会让他们更舒服。

权力导向的不同，给规划组织的管理者创造了一个挑战，管理者必须创造有能力的团队——共同地——调和的仲裁者团队。三个策略有助于实现这个目标：第一个是征募调和的仲裁者；第二个是承认职员有着不同的权力导向，并在调和仲裁者的领导下，安排适合那些导向的责任给他们；第三个也是最富有挑战的策略，是设法改变规划组织的文化。

组织不同于团体。尽管团体强调的是内聚性和统一性，但在官僚机构中工作的大多数规划师强调的却是个人主义。尽管团体强调的是成员之间水平的平等，但官僚机构强调的是上级和下级之间的垂直不平等，团体从来不是完全和谐的，成员是相互矛盾的。然而，维护团体依靠一种调和的政治，有效调停差别以保持人们的团结，即使是在同时促进团体利益需要一种对立的政治时。相反，官僚机构却鼓励内部对立的政治。工作者会设法避免矛盾的结果，通过一种响应的政治将他们自己与一个上级结盟，或者他们会让自己脱离矛盾，并加入一种独立的政治。规划师为团体工作的紧张和挑战，可能不止是惯常的回应、独立及对立的政治，甚至有第二个属性，就是为了加入团体需要的调和的政治。规划主管及管理者能够帮助建立一种支持的组织文化。

解决这些挑战使得政治上复杂的规划实践成为可能。调和的仲裁者是政治上复杂的规划，承认不同的利益并寻求现实的方法，并按照共享利益去和解它们。调和的仲裁者有三个成分：评估政治内容、策略地思考以及策略地行动。

第一，评估一个问题的政治内容。规划师应该与有兴趣及知识渊博的团体合作确定问题并制定问题。谁受到了现状条件的烦扰及以什么方式烦扰？谁将从它们获益？谁会将问题放进规划议程？谁会可能将之挡在外面？谁会从对条件的每一个回应中获益？谁会支付成本？规划师不必单独确定这些问题，即使是部分地按照政治或经济的利益，但在他们与社团合作确定问题的时候，他们必须承认这些利益。规划师会选择忽略特定团体的利益和议程，但他们应该清楚，当刺激来自别人的反对的时候，他们的行动如何从一些团体获得支持。

第二，一旦规划师确定了问题或条件的特定定义，他们需要策略地思考如何促进他们的位置。必须做什么以赢得一个问题定义的接受，或让一个干涉被采纳及执行？谁的支持是必要的，以及必须做什么来获得支持？谁的反对是必须压制或转化为支持的，以及需要什么来完成这些事情？花费多少时间来实现规划师喜欢的结果是合理的？规划师能带给工作的资源是什么？

第三，规划师必须策略地行动，采取步骤支持他们的问题定义及保持或改变条件的推荐。他们必须发展一种合并的个体、团体及组织来负责行动并与他们合作研究事情直到完成。简而言之，规划师必须不只是分析数据和草拟规划，他们也必须与别人交互作用、制定决策及为规划的执行而工作。

克里夫兰城市规划部门，1969到1979年间在诺曼·克儒姆霍兹的指导下，展示了一个规划主管如何建立一个政治上复杂的规划组织。[23]克儒姆霍兹来到克里夫兰支持卡尔·斯多克市长的议程，扩展对黑人、其他少数族裔及穷人的政府服务。克儒姆霍兹以特定的政治假设作为开始。克里夫兰的中坚分子历史上一直利用城市政府服务于他们自己的利益，因此改变政府支持者的努力将会造成矛盾，并且独立的倡导也将会是必要的。然而，因为少数族裔及低收入居民只有很少的权力，所以要让他们获益就需要合并——在这些集团中及相互之间，且至关重要的是，要与能够被说服支持弱势居民的有权力团体的合并。因此，调和的政治也是需要的。

克儒姆霍兹在三个方面为调和的仲裁者奠定了基础：第一，他开始寻找大都市地区的精英成员，那些可能会与他合作提高规划及开发政策公平的人。尽

一个道德规范矛盾及一个天真的回应　在规划师考虑道德规范问题的时候，他们可能会首先考虑避免不适当的行为，例如利益矛盾。但在《AICP/APA规划职业道德原则》已清晰阐明的广泛原则下，关于政策的不同意见也是道德规范问题。这里所描述的规划师按照道德规范去回应她的情形，但没有政治上的复杂性，结果是道德规范和政治的麻烦。

故事　玛丽·克拉米是詹姆斯城住房及社区开发部（HCD）的一名规划师。西北社区协会（NCA）要求HCD帮助准备一次促进住房拥有的事业，HCD的主管安排克拉米与NCA合作。

当克拉米会见NCA委员会的时候，她发现虽然西北是一个人种混合地区（三分之二的白人、三分之一的非洲裔美国人），但几乎所有的协会激进分子都是白人。尽管只有一半的居民是住房拥有者，但几乎所有的激进分子都拥有他们的住房。虽然大多数租房者是白人，但三分之二的黑人居民生活在租用的物业中。

简而言之，NCA不代表租房者或非洲裔美国人。而且，克拉米从人口普查数据知道大多数租房者，无论白人和黑人，收入都很低，很少有机会能购买住房。一次住房拥有运动，如果成功的话，将会产生来自外面的买房者置换目前租住房屋的人的现象；特别是，将会置换出显著数量的黑人居民，这些人中的很多人已经在社区中居住了很长时间。

克拉米断定，尽管NCA对促进住房拥有的兴趣——至少在原理上——和正在进行的稳定城市人口的努力相一致，但一次住房拥有运动将不会奏效——并且甚至可能伤害了——低收入者和相对没有权力的居民。她看见了一个在接受她雇主安排与服务于更大的西北社区之间的道德规范的矛盾：依据AICP道德规范及职业操行条例，"一名规划师必须接受客户或雇主涉及到目标及专业服务属性履行时的决策，除非所追求的行动过程包含了……与规划师对公共利益的首要职责不一致的情形"。此外，条例特别劝诫规划师要"一名规划师必须力争为所有的人扩展选择和机会，必须承认为了弱势群体及个人需求是对规划的特别责任……"

在会见了NCA委员会后，克拉米承担了一项彻底的分析，确定从住房拥有活动中，谁将会获利及谁将会损失。在她考虑对她从分析中获得的信息做什么的时候，她还回想起另外两条AICP原则："一名规划师必须力争为市民及政府决策制定者提供充分、清楚及清晰的信息"及"一名规划师必须力争给予市民机会，让市民对规划及计划的制定产生有意义的影响。市民参与应该足够广泛，应包括一些没有正式组织或没有影响的人。"

其间，克拉米接到一个人的电话，他说他代表西北地区的黑人租房者，并关注将会置换黑人居民的政策。在他们交谈的时候，克拉米感到打电话的人是一个同盟，并同意寄给他一份她对替选住房拥有策略效果分析的摘要。作为一个任何住房拥有运动的伴生物，卡拉米已经考虑了建议在西北地区增加公共补贴单元的数量，这将使租房者得以留在地区内但迁入好一些的住房中。带着收集对这个想法支持的希望，连同分析她寄出了一份建议的草案。

在一个星期之内，那个人联络了克拉米——一个有竞选城市议会野心的人——将她的信息公布在一次新闻会议上。他主张NCA的住房拥有活动将会置换贫穷的黑人，并且表明他支持HCD在西北地区增加补贴住房的建议。社区协会的激进分子被激怒了，HCD的主管面见了克拉米并控告她违反了职业道德规范。

分析 玛丽·克拉米对潜在的道德规范矛盾是敏感的，矛盾来自她的职责对她的雇主（以及扩大一点，对NCA）以及她的对扩展弱势群体成员选择的职业责任。克拉米将她的行动置于道德规范框架内：她将她自己看作是权力有限群体，以及看似面临更有权力利益反对的利益的保护。然而，她独立地决定了什么是她所选择的支持者需要和想要的，而且没有咨询任何人除了那个声称代表黑人租房者的人。克拉米也许将她自己看作一个调和的仲裁者或一个对立的倡导者，但她是一个独立的分析家。

克拉米的行为也许是出于好意的，但却不是策略的。无论是作为一个为租房者反对拥有者的倡导者，还是作为一个租房者和拥有者之间的调停者，克拉米都应该会见租房者，找到代表他们的人，并与一个这种代表组成的团体合作。作为一个潜在的调停者，不应该假定NCA成员是不敏感及不灵活的，克拉米应该进一步会见他们的代表，并坦诚地交谈一次住房拥有运动可能对低收入者及黑人租房者产生的效果。如果她这样做了，也许会说服NCA去考虑稳定邻里的其他方法。

同样地，克拉米应该向HCD主管充分展现她的所有发现，并就替选策略解释她的建议。例如，她也许已经发现西北地区对住房的新需求可能是有限的，因此支持好的租房者会是邻里稳定的第二策略。执行这样一个策略的方法，应该是鼓励以社区为基础的非盈利组织，从空置的地主那里购买住房，并且保证物业的管理和维护与社区标准一致。

如果克拉米与NCA激进分子及HCD主管的讨论证实了她最坏的担心——NCA及HCD都认为置换租房者是一次住房拥有运动可以接受的结果——她也许就会站在"扩展选择及机会"的道德规范一边，反对"接受一个客户或雇主的决策"。如果她决定了有必要以信息武装一个租房者的团体，她就应该更为策略地思考怎样去支持他们，而不激化人种问题或给自己带来麻烦。她应该帮助团体结成联盟，与有影响的人交谈，并在重要会议上露面。但由于她独立的行动及未能策略地进行思考，这使她孤立了自己并失去了帮助她所关心的团体的机会。

管克儒姆霍兹并不掩饰他对市长议程的支持,但他与城市最大的基金会、主要公司的主管、金融家以及代表他们所有人的律师建立了广泛的工作关系。克儒姆霍兹使用这些关系来检验理念、建立政治支持、合并不同问题以及形成偶尔的安全债券。他认识到那些在一个问题上反对他的人也许会在另外一个问题上同意他,即使是通过矛盾,他也设法保持友善的关系。

第二,克儒姆霍兹征募了新的具有独立倡导、调和仲裁导向及技术的规划职员。他所接管的职员有着混合的能力:最强的能力是熟练于传统的用地领域,还有一些与市政厅及城市议会有着深入、复杂的关系——这是结成联盟的资本。还有相当一部分职员是独立的分析家,这些人不认为自己是政治的,并且会否定任何的政治意图。至关重要的是,即使是克儒姆霍兹自己也将规划和政治看作是不同的,在更大的调和仲裁范围内,他设法安排这些规划师的任务以适合他们的导向。

他雇用新的、年轻的规划师,这些人不仅具有分析的能力也承认规划的政治属性,并且愿意和政治角色及社区成员合作。一些人具有和社区团体合作的组织才能,很多人对社会及经济的不一致是敏感的,并会将弱势居民一边纳入他们的分析和议程。尽管克儒姆霍兹从未成功的消除掉"老的"和"新的"规划师之间的差别距离,但新的规划师在规划部门里形成了他们自己的凝聚力和精神上的职业团体。他们彼此社会化,分享年轻人及单身职业人士共同的关注和兴趣;并认为自己服务于高尚的专业行业。工作的友情创造了年轻规划师所需要的社会及感情支持,尤其是在他们的工作使得他们和权力利益相矛盾的时候。此外,包含他们个人及他们工作生活的与社区合作的经验,也有助于规划师理解他们所工作的社区的集体联系和利益。

新规划师关于他们正在服务于高尚的精神目的的感觉,和克儒姆霍兹策略的第三个要素有关:克利夫兰政策规划报告。在调查了克利夫兰少数族裔及低收入团体的生活条件之后,克儒姆霍兹及其职员断定传统的用地规划将不会为这些居民提供帮助。首先,城市对用地或开发的需求很少,尤其是在居住邻里当中;其次,少数族裔及低收入居民的问题源自其他原因,包括社会和经济结构。因此,部门需要开启前所未有的工作方向。利用宗教传统还有社会哲学,克儒姆霍兹及其新的职员制定了克利夫兰政策规划报告,为部门的研究及主动性阐明了景象和目标。核心内容是宣布"在有限的资源范围内,公共机构应该优先为那些只有少许或没有选择的个体[24]关注促进更多选择的任务"。

在寻找潜在同盟及创立有着共同目的团体的过程中,克儒姆霍兹实践着一种调和的政治。通过雇用有相似导向及补充技术的规划师,他构建了部门实践这种政治的能力。通过撰写政策规划报告,职员为他们的行动提供了一个智力及精神的基本原理:他们可以为没有权力的团体服务看作是为更高尚的目的服务。

这三个策略并不意味着确保了工作的轻松。克儒姆霍兹一直让那些想从他那里得到什么的人以及他可能会从他们那里得到支持的人更容易接近他。

为了宣扬规划师的观点，他与新闻人员详细地交谈，并且部门还为有兴趣的官员及来自其他机构的职员每周举行研讨会。克儒姆霍兹还为城市的其他单位提供规划帮助，包括警察（他们拒绝警官配置的推荐意见，因为与分配的政治标准相矛盾）以及固体废物降解（其委员热心地签署了"启发式的"垃圾收集）。

自始至终，克儒姆霍兹通过他所服务的规划部门为市长们提供了帮助。例如，他热情地支持了自由主义者司托克斯，在俄亥俄州东北地区调整机构（NOACA）委员会上介绍了他，NOACA是一个地区范围的机构，在高速公路问题提上议程的时候，研讨联邦的准予申请。在保守派拉尔夫·皮克继任司托克斯的时候，克儒姆霍兹——对当选的执行者扮演了职员顾问的传统角色——在皮克的就职典礼前接触了司托克斯，提供了一个会让市民称赞市长的除雪规划。不像回应的顾问，会紧密服务于一位市长以获得权力感觉，克儒姆霍兹将最重要的精神指导原则阐明在政策规划报告中。帮助一位市长，有时候是获得所需权力并增进那些原则的一种方法。

随着时间的流逝，克儒姆霍兹将职员包容在社区组织当中，响应来自邻里团体及其领导的要求，提供技术援助并在资金预算中倡导邻里利益。如果职员没有优先安排这些要求，那就是集中于代表着较穷社区的黑人或综合人种的团体。规划师有与他们所居住邻里合作的优先权，也被鼓励作为居民参与他们的社区组织。为解决市政厅不予回应的抱怨，规划部门制定了邻里改善计划，将邻里问题提交给负责解决它们的城市部门，邻里和城市机构都从这个计划获益。

克儒姆霍兹努力支持并加强了克利夫兰的社区，通过解决本章先前引用过的四个基本的社区关注：保持边界、为好的成员资格设定要求、管理资源以及持续发展；通过提高在生活当中的价值来确认邻里边界；通过从当地领导那里取得方向，规划师支持了谁代表了他们所珍惜的社区判断。规划师将官僚政治机构的资源带给社区团体——但没有生搬硬套威胁到社区的自治。以这些方法，规划师为社区的持续发展提供了方法和鼓励。

尽管其服务于社区利益的方法概括了调和调停的政治，但克利夫兰城市规划部门并没有避免对立的政治。例如，当克儒姆霍兹在NOACA介绍司托克斯的时候，他看见有着过多郊区代表的NOACA委员会，通过了一项拆毁城市住房建造一条服务郊区居民高速公路的解决方案，克儒姆霍兹与斯托克斯合作，让住房与城市开发部门收回了NOACA作为地区范围内研讨机构的证件。NOACA委员会随后同意了对陈述的适度改变及肯定了一项公平就业计划，并且废除了高速公路决定。

一个涉及规划部门工作的有趣事件，促进了一项公平分享住房的规划，将为遍布大都市地区的低中等收入居民建造住房。激昂的听证集中于三个建议的公共住房项目上。当活动正在升温的时候，克儒姆霍兹被城市议会主席吉姆·斯坦顿从市长内阁会议召走，因为主席的管辖范围包括了一个建议的项目。高大而使人难忘的斯坦顿简明的威胁克儒姆霍兹："取消那些公共住房听证，否则我将削减你的预算,削减你的职员并割下你的睾丸!"²⁵ 片刻的震惊之后,克儒姆霍兹快速的发表了一个演讲,关于规划师将合理性带入公共利益服务过程的道德规范职责。斯坦顿很快转身并离开了,也许是因为克儒姆霍兹不明白斯坦顿会对规划部门产生多大的威力而失态。在他这一部分,克儒姆霍兹非常清楚斯坦顿权力的广度,但他以为他的行动进行调和的辩护,勇敢地面对了一次对立的威胁。

克儒姆霍兹最终还是输在了这个问题上,并且他的成就与失败混在了一起。一个重要的成功是在促进或阻止特定项目之外,克儒姆霍兹建立了对规划部门及对规划作为一种解决问题过程两方面的尊重。这一部分胜利的原因是由于克儒姆霍兹的无私;他的协作、包容的风格;他对同盟及独立者两方面的开放;一种对职员的培育态度;以及一种即便要选择,也要对弱势者的坚定承诺。他的故事展现了一名规划师如何能够以一种调和的政治导向,去工作以及去和社区团体合作。

结论

惯常的观点将规划置于政治的立场。本章已经探讨了另外的看法——规划逃不掉的政治属性。因为规划影响着人们所珍惜事物的分配,所以规划的后果不可避免是政治的。与此同时,规划师在他们的意图上也不可避免是政治的:影响决策制定的任何工作,只要是"合理地"去做,就反映出一种改变人们如何行动的渴望——换句话说,一种对权力的兴趣。

规划师清楚并且承认他们的权力导向程度不同。更多政治的规划师坦白承认这些兴趣,然而那些认为他们自己是技术人员的规划师却不承认。本章已经探询了规划师对权力感兴趣的不同方式:一些人希望权力来自服务于更有权力的人;另外一些通过成为自治的感觉到有权力;第三个团体喜欢权力来自在战斗中击败别人;还有一些其他的人在服务于他人利益更高尚原则的时候感觉到有权力。每一个权利导向引导一种规划师进入一种不同的明显的或默许的政治当中。

调和的仲裁及其相伴随的政治,是规划师与社区团体合作的基础,但这种方法保有一种难以捉摸的目标。第一,美国文化鼓励人们以个人主义去考虑政治关系,赢或者输——而不是协作、双赢;第二,在很多规划师工作的官僚政治组织中,文化及结构阻碍了协作并鼓励了上下级地位、矛盾以及孤立;第三,很多成为规划师的人——例如,回应的顾问及中立的分析者——想要以和调和的仲裁无关的方式感觉到有权力。

无论规划师还做什么,他们必须能够与社区合作并能够为社区工作。规划的AICP/APA道德规范原则,促进了规划师对社区弱势成员需求的特别关注。当规划师不能成为对立的倡导者,尤其是不能成为调和的仲裁者的时候——或者当他们简单地厌恶政治的时候——他们将无法符合这些道德规范职责。

克里夫兰城市规划部门的实例,说明了将规划实践与道德规范原则联系起来的现实策略。诺曼·克儒姆霍兹行使了领导权，培育了一种组织氛围，在其中与社区团体合作或为之工作是一种精神责任，征募来的职员分享这种观点并具有执行的技术，形成反映了职员不同能力及导向的团队，并加强了团体的感觉——在部门内部及在客户和公平规划支持者当中，克里夫兰的结果概括了政治上复杂的规划实践。

注释：

1 See John Forester, *Planning in the Face of Power* (Berkeley: University of California Press, 1989).

2 See Howell S. Baum, "Social Science, Social Work, and Surgery: Teaching What Students Need to Practice Planning," *Journal of the American Planning Association* 63 (spring 1997): 179-88.

3 On communities, see Howell S. Baum, *The Organization of Hope: Communities Planning Themselves* (Albany: State University of New York Press, 1997); and Robert Booth Fowler, *The Dance with Community* (Lawrence: University of Kansas Press, 1991).

4 See Peter Marris, *Loss and Change* (Garden City, N.Y.: Anchor Doubleday, 1975); and Peter Marris, *Meaning and Action* (London: Routledge and Kegan Paul, 1987).

5 See Peter J. Frost et al., eds., *Organizational Culture* (Newbury Park, Calif.: Sage, 1985); and Edgar H. Schein, *Organizational Culture and Leadership*, 2nd ed. (San Francisco: Jossey-Bass, 1992).

6 See Howell S. Baum, *The Invisible Bureaucracy: The Unconscious in Organizational Problem Solving* (New York: Oxford University Press, 1987).

7 See Alan A. Altshuler, *The City Planning Process* (Ithaca, N.Y.: Cornell University Press, 1965); Howell S. Baum, *Planners and Public Expectations* (Cambridge, Mass.: Schenkman, 1983); and Charles Hoch, "Conflict at Large: A National Survey of Planners and Political Conflict," *Journal of Planning Education and Research* 8 (fall 1988): 25-34.

8 See Norman Krumholz and John Forester, *Making Equity Planning Work: Leadership in the Public Sector* (Philadelphia: Temple University Press, 1990).

9 See Herbert J. Gans, "City Planning in America, 1890-1968: A Sociological Analysis," in *People, Plans, and Policies* (New York: Columbia University Press and Russell Sage Foundation, 1993), 123-44; Donald A. Krueckeberg, ed., *Introduction to Planning History in the United States* (New Brunswick, N.J.: Rutgers Center for Urban Policy Research, 1983); Roy Lubove, *The Urban Community: Housing and Planning in the Progressive Era* (Englewood Cliffs, N.J.: Prentice Hall, 1967); and Mel Scott, *American City Planning since 1890* (Berkeley: University of California Press, 1969).

10 See Baum, *Planners and Public Expectations*; Howell S. Baum, "Politics in Planners' Practice," in *Strategic Perspectives on Planning Practice*, ed. Barry Checkoway (Lexington, Mass.: Lexington Books, 1986), 25-42; Howell S. Baum, "The Problems of Governance and the Professions of Planners," in *Two Centuries of American Planning*, ed. Daniel Schaffer (Baltimore: Johns Hopkins University Press, 1988), 279-302; Elizabeth Howe and Jerome L. Kaufman, "The Ethics of Contemporary American Planners," *Journal of the American Planning Association* 45 (Summer 1979): 243-55; and Michael Vasu, *Politics and Planning* (Chapel Hill: University of North Carolina Press, 1979).

11 See Howell S. Baum, "Practicing Planning Theory in a Political World," in *Explorations in Planning Theory*, ed. Seymour J. Mandelbaum, Luigi Mazza, and Robert W. Burchell (New Brunswick, N.J.: Rutgers Center for Urban Policy Research, 1996), 365-82; and Howell S. Baum, "Why the Rational Paradigm Persists: Tales from the Field," *Journal of Planning Education and Research* 15 (winter 1996): 127-35.

12 See David C. McClelland, *Power: The Inner Experience* (New York: Irvington Publishers, 1975).

13 Forester, *Planning in the Face of Power*; Krumholz and Forester, *Making Equity Planning Work*; and John Forester and Brian Kreiswirth, eds., *Profiles of Planners in Housing and Community Development* (Ithaca, N.Y.: Department of City and Regional Planning, Cornell University, 1993), give examples of planners who are adversarial advocates and conciliatory mediators.

14 Elizabeth Howe, *Acting on Ethics in City Planning* (New Brunswick, N.J.: Rutgers Center for Urban Policy Research, 1994). Howe discusses ethical rules with sophistication as part of a com-

prehensive study of planners' ethical thinking and practice.

15 American Institute of Certified Planners and American Planning Association, *AICP/APA Ethical Principles in Planning* (Washington, D.C.: AICP and American Planning Association, 1992); and American Institute of Certified Planners, *AICP Code of Ethics and Professional Conduct* (Washington, D.C.: AICP, 1991).

16 American Institute of Certified Planners and American Planning Association, *AICP/APA Ethical Principles in Planning*, iii.

17 同上，iii-iv.1992年采用的规划中的AICP/APA道德规范原则，"是所有作为顾问、倡导者及决策制定者参与规划过程的人的导则。"有意的听众包括职业规划师、其他专业人员、当选官员、激进主义分子及社区成员。文件包括四个部分。第一部分描述为公共利益服务的重要性。第二部分概述了规划中公平及诚实的原则。第三部分概述了职业的责任。第四部分由道德规范的AICP条例及职业操行、四项顾问原则及程序组成；顾问原则关乎到性别歧视、公共规划师参与私人开发时的利益矛盾、外部雇用或从事第二职业以及信息使用的诚实。

撰稿人名单

为本书撰稿的人列举如下，编辑在前，作者按字母顺序排列在后。简要介绍了每位作者的从业经验及受训情况。省略了作者已经发表的大量书籍、专论、文章及其他出版物。

查尔斯·霍克（Charles J. Hock，编辑及第1、2章的作者）是芝加哥伊利诺斯大学城市规划与公共事务学院的教授。他早期的从业经验包括一个地方、区域及州机构的规划职位。他也是美国规划学院学校当选6年的执行官员，建立了规划从业者和学院之间的桥梁。最近他作为规划顾问服务于地方政府及非营利机构提供经济适用住房的单位。他曾经从事广泛的研究并在规划理论及实践方面撰写了几篇文章和一本书籍。霍克博士在圣地亚哥大学获得学士学位，在圣地亚哥州立大学获得硕士学位，在洛杉矶加利福尼亚大学获得博士学位。

琳达·道尔顿（Linda C. Dalton，编辑及第1章的作者）是圣路易斯欧比斯泊加利福尼亚州立工艺大学的副教务长，并且是美国资格规划师学会的成员。之前她是城市与区域规划系的主任和教授，在这个系她一直还有部分的授课。她为加利福尼亚规划基金会工作，并于最近担任了规划委派委员会的主席。较早以前，她是西雅图规划委员会的主席，是西雅图大学的一名副教授，并且在波士顿及西雅图地区都有职业规划师职位。她获得过国家及地方的学术及教育奖励，并且是几个规划出版社编辑委员会中的积极分子。她在拉德克里费学院/哈佛大学获得学士学位，在华盛顿大学获得硕士学位及博士学位。

弗兰克·索（Frank S. So，编辑及第1章作者）是美国规划协会的执行主管及美国资格规划师学会的特别会员。先前在地方规划机构工作。1979及1988年，他是本书前两卷的高级编辑，也是1988年州及区域规划绿皮书的高级编辑。他持有扬斯敦州立大学的社会学学士学位，还有俄亥俄州立大学的城市与区域规划硕士学位。

乔纳森·巴涅特（Jonathan Barnett，第13章作者）是宾夕法尼亚大学的城市与区域规划教授。以前是纽约城市学院的一名建筑学教授及研究生课程的奠基人，他也曾经是耶鲁大学的威廉·亨利主教访问教授、威斯康星大学的伊科威勒教授、马里兰大学的凯尔杰出访问教授，以及南佛罗里达大学的吉博森杰出学者。巴涅特先生是纽约规划委员会的城市设计主管。作为咨询者，他也曾是很多美国城市与区域规划项目的城市设计顾问。他在城市设计方面撰写了大量的书籍。以优等成绩毕业于耶鲁，巴涅特先生还持有剑桥大学的硕士学位及耶鲁大学的建筑学硕士学位。是美国建筑学会及美国资格规划师学会的特别会员。

豪厄尔·鲍姆（Howell S. Baum，第18章作者）是马里兰大学的城市研究及规划教授。他一直在教育、保健、人性服务及住房领域工作，并在社区规划、规划实践、规划教育、规划理论、组织行为及道德规范方面都发表过文章。他持有伯克利加利福尼亚大学的政治科学学士学位和城市与区域规划硕士、博士学位；还持有宾夕法尼亚大学的美国文明硕士学位。

蒂姆塞·比特利（Timothy Beatley，第8章作者）是弗吉尼亚大学建筑学院城市及环境规划系的副教授，他最近11年在这里任教。他主要的教学和研究兴趣在于环境规划及政策、环境道德规范、滨海地区和自然灾害规划及可持续社区等领域，并在这些方面广泛著述，也是最近一本关于地方可持续性书籍的作者。他持有卡佩黑尔北卡罗来纳大学的城市与区域规划博士学位。

菲利普·贝克（Philip R. Berke，第8章作者）是卡佩黑尔北卡罗来纳大学的用地及环境规划副教授，并且是土地政策林肯学会的研究员。之前他是得克萨斯州A&M大学减灾及防御中心的副主管和环境规划副教授，在这个大学他获得了城市区域科学的博士学位。他一直以咨询者的身份为很多地方、州及联邦机构的用地政策服务。他的研究一直得到联合国人道主义事务部、新西兰政府、国家科学基金及用地政策林肯学会的支持。

理查德·宾汉（Richard D. Bingham，第6章作者）在克里夫兰州立大学的城市事务莱文学院教授经济发展，也是这个学院城市中心的高级研究学者。他在经济发展及城市研究领域广泛著述，是经济发展季刊的首席编辑。他还担任过美国政治科学协会城市政治部的主任。

艾伦·布莱克（Alan Black，第9章作者）是堪萨斯大学的城市规划教授。自1960年以来，作为一名公共规划师、咨询者及教师，他一直潜心于城市交通。是城市大运量交通规划教科书的作者，曾为芝加哥地区交通研究、纽约城三州交通委员会及克瑞格顿·汉堡咨询事务所等工作。在1981年到堪萨斯大学之前，他在沃斯丁的得克萨斯大学任教。他持有哈佛大学的学士学位、伯克利加利福尼亚大学的硕士学位和康奈尔大学的博士学位。

约翰·布莱尔（John P. Blair，第6章作者）是赖特州大学的一名经济学教授。他在经济发展领域期刊上发表了很多文章，例如城市事务季刊、区域研究期刊及经济发展季刊等。他为商业及政府提供咨询服务，并且是蒙哥马利县规划委员会的委员。在加入赖特州大学之前，他在密尔沃基的威斯康星大学城市事务系任教。他也曾在住房与城市发展系做过两年的政策分析家，在那里他影响了国家的城市政策。布莱尔博士获得过西弗吉尼亚大学区域研究学会的杰出毕业生学者奖，以及未来研究的布鲁堡优秀奖。他从西弗吉尼亚大学获得了他的经济学博士学位。

爱德华·布莱克利（Edward J. Blakely，第12章作者）是南加利福尼亚大学城市规划与发展学院的院长和卢斯科教授。之前他是伯克利加州大学城市与区域规划系的主任。他是一位在地方经济发展方面著名的国际专家，为很多国际机构提供咨询服务，例如USAID及世界银行，还有美国及加拿大国家和州的政府。他于1993年获得保罗·大卫杜夫奖并在1994年成为古根海姆特别会员。他是7本书的作者，并在经济发展及相关方面发表了100多篇学术文章。他于1997年被克林顿总统任命为要塞信托基金主席。他从河畔加利福尼亚州大学获得学士学位，伯克利加利福尼亚州大学获得硕士学位，洛杉矶加利福尼亚州大学获得博士学位。

雷蒙德·博拜（Raymond J. Burby，第5章作者）是新奥尔良大学城市与公共事务学院城市与公共事务的迪博罗斯主席。之前，他是卡佩黑尔北卡罗来纳大学（UNC）的城市与区域规划教授，是UNC城市与区域研究中心的副主管，是美国规划协会会刊的编委。是14本书、100多篇文章、书籍章节及研究专论的作者，在改善环境质量方面，他主管过众多的研究项目。他最近的研究集中于土地利用规划及管理领域，主要研究方向为自然灾害减缓、政策执行及环境公正。他在乔治华盛顿大学获得政府学士学位，在UNC获得硕士及博士学位。

彼得·费希尔（Peter S. Fisher，第16章作者）是洛瓦大学的城市与区域规划教授。他一直为州政府及非营利机构提供财政及政策方面的咨询服务。他最近的研究是阿普约翰学会资助的就业研究。他持有哈佛学院的学士学位，威斯康星大学的经济学博士学位，在威斯康星大学他主攻公共财政及经济发展政策。

玛戈特·加西亚（Margot W. Garcia，第5章作者）是弗吉尼亚共和国大学的副教授，教授环境规划及评估。之前她是弗吉尼亚共和国大学的计划主管、亚利桑那州大学的副教授、美国林务局的规划师及图森市议会的当选议员。是美国资格规划师学会（AICP）的成员，曾是AICP委员会的当选委员以及美国规划协会环境、自然资源及能源分会的主席，曾就湿地及分水岭问题在国会发过言。加西亚博士一直为国家政策团体工作，例如水质2000、国家研究理事会（NRC）的分水岭管理委员会、审查纽约城分水岭管理策略的NRC委员会以及石楠多哈国家公园科学顾问委员会等。她持有新墨西哥大学的生物学学士学位，麦迪逊威斯康星大学的植物学硕士学位，以及亚利桑那大学的分水岭管理博士学位。

大卫·高斯恰克（David R. Godschalk，第7章作者）是卡佩黑尔北卡罗来纳大学（UNC）的城市与区域规划斯蒂芬·巴克斯特教授。美国资格规划师学会的成员，一直为美国规划协会管理委员会及卡佩黑尔镇议会工作；他也是美国规划师学会期刊编辑，并且是UNC他所在系的系主任。他的实践经验包括佛罗里达坦帕规划咨询事务所的副总裁及盖尼斯威里的规划主管；他也一直是佛罗里达、北卡罗来纳及新泽西州及地方政府的顾问。曾在佛罗里达州立大学及夏威夷大学任教。他的研究一直得到自然科学基金、美国住房与城市发展部、海洋及滨海管理办公室、土地政策林肯学会、IBM及北卡罗来纳滨海管理分局的支持。他的研究集中于土地利用及增长管理、自然灾害缓解、替选争论解决及GIS的规划运用。他有达特茅斯学院的学士学位，佛罗里达大学的建筑学学位，以及UNC的规划硕士和博士学位。

尤金·格瑞斯伯三世（J. Eugene Grigsby Ⅲ，第11章作者）是高级政策学会的主管和洛杉矶加利福尼亚大学（UCLA）公共政策与社会研究学院的规划教授。他也是洛杉矶特大城市项目、世界20个最大城市的大学联盟的协调人，以及特大城市协调议会执行委员会的前主管。1972年，格瑞斯伯博士建立了规划集团公司和一个城市规划及管理咨询事务所，事务所的规划研究遍布美国和加拿大。作为国家及国际知名的城市发展策略专家，他从事研究并已在城市住房、土地利用及经济发展策略方面出版了几本书；其中一本获得了1996年的古斯塔夫斯·迈耶斯中心的杰出图书奖。其他的荣誉包括斯坦福大学首位联合服务访问学者奖（1978年）、1987年的欧美人学院布克·华盛顿杰出毕业生奖、1996年国际住房布鲁斯基金教育者成就奖以及美国建筑师学会、美国规划协会加州及洛杉矶分会的优秀奖。格瑞斯伯博士是欧美人学院的托管人，美国大学及学院管理理事会的成员，美国规划资格鉴定理事会及美国规划学院管理理事会执行委员会的前成员。他也是1010发展公司理事会、布鲁斯基金会、加利福尼亚医院医生中心、南加利福尼亚州天主教保健中心及国家市民联盟的成员。他是西方布莱克研究期刊和规划报道杂志的编委，洛杉矶时代杂志顾问委员会的前成员，在经济方面撰写过专栏文章。他在UCLA获得社会学博士学位。

加里·海克（Gary Hack）是宾夕法尼亚大学美术研究生院的院长和城市与区域规划的教授。之前他是麻省理工学院（MIT）的城市设计教授。他为美国及国外很多城市的中心地区、滨水地区及大规模城市开发项目的开发规划提供过城市设计咨询。他是城市设计及详细规划方面好多文章和书的作者。他持有马尼托巴大学的建筑学学士学位，伊利诺斯大学的建筑学与城市规划硕士学位，MIT的博士学位。

爱德华·约翰·恺撒（Edward John Kaiser，第7章作者）是卡佩黑尔北卡罗来纳大学（UNC）城市与区域规划系的规划教授及前系主任。他从事土地利用规划方面的研究达30年；是很多文章和书籍的作者，包括城市土地利用规划方面一本重要的教材；他是美国规划协会期刊的编委及美国规划学院协会的副主管。他持有伊利诺斯理工学院的建筑学学士学位和UNC的城市与区域规划博士学位。

威廉·克莱（William R. Klein，第17章作者）自1991年以来是美国规划协会（APA）的研究主管。APA是美国职业规划师及规划官员的非营利成员组织。APA17人的研究部门设在芝加哥，从事商业性研究，为1800多个规划机构及咨询公司提供顾问服务，每三个月出版一本期刊。作为地方、县及区域政府层面的规划主管及顾问，克莱先生有23年多的一线经验。1990年，他获得了哈佛大学设计研究生院高级环境研究的奖学金。他从克格特大学获得学士学位，从宾夕法尼亚州大学获得硕士学位。

理查德·科洛斯曼（Richard E. Klosterman，第3章作者）是阿克伦大学的地理与规划教授。之前是佛罗里达州立大学城市与区域规划系的副教授，也是麻省理工学院、阿本卡配伊利诺斯大学及香港大学的访问学者。他撰写及编辑了几本城市和区域分析与规划技术方面的书籍；此外，1985到1997年，他担任美国规划协会期刊的计算机报告编辑，1988到1996年，是美国规划协会信息技术分会信息内容时事报道的编辑。他的研究领域包括规划、规划方法及规划理论的计算机运用。他持有普杜大学的工民建学士学位及康奈尔大学的城市与区域规划博士学位。

约翰·兰迪斯（John D. Landis，第10章作者）是伯克利加州大学的城市与区域规划副教授，他教授规划历史、方法、住房、项目开发、土地利用规划及计算机制图方面的研究生课程。他发表了超过多部的书籍和多篇文章并赢得了美国规划协会期刊1995年的最佳图文奖。兰迪斯博士是美国规划协会的会员和美国城市土地学会的特别会员。他有马萨诸塞理工学院的工民建学士学位和伯克利加州大学的城市规划博士学位。

理查德·里格特（Richard LeGates，第10章作者）是旧金山州立大学的城市研究教授。曾在伯克利加利福尼亚州大学的城市与区域规划系和斯坦福大学教授城市研究课程。在住房规划与政策方面，他撰写及编辑了大量的书籍和文章。作为加州律师业会员，他为美国住房与城市发展部（HUD）、加州住房与社区发展部、美国法律服务公司、布鲁金斯协会、旧金山基金会、旧金山社区发展市长办公室及其他很多组织提供过咨询服务。里格特教授曾是HUD社区顶端伙伴关系中心的首席调查员，为湾区委员会提供住房政策及规划帮助。他持有哈佛大学的政治学学士学位，伯克利加利福尼亚州大学的城市规划硕士学位以及伯克利鲍特·哈尔法学院的法学博士学位。

威廉·露西（William H. Lucy，第16章作者）是弗吉尼亚大学建筑学院的城市与环境规划教授及学院事务的副院长。他也是北弗吉尼亚大学硕士规划课程的主管。他出版的标准广泛地涉及到地方政府设定优先权、人口统计学与经济转换的关系及地方政府的财政与政策能力等方面。他持有伊利诺斯州盖尔斯堡诺克斯学院的学士学位，芝加哥大学的政治科学硕士学位，和锡拉库扎大学麦斯威尔学院的政治科学博士学位。

斯图亚特·美克（Stuart Meck，第14章作者）是美国规划协会（APA）快速增长项目的首席调查员，多年来致力于为美国起草新一代的模型规划及区划立法。是美国资格规划师学会的特别会员及APA的前全国主席，作为规划师及公共管理人员，美克先生有丰富的经验，并且在规划及土地利用控制方面著述颇丰。他还在俄亥俄州的几所大学教授规划、公共管理及组织行为课程。他是新泽西州的注册职业规划师及密歇根州的注册职业社区规划师。他持有俄亥俄州立大学的新闻硕士、学士学位及城市规划硕士学位，赖特州立大学的工商管理硕士学位。

李·梅尼非（Lee Menifee，第4章作者）是洛杉矶西德马克不动产顾问团的研究副主管。主要负责美国办公室市场趋势的监控及报道，此外还撰写策略报告和其他的出版物。他曾在中国北京研究住房趋势，是荷兰阿姆斯特丹Z技术实验室产品的总经理。他从圣巴巴拉的加利福尼亚州大学获得学士学位，从南加州大学获得城市规划硕士学位，在南加利福尼亚州大学，他和道维尔·迈耶斯合作研究南加利福尼亚州的移民及人口统计学趋势。

道维尔·迈耶斯（Dowell Myers，第4章作者）是南加利福尼亚州大学城市规划与发展学院的教员。他也为美国人口普查局的职业顾问委员会工作。他最近的出版物集中于和居住过度拥挤、住房拥有、职业机动性、公交利用及其他因素相关的移民同化结果。他持有马萨诸塞理工学院和伯克利加州大学的城市规划硕士学位。

阿瑟·奈尔森（Arthur C. Nelson，第15章作者）是乔治亚州理工学院的城市规划与公共政策教授，是增长管理分析家公司的总裁，该公司是专门从事增长管理政策及分析的国家级事务所。他曾作为规划师笔记本编辑为美国规划协会期刊工作了10年。他在增长管理、公共财政及发展政策方面的工作一直得到国家科学基金、国家科学院、城市土地学会、土地政策林肯学会、美国规划协会（APA）、联邦国家抵押协会、美国住房与城市发展部、商业部及交通部的支持。他是APA及美国资格规划师学会的创办人。他在波特兰州立大学获城市研究博士学位。

罗伯特·沃尔沙奇（Robert B. Olshansky，第 5 章作者）是乌巴那坎佩伊利诺斯大学城市与区域规划系的副教授及美国资格规划师学会的会员。他的教学和研究内容包括土地利用及环境规划，重点是自然灾害的规划。他在山地开发规划、地震灾害规划、环境影响评估及地下水保护等方面著述颇丰。他还为加利福尼亚州提供地质学及环境规划咨询服务。他在加利福尼亚州理工学院获得学士学位，在伯克利加利福尼亚州大学获得城市与环境规划的硕士和博士学位。

桑德拉·罗森卢姆（Sandra Rosenbloom，第 9 章作者）是亚利桑那大学的规划教授及土地与区域发展研究罗伊·莱克曼学会的主管，这是亚利桑那大学的一个研究及公共服务单位。在有特殊需求人群、工作的妇女及老年人的出行模式方面，她撰写过很多国际著名的文章，她是本书1988年版交通章节的惟一作者。她的工作得到了法国、瑞典、德国、澳大利亚及新西兰政府，还有美国劳动部、住房部及交通部的资助。她在洛杉矶加利福尼亚州大学获公共管理硕士及哲学博士学位。

布鲁斯·斯蒂特尔（Bruce Stiftel，第 8 章作者）是佛罗里达大学的城市与区域规划教授，他教授环境规划及规划理论课程。他的研究集中于规划中的协定建设技术，包括环境仲裁及政府代理商讨策略。他是规划学院协会的副主管及规划教育与研究期刊的编委。他在斯托尼布鲁克的纽约州立大学获生物学学位，在卡佩黑尔的北加州大学获区域规划学位。

韭伊·曼宁·托马斯（June Manning Thomas，第 11 章作者）是密歇根州立大学城市与区域规划系的教授，并兼任教授城市事务课程，同时，她也是城市与区域规划课程的主管。她是好几个出版物的作者、合作作者及编辑。在她获得的各种荣誉中，有美国出版协会 1994 年的学术期刊最佳图文金奖。她在密歇根州立大学获社会学学士学位，在密歇根大学获城市与区域规划博士学位。

保罗·瓦克（Paul Wack，第 14 章作者）是圣路易斯欧比斯博的加利福尼亚州工艺州立大学的城市与区域规划副教授，及圣巴巴拉加州大学环境研究课程的助理讲师。他目前的教学方向包括可持续的社区、农业用地保护及革新的区划技术。她是美国资格规划师学会的成员，也是杰克森及瓦克咨询事务所的合伙人，这个事务所专门从事开发法案、区划条例、土地细分规定及规划执行相关项目等方面的工作；事务所是圣伯纳迪诺联合开发法案的合著者，这个法案获得了美国规划协会的规划执行杰出奖。他曾经是圣巴巴拉县的规划委员会委员和规划副主管，及文丘莱县的主管代理。

密切里·兹梅特（Michelle J. Zimet，第14章作者）是美国规划协会快速增长项目的高级研究员。她也是锡耶蒙、拉尔森及马奇土地利用法律事务所的合伙人。她在西北大学法律学院任教并在发展费用支出方面发表了好几篇文章。她被伊利诺伊州、加利福尼亚州及佛罗里达州律师界所接纳，并且是美国资格规划师学会的成员。她持有宾夕法尼亚大学的学士学位，洛杉矶加州大学的法律学位和城市规划硕士学位。